21世纪高等学校物联网专业规划教材

U0749063

路由和交换技术
实验及实训（第2版）
——基于华为eNSP

◎ 沈鑫剡 俞海英 许继恒 李兴德 邵发明 编著

清华大学出版社
北京

内 容 简 介

本书是与《路由和交换技术(第 2 版)》配套的实验指导用书,详细介绍了华为 eNSP 软件实验平台的功能和使用方法,以及在该软件实验平台上完成交换式以太网、虚拟局域网、生成树、链路聚合、路由器和网络互联、路由协议、组播、网络地址转换、三层交换机和 IPv6 等相关实验的方法和步骤。每一个实验都对实验原理、实验过程中使用的关键命令和实验步骤等方面进行了深入讨论。

本书适合作为"路由和交换技术"课程的实验指南,也可作为使用华为设备完成交换式以太网和互联网络设计、实施的工程技术人员的参考书。

图书在版编目(CIP)数据

路由和交换技术实验及实训:基于华为 eNSP/沈鑫剡等编著.—2 版.—北京:清华大学出版社,2020.1
(2024.8重印)
21 世纪高等学校物联网专业规划教材
ISBN 978-7-302-53824-0

Ⅰ.①路… Ⅱ.①沈… Ⅲ.①计算机网络-路由选择-高等学校-教材 ②计算机网络-信息交换机-高等学校-教材 Ⅳ.①TN915.05

中国版本图书馆 CIP 数据核字(2019)第 205864 号

责任编辑:刘向威 张爱华
封面设计:刘 键
责任校对:焦丽丽
责任印制:宋 林

出版发行:清华大学出版社
    网 址: https://www.tup.com.cn, https://www.wqxuetang.com
    地 址: 北京清华大学学研大厦 A 座   邮 编: 100084
    社 总 机: 010-83470000   邮 购: 010-62786544
    投稿与读者服务: 010-62776969, c-service@tup.tsinghua.edu.cn
    质量反馈: 010-62772015, zhiliang@tup.tsinghua.edu.cn
    课件下载: https://www.tup.com.cn, 010-83470236
印 装 者:三河市铭诚印务有限公司
经 销:全国新华书店
开 本: 185mm×260mm 印 张: 26.75   字 数: 648 千字
版 次: 2013 年 6 月第 1 版 2020 年 1 月第 2 版   印 次: 2024 年 8 月第 8 次印刷
印 数: 12001~13500
定 价: 69.00 元

产品编号: 081887-01

前言
FOREWORD

　　本书是与教材《路由和交换技术(第 2 版)》配套的实验教材,详细介绍了华为 eNSP 软件实验平台的功能和使用方法,以及在该软件实验平台上完成交换式以太网、虚拟局域网、生成树、链路聚合配置、网络互联、路由协议、组播、网络地址转换、三层交换机和 IPv6 等相关实验的方法和步骤。

　　本书针对教材的每一章内容设计了大量的实验,这些实验一部分是教材中的案例和实例的具体实现,用于验证教材内容,帮助读者更好地理解、掌握教材内容;另一部分是实际问题的解决方案,给出用华为网络设备设计具体网络的方法和步骤。每一个实验都从实验原理、实验过程中使用的关键命令和实验步骤等方面进行了深入讨论,不仅能使读者掌握使用华为网络设备完成交换式以太网和互联网设计、实施的方法和步骤,更能使读者进一步理解实验所涉及的原理和技术。

　　华为 eNSP 软件实验平台的人机界面非常接近实际设备的配置过程,除了连接线缆等物理动作外,读者通过华为 eNSP 软件实验平台完成实验与通过实际华为网络设备完成实验几乎没有差别,通过华为 eNSP 软件实验平台,读者可以完成复杂的交换式以太网和互联网的设计、配置和验证过程。更为难得的是,华为 eNSP 软件实验平台通过与 Wireshark 结合,可以基于具体网络环境分析各种协议运行过程中网络设备之间交换的报文类型和报文格式。

　　"路由和交换技术"课程本身是一门实验性很强的课程,需要通过实际网络设计过程来加深教学内容的理解,培养学生分析、解决问题的能力,但实验又是一大难题,因为很少有学校可以提供设计、实施复杂交换式以太网和互联网的网络实验室,华为 eNSP 软件实验平台和本书很好地解决了这一难题。

　　作为配套的实验教材,本书和《路由和交换技术(第 2 版)》相得益彰。《路由和交换技术(第 2 版)》为读者提供了复杂交换式以太网和互联网的设计原理与技术,本书提供了在华为 eNSP 软件实验平台上运用教材内容提供的理论和技术,设计、配置和调试各种规模的交换式以太网和互联网的步骤和方法,读者用《路由和交换技术(第 2 版)》提供的网络设计原理和技术指导实验,然后又通过实验来加深理解《路由和交换技术(第 2 版)》的内容,课堂教学和实验形成良性互动。

　　本书既是一本与《路由和交换技术(第 2 版)》配套的实验指导用书,又是一本指导读者使用华为网络设备完成交换式以太网和互联网设计、实施的网络工程手册,同时还是一本很好的 HCIA-Routing&Switching 的实验辅导教材。因此,本书是一本理想的网络工程专业"路由和交换技术"课程的实验教材,对准备完成 HCIA-Routing&Switching 认证的人员以及从事校园网、企业网设计与实施的工程技术人员,也是一本非常好的参考书。

限于作者的水平,书中疏漏不足之处在所难免,殷切希望使用本书的老师和学生批评指正,也殷切希望读者能够就本书内容和叙述方式提出宝贵建议和意见,以便进一步完善本书内容。

作　者
2019 年 3 月

目录
CONTENTS

第1章
CHAPTER 1 | 实验基础

国内外大型网络设备公司纷纷发布软件实验平台,Cisco 公司发布了 Packet Tracer,华为公司发布了 eNSP(Enterprise Network Simulation Platform)。华为 eNSP 是一个非常理想的软件实验平台,可以完成各种规模校园网和企业网的设计、配置和调试过程。与 Wireshark 结合,可以基于具体网络环境分析各种协议运行过程中网络设备之间交换的报文类型和报文格式。除了不能实际物理接触,华为 eNSP 提供了和实际实验环境几乎一样的仿真环境。

1.1 华为 eNSP 使用说明

1.1.1 功能介绍

华为 eNSP 是华为公司为网络初学者提供的一个学习软件,初学者通过华为 eNSP 可以用华为公司的网络设备设计、配置和调试各种类型和规模的网络,与 Wireshark 结合,可以在任何网络设备接口捕获经过该接口输入输出的报文。作为辅助教学工具和软件实验平台,华为 eNSP 可以在课程教学过程中完成以下功能。

1. 完成网络设计、配置和调试过程

根据网络设计要求选择华为公司的网络设备,如路由器、交换机等,用合适的传输媒体将这些网络设备互连在一起,进入设备命令行接口(Command-Line Interface,CLI)界面对网络设备逐一进行配置,通过启动分组端到端传输过程检验网络中任意两个终端之间的连通性。如果发现问题,通过检查网络拓扑结构、互连网络设备的传输媒体、设备配置信息、设备建立的控制信息(如交换机转发表、路由器路由表等)确定问题的起因,并加以解决。

2. 模拟协议操作过程

网络中分组端到端传输过程是各种协议、各种网络技术相互作用的结果,因此,只有了解网络环境下各种协议的工作流程、各种网络技术的工作机制及它们之间的相互作用过程,才能掌握完整、系统的网络知识。对于初学者,掌握网络设备之间各种协议实现过程中相互

传输的报文类型、报文格式、报文处理流程对理解网络工作原理至关重要。华为 eNSP 与 Wireshark 结合,给出了网络设备之间各种协议实现过程中每一个步骤涉及的报文类型和报文格式,可以让初学者观察、分析协议执行过程中的每一个细节。

3. 验证教材内容

《路由和交换技术(第 2 版)》的主要特色是在讲述每一种协议或技术前,先构建一个运用该协议或技术的网络环境,并在该网络环境下详细讨论该协议或技术的工作机制,而且,所提供的网络环境和人们实际应用中所遇到的网络十分相似,较好地解决了教学内容和实际应用的衔接问题。因此,可以在教学过程中,用华为 eNSP 完成教材中每一个网络环境的设计、配置和调试过程,并与 Wireshark 结合,基于具体网络环境分析各种协议运行过程中网络设备之间交换的报文类型和报文格式,以此验证教材内容,并通过验证过程,更进一步加深学生对教材内容的理解,真正做到弄懂弄透。

1.1.2　用户界面

启动华为 eNSP 后,出现如图 1.1 所示的初始界面。单击"新建拓扑"按钮,弹出如图 1.2 所示的用户界面。用户界面分为主菜单、工具栏、网络设备区、工作区、设备接口区等。

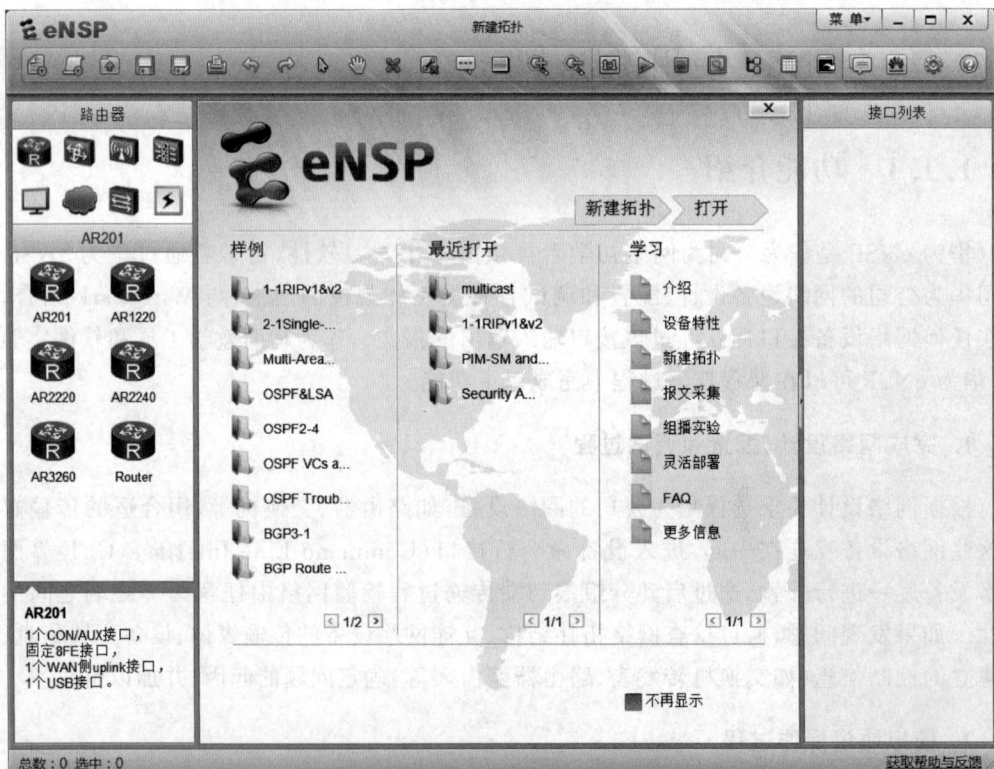

图 1.1　华为 eNSP 启动后的初始界面

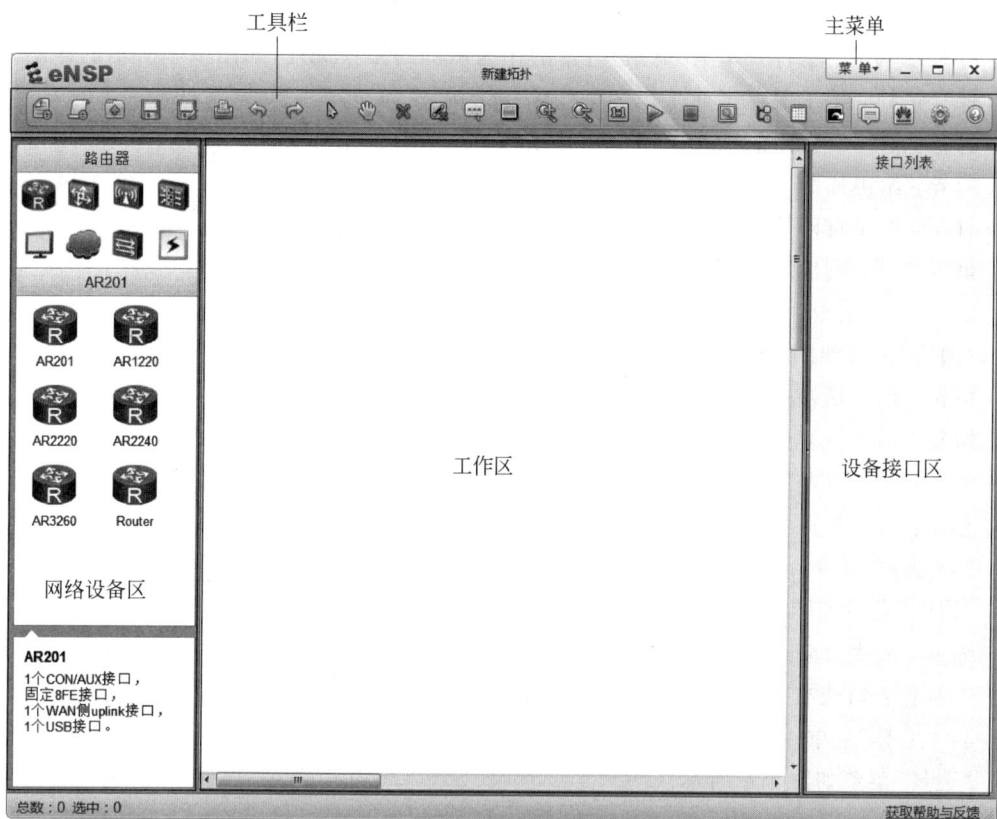

图 1.2　华为 eNSP 用户界面

1. 主菜单

主菜单如图 1.3 所示,给出该软件提供的 6 个菜单,分别是"文件""编辑""视图""工具""考试"和"帮助"。

1)"文件"菜单

"文件"菜单如图 1.4 所示。

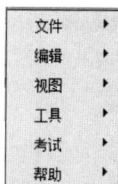

图 1.3　主菜单

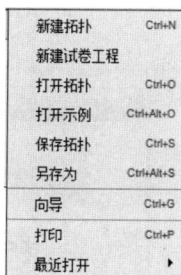

图 1.4　"文件"菜单

新建拓扑:用于新建一个网络拓扑结构。

新建试卷工程:用于新建一份考试用的试卷。

打开拓扑：用于打开保存的一份拓扑文件，拓扑文件的扩展名是 topo。

打开示例：用于打开华为 eNSP 自带的作为示例的拓扑文件，如图 1.1 所示的样例。

保存拓扑：用于保存当前工作区中的拓扑结构。

另存为：用于将当前工作区中的拓扑结构另存为其他拓扑文件。

向导：给出如图 1.1 所示的初始界面。

打印：用于打印工作区中的拓扑结构。

最近打开：列出最近打开过的扩展名为 topo 的拓扑文件。

2)"编辑"菜单

"编辑"菜单如图 1.5 所示。

撤销：用于撤销最近完成的操作。

恢复：用于恢复最近撤销的操作。

复制：用于复制工作区中拓扑结构的任意部分。

粘贴：在工作区中粘贴最近复制的工作区中拓扑结构的任意部分。

3)"视图"菜单

"视图"菜单如图 1.6 所示。

缩放：放大、缩小工作区中的拓扑结构。也可将工作区中拓扑结构复位到初始大小。

工具栏：勾选右工具栏，显示设备接口区；勾选左工具栏，显示网络设备区。

4)"工具"菜单

"工具"菜单如图 1.7 所示。

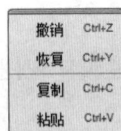

撤销	Ctrl+Z
恢复	Ctrl+Y
复制	Ctrl+C
粘贴	Ctrl+V

| 缩放 | ▶ |
| 工具栏 | ▶ |

调色板	Ctrl+Alt+P
启动设备	Ctrl+Alt+A
停止设备	Ctrl+Alt+C
数据抓包	Ctrl+Alt+D
选项	Ctrl+Alt+E
合并 / 展开 CLI	
注册设备	
添加 / 删除设备	

图 1.5 "编辑"菜单　　　　图 1.6 "视图"菜单　　　　图 1.7 "工具"菜单

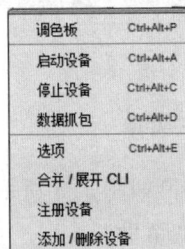

调色板："调色板"操作界面如图 1.8 所示，用于设置图形的边框类型、边框粗细和填充色。

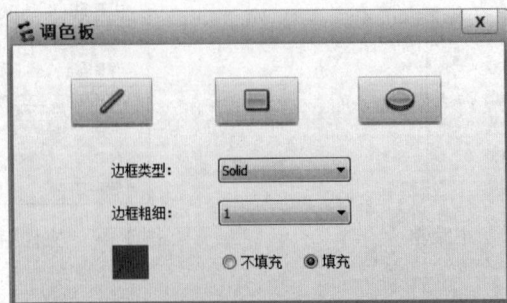

图 1.8 "调色板"操作界面

启动设备：启动选择的设备。只有完成设备启动过程后，才能对该设备进行配置。

停止设备：停止选择的设备。

数据抓包：启动采集数据报文过程。

选项："选项"配置界面如图 1.9 所示，用于对华为 eNSP 的各种选项进行配置。

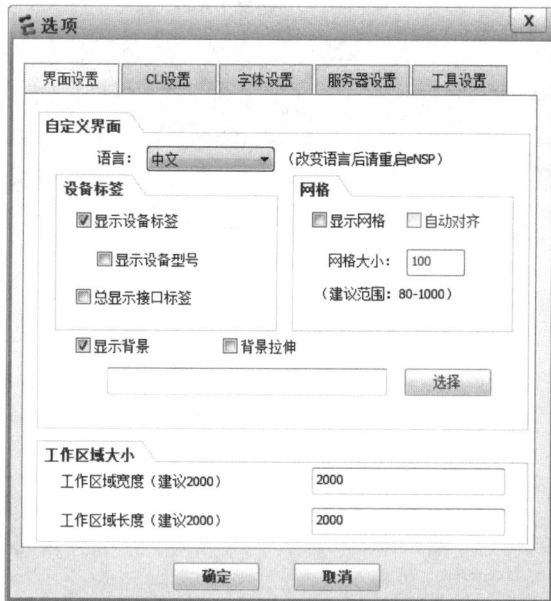

图 1.9　"选项"配置界面

合并/展开 CLI：合并 CLI 可以将多个网络设备的 CLI 窗口合并为一个 CLI 窗口，图 1.10 所示就是合并四个网络设备的 CLI 窗口后生成的合并 CLI 窗口；展开 CLI 可以分别为每一个网络设备生成一个 CLI 窗口，如图 1.11 所示。

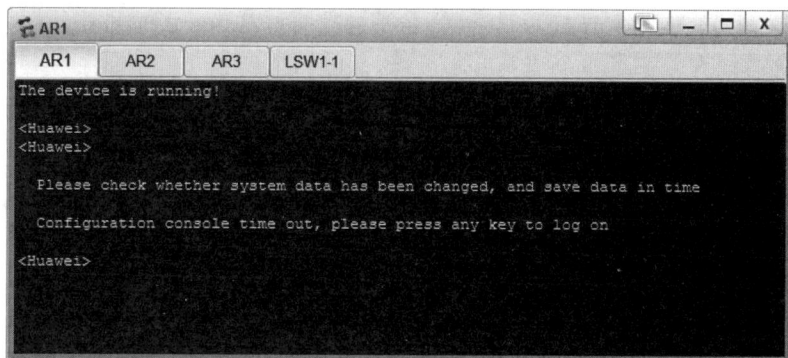

图 1.10　合并 CLI 窗口

注册设备：用于注册 AR、AC、AP 等设备。

添加/删除设备：用于增加一个产品型号，或者删除一个产品型号。增加或删除产品型号界面如图 1.12 所示。

5）"考试"菜单

"考试"菜单用于对生成的学生试卷进行阅卷。

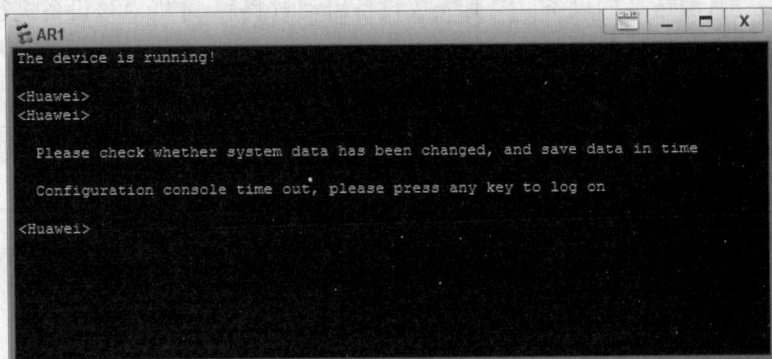

图 1.11　展开 CLI 窗口

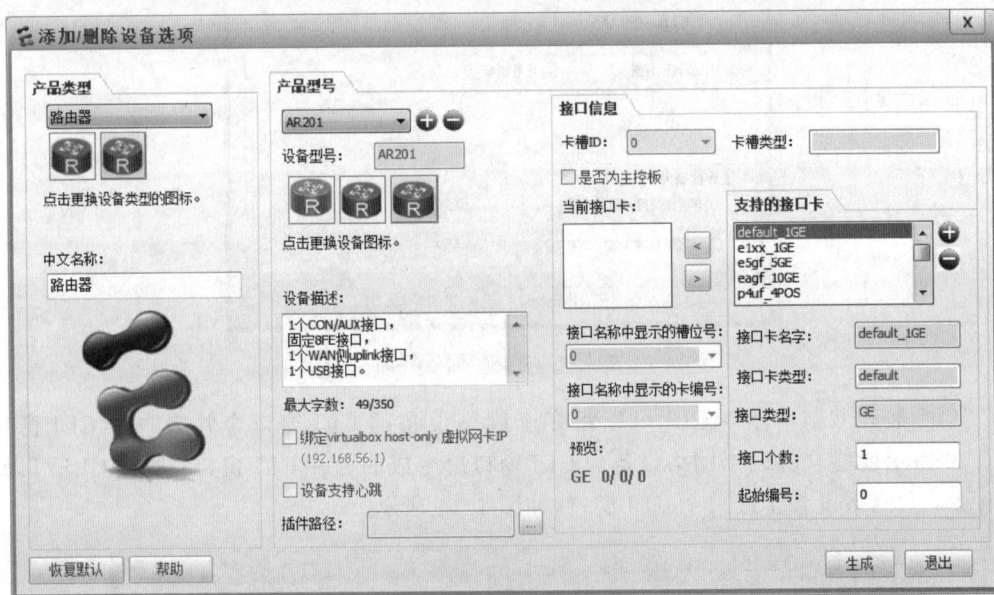

图 1.12　增加或删除产品型号界面

6)"帮助"菜单

"帮助"菜单如图 1.13 所示。

目录:给出华为 eNSP 的简要使用手册,如图 1.14 所示,所有初学
者务必仔细阅读目录中的内容。

图 1.13　"帮助"菜单

2. 工具栏

工具栏给出华为 eNSP 的常用命令,这些命令通常包含在各个菜单中。

3. 网络设备区

网络设备区如图 1.2 所示,从上到下分为三部分。

第一部分是设备类型选择框,用于选择网络设备的类型。设备类型选择框中给出的网
络设备类型有路由器、交换机、无线局域网设备、防火墙、终端、其他设备、自定义设备类型、

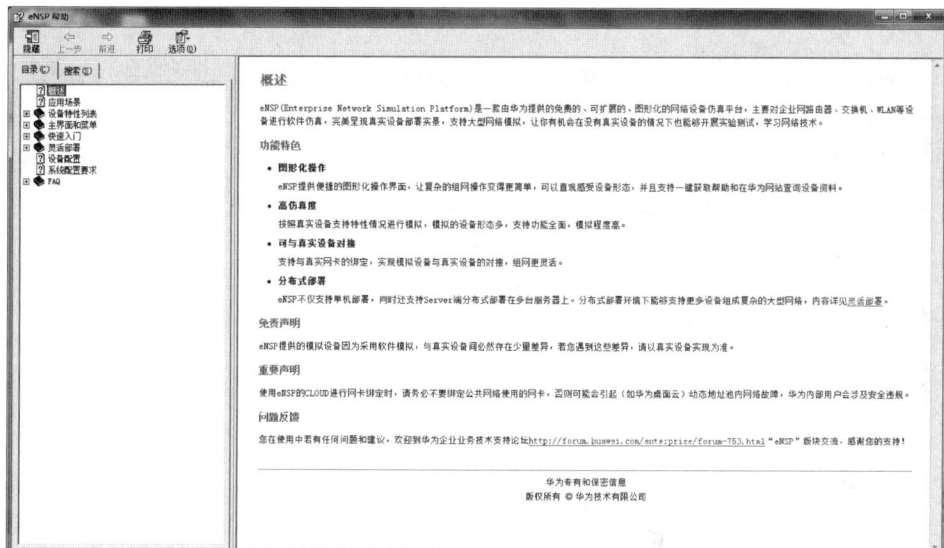

图 1.14　帮助目录

设备连线等。

　　第二部分是设备选择框。一旦在设备类型选择框中选定设备类型，设备选择框中列出华为 eNSP 支持的属于该类型的所有设备型号。如果在设备类型选择框中选中路由器，设备选择框中列出华为 eNSP 支持的各种型号的路由器。

　　第三部分是设备描述框。一旦在设备选择框中选中某种型号的网络设备，设备描述框中将列出该设备的基本配置。

　　特别说明网络设备区中列出的以下几种类型的网络设备。

　　1）云设备

　　云设备是一种可以将任意类型设备连接在一起实现通信过程的虚拟装置。其最大的用处是可以将实际的 PC 接入到仿真环境中。假定需要将一台实际 PC 接入工作区中的拓扑结构（仿真环境），与仿真环境中的 PC 实现相互通信过程。在设备类型选择框中选中"其他设备"，在设备选择框中选中"云设备（Cloud）"，将其拖放到工作区中，双击该云设备，弹出如图 1.15 所示的云设备配置界面。绑定信息选择"无线网络连接--IP：192.168.1.100"，这是一台实际笔记本计算机的无线网络接口。将该无线网络接口添加到云设备的端口列表中，再添加一个用于连接仿真 PC 的以太网端口，建立这两个端口之间的双向通道，如图 1.16 所示。将一个仿真 PC（PC1）连接到工作区中的云设备上，如图 1.17 所示。为仿真 PC 配置如图 1.18 所示的 IP 地址、子网掩码和默认网关地址，完成配置过程后，单击"应用"按钮。仿真 PC 配置的 IP 地址与实际 PC 的 IP 地址必须有相同的网络号。启动实际 PC 的命令行接口，输入命令"ping 192.168.1.37"，发现实际 PC 与仿真 PC 之间能够实现相互通信过程，如图 1.19 所示。

　　2）防火墙和 CE 系列设备

　　防火墙和 CE 系列设备（CE6800 和 CE12800）需要单独导入设备包，分别如图 1.20 和图 1.21 所示。设备包通过解压下载的对应压缩文件获得。防火墙导入的设备包对应下载文件 USG6000V.zip，CE 系列设备导入的设备包对应下载文件 CE6800.zip，如图 1.22 所示。

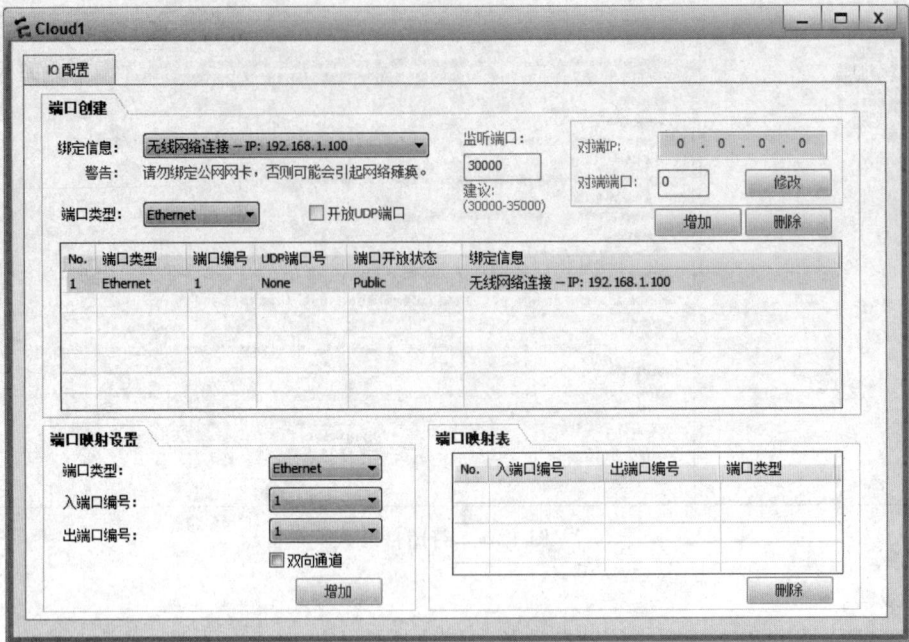

图 1.15　云设备配置界面

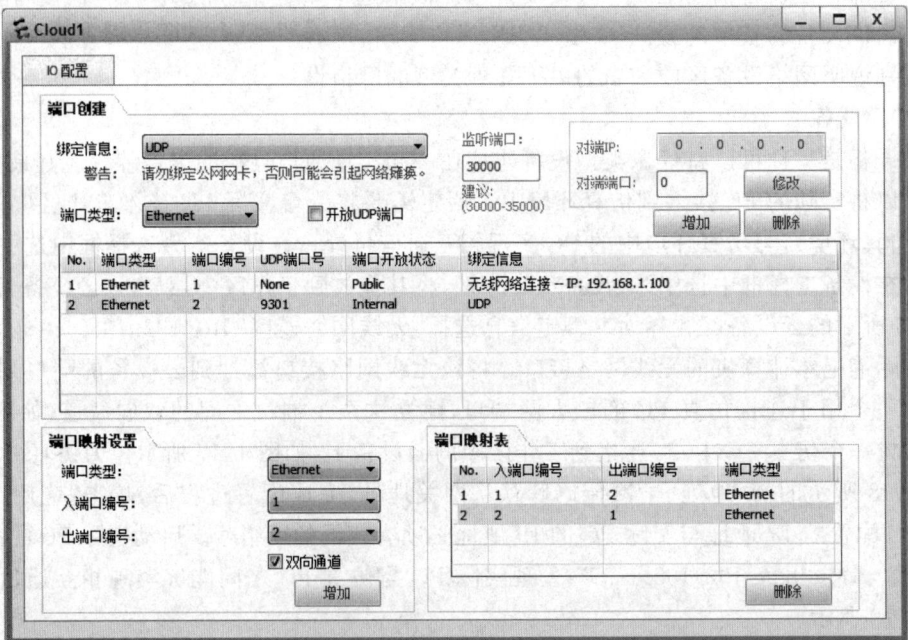

图 1.16　建立实际 PC 与仿真 PC 之间的双向通道

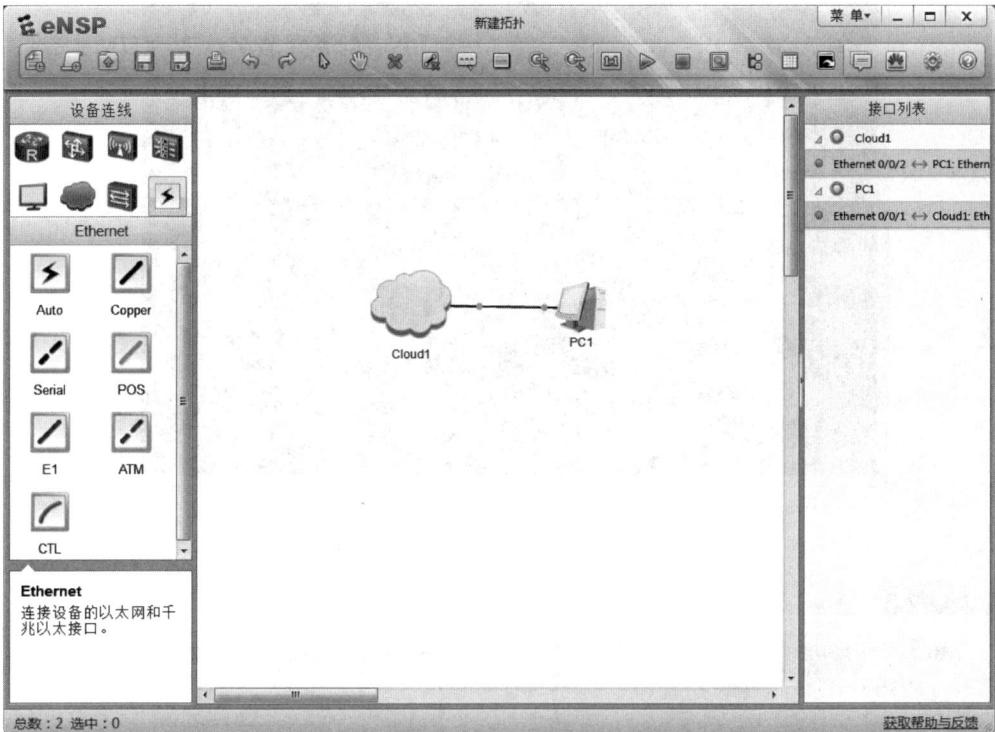

图 1.17 将仿真 PC(PC1)连接到工作区的云设备上

图 1.18 为仿真 PC 配置 IP 地址、子网掩码和默认网关地址

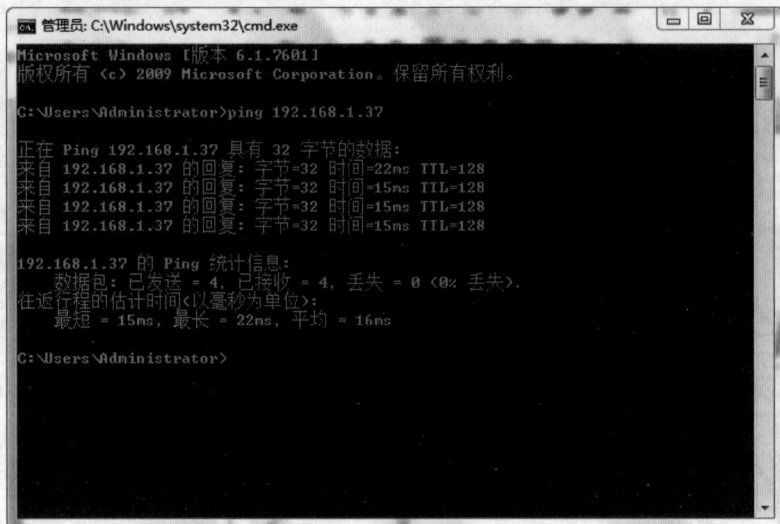

图1.19　实际 PC 与仿真 PC 之间的通信过程

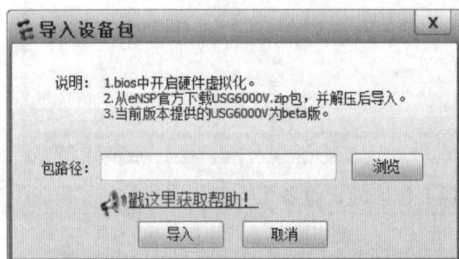

图1.20　防火墙导入设备包界面

图1.21　CE 系列设备导入设备包界面

软件类型	▣其他				
▣软件名称		文件大小	发布时间	下载次数	下载
▢CE6800.zip 🔒 设备包		425.19MB	2017/12/29	141790	📧⤓
▢USG6000V.zip 🔒 设备包		218.31MB	2017/12/29	136251	📧⤓
▢eNSP V100R002C00B510 Setup.zip 🔒 软件安装包		669.09MB	2017/12/29	322314	📧⤓
下载					

图1.22　设备包对应的下载文件

4. 工作区

1) 放置和连接设备

工作区用于设计网络拓扑结构、配置网络设备、检测端到端连通性等。如果需要构建一个网络拓扑结构,单击"新建拓扑"按钮,弹出如图1.2所示的空白工作区。首先完成工作区设备放置过程,在设备类型选择框中选中设备类型,如路由器。在设备选择框中选中设备型号,如 AR1220。将光标移到工作区,光标变为选中的设备型号,单击鼠标左键(即单击),完成一次该型号设备的放置过程,如果需要放置多个该型号设备,单击鼠标左键多次。如果放置其他型号的设备,可以重新在设备类型选择框中选中新的设备类型,在设备选择框中选中新的设备型号。如果不再放置设备,可以单击工具栏中的"恢复鼠标"按钮。

完成设备放置后,在设备类型选择框中选中设备连线,在设备选择框中选中正确的连接线类型。对于以太网,可以选择的连接线类型有 Auto 和 Copper。Auto 是自动按照编号顺序选择连接线两端的端口,因此,一旦在设备选择框中选中 Auto,将光标移到工作区后,光标变为连接线接头形状,在需要连接的两端设备上分别单击鼠标左键,完成一次连接过程。Copper 是人工选择连接线两端的端口。因此,在设备选择框中选中 Copper,在需要连接的两端设备上单击鼠标左键,弹出该设备的接口列表,在接口列表中选择需要连接的接口。在需要连接的两端设备上分别选择接口后,完成一次连接过程。图 1.23 所示是完成设备放置和连接后的工作区界面。

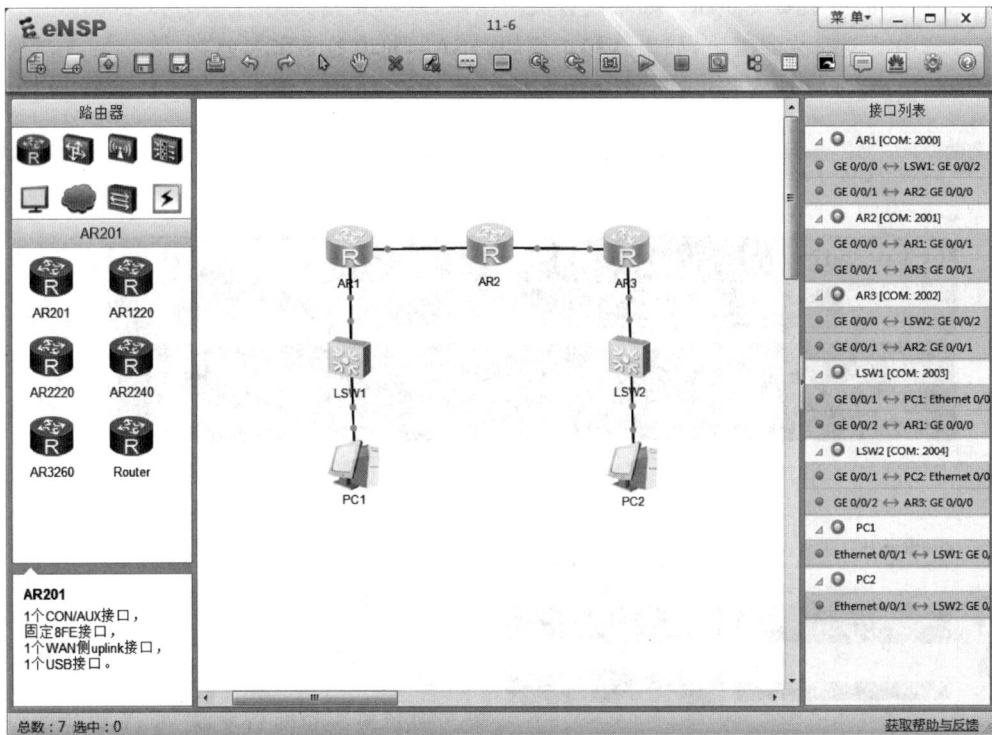

图 1.23 完成设备放置和连接后的工作区界面

2) 启动设备

通过单击工具栏中的"恢复鼠标"按钮恢复鼠标,恢复鼠标后,通过在工作区中拖动鼠标选择需要启动的设备范围,单击工具栏中的"开启设备"按钮,开始选中设备的启动过程,直到所有连接线两端端口状态全部变绿,启动过程才真正完成。只有在完成启动过程后,才可以开始设备的配置过程。

5. 设备接口区

设备接口区用于显示拓扑结构中的设备和每一根连接线两端的设备接口。连接线两端的端口状态有三种:一种是红色,表明该接口处于关闭状态;一种是绿色,表明该接口已经成功启动;还有一种是蓝色,表明该接口正在捕获报文。图 1.23 所示的设备接口区和图 1.23 所示的工作区中的拓扑结构是一一对应的。

1.1.3 设备模块安装过程

所有网络设备都有着默认配置,如果默认配置无法满足应用要求,可以为该网络设备安装模块。为网络设备安装模块的过程如下:将某个网络设备放置到工作区,用鼠标选中该网络设备,单击鼠标右键,弹出如图 1.24 所示的菜单。选择"设置",弹出如图 1.25 所示的模块安装界面。如果没有关闭电源,则需要先关闭电源。选中需要安装的模块,如串行接口模块(2SA),将其拖放到上面的插槽,完成模块安装过程,如图 1.26 所示。

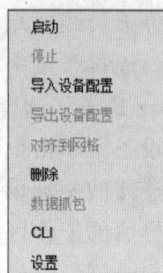

图 1.24 单击鼠标右键
后弹出的菜单

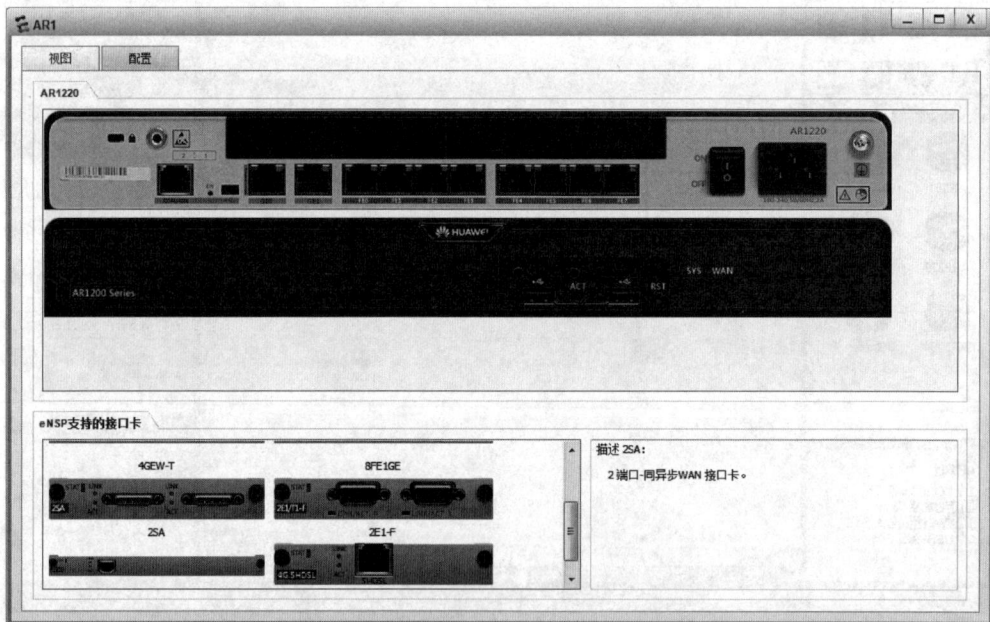

图 1.25 模块安装界面

1.1.4 设备 CLI 界面

工作区中的网络设备在完成启动过程后,可以通过双击该网络设备,进入该网络设备的 CLI 界面,如图 1.27 所示。

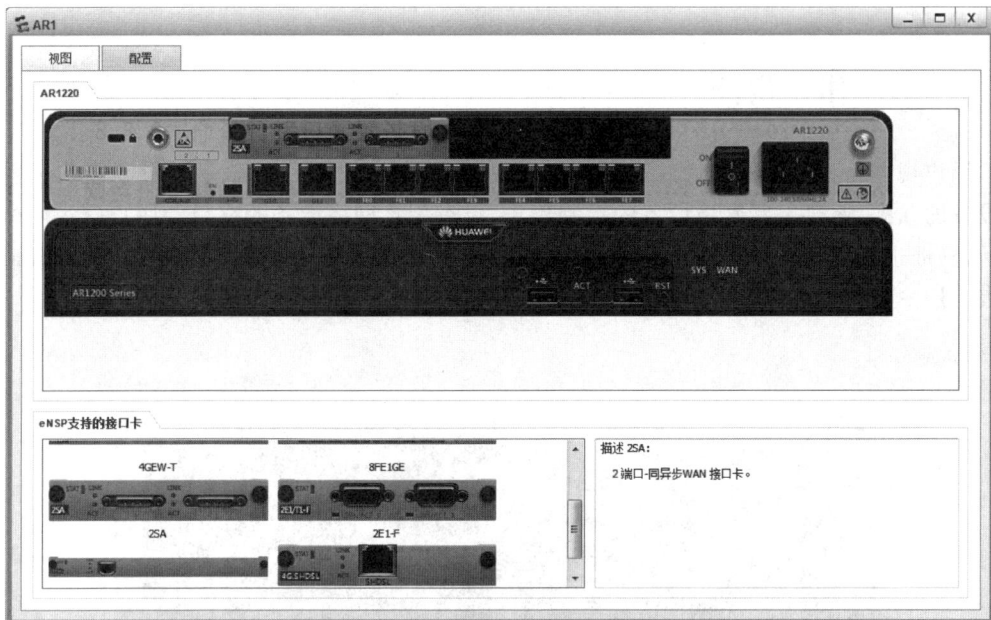

图 1.26　完成模块安装过程后的界面

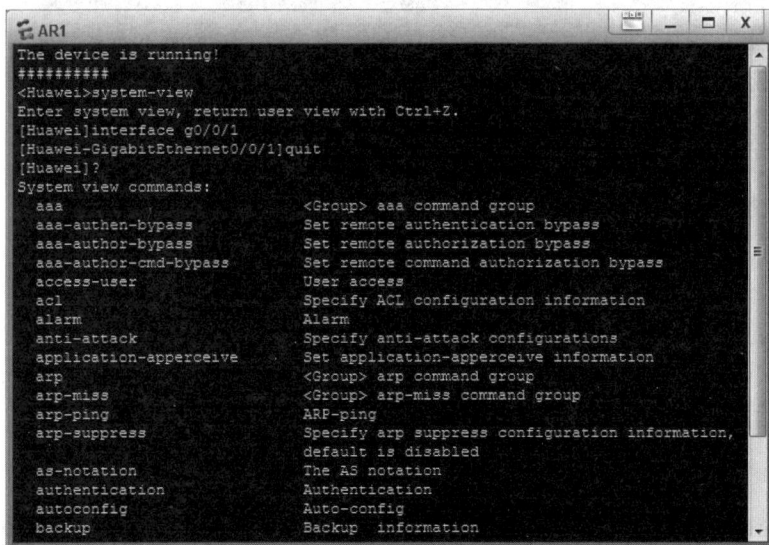

图 1.27　CLI 界面

1.2　CLI 命令视图

华为网络设备可以看作专用计算机系统,同样由硬件系统和软件系统组成,CLI 界面是其中一种用户界面。在 CLI 界面下,用户通过输入命令实现对网络设备的配置和管理。为了安全,CLI 界面提供多种不同的视图,不同的视图下,用户具有不同的配置和管理网络设备的权限。

1.2.1　用户视图

用户视图是权限最低的命令视图。用户视图下,用户只能通过命令查看和修改一些网络设备的状态,修改一些网络设备的控制信息,没有配置网络设备的权限。用户登录网络设备后,立即进入用户视图。图 1.28 所示是用户视图下的命令提示符和可以输入的部分命令列表。用户视图下的命令提示符如下。

<Huawei>

图 1.28　用户视图下的命令提示符和可以输入的部分命令列表

Huawei 是默认的设备名,系统视图下可以通过命令 sysname 修改默认的设备名。如在系统视图下(系统视图下的命令提示符为[Huawei])输入命令 sysname routerabc 后,用户视图的命令提示符变为如下。

< routerabc >

在用户视图命令提示符下,用户可以输入图 1.28 列出的命令,命令格式和参数在以后完成具体网络实验时讨论。

1.2.2　系统视图

通过在用户视图命令提示符下输入命令 system-view,进入系统视图。图 1.29 所示是系统视图下的命令提示符和可以输入的部分命令列表。系统视图下的命令提示符如下。

[Huawei]

同样,Huawei 是默认的设备名。系统视图下,用户可以查看、修改网络设备的状态和控制信息,如 MAC Table(交换机转发表)等,完成对整个网络设备有效的配置。如果需要完成对网络设备部分功能块的配置,如路由器某个接口的配置,则需要从系统视图进入这些功能块的视图模式。从系统视图进入路由器接口 GigabitEthernet0/0/0 的接口视图需要输入的命令及路由器接口视图下的命令提示符如下。

```
[Huawei]interface GigabitEthernet0/0/0
[Huawei - GigabitEthernet0/0/0]
```

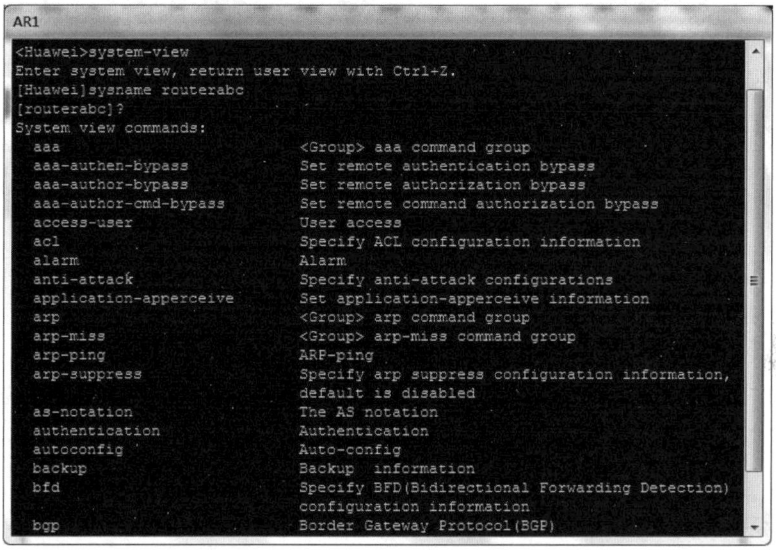

图 1.29　系统视图下的命令提示符和可以输入的部分命令列表

1.2.3　CLI 帮助工具

1. 查找工具

如果忘记某个命令或者命令中的某个参数,可以通过输入"?"完成查找过程。在某种视图命令提示符下,通过输入"?",界面将显示该视图下允许输入的命令列表。如图 1.29 所示,在系统视图命令提示符下输入"?",界面将显示系统视图下允许输入的命令列表,如果单页显示不完,则分页显示。

在某个命令中需要输入某个参数的位置输入"?",界面将列出该参数的所有选项。命令 interface 用于进入接口视图,如果不知道如何输入选择接口的参数,在需要输入选择接口的参数的位置输入"?",界面将列出该参数的所有选项,如图 1.30 所示。

2. 命令和参数允许输入部分字符

无论是命令,还是参数,CLI 都不要求输入完整的单词,只需要输入单词中的部分字符,只要这一部分字符在命令列表中,或者参数的所有选项中能够唯一确定某个命令或参数选项。如在路由器系统视图下进入接口 GigabitEthernet0/0/0 对应的接口视图的完整命令如下。

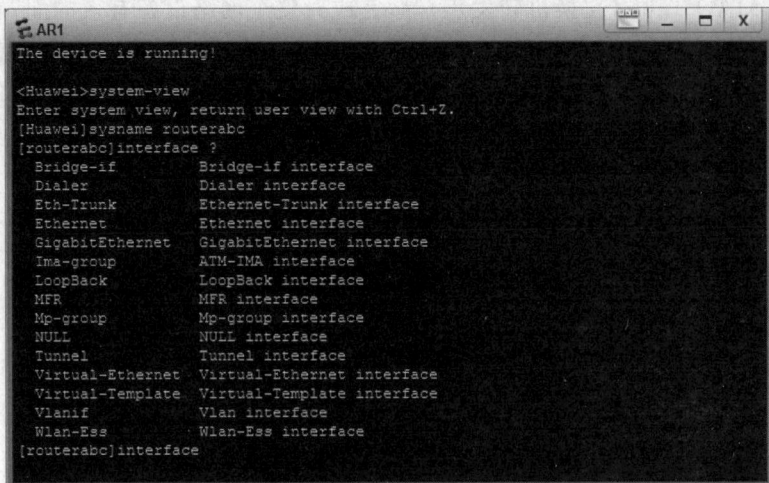

图 1.30　列出接口的所有选项

[routerabc]interface GigabitEthernet0/0/0
[routerabc – GigabitEthernet0/0/0]

但无论是命令 interface,还是选择接口类型的参数 GigabitEthernet,都不需要输入完整的单词,而只需要输入单词中的部分字符,如下所示。

[routerabc]int g0/0/0
[routerabc – GigabitEthernet0/0/0]

由于系统视图下的命令列表中没有两个以上前 3 个字符是 int 的命令,因此,输入 int 已经能够唯一确定命令 interface。同样,接口类型的所有选项中没有两项以上是以字符 g 开头的,因此,输入 g 已经能够唯一确定 GigabitEthernet 选项。

3. 历史命令缓存

通过"↑"键可以查找以前使用的命令,通过"←"和"→"键可以将光标移动到命令中需要修改的位置。如果某个命令需要输入多次,每次输入时,只有个别参数可能不同,则无须每一次都全部重新输入命令及参数,可以通过"↑"键显示上一次输入的命令,通过"←"键移动光标到需要修改的位置,对命令中需要修改的部分进行修改即可。

1.2.4　取消命令过程

在 CLI 界面下,如果输入的命令有错,需要取消该命令,则在与原命令相同的命令提示符下,输入命令:

undo 需要取消的命令

如以下是创建编号为 3 的 VLAN 的命令。

[Huawei]vlan 3
[Huawei – vlan3]

则以下是删除已经创建的编号为 3 的 VLAN 的命令。

```
[Huawei]undo vlan 3
```

如以下是用于关闭路由器接口 GigabitEthernet0/0/0 的命令序列。

```
[routerabc]interface GigabitEthernet0/0/0
[routerabc-GigabitEthernet0/0/0]shutdown
```

则以下是用于开启路由器接口 GigabitEthernet0/0/0 的命令序列。

```
[routerabc]interface GigabitEthernet0/0/0
[routerabc-GigabitEthernet0/0/0]undo shutdown
```

如以下是用于为路由器接口 GigabitEthernet0/0/0 配置 IP 地址 192.1.1.254 和子网掩码 255.255.255.0 的命令序列。

```
[routerabc]interface GigabitEthernet0/0/0
[routerabc-GigabitEthernet0/0/0]ip address 192.1.1.254 24
```

则以下是取消为路由器接口 GigabitEthernet0/0/0 配置的 IP 地址和子网掩码的命令序列。

```
[routerabc]interface GigabitEthernet0/0/0
[routerabc-GigabitEthernet0/0/0]undo ip address 192.1.1.254 24
```

1.3　报文捕获过程

华为 eNSP 与 Wireshark 结合，可以捕获网络设备运行过程中交换的各种类型的报文，并显示报文中各个字段的值。

1.3.1　启动 Wireshark

如果已经在工作区完成设备放置和连接过程，且已经完成设备启动过程，可以通过单击工具栏中的"数据抓包"按钮启动数据抓包过程。针对如图 1.23 所示的工作区中的拓扑结构，启动数据抓包过程后，弹出如图 1.31 所示的选择设备和接口的界面。在"选择设备"框中选定需要抓包的设备，在"选择接口"框中选定需要抓包的接口，单击"开始抓包"按钮，启动 Wireshark，由 Wireshark 完成指定接口的报文捕获过程。可以同时在多个接口启动Wireshark。

1.3.2　配置显示过滤器

默认状态下，Wireshark 显示输入输出指定接口的全部报文。但在网络调试过程中，或者在观察某个协议运行过程中设备之间交换的报文类型和报文格式时，需要有选择地显示捕获的报文。显示过滤器用于设定显示报文的条件。

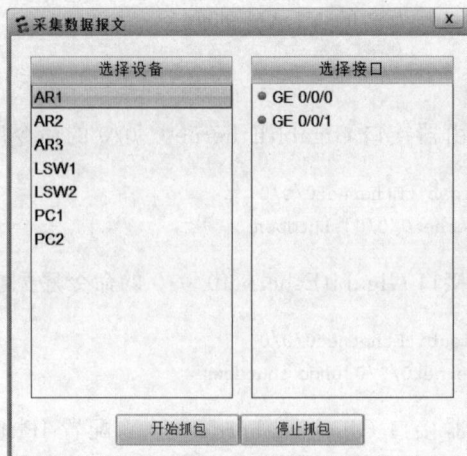

图 1.31　抓包过程中选择设备和接口的界面

　　可以直接在显示过滤器(Filter)框中输入用于设定显示报文条件的条件表达式,如图 1.32 所示。条件表达式可以由逻辑操作符连接的关系表达式组成。常见的关系操作符如表 1.1 所示。常见的逻辑操作符如表 1.2 所示。常见的关系表达式如表 1.3 所示。

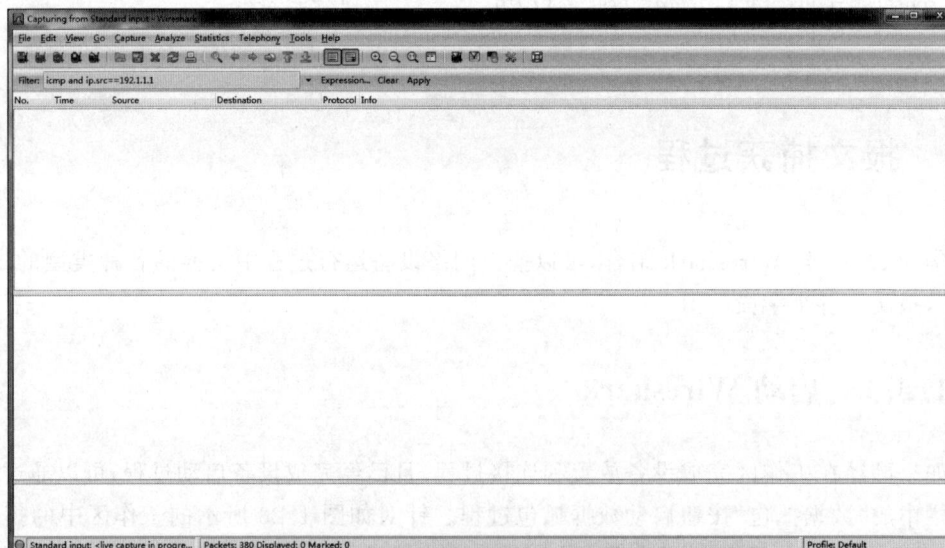

图 1.32　显示过滤器框中的条件表达式

表 1.1　常见的关系操作符

与 C 语言类似的关系操作符	简写	说明	举　　例
==	eq	等于	eth. addr==12:34:56:78:90:1a ip. src eq 192.1.1.254
!=	ne	不等于	ip. src!=192.1.1.254 ip. src ne 192.1.1.254
>	gt	大于	tcp. port>1024 tcp. port gt 1024

续表

与 C 语言类似的关系操作符	简写	说明	举　　例
<	lt	小于	tcp. port<1024 tcp. port lt 1024
>=	ge	大于或等于	tcp. port>=1024 tcp. port ge 1024
<=	le	小于或等于	tcp. port<=1024 tcp. port le 1024

表 1. 2　常见的逻辑操作符

与 C 语言类似的逻辑操作符	简写	说明	举　　例
&&	and	逻辑与	eth. addr==12:34:56:78:90:1a and ip. src eq 192.1.1.254 eth. addr==12:34:56:78:90:1a && ip. src eq 192.1.1.254 表示 MAC 帧的源或目的 MAC 地址等于 12:34:56:78:90:1a,且 MAC 帧封装的 IP 分组的源 IP 地址等于 192.1.1.254
||	or	逻辑或	eth. addr==12:34:56:78:90:1a or ip. src eq 192.1.1.254 eth. addr==12:34:56:78:90:1a||ip. src eq 192.1.1.254 表示 MAC 帧的源或目的 MAC 地址等于 12:34:56:78:90:1a,或者 MAC 帧封装的 IP 分组的源 IP 地址等于 192.1.1.254
!	not	逻辑非	! eth. addr==12:34:56:78:90:1a 表示或者源 MAC 地址不等于 12:34:56:78:90:1a,或者目的 MAC 地址不等于 12:34:56:78:90:1a

表 1. 3　常见的关系表达式

常见的表达式	说　　明
eth. addr==<MAC 地址>	源或目的 MAC 地址等于指定 MAC 地址的 MAC 帧。MAC 地址格式为 xx:xx:xx:xx:xx:xx,其中 x 为十六进制数
eth. src==<MAC 地址>	源 MAC 地址等于指定 MAC 地址的 MAC 帧
eth. dst==<MAC 地址>	目的 MAC 地址等于指定 MAC 地址的 MAC 帧
eth. type==<格式为 0xnnnn 的协议类型字段值>	协议类型字段值等于指定 4 位十六进制数的 MAC 帧
ip. addr==<IP 地址>	源或目的 IP 地址等于指定 IP 地址的 IP 分组
ip. src==<IP 地址>	源 IP 地址等于指定 IP 地址的 IP 分组
ip. dst==<IP 地址>	目的 IP 地址等于指定 IP 地址的 IP 分组
ip. ttl==<值>	ttl 字段值等于指定值的 IP 分组
ip. version==<4/6>	版本字段值等于 4 或 6 的 IP 分组
tcp. port==<值>	源或目的端口号等于指定值的 TCP 报文
tcp. srcport==<值>	源端口号等于指定值的 TCP 报文
tcp. dstport==<值>	目的端口号等于指定值的 TCP 报文
udp. port==<值>	源或目的端口号等于指定值的 UDP 报文
udp. srcport==<值>	源端口号等于指定值的 UDP 报文
udp. dstport==<值>	目的端口号等于指定值的 UDP 报文

假定只显示符合以下条件的 IP 分组。

(1) 源 IP 地址等于 192.1.1.1。

(2) 封装在该 IP 分组中的报文是 TCP 报文,且目的端口号等于 80。

可以通过在显示过滤器(Filter)框中输入以下条件表达式,实现只显示符合上述条件的 IP 分组的目的。

ip.src eq 192.1.1.1 && tcp.dstport = = 80

在显示过滤器框中输入条件表达式时,如果输入部分属性名称,则显示过滤器框下自动列出包含该部分属性名称的全部属性名称,如输入部分属性名称"ip.",显示过滤器框下自动弹出如图 1.33 所示的包含"ip."的全部属性名称的列表。

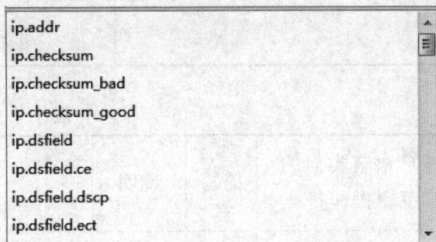

```
ip.addr
ip.checksum
ip.checksum_bad
ip.checksum_good
ip.dsfield
ip.dsfield.ce
ip.dsfield.dscp
ip.dsfield.ect
```

图 1.33　属性名称列表

1.4　网络设备配置方式

华为 eNSP 通过双击某个网络设备启动该设备的 CLI 界面,但实际网络设备的配置过程肯定与此不同。目前存在多种配置实际网络设备的方式,主要有控制台端口配置方式、Telnet 配置方式、Web 界面配置方式、SNMP 配置方式和配置文件加载方式等。对于路由器和交换机,华为 eNSP 主要支持控制台端口配置方式、Telnet 配置方式和配置文件加载方式等。下面主要介绍控制台端口配置方式和 Telnet 配置方式。

1.4.1　控制台端口配置方式

1. 工作原理

交换机和路由器出厂时,只有默认配置,如果需要对刚购买的交换机和路由器进行配置,最直接的配置方式是采用如图 1.34 所示的控制台端口配置方式,用串行口连接线互连 PC 的 RS-232 串行口和网络设备的 Consol(控制台)端口,启动 PC 的超级终端程序,完成超级终端程序参数配置过程,按 Enter 键进入网络设备的命令行接口界面。

RS-232　　　　控制台端口　　　　　　　　RS-232　　　　控制台端口

串行口连接线　　　　　　　　　　　　　串行口连接线

(a) 交换机配置方式　　　　　　　　　　(b) 路由器配置方式

图 1.34　控制台端口配置方式

一般情况下,通过控制台端口配置方式完成网络设备的基本配置,如交换机管理地址和默认网关地址,路由器各个接口的 IP 地址、静态路由项或路由协议等,其目的是建立终端与网络设备之间的传输通路。只有在建立终端与网络设备之间的传输通路后,才能通过其他配置方式对网络设备进行配置。

2. 华为 eNSP 实现过程

图 1.35 所示是华为 eNSP 通过控制台端口配置方式完成交换机和路由器初始配置的界面。在工作区中放置终端和网络设备,选择 CTL 连接线(连接线类型是互连串行口和控制台端口的串行口连接线)互连终端与网络设备。通过双击终端(PC1 或 PC2)启动终端的配置界面,单击"串口"选项卡,弹出如图 1.36 所示的终端 PC1 超级终端程序参数配置界面,单击"连接"按钮,进入网络设备命令行接口界面。图 1.37 所示是交换机命令行接口界面。

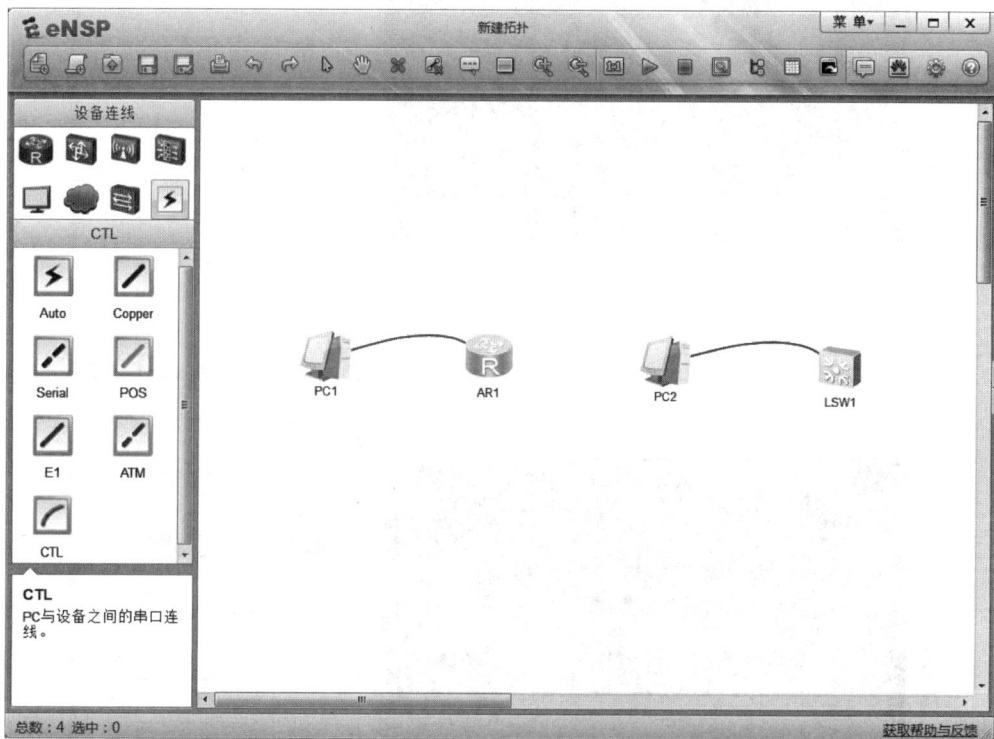

图 1.35　通过控制台端口配置方式完成交换机和路由器初始配置的界面

1.4.2　Telnet 配置方式

1. 工作原理

图 1.38 中的终端通过 Telnet 配置方式对网络设备实施远程配置的前提是,交换机和路由器必须完成如图 1.38 所示的基本配置,如路由器 R 需要完成如图 1.38 所示的接口 IP 地址和子网掩码配置,交换机 S1 和 S2 需要完成如图 1.38 所示的管理地址和默认网关地址配置,终端需要完成如图 1.38 所示的 IP 地址和默认网关地址配置。只有完成上述配置后,终端与网络设备之间才能建立 Telnet 报文传输通路,终端才能通过 Telnet 远程登录网络设备。

图 1.36　终端 PC1 超级终端程序参数配置界面

图 1.37　通过超级终端程序进入的交换机命令行接口界面

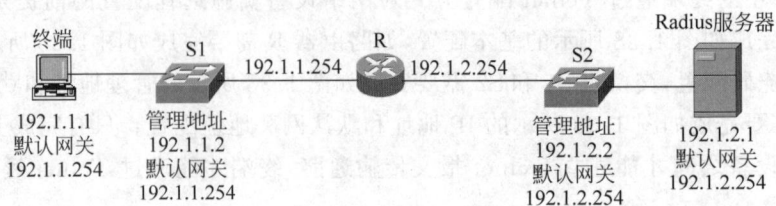

图 1.38　Telnet 配置方式

　　Telnet 配置方式与控制台端口配置方式的最大不同在于,Telnet 配置方式必须在已经建立终端与网络设备之间的 Telnet 报文传输通路的前提下进行,而且单个终端可以通过 Telnet 配置方式对一组已经建立与终端之间的 Telnet 报文传输通路的网络设备实施远程配置。控制台端口配置方式只能对单个通过串行口连接线连接的网络设备实施配置。

2. 华为 eNSP 实现过程

　　图 1.39 所示是华为 eNSP 实现用 Telnet 配置方式配置网络设备的工作区界面。首先需要在工作区中放置和连接网络设备,对网络设备完成基本配置。由于华为 eNSP 中的终端并没有 Telnet 实用程序,因此,需要通过启动路由器中的 Telnet 实用程序实现对交换机的远程配置过程。为了建立终端 PC、各个网络设备之间的 Telnet 报文传输通路,需要对路由器 AR1 的接口配置 IP 地址和子网掩码,对终端 PC 配置 IP 地址、子网掩码和默认网关地址等。对实际网络设备的基本配置一般通过控制台端口配置方式完成,因此,控制台端口配置方式在网络设备的配置过程中是不可或缺的。

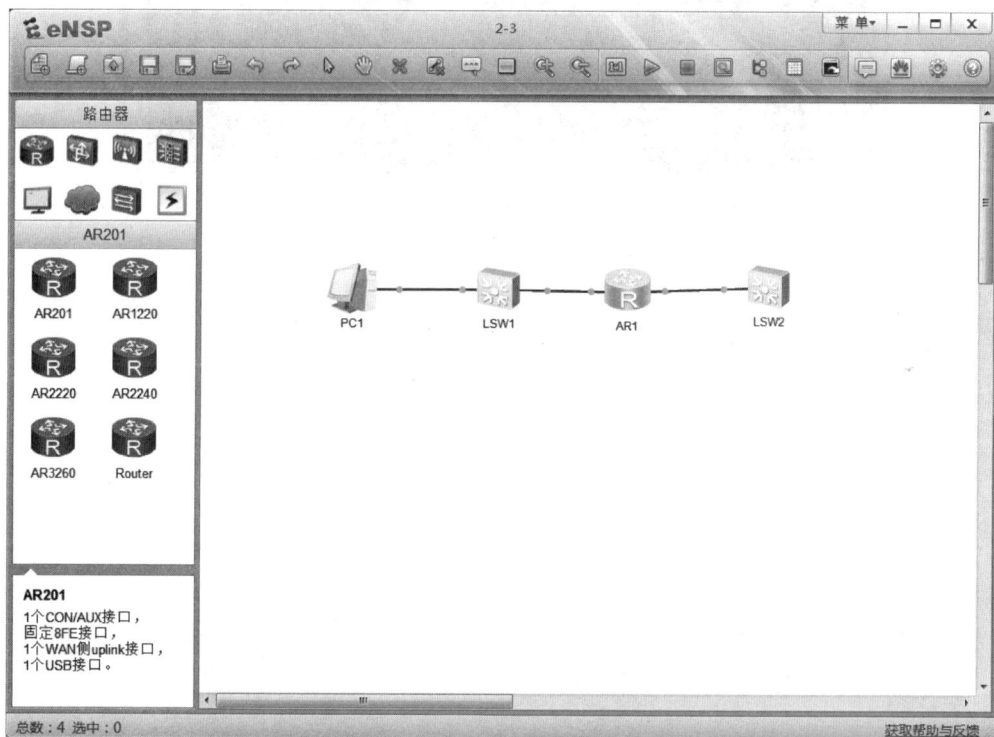

图 1.39　用 Telnet 配置方式配置网络设备的工作区界面

　　在华为 eNSP 实现过程中,可以通过双击某个网络设备启动该网络设备的 CLI 界面,也可以通过控制台端口配置方式逐个配置网络设备。由于课程学习的重点在于掌握原理和方法,因此,在以后的实验中,通常通过双击某个网络设备启动该网络设备的 CLI 界面,通过 CLI 界面完成网络设备的配置过程。具体操作步骤和命令输入过程在以后章节中详细讨论。

　　一旦建立终端 PC、各个网络设备之间的 Telnet 报文传输通路,即可通过双击路由器

AR1 进入如图 1.40 所示的 CLI 界面。在命令提示符下,通过启动 Telnet 实用程序建立与交换机 LSW1 之间的 Telnet 会话,通过 Telnet 配置方式开始对交换机 LSW1 的配置过程。图 1.40 所示是路由器 AR1 通过 Telnet 远程登录交换机 LSW1 后出现的交换机命令行接口界面。

```
AR1                                                                    X
<Huawei>telnet 192.1.1.7
 Press CTRL_] to quit telnet mode
 Trying 192.1.1.7 ...
 Connected to 192.1.1.7 ...


Login authentication


Password:
Info: The max number of VTY users is 5, and the number
     of current VTY users on line is 1.
     The current login time is 2018-12-17 22:58:23.
<Huawei>system-view
Enter system view, return user view with Ctrl+Z.
[Huawei]?
System view commands:
   aaa                        AAA
   acl                        Specify ACL configuration information
   alarm                      Enter the alarm view
   anti-attack                Specify anti-attack configurations
   application-apperceive     Set application-apperceive information
   arp                        ARP module
   arp-miss                   Specify ARP MISS configuration information
   arp-suppress               Specify arp suppress configuration information,
                              default is disabled
```

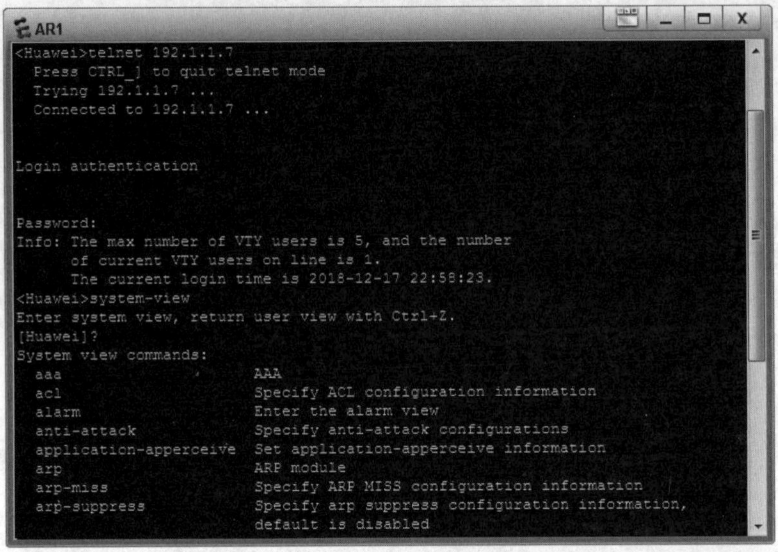

图 1.40　路由器 AR1 通过 Telnet 远程登录交换机 LSW1 后
出现的交换机命令行接口界面

第 2 章

CHAPTER 2

交换机和交换式以太网实验

交换机基于媒体接入控制(Medium Access Control,MAC)表转发 MAC 帧,MAC 表中存在静态和动态转发项,这两种转发项的作用有所区别。为了防止黑客终端接入交换机,交换机可以配置黑洞 MAC 地址项。为了防止黑客实施 MAC 表溢出攻击,可以为每一个交换机端口设置允许学习到的 MAC 地址数上限,甚至可以关闭交换机端口学习 MAC 地址的功能。

2.1 集线器和交换机工作原理验证实验

2.1.1 实验内容

网络结构如图 2.1 所示,验证终端之间 MAC 帧传输过程,观察 MAC 表中动态转发项的建立过程。MAC 表也称交换机转发表。

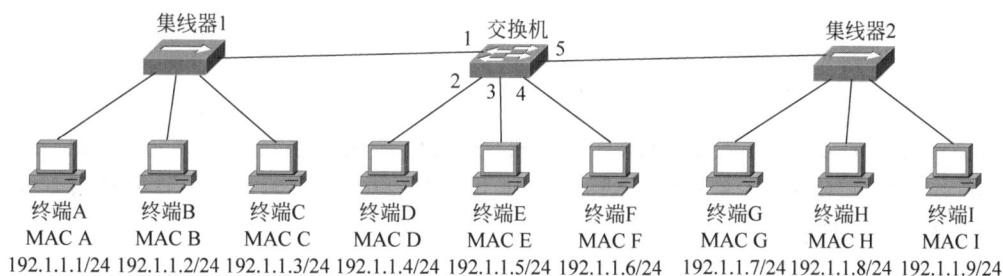

图 2.1 网络结构

通过配置,将交换机端口 1 的转发项数量限制为 2。在完成集线器 1 连接的 3 个终端与其他终端之间的通信过程后,观察交换机转发表(MAC 表)中动态转发项的建立过程。

通过配置,关闭交换机端口 5 学习 MAC 地址的功能。在完成集线器 2 连接的 3 个终端与其他终端之间的通信过程后,观察交换机转发表(MAC 表)中动态转发项的建立过程。

2.1.2　实验目的

(1) 验证集线器广播 MAC 帧过程。
(2) 验证交换机地址学习过程。
(3) 验证交换机转发、广播和丢弃接收到的 MAC 帧的条件。
(4) 验证以太网端到端数据传输过程。
(5) 验证限制端口学习到的 MAC 地址数的过程。
(6) 验证关闭端口学习 MAC 地址的功能的过程。

2.1.3　实验原理

在完成图 2.1 中各个终端之间的通信过程后,交换机 MAC 表中与端口 1 和端口 5 绑定的转发项各有 3 项,与端口 2、3 和 4 绑定的转发项各有 1 项。

可以为交换机端口设置允许学习到的 MAC 地址数上限。如果将图 2.1 中交换机端口 1 允许学习到的 MAC 地址数上限设置为 2,在完成集线器 1 连接的 3 个终端与其他终端之间的通信过程后,交换机 MAC 表中与端口 1 绑定的转发项只有 2 项。

可以关闭交换机端口学习 MAC 地址的功能。如果关闭图 2.1 中交换机端口 5 学习 MAC 地址的功能,在完成集线器 2 连接的 3 个终端与其他终端之间的通信过程后,交换机 MAC 表中没有与端口 5 绑定的转发项。

2.1.4　关键命令说明

1. 关闭信息中心功能

```
[Huawei]undo info - center enable
```

info-center enable 是系统视图下使用的命令,该命令的作用是启动信息中心功能。一旦启动信息中心功能,系统就会向日志主机、控制台等输出系统信息。undo info-center enable 命令的作用是关闭信息中心功能。一旦关闭信息中心功能,系统停止向日志主机、控制台等输出系统信息。

2. 显示 MAC 表

```
[Huawei]display mac - address
```

display mac-address 是系统视图下使用的命令,该命令的作用是显示交换机 MAC 表(转发表)中的转发项。

3. 限制端口学习到的 MAC 地址数

```
[Huawei]interface GigabitEthernet0/0/1
[Huawei - GigabitEthernet0/0/1]mac - limit maximum 2
```

[Huawei-GigabitEthernet0/0/1]quit

interface GigabitEthernet0/0/1 是系统视图下使用的命令,该命令的作用是进入端口 GigabitEthernet0/0/1 的接口视图。GigabitEthernet 是端口类型,表明是吉比特以太网端口(千兆以太网端口),0/0/1 是端口编号。

mac-limit maximum 2 是接口视图下使用的命令,该命令的作用是将指定交换机端口(这里是端口 GigabitEthernet0/0/1)允许学习到的 MAC 地址数上限设定为 2。

4. 关闭端口学习 MAC 地址的功能

[Huawei]interface GigabitEthernet0/0/5
[Huawei-GigabitEthernet0/0/5]mac-address learning disable
[Huawei-GigabitEthernet0/0/5]quit

mac-address learning disable 是接口视图下使用的命令,该命令的作用是关闭指定交换机端口(这里是端口 GigabitEthernet0/0/5)学习 MAC 地址的功能。

2.1.5　实验步骤

(1) 启动 eNSP,按照如图 2.1 所示的网络拓扑结构放置和连接设备,完成设备放置和连接后的 eNSP 界面如图 2.2 所示。启动所有设备。

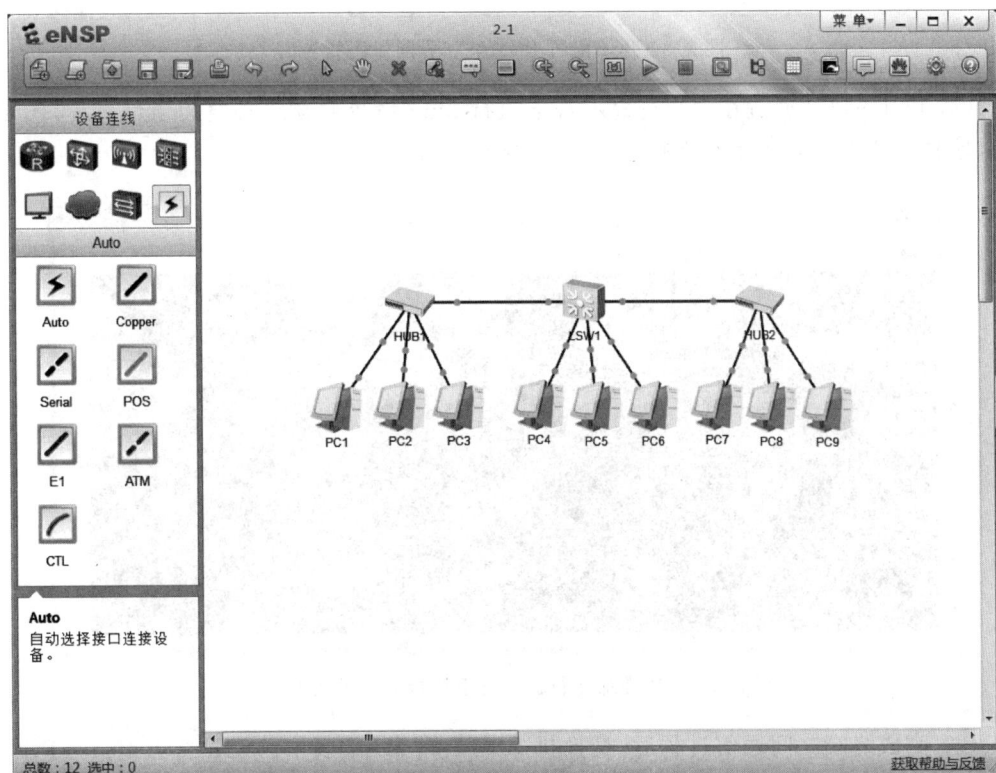

图 2.2　完成设备放置和连接后的 eNSP 界面

（2）分别为 PC1～PC9 配置 IP 地址和子网掩码，PC1～PC9 配置的 IP 地址依次是 192.1.1.1～192.1.1.9。PC1 配置 IP 地址和子网掩码的界面如图 2.3 所示。完成 IP 地址和子网掩码配置后，单击"应用"按钮。

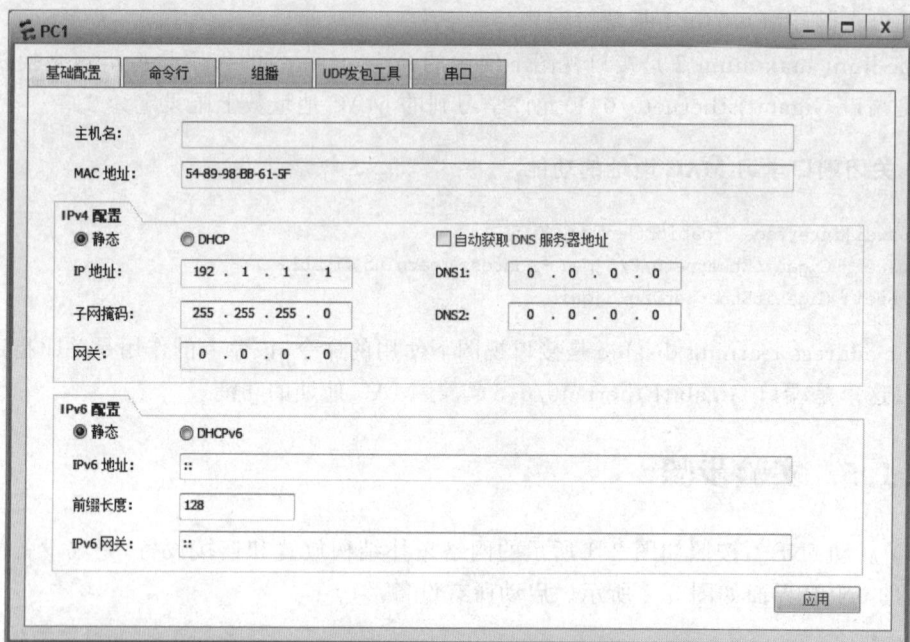

图 2.3　PC1 配置 IP 地址和子网掩码的界面

（3）PC1～PC9 通过在命令行提示符下执行 ping 命令启动终端之间通信过程，图 2.4 所示是 PC1 在命令行提示符下执行 ping 命令的界面。

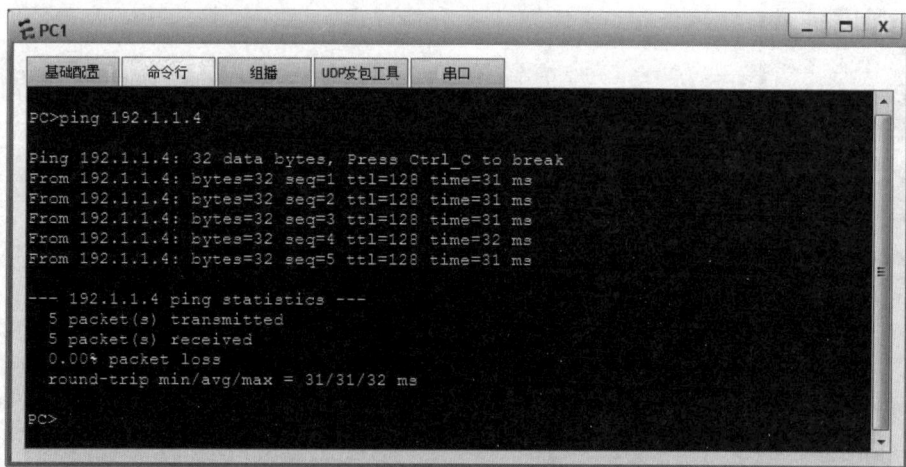

图 2.4　PC1 在命令行提示符下执行 ping 命令的界面

（4）完成终端之间通信过程后，交换机 LSW1 的 MAC 表中已经建立与 PC1～PC9 相关的转发项，其中与 PC1～PC3 相关的转发项中的输出端口是 GigabitEthernet0/0/1，与 PC4 相关的转发项中的输出端口是 GigabitEthernet0/0/2，与 PC5 相关的转发项中的输出端口是 GigabitEthernet0/0/3，与 PC6 相关的转发项中的输出端口是 GigabitEthernet0/0/4，与 PC7～PC9 相关的转发项中的输出端口是 GigabitEthernet0/0/5。通过在系统视图下输入命令显示如图 2.5 所示的 MAC 表中的转发项。

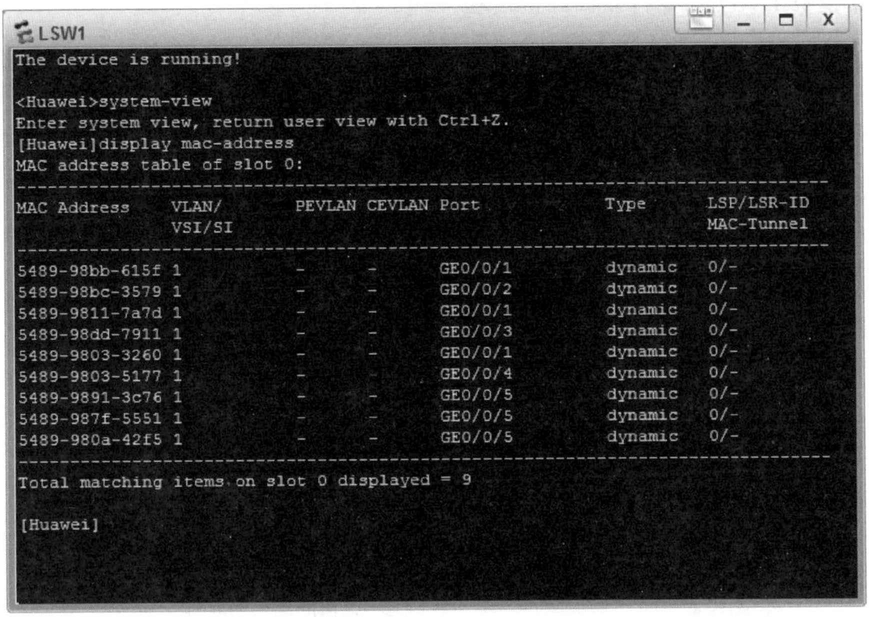

图 2.5　交换机 LSW1 的 MAC 表中的转发项

（5）通过输入命令将端口 GigabitEthernet0/0/1 允许学习到的 MAC 地址数上限设定为 2。关闭端口 GigabitEthernet0/0/5 学习 MAC 地址的功能。重新完成终端之间的通信过程，再次通过输入命令显示 MAC 表中的转发项。如图 2.6 所示，输出端口是 GigabitEthernet0/0/1 的转发项只有 2 项，输出端口是 GigabitEthernet0/0/5 的转发项为 0。

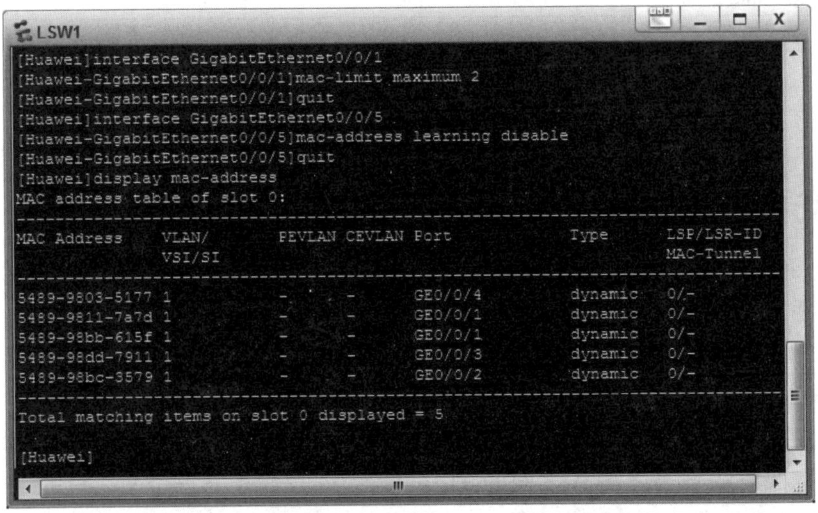

图 2.6　交换机 LSW1 限制 MAC 地址学习功能后的 MAC 表中的转发项

2.1.6 命令行接口配置过程

1. 交换机 LSW1 命令行接口配置过程

```
<Huawei>system-view
[Huawei]undo info-center enable
[Huawei]display mac-address
[Huawei]interface GigabitEthernet0/0/1    ;以下命令在完成实验步骤(5)时执行
[Huawei-GigabitEthernet0/0/1]mac-limit maximum 2
[Huawei-GigabitEthernet0/0/1]quit
[Huawei]interface GigabitEthernet0/0/5
[Huawei-GigabitEthernet0/0/5]mac-address learning disable
[Huawei-GigabitEthernet0/0/5]quit
[Huawei]display mac-address
```

2. 命令列表

交换机命令行接口配置过程中使用的命令及功能和参数说明如表 2.1 所示。

表 2.1 交换机命令行接口配置过程中使用的命令及功能和参数说明

命 令 格 式	功能和参数说明
system-view	从用户视图进入系统视图
info-center enable	启动信息中心功能
display mac-address	显示交换机 MAC 表中的转发项
interface⟨ethernet|gigabitethernet⟩ *interface-number*	进入指定交换机端口的接口视图,参数 *interface-number* 是端口编号
mac-limit maximum *max-num*	将指定交换机端口允许学习到的 MAC 地址数上限设定为参数 *max-num* 指定的值
mac-address learning disable	关闭指定交换机端口学习 MAC 地址的功能
quit	从当前视图退回到较低级别视图,如果当前视图是用户视图,则退出系统

注:本书命令列表中加粗的单词是关键词,斜体的单词是参数,关键词是固定的,参数是需要设置的。

2.2 交换式以太网实验

2.2.1 实验内容

构建如图 2.7 所示的交换式以太网结构,在三个交换机的初始转发表为空的情况下,完成终端 A 与终端 B 之间的 MAC 帧传输过程,查看三个交换机的 MAC 表。清除交换机 S1 的转发表,完成终端 B 与终端 A 之间的 MAC 帧传输过程,查看三个交换机的 MAC 表。配置用于建立终端 A 与交换机 S1 端口 1 之间绑定的静态转发项,将终端 A 转接到交换机 S1 端口 4,验证终端 A 无法与其他终端进行通信。将终端 A 转接到交换机 S3 端口 4,验证终

端 A 可以与终端 C 和终端 D 进行通信,但无法与终端 B 进行通信。将终端 D 的 MAC 地址
设置为黑洞 MAC 地址,验证终端 D 无法与其
他终端通信。将终端 D 转接到交换机 S1,验证
终端 D 可以与终端 B 进行通信,但无法与终端
C 进行通信。

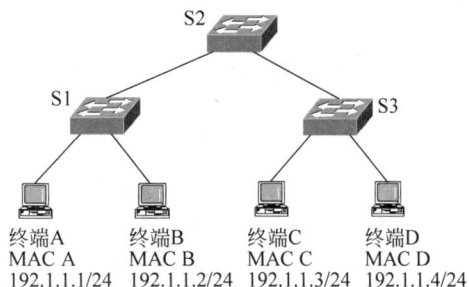

图 2.7 交换式以太网结构

2.2.2 实验目的

（1）验证交换式以太网的连通性,证明连
接在交换式以太网上的任何两个分配了相同网
络号、不同主机号的 IP 地址的终端之间能够实现 IP 分组传输过程。

（2）验证转发表建立过程。

（3）验证交换机 MAC 帧转发过程,重点验证交换机过滤 MAC 帧的功能,即如果交换机
接收 MAC 帧的端口与该 MAC 帧匹配的转发项中的转发端口相同,交换机丢弃该 MAC 帧。

（4）验证转发项与交换式以太网拓扑结构一致性的重要性。

（5）验证用静态转发项控制终端接入的交换机端口的过程。

（6）验证用黑洞转发项限制终端接入交换机的过程。

2.2.3 实验原理

终端 A 至终端 B 的 MAC 帧在如图 2.7 所示的以太网内广播,分别到达三个交换机,因
此,三个交换机的转发表中都存在 MAC 地址为 MAC A 的转发项。终端 B 至终端 A 的
MAC 帧由交换机 S1 直接从连接终端 A 的端口转发出去,因此,只有交换机 S1 中存在
MAC 地址为 MAC B 的转发项。

如果在清除交换机 S1 中的转发表内容后启动终端 B 至终端 A 的 MAC 帧传输过程,
由于交换机 S1 广播该 MAC 帧,使得交换机 S2 连接交换机 S1 的端口接收到该 MAC 帧。
由于交换机 S2 中与该 MAC 帧匹配的转发项中的转发端口就是交换机 S2 连接交换机 S1
的端口,交换机 S2 将丢弃该 MAC 帧。因此,只有交换机 S1 和 S2 的转发表中存在 MAC
地址为 MAC B 的转发项。

在交换机 S1 中配置用于建立终端 A 的 MAC 地址 MAC A 与端口 1 之间绑定的静态
转发项后,交换机 S1 能够转发通过端口 1 接收到的源 MAC 地址为 MAC A 的 MAC 帧。
丢弃所有从其他端口接收到的源 MAC 地址为 MAC A 的 MAC 帧。

在交换机 S3 中将终端 D 的 MAC 地址 MAC D 设置为黑洞 MAC 地址后,交换机 S3 将
丢弃源或目的 MAC 地址为 MAC D 的 MAC 帧。

2.2.4 关键命令说明

1. 清除转发表

`[Huawei]undo mac - address all`

undo mac-address all 是系统视图下使用的命令,该命令的作用是清除转发表中的所有转发项。

2. 配置静态转发项

[Huawei]mac – address static 5489 – 9862 – 7820 GigabitEthernet0/0/1 vlan 1

mac-address static 5489-9862-7820 GigabitEthernet0/0/1 vlan 1 是系统视图下使用的命令,该命令的作用是配置一项 MAC 地址为 5489-9862-7820、输出端口为 GigabitEthernet0/0/1、输出端口所属虚拟局域网(Virtual LAN,VLAN)为 VLAN 1 的静态转发项。配置该静态转发项后,该交换机能够转发通过端口 GigabitEthernet0/0/1 接收到的属于 VLAN 1、源 MAC 地址为 5489-9862-7820 的 MAC 帧,丢弃所有从其他端口接收到的属于 VLAN 1、源 MAC 地址为 5489-9862-7820 的 MAC 帧。

3. 配置黑洞 MAC 地址

[Huawei]mac – address blackhole 5489 – 987B – 5B83 vlan 1

mac-address blackhole 5489-987B-5B83 vlan 1 是系统视图下使用的命令,该命令的作用是配置一项黑洞 MAC 地址为 5489-987B-5B83 的黑洞 MAC 地址项,并使得该黑洞 MAC 地址项对应的 VLAN 为 VLAN 1。配置该黑洞 MAC 地址项后,交换机将丢弃所有属于 VLAN 1、源或目的 MAC 地址为 5489-987B-5B83 的 MAC 帧。

2.2.5 实验步骤

(1) 启动 eNSP,按照如图 2.7 所示的网络拓扑结构放置和连接设备,完成设备放置和连接后的 eNSP 界面如图 2.8 所示。启动所有设备。

(2) 分别为 PC1～PC4 配置 IP 地址和子网掩码,对应 PC1～PC4 配置的 IP 地址是 192.1.1.1～192.1.1.4。PC1 配置 IP 地址和子网掩码的界面如图 2.9 所示。完成 IP 地址和子网掩码配置后,单击"应用"按钮。

(3) PC1 通过在命令行提示符下执行 ping 命令启动 PC1 与 PC2 之间的通信过程,图 2.10 所示是 PC1 在命令行提示符下执行 ping 命令的界面。

(4) 显示交换机 LSW1、LSW2 和 LSW3 的 MAC 表,交换机 LSW1、LSW2 和 LSW3 的 MAC 表内容分别如图 2.11～图 2.13 所示。在交换机 LSW1 初始 MAC 表为空的情况下,完成 PC1 和 PC2 之间的通信过程后,交换机 LSW1 的 MAC 表中分别建立 PC1 和 PC2 对应的转发项,交换机 LSW2 和 LSW3 的 MAC 表中只建立 PC1 对应的转发项。

(5) 清除 LSW1 的 MAC 表内容,PC2 通过在命令行提示符下执行 ping 命令启动 PC2 与 PC1 之间的通信过程,图 2.14 所示是 PC2 在命令行提示符下执行 ping 命令的界面。

(6) 显示交换机 LSW1、LSW2 和 LSW3 的 MAC 表。在清除交换机 LSW1 的 MAC 表内容后,完成 PC2 与 PC1 之间的通信过程。在交换机 LSW1 的 MAC 表中分别建立 PC1 和 PC2 对应的转发项,交换机 LSW2 的 MAC 表中在已经建立 PC1 对应的转发项的基础上,增加 PC2 对应的转发项,如图 2.15 所示。交换机 LSW3 的 MAC 表中仍然只有已经建立的 PC1 对应的转发项。

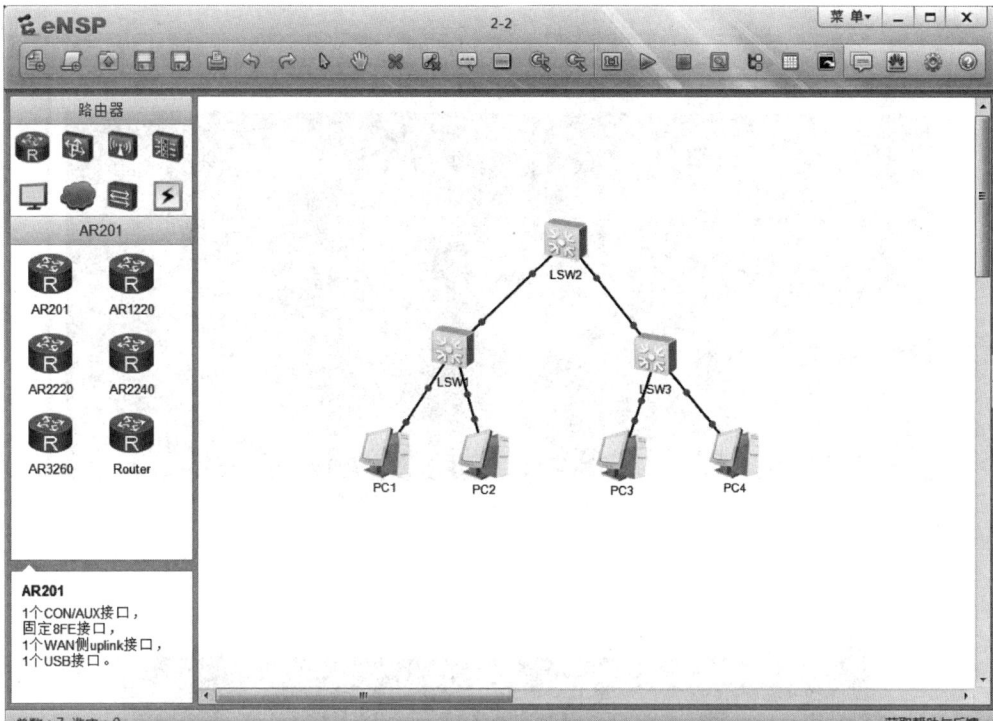

图 2.8　完成设备放置和连接后的 eNSP 界面

图 2.9　PC1 配置 IP 地址和子网掩码的界面

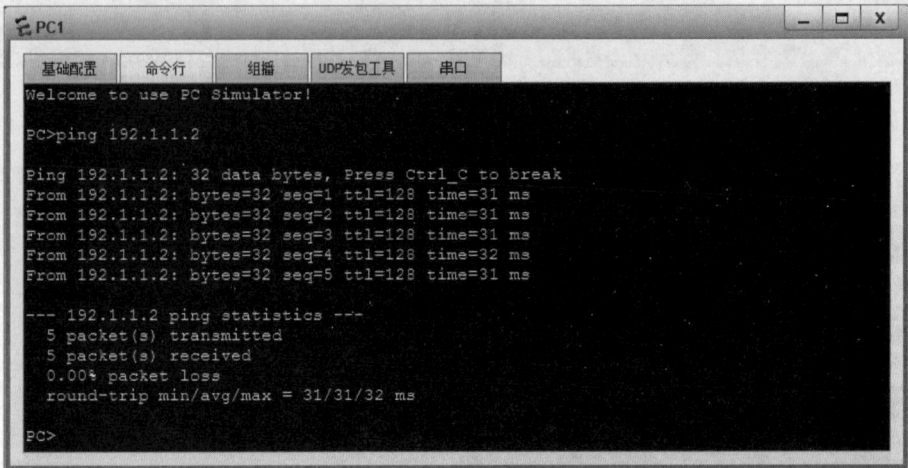

图 2.10　PC1 在命令行提示符下执行 ping 命令的界面

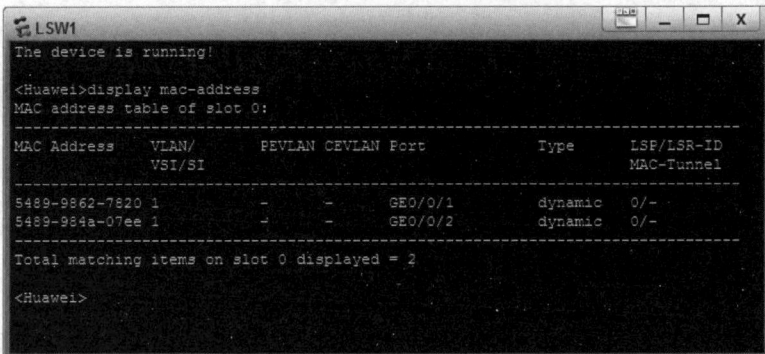

图 2.11　LSW1 的 MAC 表内容

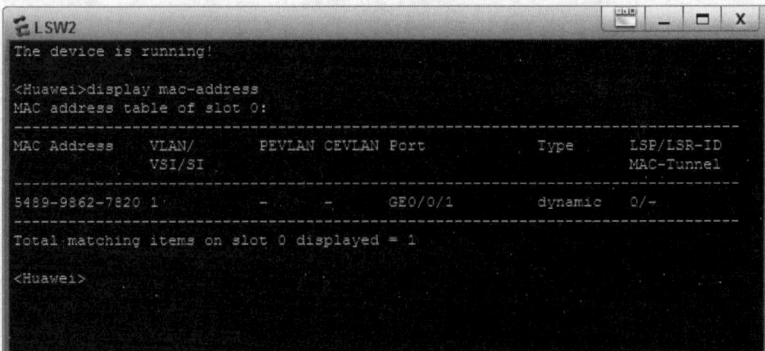

图 2.12　LSW2 的 MAC 表内容

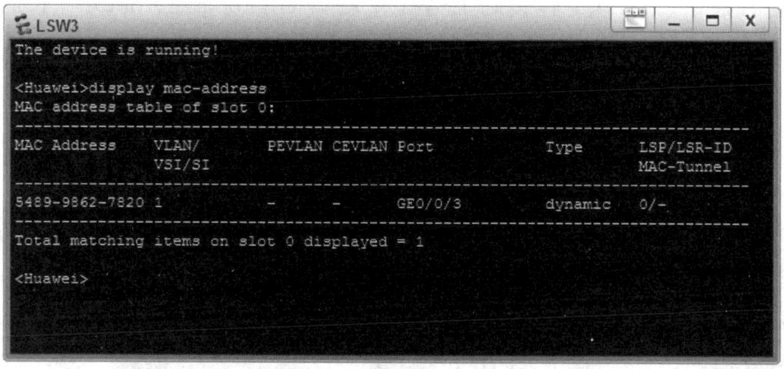

图 2.13　LSW3 的 MAC 表内容

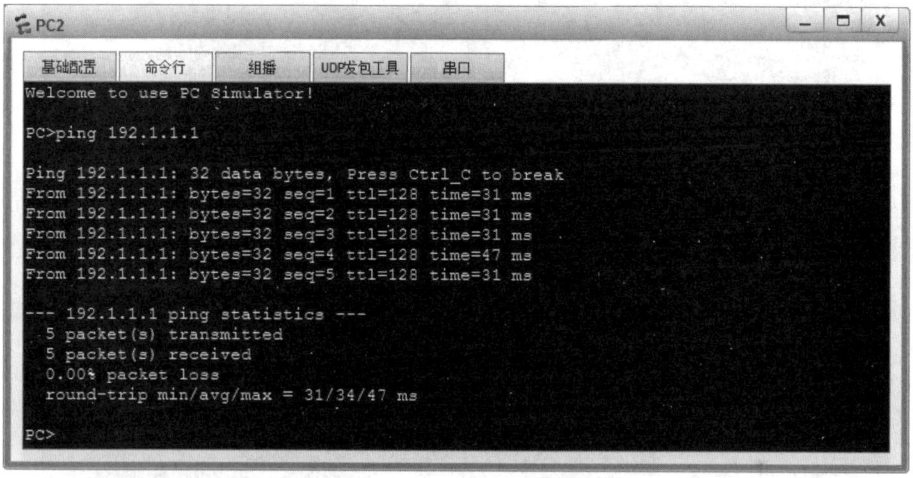

图 2.14　PC2 在命令行提示符下执行 ping 命令的界面

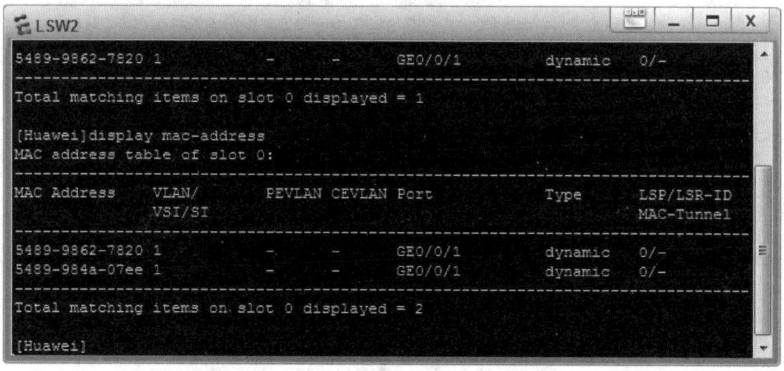

图 2.15　LSW2 新的 MAC 表内容

（7）在交换机 LSW1 中配置将 PC1 的 MAC 地址与端口 GigabitEthernet0/0/1 绑定的静态转发项,在交换机 LSW3 中配置将 PC4 的 MAC 地址作为黑洞 MAC 地址的黑洞 MAC 地址项。

（8）维持 PC1 连接的交换机端口不变,启动 PC1 与其他 PC 之间的通信过程,PC1 能够与其他终端正常通信。将 PC1 转接到 LSW1 中端口 GigabitEthernet0/0/4,启动其他终端与 PC1 之间的通信过程,其他终端无法与 PC1 正常通信。图 2.16 所示是 PC2 与 PC1 通信失败的界面。

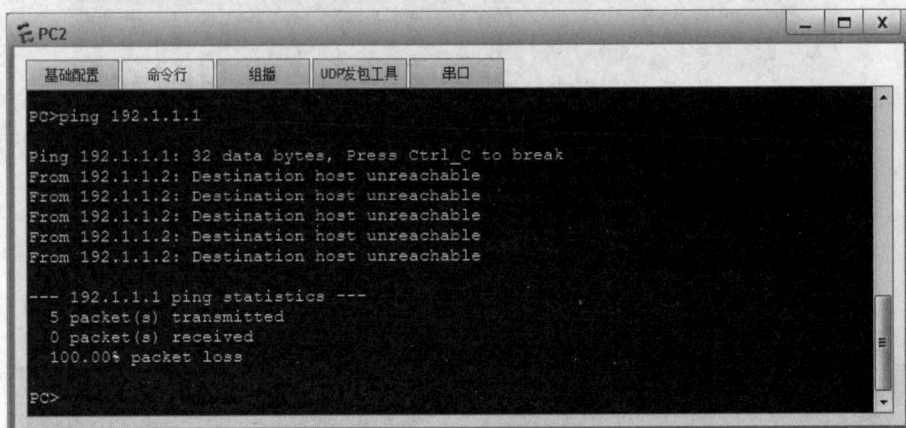

图 2.16 PC2 与 PC1 通信失败的界面

(9) 将 PC1 转接到交换机 LSW3,PC1 与 PC3 之间可以正常通信。图 2.17 所示是将 PC1 转接到交换机 LSW3 后,在命令行提示符下执行 ping 命令的界面。

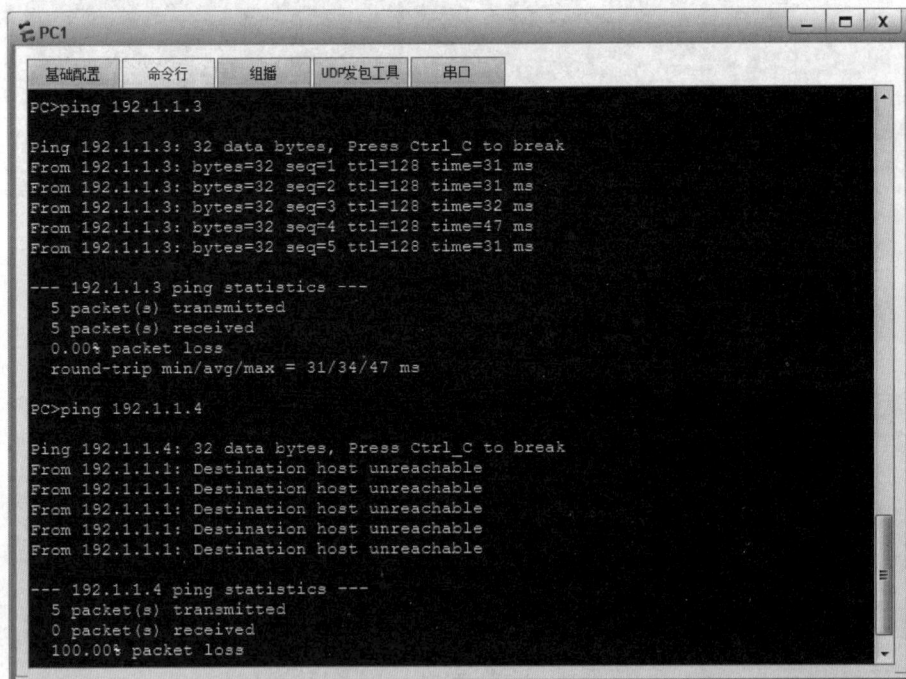

图 2.17 PC1 转接到交换机 LSW3 后在命令提示符下执行 ping 命令的界面

(10) 将 PC4 转接到交换机 LSW1,PC4 与 PC2 之间可以正常通信。这种情况下,PC1 和 PC3 与 PC4 之间仍然无法正常通信,PC1 与 PC4 之间无法通信的结果如图 2.17 所示,PC3 与 PC4 之间无法通信的结果如图 2.18 所示。

图 2.18　PC4 转接到交换机 LSW1 后 PC3 在命令行提示符下执行 ping 命令的界面

2.2.6　命令行接口配置过程

1. 交换机 LSW1 命令行接口配置过程

```
< Huawei > system - view
[Huawei]undo info - center enable
[Huawei]display mac - address        ;该命令在完成实验步骤(4)时执行
[Huawei]undo mac - address all       ;该命令在完成实验步骤(5)时执行
[Huawei]display mac - address        ;该命令在完成实验步骤(6)时执行
[Huawei]mac - address static 5489 - 9862 - 7820 GigabitEthernet0/0/1 vlan 1
                                     ;该命令在完成实验;步骤(7)时执行
```

2. 交换机 LSW3 命令行接口配置过程

```
< Huawei > system - view
[Huawei]undo info - center enable
[Huawei]display mac - address        ;该命令在完成实验步骤(4)时执行
[Huawei]display mac - address        ;该命令在完成实验步骤(6)时执行
[Huawei]mac - address blackhole 5489 - 987B - 5B83 vlan 1       ;该命令在完成实验步骤(7)时执行
```

交换机 LSW2 只有显示 MAC 表内容的命令,这里不再赘述。

3. 命令列表

交换机命令行接口配置过程中使用的命令及功能和参数说明如表 2.2 所示。

表 2.2　交换机命令行接口配置过程中使用的命令及功能和参数说明

命 令 格 式	功能和参数说明
undo mac-address[**all**|**dynamic**]	清除 MAC 表内容。all 选项表示清除所有类型的转发项,dynamic 选项表示只清除动态转发项
mac-address static *mac-address interface-type interface-number* **vlan** *vlan-id*	配置一项静态转发项,其中参数 *mac-address* 用于指定 MAC 地址;参数 *interface-type* 用于指定端口类型,参数 *interface-number* 用于指定端口编号,参数类型和端口编号一起用于指定输出端口;参数 *vlan-id* 用于指定转发项所属的 VLAN
mac-address blackhole *mac-address* **vlan** *vlan-id*	配置一项黑洞 MAC 地址项,其中参数 *mac-address* 用于指定黑洞 MAC 地址;参数 *vlan-id* 用于指定黑洞 MAC 地址项对应的 VLAN

2.3　交换机远程配置实验

2.3.1　实验内容

构建如图 2.19 所示的网络结构,实现 PC 远程配置交换机 S1 和 S2 的功能。实际网络环境下,一般首先通过控制台端口完成网络设备基本信息的配置,如交换机管理接口地址及与建立 PC 与交换机管理接口之间传输通路相关的信息;然后,由 PC 统一对网络设备实施远程配置。

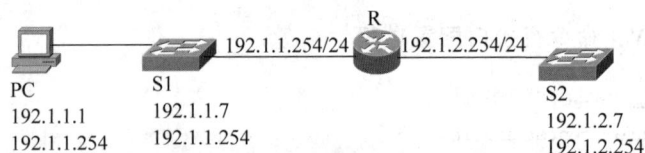

图 2.19　网络结构

2.3.2　实验目的

(1) 针对如图 2.19 所示的网络结构,验证建立 PC 与交换机 S1 和 S2 之间的 Telnet 报文传输通路的过程。

(2) 验证通过 Telnet 对交换机 S1 和 S2 实施远程配置的过程。

2.3.3　实验原理

一是需要为每一个交换机定义管理接口,并为管理接口分配 IP 地址;二是需要保证 PC 与每一个交换机的管理接口之间的连通性;三是需要启动交换机远程登录功能。通常情况下,远程登录过程中,交换机需要鉴别远程登录用户的身份,因此,需要在交换机中配置鉴别信息,交换机通过配置的鉴别信息对用户的身份和配置权限进行鉴别,只有具有配置权限的用户才能对交换机进行远程配置。配置的鉴别信息包括用户名、口令等。

由于华为 eNSP 的 PC 中没有 Telnet 实用程序,因此,需要通过在路由器 R 中启动 Telnet 实用程序完成对交换机 S1 和 S2 的远程配置过程。

2.3.4　关键命令说明

1. 配置交换机管理地址和子网掩码

```
[Huawei]interface vlanif 1
[Huawei - Vlanif1]ip address 192.1.1.7 24
[Huawei - Vlanif1]quit
```

interface vlanif 1 是系统视图下使用的命令,该命令的作用是定义 VLAN 1 对应的 IP 接口,并进入 VLAN 1 对应的 IP 接口的接口视图。

ip address 192.1.1.7 24 是接口视图下使用的命令,该命令的作用是为指定接口(这里是 VLAN 1 对应的 IP 接口)分配 IP 地址和子网掩码,其中 192.1.1.7 是 IP 地址,24 是网络前缀长度。

2. 配置默认网关地址

```
[Huawei]ip route - static 0.0.0.0 0 192.1.1.254
```

ip route-static 0.0.0.0 0 192.1.1.254 是系统视图下使用的命令,该命令的作用是配置静态路由项。0.0.0.0 是目的网络的网络地址,0 是目的网络的网络前缀长度,任何 IP 地址都与 0.0.0.0/0 匹配,因此,这是一项默认路由项。192.1.1.254 是下一跳 IP 地址。三层交换机通过配置默认路由项给出默认网关地址。

3. 启动 VTY 服务

虚拟终端(Virtual Teletype Terminal,VTY)是指这样一种远程终端,该远程终端通过建立与设备之间的 Telnet 会话,可以仿真与该设备直接连接的终端,对该设备进行管理和配置。

```
[Huawei]user - interface vty 0 4
[Huawei - ui - vty0 - 4]protocol inbound telnet
[Huawei - ui - vty0 - 4]shell
[Huawei - ui - vty0 - 4]quit
```

user-interface vty 0 4 是系统视图下使用的命令,该命令的作用有两个:一是定义允许同时建立的 Telnet 会话数量,0 和 4 将允许同时建立的 Telnet 会话的编号范围指定为 0~4;二是从系统视图进入用户界面视图,而且在该用户界面视图下完成的配置同时对编号范围为 0~4 的 Telnet 会话作用。

protocol inbound telnet 是用户界面视图下使用的命令,该命令的作用是指定 Telnet 为 VTY 所使用的协议。

shell 是用户界面视图下使用的命令,该命令的作用是启动终端服务。

4. 配置口令鉴别方式

远程用户通过远程终端建立与设备之间的 Telnet 会话时,设备需要鉴别远程用户的身份,口令鉴别方式需要在设备中配置口令。只有能够提供与设备中配置的口令相同的口令的远程用户,才能通过设备的身份鉴别过程。

```
[Huawei]user - interface vty 0 4
[Huawei - ui - vty0 - 4]authentication - mode password
[Huawei - ui - vty0 - 4]set authentication password cipher 123456
[Huawei - ui - vty0 - 4]quit
```

authentication-mode password 是用户界面视图下使用的命令,该命令的作用是指定用口令鉴别方式鉴别远程用户的身份。

set authentication password cipher 123456 是用户界面视图下使用的命令,该命令的作用是指定字符串"123456"为口令,关键词 cipher 表明用密文方式存储口令。

5. 配置 AAA 鉴别方式

AAA 是 Authentication(鉴别)、Authorization(授权)和 Accounting(计费)的简称,是网络安全的一种管理机制。AAA 鉴别方式指定用 AAA 提供的与鉴别有关的安全服务完成对远程用户的身份鉴别过程。

```
[Huawei]user - interface vty 0 4
[Huawei - ui - vty0 - 4]authentication - mode aaa
[Huawei - ui - vty0 - 4]quit
[Huawei]aaa
[Huawei - aaa]local - user aaa1 password cipher bbb1
[Huawei - aaa]local - user aaa1 service - type telnet
[Huawei - aaa]quit
```

authentication-mode aaa 是用户界面视图下使用的命令,该命令的作用是指定用 AAA 鉴别方式鉴别远程用户的身份。

aaa 是系统视图下使用的命令,该命令的作用是从系统视图进入 AAA 视图。在 AAA 视图下,可以完成与 AAA 鉴别方式相关的配置过程。

local-user aaa1 password cipher bbb1 是 AAA 视图下使用的命令,该命令的作用是创建一个用户名为 aaa1、密码为 bbb1 的授权用户。关键词 cipher 表明用密文方式存储密码。

local-user aaa1 service-type telnet 是 AAA 视图下使用的命令,该命令的作用是指定用户名为 aaa1 的授权用户是 Telnet 用户类型。Telnet 用户类型是指通过建立与设备之间的 Telnet 会话,对设备实施远程管理的网络管理员。

6. 配置远程用户权限

```
[Huawei]user - interface vty 0 4
[Huawei - ui - vty0 - 4]user privilege level 15
[Huawei - ui - vty0 - 4]quit
```

user privilege level 15 是用户界面视图下使用的命令,该命令的作用是将远程用户的权限等级设置为 15 级。权限等级分为 0~15 级,权限等级越高,权限越高。

7. 配置路由器接口 IP 地址和子网掩码

```
[Huawei]interface GigabitEthernet0/0/0
[Huawei－GigabitEthernet0/0/0]ip address 192.1.1.254 24
[Huawei－GigabitEthernet0/0/0]quit
```

ip address 192.1.1.254 24 是接口视图下使用的命令,该命令是为指定接口(这里是接口 GigabitEthernet0/0/0)配置 IP 地址和子网掩码,其中 192.1.1.254 是 IP 地址,24 是网络前缀长度。

2.3.5　实验步骤

(1) 启动 eNSP,按照如图 2.19 所示的网络拓扑结构放置和连接设备,完成设备放置和连接后的 eNSP 界面如图 2.20 所示。启动所有设备。

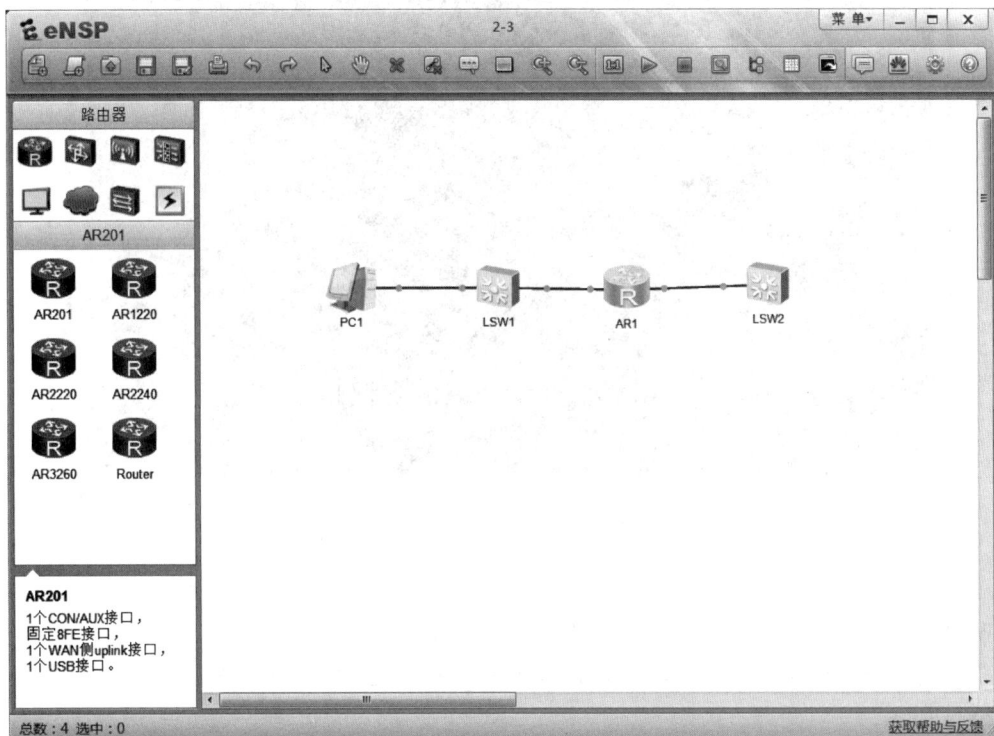

图 2.20　完成设备放置和连接后的 eNSP 界面

(2) 完成路由器 AR1 连接 LSW1 和 LSW2 的接口的 IP 地址和子网掩码配置过程,这两个接口的 IP 地址和子网掩码分别决定了 LSW1 和 LSW2 所在以太网的网络地址,LSW1 和 LSW2 的管理地址必须分别属于这两个以太网的网络地址。

(3) 完成 PC1 IP 地址、子网掩码和默认网关地址配置过程,PC1 的默认网关地址是

AR1 连接 LSW1 的接口的 IP 地址。

(4) 完成 LSW1 和 LSW2 管理地址、子网掩码和默认网关地址配置过程,LSW1 的默认
网关地址是 AR1 连接 LSW1 的接口的 IP 地址。LSW2 的默认网关地址是 AR1 连接
LSW2 的接口的 IP 地址。

(5) 完成 LSW1 和 LSW2 Telnet 配置过程,确定 LSW1 的鉴别方式是口令鉴别方式,
并为 LSW1 配置口令 123456。确定 LSW2 的鉴别方式是 AAA 鉴别方式,并为 LSW2 创建
一个用户名为 aaa1、密码为 bbb1 的授权用户。将远程用户的权限等级设定为最高等级
15 级。

(6) PC1 通过如图 2.21 所示的 ping 操作验证 PC1 与 LSW1 和 LSW2 之间的连通性。

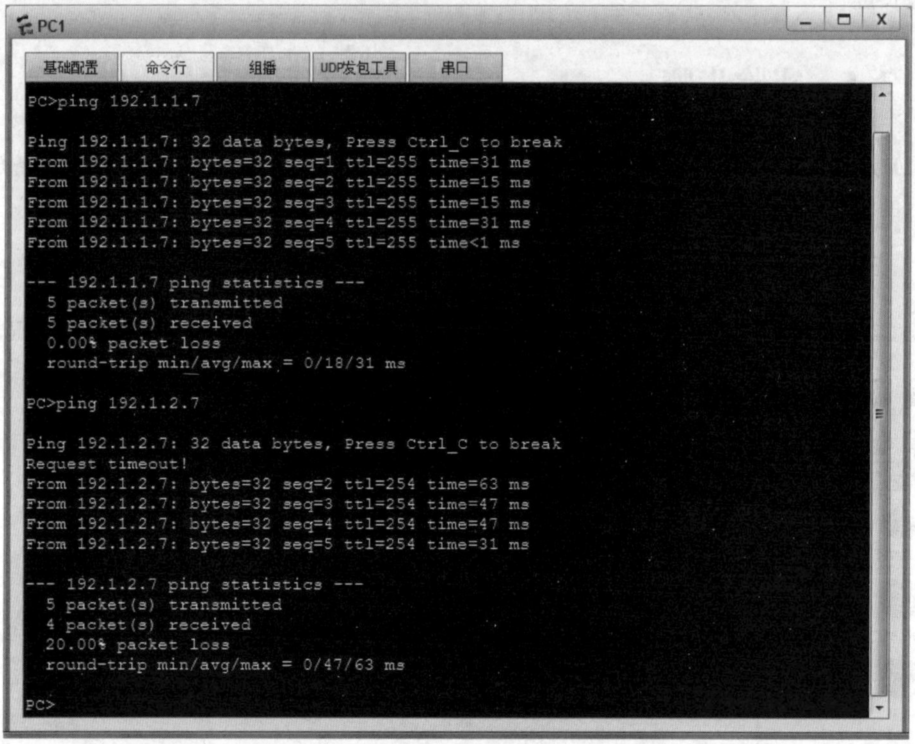

图 2.21　PC1 完成的 ping 操作

(7) 在路由器 AR1 用户视图下,通过 Telnet 命令分别远程登录 LSW1 和 LSW2,登录
LSW1 的过程如图 2.22 所示,登录 LSW2 的过程如图 2.23 所示。

(8) 在 LSW1 用户视图下,通过 Telnet 命令远程登录 LSW2,登录 LSW2 的过程如
图 2.24 所示。

2.3.6　命令行接口配置过程

1. 交换机 LSW1 命令行接口配置过程

```
<Huawei> system - view
[Huawei]undo info enable
```

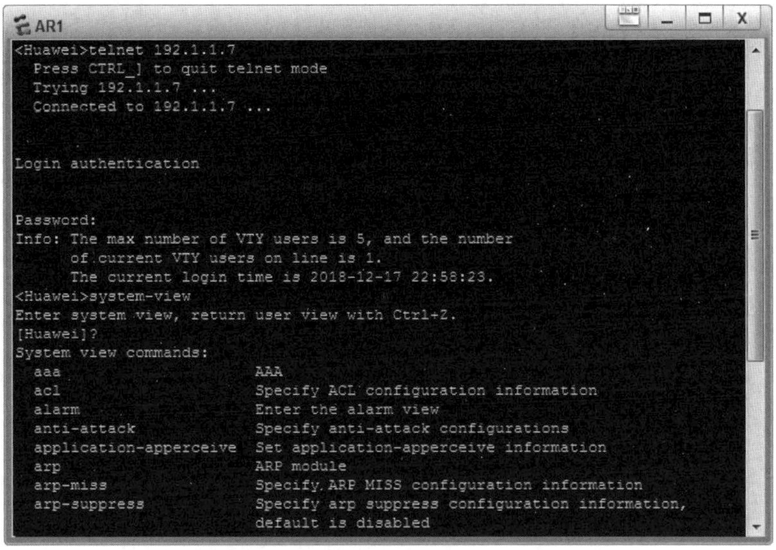

图 2.22　AR1 远程登录 LSW1 的过程

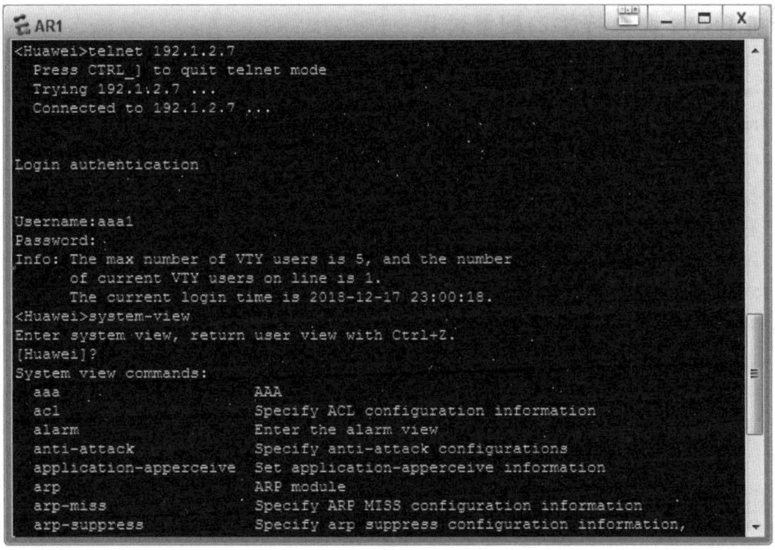

图 2.23　AR1 远程登录 LSW2 的过程

[Huawei]interface vlanif 1

[Huawei – Vlanif1]ip address 192.1.1.7 24

[Huawei – Vlanif1]quit

[Huawei]ip route – static 0.0.0.0 0 192.1.1.254

[Huawei]user – interface vty 0 4

[Huawei – ui – vty0 – 4]shell

[Huawei – ui – vty0 – 4]protocol inbound telnet

[Huawei – ui – vty0 – 4]authentication – mode password

[Huawei – ui – vty0 – 4]set authentication password cipher 123456

[Huawei – ui – vty0 – 4]user privilege level 15

[Huawei – ui – vty0 – 4]quit

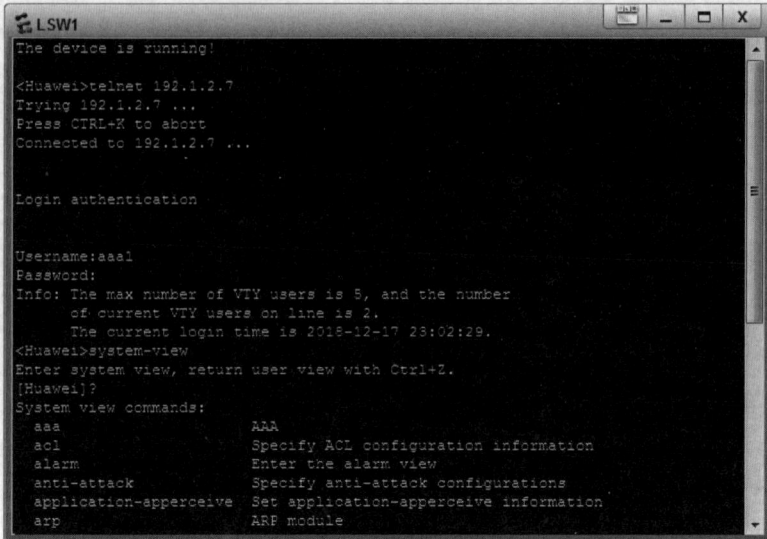

图 2.24　LSW1 远程登录 LSW2 的过程

2. 交换机 LSW2 命令行接口配置过程

< Huawei > system − view

[Huawei]undo info enable

[Huawei]interface vlanif 1

[Huawei − Vlanif1]ip address 192.1.2.7 24

[Huawei − Vlanif1]quit

[Huawei]ip route − static 0.0.0.0 0 192.1.2.254

[Huawei]user − interface vty 0 4

[Huawei − ui − vty0 − 4]protocol inbound telnet

[Huawei − ui − vty0 − 4]shell

[Huawei − ui − vty0 − 4]authentication − mode aaa

[Huawei − ui − vty0 − 4]user privilege level 15

[Huawei − ui − vty0 − 4]quit

[Huawei]aaa

[Huawei − aaa]local − user aaa1 password cipher bbb1

[Huawei − aaa]local − user aaa1 service − type telnet

[Huawei − aaa]quit

3. 路由器 AR1 命令行接口配置过程

< Huawei > system − view

[Huawei]undo info enable

[Huawei]interface GigabitEthernet0/0/0

[Huawei − GigabitEthernet0/0/0]ip address 192.1.1.254 24

[Huawei − GigabitEthernet0/0/0]quit

[Huawei]interface GigabitEthernet0/0/1

[Huawei − GigabitEthernet0/0/1]ip address 192.1.2.254 24

[Huawei − GigabitEthernet0/0/1]quit

4．命令列表

交换机和路由器命令行接口配置过程中使用的命令及功能和参数说明如表 2.3 所示。

表 2.3　交换机和路由器命令行接口配置过程中使用的命令及功能和参数说明

命 令 格 式	功能和参数说明
interface vlanif *vlan-id*	创建某个 VLAN 对应的 IP 接口，并进入该 IP 接口对应的接口视图。参数 *vlan-id* 是用于指定 VLAN 的 VLAN 标识符
ip address *ip-address*〈*mask*｜*mask-length*〉	为接口配置 IP 地址和子网掩码。参数 *ip-address* 用于指定 IP 地址；参数 *mask* 用于指定子网掩码；参数 *mask-length* 用于指定网络前缀长度。子网掩码和网络前缀长度只需选择一个
user-interface *ui-type first-ui-number* ［*last-ui-number*］	进入一个或一组用户界面视图。参数 *ui-type* 用于指定用户界面类型，用户界面类型可以是 console 或 vty；参数 *first-ui-number* 用于指定第一个用户界面编号；如果需要指定一组用户界面，用参数 *last-ui-number* 指定最后一个用户界面编号
shell	启动终端服务
protocol inbound〈**all**｜**ssh**｜**telnet**〉	指定 vty 用户界面所支持的协议
authentication-mode〈**aaa**｜**password**｜**none**〉	指定用于鉴别远程登录用户身份的鉴别方式
set authentication password［**cipher** *password*］	在指定鉴别方式为口令鉴别方式的情况下，用于指定口令。参数 *password* 用于指定口令；关键词 cipher 要求用密文方式存储口令
user privilege level *level*	指定远程登录用户的权限等级。参数 *level* 用于指定权限等级
aaa	进入 AAA 视图
local-user *user-name*〈**password**〈**cipher**｜**irreversible-cipher**〉*password*	创建授权用户。参数 *user-name* 用于指定用户名；参数 *password* 用于指定密码；关键词 cipher 要求用密文方式存储密码；关键词 irreversible-cipher 要求用不可逆密文方式存储密码
local-user *user-name* **service-type**〈**8021x**｜**ppp**｜**ssh**｜**telnet**〉	指定授权用户的登录方式。参数 *user-name* 用于指定授权用户的用户名

第 3 章
CHAPTER 3 虚拟局域网实验

可以基于端口、基于 MAC 地址和基于网络地址划分虚拟局域网（Virtual LAN，VLAN）。基于 MAC 地址和基于网络地址划分 VLAN 的过程是在基于端口划分 VLAN 的基础上实现的。MUX VLAN 是一种在第二层实现流量隔离功能的机制。作为通用属性注册协议（Generic Attribute Registration Protocol，GARP）的一种应用协议，GARP VLAN 属性注册协议（GARP VLAN Registration Protocol，GVRP）是一种能够将某个交换机创建的 VLAN 自动同步到其他交换机的协议。

3.1 华为交换机端口类型

华为交换机端口类型可以分为接入端口（Access）、主干端口（Trunk）、混合端口（Hybrid）和双标签端口（QinQ）。这里主要讨论接入端口、主干端口和混合端口。

3.1.1 接入端口

接入端口只能分配给单个 VLAN。从该端口输入的无标记 MAC 帧属于该端口所分配的 VLAN。从该端口输出的 MAC 帧，必须是无标记 MAC 帧。

3.1.2 主干端口

主干端口可以被多个 VLAN 共享，多个 VLAN 中只有单个 VLAN 绑定无标记帧。如果从该端口接收到某个标记帧，且该帧标记的 VLAN 是共享该端口的 VLAN，则该 MAC 帧属于该帧标记的 VLAN。如果从该端口接收到无标记帧，则该帧属于与无标记帧绑定的 VLAN。如果从该端口输出某个 MAC 帧，则该 MAC 帧属于共享该端口的 VLAN，且该 VLAN 不是与无标记帧绑定的 VLAN，则该帧携带所属于的 VLAN 的标记。如果从该端口输出某个 MAC 帧，则该 MAC 帧属于共享该端口的 VLAN，且该 VLAN 是与无标记帧绑定的 VLAN，则该帧必须是无标记帧。

3.1.3　混合端口

混合端口可以被多个 VLAN 共享,多个 VLAN 中允许若干个 VLAN 绑定无标记帧。如果从该端口接收到某个标记帧,且该帧标记的 VLAN 是共享该端口的 VLAN,则该 MAC 帧属于该帧标记的 VLAN。如果从该端口接收到无标记帧,则需要能够建立该帧与无标记帧绑定的多个 VLAN 中的其中一个 VLAN 之间的关联,使得该无标记帧属于与其建立关联的 VLAN。如果从该端口输出某个 MAC 帧,则该 MAC 帧属于共享该端口的 VLAN,且该 VLAN 不是与无标记帧绑定的若干 VLAN 中的其中一个 VLAN,该帧携带所属于的 VLAN 的标记。如果从该端口输出某个 MAC 帧,则该 MAC 帧属于共享该端口的 VLAN,且该 VLAN 是与无标记帧绑定的若干 VLAN 中的其中一个 VLAN,该帧必须是无标记帧。

混合端口与主干端口的区别在于与无标记帧绑定的 VLAN 的数量。主干端口只允许单个 VLAN 绑定无标记帧。混合端口允许多个 VLAN 绑定无标记帧,因此,从混合端口接收到无标记帧时,需要能够建立该帧与无标记帧绑定的多个 VLAN 中的其中一个 VLAN 之间的关联。

3.2　基于端口划分 VLAN 实验

3.2.1　实验内容

构建如图 3.1 所示的物理以太网,将物理以太网划分为三个 VLAN,分别是 VLAN 2、VLAN 3 和 VLAN 4。其中,终端 A、终端 B 和终端 G 属于 VLAN 2,终端 E、终端 F 和终端

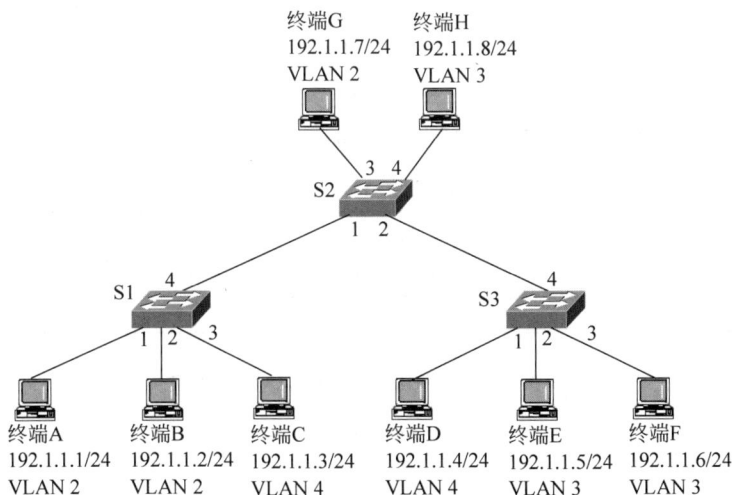

图 3.1　网络结构与 VLAN 划分

H 属于 VLAN 3,终端 C 和终端 D 属于 VLAN 4。为了保证属于同一 VLAN 的终端之间能够相互通信,建立属于同一 VLAN 的终端之间的交换路径。为了验证两个终端之间不能通信的原因是这两个终端属于不同的 VLAN,所有终端分配有相同网络号的 IP 地址。

3.2.2　实验目的

(1) 掌握复杂交换式以太网的设计过程。
(2) 实现跨交换机 VLAN 划分过程。
(3) 验证接入端口和主干端口之间的区别。
(4) 验证 IEEE 802.1q 标准 MAC 帧格式。
(5) 验证属于同一 VLAN 的终端之间的通信过程。
(6) 验证属于不同 VLAN 的两个终端之间不能相互通信的原因。

3.2.3　实验原理

1. 创建 VLAN,为 VLAN 分配交换机端口

为了保证属于同一 VLAN 的终端之间存在交换路径,在交换机中创建 VLAN 和为 VLAN 分配端口的过程中,需要遵循以下原则。一是端口分配原则。如果仅仅只有属于单个 VLAN 的交换路径经过某个交换机端口,则将该交换机端口作为接入端口分配给该 VLAN;如果有属于不同 VLAN 的多条交换路径经过某个交换机端口,则将该交换机端口配置为被这些 VLAN 共享的主干端口。二是创建 VLAN 原则。如果某个交换机直接连接属于某个 VLAN 的终端,则该交换机中需要创建该 VLAN;如果某个交换机虽然没有直接连接属于某个 VLAN 的终端,但有属于该 VLAN 的交换路径经过该交换机中的端口,则该交换机也需要创建该 VLAN。如图 3.1 中的交换机 S2,虽然没有直接连接属于 VLAN 4 的终端,但由于属于 VLAN 4 的终端 C 与终端 D 之间的交换路径经过交换机 S2 的端口 1 和端口 2,交换机 S2 也需要创建 VLAN 4。根据上述创建 VLAN 和为 VLAN 分配交换机端口的原则,以及图 3.1 所示的 VLAN 划分,交换机 S1、S2 和 S3 中创建的 VLAN 及 VLAN 与端口之间的映射分别如表 3.1～表 3.3 所示。

表 3.1　交换机 S1 VLAN 与端口映射表

VLAN	接入端口	主干端口(共享端口)
VLAN 2	1,2	4
VLAN 4	3	4

表 3.2　交换机 S2 VLAN 与端口映射表

VLAN	接入端口	主干端口(共享端口)
VLAN 2	3	1
VLAN 3	4	2
VLAN 4		1,2

表 3.3 交换机 S3 VLAN 与端口映射表

VLAN	接入端口	主干端口(共享端口)
VLAN 3	2,3	4
VLAN 4	1	4

2. 端口类型与 MAC 帧格式之间的关系

从接入端口输入输出的 MAC 帧不携带 VLAN ID,是普通的 MAC 帧格式。从主干端口(共享端口)输入输出的 MAC 帧,携带该 MAC 帧所属 VLAN 的 VLAN ID。MAC 帧格式是 IEEE 802.1q 标准 MAC 帧格式。

3.2.4 关键命令说明

1. 创建批量 VLAN

```
[Huawei]vlan batch 2 4
```

vlan batch 2 4 是系统视图下使用的命令,该命令的作用是创建批量 VLAN。这里的批量 VLAN 包括 VLAN 2 和 VLAN 4。

2. 配置接入端口

以下命令序列实现将某个交换机端口作为接入端口分配给 VLAN 2 的功能。

```
[Huawei]interface GigabitEthernet0/0/1
[Huawei – GigabitEthernet0/0/1]port link – type access
[Huawei – GigabitEthernet0/0/1]port default vlan 2
[Huawei – GigabitEthernet0/0/1]quit
```

port link-type access 是接口视图下使用的命令,该命令的作用是将指定端口(这里是端口 GigabitEthernet0/0/1)的类型定义为接入端口(Access)。

port default vlan 2 是接口视图下使用的命令,该命令的作用是将指定端口(这里是端口 GigabitEthernet0/0/1)作为接入端口分配给 VLAN 2,同时将 VLAN 2 作为指定端口的默认 VLAN。

3. 配置主干端口

以下命令序列实现将某个交换机端口定义为被 VLAN 2 和 VLAN 4 共享的主干端口的功能。

```
[Huawei]interface GigabitEthernet0/0/4
[Huawei – GigabitEthernet0/0/4]port link – type trunk
[Huawei – GigabitEthernet0/0/4]port trunk allow – pass vlan 2 4
[Huawei – GigabitEthernet0/0/4]quit
```

port link-type trunk 是接口视图下使用的命令,该命令的作用是将指定端口(这里是端口 GigabitEthernet0/0/4)的类型定义为主干端口(Trunk)。

port trunk allow-pass vlan 2 4 是接口视图下使用的命令,该命令的作用是将指定端口(这里是端口 GigabitEthernet0/0/4)定义为被 VLAN 2 和 VLAN 4 共享的主干端口。

3.2.5　实验步骤

(1) 启动 eNSP,按照如图 3.1 所示的网络拓扑结构放置和连接设备,完成设备放置和连接后的 eNSP 界面如图 3.2 所示。启动所有设备。

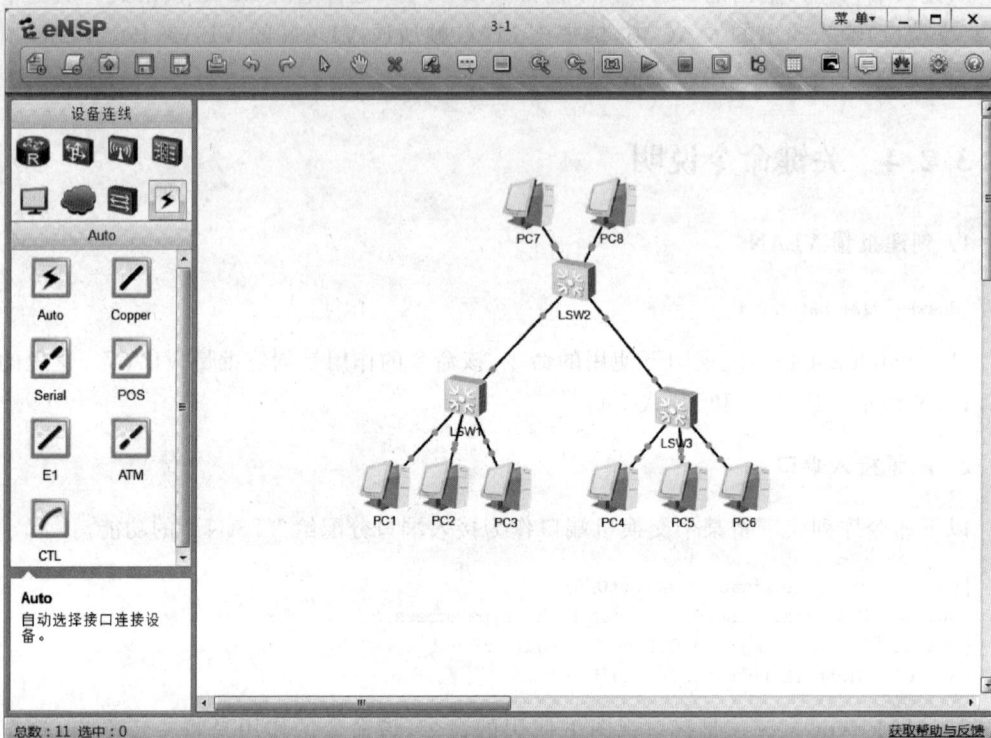

图 3.2　完成设备放置和连接后的 eNSP 界面

(2) 分别为 PC1~PC8 配置 IP 地址和子网掩码,对应 PC1~PC8 配置的 IP 地址是192.1.1.1~192.1.1.8。

(3) 划分 VLAN 之前,PC1~PC8 属于默认 VLAN(VLAN 1),因此,能够实现各个 PC之间的相互通信过程。图 3.3 所示是 PC1 与 PC3 和 PC6 之间相互通信的过程。

(4) 按照表 3.1~表 3.3 所示的 VLAN 与端口之间的映射,完成在交换机 LSW1、LSW2 和 LSW3 中创建 VLAN,为各个 VLAN 分配接入端口,定义被各个 VLAN 共享的主干端口的过程。

(5) 完成 VLAN 划分过程后,虽然所有终端的 IP 地址有相同的网络号,但只有属于同一 VLAN 的终端之间才能相互通信,属于不同 VLAN 的终端之间无法相互通信。由于PC3 和 PC4 属于 VLAN 4,因此,PC3 与 PC4 之间能够相互通信。由于 PC2 属于 VLAN 2,因此,PC3 与 PC2 之间无法相互通信,如图 3.4 所示。同样,由于 PC6 和 PC8 属于 VLAN 3,因此 PC6 与 PC8 之间能够相互通信,但 PC6 与 PC4 之间无法相互通信,如图 3.5 所示。

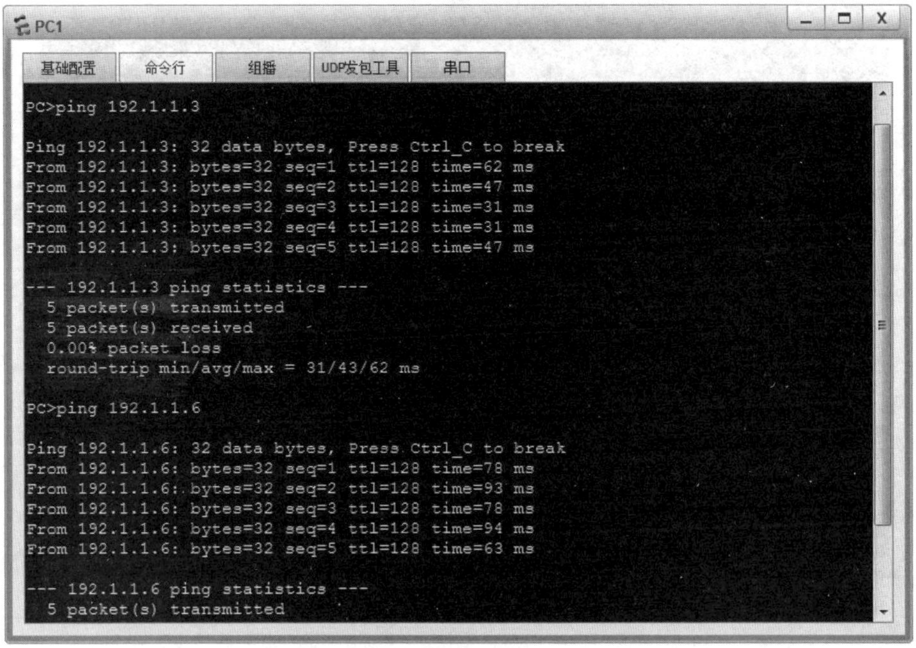

图 3.3　PC1 与 PC3 和 PC6 之间相互通信的过程

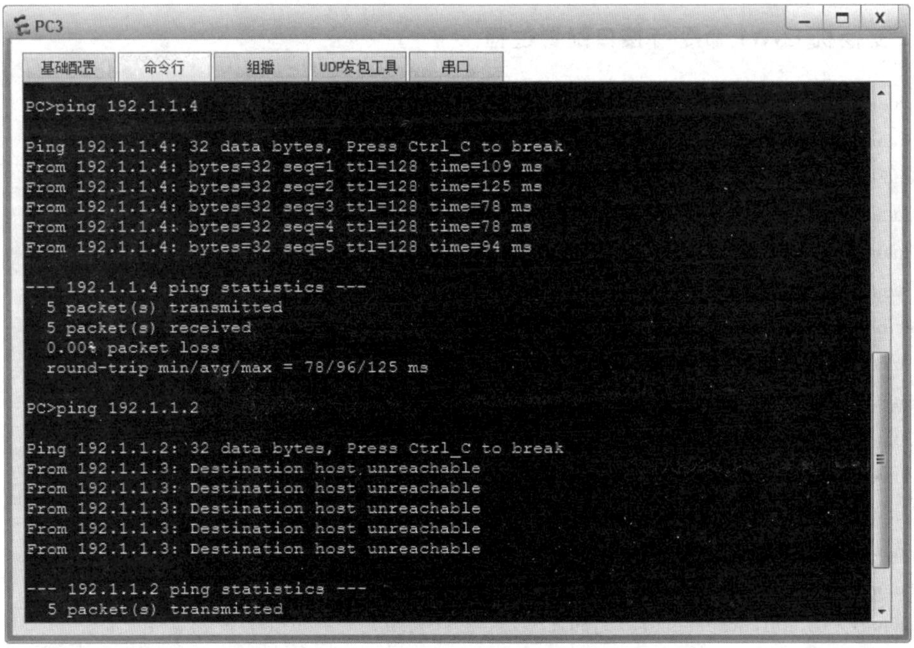

图 3.4　PC3 与 PC4 和 PC2 之间的通信过程

图 3.5 PC6 与 PC8 和 PC4 之间的通信过程

3.2.6 命令行接口配置过程

1. 交换机 LSW1 命令行接口配置过程

```
< Huawei > system - view
[Huawei]undo info - center enable
[Huawei]vlan batch 2 4
[Huawei]interface GigabitEthernet0/0/1
[Huawei - GigabitEthernet0/0/1]port link - type access
[Huawei - GigabitEthernet0/0/1]port default vlan 2
[Huawei - GigabitEthernet0/0/1]quit
[Huawei]interface GigabitEthernet0/0/2
[Huawei - GigabitEthernet0/0/2]port link - type access
[Huawei - GigabitEthernet0/0/2]port default vlan 2
[Huawei - GigabitEthernet0/0/2]quit
[Huawei]interface GigabitEthernet0/0/3
[Huawei - GigabitEthernet0/0/3]port link - type access
[Huawei - GigabitEthernet0/0/3]port default vlan 4
[Huawei - GigabitEthernet0/0/3]quit
[Huawei]interface GigabitEthernet0/0/4
[Huawei - GigabitEthernet0/0/4]port link - type trunk
[Huawei - GigabitEthernet0/0/4]port trunk allow - pass vlan 2 4
[Huawei - GigabitEthernet0/0/4]quit
```

2. 交换机 LSW2 命令行接口配置过程

```
< Huawei > system - view
[Huawei]undo info - center enable
[Huawei]vlan batch 2 3 4
[Huawei]interface GigabitEthernet0/0/1
[Huawei - GigabitEthernet0/0/1]port link - type trunk
[Huawei - GigabitEthernet0/0/1]port trunk allow - pass vlan 2 4
[Huawei - GigabitEthernet0/0/1]quit
[Huawei]interface GigabitEthernet0/0/2
[Huawei - GigabitEthernet0/0/2]port link - type trunk
[Huawei - GigabitEthernet0/0/2]port trunk allow - pass vlan 3 4
[Huawei - GigabitEthernet0/0/2]quit
[Huawei]interface GigabitEthernet0/0/3
[Huawei - GigabitEthernet0/0/3]port link - type access
[Huawei - GigabitEthernet0/0/3]port default vlan 2
[Huawei - GigabitEthernet0/0/3]quit
[Huawei]interface GigabitEthernet0/0/4
[Huawei - GigabitEthernet0/0/4]port link - type access
[Huawei - GigabitEthernet0/0/4]port default vlan 3
[Huawei - GigabitEthernet0/0/4]quit
```

3. 交换机 LSW3 命令行接口配置过程

```
< Huawei > system - view
[Huawei]undo info - center enable
[Huawei]vlan batch 3 4
[Huawei]interface GigabitEthernet0/0/1
[Huawei - GigabitEthernet0/0/1]port link - type access
[Huawei - GigabitEthernet0/0/1]port default vlan 4
[Huawei - GigabitEthernet0/0/1]quit
[Huawei]interface GigabitEthernet0/0/2
[Huawei - GigabitEthernet0/0/2]port link - type access
[Huawei - GigabitEthernet0/0/2]port default vlan 3
[Huawei - GigabitEthernet0/0/2]quit
[Huawei]interface GigabitEthernet0/0/3
[Huawei - GigabitEthernet0/0/3]port link - type access
[Huawei - GigabitEthernet0/0/3]port default vlan 3
[Huawei - GigabitEthernet0/0/3]quit
[Huawei]interface GigabitEthernet0/0/4
[Huawei - GigabitEthernet0/0/4]port link - type trunk
[Huawei - GigabitEthernet0/0/4]port trunk allow - pass vlan 3 4
[Huawei - GigabitEthernet0/0/4]quit
```

4. 命令列表

交换机命令行接口配置过程中使用的命令及功能和参数说明如表 3.4 所示。

表 3.4　交换机命令行接口配置过程中使用的命令及功能和参数说明

命 令 格 式	功能和参数说明
vlan batch *vlan-id* 列表	创建批量 VLAN。参数 *vlan-id* 列表用于指定一组 VLAN。*vlan-id* 列表可以是一组空格分隔的 *vlan-id*,表明批量 VLAN 是一组编号分别为空格分隔的 *vlan-id* 的 VLAN;也可以是 *vlan-id*1 **to** *vlan-id*2,表明批量 VLAN 是一组编号从 *vlan-id*1 到 *vlan-id*2 的 VLAN
port link-type〔**access**｜**hybrid**｜ **trunk**〕	指定交换机端口类型
port default vlan *vlan-id*	将指定交换机端口作为接入端口分配给编号为 *vlan-id* 的 VLAN,并将该 VLAN 作为指定交换机端口的默认 VLAN
port trunk allow-pass vlan *vlan-id* 列表	由参数 *vlan-id* 列表指定的一组 VLAN 共享指定主干端口。*vlan-id* 列表可以是一组空格分隔的 *vlan-id*,表明这一组 VLAN 是一组编号分别为空格分隔的 *vlan-id* 的 VLAN;也可以是 *vlan-id*1 **to** *vlan-id*2,表明这一组 VLAN 是一组编号从 *vlan-id*1 到 *vlan-id*2 的 VLAN

3.3　基于 MAC 地址划分 VLAN 实验

3.3.1　实验内容

如图 3.6 所示,该实验在 3.2 节基于端口划分 VLAN 实验的基础上完成,将 S2 端口 5 定义为混合端口,并将 VLAN 2、VLAN 3 和 VLAN 4 与无标记帧建立关联。分别建立 MAC 地址 MAC 1 与 VLAN 2 之间的关联,MAC 地址 MAC 2 与 VLAN 3 之间的关联,MAC 地址 MAC 3 与 VLAN 4 之间的关联。因此,当终端 I 接入 S2 端口 5 时,终端 I 可以与属于 VLAN 2 的终端相互通信。当终端 J 接入 S2 端口 5 时,终端 J 可以与属于 VLAN 3 的终端相互通信。当终端 K 接入 S2 端口 5 时,终端 K 可以与属于 VLAN 4 的终端相互通信。

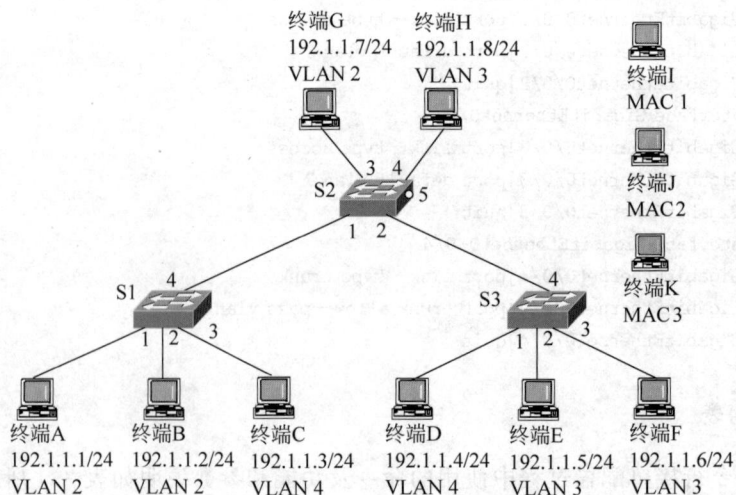

图 3.6　网络结构与 VLAN 划分

3.3.2　实验目的

(1) 完成基于 MAC 地址划分 VLAN 的过程。

(2) 验证混合端口特性。

(3) 验证混合端口建立无标记帧与 VLAN 之间关联的机制。

(4) 验证属于同一 VLAN 的终端之间的通信过程。

(5) 验证属于不同 VLAN 的两个终端之间不能相互通信。

3.3.3　实验原理

一是将交换机 S2 端口 5 定义为混合端口,并将无标记帧与 VLAN 2、VLAN 3 和 VLAN 4 建立关联;二是分别建立 MAC 1 与 VLAN 2、MAC 2 与 VLAN 3 和 MAC 3 与 VLAN 4 之间的关联。这种情况下,如果交换机从端口 5 接收到无标记帧,且该无标记帧的源 MAC 地址是 MAC 1、MAC 2 和 MAC 3 中之一,则交换机将根据该 MAC 帧的源 MAC 地址分别将该无标记帧作为属于 VLAN 2、VLAN 3 和 VLAN 4 的 MAC 帧。

属于 VLAN 2、VLAN 3 和 VLAN 4 的 MAC 帧通过交换机 S2 端口 5 输出时,必须将该 MAC 帧转换为无标记帧。

3.3.4　关键命令说明

1. 建立 MAC 地址与 VLAN 之间的关联

以下命令序列用于建立 MAC 地址 5489-9855-171F 与 VLAN 2 之间的关联。

```
[Huawei]vlan 2
[Huawei - vlan2]mac - vlan mac - address 5489 - 9855 - 171F 48
[Huawei - vlan2]quit
```

vlan 2 是系统视图下使用的命令,该命令的作用有两个:一是如果不存在 VLAN 2,则创建 VLAN 2;二是进入 VLAN 2 对应的 VLAN 视图。

mac-vlan mac-address 5489-9855-171F 48 是 VLAN 视图下使用的命令,该命令的作用是建立 MAC 地址 5489-9855-171F 与指定 VLAN(这里是 VLAN 2)之间的关联。48 是 MAC 地址掩码长度,可以通过 MAC 地址掩码建立一组 MAC 地址与指定 VLAN 之间的关联。48 位 MAC 地址掩码长度只能建立唯一 MAC 地址与指定 VLAN 之间的关联。

2. 配置混合端口

以下命令序列用于将端口 GigabitEthernet0/0/5 定义为混合端口,并建立无标记帧与 VLAN 2、VLAN 3 和 VLAN 4 之间的关联。

```
[Huawei]interface GigabitEthernet0/0/5
[Huawei - GigabitEthernet0/0/5]port link - type hybrid
```

```
[Huawei-GigabitEthernet0/0/5]port hybrid untagged vlan 2 to 4
[Huawei-GigabitEthernet0/0/5]quit
```

port link-type hybrid 是接口视图下使用的命令,该命令的作用是将指定端口(这里是端口 GigabitEthernet0/0/5)定义为混合端口。

port hybrid untagged vlan 2 to 4 是接口视图下使用的命令,该命令的作用是建立无标记帧与 VLAN 2、VLAN 3 和 VLAN 4 之间的关联。建立上述关联后,交换机通过该端口接收到无标记帧时,需要根据某种机制确定该无标记帧所属的 VLAN。交换机通过该端口输出分别属于 VLAN 2、VLAN 3 和 VLAN 4 的 MAC 帧时,需要将 MAC 帧转换成无标记帧。

3. 启动基于 MAC 地址划分 VLAN 的功能

以下命令序列用于在交换机端口 GigabitEthernet0/0/5 中启动基于 MAC 地址划分 VLAN 的功能。

```
[Huawei]interface GigabitEthernet0/0/5
[Huawei-GigabitEthernet0/0/5]mac-vlan enable
[Huawei-GigabitEthernet0/0/5]quit
```

mac-vlan enable 是接口视图下使用的命令,该命令的作用是在指定交换机端口(这里是端口 GigabitEthernet0/0/5)中启动基于 MAC 地址划分 VLAN 的功能。

3.3.5 实验步骤

(1) 该实验在 3.2 节基于端口划分 VLAN 实验的基础上完成,打开完成 3.2 节实验时生成的 topo 文件,增加 3 台用于分别接入 LSW2 交换机端口 GigabitEthernet0/0/5 的 PC,如图 3.7 所示。

(2) 为 PC12、PC13 和 PC14 分别配置 IP 地址 192.1.1.9、192.1.1.10 和 192.1.1.11,PC12~PC14 配置的 IP 地址与其他 PC 配置的 IP 地址有相同的网络号。

(3) 由于交换机 LSW2 端口 GigabitEthernet0/0/5 属于默认 VLAN——VLAN 1,因此,虽然 PC12~PC14 配置的 IP 地址与其他 PC 配置的 IP 地址有相同的网络号,接入 LSW2 端口 GigabitEthernet0/0/5 的 PC 仍然无法与其他 PC 相互通信。图 3.8 所示是接入交换机 LSW2 端口 GigabitEthernet0/0/5 的 PC12 与 PC7 和 PC8 进行通信的过程。

(4) 分别建立 PC12 的 MAC 地址与 VLAN 2 之间、PC13 的 MAC 地址与 VLAN 3 之间和 PC14 的 MAC 地址与 VLAN 4 之间的关联。将交换机 LSW2 端口 GigabitEthernet0/0/5 定义为混合端口,并建立无标记帧与 VLAN 2、VLAN 3 和 VLAN 4 之间的关联。

(5) 将 PC12 接入交换机 LSW2 端口 GigabitEthernet0/0/5,PC12 能够与属于 VLAN 2 的终端相互通信,但无法与属于其他 VLAN 的终端相互通信。图 3.9 所示是 PC12 与 PC7 和 PC8 进行通信的过程。由于 PC7 属于 VLAN 2,因此,PC12 与 PC7 之间能够相互通信;由于 PC8 属于 VLAN 3,因此,PC12 与 PC8 之间无法相互通信。

(6) 将 PC13 接入交换机 LSW2 端口 GigabitEthernet0/0/5,PC13 能够与属于 VLAN 3 的终端相互通信,但无法与属于其他 VLAN 的终端相互通信。图 3.10 所示是 PC13 与 PC8

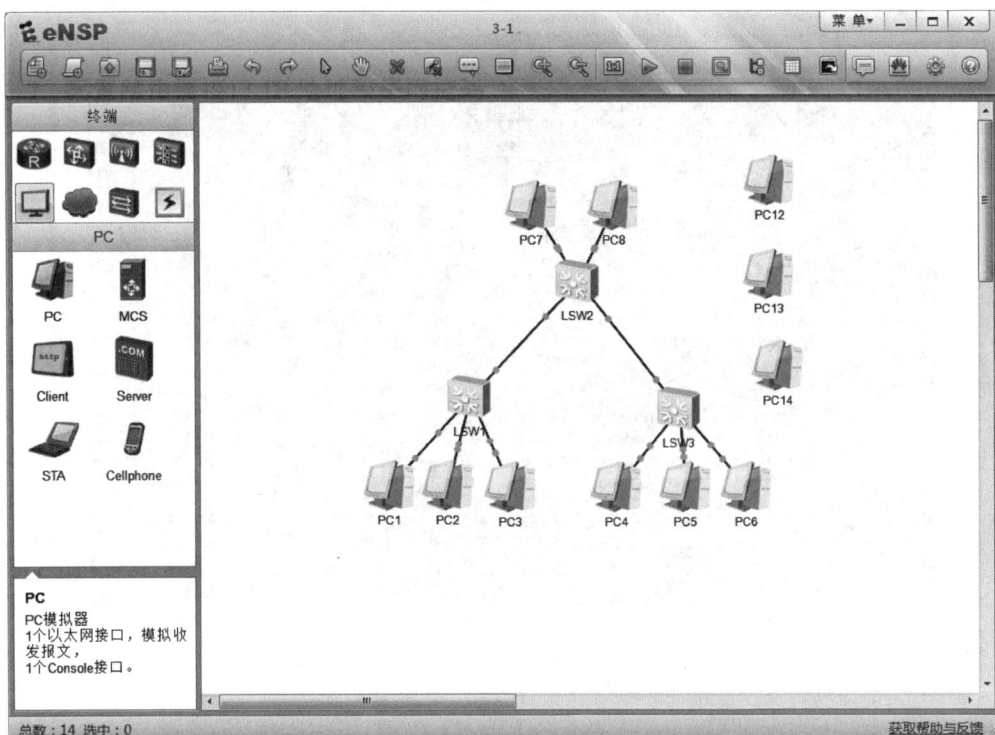

图 3.7　完成设备放置和连接后的 eNSP 界面

图 3.8　PC12 与 PC7 和 PC8 之间的通信过程一

```
PC>ping 192.1.1.7

Ping 192.1.1.7: 32 data bytes, Press Ctrl_C to break
From 192.1.1.7: bytes=32 seq=1 ttl=128 time=31 ms
From 192.1.1.7: bytes=32 seq=2 ttl=128 time=32 ms
From 192.1.1.7: bytes=32 seq=3 ttl=128 time=31 ms
From 192.1.1.7: bytes=32 seq=4 ttl=128 time=31 ms
From 192.1.1.7: bytes=32 seq=5 ttl=128 time=31 ms

--- 192.1.1.7 ping statistics ---
  5 packet(s) transmitted
  5 packet(s) received
  0.00% packet loss
  round-trip min/avg/max = 31/31/32 ms

PC>ping 192.1.1.8

Ping 192.1.1.8: 32 data bytes, Press Ctrl_C to break
From 192.1.1.9: Destination host unreachable
From 192.1.1.9: Destination host unreachable
From 192.1.1.9: Destination host unreachable
From 192.1.1.9: Destination host unreachable
From 192.1.1.9: Destination host unreachable

--- 192.1.1.8 ping statistics ---
  5 packet(s) transmitted
```

图 3.9　PC12 与 PC7 和 PC8 之间的通信过程二

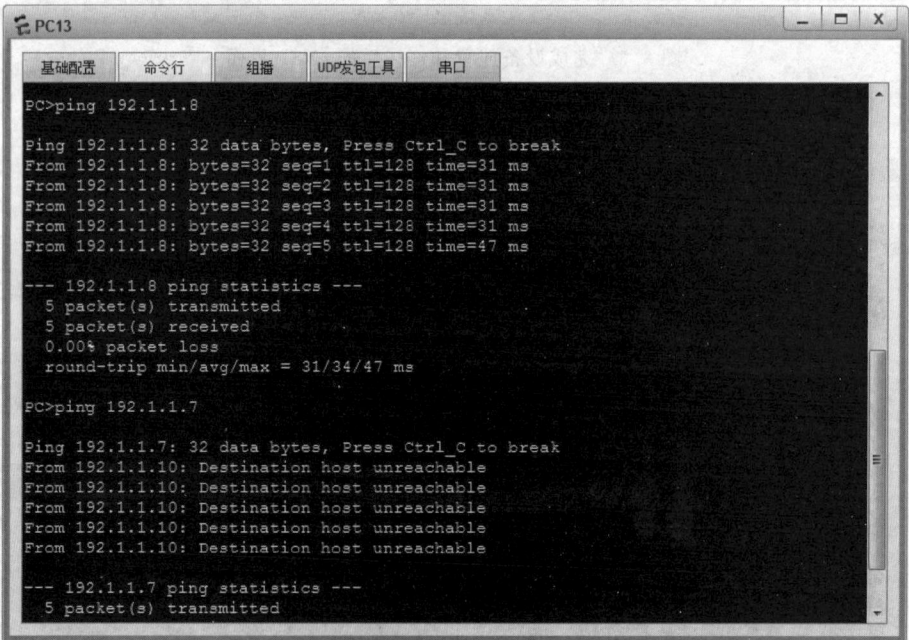

```
PC>ping 192.1.1.8

Ping 192.1.1.8: 32 data bytes, Press Ctrl_C to break
From 192.1.1.8: bytes=32 seq=1 ttl=128 time=31 ms
From 192.1.1.8: bytes=32 seq=2 ttl=128 time=31 ms
From 192.1.1.8: bytes=32 seq=3 ttl=128 time=31 ms
From 192.1.1.8: bytes=32 seq=4 ttl=128 time=31 ms
From 192.1.1.8: bytes=32 seq=5 ttl=128 time=47 ms

--- 192.1.1.8 ping statistics ---
  5 packet(s) transmitted
  5 packet(s) received
  0.00% packet loss
  round-trip min/avg/max = 31/34/47 ms

PC>ping 192.1.1.7

Ping 192.1.1.7: 32 data bytes, Press Ctrl_C to break
From 192.1.1.10: Destination host unreachable
From 192.1.1.10: Destination host unreachable
From 192.1.1.10: Destination host unreachable
From 192.1.1.10: Destination host unreachable
From 192.1.1.10: Destination host unreachable

--- 192.1.1.7 ping statistics ---
  5 packet(s) transmitted
```

图 3.10　PC13 与 PC8 和 PC7 之间的通信过程

和 PC7 进行通信的过程。由于 PC8 属于 VLAN 3,因此,PC13 与 PC8 之间能够相互通信;由于 PC7 属于 VLAN 2,因此,PC13 与 PC7 之间无法相互通信。

(7) 将 PC14 接入交换机 LSW2 端口 GigabitEthernet0/0/5,PC14 能够与属于 VLAN 4 的终端相互通信,但无法与属于其他 VLAN 的终端相互通信。图 3.11 所示是 PC14 与 PC4

和 PC7 进行通信的过程。由于 PC4 属于 VLAN 4,因此,PC14 与 PC4 之间能够相互通信;由于 PC7 属于 VLAN 2,因此,PC14 与 PC7 之间无法相互通信。

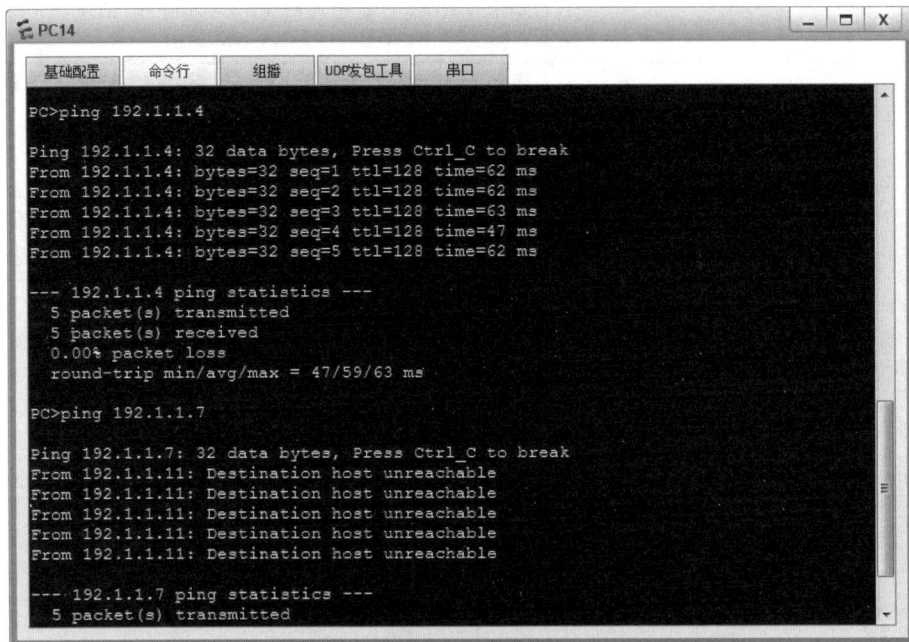

图 3.11　PC14 与 PC4 和 PC7 之间的通信过程

3.3.6　命令行接口配置过程

1. 交换机 LSW2 与基于 MAC 地址划分 VLAN 相关的命令行接口配置过程

```
< Huawei > system - view
[Huawei]vlan 2
[Huawei - vlan2]mac - vlan mac - address 5489 - 9855 - 171F 48
[Huawei - vlan2]quit
[Huawei]vlan 3
[Huawei - vlan3]mac - vlan mac - address 5489 - 980D - 798C 48
[Huawei - vlan3]quit
[Huawei]vlan 4
[Huawei - vlan4]mac - vlan mac - address 5489 - 9800 - 7BC8 48
[Huawei - vlan4]quit
[Huawei]interface GigabitEthernet0/0/5
[Huawei - GigabitEthernet0/0/5]port link - type hybrid
[Huawei - GigabitEthernet0/0/5]port hybrid untagged vlan 2 to 4
[Huawei - GigabitEthernet0/0/5]mac - vlan enable
[Huawei - GigabitEthernet0/0/5]quit
```

2. 命令列表

交换机命令行接口配置过程中使用的命令及功能和参数说明如表 3.5 所示。

表 3.5　交换机命令行接口配置过程中使用的命令及功能和参数说明

命 令 格 式	功能和参数说明
vlan *vlan-id*	如果参数 *vlan-id* 指定的 VLAN 不存在,创建该 VLAN,然后进入该 VLAN 对应的 VLAN 视图
mac-vlan mac-address *mac-address*〔*mac-address-mask* | *mac-address-mask-length*〕	建立 MAC 地址与指定 VLAN 之间的关联。参数 *mac-address* 是 MAC 地址;参数 *mac-address-mask* 是 MAC 地址掩码;参数 *mac-address-mask-length* 是 MAC 地址掩码长度。通过 MAC 地址和 MAC 地址掩码,可以建立一组 MAC 地址与指定 VLAN 之间的关联。MAC 地址和 MAC 地址掩码都是 48 位,MAC 地址掩码长度的取值范围是 1~48
port hybrid untagged vlan *vlan-id* 列表	建立无标记帧与 *vlan-id* 列表所指定的一组 VLAN 之间的关联。*vlan-id* 列表可以是一组空格分隔的 *vlan-id*,表明这一组 VLAN 是一组编号分别为空格分隔的 *vlan-id* 的 VLAN;也可以是 *vlan-id*1 **to** *vlan-id*2,表明这一组 VLAN 是一组编号从 *vlan-id*1 到 *vlan-id*2 的 VLAN
mac-vlan enable	启动指定交换机端口基于 MAC 地址划分 VLAN 的功能

3.4　基于网络地址划分 VLAN 实验

3.4.1　实验内容

如图 3.12 所示,该实验在 3.2 节基于端口划分 VLAN 实验的基础上完成,将 S2 端口 5 定义为混合端口,并将 VLAN 2、VLAN 3 和 VLAN 4 与无标记帧建立关联。分别建立网络地址 192.1.1.9/32 与 VLAN 2 之间的关联,网络地址 192.1.1.10/32 与 VLAN 3 之间的关联,网络地址 192.1.1.11/32 与 VLAN 4 之间的关联。因此,当终端 I 接入 S2 端口 5

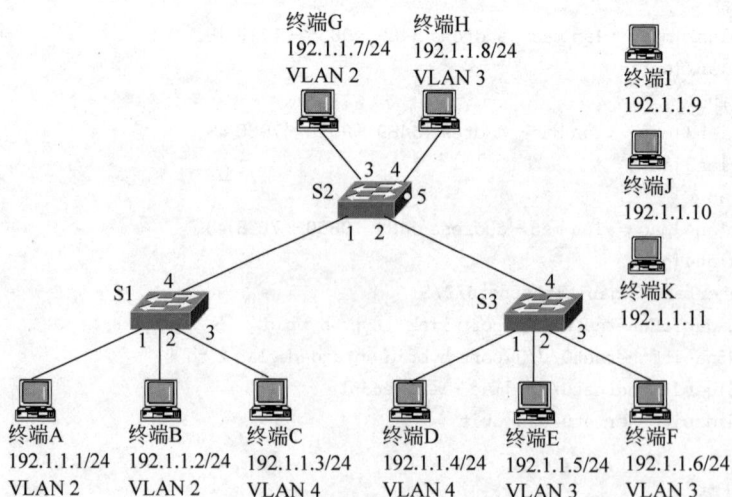

图 3.12　网络结构与 VLAN 划分

时,终端 I 可以与属于 VLAN 2 的终端相互通信；当终端 J 接入 S2 端口 5 时,终端 J 可以与属于 VLAN 3 的终端相互通信；当终端 K 接入 S2 端口 5 时,终端 K 可以与属于 VLAN 4 的终端相互通信。

3.4.2　实验目的

(1) 完成基于网络地址划分 VLAN 过程。

(2) 验证混合端口特性。

(3) 验证混合端口建立无标记帧与 VLAN 之间关联的机制。

(4) 验证属于同一 VLAN 的终端之间的通信过程。

(5) 验证属于不同 VLAN 的两个终端之间不能相互通信。

3.4.3　实验原理

一是将交换机 S2 端口 5 定义为混合端口,并将无标记帧与 VLAN 2、VLAN 3 和 VLAN 4 建立关联；二是分别建立网络地址 192.1.1.9/32 与 VLAN 2 之间的关联,网络地址 192.1.1.10/32 与 VLAN 3 之间的关联,网络地址 192.1.1.11/32 与 VLAN 4 之间的关联。这种情况下,如果交换机从端口 5 接收到封装 IP 分组的无标记帧,且该 IP 分组的源 IP 地址是 192.1.1.9、192.1.1.10 和 192.1.1.11 中之一,交换机将根据该 IP 分组的源 IP 地址分别将封装该 IP 分组的无标记帧作为属于 VLAN 2、VLAN 3 和 VLAN 4 的 MAC 帧。

属于 VLAN 2、VLAN 3 和 VLAN 4 的 MAC 帧通过交换机 S2 端口 5 输出时,必须将该 MAC 帧转换为无标记帧。

3.4.4　关键命令说明

1. 建立网络地址与 VLAN 之间的关联

以下命令序列用于建立 IP 地址 192.1.1.9/32 与 VLAN 2 之间的关联。

```
[Huawei]vlan 2
[Huawei - vlan2]ip - subnet - vlan 1 ip 192.1.1.9 32
[Huawei - vlan2]quit
```

ip-subnet-vlan 1 ip 192.1.1.9 32 是 VLAN 视图下使用的命令,该命令的作用是建立网络地址 192.1.1.9/32 与指定 VLAN(这里是 VLAN 2)之间的关联。其中 1 是网络地址索引值,与同一 VLAN 建立关联的不同网络地址使用不同的索引值。192.1.1.9 是 IP 地址,32 是子网掩码长度。IP 地址 192.1.1.9 和 32 位子网掩码长度表示与指定 VLAN 建立关联的是唯一的 IP 地址 192.1.1.9(192.1.1.9/32)。

2. 启动基于网络地址划分 VLAN 的功能

以下命令序列用于在交换机端口 GigabitEthernet0/0/5 中启动基于网络地址划分 VLAN 的功能。

```
[Huawei]interface GigabitEthernet0/0/5
[Huawei-GigabitEthernet0/0/5]ip-subnet-vlan enable
[Huawei-GigabitEthernet0/0/5]quit
```

ip-subnet-vlan enable 是接口视图下使用的命令,该命令的作用是在指定交换机端口(这里是端口 GigabitEthernet0/0/5)中启动基于网络地址划分 VLAN 的功能。

3.4.5 实验步骤

(1) 该实验在 3.2 节基于端口划分 VLAN 实验的基础上完成,打开完成 3.2 节实验时生成的 topo 文件,增加 3 台用于分别接入交换机 LSW2 端口 GigabitEthernet0/0/5 的 PC。

(2) 为 PC12、PC13 和 PC14 分别配置 IP 地址 192.1.1.9、192.1.1.10 和 192.1.1.11,PC12~PC14 配置的 IP 地址与其他 PC 配置的 IP 地址有相同的网络号。

(3) 由于交换机 LSW2 端口 GigabitEthernet0/0/5 属于默认 VLAN——VLAN 1,因此,虽然 PC12~PC14 配置的 IP 地址与其他 PC 配置的 IP 地址有相同的网络号,但是接入交换机 LSW2 端口 GigabitEthernet0/0/5 的 PC 仍然无法与其他 PC 相互通信。

(4) 分别建立 PC12 的 IP 地址与 VLAN 2 之间、PC13 的 IP 地址与 VLAN 3 之间和 PC14 的 IP 地址与 VLAN 4 之间的关联。将交换机 LSW2 端口 GigabitEthernet0/0/5 定义为混合端口,并建立无标记帧与 VLAN 2、VLAN 3 和 VLAN 4 之间的关联。

(5) 将 PC12 接入交换机 LSW2 端口 GigabitEthernet0/0/5,PC12 能够与属于 VLAN 2 的终端相互通信,但无法与属于其他 VLAN 的终端相互通信。图 3.13 所示是 PC12 与 PC1 和 PC3 进行通信的过程,由于 PC1 属于 VLAN 2,因此,PC12 与 PC1 之间能够相互通信;由于 PC3 属于 VLAN 4,因此,PC12 与 PC3 之间无法相互通信。

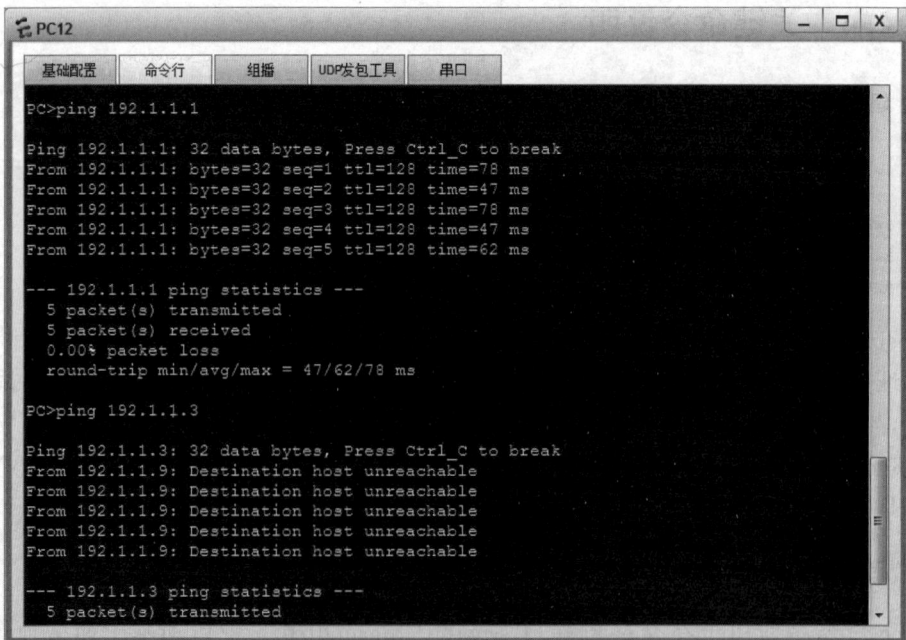

图 3.13 PC12 与 PC1 和 PC3 之间的通信过程

(6) 将 PC13 接入交换机 LSW2 端口 GigabitEthernet0/0/5,PC13 能够与属于 VLAN 3 的终端相互通信,但无法与属于其他 VLAN 的终端相互通信。图 3.14 所示是 PC13 与 PC6 和 PC1 进行通信的过程。由于 PC6 属于 VLAN 3,因此,PC13 与 PC6 之间能够相互通信;由于 PC1 属于 VLAN 2,因此,PC13 与 PC1 之间无法相互通信。

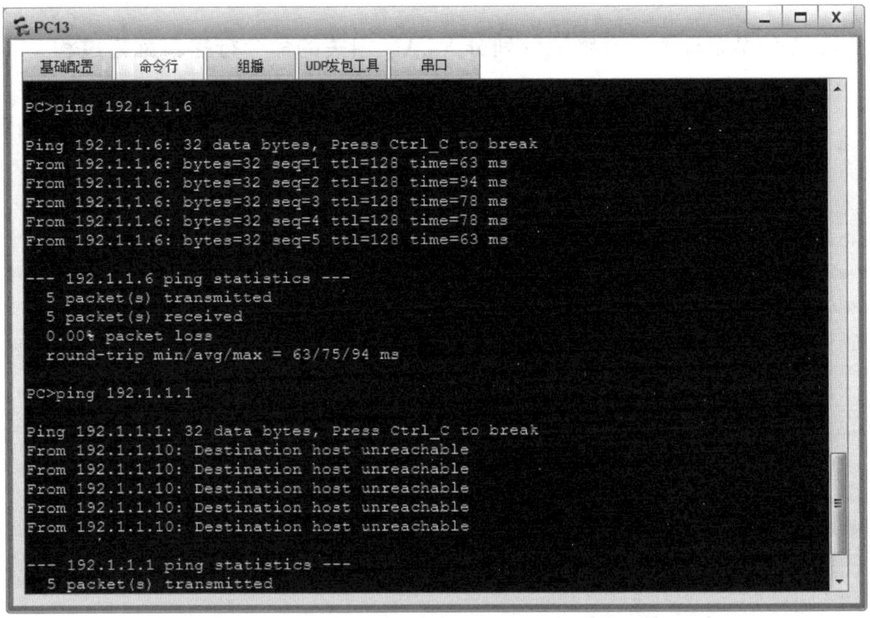

图 3.14　PC13 与 PC6 和 PC1 之间的通信过程

(7) 将 PC14 接入交换机 LSW2 端口 GigabitEthernet0/0/5,PC14 能够与属于 VLAN 4 的终端相互通信,但无法与属于其他 VLAN 的终端相互通信。图 3.15 所示是 PC14 与 PC3

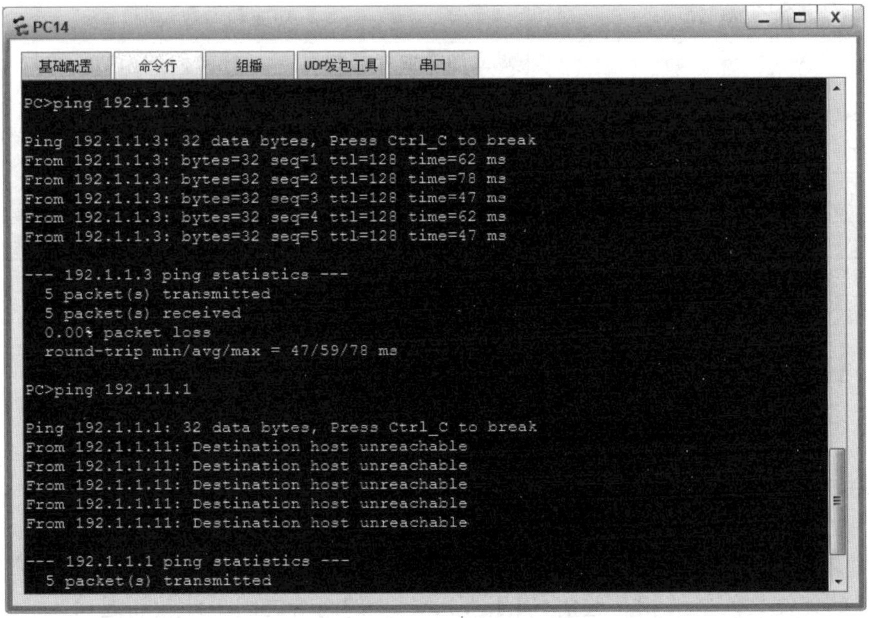

图 3.15　PC14 与 PC3 和 PC1 之间的通信过程

和 PC1 进行通信的过程。由于 PC3 属于 VLAN 4,因此,PC14 与 PC3 之间能够相互通信;由于 PC1 属于 VLAN 2,因此,PC14 与 PC1 之间无法相互通信。

3.4.6　命令行接口配置过程

1. 交换机 LSW2 与基于网络地址划分 VLAN 相关的命令行接口配置过程

```
< Huawei > system - view
[Huawei]vlan 2
[Huawei - vlan2]ip - subnet - vlan 1 ip 192.1.1.9 32
[Huawei - vlan2]quit
[Huawei]vlan 3
[Huawei - vlan3]ip - subnet - vlan 2 ip 192.1.1.10 32
[Huawei - vlan3]quit
[Huawei]vlan 4
[Huawei - vlan4]ip - subnet - vlan 3 ip 192.1.1.11 32
[Huawei - vlan4]quit
[Huawei]interface GigabitEthernet0/0/5
[Huawei - GigabitEthernet0/0/5]port link - type hybrid
[Huawei - GigabitEthernet0/0/5]port hybrid untagged vlan 2 to 4
[Huawei - GigabitEthernet0/0/5]ip - subnet - vlan enable
[Huawei - GigabitEthernet0/0/5]quit
```

2. 命令列表

交换机命令行接口配置过程中使用的命令及功能和参数说明如表 3.6 所示。

表 3.6　交换机命令行接口配置过程中使用的命令及功能和参数说明

命 令 格 式	功能和参数说明
ip-subnet-vlan [*ip-subnet-index*] **ip** *ip-address*⟨*mask*|*mask-length*⟩	建立网络地址与指定 VLAN 之间的关联。参数 *ip-subnet-index* 是网络地址索引值;参数 *ip-address* 是 IP 地址;参数 *mask* 是子网掩码;参数 *mask-length* 是子网掩码长度。通过 IP 地址和子网掩码,可以建立网络地址与指定 VLAN 之间的关联
ip-subnet-vlan enable	在指定交换机端口中启动基于网络地址划分 VLAN 的功能

3.5　MUX VLAN 配置实验

3.5.1　实验内容

构建如图 3.16 所示的 MUX VLAN,要求所有终端能够与服务器相互通信,属于 VLAN 3 的终端之间能够相互通信,属于 VLAN 4 的终端之间不能相互通信。

如果要求在第二层实现两个终端之间不能相互通信的功能,简单的办法是将这两个终端分配到不同的 VLAN。但对于作为接入网络的以太网,一是有成千上万个终端接入以太网;二是要求接入以太网的终端之间不能相互通信;三是这些终端最好具有相同的默认网关地址。这种情况下,通过将每一个接入终端分配到不同的 VLAN,以此实现终端之间流量隔离的方法变得不可行。

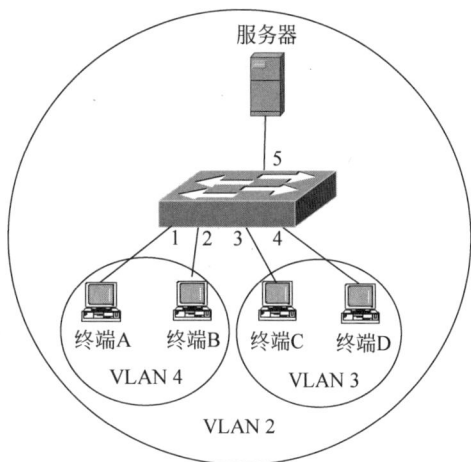

图 3.16　MUX VLAN 结构

　　MUX VLAN(Multiplex VLAN)是一种在第二层实现流量隔离的机制。MUX VLAN 机制下,可以创建一个主 VLAN 和若干个从 VLAN。这些从 VLAN 中,可以有多个团 VLAN 和一个孤立 VLAN。属于孤立 VLAN 的终端之间不能相互通信,属于孤立 VLAN 的终端也不能与属于团 VLAN 的终端相互通信,但允许与属于主 VLAN 的终端相互通信。属于同一团 VLAN 的终端之间可以相互通信,属于团 VLAN 的终端也可以与属于主 VLAN 的终端相互通信。因此,可以通过 MUX VLAN 实现接入终端之间流量隔离的功能。

3.5.2　实验目的

(1) 验证 MUX VLAN 工作原理。
(2) 完成交换机 MUX VLAN 配置过程。
(3) 验证 MUX VLAN 工作场景。

3.5.3　实验原理

　　如图 3.16 所示,在交换机中创建 3 个 VLAN,分别是 VLAN 2、VLAN 3 和 VLAN 4。VLAN 2 作为主 VLAN。VLAN 3 是从 VLAN,且是团 VLAN。VLAN 4 是从 VLAN,且是孤立 VLAN。端口 1 和端口 2 是属于孤立 VLAN 的接入端口。端口 3 和端口 4 是属于团 VLAN 的接入端口。端口 5 是属于主 VLAN 的接入端口,所有端口启动 MUX VLAN 功能。

　　完成上述配置后,属于孤立 VLAN 的接入端口只能与属于主 VLAN 的接入端口相互通信;属于团 VLAN 的接入端口可以与属于同一团 VLAN 的接入端口相互通信,也可以与属于主 VLAN 的接入端口相互通信。因此,图 3.16 所示的 MUX VLAN 结构能够实现所有终端与服务器之间相互通信、属于 VLAN 3 的终端之间可以相互通信、属于 VLAN 4 的终端之间不能相互通信的设计要求。

3.5.4　关键命令说明

1. 配置主从 VLAN

以下命令序列完成将 VLAN 2 定义为主 VLAN,将 VLAN 3 定义为从 VLAN 且是团

VLAN。将 VLAN 4 定义为从 VLAN 且是孤立 VLAN 的功能。

```
[Huawei]vlan 2
[Huawei - vlan2]mux - vlan
[Huawei - vlan2]subordinate group 3
[Huawei - vlan2]subordinate separate 4
[Huawei - vlan2]quit
```

mux-vlan 是 VLAN 视图下使用的命令,该命令的作用是将指定 VLAN(这里是 VLAN 2)定义为主 VLAN。属于主 VLAN 的端口可以和启动 MUX VLAN 功能的其他端口相互通信。

subordinate group 3 是 VLAN 视图下使用的命令,该命令的作用是将 VLAN 3 定义为从 VLAN,且是团 VLAN。属于团 VLAN 的端口允许与属于同一团 VLAN 的端口和属于主 VLAN 的端口相互通信。参数 3 是 VLAN ID。

subordinate separate 4 是 VLAN 视图下使用的命令,该命令的作用是将 VLAN 4 定义为从 VLAN,且是孤立 VLAN。属于孤立 VLAN 的端口只允许与属于主 VLAN 的端口相互通信。参数 4 是 VLAN ID。

2. 启动端口 MUX VLAN 功能

```
[Huawei]interface GigabitEthernet0/0/1
[Huawei - GigabitEthernet0/0/1]port mux - vlan enable
[Huawei - GigabitEthernet0/0/1]quit
```

port mux-vlan enable 是接口视图下使用的命令,该命令的作用是启动交换机端口(这里是端口 GigabitEthernet0/0/1)的 MUX VLAN 功能。

3.5.5 实验步骤

(1) 启动 eNSP,按照如图 3.16 所示的网络拓扑结构放置和连接设备,完成设备放置和连接后的 eNSP 界面如图 3.17 所示。启动所有设备。

(2) 为各个终端和服务器配置 IP 地址和子网掩码,为 PC1~PC4 分别配置 IP 地址 192.1.1.1~192.1.1.4,为服务器配置 IP 地址 192.1.1.5。

(3) 在交换机 LSW1 中完成以下配置:一是创建 3 个 VLAN,分别是 VLAN 2、VLAN 3 和 VLAN 4。二是将 VLAN 2 定义为主 VLAN;将 VLAN 3 定义为从 VLAN,且是团 VLAN;将 VLAN 4 定义为从 VLAN,且是孤立 VLAN。三是将交换机端口 GigabitEthernet0/0/1 和 GigabitEthernet0/0/2 作为接入端口分配给 VLAN 4;将交换机端口 GigabitEthernet0/0/3 和 GigabitEthernet0/0/4 作为接入端口分配给 VLAN 3;将交换机端口 GigabitEthernet0/0/5 作为接入端口分配给 VLAN 2。启动所有端口的 MUX VLAN 功能。

(4) 验证 PC1 只能与 Server1 相互通信。图 3.18 所示是 PC1 无法与属于同一孤立 VLAN 的 PC2 相互通信,但能够与 Server1 相互通信的通信过程。

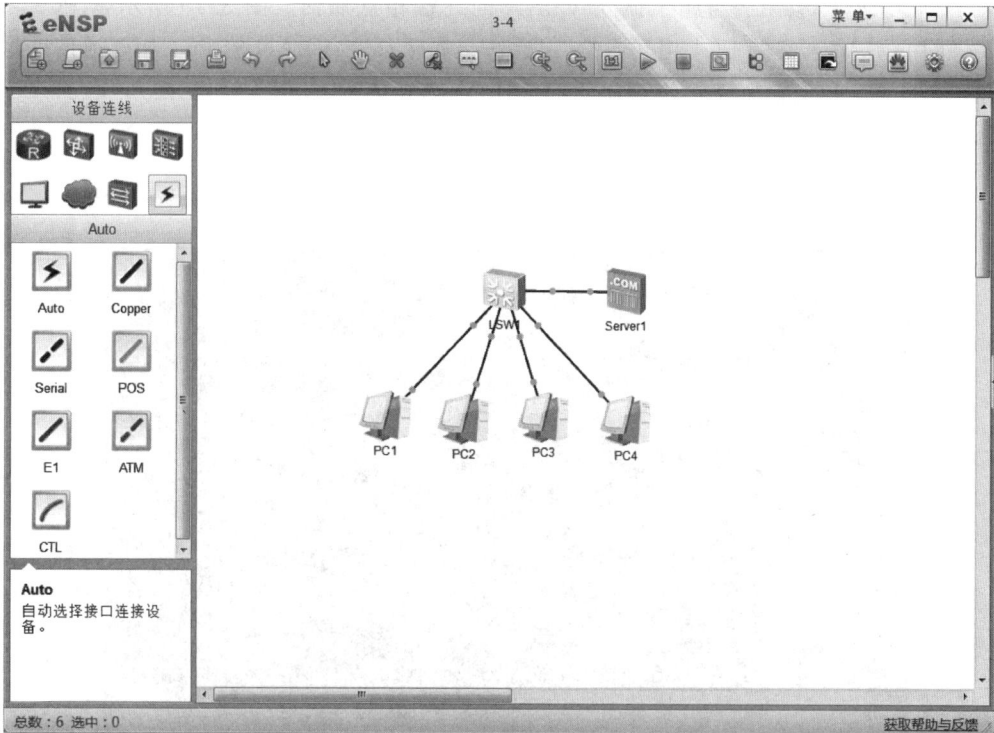

图 3.17　完成设备放置和连接后的 eNSP 界面

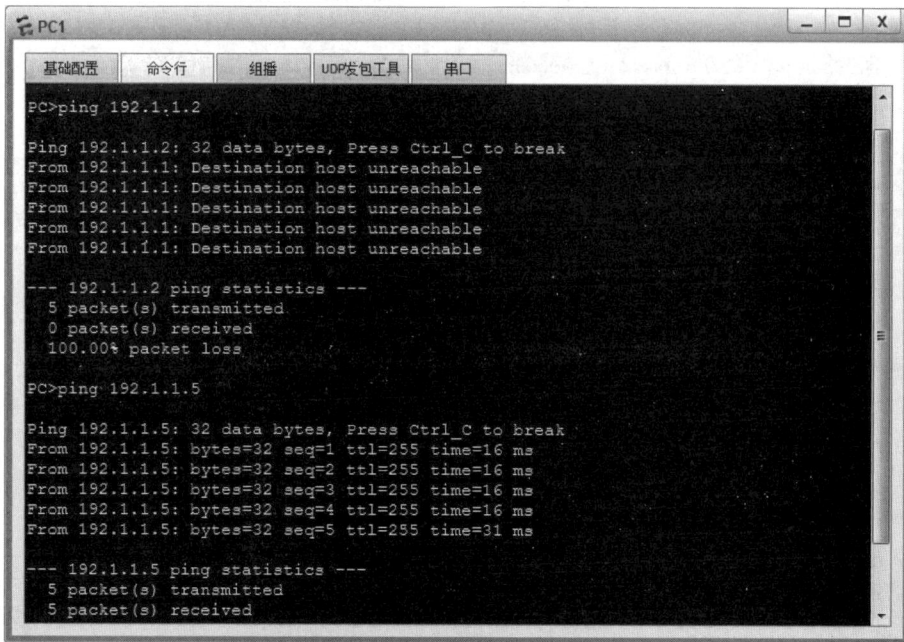

图 3.18　PC1 与 PC2 和 Server1 之间的通信过程

（5）验证属于同一团 VLAN 的 PC3 和 PC4 之间可以相互通信，PC3 和 PC4 也可以与 Server1 相互通信，但无法与属于孤立 VLAN 的终端相互通信。图 3.19 所示是 PC3 可以与属于同一团 VLAN 的 PC4 相互通信，但无法与属于孤立 VLAN 的 PC1 相互通信的通信过程。图 3.20 所示是 PC4 可以与属于同一团 VLAN 的 PC3 相互通信，也可以与 Server1 相互通信的通信过程。

```
PC3
 基础配置    命令行    组播    UDP发包工具    串口

PC>ping 192.1.1.4

Ping 192.1.1.4: 32 data bytes, Press Ctrl_C to break
From 192.1.1.4: bytes=32 seq=1 ttl=128 time=31 ms
From 192.1.1.4: bytes=32 seq=2 ttl=128 time=31 ms
From 192.1.1.4: bytes=32 seq=3 ttl=128 time=31 ms
From 192.1.1.4: bytes=32 seq=4 ttl=128 time=31 ms
From 192.1.1.4: bytes=32 seq=5 ttl=128 time=32 ms

--- 192.1.1.4 ping statistics ---
  5 packet(s) transmitted
  5 packet(s) received
  0.00% packet loss
  round-trip min/avg/max = 31/31/32 ms

PC>ping 192.1.1.1

Ping 192.1.1.1: 32 data bytes, Press Ctrl_C to break
From 192.1.1.3: Destination host unreachable
From 192.1.1.3: Destination host unreachable
From 192.1.1.3: Destination host unreachable
From 192.1.1.3: Destination host unreachable
From 192.1.1.3: Destination host unreachable

--- 192.1.1.1 ping statistics ---
  5 packet(s) transmitted
```

图 3.19　PC3 与 PC4 和 PC1 之间的通信过程

```
PC4
 基础配置    命令行    组播    UDP发包工具    串口

PC>ping 192.1.1.3

Ping 192.1.1.3: 32 data bytes, Press Ctrl_C to break
From 192.1.1.3: bytes=32 seq=1 ttl=128 time=31 ms
From 192.1.1.3: bytes=32 seq=2 ttl=128 time=46 ms
From 192.1.1.3: bytes=32 seq=3 ttl=128 time=31 ms
From 192.1.1.3: bytes=32 seq=4 ttl=128 time=31 ms
From 192.1.1.3: bytes=32 seq=5 ttl=128 time=31 ms

--- 192.1.1.3 ping statistics ---
  5 packet(s) transmitted
  5 packet(s) received
  0.00% packet loss
  round-trip min/avg/max = 31/34/46 ms

PC>ping 192.1.1.5

Ping 192.1.1.5: 32 data bytes, Press Ctrl_C to break
From 192.1.1.5: bytes=32 seq=1 ttl=255 time=16 ms
From 192.1.1.5: bytes=32 seq=2 ttl=255 time=16 ms
From 192.1.1.5: bytes=32 seq=3 ttl=255 time=15 ms
From 192.1.1.5: bytes=32 seq=4 ttl=255 time=15 ms
From 192.1.1.5: bytes=32 seq=5 ttl=255 time=15 ms

--- 192.1.1.5 ping statistics ---
  5 packet(s) transmitted
```

图 3.20　PC4 与 PC3 和 Server1 之间的通信过程

3.5.6　命令行接口配置过程

1. 交换机 LSW1 命令行接口配置过程

```
< Huawei > system - view
[Huawei]undo info - center enable
[Huawei]vlan batch 2 3 4
[Huawei]vlan 2
[Huawei - vlan2]mux - vlan
[Huawei - vlan2]subordinate group 3
[Huawei - vlan2]subordinate separate 4
[Huawei - vlan2]quit
[Huawei]interface GigabitEthernet0/0/1
[Huawei - GigabitEthernet0/0/1]port link - type access
[Huawei - GigabitEthernet0/0/1]port default vlan 4
[Huawei - GigabitEthernet0/0/1]port mux - vlan enable
[Huawei - GigabitEthernet0/0/1]quit
[Huawei]interface GigabitEthernet0/0/2
[Huawei - GigabitEthernet0/0/2]port link - type access
[Huawei - GigabitEthernet0/0/2]port default vlan 4
[Huawei - GigabitEthernet0/0/2]port mux - vlan enable
[Huawei - GigabitEthernet0/0/2]quit
[Huawei]interface GigabitEthernet0/0/3
[Huawei - GigabitEthernet0/0/3]port link - type access
[Huawei - GigabitEthernet0/0/3]port default vlan 3
[Huawei - GigabitEthernet0/0/3]port mux - vlan enable
[Huawei - GigabitEthernet0/0/3]quit
[Huawei]interface GigabitEthernet0/0/4
[Huawei - GigabitEthernet0/0/4]port link - type access
[Huawei - GigabitEthernet0/0/4]port default vlan 3
[Huawei - GigabitEthernet0/0/4]port mux - vlan enable
[Huawei - GigabitEthernet0/0/4]quit
[Huawei]interface GigabitEthernet0/0/5
[Huawei - GigabitEthernet0/0/5]port link - type access
[Huawei - GigabitEthernet0/0/5]port default vlan 2
[Huawei - GigabitEthernet0/0/5]port mux - vlan enable
[Huawei - GigabitEthernet0/0/5]quit
```

2. 命令列表

交换机命令行接口配置过程中使用的命令及功能和参数说明如表 3.7 所示。

表 3.7　交换机命令行接口配置过程中使用的命令及功能和参数说明

命 令 格 式	功能和参数说明
mux-vlan	将指定 VLAN 定义为 MUX VLAN 中的主 VLAN
subordinate group vlan-id 列表	将由参数 vlan-id 列表指定的一组 VLAN 定义为从 VLAN,且是团 VLAN。vlan-id 列表可以是一组空格分隔的 vlan-id,表明这一组 VLAN 是一组编号分别为空格分隔的 vlan-id 的 VLAN;也可以是 vlan-id 1 **to** vlan-id 2,表明这一组 VLAN 是一组编号从 vlan-id 1 到 vlan-id 2 的 VLAN
subordinate separate vlan-id	将由参数 vlan-id 指定的 VLAN 定义为从 VLAN,且是孤立 VLAN
port mux-vlan enable	启动指定端口的 MUX VLAN 功能

3.6　GVRP 配置实验

3.6.1　实验内容

在如图 3.21 所示的网络结构中,为了验证 VLAN 属性注册协议的工作过程,在各个交换机上启动 GVRP 功能,并将实现交换机互连的端口配置为被所有 VLAN 共享的主干端口。将交换机 S2 端口 2 的注册模式设置为 fixed,将交换机 S3 端口 2 的注册模式设置为 forbidden。在交换机 S1 中手工创建 VLAN 2、VLAN 3 和 VLAN 4,查看其他各个交换机的 VLAN 状态。在交换机 S2 中手工创建 VLAN 5、VLAN 6 和 VLAN 7,查看其他各个交换机的 VLAN 状态。在交换机 S3 中手工创建 VLAN 8 和 VLAN 9,查看其他各个交换机的 VLAN 状态。在交换机 S2 中删除 VLAN 5,查看其他各个交换机的 VLAN 状态。

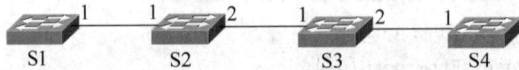

图 3.21　网络结构

3.6.2　实验目的

(1) 验证 GVRP 工作过程。
(2) 完成交换机 GVRP 配置过程。
(3) 验证三种注册模式 normal、fixed 和 forbidden 之间的区别。
(4) 验证通过 GVRP 自动创建 VLAN 的过程。

3.6.3　实验原理

在交换机 S1 中手工创建 VLAN 2、VLAN 3 和 VLAN 4 后,交换机 S2 能够自动创建 VLAN 2、VLAN 3 和 VLAN 4,这些自动创建的 VLAN 属于动态 VLAN。由于交换机 S2

端口 2 的注册模式设置为 fixed,使得交换机 S2 不能向交换机 S3 传播动态 VLAN 的信息,因此,交换机 S3 无法创建动态 VLAN——VLAN 2、VLAN 3 和 VLAN 4。在交换机 S2 中手工创建 VLAN 5、VLAN 6 和 VLAN 7 后,由于注册模式为 fixed 的端口允许传播手工创建的 VLAN 的信息,因此,交换机 S3 中能够自动创建动态 VLAN——VLAN 5、VLAN 6 和 VLAN 7。由于交换机 S3 端口 2 的注册模式设置为 forbidden,使得交换机 S3 只能向交换机 S4 传播 VLAN 1 的信息,因此,即使在交换机 S3 中手工创建 VLAN 8 和 VLAN 9,交换机 S4 中也无法自动创建动态 VLAN。由于交换机 S2 端口 2 无法注册动态 VLAN,因此,交换机 S2 无法自动创建动态 VLAN——VLAN 8 和 VLAN 9。无法在交换机中删除动态 VLAN,因此,无法在交换机 S1 中删除 VLAN 5。如果在交换机 S2 中删除 VLAN 5,则将分别在交换机 S1 和 S3 中自动删除动态 VLAN——VLAN 5。

3.6.4　关键命令说明

1. 启动交换机 GVRP 功能

```
< Huawei > system - view
[Huawei]gvrp
```

gvrp 是系统视图下使用的命令,该命令的作用是在交换机中启动 GVRP 功能。

2. 启动接口 GVRP 功能

```
[Huawei]interface GigabitEthernet0/0/1
[Huawei - GigabitEthernet0/0/1]gvrp
[Huawei - GigabitEthernet0/0/1]quit
```

gvrp 是接口视图下使用的命令,该命令的作用是在指定交换机端口(这里是端口 GigabitEthernet0/0/1)中启动 GVRP 功能。

3. 配置接口注册模式

```
[Huawei]interface GigabitEthernet0/0/2
[Huawei - GigabitEthernet0/0/2]gvrp registration fixed
[Huawei - GigabitEthernet0/0/2]quit
```

gvrp registration fixed 是接口视图下使用的命令,该命令的作用是将指定端口(这里是端口 GigabitEthernet0/0/2)的注册模式确定为 fixed。端口的注册模式可以是 fixed、forbidden 和 normal 中的一种。

3.6.5　实验步骤

(1) 启动 eNSP,按照如图 3.21 所示的网络拓扑结构放置和连接设备,完成设备放置和连接后的 eNSP 界面如图 3.22 所示。启动所有设备。

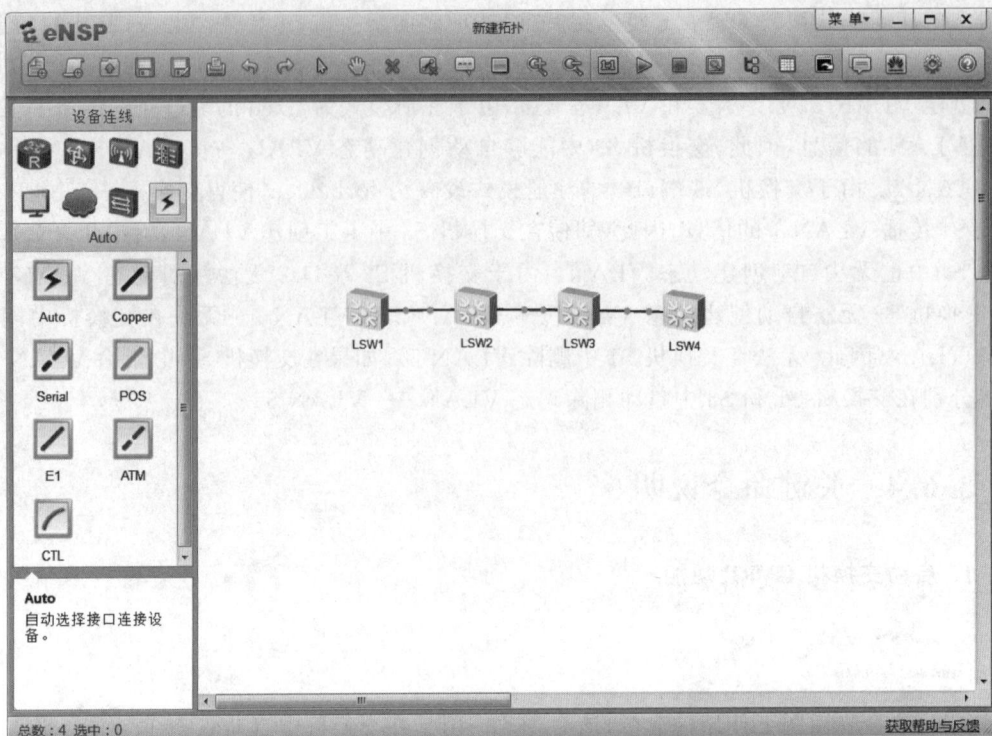

图 3.22　完成设备放置和连接后的 eNSP 界面

（2）完成各个交换机有关 GVRP 配置过程。一是启动各个交换机的 GVRP 功能；二是将所有实现交换机互连的端口定义为被所有 VLAN 共享的共享端口；三是按照要求配置端口的注册模式。

（3）默认状态下，每一个交换机只有默认 VLAN——VLAN 1。图 3.23 所示是交换机 LSW1 的默认 VLAN 状态。

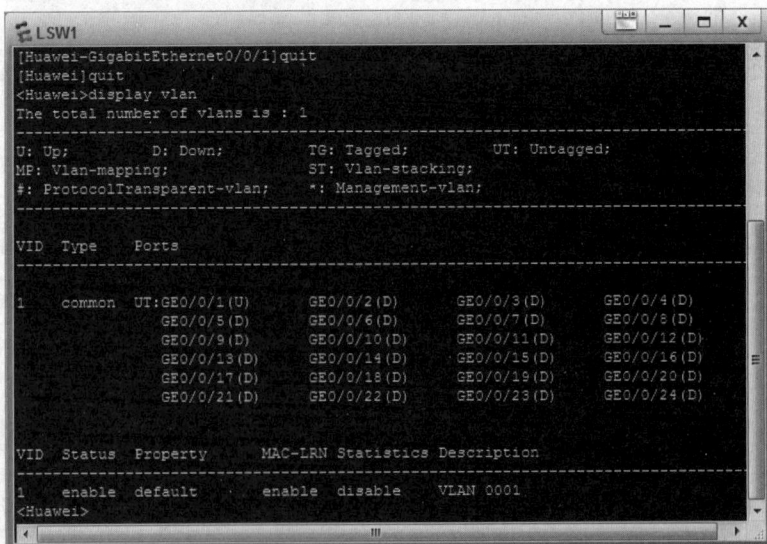

图 3.23　交换机 LSW1 的默认 VLAN 状态

（4）在交换机 LSW1 中手工创建 VLAN 2、VLAN 3 和 VLAN 4。交换机 LSW1 的 VLAN 状态如图 3.24 所示，存在 4 个 VLAN，其中 3 个 VLAN 是手工创建的 VLAN。交换机 LSW2 的 VLAN 状态如图 3.25 所示，也存在 4 个 VLAN，其中 3 个 VLAN 是自动创建的动态 VLAN。交换机 LSW3 的 VLAN 状态如图 3.26 所示，依然只有默认 VLAN——VLAN 1。

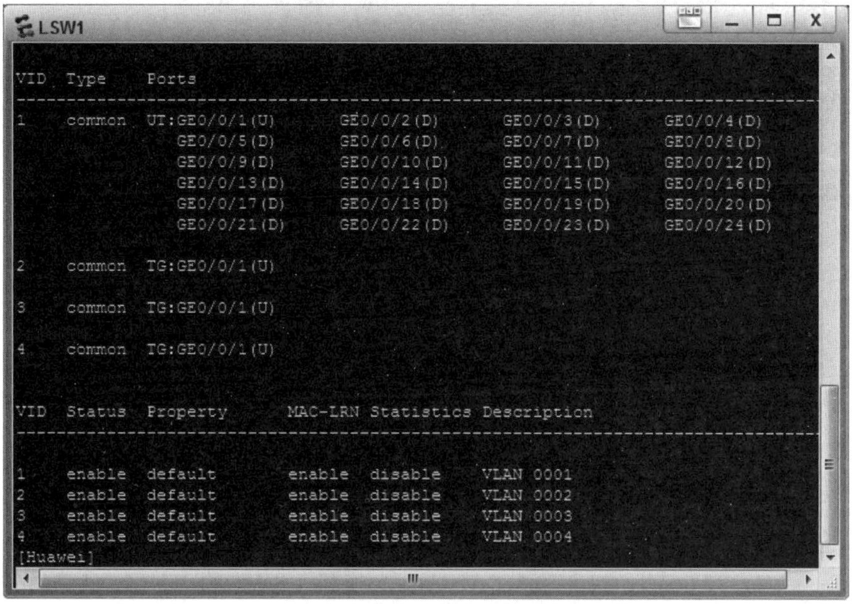

图 3.24　交换机 LSW1 的 VLAN 状态

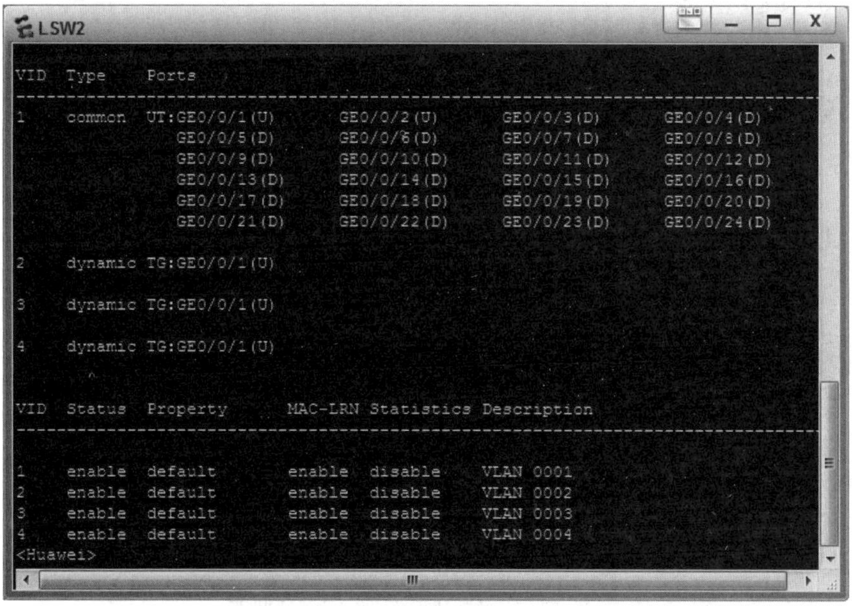

图 3.25　交换机 LSW2 的 VLAN 状态

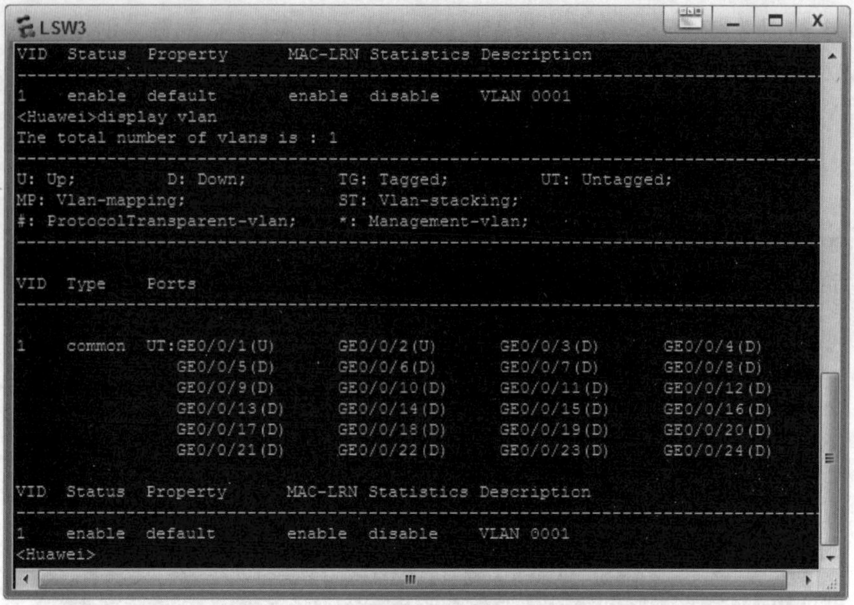

图 3.26 交换机 LSW3 的 VLAN 状态

（5）在交换机 LSW2 中手工创建 VLAN 5、VLAN 6 和 VLAN 7。交换机 LSW2 的 VLAN 状态如图 3.27 所示。交换机 LSW3 的 VLAN 状态如图 3.28 所示,自动创建了动态 VLAN——VLAN 5、VLAN 6 和 VLAN 7。交换机 LSW1 的 VLAN 状态如图 3.29 所示,自动创建了动态 VLAN——VLAN 5、VLAN 6 和 VLAN 7。

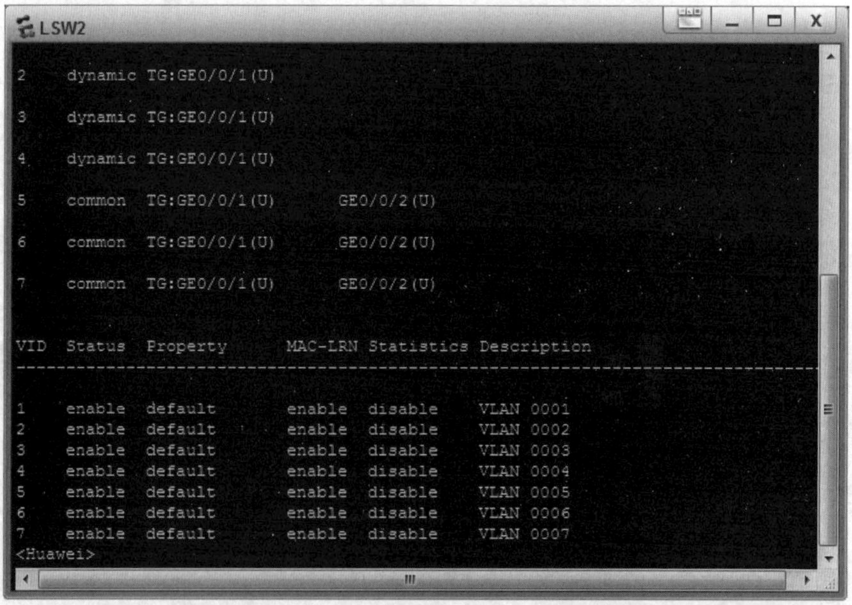

图 3.27 交换机 LSW2 的 VLAN 状态

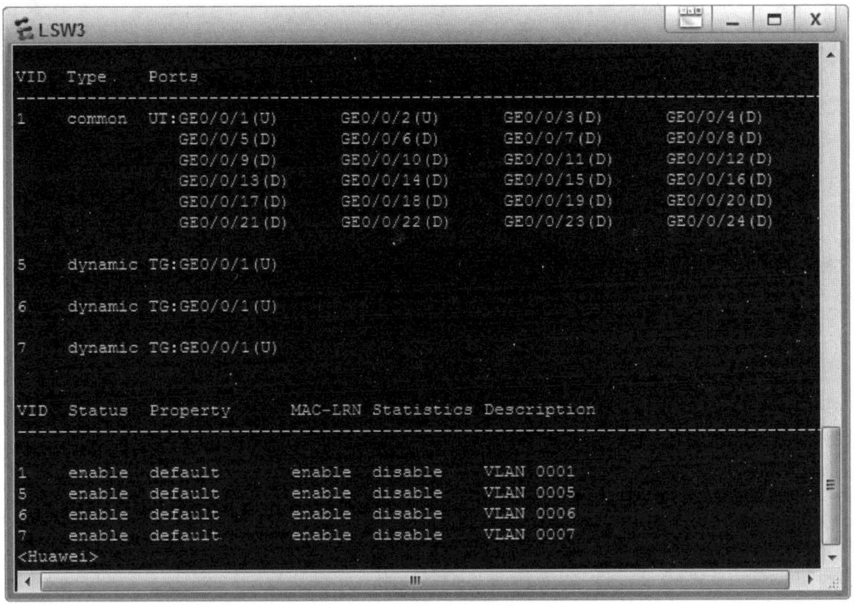

图 3.28　交换机 LSW3 的 VLAN 状态

图 3.29　交换机 LSW1 的 VLAN 状态

(6) 在交换机 LSW3 中手工配置 VLAN 8 和 VLAN 9。交换机 LSW3 的 VLAN 状态如图 3.30 所示,增加了静态 VLAN——VLAN 8 和 VLAN 9。交换机 LSW4 的 VLAN 状态如图 3.31 所示,依然只有默认 VLAN——VLAN 1。交换机 LSW2 的 VLAN 状态维持不变,并没有自动创建动态 VLAN——VLAN 8 和 VLAN 9。

图 3.30　交换机 LSW3 的 VLAN 状态

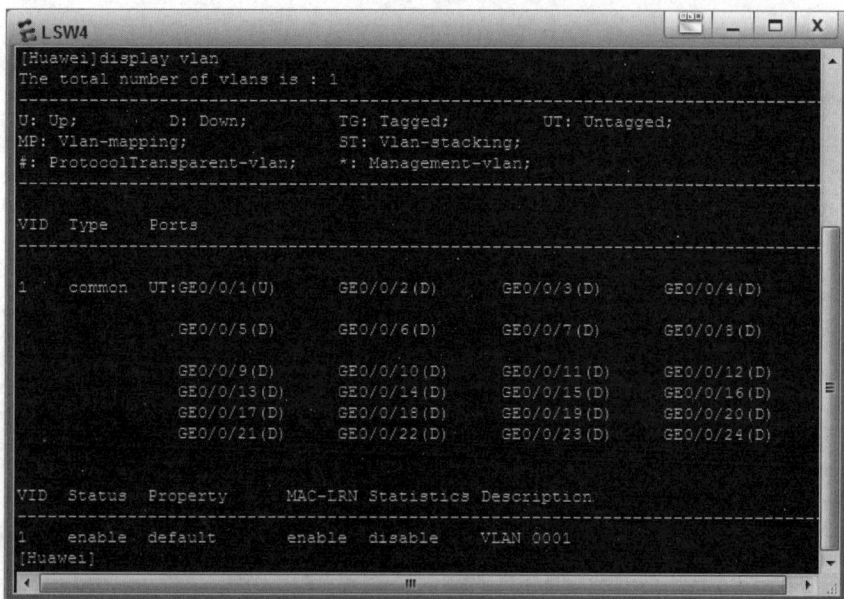

图 3.31　交换机 LSW4 的 VLAN 状态

(7) 无法在交换机中删除动态 VLAN。图 3.32 所示是交换机 LSW1 删除动态 VLAN——VLAN 5 失败的界面。

(8) 在交换机 LSW2 中删除 VLAN 5,LSW2 的 VLAN 状态如图 3.33 所示,删除了静态 VLAN——VLAN 5。LSW1 的 VLAN 状态如图 3.34 所示,自动删除了动态 VLAN——VLAN 5。LSW3 的 VLAN 状态如图 3.35 所示,也自动删除了动态 VLAN——VLAN 5。

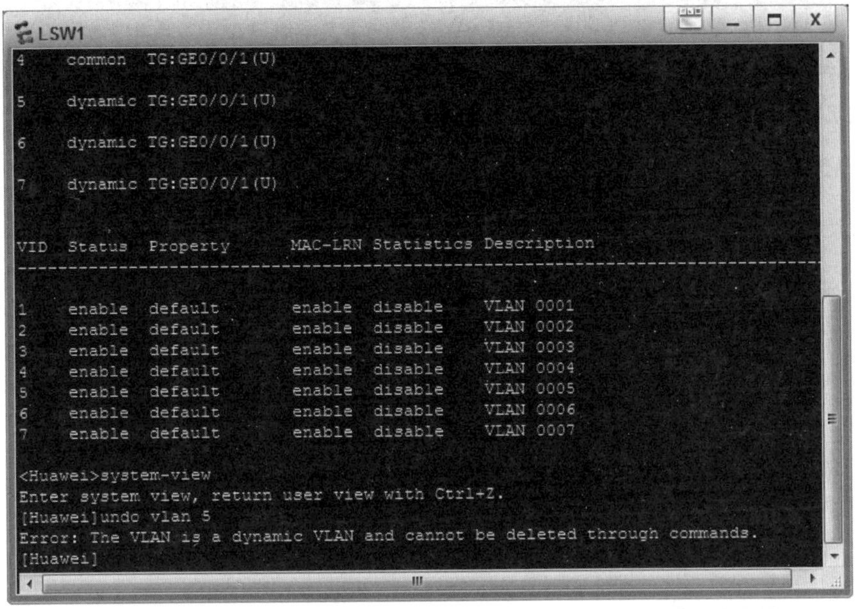

图 3.32 交换机 LSW1 删除动态 VLAN——VLAN5 失败的界面

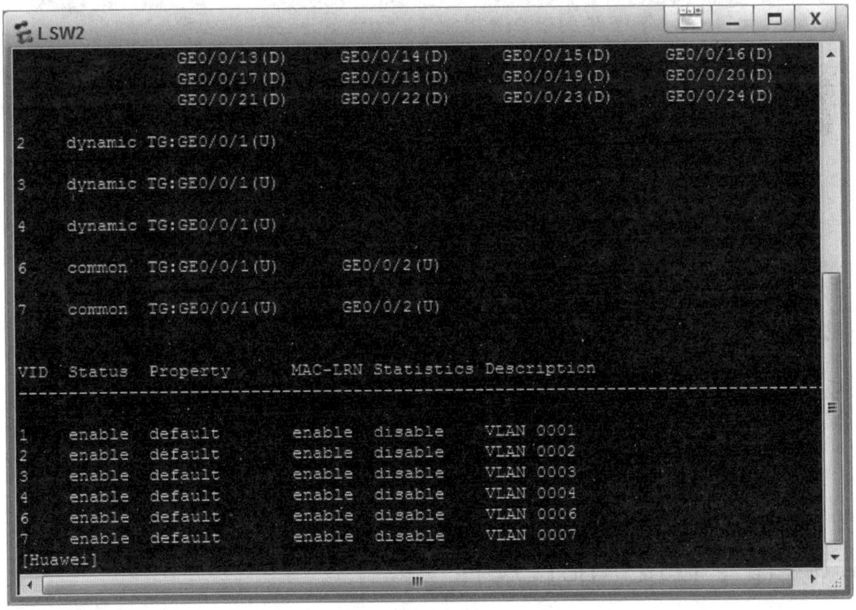

图 3.33 交换机 LSW2 的 VLAN 状态

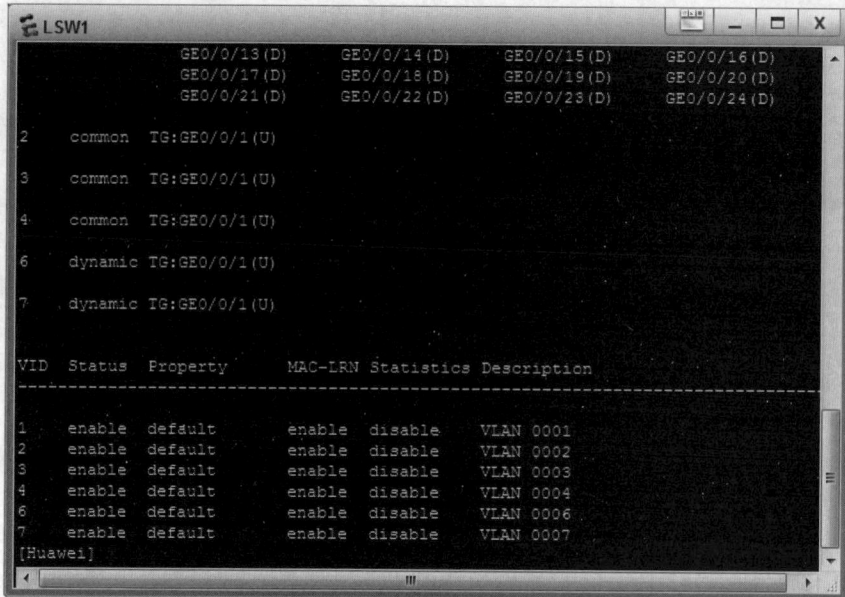

图 3.34　交换机 LSW1 的 VLAN 状态

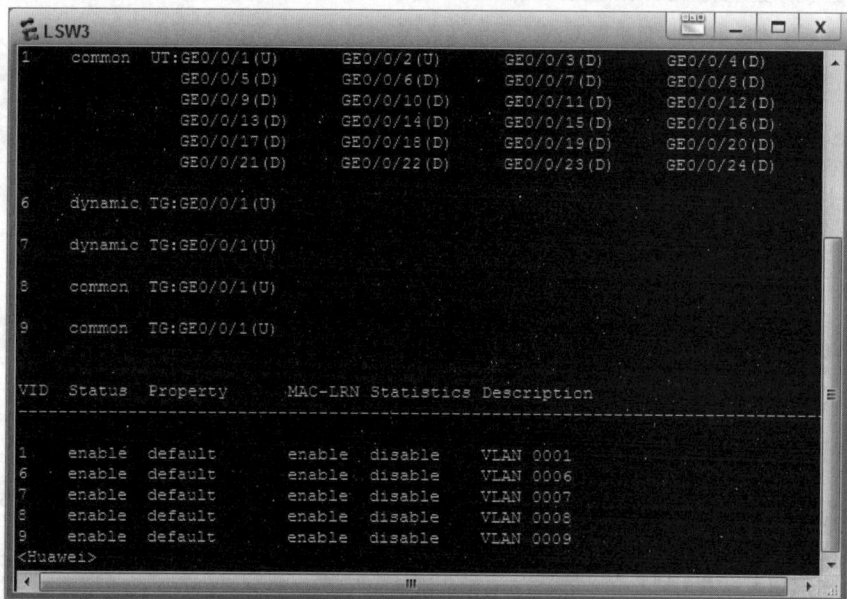

图 3.35　交换机 LSW3 的 VLAN 状态

3.6.6　命令行接口配置过程

1. 交换机 LSW1 命令行接口配置过程

```
< Huawei > system - view
[Huawei]undo info - center enable
```

```
[Huawei]gvrp
[Huawei]interface GigabitEthernet0/0/1
[Huawei - GigabitEthernet0/0/1]port link - type trunk
[Huawei - GigabitEthernet0/0/1]port trunk allow - pass vlan all
[Huawei - GigabitEthernet0/0/1]gvrp
[Huawei - GigabitEthernet0/0/1]quit
[Huawei]quit
< Huawei > display vlan
```

删除 VLAN 5 的命令如下。

```
[Huawei]undo vlan 5
```

2. 交换机 LSW2 命令行接口配置过程

```
< Huawei > system - view
[Huawei]undo info - center enable
[Huawei]gvrp
[Huawei]interface GigabitEthernet0/0/1
[Huawei - GigabitEthernet0/0/1]port link - type trunk
[Huawei - GigabitEthernet0/0/1]port trunk allow - pass vlan all
[Huawei - GigabitEthernet0/0/1]gvrp
[Huawei - GigabitEthernet0/0/1]quit
[Huawei]interface GigabitEthernet0/0/2
[Huawei - GigabitEthernet0/0/2]port link - type trunk
[Huawei - GigabitEthernet0/0/2]port trunk allow - pass vlan all
[Huawei - GigabitEthernet0/0/2]gvrp
[Huawei - GigabitEthernet0/0/2]gvrp registration fixed
[Huawei - GigabitEthernet0/0/2]quit
[Huawei]quit
< Huawei > display vlan
```

删除 VLAN 5 的命令如下。

```
[Huawei]undo vlan 5
```

3. 交换机 LSW3 命令行接口配置过程

```
< Huawei > system - view
[Huawei]undo info - center enable
[Huawei]gvrp
[Huawei]interface GigabitEthernet0/0/1
[Huawei - GigabitEthernet0/0/1]port link - type trunk
[Huawei - GigabitEthernet0/0/1]port trunk allow - pass vlan all
[Huawei - GigabitEthernet0/0/1]gvrp
[Huawei - GigabitEthernet0/0/1]quit
[Huawei]interface GigabitEthernet0/0/2
[Huawei - GigabitEthernet0/0/2]port link - type trunk
[Huawei - GigabitEthernet0/0/2]port trunk allow - pass vlan all
[Huawei - GigabitEthernet0/0/2]gvrp
[Huawei - GigabitEthernet0/0/2]gvrp registration forbidden
```

```
[Huawei - GigabitEthernet0/0/2]quit
[Huawei]quit
< Huawei > display vlan
```

4. 交换机 LSW4 命令行接口配置过程

```
< Huawei > system - view
[Huawei]undo info - center enable
[Huawei]gvrp
[Huawei]interface GigabitEthernet0/0/1
[Huawei - GigabitEthernet0/0/1]port link - type trunk
[Huawei - GigabitEthernet0/0/1]port trunk allow - pass vlan all
[Huawei - GigabitEthernet0/0/1]gvrp
[Huawei - GigabitEthernet0/0/1]quit
[Huawei]display vlan
```

5. 命令列表

交换机命令行接口配置过程中使用的命令及功能和参数说明如表 3.8 所示。

表 3.8　交换机命令行接口配置过程中使用的命令及功能和参数说明

命 令 格 式	功能和参数说明
gvrp	启动交换机,或者交换机端口的 GVRP 功能
gvrp registration⟨fixed｜forbidden｜normal⟩	设置交换机端口的注册模式。fixed 模式下,禁止交换机端口注册动态 VLAN,只允许交换机端口传播静态 VLAN 信息。forbidden 模式下,禁止交换机端口注册动态 VLAN,只允许交换机端口传播 VLAN 1 信息。normal 模式下,允许交换机端口注册动态 VLAN、传播动态 VLAN 信息
display vlan	显示 VLAN 相关信息,如分配给每一个 VLAN 的接入端口列表和主干端口列表

第 4 章
CHAPTER 4 | 生成树实验

生成树协议用于在一个存在冗余路径的以太网中为终端之间构建没有环路的交换路径。现在常用的生成树协议有生成树协议(Spanning Tree Protocol,STP)、快速生成树协议(Rapid Spanning Tree Protocol,RSTP)和多生成树协议(Multiple Spanning Tree Protocol,MSTP)。STP 和 RSTP 基于物理以太网构建生成树。MSTP 可以基于 VLAN 构建生成树,因此,可以在实现容错的同时,实现负载均衡。

4.1 STP 配置实验

4.1.1 实验内容

构建如图 4.1(a)所示的有着冗余路径的以太网结构,通过生成树协议生成如图 4.1(b)所示的以交换机 S4 为根的生成树。为了验证生成树协议的容错性,删除交换机 S4 与交换机 S5 之间、交换机 S5 与交换机 S7 之间的物理链路,如图 4.1(c)所示。生成树协议通过重新构建生成树保证网络的连通性,如图 4.1(d)所示。

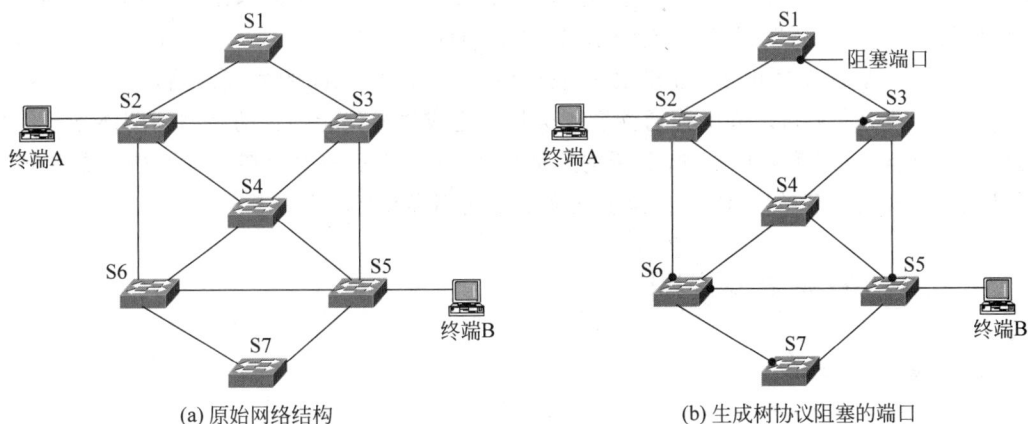

(a) 原始网络结构　　　　　　　　　(b) 生成树协议阻塞的端口

图 4.1　生成树协议工作过程

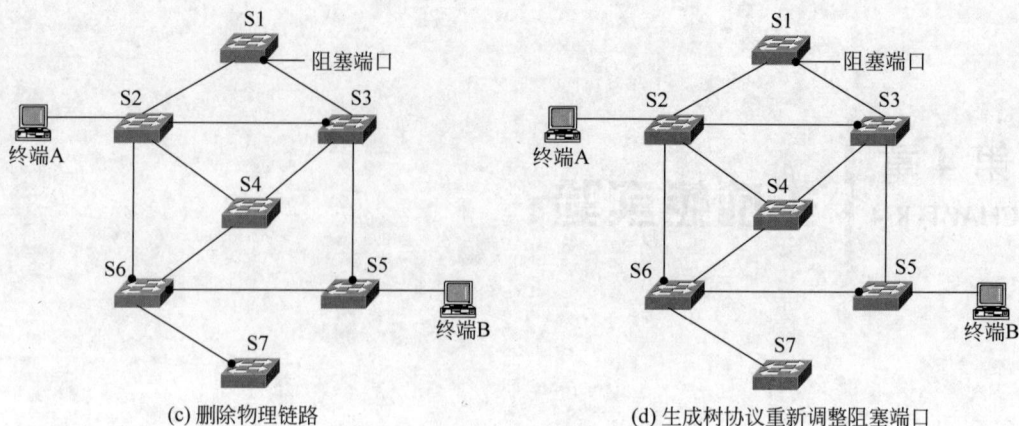

(c) 删除物理链路　　　　　　　　　　(d) 生成树协议重新调整阻塞端口

图 4.1　(续)

4.1.2　实验目的

(1) 掌握交换机生成树协议配置过程。
(2) 验证生成树协议建立生成树的过程。
(3) 验证生成树协议实现容错的机制。

4.1.3　实验原理

为了生成如图 4.1(b)所示的以交换机 S4 为根网桥的生成树,需要将交换机 S4 的优先级设置为最高,同时保证其他交换机优先级满足如下顺序 S2＞S3＞S5＞S6。因此,将交换机 S4 的优先级配置为 4096,并依次将交换机 S2 的优先级配置为 8192,S3 的优先级配置为 12288,S5 的优先级配置为 16384,S6 的优先级配置为 20480,其余交换机的优先级采用默认值。图 4.1(b)所示的生成树中,黑色圆点标识的端口是被生成树协议阻塞的端口。通过阻塞这些端口,该生成树既保持了交换机之间的连通性,又消除了交换机之间的环路。一旦如图 4.1(c)所示删除交换机 S4 和 S5 之间、交换机 S5 和 S7 之间的物理链路,将导致交换机 S5 和 S7 与其他交换机之间的连通性遭到破坏。生成树协议能够自动监测到网络拓扑结构发生的变化,通过调整阻塞端口,重新构建如图 4.1(d)所示的生成树。重新构建的生成树既保证了交换机之间的连通性,又保证交换机之间不存在环路。

4.1.4　关键命令说明

1. 配置 STP 模式

```
[Huawei]stp mode stp
```

stp mode stp 是系统视图下使用的命令,该命令的作用是将 stp 模式设定为 stp。可以选择的 stp 模式是 stp、rstp 和 mstp,分别对应 STP、RSTP 和 MSTP 三种生成树协议。

2. 配置根交换机和备份根交换机

```
[Huawei] stp root primary
[Huawei] stp root secondary
```

stp root primary 是系统视图下使用的命令,该命令的作用是将交换机设定为根网桥。由于优先级最高的网桥成为根网桥,且优先级值越小,优先级越高,因此,该命令的作用是将交换机的优先级值设定为一个远小于默认值的值。

stp root secondary 是系统视图下使用的命令,该命令的作用是将交换机设定为备份根网桥。同样,该命令的作用是将交换机的优先级值设定为一个远小于默认值,但大于根网桥优先级值的值。

3. 配置优先级

```
[Huawei]stp priority 8192
```

stp priority 8192 是系统视图下使用的命令,该命令的作用是将交换机的优先级值指定为 8192。优先级值越小的交换机,优先级越高,因此,越有可能成为根网桥,同时,该交换机的端口也越有可能成为指定端口。优先级值只能在下列数字中选择: 0,4096,8192,12288,16384,20480,24576,28672,32768,36864,40960,45056,49152,53248,57344,61440。

4. 启动 STP 功能

```
[Huawei]stp enable
```

stp enable 是系统视图下使用的命令,该命令的作用是启动交换机的 STP 功能。

5. 显示 STP 状态命令

```
< Huawei > display stp brief
```

display stp brief 是用户视图或者系统视图下使用的命令,该命令的作用是显示交换机各个端口的状态。

4.1.5　实验步骤

(1) 启动 eNSP,按照如图 4.1 所示的网络拓扑结构放置和连接设备,完成设备放置和连接后的 eNSP 界面如图 4.2 所示。启动所有设备。

(2) 完成各个交换机 STP 相关配置:一是选择 STP 模式;二是设定优先级;三是启动STP 功能。

(3) 成功构建生成树后,LSW5 连接 LSW4 的端口 GigabitEthernet0/0/1 为根端口,连接 LSW3 的端口 GigabitEthernet0/0/2 为阻塞端口,连接 LSW6 的端口 GigabitEthernet0/0/3、连接 LSW/7 的端口 GigabitEthernet0/0/4 和连接 PC2 的端口 GigabitEthernet0/0/5 为指定端口,端口状态如图 4.3 所示。LSW6 连接 LSW4 的端口 GigabitEthernet0/0/1 为根端口,连接 LSW2 的端口 GigabitEthernet0/0/2 和连接 LSW5 的端口 GigabitEthernet0/0/3

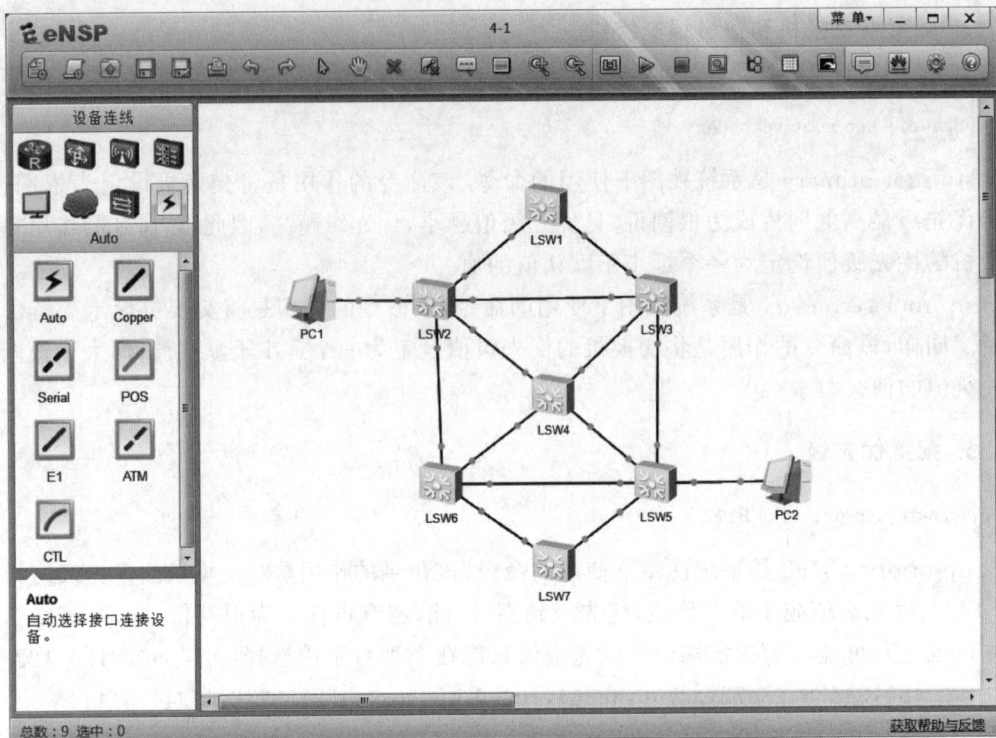

图 4.2 完成设备放置和连接后的 eNSP 界面

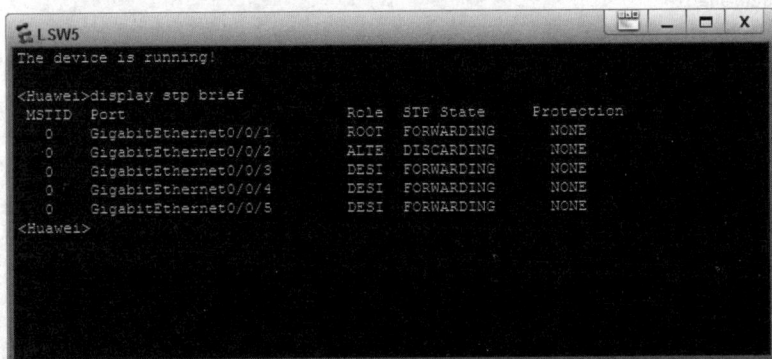

图 4.3 交换机 LSW5 的端口状态

为阻塞端口,连接 LSW7 的端口 GigabitEthernet0/0/4 为指定端口,端口状态如图 4.4 所示。LSW7 连接 LSW5 的端口 GigabitEthernet0/0/2 为根端口,连接 LSW6 的端口 GigabitEthernet0/0/1 为阻塞端口,端口状态如图 4.5 所示。

(4) 删除 LSW5 连接 LSW4 和 LSW7 的物理链路,拓扑结构变为如图 4.6 所示。根据新的网络拓扑结构重新构建生成树后,LSW5 连接 LSW3 的端口 GigabitEthernet0/0/2 由阻塞端口转换为根端口。连接 LSW6 的端口 GigabitEthernet0/0/3 由指定端口转换为阻塞端口,LSW5 的端口状态如图 4.7 所示。LSW6 连接 LSW5 的端口 GigabitEthernet0/0/3 由阻塞端口转换为指定端口,端口状态如图 4.8 所示。LSW7 连接 LSW6 的端口 GigabitEthernet0/0/1 由阻塞端口转换为根端口,端口状态如图 4.9 所示。

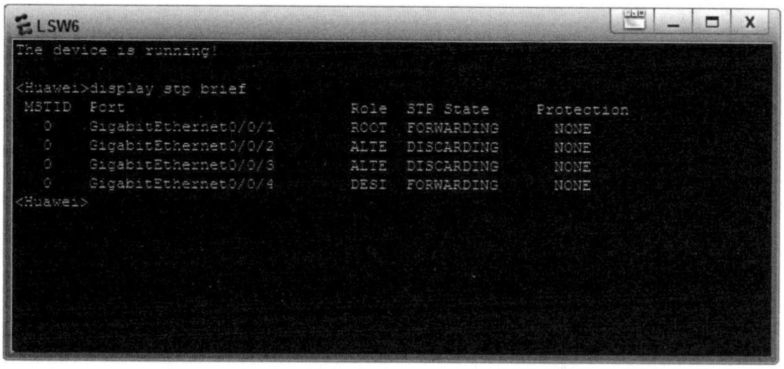

图 4.4 交换机 LSW6 的端口状态

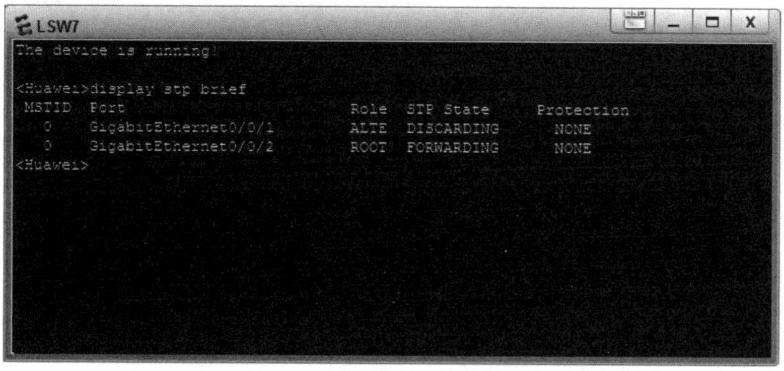

图 4.5 交换机 LSW7 的端口状态

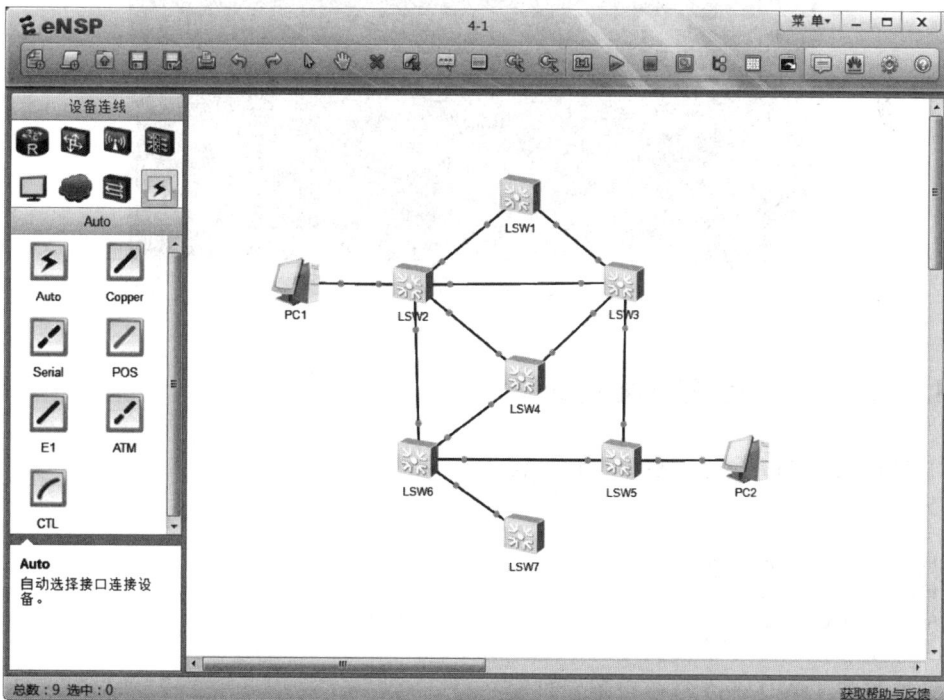

图 4.6 新的拓扑结构

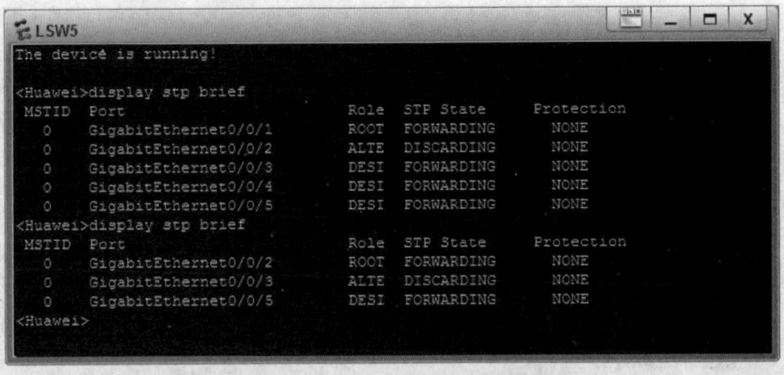

图 4.7　交换机 LSW5 的端口状态

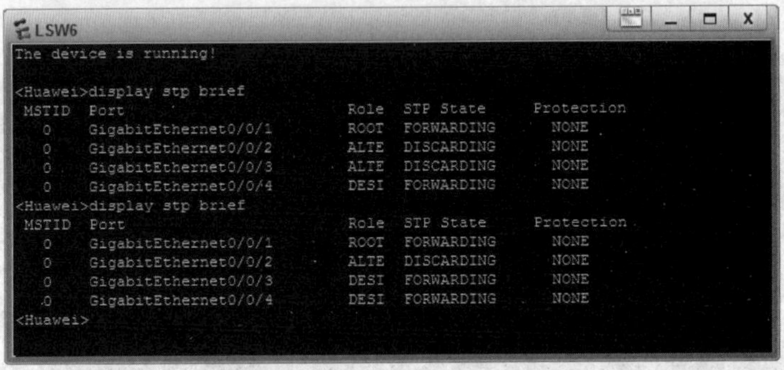

图 4.8　交换机 LSW6 的端口状态

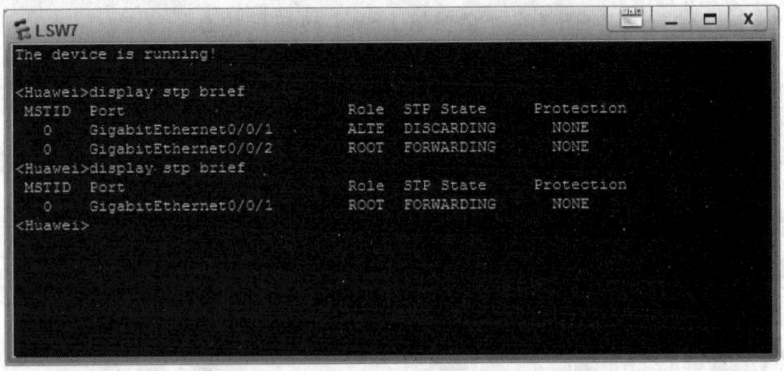

图 4.9　交换机 LSW7 的端口状态

4.1.6　命令行接口配置过程

1. 交换机 LSW1 命令行接口配置过程

```
< Huawei > system - view
[Huawei]undo info - center enable
[Huawei]stp mode stp
[Huawei]stp enable
```

2. 交换机 LSW2 命令行接口配置过程

```
< Huawei > system - view
```

```
[Huawei]undo info - center enable
[Huawei]stp mode stp
[Huawei]stp priority 8192
[Huawei]stp enable
```

3. 交换机 LSW3 命令行接口配置过程

```
< Huawei > system - view
[Huawei]undo info - center enable
[Huawei]stp mode stp
[Huawei]stp priority 12288
[Huawei]stp enable
```

4. 交换机 LSW4 命令行接口配置过程

```
< Huawei > system - view
[Huawei]undo info - center enable
[Huawei]stp mode stp
[Huawei]stp priority 4096
[Huawei]stp enable
```

5. 交换机 LSW5 命令行接口配置过程

```
< Huawei > system - view
[Huawei]undo info - center enable
[Huawei]stp mode stp
[Huawei]stp priority 16384
[Huawei]stp enable
```

6. 交换机 LSW6 命令行接口配置过程

```
< Huawei > system - view
[Huawei]undo info - center enable
[Huawei]stp mode stp
[Huawei]stp priority 20480
[Huawei]stp enable
```

LSW7 的命令行接口配置过程与 LSW1 相同,这里不再赘述。

7. 命令列表

交换机命令行接口配置过程中使用的命令及功能和参数说明如表 4.1 所示。

表 4.1　交换机命令行接口配置过程中使用的命令及功能和参数说明

命 令 格 式	功能和参数说明
stp mode⟨mstp|rstp|stp⟩	配置交换机生成树协议工作模式,mstp、rstp 和 stp 是三种工作模式
stp root⟨primary|secondary⟩	将交换机指定为根交换机(primary),或者指定为备份根交换机(secondary)
stp priority *priority*	为交换机配置优先级,优先级值 *priority* 的取值范围是 0～61 440,步长为 4096,如 0、4096、8192 等。默认值是 32 768

续表

命 令 格 式	功能和参数说明
stp enable	启动交换机 STP 功能
display stp	显示生成树相关信息

4.2 单域 MSTP 配置实验

4.2.1 实验内容

由于 MSTP 可以基于每一个 VLAN 单独构建生成树,且这些生成树可以有不同的根交换机和起作用的物理链路,因此,可以通过配置使得每一个 VLAN 存在冗余路径,且可以通过生成树协议实现容错功能,使得不同 VLAN 对应的生成树有不同的根交换机和起作用的物理链路,从而使得以太网中不存在所有生成树中都不起作用的物理链路。

以太网结构如图 4.10(a)所示,在该以太网上分别生成基于 VLAN 2 和 VLAN 3 的生成树,且通过配置使得基于 VLAN 2 的生成树如图 4.10(b)所示,基于 VLAN 3 的生成树如图 4.10(c)所示。

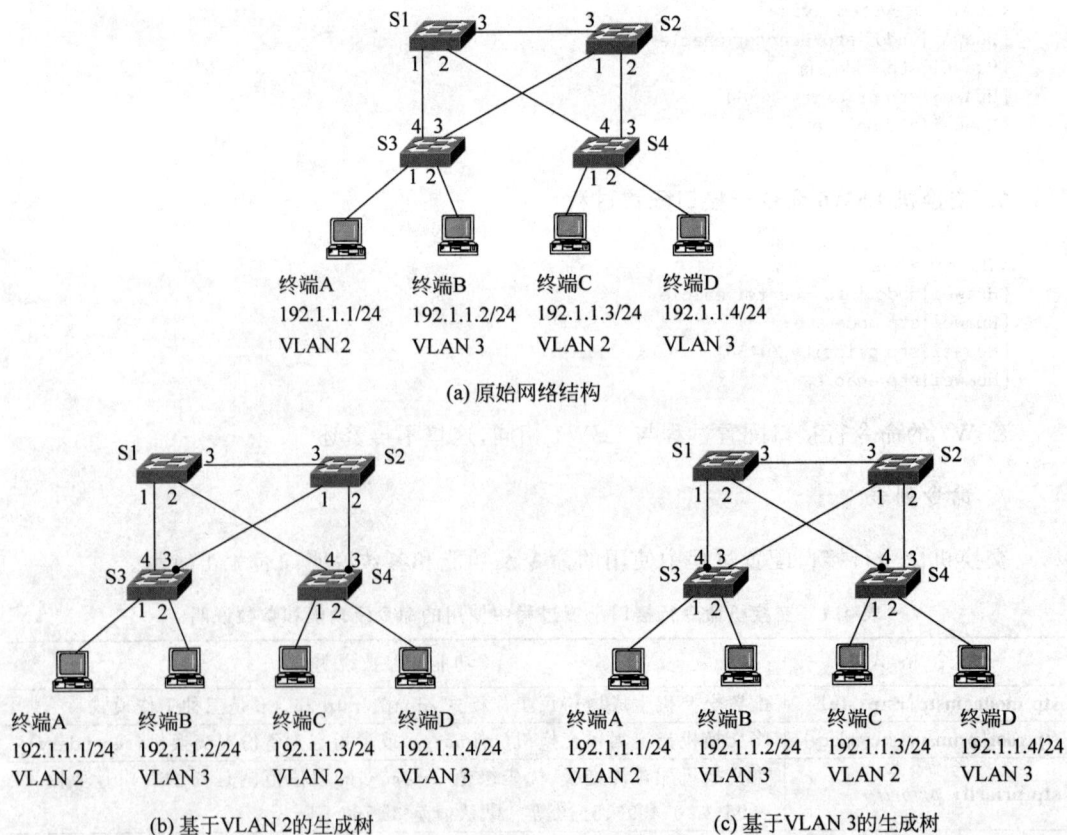

(a) 原始网络结构

(b) 基于VLAN 2的生成树

(c) 基于VLAN 3的生成树

图 4.10 实现负载均衡的网络结构

4.2.2　实验目的

（1）完成交换机 MSTP 配置过程。
（2）验证 MSTP 基于 VLAN 建立生成树的过程。
（3）验证实现负载均衡的过程。
（4）验证生成树协议实现容错的机制。

4.2.3　实验原理

终端与 VLAN 之间的关系如表 4.2 所示。如果仅仅为了解决负载均衡问题,只需根据表 4.3 所示内容为每一个 VLAN 配置端口,就可保证每一个交换机端口至少在一棵生成树中不是阻塞端口,且该端口连接的物理链路至少在一棵生成树中起作用。但这种端口配置方式没有容错功能,除了互连交换机 S1 和 S2 的物理链路,其他任何物理链路发生故障都将影响属于同一 VLAN 的终端之间的连通性。

表 4.2　终端与 VLAN 之间的关系

VLAN	终　　端
VLAN 2	终端 A、终端 C
VLAN 3	终端 B、终端 D

根据表 4.3 所示内容为每一个 VLAN 配置端口带来的最大问题是,所有交换机之间的物理链路都不是共享链路,导致属于同一 VLAN 的终端之间只存在单条传输路径。即根据表 4.3 所示内容划分如图 4.10(a)所示网络结构产生的任何 VLAN 都是树形结构,从而使得每一个 VLAN 都失去了容错功能。解决这一问题的关键是,通过共享交换机之间的物理链路,使得属于同一 VLAN 的终端之间存在多条传输路径,且通过构建基于 VLAN 的生成树,使得每一个 VLAN 都不存在环路。在其中一条或多条物理链路发生故障的情况下,通过开启一些被阻塞的端口,保证属于同一 VLAN 的终端之间的连通性。

表 4.3　无容错特性的 VLAN 与交换机端口的映射

VLAN	接入端口（Access）	主干端口（Trunk）
VLAN 2	S1.1、S1.2、S3.1、S3.4、S4.1、S4.4	
VLAN 3	S2.1、S2.2、S3.2、S3.3、S4.2、S4.3	

为了实现负载均衡,要求不同 VLAN 对应的生成树中的阻塞端口是不同的,即某个端口如果在基于 VLAN 2 的生成树中是阻塞端口,在基于 VLAN 3 的生成树中不再是阻塞端口。为了做到这一点,对于图 4.10(a)所示的网络结构,通过配置,使得交换机 S1 和 S2 分别成为基于 VLAN 2 和 VLAN 3 的生成树的根网桥。对于基于 VLAN 2 的生成树,通过配置使得交换机 S2 的优先级大于交换机 S3 和 S4;对于基于 VLAN 3 的生成树,通过配置使得交换机 S1 的优先级大于交换机 S3 和 S4。为了使网络的容错性达到最大化,将所有交换机之间的链路配置成被 VLAN 2 和 VLAN 3 共享的共享链路,VLAN 与交换机端口之

间的映射如表 4.4 所示。这种情况下,基于 VLAN 2 的生成树如图 4.10(b)所示,交换机
S3 端口 3 和交换机 S4 端口 3 成为阻塞端口。基于 VLAN 3 的生成树如图 4.10(c)所示,交
换机 S3 端口 4 和交换机 S4 端口 4 成为阻塞端口。对于这两棵分别基于 VLAN 2 和
VLAN 3 的生成树,由于不同生成树的阻塞端口是不同的,使得所有链路都有可能承载某个
VLAN 内的流量;对应每一个 VLAN,属于同一 VLAN 的终端之间都存在多条传输路径,
在其中一条或多条物理链路发生故障的情况下,仍能保证属于同一 VLAN 的终端之间的连
通性。

表 4.4　有容错特性的 VLAN 与交换机端口的映射

VLAN	接入端口(Access)	主干端口(Trunk)
VLAN 2	S3.1、S4.1	S1.1、S1.2、S1.3、S2.1、S2.2、S2.3、S3.3、S3.4、S4.3、S4.4
VLAN 3	S3.2、S4.2	S1.1、S1.2、S1.3、S2.1、S2.2、S2.3、S3.3、S3.4、S4.3、S4.4

4.2.4　关键命令说明

1. 设置 mstp 模式

[Huawei]stp mode mstp

stp mode mstp 是系统视图下使用的命令,该命令的作用是将交换机的 stp 工作模式设
定为 mstp。mstp 能够基于 VLAN 构建生成树。

2. 配置 mstp

[Huawei]stp region－configuration
[Huawei－mst－region]region－name aaa
[Huawei－mst－region]instance 2 vlan 2
[Huawei－mst－region]instance 3 vlan 3
[Huawei－mst－region]active region－configuration

stp region-configuration 是系统视图下使用的命令,该命令的作用是进入 mst 域视图。
region-name aaa 是 mst 域视图下使用的命令,该命令的作用是指定域名 aaa。
instance 2 vlan 2 是 mst 域视图下使用的命令,该命令的作用是将编号为 2 的生成树实
例与 VLAN 2 绑定在一起。即编号为 2 的生成树实例是基于 VLAN 2 构建的。
active region-configuration 是 mst 域视图下使用的命令,该命令的作用是激活 mst 域
配置。

3. 基于生成树实例配置优先级

[Huawei]stp instance 2 priority 4096

stp instance 2 priority 4096 是系统视图下使用的命令,该命令的作用是将交换机在构
建编号为 2 的生成树实例时的优先级值设定为 4096。

4.2.5　实验步骤

（1）启动 eNSP，按照如图 4.10 所示的网络拓扑结构放置和连接设备，完成设备放置和连接后的 eNSP 界面如图 4.11 所示。启动所有设备。

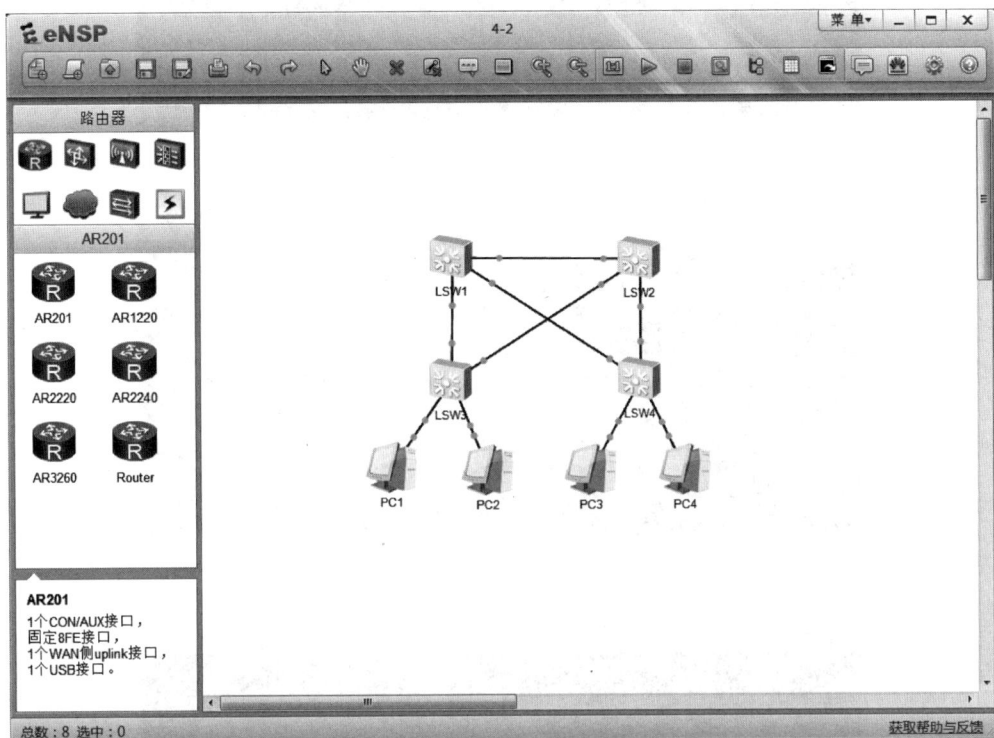

图 4.11　完成设备放置和连接后的 eNSP 界面

（2）按照表 4.4 所示的 VLAN 与端口之间的映射，在各个交换机中创建 VLAN，为每一个 VLAN 分配接入端口和主干端口。

（3）完成各个交换机 MSTP 配置过程：一是定义 mst 域域名；二是建立生成树实例与 VLAN 之间的绑定关系；三是基于生成树实例配置交换机的优先级。

（4）对于编号为 2 的生成树实例，LSW1 是根交换机，因此，LSW2 连接 LSW1 的端口 GigabitEthernet0/0/3、LSW3 连接 LSW1 的端口 GigabitEthernet0/0/4、LSW4 连接 LSW1 的端口 GigabitEthernet0/0/4 都是根端口；LSW3 连接 LSW2 的端口 GigabitEthernet0/0/3 和 LSW4 连接 LSW2 的端口 GigabitEthernet0/0/3 都是阻塞端口；其他端口为指定端口。完成编号为 2 的生成树实例构建过程后，对应 LSW1～LSW4 的端口状态如图 4.12～图 4.15 所示。

（5）对于编号为 3 的生成树实例，LSW2 是根交换机，因此，LSW1 连接 LSW2 的端口 GigabitEthernet0/0/3、LSW3 连接 LSW2 的端口 GigabitEthernet0/0/3、LSW4 连接 LSW2 的端口 GigabitEthernet0/0/3 都是根端口；LSW3 连接 LSW1 的端口 GigabitEthernet0/0/4 和 LSW4 连接 LSW1 的端口 GigabitEthernet0/0/4 都是阻塞端口；其他端口为指定端口。完成编号为 3 的生成树实例构建过程后，对应 LSW1～LSW4 的端口状态如图 4.12～图 4.15 所示。

图 4.12 交换机 LSW1 的端口状态

图 4.13 交换机 LSW2 的端口状态

图 4.14 交换机 LSW3 的端口状态

图 4.15 交换机 LSW4 的端口状态

(6) 为了验证容错功能，删除 LSW2 与 LSW3 之间的物理链路，删除该物理链路后的拓扑结构如图 4.16 所示。

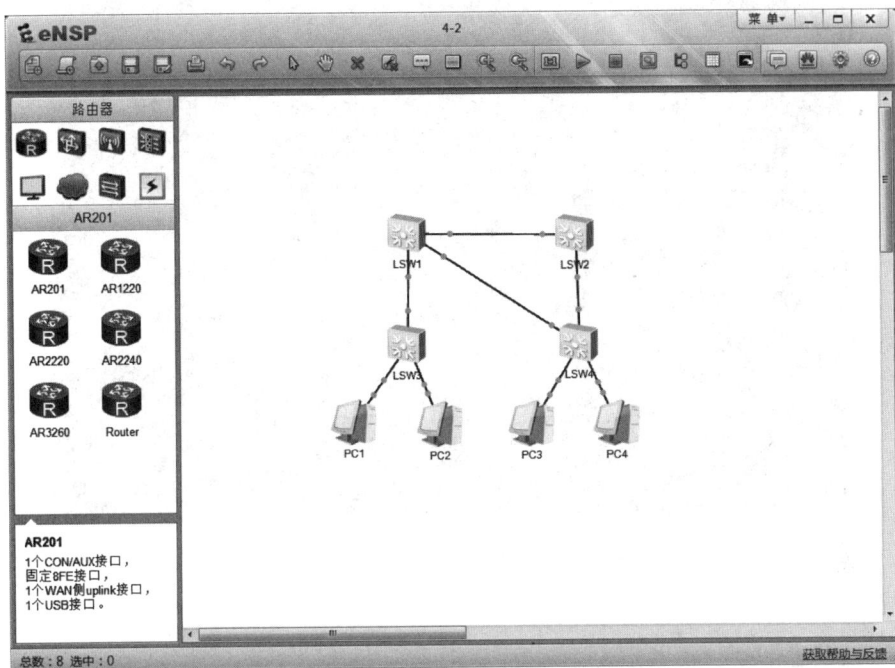

图 4.16　删除 LSW2 与 LSW3 之间的物理链路后的拓扑结构

(7) 对于编号为 2 的生成树实例，LSW1 是根交换机，因此，LSW2 连接 LSW1 的端口 GigabitEthernet0/0/3、LSW3 连接 LSW1 的端口 GigabitEthernet0/0/4、LSW4 连接 LSW1 的端口 GigabitEthernet0/0/4 都是根端口；LSW4 连接 LSW2 的端口 GigabitEthernet0/0/3 是阻塞端口；其他端口为指定端口。完成编号为 2 的生成树实例构建过程后，对应 LSW1～LSW4 的端口状态如图 4.17～图 4.20 所示。

```
LSW1
The device is running!

<Huawei>display stp instance 2 brief
 MSTID  Port                        Role  STP State     Protection
   2    GigabitEthernet0/0/1        DESI  FORWARDING      NONE
   2    GigabitEthernet0/0/2        DESI  FORWARDING      NONE
   2    GigabitEthernet0/0/3        DESI  FORWARDING      NONE
<Huawei>display stp instance 3 brief
 MSTID  Port                        Role  STP State     Protection
   3    GigabitEthernet0/0/1        DESI  FORWARDING      NONE
   3    GigabitEthernet0/0/2        DESI  FORWARDING      NONE
   3    GigabitEthernet0/0/3        ROOT  FORWARDING      NONE
<Huawei>display stp instance 2 brief
 MSTID  Port                        Role  STP State     Protection
   2    GigabitEthernet0/0/1        DESI  FORWARDING      NONE
   2    GigabitEthernet0/0/2        DESI  FORWARDING      NONE
   2    GigabitEthernet0/0/3        DESI  FORWARDING      NONE
<Huawei>display stp instance 3 brief
 MSTID  Port                        Role  STP State     Protection
   3    GigabitEthernet0/0/1        DESI  FORWARDING      NONE
   3    GigabitEthernet0/0/2        DESI  FORWARDING      NONE
   3    GigabitEthernet0/0/3        ROOT  FORWARDING      NONE
<Huawei>
```

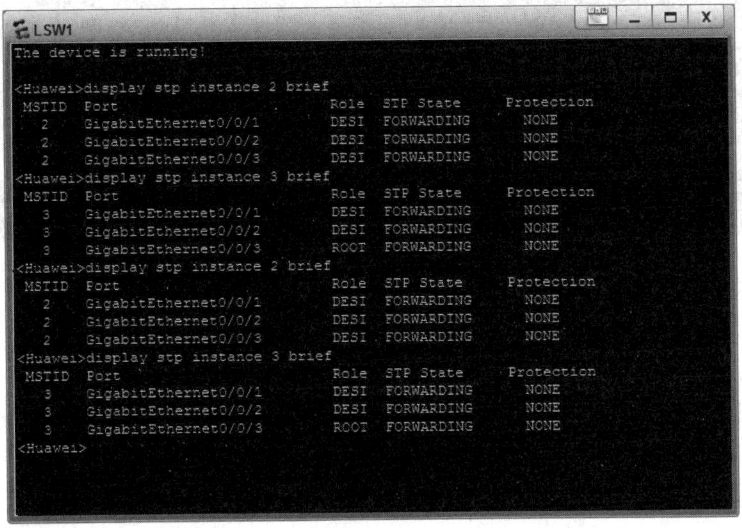

图 4.17　交换机 LSW1 的端口状态

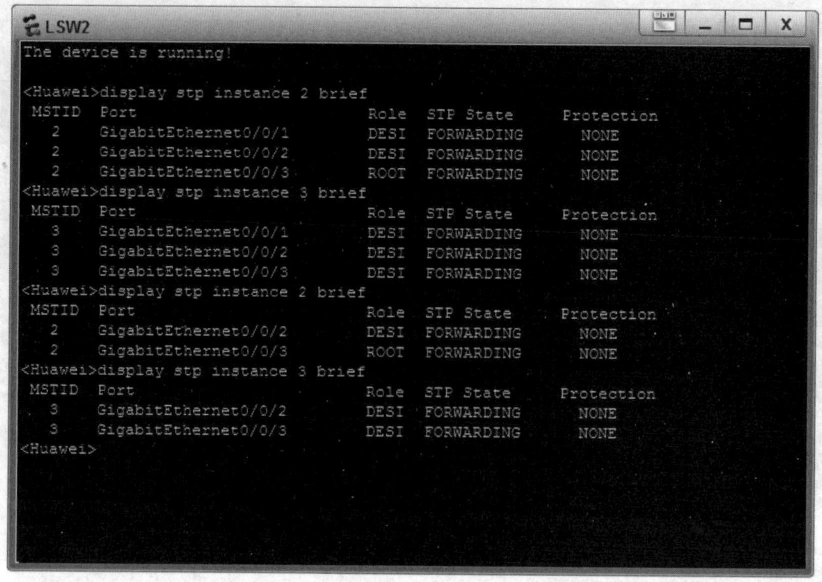

图 4.18　交换机 LSW2 的端口状态

图 4.19　交换机 LSW3 的端口状态

(8) 对于编号为 3 的生成树实例,LSW2 是根交换机,因此,LSW1 连接 LSW2 的端口 GigabitEthernet0/0/3、LSW3 连接 LSW1 的端口 GigabitEthernet0/0/4、LSW4 连接 LSW2 的端口 GigabitEthernet0/0/3 都是根端口;LSW4 连接 LSW1 的端口 GigabitEthernet0/0/4 是阻塞端口;其他端口为指定端口。完成编号为 3 的生成树实例构建过程后,LSW1~LSW4 的端口状态分别如图 4.17~图 4.20 所示。

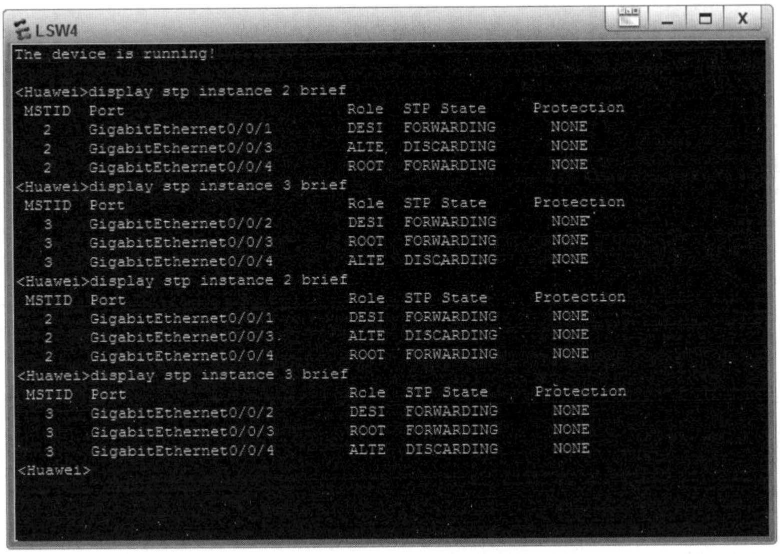

图 4.20 交换机 LSW4 的端口状态

4.2.6 命令行接口配置过程

1. 交换机 LSW1 命令行接口配置过程

< Huawei > system - view
[Huawei]undo info - center enable
[Huawei]vlan batch 2 3
[Huawei]interface GigabitEthernet0/0/1
[Huawei - GigabitEthernet0/0/1]port link - type trunk
[Huawei - GigabitEthernet0/0/1]port trunk allow - pass vlan 2 3
[Huawei - GigabitEthernet0/0/1]quit
[Huawei]interface GigabitEthernet0/0/2
[Huawei - GigabitEthernet0/0/2]port link - type trunk
[Huawei - GigabitEthernet0/0/2]port trunk allow - pass vlan 2 3
[Huawei - GigabitEthernet0/0/2]quit
[Huawei]interface GigabitEthernet0/0/3
[Huawei - GigabitEthernet0/0/3]port link - type trunk
[Huawei - GigabitEthernet0/0/3]port trunk allow - pass vlan 2 3
[Huawei - GigabitEthernet0/0/3]quit
[Huawei]stp mode mstp
[Huawei]stp region - configuration
[Huawei - mst - region]region - name aaa
[Huawei - mst - region]instance 2 vlan 2
[Huawei - mst - region]instance 3 vlan 3
[Huawei - mst - region]active region - configuration
[Huawei - mst - region]quit
[Huawei]stp instance 2 priority 4096
[Huawei]stp instance 3 priority 8192

交换机 LSW2 的命令行接口配置过程与 LSW1 相比,只需互换编号为 2 和编号为 3 的生成树实例对应的优先级值。因此,这里不再赘述。

2. 交换机 LSW3 的命令行接口配置过程

```
< Huawei > system - view
[Huawei]undo info - center enable
[Huawei]vlan batch 2 3
[Huawei]interface GigabitEthernet0/0/1
[Huawei - GigabitEthernet0/0/1]port link - type access
[Huawei - GigabitEthernet0/0/1]port default vlan 2
[Huawei - GigabitEthernet0/0/1]quit
[Huawei]interface GigabitEthernet0/0/2
[Huawei - GigabitEthernet0/0/2]port link - type access
[Huawei - GigabitEthernet0/0/2]port default vlan 3
[Huawei - GigabitEthernet0/0/2]quit
[Huawei]interface GigabitEthernet0/0/3
[Huawei - GigabitEthernet0/0/3]port link - type trunk
[Huawei - GigabitEthernet0/0/3]port trunk allow - pass vlan 2 3
[Huawei - GigabitEthernet0/0/3]quit
[Huawei]interface GigabitEthernet0/0/4
[Huawei - GigabitEthernet0/0/4]port link - type trunk
[Huawei - GigabitEthernet0/0/4]port trunk allow - pass vlan 2 3
[Huawei - GigabitEthernet0/0/4]quit
[Huawei]stp mode mstp
[Huawei]stp region - configuration
[Huawei - mst - region]region - name aaa
[Huawei - mst - region]instance 2 vlan 2
[Huawei - mst - region]instance 3 vlan 3
[Huawei - mst - region]active region - configuration
```

交换机 LSW4 的命令行接口配置过程与 LSW3 相同,这里不再赘述。

3. 命令列表

交换机命令行接口配置过程中使用的命令及功能和参数说明如表 4.5 所示。

表 4.5 交换机命令行接口配置过程中使用的命令及功能和参数说明

命 令 格 式	功能和参数说明
stp region-configuration	进入 mst 域视图
stp root instance *instance-id*〔**primary｜secondary**〕	将交换机指定为构建编号为 *instance-id* 的生成树实例的根交换机(primary)或备份根交换机(secondary)
stp instance *instance-id* **priority** *priority*	为交换机配置构建编号为 *instance-id* 的生成树实例时的优先级,优先级值 *priority* 的取值范围是 0～61440,步长为 4096,如 0、4096、8192 等。默认值是 32768
instance *instance-id* **vlan** *vlan-id* 列表	将由 *vlan-id* 列表指定的一组 VLAN 映射到编号为 *instance-id* 的生成树实例。*vlan-id* 列表可以是一组空格分隔的 *vlan-id*,表明这一组 VLAN 是一组编号分别为空格分隔的 *vlan-id* 的 VLAN;也可以是 *vlan-id*1 **to** *vlan-id*2,表明这一组 VLAN 是一组编号从 *vlan-id*1 到 *vlan-id*2 的 VLAN
region-name *name*	为交换机配置 mst 域域名。域名由参数 *name* 指定
active region-configuration	激活 mst 域配置
display stp instance *instance-id* **brief**	显示由参数 *instance-id* 指定的生成树实例的相关信息

4.3　多域 MSTP 配置实验

4.3.1　实验内容

多域 MSTP 的网络结构如图 4.21(a)所示,由 3 个域组成。通过配置将 S1 作为总根。S4 和 S7 分别作为公共内部生成树(Common and Internal Spanning Tree,CIST)在域 2 和域 3 内的根交换机,如图 4.21(b)所示。将 S3、S5 和 S9 分别作为 VLAN 2 映射的生成树实例在域 1、域 2 和域 3 内的根交换机,如图 4.21(c)所示。将 S1、S6 和 S8 分别作为 VLAN 3 映射的生成树实例在域 1、域 2 和域 3 内的根交换机,如图 4.21(d)所示。

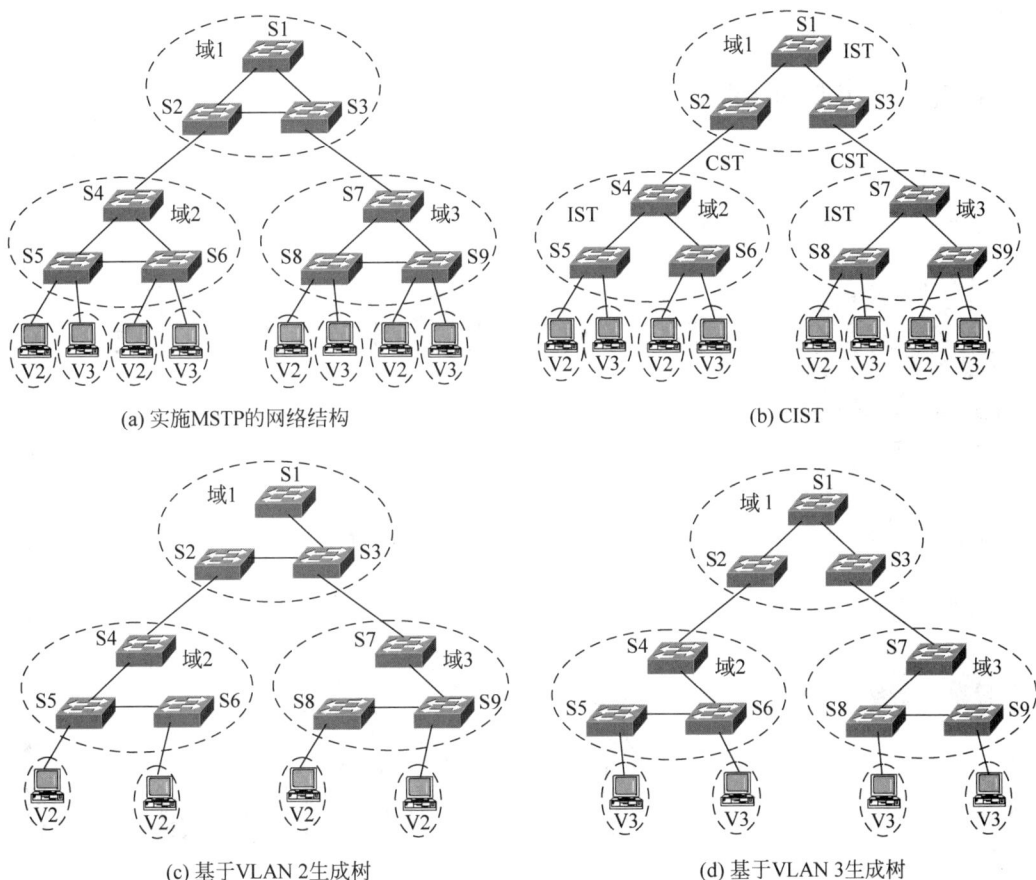

(a) 实施MSTP的网络结构

(b) CIST

(c) 基于VLAN 2生成树

(d) 基于VLAN 3生成树

图 4.21　多 MST 域结构

注:图中 V2、V3 分别是 VLAN 2 和 VLAN 3 的缩写

4.3.2　实验目的

(1) 掌握多域 MSTP 工作过程。

(2) 完成交换机多域 MSTP 配置过程。

(3) 验证 MSTP 基于 VLAN 建立生成树的过程。

(4) 验证实现负载均衡的过程。

(5) 验证生成树协议实现容错的机制。

4.3.3 实验原理

一是分别将 VLAN 2 映射到编号为 2 的生成树实例,VLAN 3 映射到编号为 3 的生成树实例。二是构建 CIST 时,将交换机 S1 设置为根交换机,S3 和 S4 的优先级设置为 4096。三是构建编号为 2 的生成树实例时,将交换机 S3、S5 和 S9 的优先级设置为 4096。四是构建编号为 3 的生成树实例时,将交换机 S1、S6 和 S8 的优先级设置为 4096。五是分别为域1、域 2 和域 3 三个域配置域名 aaa1、aaa2 和 aaa3。

4.3.4 实验步骤

(1) 启动 eNSP,按照如图 4.21 所示的网络拓扑结构放置和连接设备,完成设备放置和连接后的 eNSP 界面如图 4.22 所示。启动所有设备。

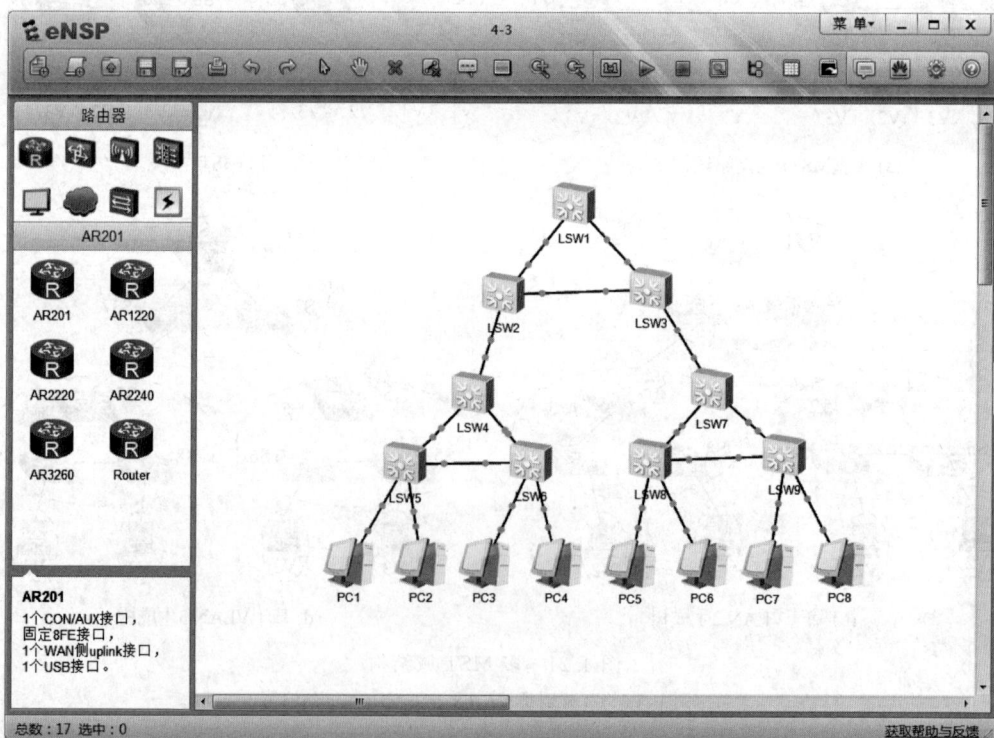

图 4.22 完成设备放置和连接后的 eNSP 界面

(2) 创建 VLAN 2 和 VLAN 3,除了直接连接终端的交换机端口,其他交换机端口配置为被 VLAN 2 和 VLAN 3 共享的主干端口。

(3) 完成各个交换机 MSTP 配置过程：一是定义 mst 域域名；二是建立生成树实例与 VLAN 之间的绑定关系；三是基于生成树实例配置交换机的优先级。

(4) 如图 4.21(b)所示，对于 CIST(编号为 0 的生成树实例)，属于域名为 aaa1 的 mst 域中的交换机 LSW1、LSW2 和 LSW3 中，LSW1 是总根，因此，LSW1 的交换机端口都是指定端口；LSW2 连接 LSW1 的端口 GigabitEthernet0/0/1、LSW3 连接 LSW1 的端口 GigabitEthernet0/0/1 都是根端口；LSW2 连接 LSW3 的端口 GigabitEthernet0/0/2 是阻塞端口；其他端口为指定端口；完成 CIST 构建过程后，LSW1～LSW3 的端口状态分别如图 4.23～图 4.25 所示。

(5) 如图 4.21(c)所示，对于编号为 2 的生成树实例，属于域名为 aaa1 的 mst 域中的交换机 LSW1、LSW2 和 LSW3 中，LSW3 是根交换机，因此，LSW3 的交换机端口都是指定端口；LSW1 连接 LSW3 的端口 GigabitEthernet0/0/2、LSW2 连接 LSW3 的端口 GigabitEthernet0/0/2 都是根端口；LSW2 连接 LSW1 的端口 GigabitEthernet0/0/1 是阻塞端口；其他端口为指定端口。完成编号为 2 的生成树实例构建过程后，LSW1～LSW3 的端口状态分别如图 4.23～图 4.25 所示。

(6) 如图 4.21(d)所示，对于编号为 3 的生成树实例，属于域名为 aaa1 的 mst 域中的交换机 LSW1、LSW2 和 LSW3 中，LSW1 是根交换机，因此，LSW1～LSW3 的端口状态与 CIST 的端口状态相同，分别如图 4.23～图 4.25 所示。

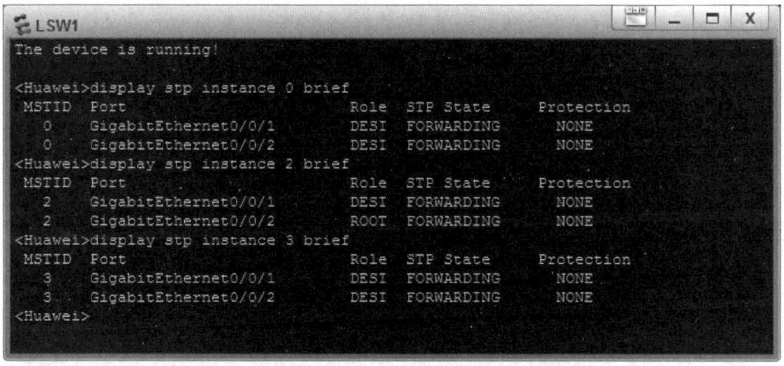


```
The device is running!

<Huawei>display stp instance 0 brief
 MSTID  Port                        Role  STP State     Protection
   0    GigabitEthernet0/0/1        DESI  FORWARDING      NONE
   0    GigabitEthernet0/0/2        DESI  FORWARDING      NONE
<Huawei>display stp instance 2 brief
 MSTID  Port                        Role  STP State     Protection
   2    GigabitEthernet0/0/1        DESI  FORWARDING      NONE
   2    GigabitEthernet0/0/2        ROOT  FORWARDING      NONE
<Huawei>display stp instance 3 brief
 MSTID  Port                        Role  STP State     Protection
   3    GigabitEthernet0/0/1        DESI  FORWARDING      NONE
   3    GigabitEthernet0/0/2        DESI  FORWARDING      NONE
<Huawei>
```

图 4.23　交换机 LSW1 的端口状态

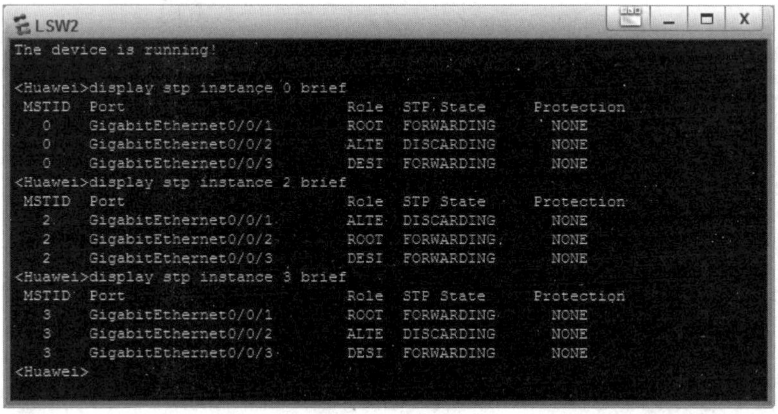


```
The device is running!

<Huawei>display stp instance 0 brief
 MSTID  Port                        Role  STP State     Protection
   0    GigabitEthernet0/0/1        ROOT  FORWARDING      NONE
   0    GigabitEthernet0/0/2        ALTE  DISCARDING      NONE
   0    GigabitEthernet0/0/3        DESI  FORWARDING      NONE
<Huawei>display stp instance 2 brief
 MSTID  Port                        Role  STP State     Protection
   2    GigabitEthernet0/0/1        ALTE  DISCARDING      NONE
   2    GigabitEthernet0/0/2        ROOT  FORWARDING      NONE
   2    GigabitEthernet0/0/3        DESI  FORWARDING      NONE
<Huawei>display stp instance 3 brief
 MSTID  Port                        Role  STP State     Protection
   3    GigabitEthernet0/0/1        ROOT  FORWARDING      NONE
   3    GigabitEthernet0/0/2        ALTE  DISCARDING      NONE
   3    GigabitEthernet0/0/3        DESI  FORWARDING      NONE
<Huawei>
```

图 4.24　交换机 LSW2 的端口状态

图 4.25　交换机 LSW3 的端口状态

（7）由于 LSW4 属于域名为 aaa2 的 mst 域，LSW7 属于域名为 aaa3 的 mst 域，因此，对于 CIST，LSW4 连接属于域名为 aaa1 的 mst 域的交换机 LSW2 的交换机端口 GigabitEthernet0/0/3、LSW7 连接属于域名为 aaa1 的 mst 域的交换机 LSW3 的交换机端口 GigabitEthernet0/0/3 成为根端口。交换机 LSW4 和 LSW7 的端口状态分别如图 4.26 和图 4.27 所示。

图 4.26　交换机 LSW4 的端口状态

图 4.27　交换机 LSW7 的端口状态

(8) 如图 4.21(c)所示,对于编号为 2 的生成树实例,交换机 LSW5 成为域名为 aaa2 的 mst 域的根交换机,因此,LSW4 连接 LSW5 的交换机端口 GigabitEthernet0/0/1 成为根端口,连接属于域名为 aaa1 的 mst 域的交换机 LSW2 的交换机端口 GigabitEthernet0/0/3 成为主端口;交换机 LSW9 成为域名为 aaa3 的 mst 域的根交换机,因此,LSW7 连接 LSW9 的交换机端口 GigabitEthernet0/0/2 成为根端口,连接属于域名为 aaa1 的 mst 域的交换机 LSW3 的交换机端口 GigabitEthernet0/0/3 成为主端口。交换机 LSW4 和 LSW7 的端口状态分别如图 4.26 和图 4.27 所示。

(9) 如图 4.21(d)所示,对于编号为 3 的生成树实例,交换机 LSW6 成为域名为 aaa2 的 mst 域的根交换机,因此,LSW4 连接 LSW6 的交换机端口 GigabitEthernet0/0/2 成为根端口,连接属于域名为 aaa1 的 mst 域的交换机 LSW2 的交换机端口 GigabitEthernet0/0/3 成为主端口;交换机 LSW8 成为域名为 aaa3 的 mst 域的根交换机,因此,LSW7 连接 LSW8 的交换机端口 GigabitEthernet0/0/1 成为根端口,连接属于域名为 aaa1 的 mst 域的交换机 LSW3 的交换机端口 GigabitEthernet0/0/3 成为主端口。交换机 LSW4 和 LSW7 的端口状态分别如图 4.26 和图 4.27 所示。

4.3.5　命令行接口配置过程

1. 交换机 LSW1 命令行接口配置过程

```
< Huawei > system - view
[Huawei]undo info - center enable
[Huawei]vlan batch 2 3
[Huawei]interface GigabitEthernet0/0/1
[Huawei - GigabitEthernet0/0/1]port link - type trunk
[Huawei - GigabitEthernet0/0/1]port trunk allow - pass vlan 2 3
[Huawei - GigabitEthernet0/0/1]quit
[Huawei]interface GigabitEthernet0/0/2
[Huawei - GigabitEthernet0/0/2]port link - type trunk
[Huawei - GigabitEthernet0/0/2]port trunk allow - pass vlan 2 3
[Huawei - GigabitEthernet0/0/2]quit
[Huawei]stp mode mstp
[Huawei]stp region - configuration
[Huawei - mst - region]region - name aaa1
[Huawei - mst - region]instance 2 vlan 2
[Huawei - mst - region]instance 3 vlan 3
[Huawei - mst - region]active region - configuration
[Huawei - mst - region]quit
[Huawei]stp instance 0 root primary
[Huawei]stp instance 3 priority 4096
```

2. 交换机 LSW5 命令行接口配置过程

```
< Huawei > system - view
[Huawei]undo info - center enable
[Huawei]vlan batch 2 3
```

```
[Huawei]interface GigabitEthernet0/0/1
[Huawei - GigabitEthernet0/0/1]port link - type access
[Huawei - GigabitEthernet0/0/1]port default vlan 2
[Huawei - GigabitEthernet0/0/1]quit
[Huawei]interface GigabitEthernet0/0/2
[Huawei - GigabitEthernet0/0/2]port link - type access
[Huawei - GigabitEthernet0/0/2]port default vlan 3
[Huawei - GigabitEthernet0/0/2]quit
[Huawei]interface GigabitEthernet0/0/3
[Huawei - GigabitEthernet0/0/3]port link - type trunk
[Huawei - GigabitEthernet0/0/3]port trunk allow - pass vlan 2 3
[Huawei - GigabitEthernet0/0/3]quit
[Huawei]interface GigabitEthernet0/0/4
[Huawei - GigabitEthernet0/0/4]port link - type trunk
[Huawei - GigabitEthernet0/0/4]port trunk allow - pass vlan 2 3
[Huawei - GigabitEthernet0/0/4]quit
[Huawei]stp mode mstp
[Huawei]stp region - configuration
[Huawei - mst - region]region - name aaa2
[Huawei - mst - region]instance 2 vlan 2
[Huawei - mst - region]instance 3 vlan 3
[Huawei - mst - region]active region - configuration
[Huawei - mst - region]quit
[Huawei]stp instance 2 priority 4096
```

交换机 LSW6、LSW8 和 LSW9 的命令行接口配置过程与交换机 LSW5 的命令行接口配置过程相似,其他交换机命令行接口配置过程与交换机 LSW1 的命令行接口配置过程相似,这里不再赘述。

第5章
CHAPTER 5

链路聚合实验

链路聚合技术可以将多条物理链路聚合为单条逻辑链路,且使得该逻辑链路的带宽是这些物理链路的带宽之和。链路聚合技术主要用于提高互连交换机的逻辑链路的带宽,因此,常常与 VLAN 和生成树一起使用。

5.1 链路聚合配置实验

5.1.1 实验内容

如图 5.1 所示,交换机 S1 与 S2 之间用三条物理链路相连,这三条物理链路通过链路聚合技术聚合为单条逻辑链路,这条逻辑链路的带宽是三条物理链路的带宽之和。对于交换机 S1 和 S2,连接这三条物理链路的三个交换机端口聚合为单个逻辑端口。实现 MAC 帧转发时,逻辑端口的功能等同于物理端口。

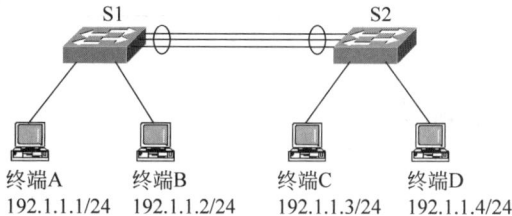

终端A   终端B   终端C   终端D
192.1.1.1/24   192.1.1.2/24   192.1.1.3/24   192.1.1.4/24

图 5.1 实现链路聚合的网络结构

为了验证 $N:M$ 备份过程,可以将活动接口上限阈值设定为 3,并使得 $N+M$ 的值为 4,因此用四条物理链路连接交换机 S1 和 S2。建立链路聚合组后,查看链路聚合组中的成员。删除作为链路聚合组中的其中一条链路后,再次查看链路聚合组中的成员。

5.1.2 实验目的

(1) 掌握链路聚合配置过程。

(2) 了解链路聚合控制协议(Link Aggregation Control Protocol,LACP)的协商过程。

（3）了解 MAC 帧分发算法。

（4）掌握 $N:M$ 备份过程。

5.1.3 实验原理

在 eNSP 中，连接聚合为逻辑链路的一组物理链路的一组端口称为链路聚合接口或 eth-trunk 接口。不同的聚合链路对应不同的链路聚合接口，用链路聚合接口编号唯一标识每一个链路聚合接口。对于交换机而言，链路聚合接口等同于单个端口，对所有通过链路聚合接口接收到的 MAC 帧，在转发表中创建用于指明该 MAC 帧源 MAC 地址与该链路聚合接口之间关联的转发项。

为了建立如图 5.1 所示的交换机 S1 与 S2 之间由三条物理链路聚合而成的逻辑链路，首先需要通过手工配置建立交换机端口与链路聚合接口之间的关联。交换机 S1 和 S2 中创建的链路聚合接口及分配给各个链路聚合接口的交换机端口如表 5.1 所示。然后，通过 LACP 激活分配给某个链路聚合接口的交换机端口，通过配置 MAC 帧分发策略指定将 MAC 帧分发到聚合链路中某条物理链路的方法。

表 5.1 配置表

交 换 机	链路聚合接口	交换机端口
交换机 S1	eth-trunk 1	GigabitEthernet0/0/3
		GigabitEthernet0/0/4
		GigabitEthernet0/0/5
		GigabitEthernet0/0/6
交换机 S2	eth-trunk 1	GigabitEthernet0/0/3
		GigabitEthernet0/0/4
		GigabitEthernet0/0/5
		GigabitEthernet0/0/6

5.1.4 关键命令说明

1. 创建 eth-trunk 接口

```
[Huawei]interface eth - trunk 1
[Huawei - Eth - Trunk1]
```

interface eth-trunk 1 是系统视图下使用的命令，该命令的作用是创建编号为 1 的 eth-trunk 接口，并进入 eth-trunk 接口视图。

2. 配置 eth-trunk 接口工作模式

```
[Huawei - Eth - Trunk1]mode lacp
```

mode lacp 是 eth-trunk 接口视图下使用的命令，该命令的作用是将 eth-trunk 接口的工作模式指定为 LACP 模式。

3. 配置链路聚合组活动接口数目的上限阈值

```
[Huawei-Eth-Trunk1]max active-linknumber 3
```

max active-linknumber 3 是 eth-trunk 接口视图下使用的命令,该命令的作用是将指定 eth-trunk 接口(这里是 eth-trunk 1)所对应的链路聚合组的活动接口数目的上限阈值设定为 3。

4. 配置负载均衡方式

```
[Huawei-Eth-Trunk1]load-balance src-dst-mac
```

load-balance src-dst-mac 是 eth-trunk 接口视图下使用的命令,该命令的作用是将负载均衡方式指定为 src-dst-mac。这种负载均衡方式要求根据 MAC 帧的源和目的 MAC 地址来分配传输 MAC 帧的物理链路,即源和目的 MAC 地址不同的 MAC 帧可以分配到链路聚合组中的不同物理链路。

5. 加入成员接口

```
[Huawei]interface GigabitEthernet0/0/3
[Huawei-GigabitEthernet0/0/3]eth-trunk 1
[Huawei-GigabitEthernet0/0/3]quit
```

eth-trunk 1 是接口视图下使用的命令,该命令的作用的是将指定交换机端口(这里是端口 GigabitEthernet0/0/3)加入到编号为 1 的 eth-trunk 接口中。

5.1.5 实验步骤

(1) 启动 eNSP,按照如图 5.1 所示的网络拓扑结构放置和连接设备,完成设备放置和连接后的 eNSP 界面如图 5.2 所示。启动所有设备。

(2) 完成 LSW1 和 LSW2 链路聚合相关配置:一是创建 eth-trunk 接口,设定 eth-trunk 接口的工作模式为 LACP,将 eth-trunk 接口所对应的链路聚合组的活动接口数目的上限阈值设定为 3,并将负载均衡方式指定为 src-dst-mac;二是将交换机端口 GigabitEthernet0/0/3~GigabitEthernet0/0/6 加入到 eth-trunk 接口中,使其成为 eth-trunk 接口的成员。

(3) 显示编号为 1 的 eth-trunk 接口的成员信息,虽然成员由交换机端口 GigabitEthernet0/0/3~GigabitEthernet0/0/6 组成,但由于编号为 1 的 eth-trunk 接口所对应的链路聚合组的活动接口数目的上限阈值设定为 3,因此,4 个交换机端口中只有 3 个交换机端口是活动端口。LSW1 和 LSW2 编号为 1 的 eth-trunk 接口的成员信息分别如图 5.3 和图 5.4 所示。

(4) 为 PC1~PC4 配置 IP 地址和子网掩码,完成各个 PC 之间的通信过程。查看交换机 LSW1 和 LSW2 建立的 MAC 表,发现 eth-trunk 1 接口完全等同于交换机端口。对于 LSW1 中的 MAC 表,PC3 和 PC4 的 MAC 地址与 eth-trunk 1 接口绑定,如图 5.5 所示。对于 LSW2 中的 MAC 表,PC1 和 PC2 的 MAC 地址与 eth-trunk 1 接口绑定,如图 5.6 所示。

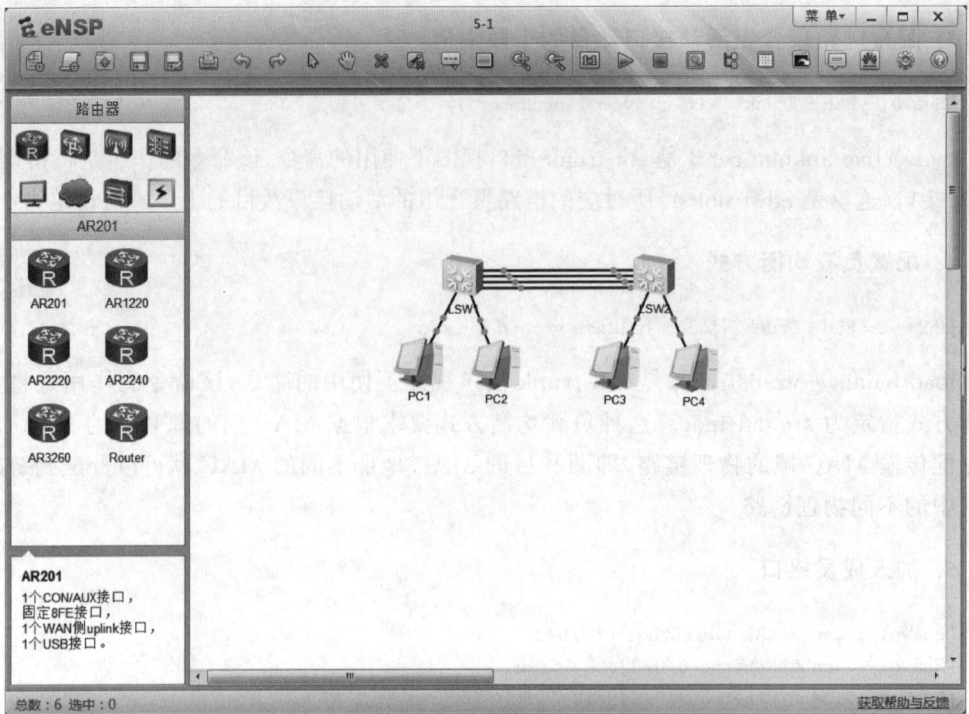

图 5.2 完成设备放置和连接后的 eNSP 界面

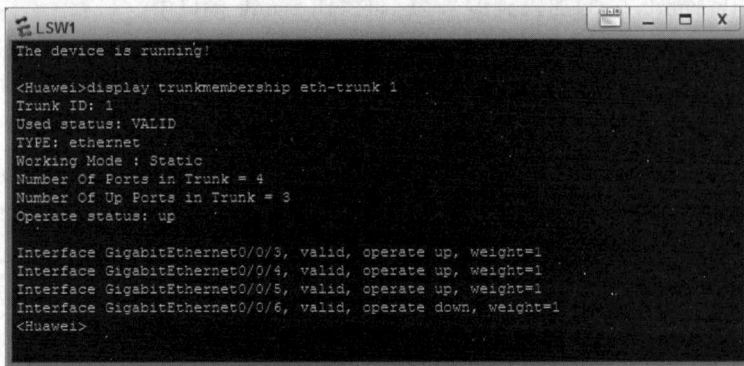

图 5.3 交换机 LSW1 eth-trunk 1 接口的成员信息

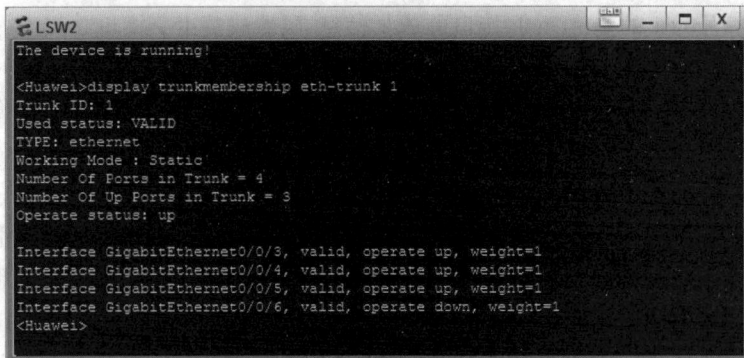

图 5.4 交换机 LSW2 eth-trunk 1 接口的成员信息

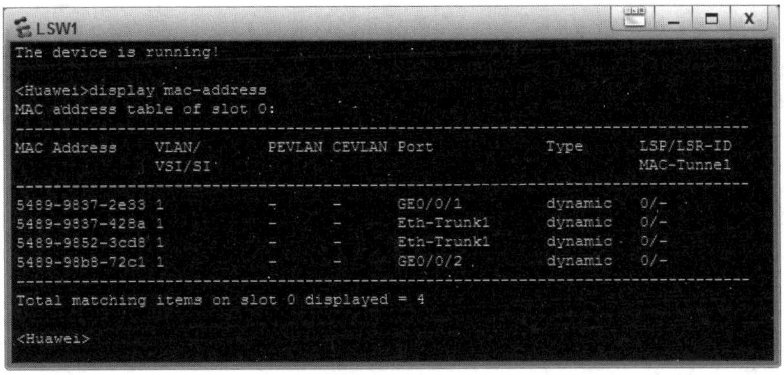

```
LSW1
The device is running!

<Huawei>display mac-address
MAC address table of slot 0:
-------------------------------------------------------------------------------
MAC Address    VLAN/       PEVLAN CEVLAN Port            Type      LSP/LSR-ID
               VSI/SI                                              MAC-Tunnel
-------------------------------------------------------------------------------
5489-9837-2e33 1           -      -      GE0/0/1         dynamic   0/-
5489-9837-428a 1           -      -      Eth-Trunk1      dynamic   0/-
5489-9852-3cd8 1           -      -      Eth-Trunk1      dynamic   0/-
5489-98b8-72c1 1           -      -      GE0/0/2         dynamic   0/-
-------------------------------------------------------------------------------
Total matching items on slot 0 displayed = 4

<Huawei>
```

图 5.5　交换机 LSW1 的 MAC 表

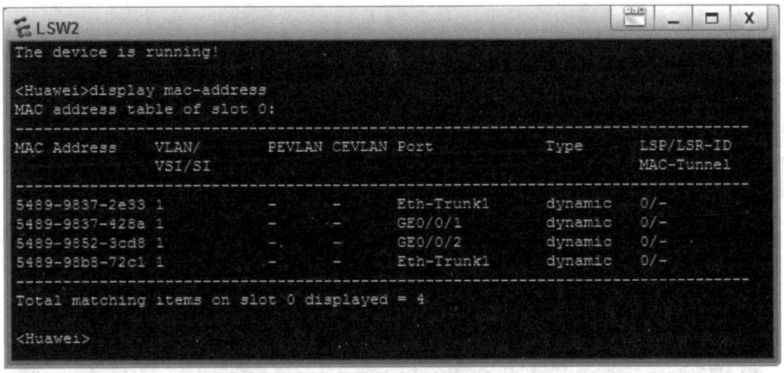

```
LSW2
The device is running!

<Huawei>display mac-address
MAC address table of slot 0:
-------------------------------------------------------------------------------
MAC Address    VLAN/       PEVLAN CEVLAN Port            Type      LSP/LSR-ID
               VSI/SI                                              MAC-Tunnel
-------------------------------------------------------------------------------
5489-9837-2e33 1           -      -      Eth-Trunk1      dynamic   0/-
5489-9837-428a 1           -      -      GE0/0/1         dynamic   0/-
5489-9852-3cd8 1           -      -      GE0/0/2         dynamic   0/-
5489-98b8-72c1 1           -      -      Eth-Trunk1      dynamic   0/-
-------------------------------------------------------------------------------
Total matching items on slot 0 displayed = 4

<Huawei>
```

图 5.6　交换机 LSW2 的 MAC 表

(5) 删除 LSW1 与 LSW2 之间由端口 GigabitEthernet0/0/3 连接的物理链路，删除该物理链路后的 eNSP 界面如图 5.7 所示。再次显示编号为 1 的 eth-trunk 接口的成员信息，原来作为活动端口的 GigabitEthernet0/0/3 不再是活动端口。由于编号为 1 的 eth-trunk 接口所对应的链路聚合组的活动接口数目的上限阈值设定为 3，因此，端口 GigabitEthernet0/0/6 由不活动端口转换为活动端口，以此保证编号为 1 的 eth-trunk 接口中存在 3 个活动端口。LSW1 和 LSW2 编号为 1 的 eth-trunk 接口的成员信息分别如图 5.8 和图 5.9 所示。

5.1.6　命令行接口配置过程

1. 交换机 LSW1 命令行接口配置过程

```
<Huawei>system-view
[Huawei]undo info-center enable
[Huawei]interface eth-trunk 1
[Huawei-Eth-Trunk1]mode lacp
[Huawei-Eth-Trunk1]max active-linknumber 3
[Huawei-Eth-Trunk1]load-balance src-dst-mac
[Huawei-Eth-Trunk1]quit
```

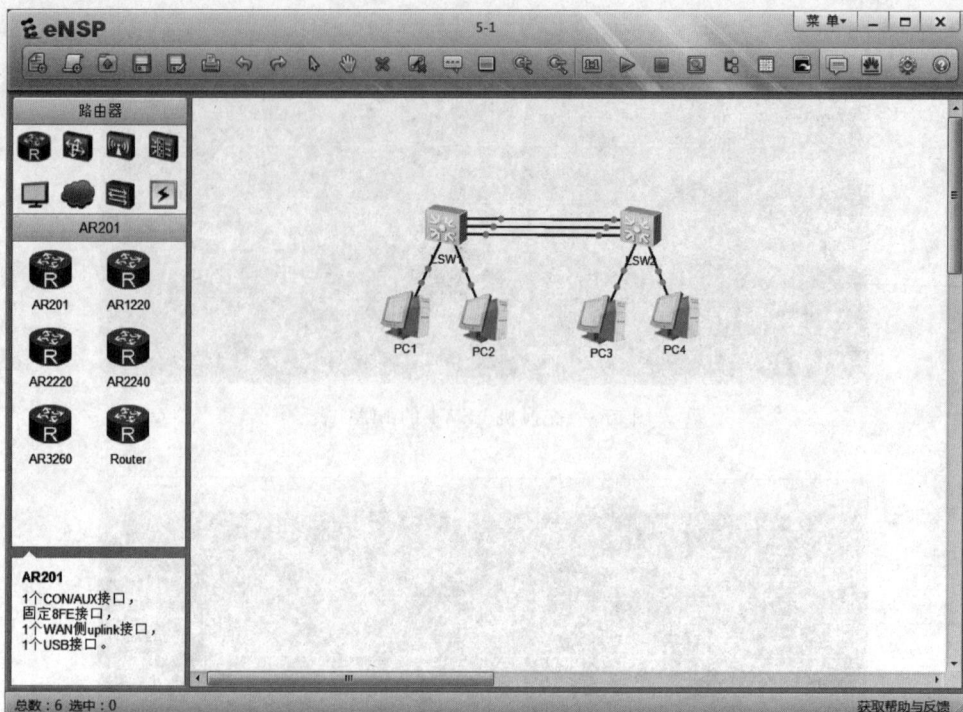

图 5.7　删除物理链路后的 eNSP 界面

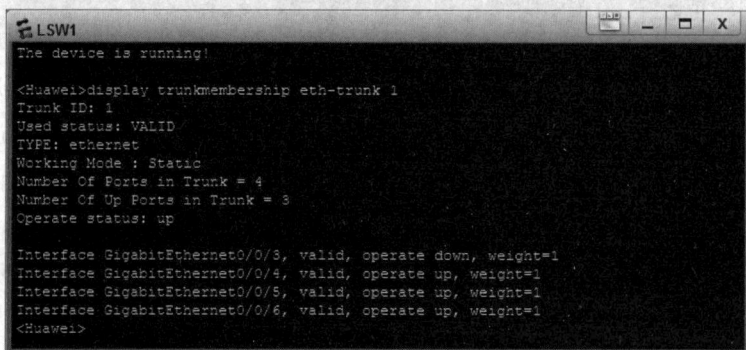

图 5.8　交换机 LSW1 eth-trunk 1 接口的成员信息

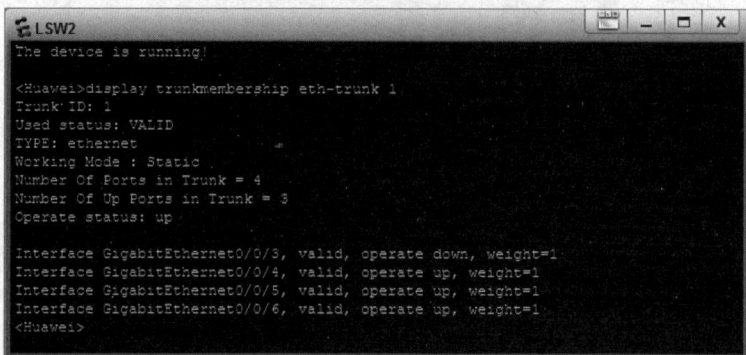

图 5.9　交换机 LSW2 eth-trunk 1 接口的成员信息

```
[Huawei]interface GigabitEthernet0/0/3
[Huawei - GigabitEthernet0/0/3]eth - trunk 1
[Huawei - GigabitEthernet0/0/3]quit
[Huawei]interface GigabitEthernet0/0/4
[Huawei - GigabitEthernet0/0/4]eth - trunk 1
[Huawei - GigabitEthernet0/0/4]quit
[Huawei]interface GigabitEthernet0/0/5
[Huawei - GigabitEthernet0/0/5]eth - trunk 1
[Huawei - GigabitEthernet0/0/5]quit
[Huawei]interface GigabitEthernet0/0/6
[Huawei - GigabitEthernet0/0/6]eth - trunk 1
[Huawei - GigabitEthernet0/0/6]quit
```

交换机 LSW2 的命令行接口配置过程与 LSW1 相似,这里不再赘述。

2. 命令列表

交换机命令行接口配置过程中使用的命令及功能和参数说明如表 5.2 所示。

表 5.2 交换机命令行接口配置过程中使用的命令及功能和参数说明

命 令 格 式	功能和参数说明
interface eth-trunk *trunk-id*	创建编号为 *trunk-id* 的 eth-trunk 接口,并进入 eth-trunk 接口视图
mode{**lacp**︱ **manual load-balance**}	将 eth-trunk 接口的工作模式设定为 LACP 模式(lacp),或者是手工模式(manual load-balance)
max active-linknumber *link-number*	将链路聚合组活动接口数目的上限阈值设定为 *link-number*
load-balance{**dst-ip**︱**dst-mac**︱**src-ip**︱ **src-mac**︱**src-dst-ip**︱**src-dst-mac**}	配置链路聚合组的负载均衡模式。dst-ip:基于目的 IP 地址分配链路聚合组中的物理链路。dst-mac:基于目的 MAC 地址分配链路聚合组中的物理链路。src-ip:基于源 IP 地址分配链路聚合组中的物理链路。src-mac:基于源 MAC 地址分配链路聚合组中的物理链路。src-dst-ip:基于源和目的 IP 地址分配链路聚合组中的物理链路。src-dst-mac:基于源和目的 MAC 地址分配链路聚合组中的物理链路
eth-trunk *trunk-id*	将指定交换机端口加入到编号为 *trunk-id* 的 eth-trunk 接口中
display trunkmembership eth-trunk *trunk-id*	显示编号为 *trunk-id* 的 eth-trunk 接口的成员信息

5.2 链路聚合与 VLAN 配置实验

5.2.1 实验内容

网络结构如图 5.10 所示,终端与 VLAN 之间的关系如表 5.3 所示。互连交换机的多条物理链路聚合为单条逻辑链路,不同 VLAN 内的交换路径共享交换机之间的逻辑链路。

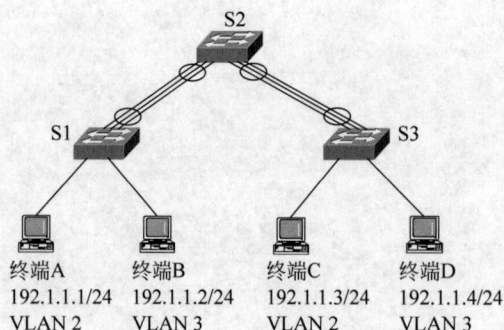

图 5.10 实现链路聚合和 VLAN 划分的网络结构

表 5.3 终端与 VLAN 之间的关系

VLAN	终端
VLAN 2	终端 A,终端 C
VLAN 3	终端 B,终端 D

5.2.2 实验目的

(1) 掌握链路聚合配置过程。

(2) 了解 MAC 帧分发算法。

(3) 掌握 eth-trunk 接口的配置过程。

(4) 掌握 VLAN 与链路聚合之间的相互作用过程。

5.2.3 实验原理

分别在三个交换机中创建 VLAN 2 和 VLAN 3,对于交换机 S1,VLAN 与端口之间的映射如表 5.4 所示,将端口 1 作为接入端口分配给 VLAN 2,将端口 2 作为接入端口分配给 VLAN 3,将连接逻辑链路的一组端口定义为编号为 1 的 eth-trunk 接口(eth-trunk 1),并将 eth-trunk 1 作为被 VLAN 2 和 VLAN 3 共享的主干端口。对于交换机 S2 和 S3,VLAN 与端口之间的映射分别如表 5.5 和表 5.6 所示。交换机 S2 将连接与交换机 S1 之间逻辑链路的一组端口定义为编号为 1 的 eth-trunk 接口(eth-trunk 1),将连接与交换机 S3 之间逻辑链路的一组端口定义为编号为 2 的 eth-trunk 接口(eth-trunk 2)。三个交换机中 eth-trunk 接口与端口之间的关系如表 5.7 所示。

表 5.4 交换机 S1 VLAN 与端口之间的映射

VLAN	接入端口(Access)	主干端口(Trunk)
VLAN 2	1	eth-trunk 1
VLAN 3	2	eth-trunk 1

表 5.5 交换机 S2 VLAN 与端口之间的映射

VLAN	接入端口(Access)	主干端口(Trunk)
VLAN 2		eth-trunk 1,eth-trunk 2
VLAN 3		eth-trunk 1,eth-trunk 2

表 5.6　交换机 S3 VLAN 与端口之间的映射

VLAN	接入端口（Access）	主干端口（Trunk）
VLAN 2	1	eth-trunk 1
VLAN 3	2	eth-trunk 1

表 5.7　eth-trunk 接口与端口之间的关系

交　换　机	eth-trunk 接口	端　　口
交换机 S1	eth-trunk 1	GigabitEthernet0/0/3
		GigabitEthernet0/0/4
		GigabitEthernet0/0/5
交换机 S2	eth-trunk 1	GigabitEthernet0/0/1
		GigabitEthernet0/0/2
		GigabitEthernet0/0/3
	eth-trunk 2	GigabitEthernet0/0/4
		GigabitEthernet0/0/5
		GigabitEthernet0/0/6
交换机 S3	eth-trunk 1	GigabitEthernet0/0/3
		GigabitEthernet0/0/4
		GigabitEthernet0/0/5

5.2.4　实验步骤

（1）启动 eNSP，按照如图 5.10 所示的网络拓扑结构放置和连接设备，完成设备放置和连接后的 eNSP 界面如图 5.11 所示。启动所有设备。

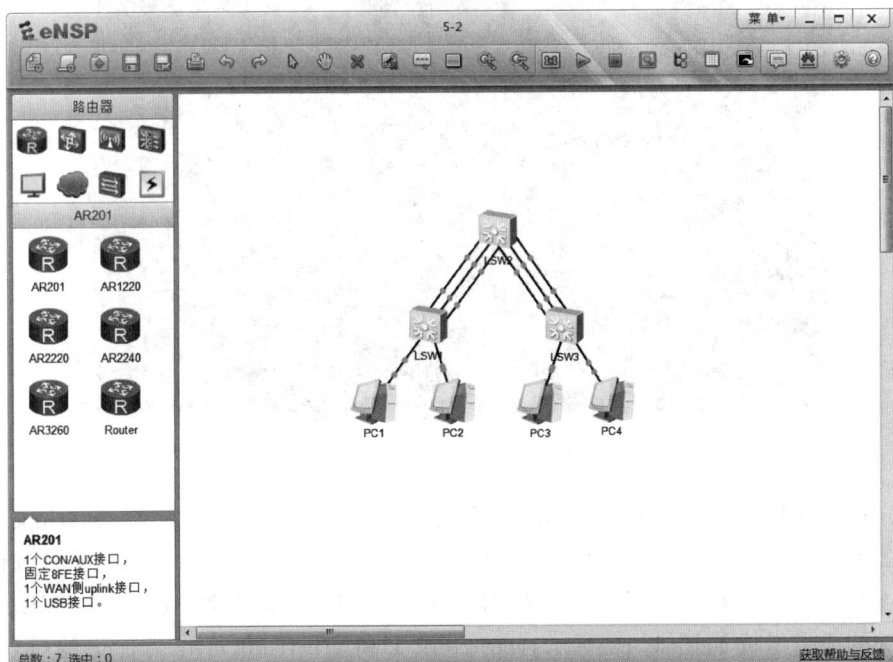

图 5.11　完成设备放置和连接后的 eNSP 界面

（2）完成各个 PC IP 地址和子网掩码配置过程,PC1～PC4 分别分配 IP 地址 192.1.1.1～192.1.1.4。

（3）完成 LSW1、LSW2 和 LSW3 链路聚合相关配置。在 LSW1 和 LSW3 中分别创建 eth-trunk 1,将端口 GigabitEthernet0/0/3～GigabitEthernet0/0/5 分配给 eth-trunk 1。在 LSW2 中创建 eth-trunk 1 和 eth-trunk 2,将端口 GigabitEthernet0/0/1～GigabitEthernet0/0/3 分配给 eth-trunk 1,将端口 GigabitEthernet0/0/4 ～ GigabitEthernet0/0/6 分配给 eth-trunk 2。LSW1 中 eth-trunk 1 的成员组成如图 5.12 所示,LSW2 中 eth-trunk 1 和 eth-trunk 2 的成员组成如图 5.13 所示。

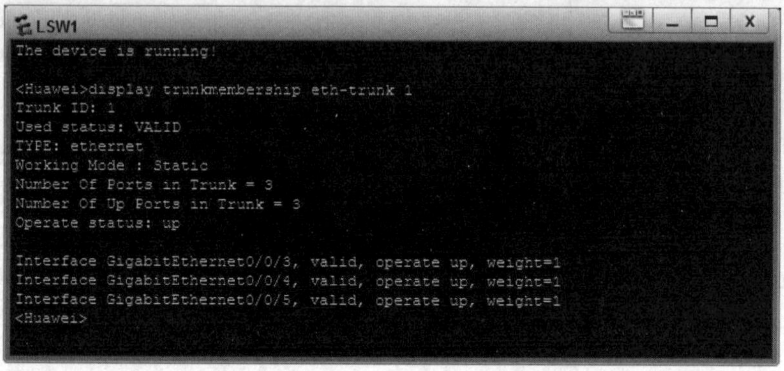

图 5.12　LSW1 中 eth-trunk 1 的成员组成

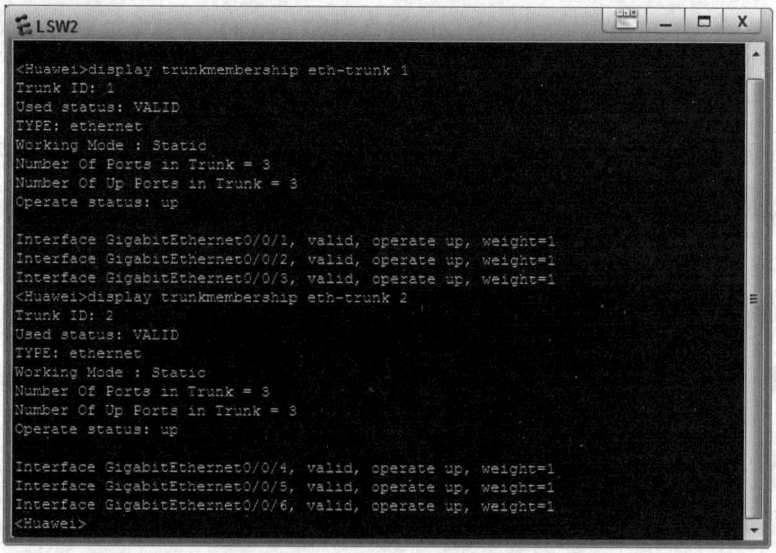

图 5.13　LSW2 中 eth-trunk 1 和 eth-trunk 2 的成员组成

（4）分别在 LSW1、LSW2 和 LSW3 中创建 VLAN 2 和 VLAN 3,将 eth-trunk 作为被 VLAN 2 和 VLAN 3 共享的共享接口。LSW1 中 VLAN 2 和 VLAN 3 的成员组成如图 5.14 所示,eth-trunk 1 作为标记端口(TG)被 VLAN 2 和 VLAN 3 共享。LSW2 中 VLAN 2 和 VLAN 3 的成员组成如图 5.15 所示,eth-trunk 1 和 eth-trunk 2 作为标记端口(TG)被 VLAN 2 和 VLAN 3 共享。

图 5.14　LSW1 中 VLAN 2 和 VLAN 3 的成员组成

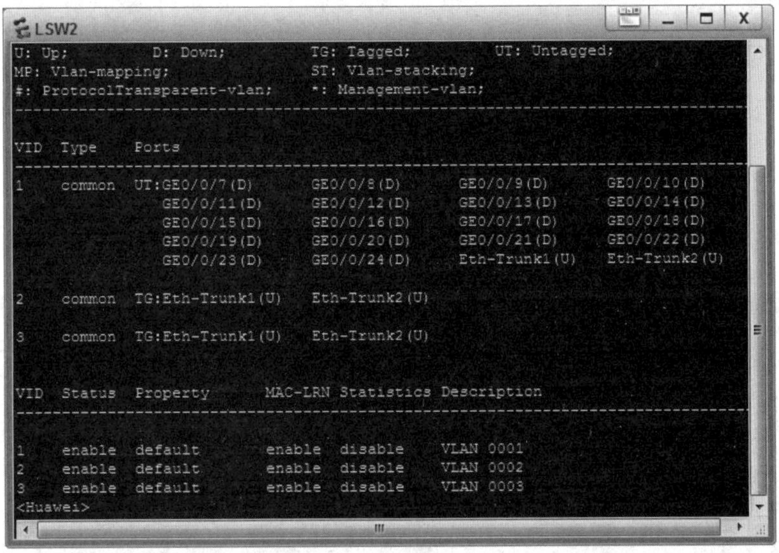

图 5.15　LSW2 中 VLAN 2 和 VLAN 3 的成员组成

（5）PC1 和 PC3 属于相同的 VLAN——VLAN 2，因此，可以相互通信。PC1 和 PC2 属于不同的 VLAN，因此，无法相互通信。图 5.16 所示是 PC1 与 PC3 和 PC2 之间的通信过程。PC2 和 PC4 属于相同的 VLAN——VLAN 3，因此，可以相互通信。PC2 和 PC3 属于不同的 VLAN，因此，无法相互通信。图 5.17 所示是 PC2 与 PC4 和 PC3 之间的通信过程。

（6）完成上述通信过程后，LSW1、LSW2 和 LSW3 的 MAC 表分别如图 5.18～图 5.20 所示，eth-trunk 完全和普通端口一样，与 MAC 地址绑定。

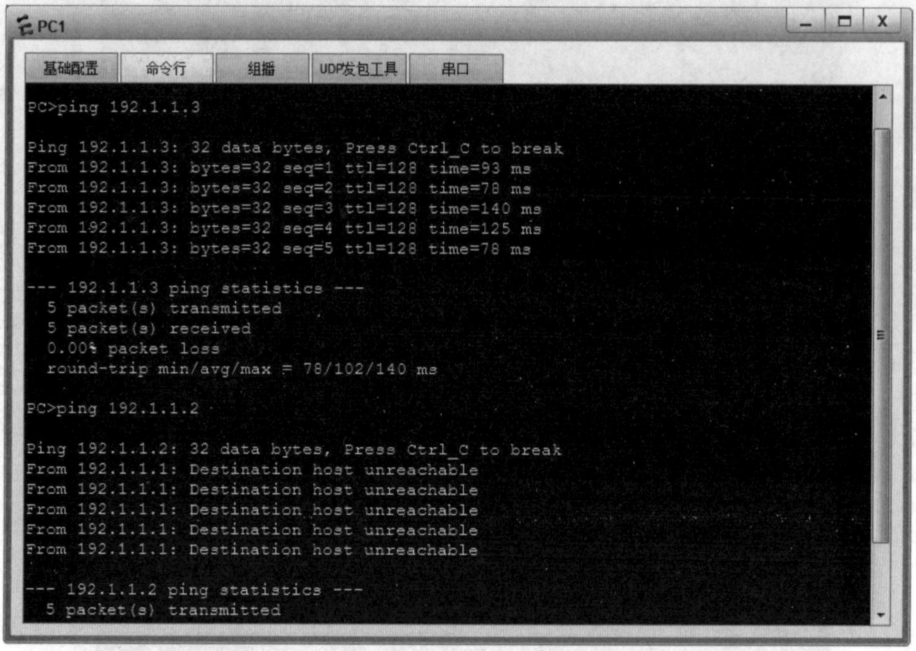

图 5.16　PC1 与 PC3 和 PC2 之间的通信过程

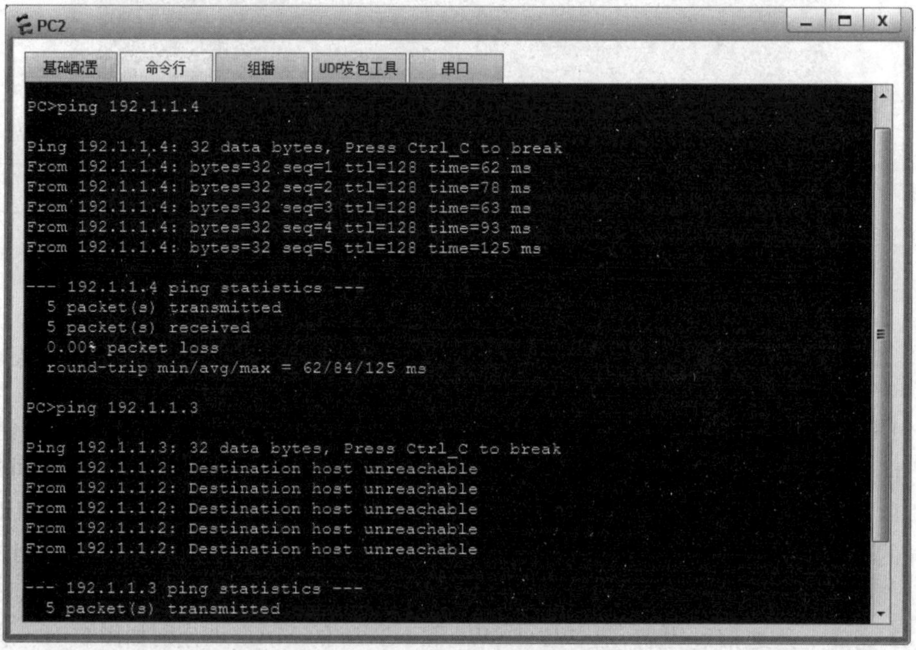

图 5.17　PC2 与 PC4 和 PC3 之间的通信过程

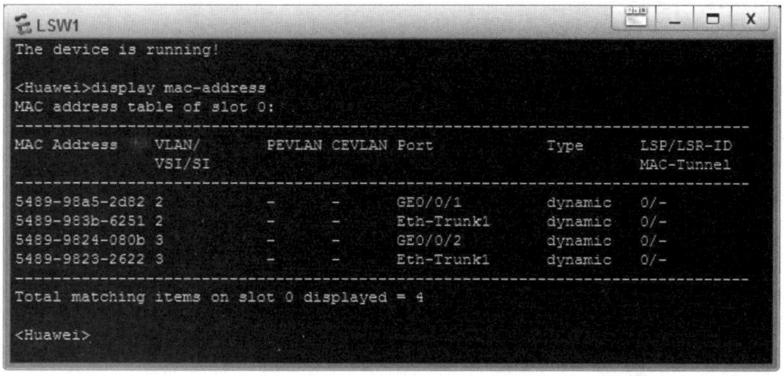

图 5.18　LSW1 的 MAC 表

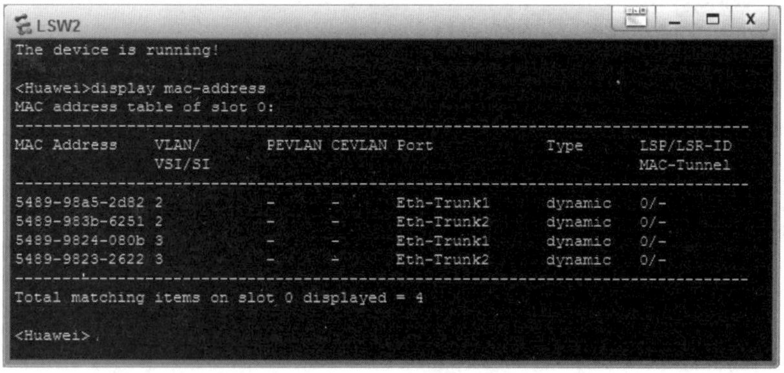

图 5.19　LSW2 的 MAC 表

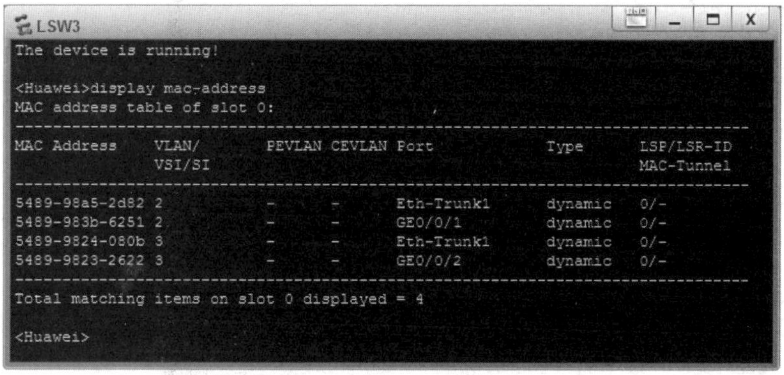

图 5.20　LSW3 的 MAC 表

5.2.5　命令行接口配置过程

1. 交换机 LSW1 命令行接口配置过程

```
< Huawei > system - view
[Huawei]undo info - center enable
```

```
[Huawei]interface eth - trunk 1
[Huawei - Eth - Trunk1]mode lacp
[Huawei - Eth - Trunk1]quit
[Huawei]interface GigabitEthernet0/0/3
[Huawei - GigabitEthernet0/0/3]eth - trunk 1
[Huawei - GigabitEthernet0/0/3]quit
[Huawei]interface GigabitEthernet0/0/4
[Huawei - GigabitEthernet0/0/4]eth - trunk 1
[Huawei - GigabitEthernet0/0/4]quit
[Huawei]interface GigabitEthernet0/0/5
[Huawei - GigabitEthernet0/0/5]eth - trunk 1
[Huawei - GigabitEthernet0/0/5]quit
[Huawei]vlan batch 2 3
[Huawei]interface GigabitEthernet0/0/1
[Huawei - GigabitEthernet0/0/1]port link - type access
[Huawei - GigabitEthernet0/0/1]port default vlan 2
[Huawei - GigabitEthernet0/0/1]quit
[Huawei]interface GigabitEthernet0/0/2
[Huawei - GigabitEthernet0/0/2]port link - type access
[Huawei - GigabitEthernet0/0/2]port default vlan 3
[Huawei - GigabitEthernet0/0/2]quit
[Huawei]interface eth - trunk 1
[Huawei - Eth - Trunk1]port link - type trunk
[Huawei - Eth - Trunk1]port trunk allow - pass vlan 2 3
[Huawei - Eth - Trunk1]quit
```

2. 交换机 LSW2 命令行接口配置过程

```
< Huawei > system - view
[Huawei]undo info - center enable
[Huawei]interface eth - trunk 1
[Huawei - Eth - Trunk1]mode lacp
[Huawei - Eth - Trunk1]quit
[Huawei]interface eth - trunk 2
[Huawei - Eth - Trunk2]mode lacp
[Huawei - Eth - Trunk2]quit
[Huawei]interface GigabitEthernet0/0/1
[Huawei - GigabitEthernet0/0/1]eth - trunk 1
[Huawei - GigabitEthernet0/0/1]quit
[Huawei]interface GigabitEthernet0/0/2
[Huawei - GigabitEthernet0/0/2]eth - trunk 1
[Huawei - GigabitEthernet0/0/2]quit
[Huawei]interface GigabitEthernet0/0/3
[Huawei - GigabitEthernet0/0/3]eth - trunk 1
[Huawei - GigabitEthernet0/0/3]quit
[Huawei]interface GigabitEthernet0/0/4
[Huawei - GigabitEthernet0/0/4]eth - trunk 2
[Huawei - GigabitEthernet0/0/4]quit
[Huawei]interface GigabitEthernet0/0/5
[Huawei - GigabitEthernet0/0/5]eth - trunk 2
```

```
[Huawei - GigabitEthernet0/0/5]quit
[Huawei]interface GigabitEthernet0/0/6
[Huawei - GigabitEthernet0/0/6]eth - trunk 2
[Huawei - GigabitEthernet0/0/6]quit
[Huawei]vlan batch 2 3
[Huawei]interface eth - trunk 1
[Huawei - Eth - Trunk1]port link - type trunk
[Huawei - Eth - Trunk1]port trunk allow - pass vlan 2 3
[Huawei - Eth - Trunk1]quit
[Huawei]interface eth - trunk 2
[Huawei - Eth - Trunk2]port link - type trunk
[Huawei - Eth - Trunk2]port trunk allow - pass vlan 2 3
[Huawei - Eth - Trunk2]quit
```

交换机 LSW3 的命令行接口配置过程与 LSW1 相似,这里不再赘述。

5.3　链路聚合与生成树配置实验

5.3.1　实验内容

　　网络结构如图 5.21 所示。该网络结构具有以下两个特点:一是实现交换机之间互连的是由多条物理链路聚合而成的逻辑链路;二是交换机之间存在冗余链路,需要用生成树协议消除交换机之间的环路。

　　图 5.21 中的终端分配到两个不同的 VLAN,其中终端 A 和终端 C 分配给 VLAN 2,终端 B 和终端 D 分配给 VLAN 3。为了实现负载均衡,基于 VLAN 2 的生成树以交换机 S2 为根交换机,基于 VLAN 3 的生成树以交换机 S3 为根交换机。

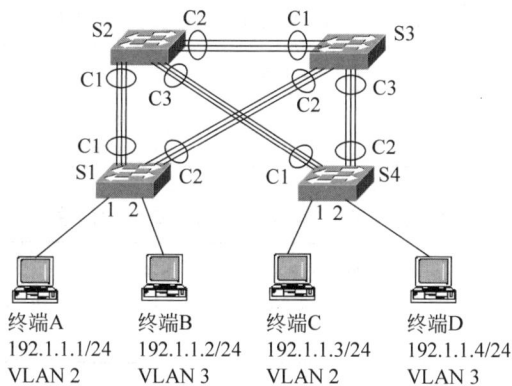

图 5.21　网络结构

5.3.2　实验目的

(1) 掌握 VLAN 划分过程。

（2）运用生成树协议，完成具有容错和负载均衡功能的交换式以太网的设计和调试过程。

（3）运用链路聚合技术，完成具有容错功能、并满足交换机之间带宽要求的交换式以太网的设计和调试过程。

5.3.3　实验原理

分别在四个交换机中创建 VLAN 2 和 VLAN 3，对于交换机 S1，VLAN 与端口之间的映射如表 5.8 所示，将端口 1 作为接入端口分配给 VLAN 2，将端口 2 作为接入端口分配给 VLAN 3，将 eth-trunk 1 接口和 eth-trunk 2 接口作为被 VLAN 2 和 VLAN 3 共享的共享接口。其他交换机 VLAN 与端口之间映射分别如表 5.9～表 5.11 所示。四个交换机 eth-trunk 接口与端口之间的关系如表 5.12 所示。将交换机 S2 构建基于 VLAN 2 的生成树时的优先级设置为最高，将交换机 S3 构建基于 VLAN 3 的生成树时的优先级设置为最高，从而使得交换机 S2 和 S3 分别成为基于 VLAN 2 和 VLAN 3 的生成树的根交换机。

表 5.8　交换机 S1 VLAN 与端口之间的映射

VLAN	接入端口（Access）	主干端口（Trunk）
VLAN 2	1	eth-trunk 1、eth-trunk 2
VLAN 3	2	eth-trunk 1、eth-trunk 2

表 5.9　交换机 S2 VLAN 与端口之间的映射

VLAN	接入端口（Access）	主干端口（Trunk）
VLAN 2		eth-trunk 1、eth-trunk 2、eth-trunk 3
VLAN 3		eth-trunk 1、eth-trunk 2、eth-trunk 3

表 5.10　交换机 S3 VLAN 与端口之间的映射

VLAN	接入端口（Access）	主干端口（Trunk）
VLAN 2		eth-trunk 1、eth-trunk 2、eth-trunk 3
VLAN 3		eth-trunk 1、eth-trunk 2、eth-trunk 3

表 5.11　交换机 S4 VLAN 与端口之间的映射

VLAN	接入端口（Access）	主干端口（Trunk）
VLAN 2	1	eth-trunk 1、eth-trunk 2
VLAN 3	2	eth-trunk 1、eth-trunk 2

表 5.12　eth-trunk 接口与端口之间的关系

交　换　机	eth-trunk 接口	端　　　口
交换机 S1	eth-trunk 1	GigabitEthernet0/0/3
		GigabitEthernet0/0/4
		GigabitEthernet0/0/5

交　换　机	eth-trunk 接口	端　　口
交换机 S1	eth-trunk 2	GigabitEthernet0/0/6
		GigabitEthernet0/0/7
		GigabitEthernet0/0/8
交换机 S2	eth-trunk 1	GigabitEthernet0/0/1
		GigabitEthernet0/0/2
		GigabitEthernet0/0/3
	eth-trunk 2	GigabitEthernet0/0/4
		GigabitEthernet0/0/5
		GigabitEthernet0/0/6
	eth-trunk 3	GigabitEthernet0/0/7
		GigabitEthernet0/0/8
		GigabitEthernet0/0/9
交换机 S3	eth-trunk 1	GigabitEthernet0/0/1
		GigabitEthernet0/0/2
		GigabitEthernet0/0/3
	eth-trunk 2	GigabitEthernet0/0/4
		GigabitEthernet0/0/5
		GigabitEthernet0/0/6
	eth-trunk 3	GigabitEthernet0/0/7
		GigabitEthernet0/0/8
		GigabitEthernet0/0/9
交换机 S4	eth-trunk 1	GigabitEthernet0/0/3
		GigabitEthernet0/0/4
		GigabitEthernet0/0/5
	eth-trunk 2	GigabitEthernet0/0/6
		GigabitEthernet0/0/7
		GigabitEthernet0/0/8

5.3.4　实验步骤

（1）启动 eNSP,按照如图 5.21 所示的网络拓扑结构放置和连接设备,完成设备放置和连接后的 eNSP 界面如图 5.22 所示。启动所有设备。

（2）完成各个 PC IP 地址和子网掩码配置过程,PC1～PC4 分别分配 IP 地址 192.1.1.1～192.1.1.4。

（3）完成 LSW1～LSW4 链路聚合相关配置。在 LSW1 和 LSW4 中分别创建 eth-trunk 1 和 eth-trunk 2,将端口 GigabitEthernet0/0/3～GigabitEthernet0/0/5 分配给 eth-trunk 1。将端口 GigabitEthernet0/0/6～GigabitEthernet0/0/8 分配给 eth-trunk 2。在 LSW2 和 LSW3 中分别创建 eth-trunk 1、eth-trunk 2 和 eth-trunk 3,将端口 GigabitEthernet0/0/1 ～ GigabitEthernet0/0/3 分配给 eth-trunk 1,将端口 GigabitEthernet0/0/4～GigabitEthernet0/0/6 分配给 eth-trunk 2,将端口 GigabitEthernet0/0/7 ～ GigabitEthernet0/0/9 分配给 eth-trunk 3。LSW1 中 eth-trunk 1 和 eth-trunk 2 的成员组成如图 5.23 所示。

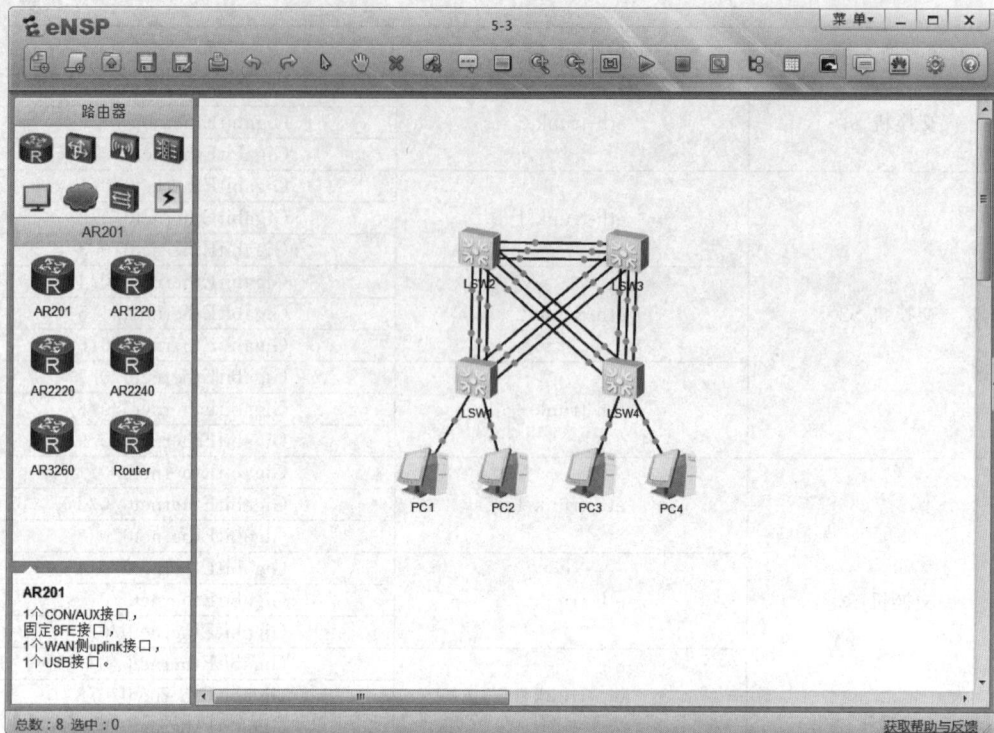

图 5.22　完成设备放置和连接后的 eNSP 界面

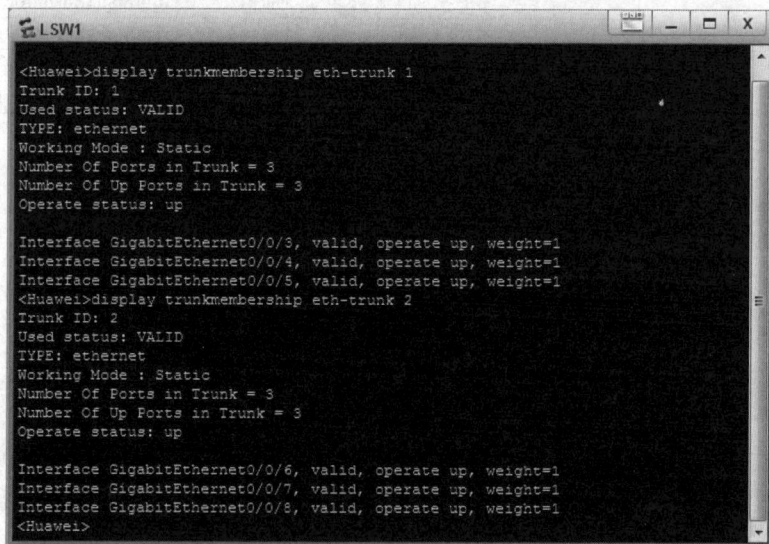

图 5.23　交换机 LSW1 中 eth-trunk 1 和 eth-trunk 2 的成员组成

　　(4) 分别在 LSW1~LSW4 中创建 VLAN 2 和 VLAN 3,将 eth-trunk 作为被 VLAN 2 和 VLAN 3 共享的共享接口。LSW1 中 VLAN 2 和 VLAN 3 的成员组成如图 5.24 所示, eth-trunk 1 和 eth-trunk 2 作为标记端口(TG)被 VLAN 2 和 VLAN 3 共享。

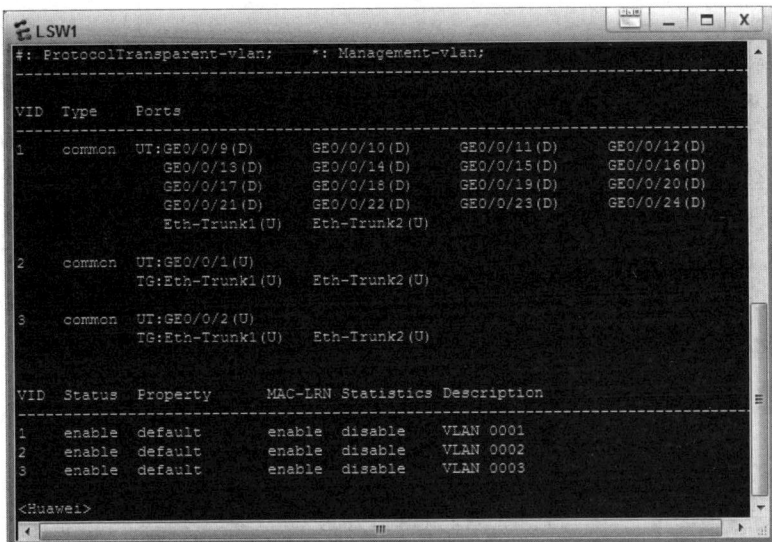

图 5.24 交换机 LSW1 中 VLAN 2 和 VLAN 3 的成员组成

（5）完成各交换机 MSTP 配置过程：一是定义 mst 域域名；二是建立生成树实例与 VLAN 之间的绑定关系；三是基于生成树实例配置交换机的优先级。

（6）对于编号为 2 的生成树实例，LSW2 是根交换机，因此，LSW1 连接 LSW2 的 eth-trunk 1、LSW3 连接 LSW2 的 eth-trunk 1 和 LSW4 连接 LSW2 的 eth-trunk1 都是根端口。由于 LSW3 的优先级高于 LSW1 和 LSW4，因此，LSW1 连接 LSW3 的 eth-trunk 2 和 LSW4 连接 LSW3 的 eth-trunk 2 都是阻塞端口，其他交换机端口和 eth-trunk 接口为指定端口。完成编号为 2 的生成树实例构建过程后，LSW1～LSW4 的端口状态分别如图 5.25～图 5.28 所示。

（7）对于编号为 3 的生成树实例，LSW3 是根交换机，因此，LSW1 连接 LSW3 的 eth-trunk 2、LSW2 连接 LSW3 的 eth-trunk 2 和 LSW4 连接 LSW3 的 eth-trunk 2 都是根端口。由于 LSW2 的优先级较高，LSW1 连接 LSW2 的 eth-trunk 1 和 LSW4 连接 LSW2 的 eth-trunk 1 都是阻塞端口，其他交换机端口和 eth-trunk 接口为指定端口。完成编号为 3 的生成树实例构建过程后，LSW1～LSW4 的端口状态分别如图 5.25～图 5.28 所示。

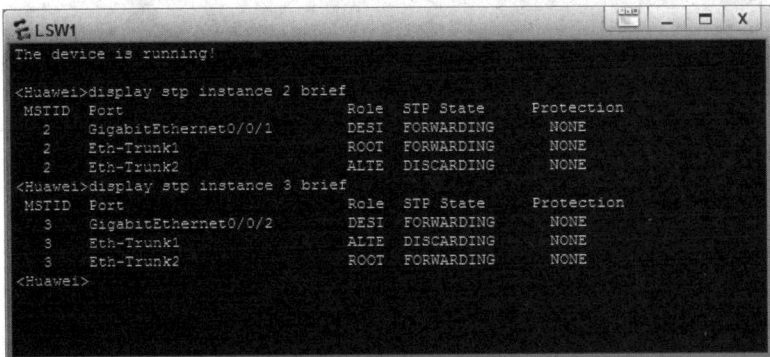

图 5.25 交换机 LSW1 的端口状态

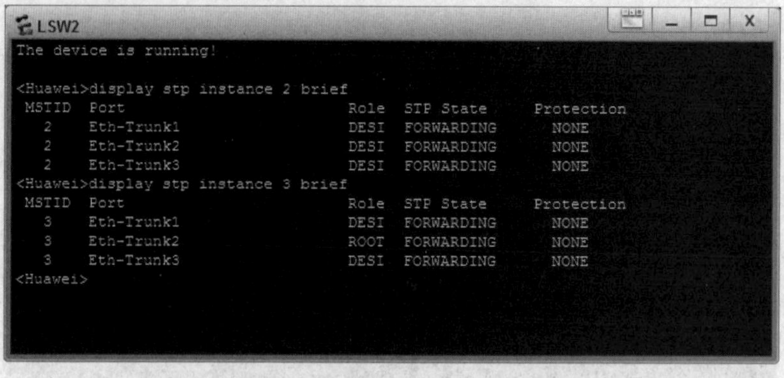

```
LSW2
The device is running!

<Huawei>display stp instance 2 brief
 MSTID  Port                        Role  STP State     Protection
   2    Eth-Trunk1                  DESI  FORWARDING      NONE
   2    Eth-Trunk2                  DESI  FORWARDING      NONE
   2    Eth-Trunk3                  DESI  FORWARDING      NONE
<Huawei>display stp instance 3 brief
 MSTID  Port                        Role  STP State     Protection
   3    Eth-Trunk1                  DESI  FORWARDING      NONE
   3    Eth-Trunk2                  ROOT  FORWARDING      NONE
   3    Eth-Trunk3                  DESI  FORWARDING      NONE
<Huawei>
```

图 5.26 交换机 LSW2 的端口状态

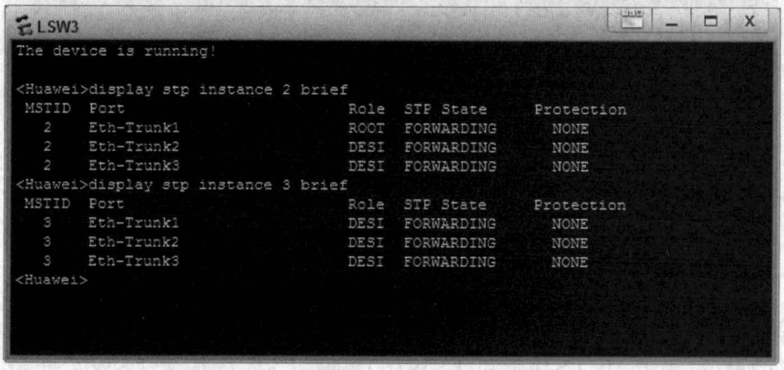

```
LSW3
The device is running!

<Huawei>display stp instance 2 brief
 MSTID  Port                        Role  STP State     Protection
   2    Eth-Trunk1                  ROOT  FORWARDING      NONE
   2    Eth-Trunk2                  DESI  FORWARDING      NONE
   2    Eth-Trunk3                  DESI  FORWARDING      NONE
<Huawei>display stp instance 3 brief
 MSTID  Port                        Role  STP State     Protection
   3    Eth-Trunk1                  DESI  FORWARDING      NONE
   3    Eth-Trunk2                  DESI  FORWARDING      NONE
   3    Eth-Trunk3                  DESI  FORWARDING      NONE
<Huawei>
```

图 5.27 交换机 LSW3 的端口状态

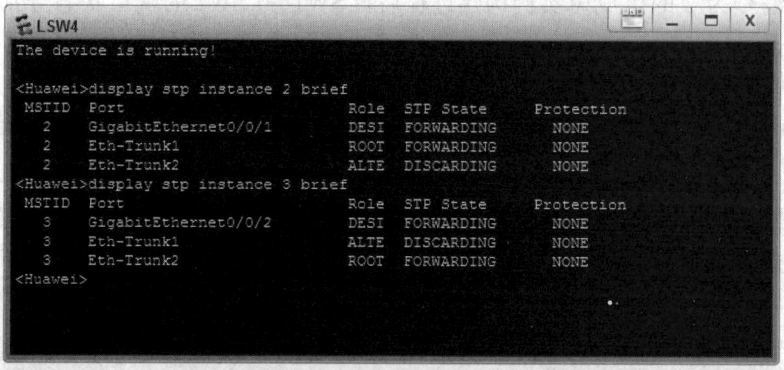

```
LSW4
The device is running!

<Huawei>display stp instance 2 brief
 MSTID  Port                        Role  STP State     Protection
   2    GigabitEthernet0/0/1        DESI  FORWARDING      NONE
   2    Eth-Trunk1                  ROOT  FORWARDING      NONE
   2    Eth-Trunk2                  ALTE  DISCARDING      NONE
<Huawei>display stp instance 3 brief
 MSTID  Port                        Role  STP State     Protection
   3    GigabitEthernet0/0/2        DESI  FORWARDING      NONE
   3    Eth-Trunk1                  ALTE  DISCARDING      NONE
   3    Eth-Trunk2                  ROOT  FORWARDING      NONE
<Huawei>
```

图 5.28 交换机 LSW4 的端口状态

(8) 完成同一 VLAN 内 PC1 与 PC3、PC2 与 PC4 之间的通信过程,查看交换机 LSW1～LSW4 建立的 MAC 表。PC1 与 PC3 之间的通信过程经过交换机 LSW2,PC2 与 PC4 之间的通信过程经过交换机 LSW3。LSW2 的 MAC 表中建立的 PC2 的 MAC 地址与 LSW2 连接 LSW3 的 eth-trunk 2 之间的绑定关系是由于 LSW3 广播 PC2 发送的 MAC 帧引起的。LSW3 的 MAC 表中建立的 PC1 的 MAC 地址与 LSW3 连接 LSW2 的 eth-trunk 1 之间的绑定关系是由于 LSW2 广播 PC1 发送的 MAC 帧引起的。交换机 LSW1～LSW4 建立的 MAC 表分别如图 5.29～图 5.32 所示。

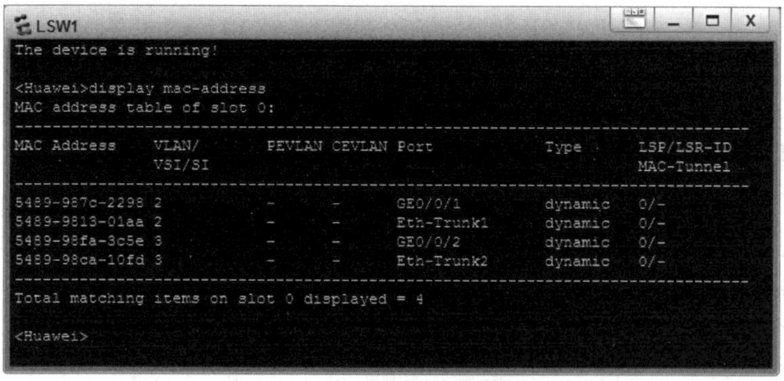

图 5.29　交换机 LSW1 的 MAC 表

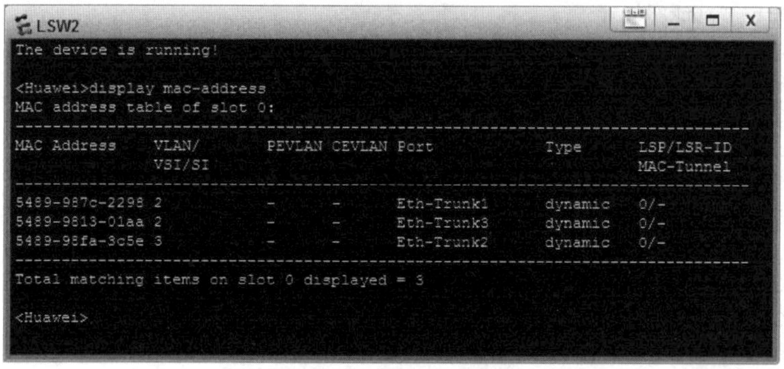

图 5.30　交换机 LSW2 的 MAC 表

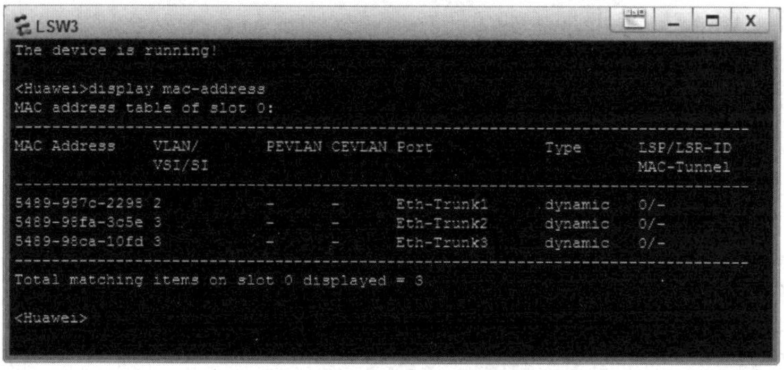

图 5.31　交换机 LSW3 的 MAC 表

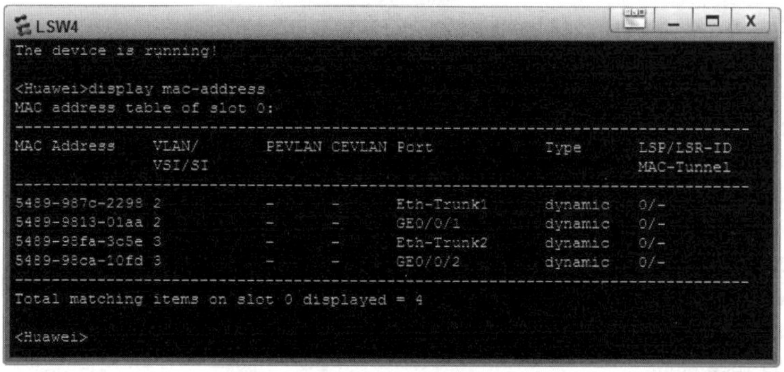

图 5.32　交换机 LSW4 的 MAC 表

5.3.5 命令行接口配置过程

1. 交换机 LSW1 命令行接口配置过程

```
< Huawei > system - view
[Huawei]undo info - center enable
[Huawei]interface eth - trunk 1
[Huawei - Eth - Trunk1]mode lacp
[Huawei - Eth - Trunk1]quit
[Huawei]interface eth - trunk 2
[Huawei - Eth - Trunk2]mode lacp
[Huawei - Eth - Trunk2]quit
[Huawei]interface GigabitEthernet0/0/3
[Huawei - GigabitEthernet0/0/3]eth - trunk 1
[Huawei - GigabitEthernet0/0/3]quit
[Huawei]interface GigabitEthernet0/0/4
[Huawei - GigabitEthernet0/0/4]eth - trunk 1
[Huawei - GigabitEthernet0/0/4]quit
[Huawei]interface GigabitEthernet0/0/5
[Huawei - GigabitEthernet0/0/5]eth - trunk 1
[Huawei - GigabitEthernet0/0/5]quit
[Huawei]interface GigabitEthernet0/0/6
[Huawei - GigabitEthernet0/0/6]eth - trunk 2
[Huawei - GigabitEthernet0/0/6]quit
[Huawei]interface GigabitEthernet0/0/7
[Huawei - GigabitEthernet0/0/7]eth - trunk 2
[Huawei - GigabitEthernet0/0/7]quit
[Huawei]interface GigabitEthernet0/0/8
[Huawei - GigabitEthernet0/0/8]eth - trunk 2
[Huawei - GigabitEthernet0/0/8]quit
[Huawei]vlan batch 2 3
[Huawei]interface GigabitEthernet0/0/1
[Huawei - GigabitEthernet0/0/1]port link - type access
[Huawei - GigabitEthernet0/0/1]port default vlan 2
[Huawei - GigabitEthernet0/0/1]quit
[Huawei]interface GigabitEthernet0/0/2
[Huawei - GigabitEthernet0/0/2]port link - type access
[Huawei - GigabitEthernet0/0/2]port default vlan 3
[Huawei - GigabitEthernet0/0/2]quit
[Huawei]interface eth - trunk 1
[Huawei - Eth - Trunk1]port link - type trunk
[Huawei - Eth - Trunk1]port trunk allow - pass vlan 2 3
[Huawei - Eth - Trunk1]quit
[Huawei]interface eth - trunk 2
[Huawei - Eth - Trunk2]port link - type trunk
[Huawei - Eth - Trunk2]port trunk allow - pass vlan 2 3
[Huawei - Eth - Trunk2]quit
[Huawei]stp mode mstp
[Huawei]stp region - configuration
```

[Huawei – mst – region]region – name aaa
[Huawei – mst – region]instance 2 vlan 2
[Huawei – mst – region]instance 3 vlan 3
[Huawei – mst – region]active region – configuration
[Huawei – mst – region]quit、

2. 交换机 LSW2 命令行接口配置过程

< Huawei > system – view
[Huawei]undo info – center enable
[Huawei]interface eth – trunk 1
[Huawei – Eth – Trunk1]mode lacp
[Huawei – Eth – Trunk1]quit
[Huawei]interface eth – trunk 2
[Huawei – Eth – Trunk2]mode lacp
[Huawei – Eth – Trunk2]quit
[Huawei]interface eth – trunk 3
[Huawei – Eth – Trunk3]mode lacp
[Huawei – Eth – Trunk3]quit
[Huawei]interface GigabitEthernet0/0/1
[Huawei – GigabitEthernet0/0/1]eth – trunk 1
[Huawei – GigabitEthernet0/0/1]quit
[Huawei]interface GigabitEthernet0/0/2
[Huawei – GigabitEthernet0/0/2]eth – trunk 1
[Huawei – GigabitEthernet0/0/2]quit
[Huawei]interface GigabitEthernet0/0/3
[Huawei – GigabitEthernet0/0/3]eth – trunk 1
[Huawei – GigabitEthernet0/0/3]quit
[Huawei]interface GigabitEthernet0/0/4
[Huawei – GigabitEthernet0/0/4]eth – trunk 2
[Huawei – GigabitEthernet0/0/4]quit
[Huawei]interface GigabitEthernet0/0/5
[Huawei – GigabitEthernet0/0/5]eth – trunk 2
[Huawei – GigabitEthernet0/0/5]quit
[Huawei]interface GigabitEthernet0/0/6
[Huawei – GigabitEthernet0/0/6]eth – trunk 2
[Huawei – GigabitEthernet0/0/6]quit
[Huawei]interface GigabitEthernet0/0/7
[Huawei – GigabitEthernet0/0/7]eth – trunk 3
[Huawei – GigabitEthernet0/0/7]quit
[Huawei]interface GigabitEthernet0/0/8
[Huawei – GigabitEthernet0/0/8]eth – trunk 3
[Huawei – GigabitEthernet0/0/8]quit
[Huawei]interface GigabitEthernet0/0/9
[Huawei – GigabitEthernet0/0/9]eth – trunk 3
[Huawei – GigabitEthernet0/0/9]quit
[Huawei]vlan batch 2 3
[Huawei]interface eth – trunk 1
[Huawei – Eth – Trunk1]port link – type trunk
[Huawei – Eth – Trunk1]port trunk allow – pass vlan 2 3

```
[Huawei - Eth - Trunk1]quit
[Huawei]interface eth - trunk 2
[Huawei - Eth - Trunk2]port link - type trunk
[Huawei - Eth - Trunk2]port trunk allow - pass vlan 2 3
[Huawei - Eth - Trunk2]quit
[Huawei]interface eth - trunk 3
[Huawei - Eth - Trunk3]port link - type trunk
[Huawei - Eth - Trunk3]port trunk allow - pass vlan 2 3
[Huawei - Eth - Trunk3]quit
[Huawei]stp mode mstp
[Huawei]stp region - configuration
[Huawei - mst - region]region - name aaa
[Huawei - mst - region]instance 2 vlan 2
[Huawei - mst - region]instance 3 vlan 3
[Huawei - mst - region]activ region - configuration
[Huawei - mst - region]quit
[Huawei]stp instance 2 root primary
[Huawei]stp instance 3 priority 8192
```

交换机 LSW4 的命令行接口配置过程与 LSW1 相似,交换机 LSW3 的命令行接口配置过程与 LSW2 相似,这里不再赘述。

第 6 章
CHAPTER 6

路由器和网络互联实验

路由器用于实现不同类型网络之间的互联。路由器转发 IP 分组的基础是路由表。路由表中的路由项分为直连路由项、静态路由项和动态路由项。通过配置路由器接口的 IP 地址和子网掩码自动生成直连路由项。通过手工配置创建静态路由项。

虚拟路由器冗余协议(Virtual Router Redundancy Protocol,VRRP)允许将由多个路由器组成的 VRRP 备份组作为默认网关,如果终端将分配给 VRRP 备份组的虚拟 IP 地址作为默认网关地址,只要 VRRP 备份组中存在能够正常工作的路由器,终端就可以通过该虚拟 IP 地址将目的终端是其他网络的 IP 分组发送给默认网关。

6.1 直连路由项配置实验

6.1.1 实验内容

构建如图 6.1 所示的互联网,实现网络地址为 192.1.1.0/24 的以太网与网络地址为 192.1.2.0/24 的以太网之间的相互通信过程。需要说明的是,网络地址分别为 192.1.1.0/24 和 192.1.2.0/24 的两个以太网都与路由器 R 直接相连。

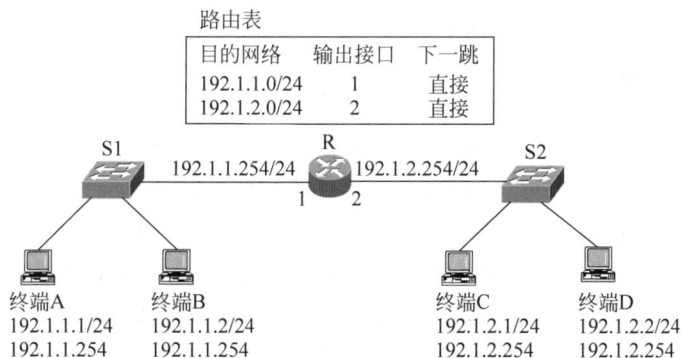

图 6.1 互联网结构

6.1.2　实验目的

（1）掌握路由器接口配置过程。
（2）掌握直连路由项自动生成过程。
（3）掌握路由器逐跳转发过程。
（4）掌握 IP over 以太网工作原理。
（5）验证连接在以太网上的两个结点之间的 IP 分组传输过程。

6.1.3　实验原理

1. 路由器接口和网络配置

互联网结构如图 6.1 所示，路由器 R 的两个接口分别连接两个以太网，这两个以太网是不同的网络，需要分配不同的网络地址。为路由器接口配置的 IP 地址和子网掩码决定了该接口连接的网络的网络地址，如一旦为路由器 R 接口 1 分配 IP 地址 192.1.1.254 和子网掩码 255.255.255.0，接口 1 连接的以太网的网络地址为 192.1.1.0/24，连接在该以太网上的终端必须分配属于网络地址 192.1.1.0/24 的 IP 地址，并以路由器 R 接口 1 的 IP 地址 192.1.1.254 为默认网关地址。

由于路由器的不同接口连接不同的网络，因此，根据为不同的路由器接口分配的 IP 地址和子网掩码得出的网络地址必须不同，如根据为路由器 R 接口 1 分配的 IP 地址和子网掩码得出的网络地址为 192.1.1.0/24，根据为路由器 R 接口 2 分配的 IP 地址和子网掩码得出的网络地址为 192.1.2.0/24。

一旦为某个路由器接口分配 IP 地址和子网掩码，并开启该路由器接口，路由器的路由表中自动生成一项路由项，路由项的目的网络字段值是根据为该接口分配的 IP 地址和子网掩码得出的网络地址，输出接口字段值是该路由器接口的接口标识符，下一跳字段值是直接。由于该路由项用于指明通往路由器直接连接的网络的传输路径，被称为直连路由项。一旦为图 6.1 中路由器 R 的两个接口分配如图所示的 IP 地址和子网掩码，路由器 R 的路由表中自动生成如图 6.1 所示的两项直连路由项。

2. IP 分组传输过程

IP 分组终端 A 至终端 D 的传输路径由两段交换路径组成：一段是终端 A 至路由器 R 接口 1 之间的交换路径，IP 分组经过这一段交换路径传输时被封装成以终端 A 的 MAC 地址为源 MAC 地址、以路由器 R 接口 1 的 MAC 地址为目的 MAC 地址的 MAC 帧；另一段是路由器 R 接口 2 至终端 D 之间的交换路径，IP 分组经过这一段交换路径传输时被封装成以路由器 R 接口 2 的 MAC 地址为源 MAC 地址、以终端 D 的 MAC 地址为目的 MAC 地址的 MAC 帧。终端 A 通过 ARP 地址解析过程获取路由器 R 接口 1 的 MAC 地址，路由器 R 通过 ARP 地址解析过程获取终端 D 的 MAC 地址。

6.1.4　关键命令说明

下述命令序列用于为路由器接口 GigabitEthernet0/0/0 和 GigabitEthernet0/0/1 分配 IP 地址和子网掩码。

```
[Huawei]interface GigabitEthernet0/0/0
[Huawei－GigabitEthernet0/0/0]ip address 192.1.1.254 24
[Huawei－GigabitEthernet0/0/0]quit
[Huawei]interface GigabitEthernet0/0/1
[Huawei－GigabitEthernet0/0/1]ip address 192.1.2.254 255.255.255.0
[Huawei－GigabitEthernet0/0/1]quit
```

interface GigabitEthernet0/0/0 是系统视图下使用的命令,该命令的作用是进入接口 GigabitEthernet0/0/0 的接口视图。GigabitEthernet0/0/0 中包含两部分信息:一是接口 类型 GigabitEthernet,表明该接口是千兆以太网接口;二是接口编号 0/0/0,接口编号用于 区分相同类型的多个接口。

ip address 192.1.1.254 24 是接口视图下使用的命令,该命令的作用是为指定接口(这 里是接口 GigabitEthernet0/0/0)分配 IP 地址 192.1.1.254 和子网掩码 255.255.255.0,24 是网络前缀长度。

ip address 192.1.2.254 255.255.255.0 是接口视图下使用的命令,该命令的作用是为 指定接口(这里是接口 GigabitEthernet0/0/1)分配 IP 地址 192.1.2.254 和子网掩码 255. 255.255.0,255.255.255.0 是点分十进制表示的 32 位子网掩码。

6.1.5　实验步骤

(1) 启动 eNSP,按照如图 6.1 所示的网络拓扑结构放置和连接设备,完成设备放置和 连接后的 eNSP 界面如图 6.2 所示。启动所有设备。

(2) 查看路由器 AR1 的接口配置情况。AR1 接口配置情况如图 6.3 所示,有 8 个以太 网端口和两个千兆以太网接口。需要说明的是,两个千兆以太网接口是路由接口,8 个以 太网端口是交换端口。

(3) 分别为 AR1 的两个千兆以太网接口分配 IP 地址和子网掩码,千兆以太网接口 GigabitEthernet0/0/0 配置的 IP 地址和子网掩码以及接口的 MAC 地址如图 6.4 所示。千 兆以太网接口 GigabitEthernet0/0/1 配置的 IP 地址和子网掩码以及接口的 MAC 地址如 图 6.5 所示。

(4) 完成接口 IP 地址和子网掩码配置过程后,路由器 AR1 的路由表中自动生成直连 路由项,对应直连网络 192.1.1.0/24 和 192.1.2.0/24 的直连路由项如图 6.6 所示,协议类 型(Proto)是直接(Direct),下一跳(NextHop)是连接这两个直连网络的路由器接口的 IP 地址。

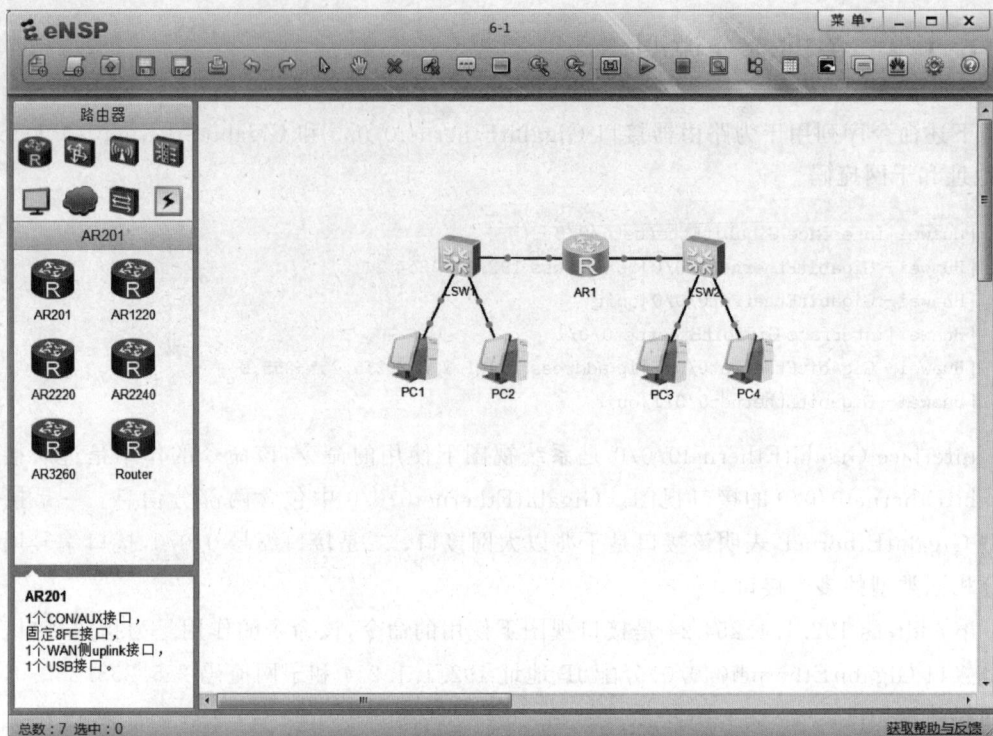

图 6.2　完成设备放置和连接后的 eNSP 界面

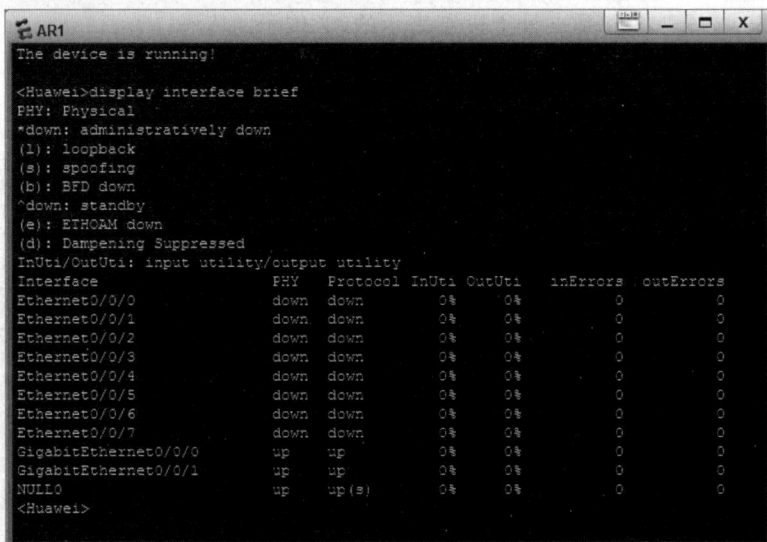

图 6.3　AR1 接口配置情况

（5）完成各个 PC 的 IP 地址、子网掩码和默认网关地址配置过程，PC1 和 PC2 的默认网关地址是路由器连接 PC1 和 PC2 所在以太网的接口的 IP 地址 192.1.1.254。该接口的 IP 地址 192.1.1.254 和子网掩码 255.255.255.0 决定了 PC1 和 PC2 所在以太网的网络地址 192.1.1.0/24。PC3 和 PC4 的默认网关地址是路由器连接 PC3 和 PC4 所在以太网的接

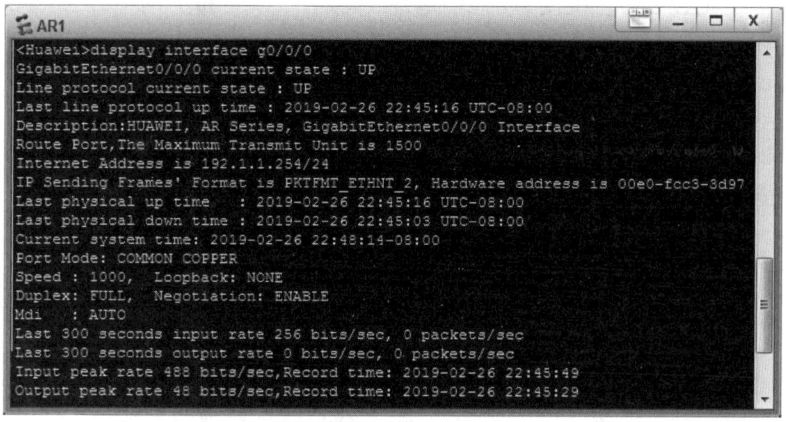

```
<Huawei>display interface g0/0/0
GigabitEthernet0/0/0 current state : UP
Line protocol current state : UP
Last line protocol up time : 2019-02-26 22:45:16 UTC-08:00
Description:HUAWEI, AR Series, GigabitEthernet0/0/0 Interface
Route Port,The Maximum Transmit Unit is 1500
Internet Address is 192.1.1.254/24
IP Sending Frames' Format is PKTFMT_ETHNT_2, Hardware address is 00e0-fcc3-3d97
Last physical up time   : 2019-02-26 22:45:16 UTC-08:00
Last physical down time : 2019-02-26 22:45:03 UTC-08:00
Current system time: 2019-02-26 22:48:14-08:00
Port Mode: COMMON COPPER
Speed : 1000,  Loopback: NONE
Duplex: FULL,  Negotiation: ENABLE
Mdi    : AUTO
Last 300 seconds input rate 256 bits/sec, 0 packets/sec
Last 300 seconds output rate 0 bits/sec, 0 packets/sec
Input peak rate 488 bits/sec,Record time: 2019-02-26 22:45:49
Output peak rate 48 bits/sec,Record time: 2019-02-26 22:45:29
```

图 6.4　千兆以太网接口 GigabitEthernet0/0/0 相关信息

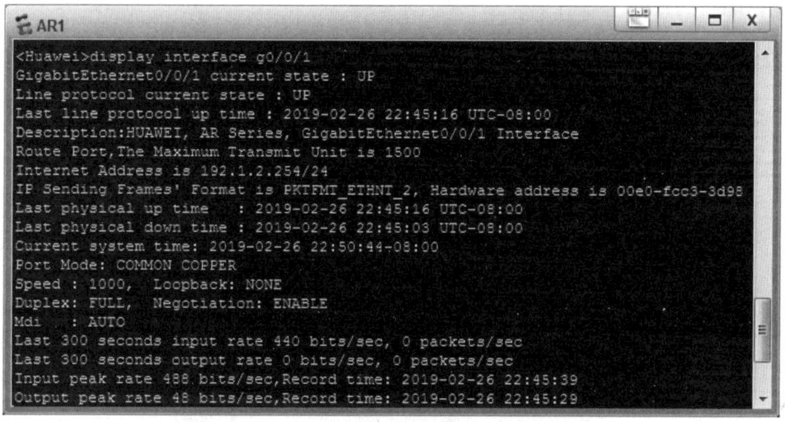

```
<Huawei>display interface g0/0/1
GigabitEthernet0/0/1 current state : UP
Line protocol current state : UP
Last line protocol up time : 2019-02-26 22:45:16 UTC-08:00
Description:HUAWEI, AR Series, GigabitEthernet0/0/1 Interface
Route Port,The Maximum Transmit Unit is 1500
Internet Address is 192.1.2.254/24
IP Sending Frames' Format is PKTFMT_ETHNT_2, Hardware address is 00e0-fcc3-3d98
Last physical up time   : 2019-02-26 22:45:16 UTC-08:00
Last physical down time : 2019-02-26 22:45:03 UTC-08:00
Current system time: 2019-02-26 22:50:44-08:00
Port Mode: COMMON COPPER
Speed : 1000,  Loopback: NONE
Duplex: FULL,  Negotiation: ENABLE
Mdi    : AUTO
Last 300 seconds input rate 440 bits/sec, 0 packets/sec
Last 300 seconds output rate 0 bits/sec, 0 packets/sec
Input peak rate 488 bits/sec,Record time: 2019-02-26 22:45:39
Output peak rate 48 bits/sec,Record time: 2019-02-26 22:45:29
```

图 6.5　千兆以太网接口 GigabitEthernet0/0/1 相关信息

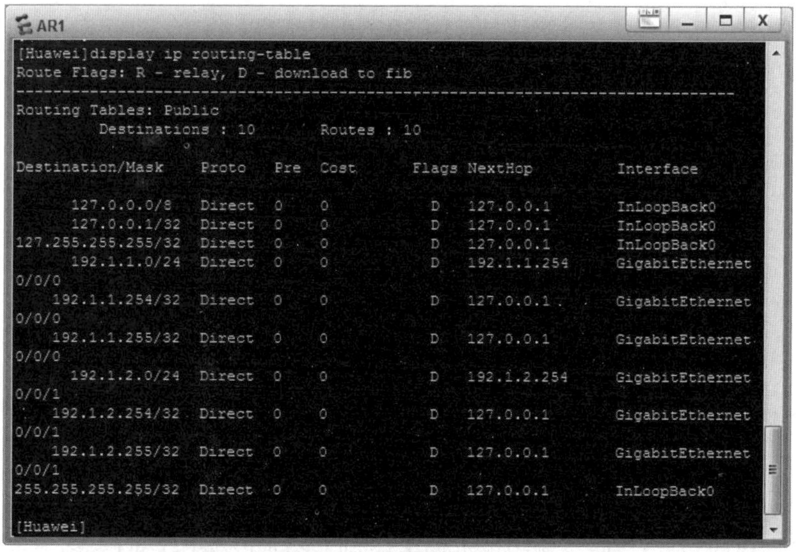

```
[Huawei]display ip routing-table
Route Flags: R - relay, D - download to fib
------------------------------------------------------------------------------
Routing Tables: Public
         Destinations : 10       Routes : 10

Destination/Mask    Proto   Pre  Cost      Flags NextHop         Interface

      127.0.0.0/8   Direct  0    0           D   127.0.0.1       InLoopBack0
      127.0.0.1/32  Direct  0    0           D   127.0.0.1       InLoopBack0
127.255.255.255/32  Direct  0    0           D   127.0.0.1       InLoopBack0
      192.1.1.0/24  Direct  0    0           D   192.1.1.254     GigabitEthernet
0/0/0
    192.1.1.254/32  Direct  0    0           D   127.0.0.1       GigabitEthernet
0/0/0
    192.1.1.255/32  Direct  0    0           D   127.0.0.1       GigabitEthernet
0/0/0
      192.1.2.0/24  Direct  0    0           D   192.1.2.254     GigabitEthernet
0/0/1
    192.1.2.254/32  Direct  0    0           D   127.0.0.1       GigabitEthernet
0/0/1
    192.1.2.255/32  Direct  0    0           D   127.0.0.1       GigabitEthernet
0/0/1
255.255.255.255/32  Direct  0    0           D   127.0.0.1       InLoopBack0

[Huawei]
```

图 6.6　路由器 AR1 路由表中的直连路由项

口的 IP 地址 192.1.2.254。该接口的 IP 地址 192.1.2.254 和子网掩码 255.255.255.0 决定了 PC3 和 PC4 所在以太网的网络地址 192.1.2.0/24。PC1 配置的 IP 地址、子网掩码和默认网关地址如图 6.7 所示,PC3 配置的 IP 地址、子网掩码和默认网关地址如图 6.8 所示。

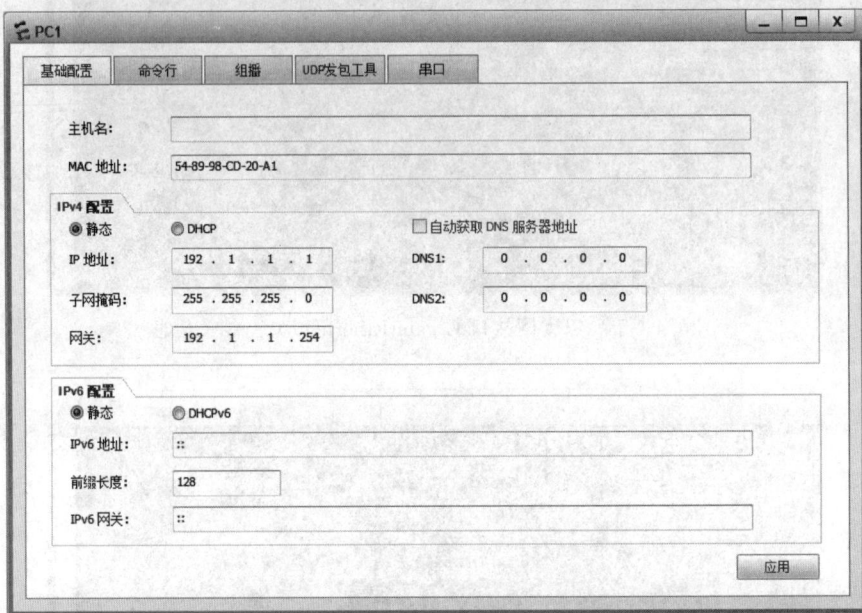

图 6.7　PC1 配置的 IP 地址、子网掩码和默认网关地址

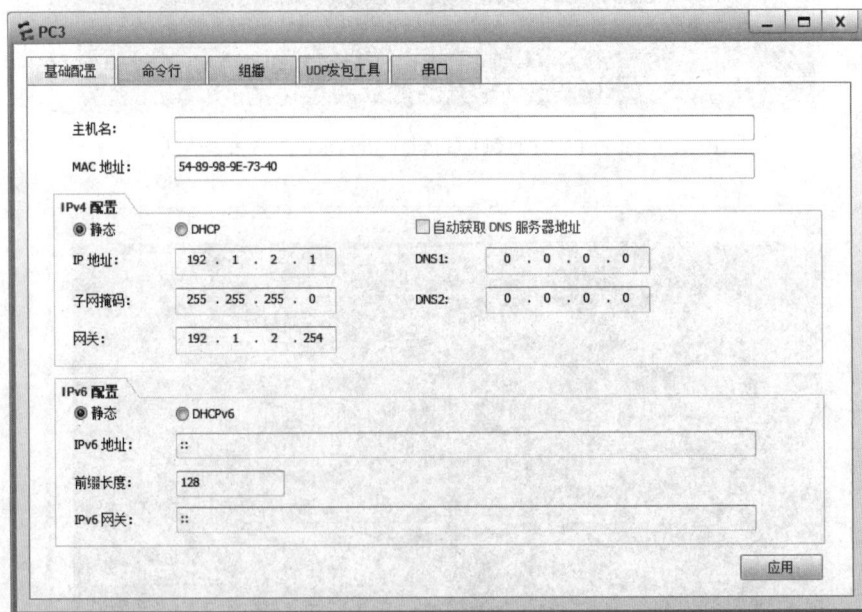

图 6.8　PC3 配置的 IP 地址、子网掩码和默认网关地址

　　(6) 完成路由器 AR1 接口 IP 地址和子网掩码,各个 PC 的 IP 地址、子网掩码和默认网关地址配置过程后,连接在两个物理以太网上的 PC 之间可以相互通信,图 6.9 所示是 PC1 与 PC3 和 PC4 之间的通信过程。

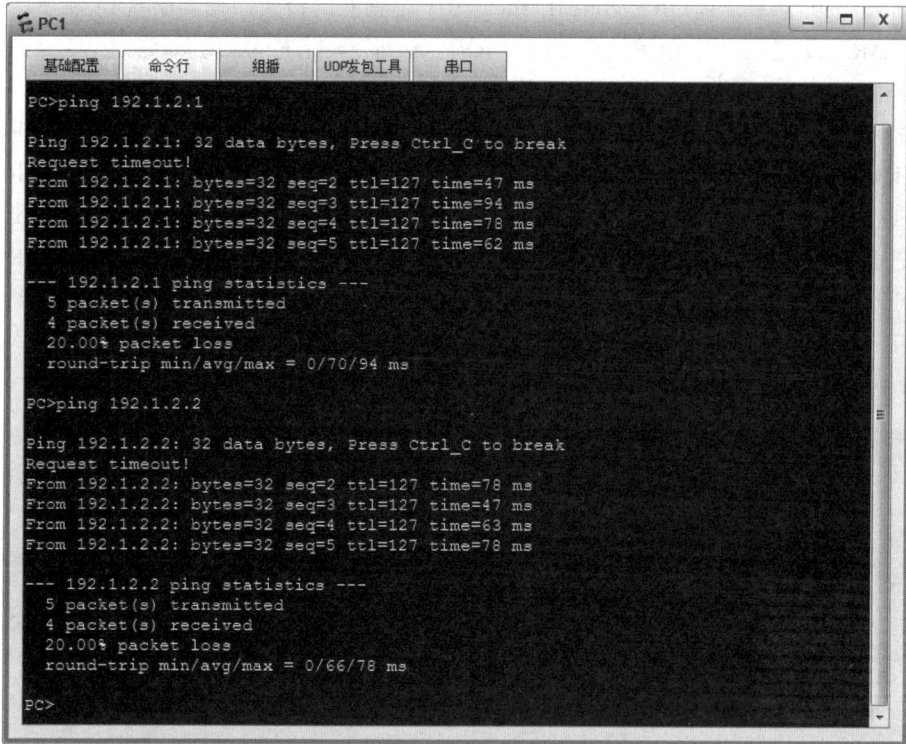

图 6.9　PC1 与 PC3 和 PC4 之间的通信过程

（7）为了观察 PC1 至 PC3 的 IP 分组传输过程，以及该 IP 分组在两个以太网中的封装格式，分别在路由器 AR1 的接口 GigabitEthernet0/0/0 和接口 GigabitEthernet0/0/1 上启动捕获报文功能，如图 6.10 所示。

图 6.10　在路由器 AR1 的两个千兆以太网接口上启动捕获报文功能

（8）在路由器 AR1 接口 GigabitEthernet0/0/0 上捕获的报文序列如图 6.11 所示。PC1 向路由器 AR1 发送 IP 分组前，先通过 ARP 地址解析过程获取路由器 AR1 接口 GigabitEthernet0/0/0 的 MAC 地址。IP 分组在 PC1 至路由器 AR1 接口 GigabitEthernet0/0/0 这一段的传输过程中，封装成以 PC1 的 MAC 地址为源 MAC 地址、以路由器 AR1 接口 GigabitEthernet0/0/0 的 MAC 地址为目的 MAC 地址的 MAC 帧。在路由器 AR1 接口 GigabitEthernet0/0/1 上捕获的报文序列如图 6.12 所示。路由器 AR1 向 PC3 发送 IP 分组前，先通过 ARP 地址解析过程获取 PC3 的 MAC 地址。IP 分组在路由器 AR1 接口 GigabitEthernet0/0/1 至 PC3 这一段的传输过程中，封装成以路由器 AR1 接口 GigabitEthernet0/0/1 的 MAC 地址为源 MAC 地址、以 PC3 的 MAC 地址为目的 MAC 地址的 MAC 帧。

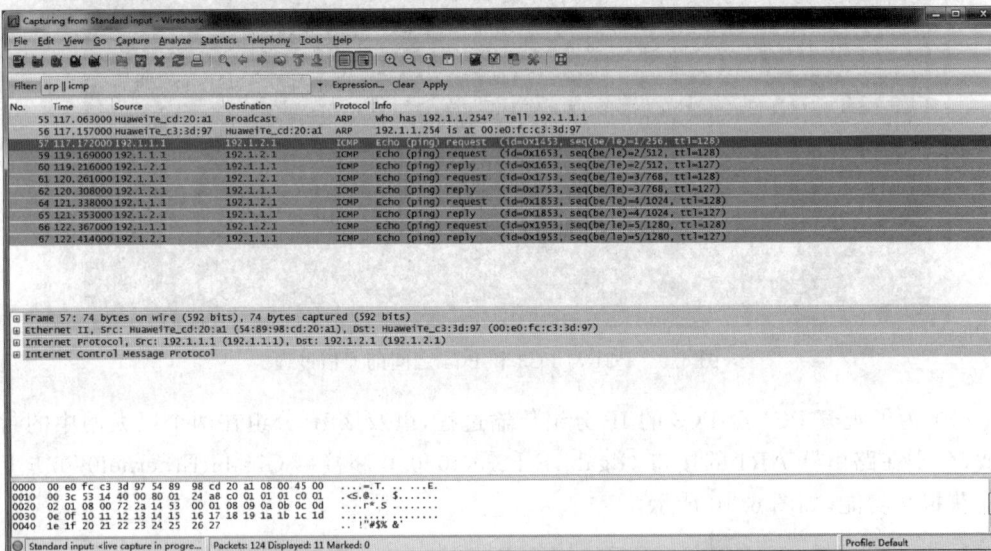

图 6.11　在路由器 AR1 接口 GigabitEthernet0/0/0 上捕获的报文序列

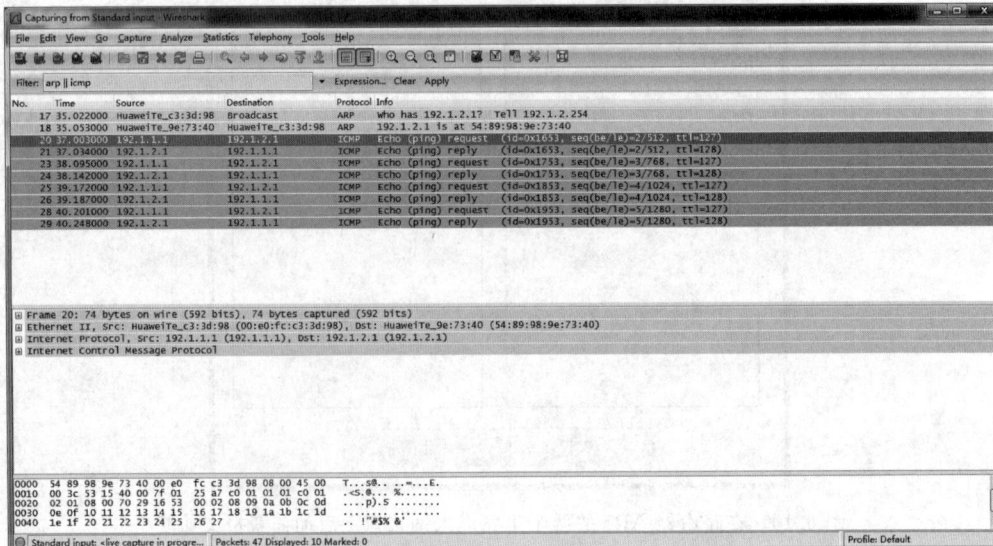

图 6.12　在路由器 AR1 接口 GigabitEthernet0/0/1 上捕获的报文序列

6.1.6　命令行接口配置过程

1. 路由器 AR1 命令行接口配置过程

```
< Huawei > system - view
[Huawei]undo info - center enable
[Huawei]interface GigabitEthernet0/0/0
[Huawei - GigabitEthernet0/0/0]ip address 192.1.1.254 24
[Huawei - GigabitEthernet0/0/0]quit
[Huawei]interface GigabitEthernet0/0/1
[Huawei - GigabitEthernet0/0/1]ip address 192.1.2.254 255.255.255.0
[Huawei - GigabitEthernet0/0/1]quit
```

2. 命令列表

路由器命令行接口配置过程中使用的命令及功能和参数说明如表 6.1 所示。

表 6.1　路由器命令行接口配置过程中使用的命令及功能和参数说明

命 令 格 式	功能和参数说明
interface⟨**ethernet** | **gigabitethernet**⟩ *interface-number*	进入指定接口的接口视图。关键词 **ethernet** 或 **gigabitethernet** 是接口类型；参数 *interface-number* 是接口编号
ip address *ip-address*⟨*mask* | *mask-length*⟩	配置指定接口的 IP 地址和子网掩码。参数 *ip-address* 是 IP 地址；参数 *mask* 是子网掩码；参数 *mask-length* 是网络前缀长度。子网掩码和网络前缀长度二者选一
display interface brief	简要显示路由器接口配置情况和接口状态
display ip interface brief	简要显示路由器接口状态和接口配置的 IP 地址和子网掩码
display ip routing-table	显示路由器路由表中内容
display interface *interface-type interface-number*	显示指定接口的有关信息。参数 *interface-type* 是接口类型；参数 *interface-number* 是接口编号。接口类型和接口编号一起用于指定端口

6.2　静态路由项配置实验

6.2.1　实验内容

构建如图 6.13 所示的互联网,实现互联网中各个终端之间的相互通信过程。需要说明的是,对于路由器 R1,网络地址为 192.1.2.0/24 的网络不是直接连接的网络,因此,无法自动生成用于指明通往网络 192.1.2.0/24 的传输路径的路由项。对于路由器 R2,网络地址为 192.1.1.0/24 的网络也不是直接连接的网络,同样无法自动生成用于指明通往网络 192.1.1.0/24 的传输路径的路由项。

R1 路由表

目的网络	输出接口	下一跳
192.1.1.0/24	1	直接
192.1.3.0/30	2	直接
192.1.2.0/24	2	192.1.3.2

R2 路由表

目的网络	输出接口	下一跳
192.1.1.0/24	1	192.1.3.1
192.1.3.0/30	1	直接
192.1.2.0/24	2	直接

R1   192.1.3.1/30   192.1.3.2/30   R2

2

192.1.1.254/24   1   1   2   192.1.2.254/24

S1   S2

终端A   终端B   终端C   终端D
192.1.1.1/24   192.1.1.2/24   192.1.2.1/24   192.1.2.2/24
192.1.1.254   192.1.1.254   192.1.2.254   192.1.2.254

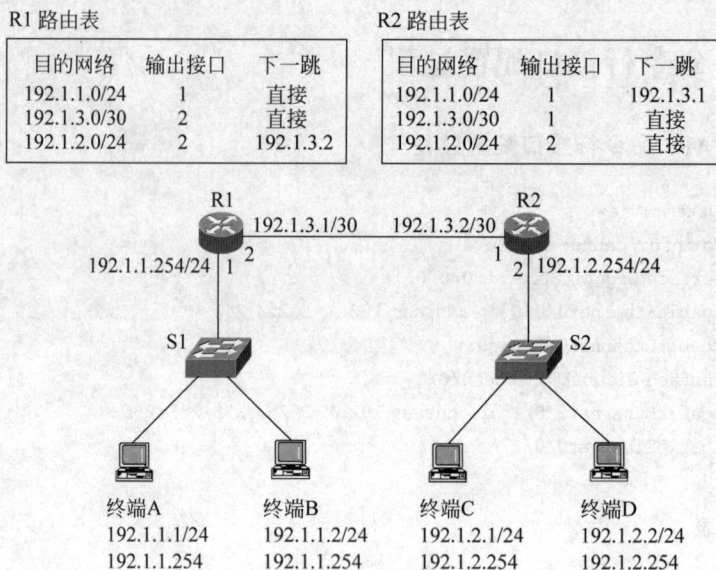

图 6.13   互联网结构

6.2.2　实验目的

(1) 掌握路由器静态路由项配置过程。
(2) 掌握 IP 分组逐跳转发过程。
(3) 了解路由表在实现 IP 分组逐跳转发过程中的作用。

6.2.3　实验原理

　　互联网结构如图 6.13 所示,路由器接收到某个 IP 分组后,只有在路由表中检索到与该 IP 分组的目的 IP 地址匹配的路由项时,才转发该 IP 分组,否则,丢弃该 IP 分组。因此,对于互联网中的任何一个网络,只有在所有路由器的路由表中都存在用于指明通往该网络的传输路径的路由项的前提下,才能正确地将以该网络为目的网络的 IP 分组送达该网络。

　　路由器完成接口的 IP 地址和子网掩码配置过程后,能够自动生成用于指明通往与其直接连接的网络的传输路径的直连路由项。如图 6.13 所示,一旦为路由器 R1 接口 1 和接口 2 配置了 IP 地址与子网掩码,路由器 R1 将自动生成以 192.1.1.0/24 和 192.1.3.0/30 为目的网络的直连路由项。为了使路由器 R1 能够准确转发以属于网络地址 192.1.2.0/24 的 IP 地址为目的 IP 地址的 IP 分组,路由器 R1 的路由表中必须存在用于指明通往网络 192.1.2.0/24 的传输路径的路由项,由于路由器 R1 没有直接连接网络 192.1.2.0/24 的接口,因此,路由器 R1 的路由表不会自动生成以 192.1.2.0/24 为目的网络的路由项。通过分析图 6.13 所示的互联网结构,可以得出有关路由器 R1 通往网络 192.1.2.0/24 的传输路径的信息:下一跳 IP 地址为 192.1.3.2,输出接口为接口 2。因此,可以得出用于指明路由器 R1 通往网络 192.1.2.0/24 的传输路径的路由项的内容:目的网络＝192.1.2.0/24,输出接口＝接口 2,下一跳 IP 地址＝192.1.3.2。

静态路由项配置过程分为三步：一是通过分析互联网结构得出某个路由器通往互联网中所有没有与其直接连接的其他网络的传输路径；二是根据该路由器通往每一个网络的传输路径求出与该传输路径相关的路由项的内容；三是根据求出的路由项内容完成手工配置静态路由项的过程。值得强调的是，每一个路由器对于所有没有与其直接连接的网络都需手工配置一项用于指明该路由器通往该网络的传输路径的路由项。

6.2.4　关键命令说明

```
[Huawei]ip route-static 192.1.2.0 24 192.1.3.2
```

ip route-static 192.1.2.0 24 192.1.3.2 是系统视图下使用的命令，该命令的作用是配置一项目的网络是 192.1.2.0/24、下一跳是 192.1.3.2 的静态路由项。其中，192.1.2.0 是目的网络的网络地址，24 是目的网络的网络前缀长度，192.1.3.2 是下一跳 IP 地址。

6.2.5　实验步骤

(1) 启动 eNSP，按照如图 6.13 所示的网络拓扑结构放置和连接设备，完成设备放置和连接后的 eNSP 界面如图 6.14 所示。启动所有设备。

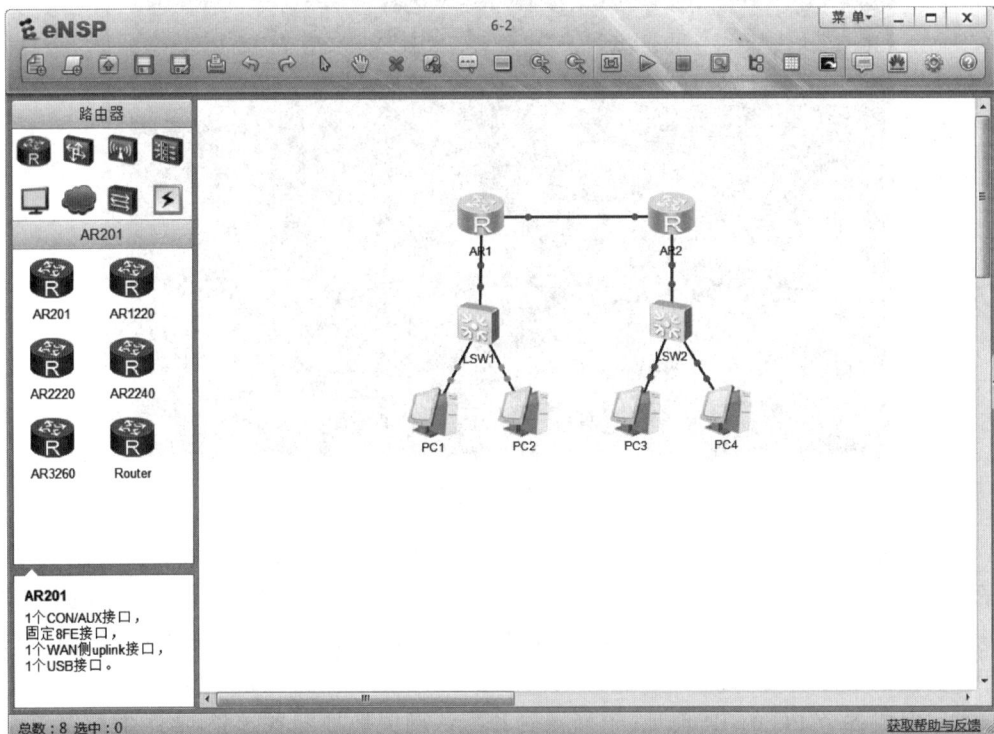

图 6.14　完成设备放置和连接后的 eNSP 界面

(2) 完成 AR1 各个接口的 IP 地址和子网掩码配置过程，AR1 各个接口配置的 IP 地址和子网掩码如图 6.15 所示，根据接口配置的 IP 地址和子网掩码自动生成的直连路由项如

图 6.16 所示。完成 AR1 静态路由项配置过程,包含静态路由项的 AR1 路由表内容如图 6.17
所示。目的网络为 192.1.2.0/24 的路由项中,优先级值是 60,下一跳 IP 地址是 192.1.3.2。
优先级值越小,路由项的优先级越高,由于直连路由项的优先级值为 0,因此,直连路由项的
优先级最高。

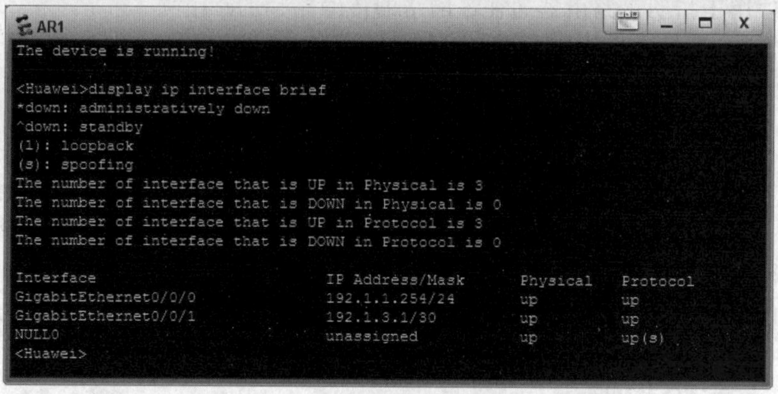

图 6.15 AR1 各个接口配置的 IP 地址和子网掩码

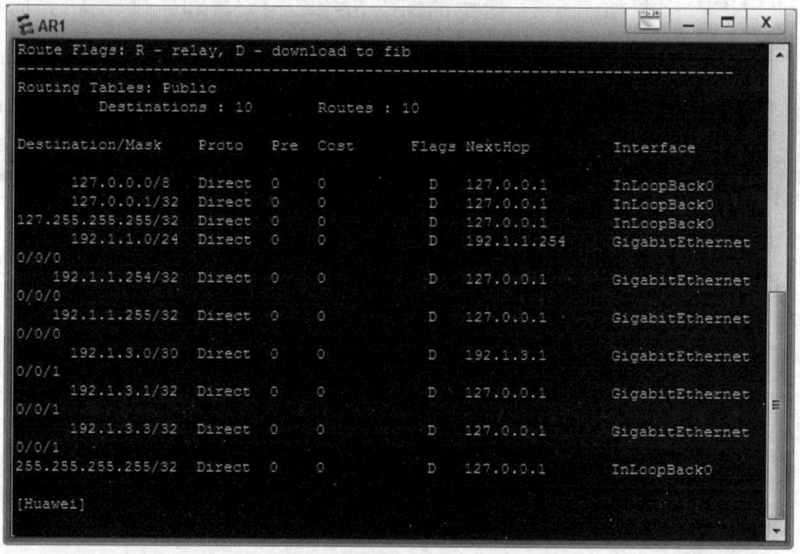

图 6.16 AR1 路由表中的直连路由项

(3) 完成 AR2 各个接口的 IP 地址和子网掩码配置过程,AR2 各个接口配置的 IP 地址
和子网掩码如图 6.18 所示,根据接口配置的 IP 地址和子网掩码自动生成的直连路由项如
图 6.19 所示。完成 AR2 静态路由项配置过程,包含静态路由项的 AR2 路由表内容如图 6.20
所示。目的网络为 192.1.1.0/24 的路由项中,优先级值是 60,下一跳 IP 地址是 192.1.3.1。

(4) 完成各个 PC 的 IP 地址、子网掩码和默认网关地址配置过程,PC1 的配置信息如
图 6.21 所示,默认网关地址是 AR1 连接 PC1 和 PC2 所在以太网的接口的 IP 地址。PC3
的配置信息如图 6.22 所示,默认网关地址是 AR2 连接 PC3 和 PC4 所在以太网的接口的 IP
地址。

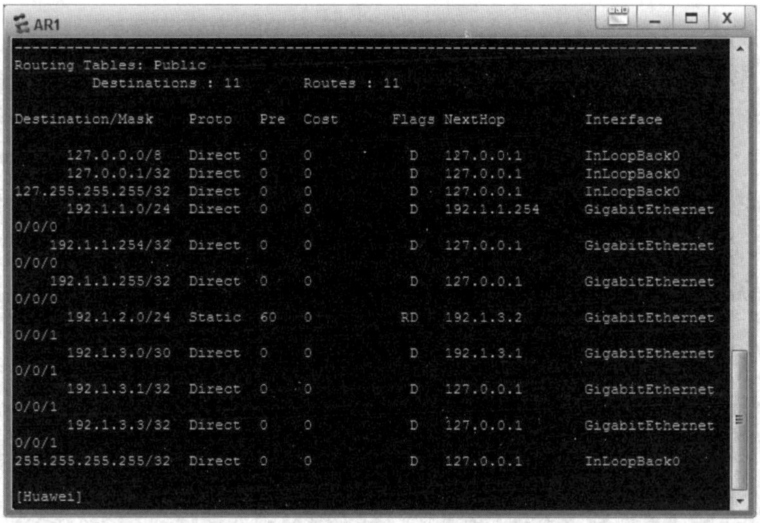

图 6.17　AR1 路由表内容

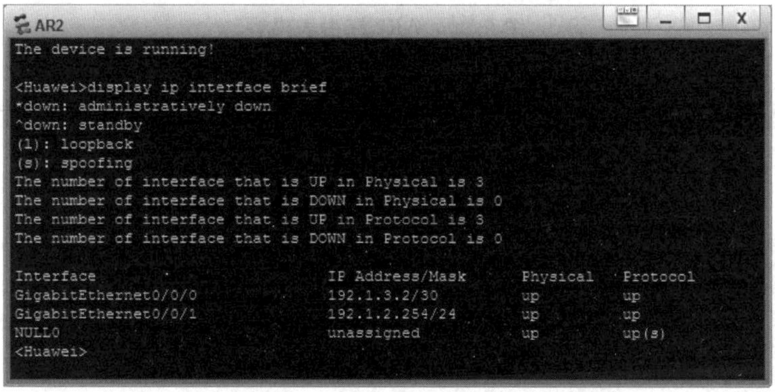

图 6.18　AR2 各个接口配置的 IP 地址和子网掩码

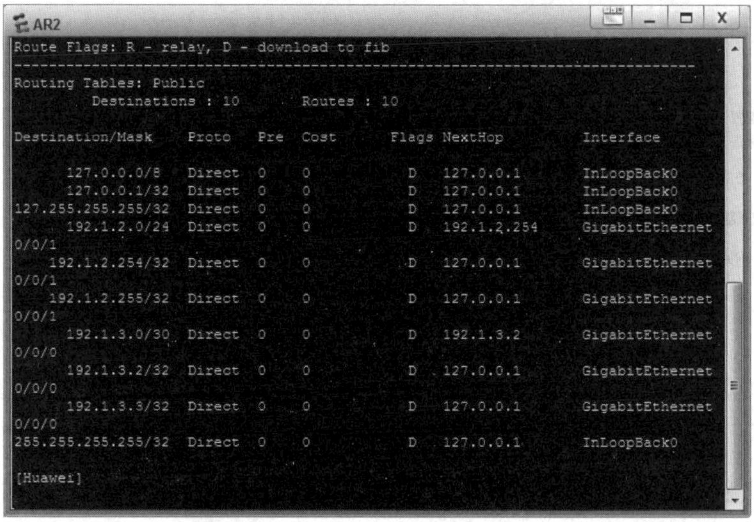

图 6.19　AR2 路由表中的直连路由项

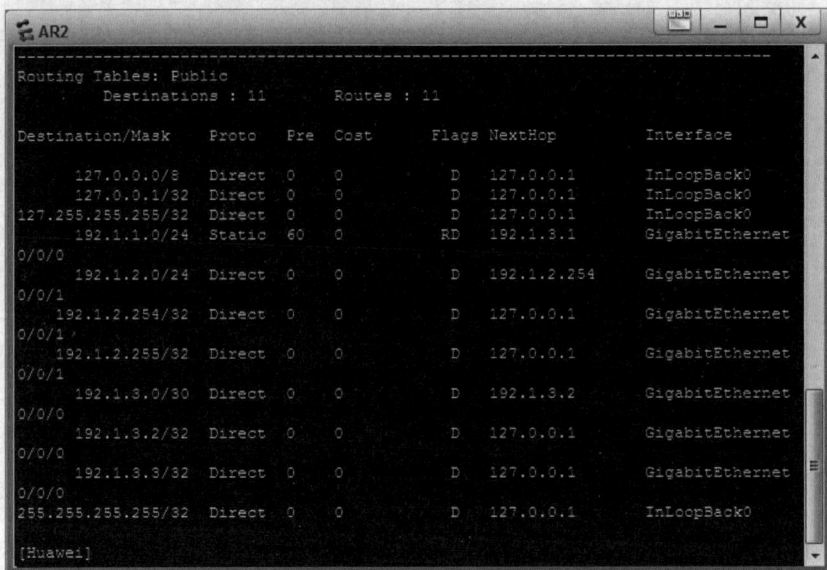

图 6.20　AR2 路由表内容

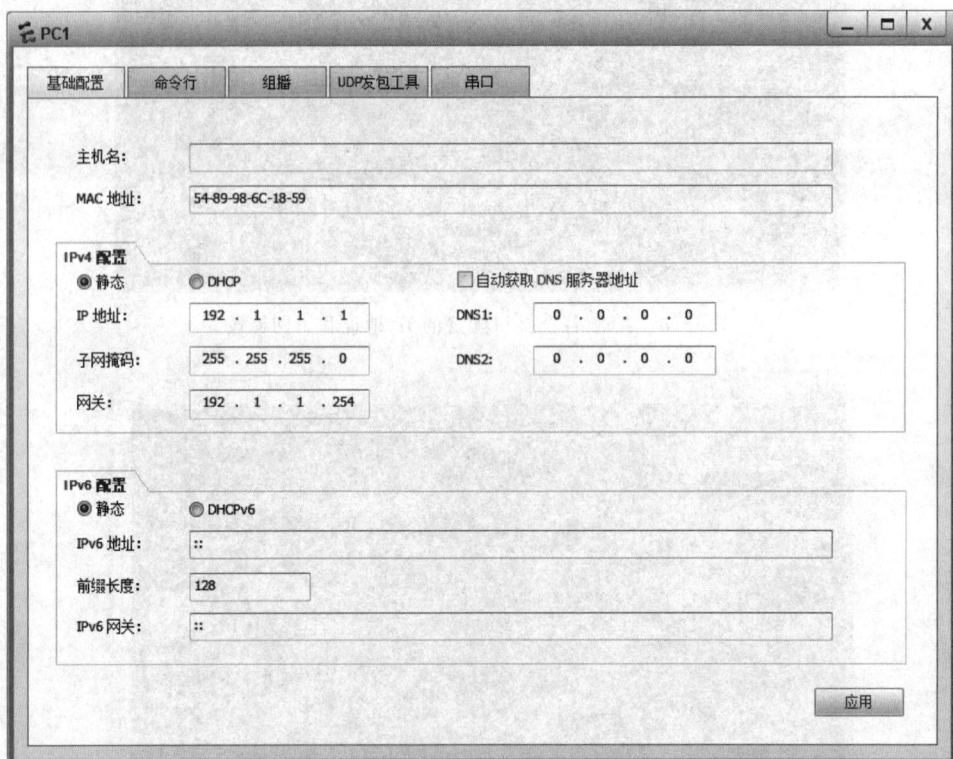

图 6.21　PC1 配置的 IP 地址、子网掩码和默认网关地址

　　(5) 完成上述配置过程后,可以启动连接在不同以太网上的 PC1、PC2 与 PC3、PC4 之间的通信过程。图 6.23 所示是 PC1 与 PC3 和 PC4 之间的通信过程。

图 6.22 PC3 配置的 IP 地址、子网掩码和默认网关地址

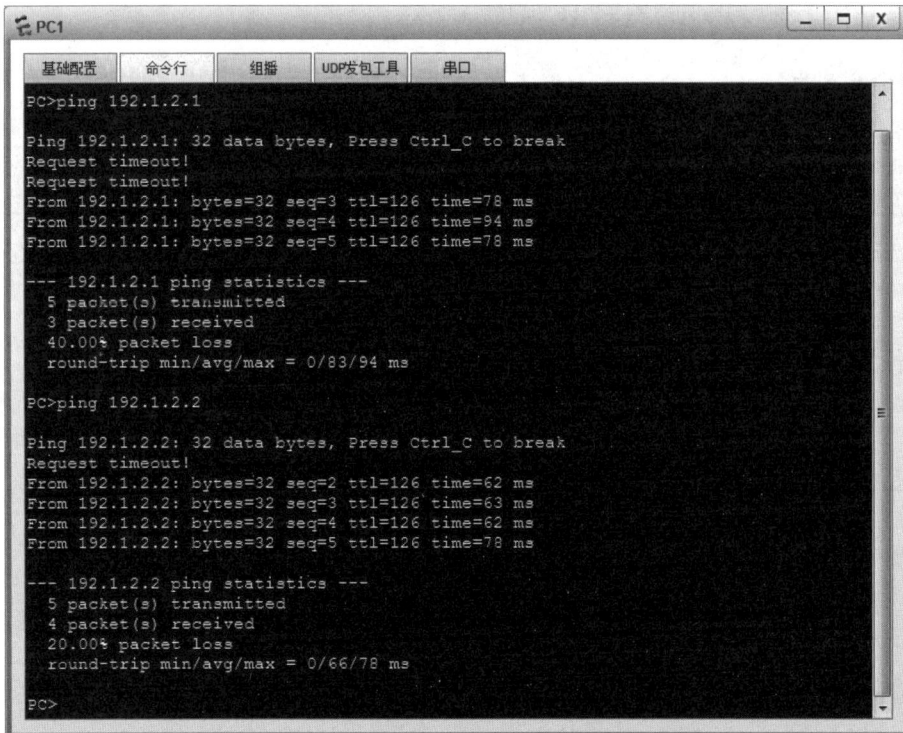

图 6.23 PC1 与 PC3 和 PC4 之间的通信过程

6.2.6　命令行接口配置过程

1. 路由器 AR1 命令行接口配置过程

```
< Huawei > system - view
[Huawei]undo info - center enable
[Huawei]interface GigabitEthernet0/0/0
[Huawei - GigabitEthernet0/0/0]ip address 192.1.1.254 24
[Huawei - GigabitEthernet0/0/0]quit
[Huawei]interface GigabitEthernet0/0/1
[Huawei - GigabitEthernet0/0/1]ip address 192.1.3.1 30
[Huawei - GigabitEthernet0/0/1]quit
[Huawei]ip route - static 192.1.2.0 24 192.1.3.2
```

2. 路由器 AR2 命令行接口配置过程

```
< Huawei > system - view
[Huawei]undo info - center enable
[Huawei]interface GigabitEthernet0/0/0
[Huawei - GigabitEthernet0/0/0]ip address 192.1.3.2 30
[Huawei - GigabitEthernet0/0/0]quit
[Huawei]interface GigabitEthernet0/0/1
[Huawei - GigabitEthernet0/0/1]ip address 192.1.2.254 24
[Huawei - GigabitEthernet0/0/1]quit
[Huawei]ip route - static 192.1.1.0 24 192.1.3.1
```

3. 命令列表

路由器命令行接口配置过程中使用的命令及功能和参数说明如表 6.2 所示。

表 6.2　路由器命令行接口配置过程中使用的命令及功能和参数说明

命 令 格 式	功能和参数说明
ip route-static *ip-address* {*mask* | *mask-length*} {*nexthop-address* | *interface-type interface-number*}	配置静态路由项。参数 *ip-address* 是目的网络的网络地址,参数 *mask* 是目的网络的子网掩码,参数 *mask-length* 是目的网络的网络前缀长度,子网掩码和网络前缀长度二者选一。参数 *nexthop-address* 是下一跳 IP 地址,参数 *interface-type* 是接口类型,参数 *interface-number* 是接口编号,接口类型和接口端号一起用于指定输出接口,下一跳 IP 地址和输出接口二者选一。对于以太网,需要配置下一跳 IP 地址

6.3　点对点信道互连以太网实验

6.3.1　实验内容

点对点信道互连以太网结构如图 6.24 所示。路由器 R1 和 R2 之间用点对点信道互连,路由器 R1 连接一个网络地址为 192.1.1.0/24 的以太网,路由器 R2 连接一个网络地址

为 192.1.2.0/24 的以太网,两个以太网上分别连接两个终端:终端 A 和终端 B,完成终端
A 和终端 B 之间的数据传输过程。由于同步数字体系(Synchronous Digital Hierarchy,
SDH)等电路交换网络提供的是点对点信道,因此,可以用如图 6.24 所示的互联网结构仿
真用 SDH 等广域网互连路由器的情况。

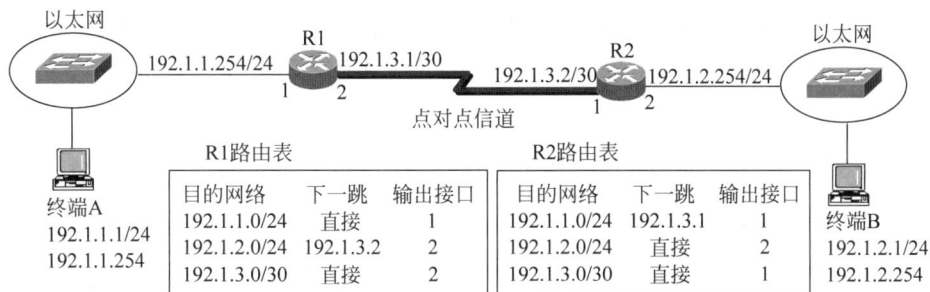

图 6.24 点对点信道互连以太网结构

6.3.2 实验目的

(1) 验证路由器串行接口配置过程。
(2) 验证建立 PPP 链路过程。
(3) 验证静态路由项配置过程。
(4) 验证路由表与 IP 分组传输路径之间的关系。
(5) 验证 IP 分组端到端传输过程。
(6) 验证不同类型传输网络将 IP 分组封装成该传输网络对应的帧格式的过程。

6.3.3 实验原理

路由器 R1 和 R2 通过串行接口互连仿真点对点信道,基于点对点信道建立 PPP 链路。
建立 PPP 链路时可以相互鉴别对方身份,即只在两个互信的路由器之间建立 PPP 链路,并
通过 PPP 链路传输 IP 分组。图 6.24 所示是由两个路由器互联三个网络组成的互联网,完
成路由器接口配置过程后,路由器中只自动生成用于指明通往直接连接的传输网络的传输
路径的直连路由项,对于没有与该路由器直接连接的传输网络,需要手工配置用于指明通往
该传输网络的传输路径的静态路由项。对于路由器 R1,需要手工配置用于指明通往网络地
址为 192.1.2.0/24 的以太网的传输路径的静态路由项。对于路由器 R2,需要手工配置用
于指明通往网络地址为 192.1.1.0/24 的以太网的传输路径的静态路由项。终端 A 至终端
B IP 分组传输过程中,IP 分组分别经过三个不同的网络,需要封装成这三个网络对应的帧
格式。IP 分组经过网络地址为 192.1.1.0/24 的以太网时,封装成以终端 A 的 MAC 地址
为源 MAC 地址、以路由器 R1 以太网接口的 MAC 地址为目的 MAC 地址的 MAC 帧。IP 分
组经过互连路由器的点对点信道时,封装成 PPP 帧。IP 分组经过网络地址为 192.1.2.0/24
的以太网时,封装成以路由器 R2 以太网接口的 MAC 地址为源 MAC 地址、以终端 B 的
MAC 地址为目的 MAC 地址的 MAC 帧。

6.3.4　关键命令说明

1. 配置串行接口

以下命令序列将 PPP 作为串行接口 Serial2/0/0 使用的链路层协议,并为该接口配置 IP 地址 192.1.3.1 和子网掩码 255.255.255.252(网络前缀长度为 30)。

```
[Huawei]interface Serial2/0/0
[Huawei - Serial2/0/0]link - protocol ppp
[Huawei - Serial2/0/0]ip address 192.1.3.1 30
[Huawei - Serial2/0/0]quit
```

link-protocol ppp 是接口视图下使用的命令,该命令的作用是将 PPP 作为指定接口(这里是串行接口 Serial2/0/0)使用的链路层协议。

2. 配置鉴别方案

以下命令序列用于创建一个采用本地鉴别机制且名为 yyy 的鉴别方案。

```
[Huawei]aaa
[Huawei - aaa]authentication - scheme yyy
[Huawei - aaa - authen - yyy]authentication - mode local
[Huawei - aaa - authen - yyy]quit
```

aaa 是系统视图下使用的命令,该命令的作用是进入 AAA 视图。

authentication-scheme yyy 是 AAA 视图下使用的命令,该命令的作用是创建一个名为 yyy 的鉴别方案,并进入鉴别方案视图。

authentication-mode local 是鉴别方案视图下使用的命令,该命令的作用是指定本地鉴别模式。

3. 创建和配置鉴别域

以下命令序列用于创建一个域名为 system 的鉴别域,并为该鉴别域引用名为 yyy 的鉴别方案。

```
[Huawei - aaa]domain system
[Huawei - aaa - domain - system]authentication - scheme yyy
[Huawei - aaa - domain - system]quit
```

domain system 是 AAA 视图下使用的命令,该命令的作用是创建一个名为 system 的鉴别域,并进入该鉴别域的域视图。

authentication-scheme yyy 是域视图下使用的命令,该命令的作用是指定名为 yyy 的鉴别方案作为该鉴别域使用的鉴别方案。

4. 创建本地用户

```
[Huawei - aaa]local - user aaa1 password cipher bbb1
```

local-user aaa1 password cipher bbb1 是 AAA 视图下使用的命令,该命令的作用是创建一个用户名为 aaa1、口令为 bbb1 的本地用户,并以密文方式存储口令。

5. 配置本地用户接入类型

```
[Huawei-aaa]local-user aaa1 service-type ppp
```

local-user aaa1 service-type ppp 是 AAA 视图下使用的命令,该命令的作用是指定 PPP 作为名为 aaa1 的本地用户的接入类型,即名为 aaa1 的本地用户通过 PPP 完成接入过程。

6. 指定建立 PPP 链路时的鉴别方式

以下命令序列指定建立 PPP 链路时使用的鉴别协议是 CHAP、鉴别方案是名为 system 的鉴别域所引用的鉴别方案。用 CHAP 鉴别自身身份时,向对端提供的用户名是 aaa2、口令是 bbb2。

```
[Huawei]interface Serial2/0/0
[Huawei-Serial2/0/0]ppp authentication-mode chap domain system
[Huawei-Serial2/0/0]ppp chap user aaa2
[Huawei-Serial2/0/0]ppp chap password cipher bbb2
[Huawei-Serial2/0/0]shutdown
[Huawei-Serial2/0/0]undo shutdown
[Huawei-Serial2/0/0]quit
```

ppp authentication-mode chap domain system 是接口视图下使用的命令,该命令的作用是指定 CHAP 作为建立 PPP 链路时使用的鉴别协议、名为 system 的鉴别域所引用的鉴别方案作为建立 PPP 链路时使用的鉴别方案。

ppp chap user aaa2 是接口视图下使用的命令,该命令的作用是指定 aaa2 作为用 CHAP 鉴别自身身份时,向对端提供的用户名。

ppp chap password cipher bbb2 是接口视图下使用的命令,该命令的作用是指定 bbb2 作为用 CHAP 鉴别自身身份时,向对端提供的口令,口令以密文方式提供。

shutdown 是接口视图下使用的命令,该命令的作用是关闭指定接口(这里是串行接口 Serial2/0/0)。

undo shutdown 是接口视图下使用的命令,该命令的作用是启动指定接口(这里是串行接口 Serial2/0/0)。

6.3.5　实验步骤

(1) AR1220 的默认配置是没有串行接口的,因此,需要为 AR1220 安装串行接口模块。安装过程如下:启动 eNSP,将 AR1220 放置到工作区,用鼠标选中 AR1220,单击鼠标右键,弹出如图 6.25 所示的菜单,选择"设置",弹出如图 6.26 所示的安装模块界面。如果没有关闭电源,则需要先关闭电源。选中串行接口模块 2SA,将其拖放到上面的插槽,完成模块安装过程后的界面如图 6.27 所示。

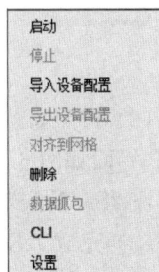

图 6.25　单击鼠标右键弹出的菜单

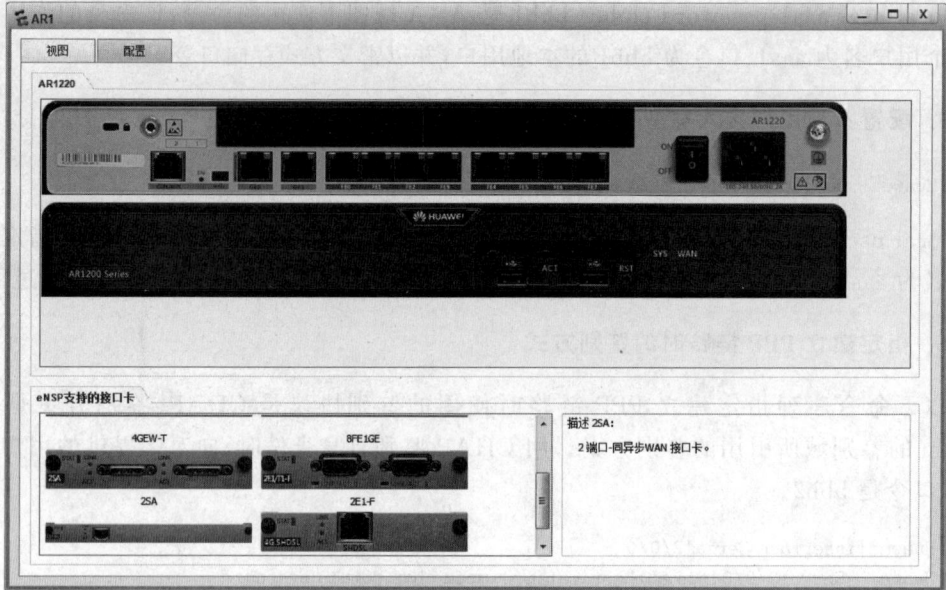

图 6.26　安装模块界面

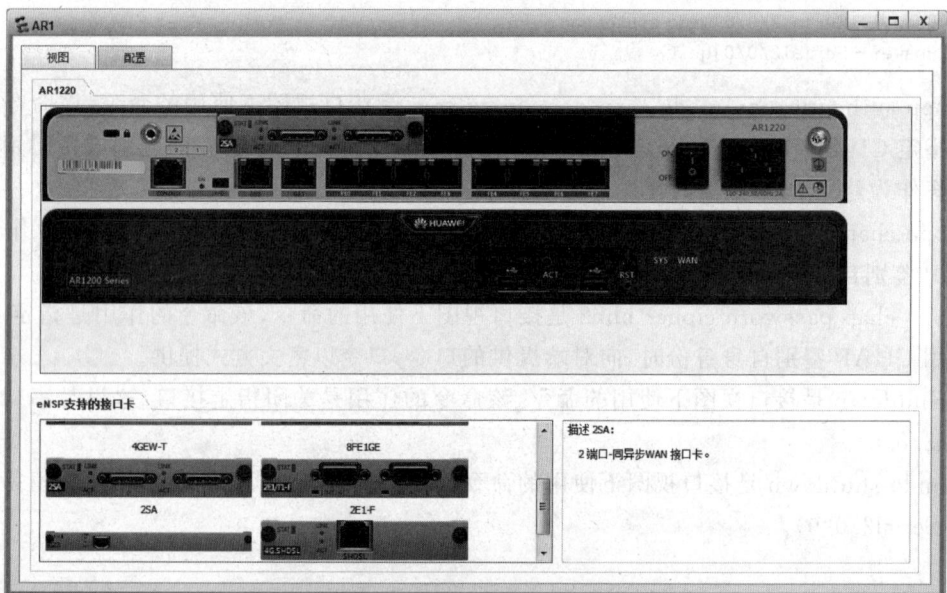

图 6.27　完成模块安装过程后的界面

（2）按照如图 6.24 所示的网络拓扑结构放置和连接设备,完成设备放置和连接后的 eNSP 界面如图 6.28 所示。启动所有设备。需要说明的是,AR1 和 AR2 必须事先完成串行接口模块 2SA 的安装过程。安装串行接口模块 2SA 后的 AR1 接口配置情况如图 6.29 所示。

（3）完成 AR1、AR2 千兆以太网接口和串行接口的 IP 地址和子网掩码配置过程。指定 PPP 作为串行接口使用的链路层协议,建立 PPP 链路时需要用 CHAP 完成双方身份鉴别过程。创建本地用户。图 6.30 所示是 AR1 千兆以太网接口配置的 IP 地址和子网掩码以及该接口的 MAC 地址,图 6.31 所示是 AR1 串行接口配置的 IP 地址、子网掩码和 PPP

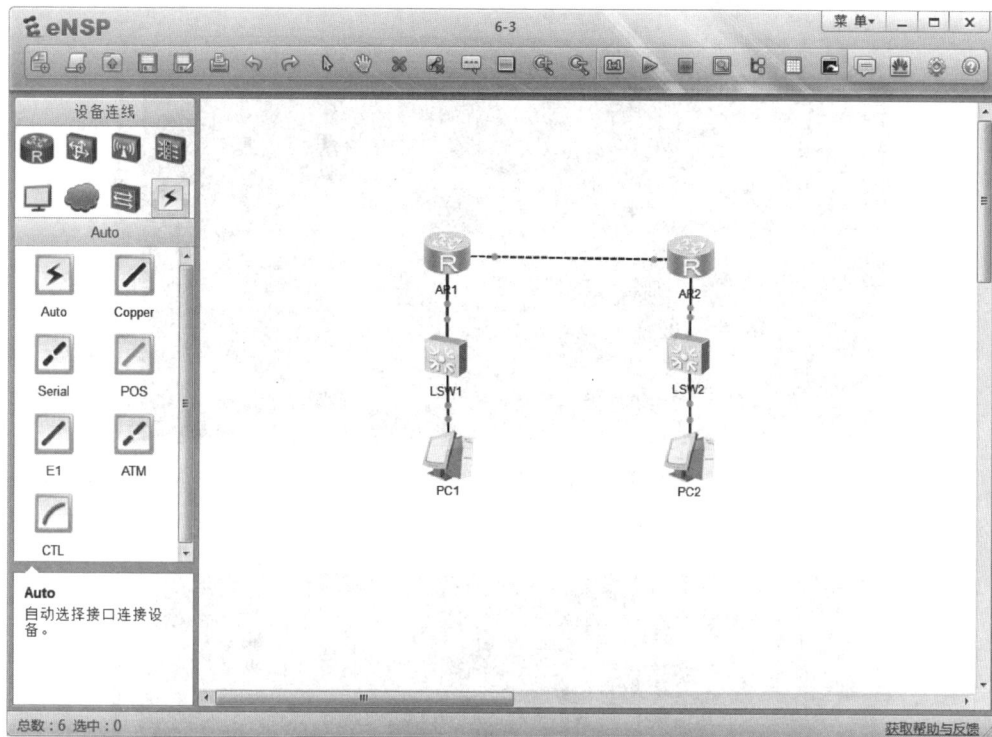

图 6.28　完成设备放置和连接后的 eNSP 界面

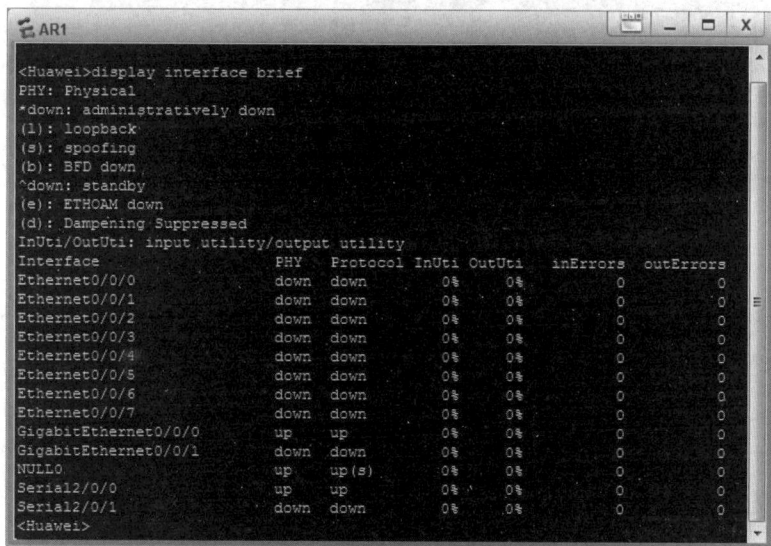

图 6.29　安装串行接口模块 2SA 后的 AR1 接口配置情况

相关信息。图 6.32 所示是 AR2 千兆以太网接口配置的 IP 地址和子网掩码以及该接口的 MAC 地址,图 6.33 所示是 AR2 串行接口配置的 IP 地址、子网掩码和 PPP 相关信息。

(4) 完成路由器 AR1 和 AR2 静态路由项配置过程,成功建立 PPP 链路后,AR1 路由表内容如图 6.34 所示,AR2 路由表内容如图 6.35 所示。

```
[Huawei]display interface g0/0/0
GigabitEthernet0/0/0 current state : UP
Line protocol current state : UP
Last line protocol up time : 2019-02-27 14:46:37 UTC-08:00
Description:HUAWEI, AR Series, GigabitEthernet0/0/0 Interface
Route Port,The Maximum Transmit Unit is 1500
Internet Address is 192.1.1.254/24
IP Sending Frames' Format is PKTFMT_ETHNT_2, Hardware address is 00e0-fcdb-310c
Last physical up time   : 2019-02-27 14:46:37 UTC-08:00
Last physical down time : 2019-02-27 14:46:18 UTC-08:00
Current system time: 2019-02-27 15:00:42-08:00
Port Mode: COMMON COPPER
Speed : 1000,  Loopback: NONE
Duplex: FULL,  Negotiation: ENABLE
Mdi   : AUTO
Last 300 seconds input rate 448 bits/sec, 0 packets/sec
Last 300 seconds output rate 0 bits/sec, 0 packets/sec
Input peak rate 488 bits/sec,Record time: 2019-02-27 14:46:57
Output peak rate 48 bits/sec,Record time: 2019-02-27 14:46:57
```

图 6.30　AR1 千兆以太网接口配置的 IP 地址和子网掩码以及该接口的 MAC 地址

```
[Huawei]interface s2/0/0
[Huawei-Serial2/0/0]display this
[V200R003C00]
#
interface Serial2/0/0
 link-protocol ppp
 ppp authentication-mode chap domain system
 ppp chap user aaa2
 ppp chap password cipher %$%$rz;z@.b9[!Qzi]UAX^`#,"tO%$%$
 ip address 192.1.3.1 255.255.255.252
#
return
[Huawei-Serial2/0/0]quit
[Huawei]display local-user
-----------------------------------------------------------------
  User-name                 State  AuthMask  AdminLevel
-----------------------------------------------------------------
  aaa1                      A      P         -
  admin                     A      H         -
-----------------------------------------------------------------
  Total 2 user(s)
[Huawei]
```

图 6.31　AR1 串行接口配置的 IP 地址、子网掩码和 PPP 相关信息

```
<Huawei>display interface g0/0/0
GigabitEthernet0/0/0 current state : UP
Line protocol current state : UP
Last line protocol up time : 2019-02-27 14:46:49 UTC-08:00
Description:HUAWEI, AR Series, GigabitEthernet0/0/0 Interface
Route Port,The Maximum Transmit Unit is 1500
Internet Address is 192.1.2.254/24
IP Sending Frames' Format is PKTFMT_ETHNT_2, Hardware address is 00e0-fc5c-14b2
Last physical up time   : 2019-02-27 14:46:49 UTC-08:00
Last physical down time : 2019-02-27 14:46:35 UTC-08:00
Current system time: 2019-02-27 15:04:57-08:00
Port Mode: COMMON COPPER
Speed : 1000,  Loopback: NONE
Duplex: FULL,  Negotiation: ENABLE
Mdi   : AUTO
Last 300 seconds input rate 448 bits/sec, 0 packets/sec
Last 300 seconds output rate 0 bits/sec, 0 packets/sec
Input peak rate 488 bits/sec,Record time: 2019-02-27 14:47:11
Output peak rate 48 bits/sec,Record time: 2019-02-27 14:47:01
```

图 6.32　AR2 千兆以太网接口配置的 IP 地址和子网掩码以及该接口的 MAC 地址

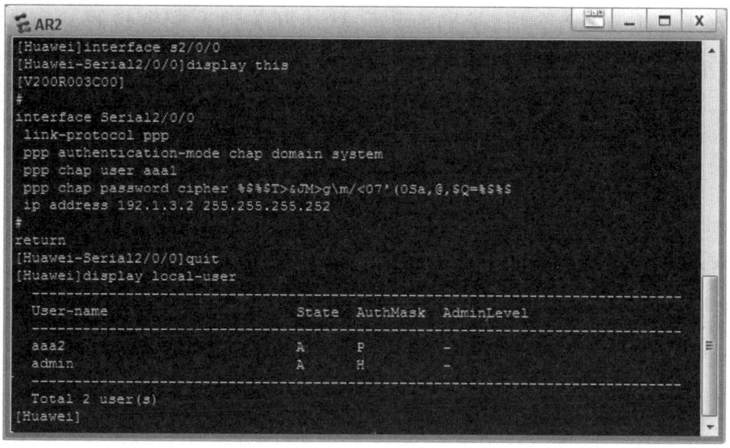

```
AR2
[Huawei]interface s2/0/0
[Huawei-Serial2/0/0]display this
[V200R003C00]
#
interface Serial2/0/0
 link-protocol ppp
 ppp authentication-mode chap domain system
 ppp chap user aaa1
 ppp chap password cipher %$%$T>&JM>g\m/<07'(OSa,@,$Q=%$%$
 ip address 192.1.3.2 255.255.255.252
#
return
[Huawei-Serial2/0/0]quit
[Huawei]display local-user
  ----------------------------------------------------------------------------
  User-name                           State  AuthMask  AdminLevel
  ----------------------------------------------------------------------------
  aaa2                                A      P         -
  admin                               A      H         -
  ----------------------------------------------------------------------------
  Total 2 user(s)
[Huawei]
```

图 6.33　AR2 串行接口配置的 IP 地址、子网掩码和 PPP 相关信息

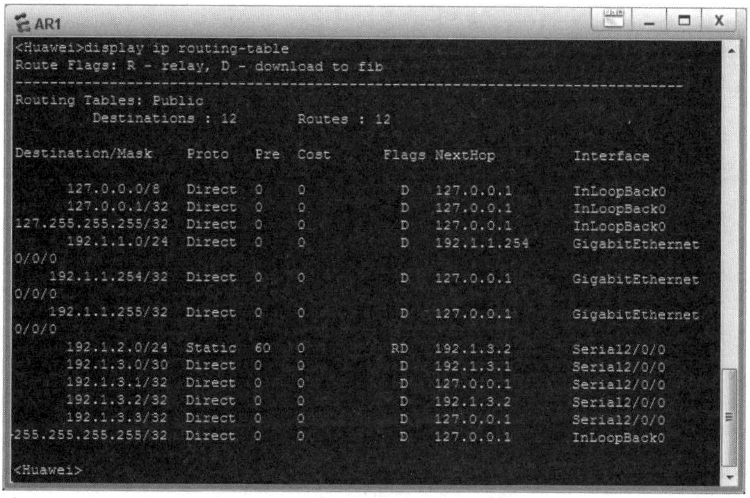

```
AR1
<Huawei>display ip routing-table
Route Flags: R - relay, D - download to fib
------------------------------------------------------------------------------
Routing Tables: Public
         Destinations : 12       Routes : 12

Destination/Mask    Proto   Pre  Cost      Flags NextHop         Interface

      127.0.0.0/8   Direct  0    0           D   127.0.0.1       InLoopBack0
      127.0.0.1/32  Direct  0    0           D   127.0.0.1       InLoopBack0
127.255.255.255/32  Direct  0    0           D   127.0.0.1       InLoopBack0
      192.1.1.0/24  Direct  0    0           D   192.1.1.254     GigabitEthernet
0/0/0
    192.1.1.254/32  Direct  0    0           D   127.0.0.1       GigabitEthernet
0/0/0
    192.1.1.255/32  Direct  0    0           D   127.0.0.1       GigabitEthernet
0/0/0
      192.1.2.0/24  Static  60   0          RD   192.1.3.2       Serial2/0/0
      192.1.3.0/30  Direct  0    0           D   192.1.3.1       Serial2/0/0
      192.1.3.1/32  Direct  0    0           D   127.0.0.1       Serial2/0/0
      192.1.3.2/32  Direct  0    0           D   192.1.3.2       Serial2/0/0
      192.1.3.3/32  Direct  0    0           D   127.0.0.1       Serial2/0/0
255.255.255.255/32  Direct  0    0           D   127.0.0.1       InLoopBack0

<Huawei>
```

图 6.34　AR1 路由表内容

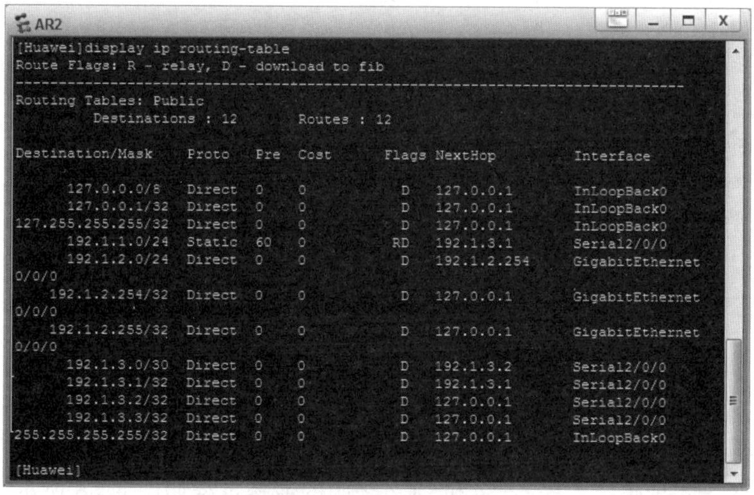

```
AR2
[Huawei]display ip routing-table
Route Flags: R - relay, D - download to fib
------------------------------------------------------------------------------
Routing Tables: Public
         Destinations : 12       Routes : 12

Destination/Mask    Proto   Pre  Cost      Flags NextHop         Interface

      127.0.0.0/8   Direct  0    0           D   127.0.0.1       InLoopBack0
      127.0.0.1/32  Direct  0    0           D   127.0.0.1       InLoopBack0
127.255.255.255/32  Direct  0    0           D   127.0.0.1       InLoopBack0
      192.1.1.0/24  Static  60   0          RD   192.1.3.1       Serial2/0/0
      192.1.2.0/24  Direct  0    0           D   192.1.2.254     GigabitEthernet
0/0/0
    192.1.2.254/32  Direct  0    0           D   127.0.0.1       GigabitEthernet
0/0/0
    192.1.2.255/32  Direct  0    0           D   127.0.0.1       GigabitEthernet
0/0/0
      192.1.3.0/30  Direct  0    0           D   192.1.3.2       Serial2/0/0
      192.1.3.1/32  Direct  0    0           D   192.1.3.1       Serial2/0/0
      192.1.3.2/32  Direct  0    0           D   127.0.0.1       Serial2/0/0
      192.1.3.3/32  Direct  0    0           D   127.0.0.1       Serial2/0/0
255.255.255.255/32  Direct  0    0           D   127.0.0.1       InLoopBack0

[Huawei]
```

图 6.35　AR2 路由表内容

(5) 完成 PC1 和 PC2 IP 地址、子网掩码和默认网关地址配置过程。PC1 的基础配置界面如图 6.36 所示,PC2 的基础配置界面如图 6.37 所示。

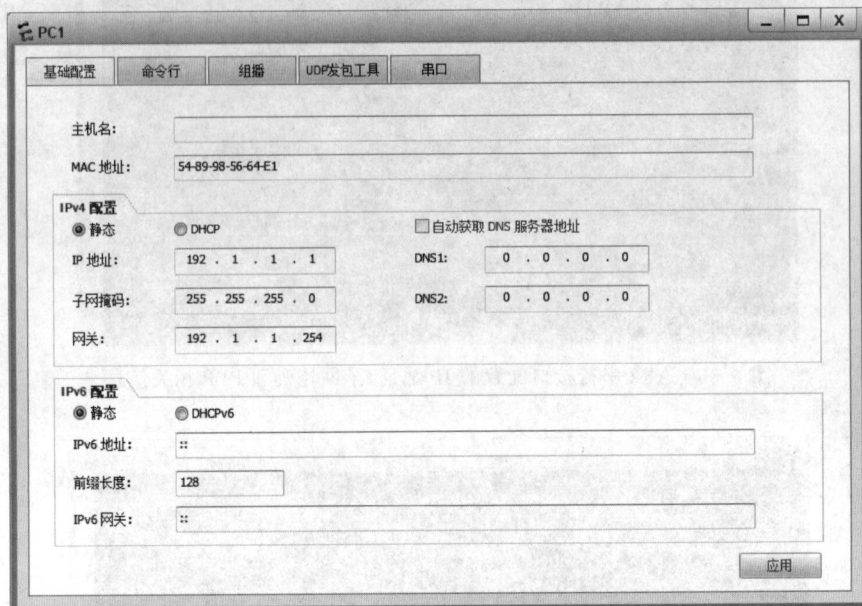

图 6.36　PC1 的基础配置界面

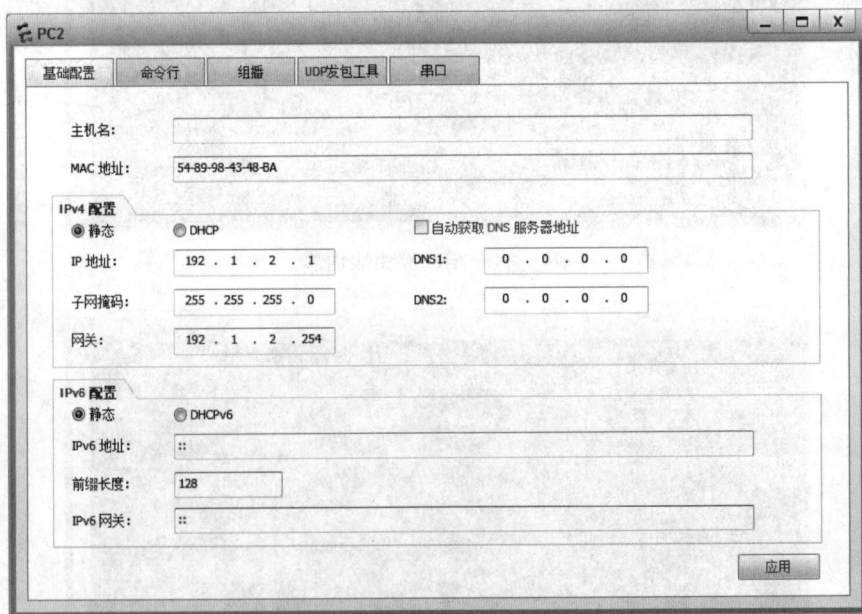

图 6.37　PC2 的基础配置界面

(6) 为了观察 PC1 至 PC2 的 IP 分组在两个以太网和点对点链路上的封装格式,分别在 AR1 的千兆以太网接口和串行接口上,在 AR2 的千兆以太网接口上启动捕获报文功能。启动 PC1 和 PC2 之间通信过程,PC1 和 PC2 之间的通信过程如图 6.38 所示。

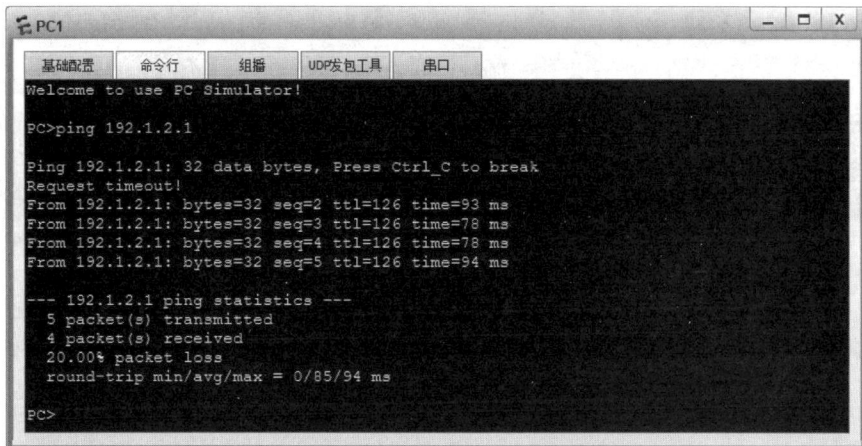

图 6.38　PC1 和 PC1 之间的通信过程

（7）在路由器 AR1 接口 GigabitEthernet0/0/0 上捕获的报文序列如图 6.39 所示。PC1 向路由器 AR1 发送 IP 分组前，先通过 ARP 地址解析过程获取路由器 AR1 接口 GigabitEthernet0/0/0 的 MAC 地址；IP 分组在 PC1 至路由器 AR1 接口 GigabitEthernet0/0/0 这一段的传输过程中，封装成以 PC1 的 MAC 地址为源 MAC 地址、以路由器 AR1 接口 GigabitEthernet0/0/0 的 MAC 地址为目的 MAC 地址的 MAC 帧。在路由器 AR1 接口 Serial2/0/0 上捕获的报文序列如图 6.40 所示。IP 分组在路由器 AR1 接口 Serial2/0/0 至路由器 AR2 接口 Serial2/0/0 这一段的传输过程中，封装成 PPP 帧格式。在路由器 AR2 接口 GigabitEthernet0/0/0 上捕获的报文序列如图 6.41 所示。路由器 AR2 向 PC2 发送 IP 分组前，先通过 ARP 地址解析过程获取 PC2 的 MAC 地址；IP 分组在路由器 AR2 接口 GigabitEthernet0/0/0 至 PC2 这一段的传输过程中，封装成以路由器 AR2 接口 GigabitEthernet0/0/0 的 MAC 地址为源 MAC 地址、以 PC2 的 MAC 地址为目的 MAC 地址的 MAC 帧。

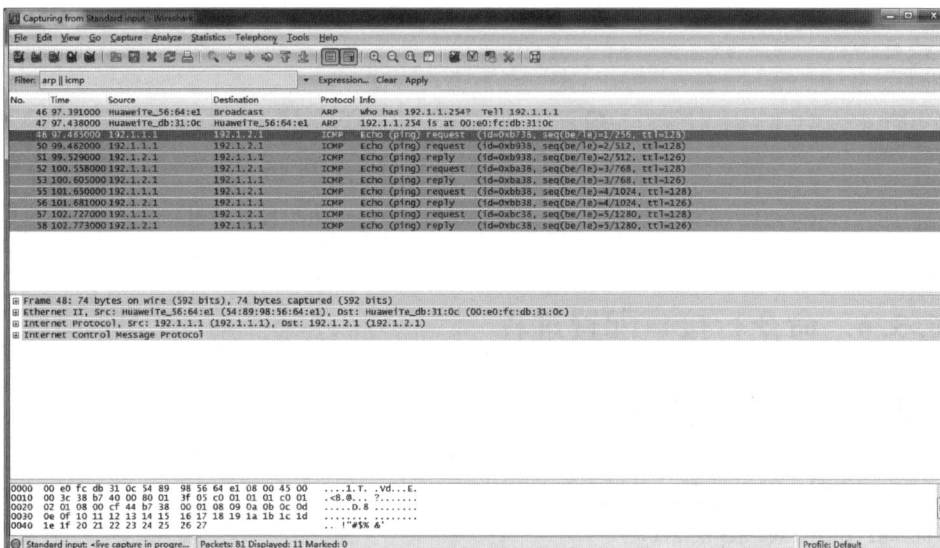

图 6.39　在路由器 AR1 接口 GigabitEthernet0/0/0 上捕获的报文序列

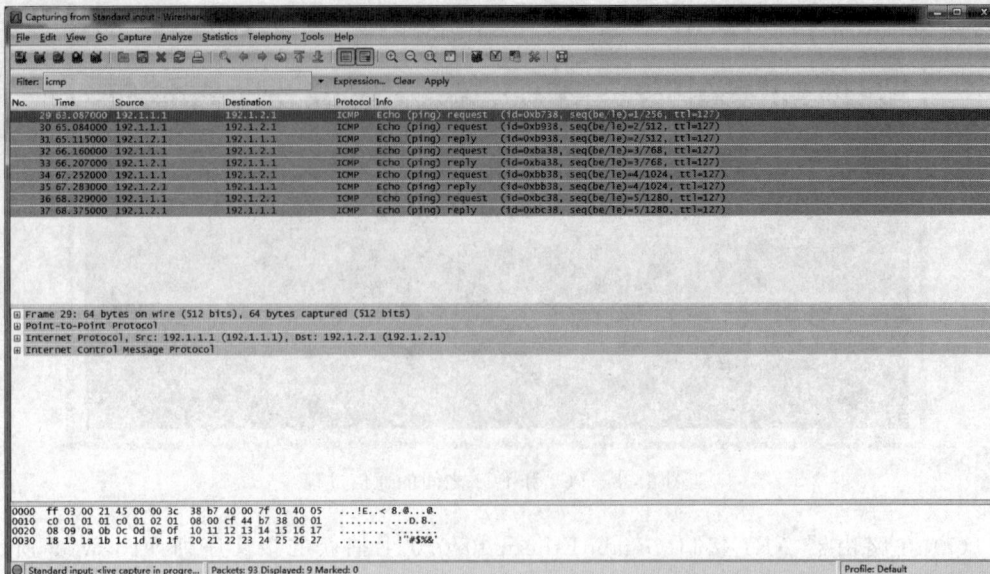

图 6.40 在路由器 AR1 接口 Serial2/0/0 上捕获的报文序列

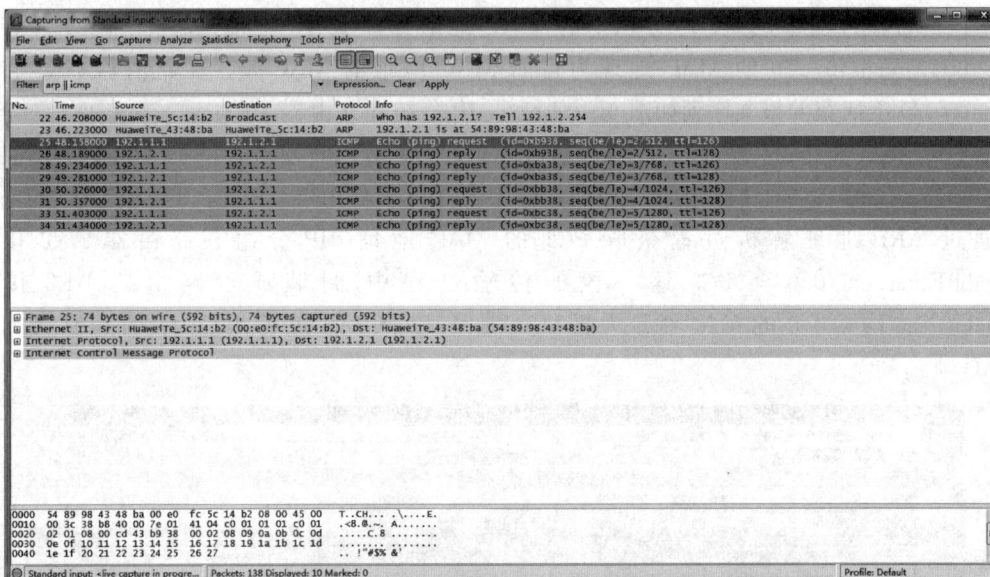

图 6.41 在路由器 AR2 接口 GigabitEthernet0/0/0 上捕获的报文序列

6.3.6 命令行接口配置过程

1. 路由器 AR1 命令行接口配置过程

```
< Huawei > system - view
[Huawei]undo info - center enable
[Huawei]interface Serial2/0/0
[Huawei - Serial2/0/0]link - protocol ppp
```

```
[Huawei - Serial2/0/0]ip address 192.1.3.1 30
[Huawei - Serial2/0/0]quit
[Huawei]aaa
[Huawei - aaa]authentication - scheme yyy
[Huawei - aaa - authen - yyy]authentication - mode local
[Huawei - aaa - authen - yyy]quit
[Huawei - aaa]domain system
[Huawei - aaa - domain - system]authentication - scheme yyy
[Huawei - aaa - domain - system]quit
[Huawei - aaa]local - user aaa1 password cipher bbb1
[Huawei - aaa]local - user aaa1 service - type ppp
[Huawei - aaa]quit
[Huawei]interface Serial2/0/0
[Huawei - Serial2/0/0]ppp authentication - mode chap domain system
[Huawei - Serial2/0/0]ppp chap user aaa2
[Huawei - Serial2/0/0]ppp chap password cipher bbb2
[Huawei - Serial2/0/0]shutdown
[Huawei - Serial2/0/0]undo shutdown
[Huawei - Serial2/0/0]quit
[Huawei]interface GigabitEthernet0/0/0
[Huawei - GigabitEthernet0/0/0]ip address 192.1.1.254 24
[Huawei - GigabitEthernet0/0/0]quit
[Huawei]ip route - static 192.1.2.0 24 192.1.3.2
```

2. 路由器 AR2 命令行接口配置过程

```
< Huawei > system - view
[Huawei]undo info - center enable
[Huawei]interface Serial2/0/0
[Huawei - Serial2/0/0]link - protocol ppp
[Huawei - Serial2/0/0]ip address 192.1.3.2 30
[Huawei - Serial2/0/0]quit
[Huawei]aaa
[Huawei - aaa]authentication - scheme yyy
[Huawei - aaa - authen - yyy]authentication - mode local
[Huawei - aaa - authen - yyy]quit
[Huawei - aaa]domain system
[Huawei - aaa - domain - system]authentication - scheme yyy
[Huawei - aaa - domain - system]quit
[Huawei - aaa]local - user aaa2 password cipher bbb2
[Huawei - aaa]local - user aaa2 service - type ppp
[Huawei - aaa]quit
[Huawei]interface Serial2/0/0
[Huawei - Serial2/0/0]ppp authentication - mode chap domain system
[Huawei - Serial2/0/0]ppp chap user aaa1
[Huawei - Serial2/0/0]ppp chap password cipher bbb1
[Huawei - Serial2/0/0]shutdown
[Huawei - Serial2/0/0]undo shutdown
[Huawei - Serial2/0/0]quit
[Huawei]interface GigabitEthernet0/0/0
[Huawei - GigabitEthernet0/0/0]ip address 192.1.2.254 24
[Huawei - GigabitEthernet0/0/0]quit
[Huawei]ip route - static 192.1.1.0 24 192.1.3.1
```

3. 命令列表

路由器命令行接口配置过程中使用的命令及功能和参数说明如表 6.3 所示。

表 6.3　路由器命令行接口配置过程中使用的命令及功能和参数说明

命 令 格 式	功能和参数说明
link-protocol ppp	指定 PPP 作为接口使用的链路层协议
authentication-scheme *scheme-name*	创建鉴别方案,并进入该鉴别方案视图。参数 *scheme-name* 是鉴别方案名
authentication-mode local	将本地鉴别机制作为指定鉴别方案使用的鉴别机制
domain *domain-name*	创建鉴别域,并进入该鉴别域的域视图。参数 *domain-name* 是鉴别域域名
authentication-scheme *scheme-name*	指定鉴别域所使用的鉴别方案。参数 *scheme-name* 是鉴别方案名
local-user *user-name* **password**〈**cipher**|**irreversible-cipher**〉*password*	定义本地用户。参数 *user-name* 是本地用户用户名;参数 *password* 是本地用户口令。加密口令时,密文可以是可逆的(**cipher**),或者是不可逆的(**irreversible-cipher**)
local-user *user-name* **service-type**〈**ppp**|**ssh**|**telnet**〉	指定本地用户接入类型,或者通过 PPP 完成接入过程,或者通过 SSH 完成接入过程,或者通过 Telnet 完成接入过程
ppp authentication-mode〈**chap**|**pap**〉**domain** *domain-name*	指定本端设备用于鉴别对端设备的鉴别方式。可以选择的鉴别协议有 CHAP 和 PAP,鉴别方案采用名为 *domain-name* 的鉴别域所引用的鉴别方案
ppp chap user *username*	用于在对端设备使用 CHAP 鉴别本端设备时,指定提供给对端设备的用户名。参数 *username* 是用户名
ppp chap password〈**cipher**|**simple**〉*password*	用于在对端设备使用 CHAP 鉴别本端设备时,指定提供给对端设备的口令。参数 *password* 是口令。口令可以是密文形式(**cipher**),或者是明文形式(**simple**)
shutdown	关闭接口
display this	查看当前视图下的运行配置
display local-user	查看本地用户的配置信息

6.4　默认路由项配置实验

6.4.1　实验内容

互联网结构如图 6.42 所示。对于路由器 R1,通往网络 202.3.6.0/24、33.77.6.0/24 和 101.7.3.0/24 的传输路径有着相同的下一跳,但网络地址 202.3.6.0/24、33.77.6.0/24 和 101.7.3.0/24 无法聚合为单个 CIDR 地址块,因此,路由器 R1 无法用一项路由项指明通往这些网络的传输路径。路由器 R2 的情况相似。解决这种问题的手段是配置默认路由项,默认路由项与所有 IP 地址匹配,前缀长度为 0,因此,是一项优先级最低且与所有 IP 分组的目的 IP 地址匹配的路由项。通过配置默认路由项,可以有效减少路由表的路由项。

本实验通过在路由器 R1 和 R2 中配置默认路由项实现互联网中各个终端之间的相互通信过程。

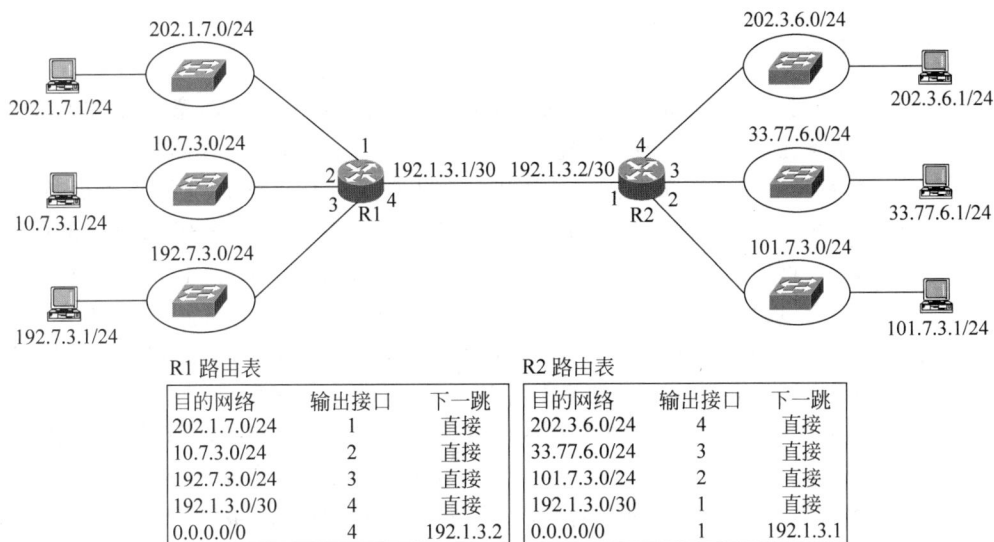

图 6.42 互联网结构

6.4.2 实验目的

（1）了解默认路由项的适用环境。
（2）掌握默认路由项的配置过程。
（3）了解默认路由项可能存在的问题。

6.4.3 实验原理

1. 默认路由项适用环境

由于默认路由项的网络前缀最短（网络前缀长度为0），且默认路由项与所有IP地址都匹配，因此，只要某个IP分组的目的IP地址与路由表中的所有其他路由项都不匹配，路由器将根据默认路由项指定的传输路径转发该IP分组。由此可以得出默认路由项的适用环境必须满足以下两个条件：一是某个路由器通往多个网络的传输路径有相同的下一跳；二是这些网络的网络地址不连续，无法用一个CIDR地址块涵盖这些网络的网络地址。这种情况下，路由器可以用默认路由项指明通往这些网络的传输路径。如图6.42所示，路由器R1通往网络202.3.6.0/24、33.77.6.0/24和101.7.3.0/24的传输路径有着相同的下一跳，而且这些网络的网络地址不连续，因此，路由器R1可以用一项默认路由项指明通往这些网络的传输路径。图6.43给出了用一项默认路由项代替用于指明通往这三个网络的传输路径的三项路由项的过程。

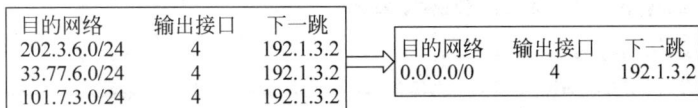

图 6.43 多项路由项合并为默认路由项过程

2. 默认路由项存在的问题

默认路由项的目的网络地址用 0.0.0.0/0 表示,网络前缀长度为 0,意味着 32 位子网掩码为 0.0.0.0。由于任何 IP 地址与子网掩码 0.0.0.0 进行"与"操作后的结果等于 0.0.0.0,因此,任何 IP 地址都与默认路由项匹配。由于默认路由项具有与任意 IP 地址匹配的特点,如果图 6.42 中的路由器 R1 和 R2 均使用了默认路由项,一旦某个 IP 分组的目的网络不是图 6.42 所示的互联网中的任何网络,可能导致该 IP 分组的传输环路。正常情况下,如果某个 IP 分组的目的 IP 地址不属于图 6.42 所示的互联网中的任何一个网络,路由器应该丢弃该 IP 分组,但如果路由器 R1 和 R2 使用了默认路由项,一旦路由器 R1 接收到这样的 IP 分组,由于该 IP 分组的目的 IP 地址只与路由器 R1 的默认路由项匹配,该 IP 分组被转发给路由器 R2。同样,由于该 IP 分组的目的 IP 地址只与路由器 R2 的默认路由项匹配,该 IP 分组又被转发给路由器 R1,该 IP 分组在路由器 R1 和 R2 之间来回传输,直到因为 TTL 字段值变零被路由器丢弃。引发上述问题的原因是,路由器 R1 的默认路由项不仅仅是把目的 IP 地址属于网络地址 202.3.6.0/24、33.77.6.0/24 和 101.7.3.0/24 的 IP 分组转发给路由器 R2,而是把所有目的 IP 地址不属于网络地址 202.1.7.0/24、10.7.3.0/24 和 192.7.3.0/24 的 IP 分组转发给路由器 R2,这些 IP 分组中包含太多本来因为目的网络不是图 6.42 所示的互联网中的任何网络而需要被路由器丢弃的那些 IP 分组。因此,为了避免出现 IP 分组的传输环路,需要仔细选择配置默认路由项的路由器。

6.4.4 实验步骤

(1) AR1220 只有两个三层千兆以太网接口,如图 6.42 所示互联网结构要求 AR1 和 AR2 配置 4 个三层接口,因此,在 AR1220 上安装一个有 4 个三层千兆以太网接口的模块 4GEW-T,安装该模块后的 AR1220 如图 6.44 所示。

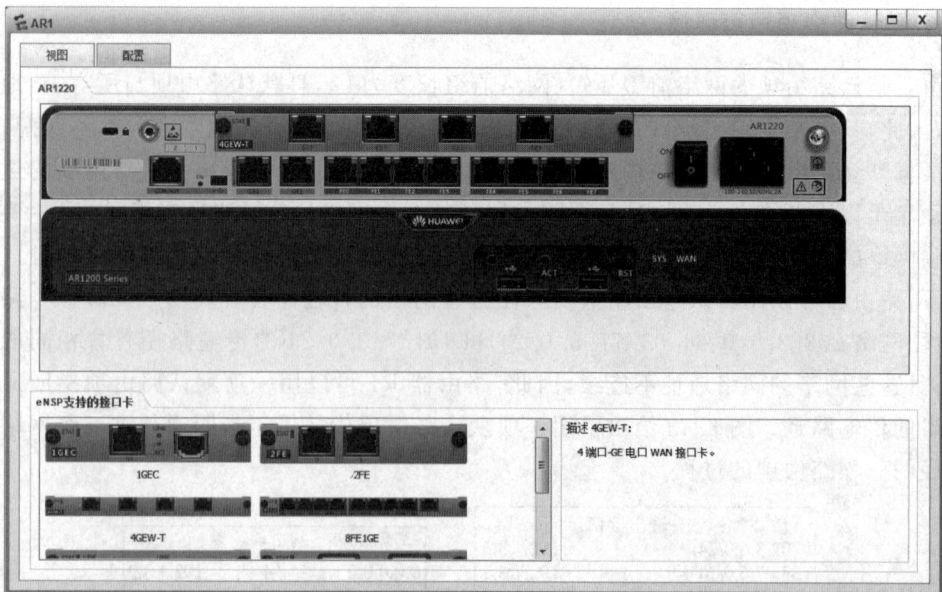

图 6.44 安装有 4 个三层千兆以太网接口的模块后的 AR1220

（2）按照如图 6.42 所示的网络拓扑结构放置和连接设备，完成设备放置和连接后的
eNSP 界面如图 6.45 所示。启动所有设备。需要说明的是，AR1 和 AR2 必须事先完成有 4
个三层千兆以太网接口的模块 4GEW-T 的安装过程。

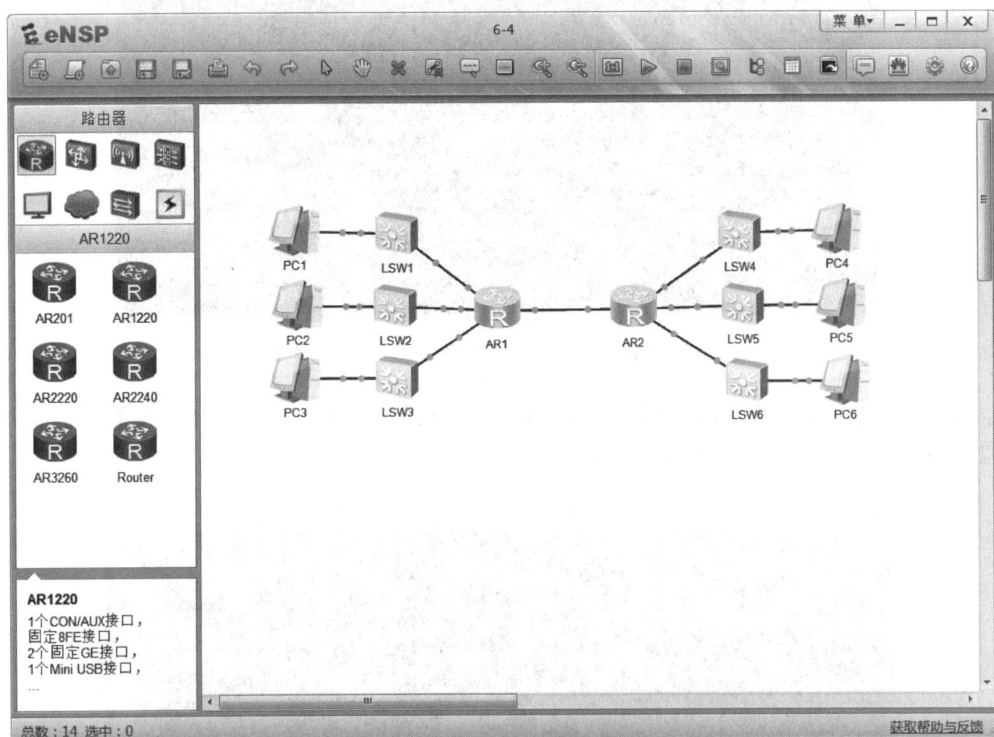

图 6.45　完成设备放置和连接后的 eNSP 界面

（3）完成 AR1 和 AR2 各个接口的 IP 地址和子网掩码配置过程。AR1 各个接口配置
的 IP 地址和子网掩码如图 6.46 所示。AR2 各个接口配置的 IP 地址和子网掩码如图 6.47
所示。

图 6.46　AR1 各个接口配置的 IP 地址和子网掩码

```
AR2
The device is running!

<Huawei>display ip interface brief
*down: administratively down
^down: standby
(l): loopback
(s): spoofing
The number of interface that is UP in Physical is 5
The number of interface that is DOWN in Physical is 2
The number of interface that is UP in Protocol is 5
The number of interface that is DOWN in Protocol is 2

Interface                         IP Address/Mask      Physical   Protocol
GigabitEthernet0/0/0              202.3.6.254/24       up         up
GigabitEthernet0/0/1              33.77.6.254/24       up         up
GigabitEthernet2/0/0              101.7.3.254/24       up         up
GigabitEthernet2/0/1              192.1.3.2/30         up         up
GigabitEthernet2/0/2              unassigned           down       down
GigabitEthernet2/0/3              unassigned           down       down
NULL0                             unassigned           up         up(s)
<Huawei>
```

图 6.47　AR2 各个接口配置的 IP 地址和子网掩码

(4) 完成路由器 AR1 和 AR2 默认路由项配置过程。AR1 路由表内容如图 6.48 所示。AR2 路由表内容如图 6.49 所示。

```
AR1
<Huawei>display ip routing-table
Route Flags: R - relay, D - download to fib
------------------------------------------------------------------------------
Routing Tables: Public
         Destinations : 17       Routes : 17

Destination/Mask    Proto   Pre  Cost      Flags NextHop         Interface

        0.0.0.0/0   Static  60   0           RD   192.1.3.2       GigabitEthernet
2/0/1
      10.7.3.0/24   Direct  0    0           D    10.7.3.254      GigabitEthernet
0/0/1
    10.7.3.254/32   Direct  0    0           D    127.0.0.1       GigabitEthernet
0/0/1
    10.7.3.255/32   Direct  0    0           D    127.0.0.1       GigabitEthernet
0/0/1
      127.0.0.0/8   Direct  0    0           D    127.0.0.1       InLoopBack0
     127.0.0.1/32   Direct  0    0           D    127.0.0.1       InLoopBack0
127.255.255.255/32  Direct  0    0           D    127.0.0.1       InLoopBack0
     192.1.3.0/30   Direct  0    0           D    192.1.3.1       GigabitEthernet
2/0/1
     192.1.3.1/32   Direct  0    0           D    127.0.0.1       GigabitEthernet
2/0/1
     192.1.3.3/32   Direct  0    0           D    127.0.0.1       GigabitEthernet
2/0/1
     192.7.3.0/24   Direct  0    0           D    192.7.3.254     GigabitEthernet
2/0/0
   192.7.3.254/32   Direct  0    0           D    127.0.0.1       GigabitEthernet
2/0/0
   192.7.3.255/32   Direct  0    0           D    127.0.0.1       GigabitEthernet
2/0/0
     202.1.7.0/24   Direct  0    0           D    202.1.7.254     GigabitEthernet
0/0/0
   202.1.7.254/32   Direct  0    0           D    127.0.0.1       GigabitEthernet
0/0/0
   202.1.7.255/32   Direct  0    0           D    127.0.0.1       GigabitEthernet
0/0/0
255.255.255.255/32  Direct  0    0           D    127.0.0.1       InLoopBack0

<Huawei>
```

图 6.48　AR1 路由表内容

(5) 完成各个 PC 的 IP 地址、子网掩码和默认网关地址配置过程，验证 PC1 与 PC4 之间能够相互通信。PC1 与 PC4 之间的通信过程如图 6.50 所示。如果 PC1 生成一个目的 IP 地址不属于如图 6.42 所示互联网中任何一个网络的 IP 分组，该 IP 分组将在 AR1 与

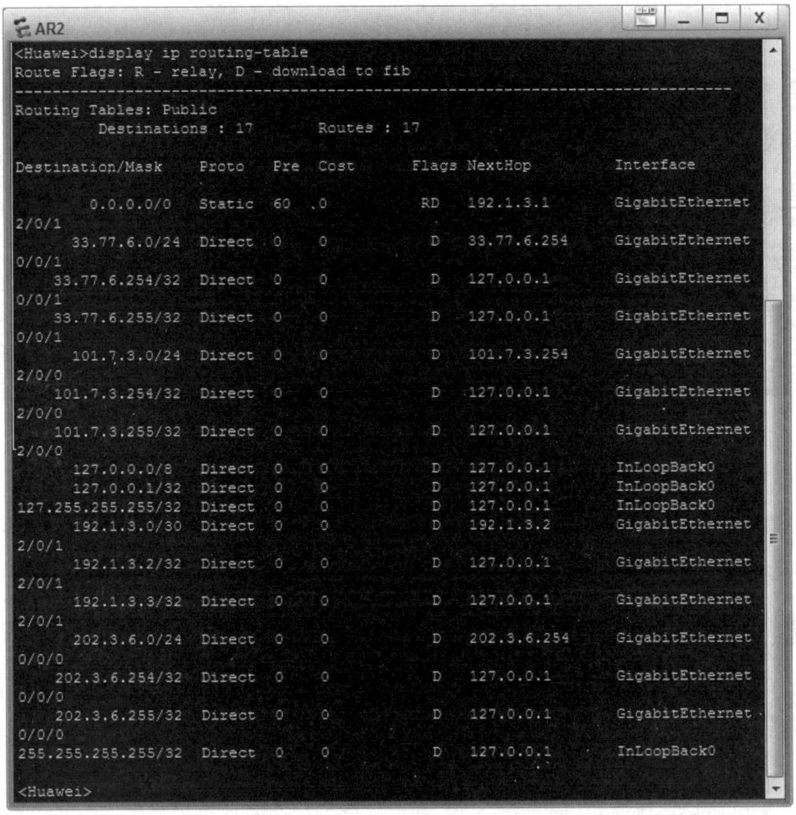

图 6.49　AR2 路由表内容

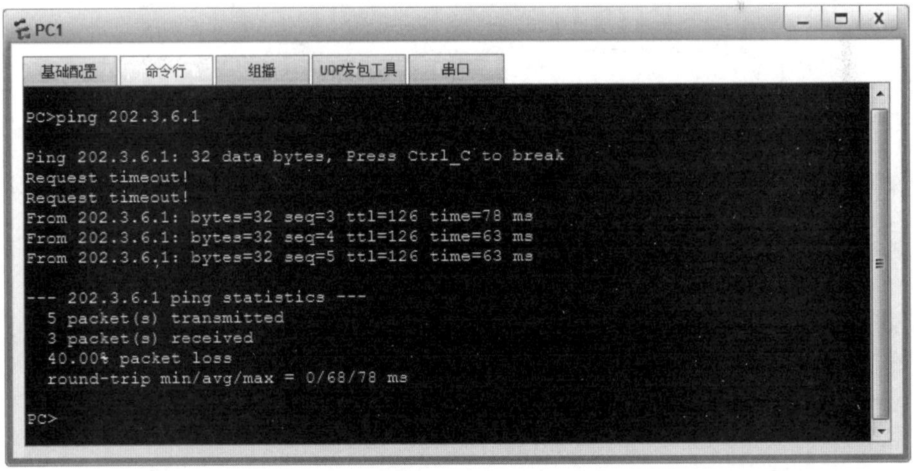

图 6.50　PC1 与 PC4 之间的通信过程

AR2 之间反复传输，直到 TTL 字段值为 0。如图 6.51 所示，当 PC1 对 IP 地址 192.1.1.1
进行 ping 操作时，如果在 AR1 连接 AR2 的接口启动报文捕获功能，捕获的报文序列如
图 6.52 所示。这些报文是同一报文反复经过 AR1 连接 AR2 的接口时被捕获的，它们的
TTL 字段值是递减的。

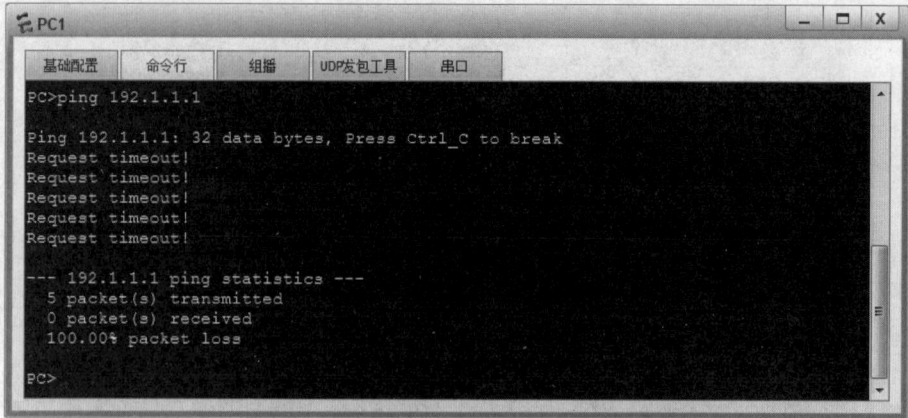

图 6.51　PC1 对 IP 地址 192.1.1.1 进行 ping 操作

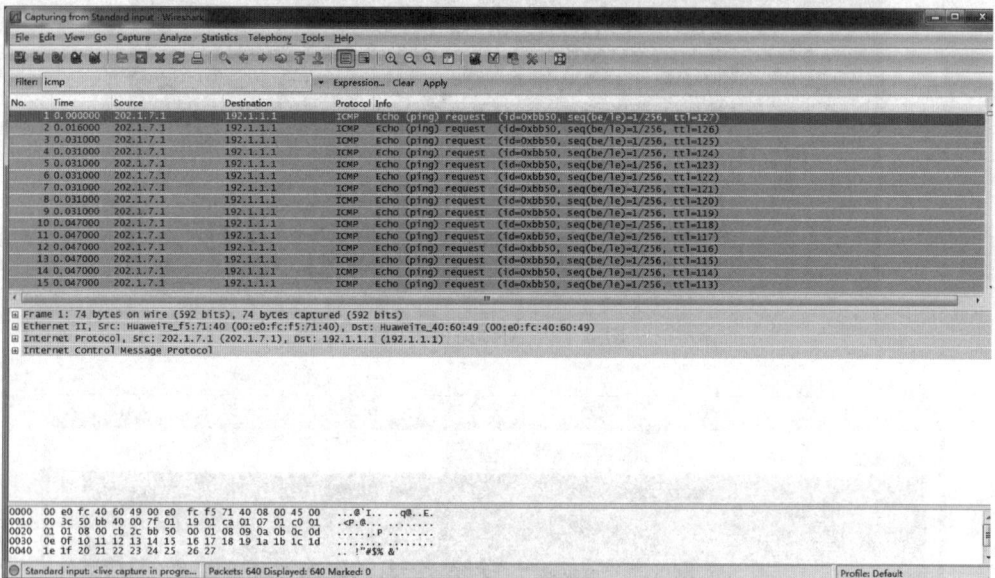

图 6.52　AR1 连接 AR2 接口捕获的报文序列

6.4.5　命令行接口配置过程

1. 路由器 AR1 命令行接口配置过程

```
< Huawei > system - view
[Huawei]undo info - center enable
[Huawei]interface GigabitEthernet0/0/0
[Huawei - GigabitEthernet0/0/0]ip address 202.1.7.254 24
[Huawei - GigabitEthernet0/0/0]quit
[Huawei]interface GigabitEthernet0/0/1
[Huawei - GigabitEthernet0/0/1]ip address 10.7.3.254 24
[Huawei - GigabitEthernet0/0/1]quit
```

```
[Huawei]interface GigabitEthernet2/0/0
[Huawei - GigabitEthernet2/0/0]ip address 192.7.3.254 24
[Huawei - GigabitEthernet2/0/0]quit
[Huawei]interface GigabitEthernet2/0/1
[Huawei - GigabitEthernet2/0/1]ip address 192.1.3.1 30
[Huawei - GigabitEthernet2/0/1]quit
[Huawei]ip route - static 0.0.0.0 0 192.1.3.2
```

2. 路由器 AR2 命令行接口配置过程

```
< Huawei > system - view
[Huawei]undo info - center enable
[Huawei]interface GigabitEthernet0/0/0
[Huawei - GigabitEthernet0/0/0]ip address 202.3.6.254 24
[Huawei - GigabitEthernet0/0/0]quit
[Huawei]interface GigabitEthernet0/0/1
[Huawei - GigabitEthernet0/0/1]ip address 33.77.6.254 24
[Huawei - GigabitEthernet0/0/1]quit
[Huawei]interface GigabitEthernet2/0/0
[Huawei - GigabitEthernet2/0/0]ip address 101.7.3.254 24
[Huawei - GigabitEthernet2/0/0]quit
[Huawei]interface GigabitEthernet2/0/1
[Huawei - GigabitEthernet2/0/1]ip address 192.1.3.2 30
[Huawei - GigabitEthernet2/0/1]quit
[Huawei]ip route - static 0.0.0.0 0 192.1.3.1
```

6.5　路由项聚合实验

6.5.1　实验内容

互联网结构如图 6.53 所示。对于路由器 R1,通往网络 192.1.4.0/24、192.1.5.0/24 和 192.1.6.0/23 的传输路径有着相同的下一跳,而且网络地址 192.1.4.0/24、192.1.5.0/24 和 192.1.6.0/23 可以聚合为单个 CIDR 地址块 192.1.4.0/22,因此,路由器 R1 可以用一项路由项指明通往这些网络的传输路径。同样,路由器 R2 也可以用一项路由项指明通往网络 192.1.0.0/24、192.1.1.0/24 和 192.1.2.0/23 的传输路径。本实验通过在路由器 R1 和 R2 中聚合用于指明通往没有与其直接连接的网络的传输路径的路由项,实现互联网中各个终端之间的相互通信过程。

6.5.2　实验目的

(1) 掌握网络地址分配方法。
(2) 掌握路由项聚合过程。
(3) 了解路由项聚合的好处。

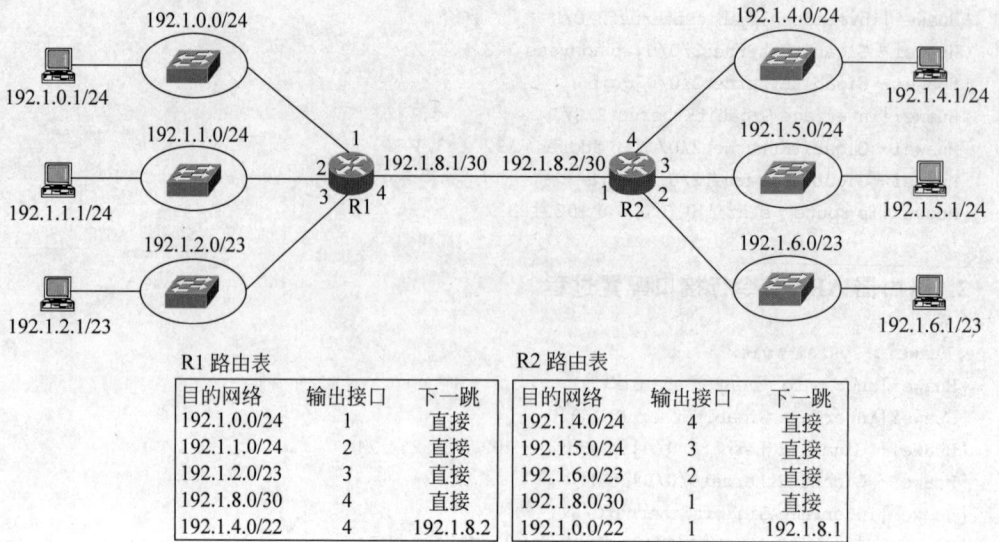

图 6.53   互联网结构

6.5.3   实验原理

互联网结构如图 6.53 所示。网络地址 192.1.4.0/24 与网络地址 192.1.5.0/24 是连续的,可以合并为 CIDR 地址块 192.1.4.0/23,CIDR 地址块 192.1.4.0/23 与网络地址 192.1.6.0/23 是连续的,可以合并为 CIDR 地址块 192.1.4.0/22,合并过程如图 6.54 所

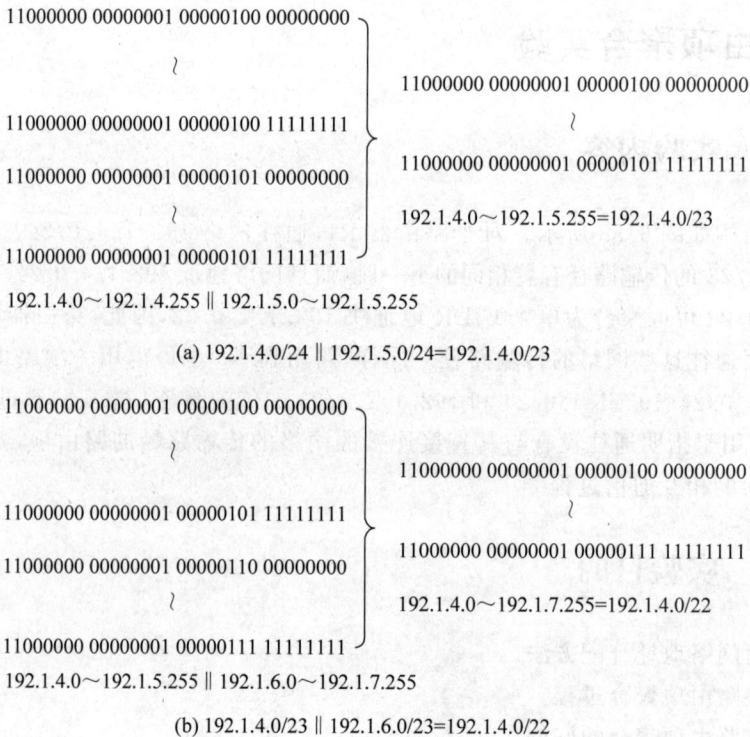

11000000 00000001 00000100 00000000
～
11000000 00000001 00000100 11111111
11000000 00000001 00000101 00000000
～
11000000 00000001 00000101 11111111
192.1.4.0～192.1.4.255 ‖ 192.1.5.0～192.1.5.255

11000000 00000001 00000100 00000000
～
11000000 00000001 00000101 11111111
192.1.4.0～192.1.5.255=192.1.4.0/23

(a) 192.1.4.0/24 ‖ 192.1.5.0/24=192.1.4.0/23

11000000 00000001 00000100 00000000
～
11000000 00000001 00000101 11111111
11000000 00000001 00000110 00000000
～
11000000 00000001 00000111 11111111
192.1.4.0～192.1.5.255 ‖ 192.1.6.0～192.1.7.255

11000000 00000001 00000100 00000000
～
11000000 00000001 00000111 11111111
192.1.4.0～192.1.7.255=192.1.4.0/22

(b) 192.1.4.0/23 ‖ 192.1.6.0/23=192.1.4.0/22

图 6.54   CIDR 地址块合并过程

示。对于路由器 R1,通往三个目的网络 192.1.4.0/24、192.1.5.0/24 和 192.1.6.0/23 的传输路径有相同的下一跳,这三个网络的网络地址可以合并成 CIDR 地址块 192.1.4.0/22,因此,可以用一项路由项指明通往这三个网络的传输路径,这种路由项合并过程称为路由项聚合。路由器 R1 的路由项聚合过程如图 6.55 所示。

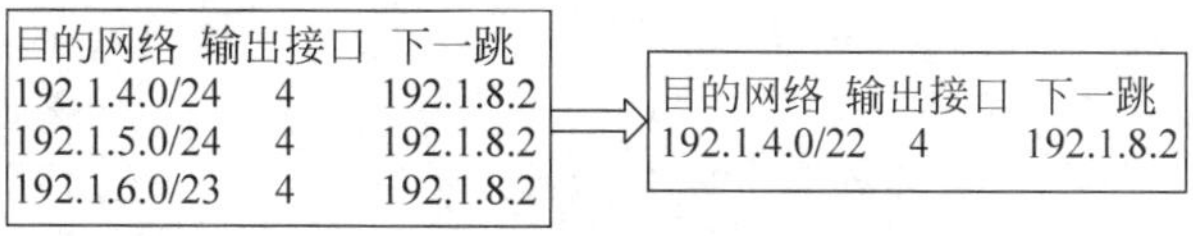

图 6.55　多项路由项合并为单项路由项过程

路由项聚合的前提有两个:一是通往多个目的网络的传输路径有相同的下一跳;二是这些目的网络的网络地址可以合并为一个 CIDR 地址块。聚合后的路由项与默认路由项的最大不同在于,默认路由项与任意 IP 地址匹配,而聚合后的路由项只与属于合并后的 CIDR 地址块的 IP 地址匹配。因此,对于图 6.53 所示的路由器 R1 和 R2 的路由表,如果某个 IP 分组的目的 IP 地址与其中一项路由项匹配,该 IP 分组的目的网络一定是图 6.53 所示的互联网中的其中一个网络。

6.5.4　实验步骤

(1) 启动 eNSP,按照如图 6.53 所示的网络拓扑结构放置和连接设备,完成设备放置和连接后的 eNSP 界面如图 6.56 所示。启动所有设备。需要说明的是,AR1 和 AR2 必须事先完成有 4 个三层千兆以太网接口的模块 4GEW-T 的安装过程。

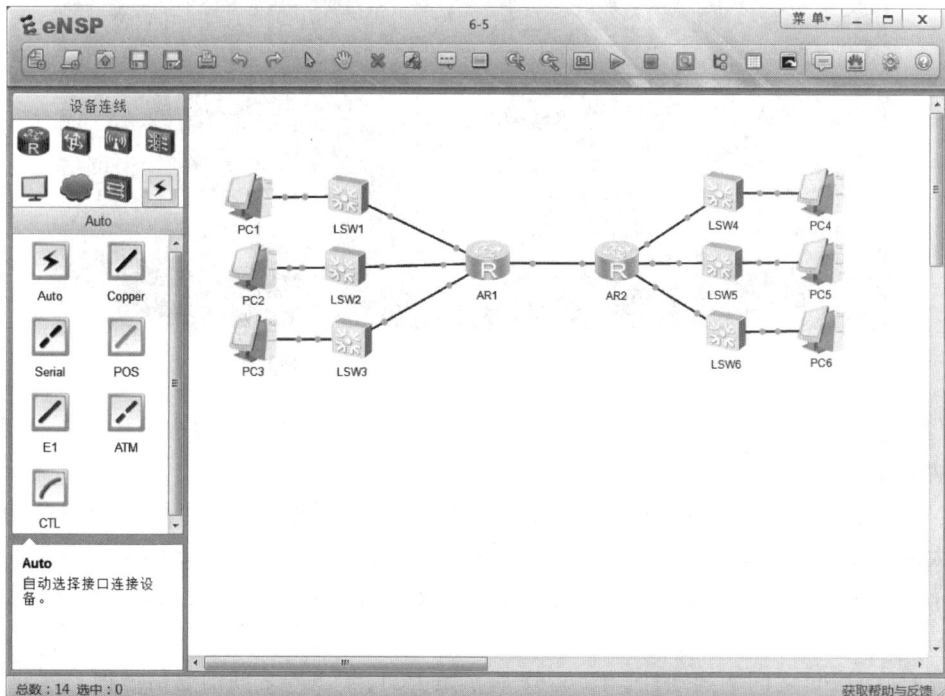

图 6.56　完成设备放置和连接后的 eNSP 界面

（2）完成 AR1 和 AR2 各个接口的 IP 地址和子网掩码配置过程。AR1 各个接口配置的 IP 地址和子网掩码如图 6.57 所示。AR2 各个接口配置的 IP 地址和子网掩码如图 6.58 所示。

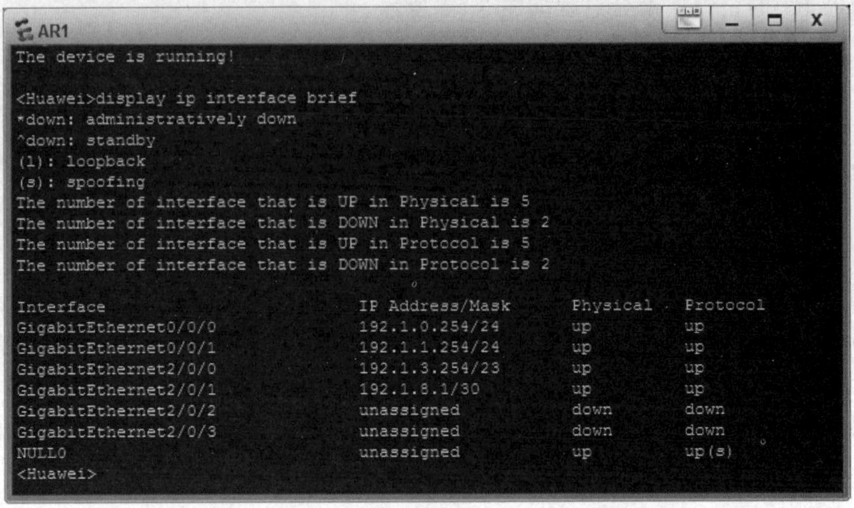

```
AR1
The device is running!

<Huawei>display ip interface brief
*down: administratively down
^down: standby
(l): loopback
(s): spoofing
The number of interface that is UP in Physical is 5
The number of interface that is DOWN in Physical is 2
The number of interface that is UP in Protocol is 5
The number of interface that is DOWN in Protocol is 2

Interface                IP Address/Mask    Physical   Protocol
GigabitEthernet0/0/0     192.1.0.254/24     up         up
GigabitEthernet0/0/1     192.1.1.254/24     up         up
GigabitEthernet2/0/0     192.1.3.254/23     up         up
GigabitEthernet2/0/1     192.1.8.1/30       up         up
GigabitEthernet2/0/2     unassigned         down       down
GigabitEthernet2/0/3     unassigned         down       down
NULL0                    unassigned         up         up(s)
<Huawei>
```

图 6.57　AR1 各个接口配置的 IP 地址和子网掩码

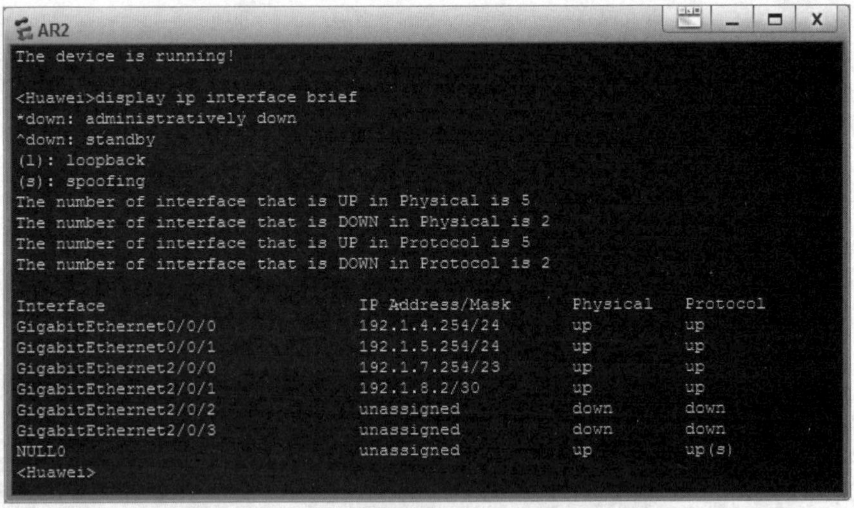

```
AR2
The device is running!

<Huawei>display ip interface brief
*down: administratively down
^down: standby
(l): loopback
(s): spoofing
The number of interface that is UP in Physical is 5
The number of interface that is DOWN in Physical is 2
The number of interface that is UP in Protocol is 5
The number of interface that is DOWN in Protocol is 2

Interface                IP Address/Mask    Physical   Protocol
GigabitEthernet0/0/0     192.1.4.254/24     up         up
GigabitEthernet0/0/1     192.1.5.254/24     up         up
GigabitEthernet2/0/0     192.1.7.254/23     up         up
GigabitEthernet2/0/1     192.1.8.2/30       up         up
GigabitEthernet2/0/2     unassigned         down       down
GigabitEthernet2/0/3     unassigned         down       down
NULL0                    unassigned         up         up(s)
<Huawei>
```

图 6.58　AR2 各个接口配置的 IP 地址和子网掩码

（3）完成路由器 AR1 和 AR2 静态路由项配置过程。AR1 路由表内容如图 6.59 所示。AR2 路由表内容如图 6.60 所示。

（4）PC3 连接的以太网的网络地址是 192.1.2.0/23，根据将最大可用 IP 地址作为连接该以太网的路由器接口的 IP 地址的习惯，分配给路由器 AR1 连接该以太网的接口的 IP 地址和子网掩码是 192.1.3.254/23，因此，PC3 的默认网关地址是 192.1.3.254，如图 6.61 所示。

（5）验证 PC 之间的连通性。图 6.62 所示是 PC1 与 PC6 之间的通信过程。

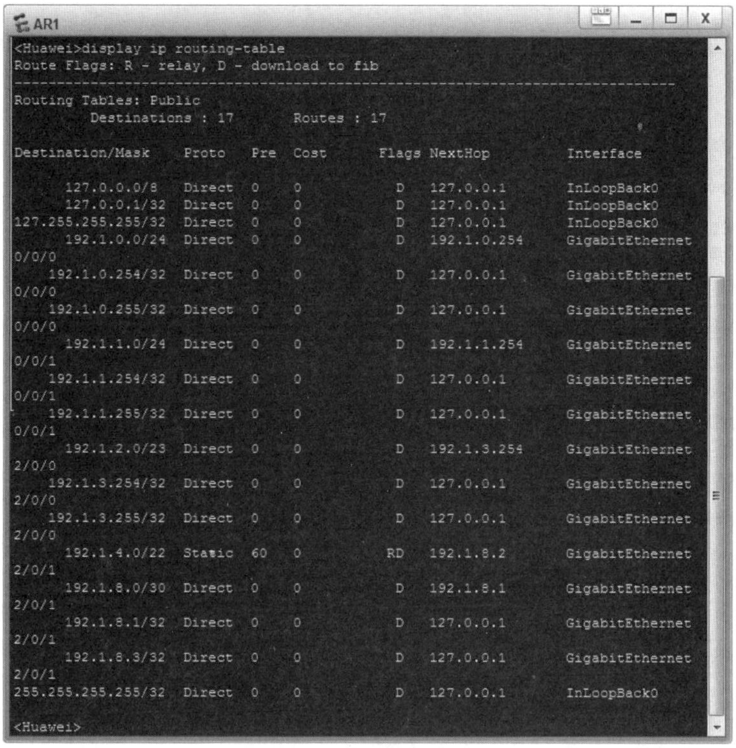

```
<Huawei>display ip routing-table
Route Flags: R - relay, D - download to fib
------------------------------------------------------------------------------
Routing Tables: Public
         Destinations : 17       Routes : 17

Destination/Mask    Proto   Pre  Cost      Flags NextHop         Interface

      127.0.0.0/8   Direct  0    0           D   127.0.0.1       InLoopBack0
      127.0.0.1/32  Direct  0    0           D   127.0.0.1       InLoopBack0
127.255.255.255/32  Direct  0    0           D   127.0.0.1       InLoopBack0
      192.1.0.0/24  Direct  0    0           D   192.1.0.254     GigabitEthernet
0/0/0
    192.1.0.254/32  Direct  0    0           D   127.0.0.1       GigabitEthernet
0/0/0
    192.1.0.255/32  Direct  0    0           D   127.0.0.1       GigabitEthernet
0/0/0
      192.1.1.0/24  Direct  0    0           D   192.1.1.254     GigabitEthernet
0/0/1
    192.1.1.254/32  Direct  0    0           D   127.0.0.1       GigabitEthernet
0/0/1
    192.1.1.255/32  Direct  0    0           D   127.0.0.1       GigabitEthernet
0/0/1
      192.1.2.0/23  Direct  0    0           D   192.1.3.254     GigabitEthernet
2/0/0
    192.1.3.254/32  Direct  0    0           D   127.0.0.1       GigabitEthernet
2/0/0
    192.1.3.255/32  Direct  0    0           D   127.0.0.1       GigabitEthernet
2/0/0
      192.1.4.0/22  Static  60   0          RD   192.1.8.2       GigabitEthernet
2/0/1
      192.1.8.0/30  Direct  0    0           D   192.1.8.1       GigabitEthernet
2/0/1
      192.1.8.1/32  Direct  0    0           D   127.0.0.1       GigabitEthernet
2/0/1
      192.1.8.3/32  Direct  0    0           D   127.0.0.1       GigabitEthernet
2/0/1
255.255.255.255/32  Direct  0    0           D   127.0.0.1       InLoopBack0

<Huawei>
```

图 6.59　AR1 路由表内容

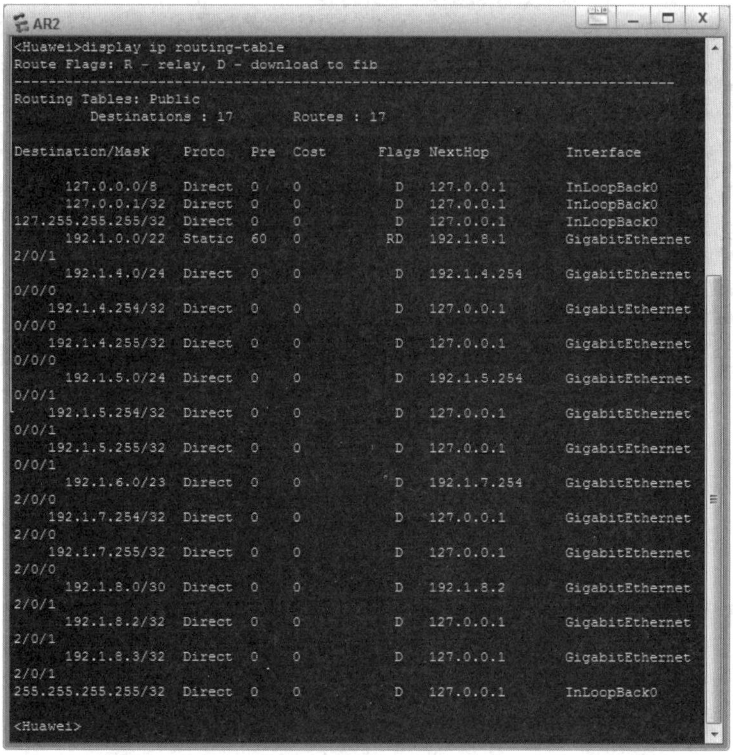

```
<Huawei>display ip routing-table
Route Flags: R - relay, D - download to fib
------------------------------------------------------------------------------
Routing Tables: Public
         Destinations : 17       Routes : 17

Destination/Mask    Proto   Pre  Cost      Flags NextHop         Interface

      127.0.0.0/8   Direct  0    0           D   127.0.0.1       InLoopBack0
      127.0.0.1/32  Direct  0    0           D   127.0.0.1       InLoopBack0
127.255.255.255/32  Direct  0    0           D   127.0.0.1       InLoopBack0
      192.1.0.0/22  Static  60   0          RD   192.1.8.1       GigabitEthernet
2/0/1
      192.1.4.0/24  Direct  0    0           D   192.1.4.254     GigabitEthernet
0/0/0
    192.1.4.254/32  Direct  0    0           D   127.0.0.1       GigabitEthernet
0/0/0
    192.1.4.255/32  Direct  0    0           D   127.0.0.1       GigabitEthernet
0/0/0
      192.1.5.0/24  Direct  0    0           D   192.1.5.254     GigabitEthernet
0/0/1
    192.1.5.254/32  Direct  0    0           D   127.0.0.1       GigabitEthernet
0/0/1
    192.1.5.255/32  Direct  0    0           D   127.0.0.1       GigabitEthernet
0/0/1
      192.1.6.0/23  Direct  0    0           D   192.1.7.254     GigabitEthernet
2/0/0
    192.1.7.254/32  Direct  0    0           D   127.0.0.1       GigabitEthernet
2/0/0
    192.1.7.255/32  Direct  0    0           D   127.0.0.1       GigabitEthernet
2/0/0
      192.1.8.0/30  Direct  0    0           D   192.1.8.2       GigabitEthernet
2/0/1
      192.1.8.2/32  Direct  0    0           D   127.0.0.1       GigabitEthernet
2/0/1
      192.1.8.3/32  Direct  0    0           D   127.0.0.1       GigabitEthernet
2/0/1
255.255.255.255/32  Direct  0    0           D   127.0.0.1       InLoopBack0

<Huawei>
```

图 6.60　AR2 路由表内容

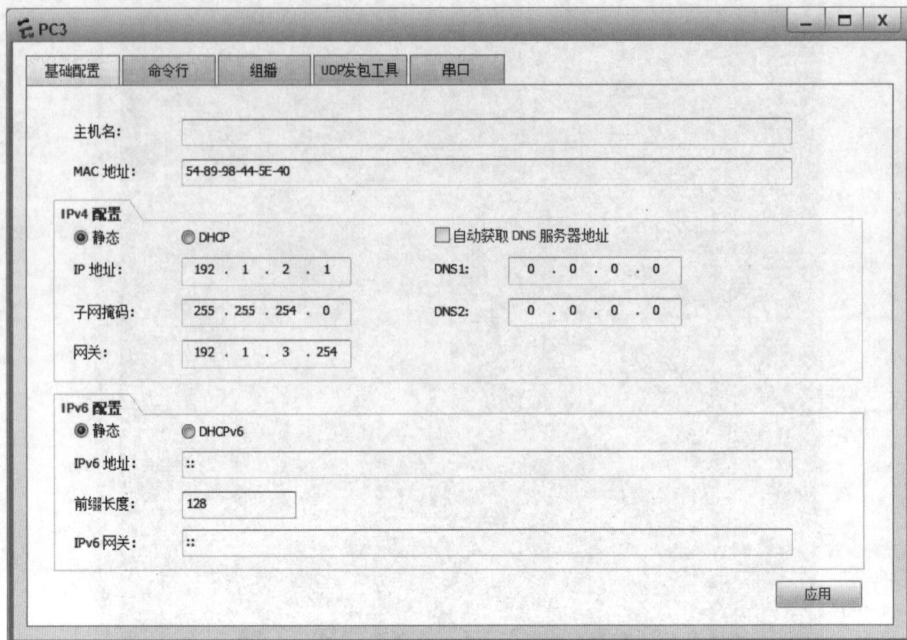

图 6.61 PC3 配置的 IP 地址、子网掩码和默认网关地址

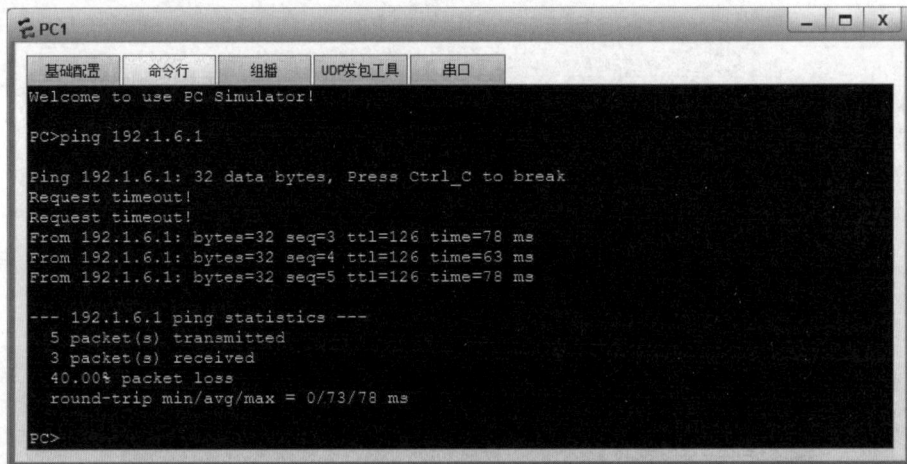

图 6.62 PC1 与 PC6 之间的通信过程

6.5.5 命令行接口配置过程

1. 路由器 AR1 命令行接口配置过程

```
< Huawei > system - view
[Huawei]undo info - center enable
[Huawei]interface GigabitEthernet0/0/0
[Huawei - GigabitEthernet0/0/0]ip address 192.1.0.254 24
[Huawei - GigabitEthernet0/0/0]quit
```

```
[Huawei]interface GigabitEthernet0/0/1
[Huawei-GigabitEthernet0/0/1]ip address 192.1.1.254 24
[Huawei-GigabitEthernet0/0/1]quit
[Huawei]interface GigabitEthernet2/0/0
[Huawei-GigabitEthernet2/0/0]ip address 192.1.3.254 23
[Huawei-GigabitEthernet2/0/0]quit
[Huawei]interface GigabitEthernet2/0/1
[Huawei-GigabitEthernet2/0/1]ip address 192.1.8.1 30
[Huawei-GigabitEthernet2/0/1]quit
[Huawei]ip route-static 192.1.4.0 22 192.1.8.2
```

2. 路由器 AR2 命令行接口配置过程

```
<Huawei>system-view
[Huawei]undo info-center enable
[Huawei]interface GigabitEthernet0/0/0
[Huawei-GigabitEthernet0/0/0]ip address 192.1.4.254 24
[Huawei-GigabitEthernet0/0/0]quit
[Huawei]interface GigabitEthernet0/0/1
[Huawei-GigabitEthernet0/0/1]ip address 192.1.5.254 24
[Huawei-GigabitEthernet0/0/1]quit
[Huawei]interface GigabitEthernet2/0/0
[Huawei-GigabitEthernet2/0/0]ip address 192.1.7.254 23
[Huawei-GigabitEthernet2/0/0]quit
[Huawei]interface GigabitEthernet2/0/1
[Huawei-GigabitEthernet2/0/1]ip address 192.1.8.2 30
[Huawei-GigabitEthernet2/0/1]quit
[Huawei]ip route-static 192.1.0.0 22 192.1.8.1
```

6.6　VRRP 实验

6.6.1　实验内容

VRRP 实现过程如图 6.63 所示。路由器 R1 和 R2 组成一个 VRRP 备份组。每一个 VRRP 备份组可以模拟成单个虚拟路由器。每一个虚拟路由器拥有虚拟 IP 地址和虚拟 MAC 地址。在一个 VRRP 备份组中,只有一台路由器作为主路由器,其余路由器作为备份路由器。只有主路由器转发 IP 分组。当主路由器失效后,VRRP 备份组在备份路由器中选择其中一台备份路由器作为主路由器。

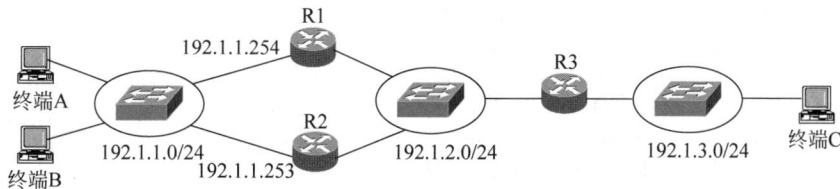

图 6.63　VRRP 实现过程

对于终端 A 和终端 B,每一个 VRRP 备份组作为单个虚拟路由器,因此,除非 VRRP 备份组中的所有路由器都失效,否则,不会影响终端 A 和终端 B 与终端 C 之间的通信过程。

为了实现负载均衡,可以将路由器 R1 和 R2 组成两个 VRRP 备份组,其中一个 VRRP 备份组将路由器 R1 作为主路由器,另一个 VRRP 备份组将路由器 R2 作为主路由器,终端 A 将其中一个 VRRP 备份组对应的虚拟路由器作为默认网关,终端 B 将另一个 VRRP 备份组对应的虚拟路由器作为默认网关,这样,既实现了设备冗余,又实现了负载均衡。

值得强调的是,VRRP 只是用于实现网关冗余,在其中一个或多个网关出现问题的情况下,保证终端能够向其他网络中的终端传输 IP 分组。

6.6.2　实验目的

(1) 理解设备冗余的含义。
(2) 掌握 VRRP 工作过程。
(3) 掌握 VRRP 配置过程。
(4) 理解负载均衡的含义。
(5) 掌握负载均衡实现过程。

6.6.3　实验原理

为了实现负载均衡,采用如图 6.64 所示的 VRRP 工作环境。创建两个组编号分别为 1 和 2 的 VRRP 备份组,并将路由器 R1 和 R2 的接口 1 分配给这两个 VRRP 备份组,为组编号为 1 的 VRRP 备份组分配虚拟 IP 地址 192.1.1.250,同时通过为路由器 R2 配置较高的优先级,使得路由器 R2 成为组编号为 1 的 VRRP 备份组中的主路由器。为组编号为 2 的 VRRP 备份组分配虚拟 IP 地址 192.1.1.251,同时通过为路由器 R1 配置较高的优先级,使得路由器 R1 成为组编号为 2 的 VRRP 备份组中的主路由器。将终端 A 的默认网关地址

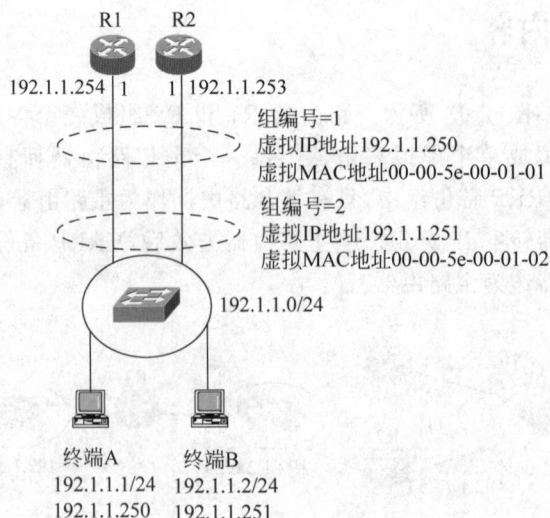

图 6.64　容错和负载均衡实现过程

配置成组编号为 1 的 VRRP 备份组对应的虚拟 IP 地址 192.1.1.250,将终端 B 的默认网关地址配置成组编号为 2 的 VRRP 备份组对应的虚拟 IP 地址 192.1.1.251。在没有发生错误的情况下,终端 B 将路由器 R1 作为默认网关,终端 A 将路由器 R2 作为默认网关。一旦某个路由器发生故障,另一个路由器将自动作为所有终端的默认网关。因此,图 6.64 所示的 VRRP 工作环境既实现了容错,又实现了负载均衡。

如图 6.63 所示,当路由器 R3 配置用于指明通往网络 192.1.1.0/24 传输路径的静态路由项时,只能选择路由器 R1 或 R2 为下一跳,一旦选择作为下一跳的路由器出现问题,将无法实现网络 192.1.3.0/24 与网络 192.1.1.0/24 之间的通信过程。当然,可以将路由器 R1 和 R2 连接网络 192.1.2.0/24 的接口分配到同一个 VRRP 备份组,以此构成具有容错功能的虚拟下一跳。但这样做,只能保证在路由器 R1 或 R2 出现问题的情况下,路由器 R3 能够将正常工作的路由器作为通往网络 192.1.1.0/24 传输路径上的下一跳。

6.6.4　关键命令说明

1. 创建 VRRP 备份组并为备份组指定虚拟 IP 地址

```
[Huawei]interface GigabitEthernet0/0/0
[Huawei-GigabitEthernet0/0/0]vrrp vrid 1 virtual-ip 192.1.1.250
```

vrrp vrid 1 virtual-ip 192.1.1.250 是接口视图下使用的命令,该命令的作用是在指定接口(这里是接口 GigabitEthernet0/0/0)中创建编号为 1 的 VRRP 备份组并为该 VRRP 备份组分配虚拟 IP 地址 192.1.1.250。

2. 指定优先级

```
[Huawei]interface GigabitEthernet0/0/0
[Huawei-GigabitEthernet0/0/0]vrrp vrid 1 virtual-ip 192.1.1.250
[Huawei-GigabitEthernet0/0/0]vrrp vrid 1 priority 120
```

vrrp vrid 1 priority 120 是接口视图下使用的命令,该命令的作用是指定接口所在设备在编号为 1 的 VRRP 备份组中的优先级值。默认优先级值是 100,优先级值越大,优先级越高,优先级最高的设备成为 VRRP 备份组的主路由器。执行该命令前,必须先创建编号为 1 的 VRRP 备份组。

3. 配置抢占延时

```
[Huawei]interface GigabitEthernet0/0/0
[Huawei-GigabitEthernet0/0/0]vrrp vrid 1 virtual-ip 192.1.1.250
[Huawei-GigabitEthernet0/0/0]vrrp vrid 1 preempt-mode timer delay 20
```

vrrp vrid 1 preempt-mode timer delay 20 是接口视图下使用的命令,该命令的作用是在编号为 1 的 VRRP 备份组中,将接口所在设备设置成延迟抢占方式。即如果接口所在设备的优先级值大于当前主路由器的优先级值,经过 20s 延时后,接口所在设备成为主路由器。执行该命令前,必须先创建编号为 1 的 VRRP 备份组。

6.6.5 实验步骤

(1) 启动 eNSP,按照如图 6.63 所示的网络拓扑结构放置和连接设备,完成设备放置和连接后的 eNSP 界面如图 6.65 所示。启动所有设备。

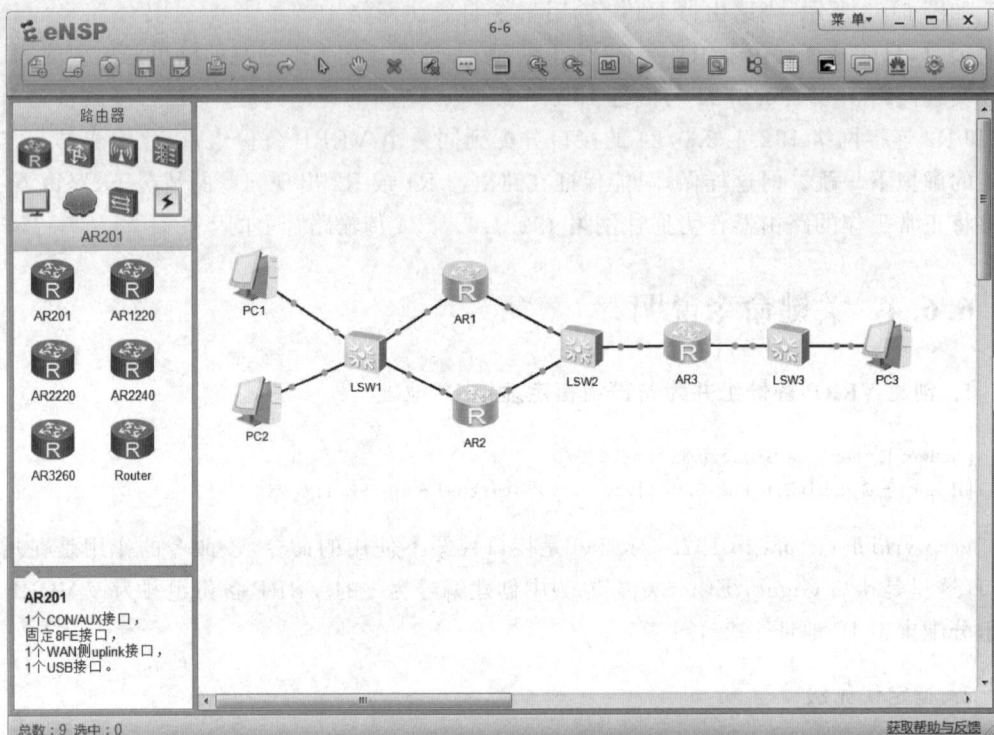

图 6.65 完成设备放置和连接后的 eNSP 界面

(2) 完成所有路由器各个接口的 IP 地址和子网掩码配置过程。完成路由器 AR1 和 AR2 VRRP 相关配置过程,为实现负载均衡,在 AR1 和 AR2 接口 GigabitEthernet0/0/0 中分别创建两个 VRRP 备份组,并通过配置优先级值,使得 AR1 成为编号为 1 的 VRRP 备份组的主路由器,AR2 成为编号为 2 的 VRRP 备份路由器的主路由器。为各个 VRRP 备份组配置虚拟 IP 地址。路由器 AR1 和 AR2 各个接口配置的 IP 地址和子网掩码以及 VRRP 相关信息分别如图 6.66 和图 6.67 所示,路由器 AR3 配置的 IP 地址和子网掩码如图 6.68 所示。

(3) 完成路由器 AR1、AR2 和 AR3 静态路由项配置过程,路由器 AR1、AR2 和 AR3 的路由表内容分别如图 6.69~图 6.71 所示。

(4) PC1 和 PC2 的默认网关地址分别是为编号为 1 和编号为 2 的 VRRP 备份组配置的 IP 地址,使得 PC1 选择 AR1 作为默认网关,PC2 选择 AR2 作为默认网关,以此实现负载均衡。PC1 和 PC2 配置的 IP 地址、子网掩码和默认网关地址分别如图 6.72 和图 6.73 所示。

```
ﾐ AR1                                                    ⬚ _ ☐ X
<Huawei>display ip interface brief
*down: administratively down
^down: standby
(l): loopback
(s): spoofing
The number of interface that is UP in Physical is 3
The number of interface that is DOWN in Physical is 0
The number of interface that is UP in Protocol is 3
The number of interface that is DOWN in Protocol is 0

Interface                        IP Address/Mask      Physical   Protocol
GigabitEthernet0/0/0             192.1.1.254/24       up         up
GigabitEthernet0/0/1             192.1.2.254/24       up         up
NULL0                            unassigned           up         up(s)
<Huawei>display vrrp brief
Total:3   Master:2   Backup:1   Non-active:0
VRID  State   Interface           Type    Virtual IP
--------------------------------------------------------
1     Master  GE0/0/0             Normal  192.1.1.250
2     Backup  GE0/0/0             Normal  192.1.1.251
3     Master  GE0/0/1             Normal  192.1.2.250
<Huawei>
```

图 6.66　AR1 各个接口配置的 IP 地址和子网掩码以及 VRRP 相关信息

```
ﾐ AR2                                                    ⬚ _ ☐ X
<Huawei>display ip interface brief
*down: administratively down
^down: standby
(l): loopback
(s): spoofing
The number of interface that is UP in Physical is 3
The number of interface that is DOWN in Physical is 0
The number of interface that is UP in Protocol is 3
The number of interface that is DOWN in Protocol is 0

Interface                        IP Address/Mask      Physical   Protocol
GigabitEthernet0/0/0             192.1.1.253/24       up         up
GigabitEthernet0/0/1             192.1.2.253/24       up         up
NULL0                            unassigned           up         up(s)
<Huawei>display vrrp brief
Total:3   Master:1   Backup:2   Non-active:0
VRID  State   Interface           Type    Virtual IP
--------------------------------------------------------
1     Backup  GE0/0/0             Normal  192.1.1.250
2     Master  GE0/0/0             Normal  192.1.1.251
3     Backup  GE0/0/1             Normal  192.1.2.250
<Huawei>
```

图 6.67　AR2 各个接口配置的 IP 地址和子网掩码以及 VRRP 相关信息

```
ﾐ AR3                                                    ⬚ _ ☐ X
The device is running!

<Huawei>display ip interface brief
*down: administratively down
^down: standby
(l): loopback
(s): spoofing
The number of interface that is UP in Physical is 3
The number of interface that is DOWN in Physical is 0
The number of interface that is UP in Protocol is 3
The number of interface that is DOWN in Protocol is 0

Interface                        IP Address/Mask      Physical   Protocol
GigabitEthernet0/0/0             192.1.2.252/24       up         up
GigabitEthernet0/0/1             192.1.3.254/24       up         up
NULL0                            unassigned           up         up(s)
<Huawei>
```

图 6.68　AR3 配置的 IP 地址和子网掩码

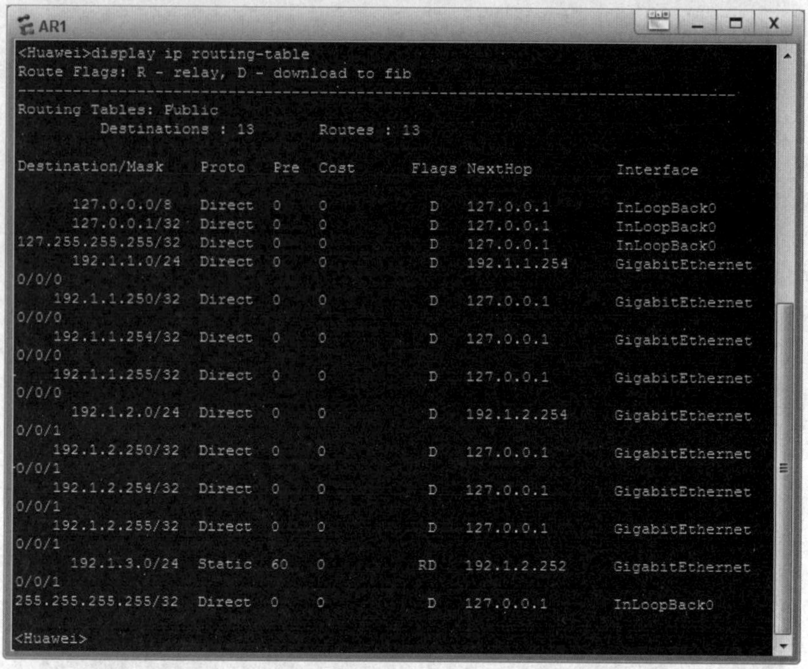

```
<Huawei>display ip routing-table
Route Flags: R - relay, D - download to fib
------------------------------------------------------------------------------
Routing Tables: Public
         Destinations : 13       Routes : 13

Destination/Mask    Proto   Pre  Cost      Flags NextHop         Interface

      127.0.0.0/8   Direct  0    0           D   127.0.0.1       InLoopBack0
      127.0.0.1/32  Direct  0    0           D   127.0.0.1       InLoopBack0
127.255.255.255/32  Direct  0    0           D   127.0.0.1       InLoopBack0
      192.1.1.0/24  Direct  0    0           D   192.1.1.254     GigabitEthernet
0/0/0
    192.1.1.250/32  Direct  0    0           D   127.0.0.1       GigabitEthernet
0/0/0
    192.1.1.254/32  Direct  0    0           D   127.0.0.1       GigabitEthernet
0/0/0
    192.1.1.255/32  Direct  0    0           D   127.0.0.1       GigabitEthernet
0/0/0
      192.1.2.0/24  Direct  0    0           D   192.1.2.254     GigabitEthernet
0/0/1
    192.1.2.250/32  Direct  0    0           D   127.0.0.1       GigabitEthernet
0/0/1
    192.1.2.254/32  Direct  0    0           D   127.0.0.1       GigabitEthernet
0/0/1
    192.1.2.255/32  Direct  0    0           D   127.0.0.1       GigabitEthernet
0/0/1
      192.1.3.0/24  Static  60   0          RD   192.1.2.252     GigabitEthernet
0/0/1
255.255.255.255/32  Direct  0    0           D   127.0.0.1       InLoopBack0

<Huawei>
```

图 6.69　路由器 AR1 的路由表内容

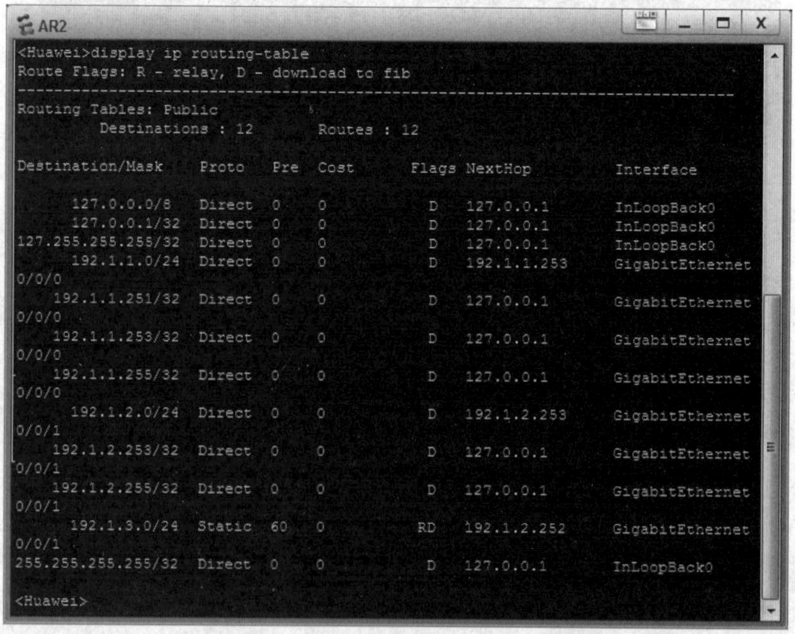

```
<Huawei>display ip routing-table
Route Flags: R - relay, D - download to fib
------------------------------------------------------------------------------
Routing Tables: Public
         Destinations : 12       Routes : 12

Destination/Mask    Proto   Pre  Cost      Flags NextHop         Interface

      127.0.0.0/8   Direct  0    0           D   127.0.0.1       InLoopBack0
      127.0.0.1/32  Direct  0    0           D   127.0.0.1       InLoopBack0
127.255.255.255/32  Direct  0    0           D   127.0.0.1       InLoopBack0
      192.1.1.0/24  Direct  0    0           D   192.1.1.253     GigabitEthernet
0/0/0
    192.1.1.251/32  Direct  0    0           D   127.0.0.1       GigabitEthernet
0/0/0
    192.1.1.253/32  Direct  0    0           D   127.0.0.1       GigabitEthernet
0/0/0
    192.1.1.255/32  Direct  0    0           D   127.0.0.1       GigabitEthernet
0/0/0
      192.1.2.0/24  Direct  0    0           D   192.1.2.253     GigabitEthernet
0/0/1
    192.1.2.253/32  Direct  0    0           D   127.0.0.1       GigabitEthernet
0/0/1
    192.1.2.255/32  Direct  0    0           D   127.0.0.1       GigabitEthernet
0/0/1
      192.1.3.0/24  Static  60   0          RD   192.1.2.252     GigabitEthernet
0/0/1
255.255.255.255/32  Direct  0    0           D   127.0.0.1       InLoopBack0

<Huawei>
```

图 6.70　路由器 AR2 的路由表内容

图 6.71 路由器 AR3 的路由表内容

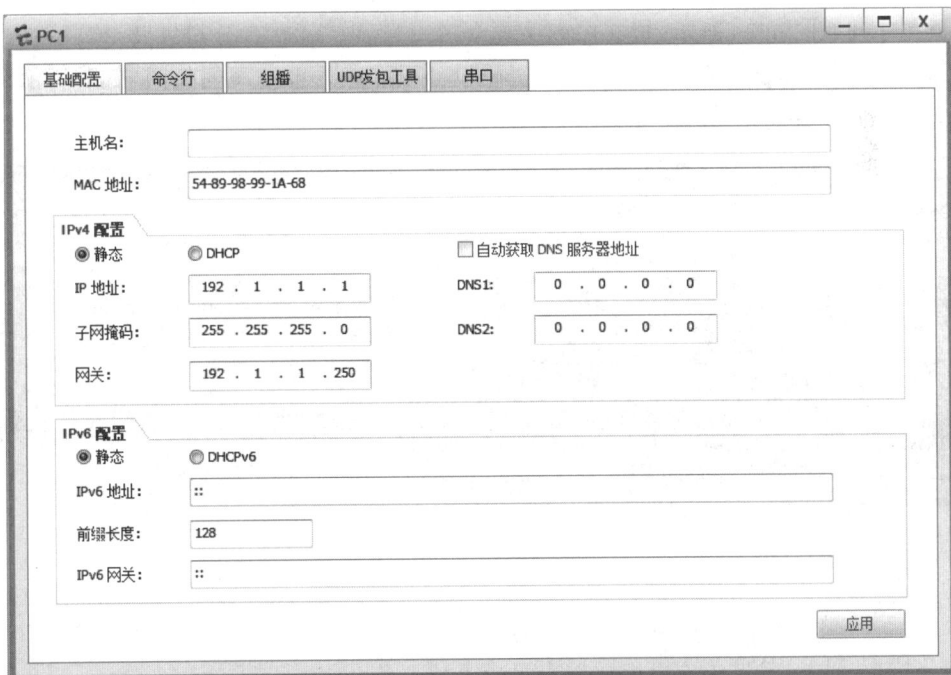

图 6.72 PC1 配置的 IP 地址、子网掩码和默认网关地址

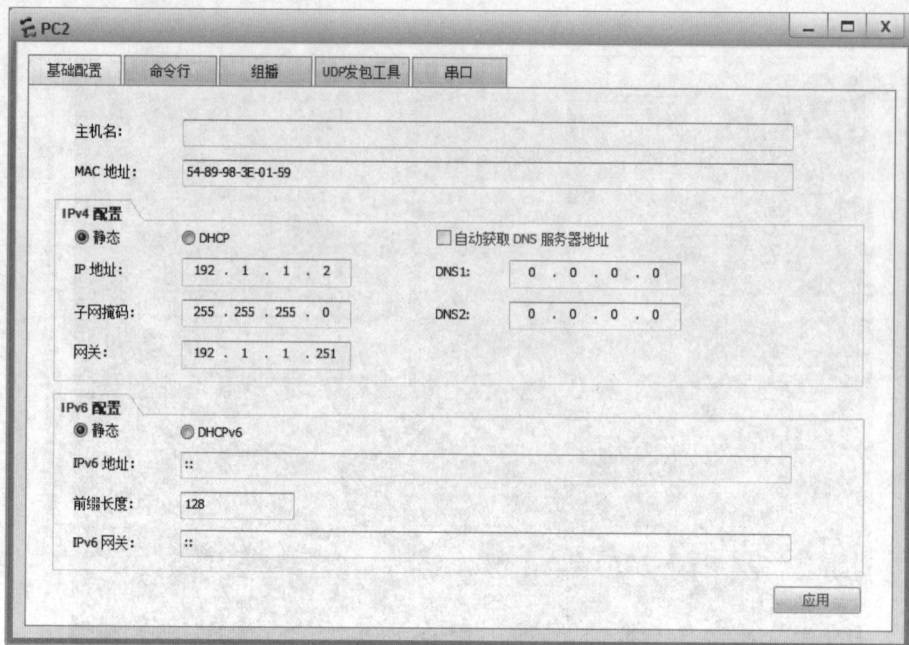

图 6.73　PC2 配置的 IP 地址、子网掩码和默认网关地址

（5）为了观察负载均衡过程，分别在路由器 AR1 和 AR2 连接 PC1 和 PC2 所在以太网的接口（接口 GigabitEthernet0/0/0）启动捕获报文功能。

（6）启动 PC1 和 PC2 与 PC3 之间的通信过程。AR1 接口 GigabitEthernet0/0/0 上捕获的报文序列如图 6.74 所示，报文序列中包含 PC1 至 PC3 的 IP 分组以及 PC3 至 PC1 和 PC2 的 IP 分组。AR2 接口 GigabitEthernet0/0/0 上捕获的报文序列如图 6.75 所示，报文序列中包含 PC2 至 PC3 的 IP 分组。

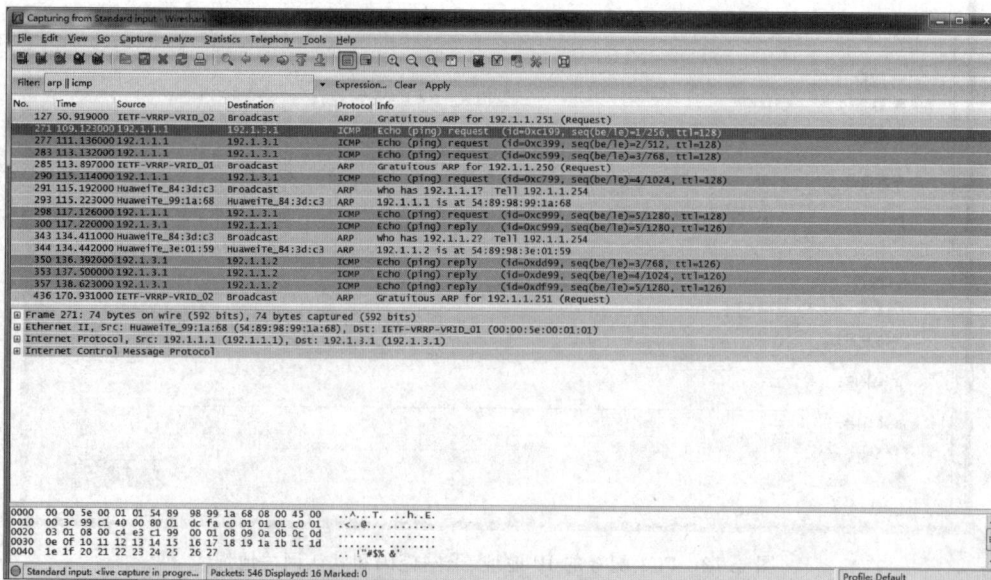

图 6.74　AR1 接口 GigabitEthernet0/0/0 上捕获的报文序列

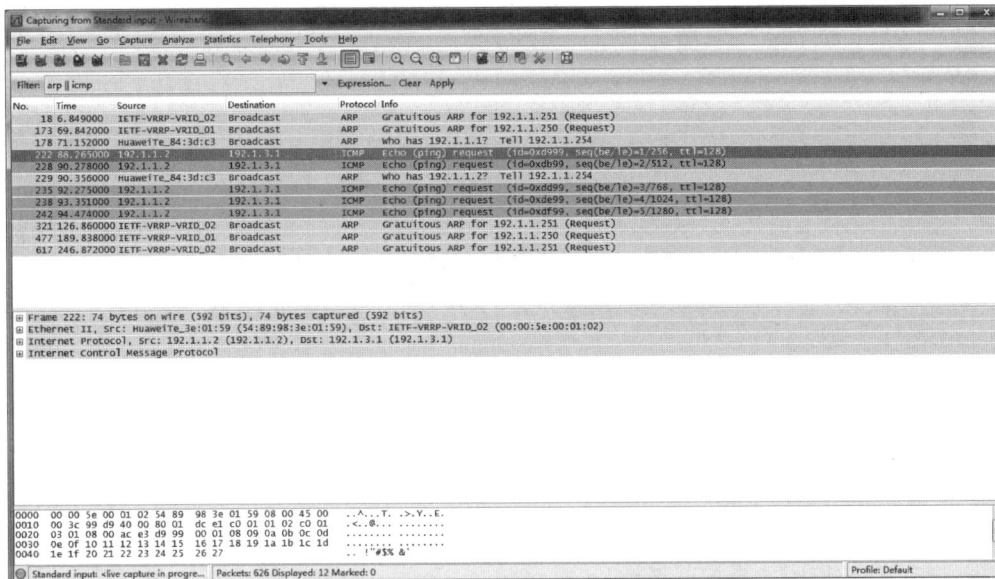

图 6.75　AR2 接口 GigabitEthernet0/0/0 上捕获的报文序列

（7）在图 6.65 所示的拓扑结构基础上，删除路由器 AR1，删除路由器 AR1 后的拓扑结构如图 6.76 所示。路由器 AR2 成为编号为 1 的 VRRP 备份组的主路由器，PC1 和 PC2 与 PC3 之间传输的 IP 分组全部经过路由器 AR2。AR2 接口 GigabitEthernet0/0/0 上捕获的报文序列如图 6.77 所示。

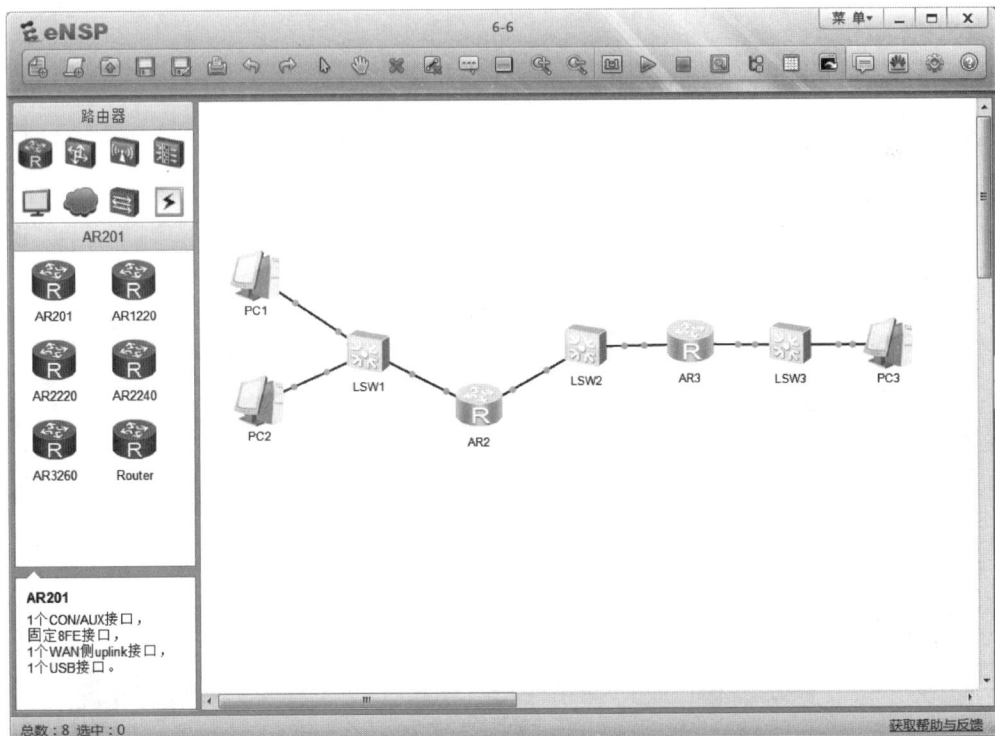

图 6.76　删除路由器 AR1 后的拓扑结构

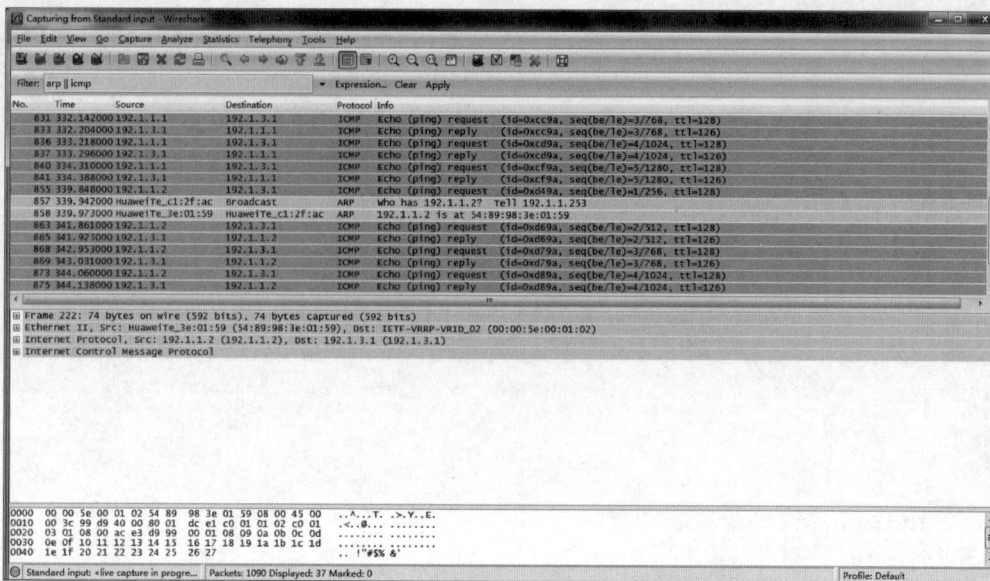

图 6.77　AR2 接口 GigabitEthernet0/0/0 上捕获的报文序列

(8) 在图 6.65 所示的拓扑结构基础上,删除路由器 AR2,删除路由器 AR2 后的拓扑结构如图 6.78 所示。路由器 AR1 成为编号为 2 的 VRRP 备份组的主路由器,PC1 和 PC2 与 PC3 之间传输的 IP 分组全部经过路由器 AR1。AR1 接口 GigabitEthernet0/0/0 上捕获的报文序列如图 6.79 所示。

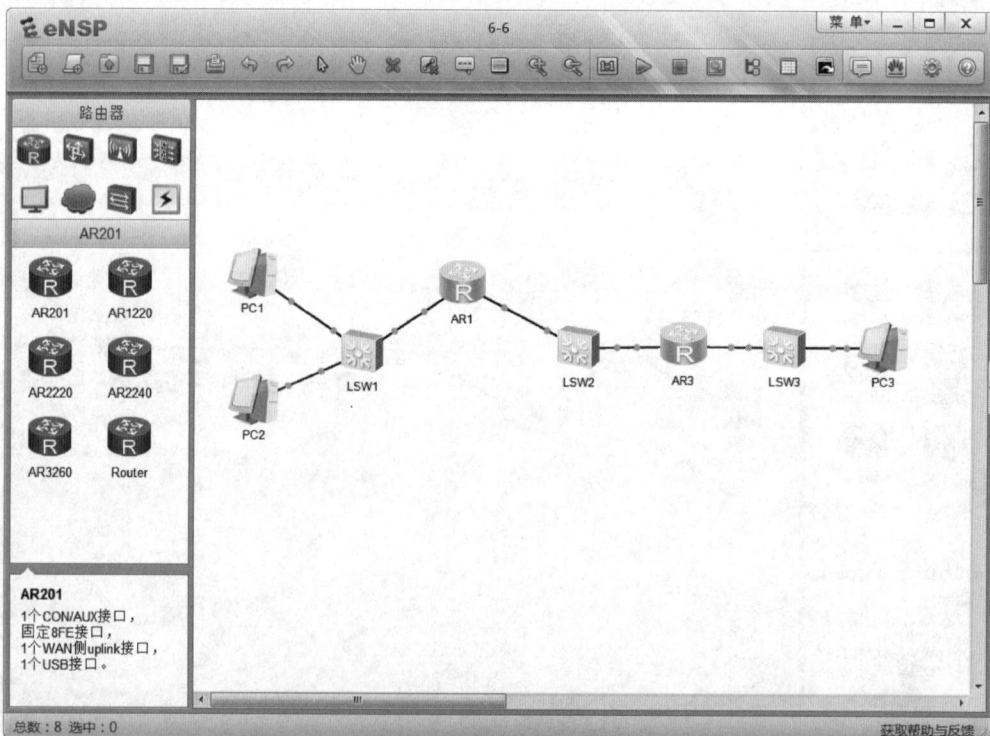

图 6.78　删除路由器 AR2 后的拓扑结构

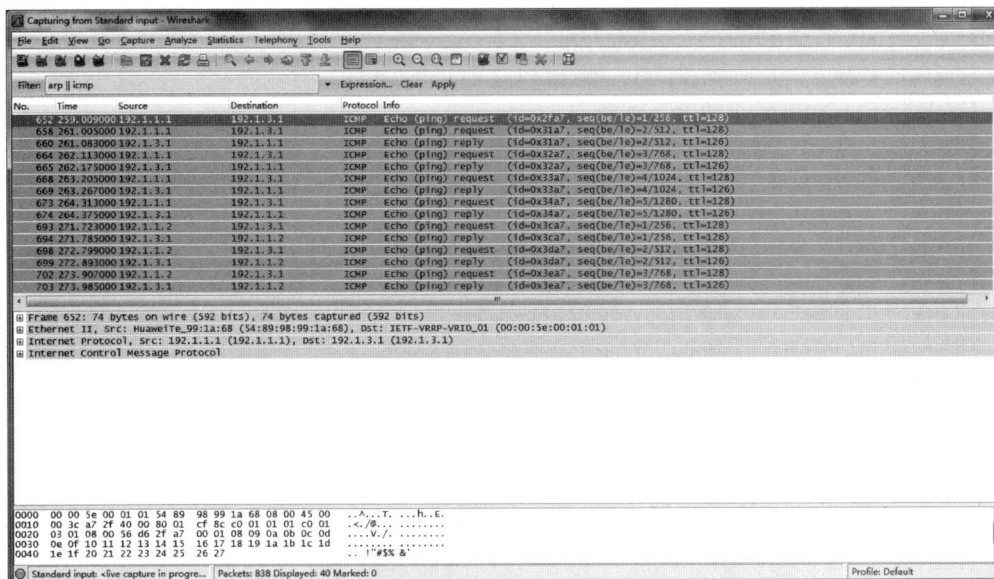

图 6.79　AR1 接口 GigabitEthernet0/0/0 上捕获的报文序列

6.6.6　命令行接口配置过程

1. 路由器 AR1 命令行接口配置过程

< Huawei > system – view

[Huawei]undo info – center enable

[Huawei]interface GigabitEthernet0/0/0

[Huawei – GigabitEthernet0/0/0]ip address 192.1.1.254 24

[Huawei – GigabitEthernet0/0/0]quit

[Huawei]interface GigabitEthernet0/0/1

[Huawei – GigabitEthernet0/0/1]ip address 192.1.2.254 24

[Huawei – GigabitEthernet0/0/1]quit

[Huawei]interface GigabitEthernet0/0/0

[Huawei – GigabitEthernet0/0/0]vrrp vrid 1 virtual – ip 192.1.1.250

[Huawei – GigabitEthernet0/0/0]vrrp vrid 1 priority 120

[Huawei – GigabitEthernet0/0/0]vrrp vrid 1 preempt – mode timer delay 20

[Huawei – GigabitEthernet0/0/0]vrrp vrid 2 virtual – ip 192.1.1.251

[Huawei – GigabitEthernet0/0/0]quit

[Huawei]interface GigabitEthernet0/0/1

[Huawei – GigabitEthernet0/0/1]vrrp vrid 3 virtual – ip 192.1.2.250

[Huawei – GigabitEthernet0/0/1]vrrp vrid 3 priority 120

[Huawei – GigabitEthernet0/0/1]vrrp vrid 3 preempt – mode timer delay 20

[Huawei – GigabitEthernet0/0/1]quit

[Huawei]ip route – static 192.1.3.0 24 192.1.2.252

2. 路由器 AR2 命令行接口配置过程

< Huawei > system – view

```
[Huawei]undo info - center enable
[Huawei]interface GigabitEthernet0/0/0
[Huawei - GigabitEthernet0/0/0]ip address 192.1.1.253 24
[Huawei - GigabitEthernet0/0/0]quit
[Huawei]interface GigabitEthernet0/0/1
[Huawei - GigabitEthernet0/0/1]ip address 192.1.2.253 24
[Huawei - GigabitEthernet0/0/1]quit
[Huawei]interface GigabitEthernet0/0/0
[Huawei - GigabitEthernet0/0/0]vrrp vrid 1 virtual - ip 192.1.1.250
[Huawei - GigabitEthernet0/0/0]vrrp vrid 2 virtual - ip 192.1.1.251
[Huawei - GigabitEthernet0/0/0]vrrp vrid 2 priority 120
[Huawei - GigabitEthernet0/0/0]vrrp vrid 2 preempt - mode timer delay 20
[Huawei - GigabitEthernet0/0/0]quit
[Huawei]interface GigabitEthernet0/0/1
[Huawei - GigabitEthernet0/0/1]vrrp vrid 3 virtual - ip 192.1.2.250
[Huawei - GigabitEthernet0/0/1]quit
[Huawei]ip route - static 192.1.3.0 24 192.1.2.252
```

3. 路由器 AR3 命令行接口配置过程

```
< Huawei > system - view
[Huawei]undo info - center enable
[Huawei]interface GigabitEthernet0/0/0
[Huawei - GigabitEthernet0/0/0]ip address 192.1.2.252 24
[Huawei - GigabitEthernet0/0/0]quit
[Huawei]interface GigabitEthernet0/0/1
[Huawei - GigabitEthernet0/0/1]ip address 192.1.3.254 24
[Huawei - GigabitEthernet0/0/1]quit
[Huawei]ip route - static 192.1.1.0 24 192.1.2.250
```

4. 命令列表

路由器命令行接口配置过程中使用的命令及功能和参数说明如表 6.4 所示。

表 6.4　路由器命令行接口配置过程中使用的命令及功能和参数说明

命 令 格 式	功能和参数说明
vrrp vrid *virtual-router-id* **virtual-ip** *virtual-address*	在指定接口中创建编号为 *virtual-router-id* 的 VRRP 备份组,并为该 VRRP 备份组分配虚拟 IP 地址。参数 *virtual-address* 是虚拟 IP 地址
vrrp vrid *virtual-router-id* **priority** *priority-value*	在编号为 *virtual-router-id* 的 VRRP 备份组中,为设备配置优先级值 *priority-value*。优先级值越大,设备的优先级越高
vrrp vrid *virtual-router-id* **preempt-mode timer delay** *delay-value*	配置设备在编号为 *virtual-router-id* 的 VRRP 备份组中的抢占延迟时间。参数 *delay-value* 是抢占延迟时间
Display vrrp brief	简要显示设备有关 VRRP 信息

6.7 路由器远程配置实验

6.7.1 实验内容

构建如图 6.80 所示的网络结构,使得终端 A 和终端 B 能够通过 Telnet 对路由器 R1和 R2 实施远程配置。

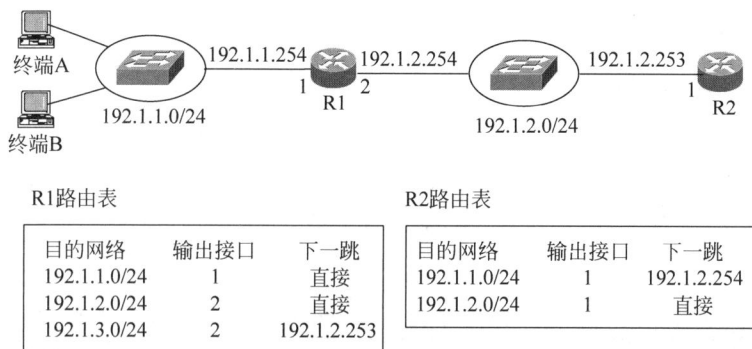

图 6.80 网络结构

6.7.2 实验目的

(1) 掌握终端实施远程配置的前提条件。
(2) 掌握通过 Telnet 实施远程配置的过程。
(3) 掌握终端与路由器之间传输路径的建立过程。

6.7.3 实验原理

终端通过 Telnet 对路由器实施远程配置的前提条件有两个:一是需要建立终端与路由器之间的传输路径;二是路由器需要完成 Telnet 相关参数的配置过程。

路由器每一个接口的 IP 地址都可作为管理地址,当然,也可为路由器定义单独的管理地址。在图 6.80 所示的网络结构中,为路由器 R2 配置单独的管理地址 192.1.3.1。路由器可以配置多种鉴别远程用户身份的机制,常见的有口令鉴别和本地鉴别两种鉴别方式。

需要说明的是,华为 eNSP 中的 PC 没有 Telnet 实用程序,因此,需要通过在另一个网络设备中启动 Telnet 实用程序实施对路由器的远程配置过程。

6.7.4 关键命令说明

以下命令序列用于在路由器中定义一个编号为 1 的环回接口,并为该环回接口分配 IP

地址 192.1.3.1 和子网掩码 255.255.255.0(网络前缀长度为 24)。

```
[Huawei]interface loopback 1
[Huawei-LoopBack1]ip address 192.1.3.1 24
[Huawei-LoopBack1]quit
```

interface loopback 1 是系统视图下使用的命令,该命令的作用是定义一个环回接口,1
是环回接口编号,每一个环回接口用唯一编号标识。环回接口是虚拟接口,需要分配 IP 地
址和子网掩码,只要存在终端与该环回接口之间的传输路径,终端就可以像访问物理接口一
样访问该环回接口。环回接口 IP 地址与物理接口 IP 地址一样,可以作为路由器的管理地
址,终端可以通过建立与环回接口之间的 Telnet 会话,对路由器实施远程配置。

6.7.5　实验步骤

(1) 启动 eNSP,按照如图 6.80 所示的网络拓扑结构放置和连接设备,完成设备放置和
连接后的 eNSP 界面如图 6.81 所示。启动所有设备。

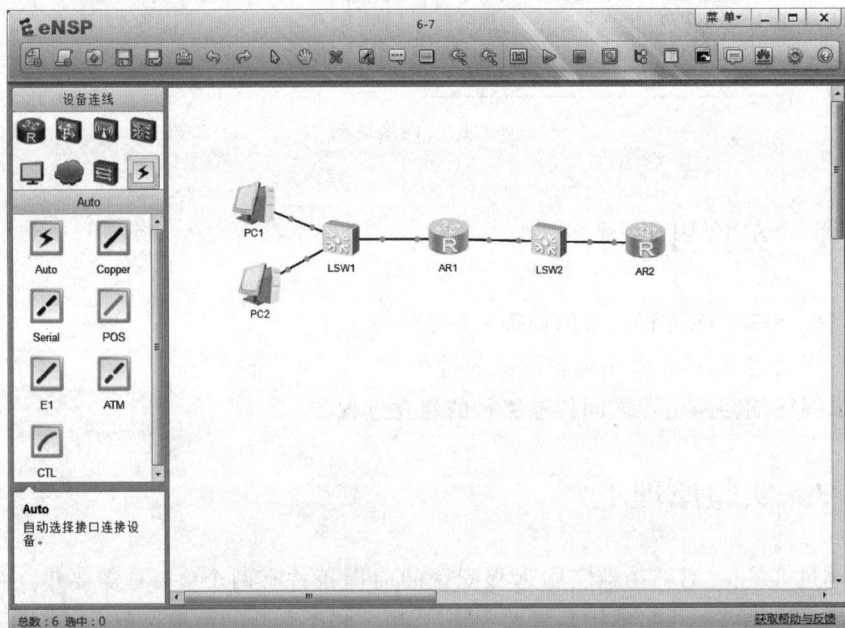

图 6.81　完成设备放置和连接后的 eNSP 界面

(2) 完成路由器 AR1 和 AR2 各个接口的 IP 地址和子网掩码配置过程,在 AR2 中创建
一个环回接口,为环回接口分配 IP 地址和子网掩码。路由器 AR1 和 AR2 各个接口配置的
IP 地址和子网掩码分别如图 6.82 和图 6.83 所示。

(3) 完成路由器 AR1 和 AR2 静态路由项配置过程。路由器 AR1 和 AR2 的路由表内
容分别如图 6.84 和图 6.85 所示。

(4) 完成路由器 AR1 和 AR2 与 Telnet 相关的配置过程,AR1 采用口令鉴别方式,
AR2 采用本地鉴别方式。

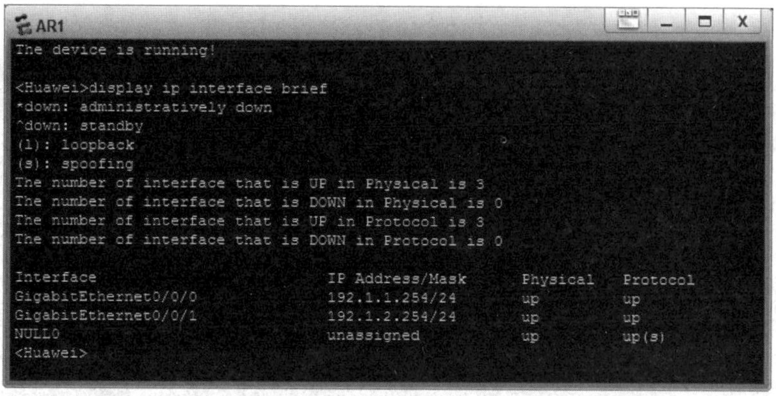

```
AR1
The device is running!

<Huawei>display ip interface brief
*down: administratively down
^down: standby
(l): loopback
(s): spoofing
The number of interface that is UP in Physical is 3
The number of interface that is DOWN in Physical is 0
The number of interface that is UP in Protocol is 3
The number of interface that is DOWN in Protocol is 0

Interface                         IP Address/Mask      Physical   Protocol
GigabitEthernet0/0/0              192.1.1.254/24       up         up
GigabitEthernet0/0/1              192.1.2.254/24       up         up
NULL0                             unassigned           up         up(s)
<Huawei>
```

图 6.82　路由器 AR1 各个接口配置的 IP 地址和子网掩码

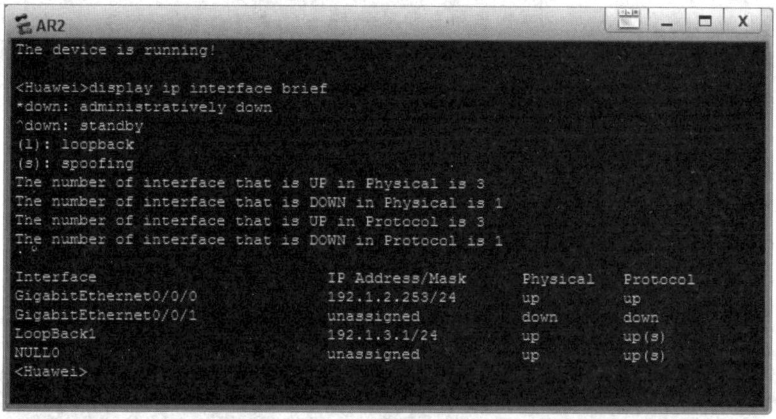

```
AR2
The device is running!

<Huawei>display ip interface brief
*down: administratively down
^down: standby
(l): loopback
(s): spoofing
The number of interface that is UP in Physical is 3
The number of interface that is DOWN in Physical is 1
The number of interface that is UP in Protocol is 3
The number of interface that is DOWN in Protocol is 1

Interface                         IP Address/Mask      Physical   Protocol
GigabitEthernet0/0/0              192.1.2.253/24       up         up
GigabitEthernet0/0/1              unassigned           down       down
LoopBack1                         192.1.3.1/24         up         up(s)
NULL0                             unassigned           up         up(s)
<Huawei>
```

图 6.83　路由器 AR2 各个接口配置的 IP 地址和子网掩码

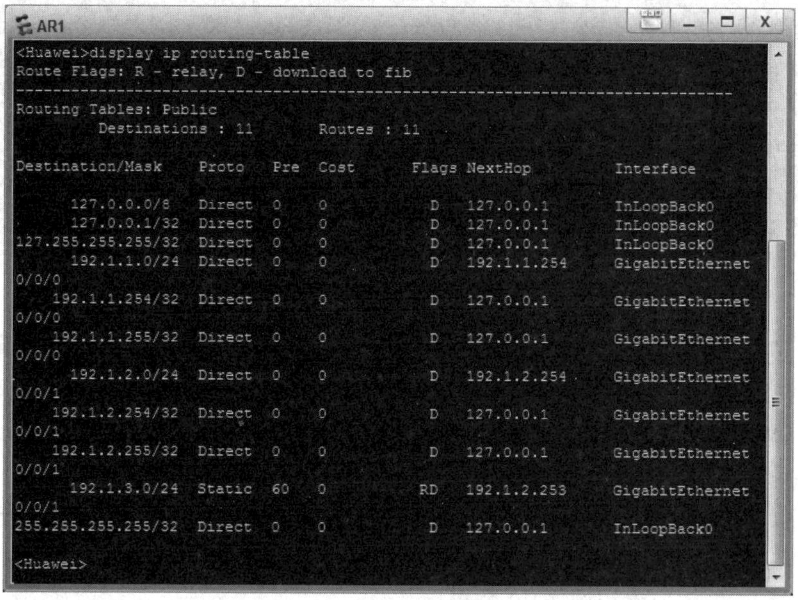

```
AR1
<Huawei>display ip routing-table
Route Flags: R - relay, D - download to fib
------------------------------------------------------------------------------
Routing Tables: Public
         Destinations : 11       Routes : 11

Destination/Mask    Proto   Pre  Cost      Flags NextHop         Interface

      127.0.0.0/8   Direct  0    0           D   127.0.0.1       InLoopBack0
      127.0.0.1/32  Direct  0    0           D   127.0.0.1       InLoopBack0
127.255.255.255/32  Direct  0    0           D   127.0.0.1       InLoopBack0
      192.1.1.0/24  Direct  0    0           D   192.1.1.254     GigabitEthernet
0/0/0
    192.1.1.254/32  Direct  0    0           D   127.0.0.1       GigabitEthernet
0/0/0
    192.1.1.255/32  Direct  0    0           D   127.0.0.1       GigabitEthernet
0/0/0
      192.1.2.0/24  Direct  0    0           D   192.1.2.254     GigabitEthernet
0/0/1
    192.1.2.254/32  Direct  0    0           D   127.0.0.1       GigabitEthernet
0/0/1
    192.1.2.255/32  Direct  0    0           D   127.0.0.1       GigabitEthernet
0/0/1
      192.1.3.0/24  Static  60   0          RD   192.1.2.253     GigabitEthernet
0/0/1
255.255.255.255/32  Direct  0    0           D   127.0.0.1       InLoopBack0

<Huawei>
```

图 6.84　路由器 AR1 的路由表内容

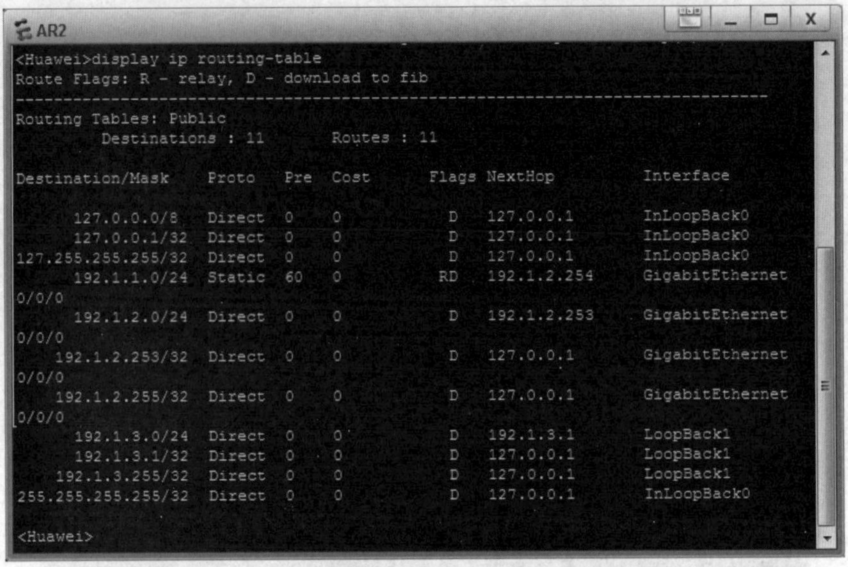

图 6.85 路由器 AR2 的路由表内容

(5) 建立终端与 AR2 中环回接口之间的传输路径后,终端可以与 AR2 中的环回接口相互通信,图 6.86 所示是 PC1 与 AR2 中环回接口之间的通信过程。

图 6.86 PC1 与 AR2 中环回接口之间的通信过程

(6) 为了能够在交换机 LSW1 和 LSW2 中通过 Telnet 命令远程配置路由器 AR1 和 AR2,分别在 LSW1 和 LSW2 中定义 IP 接口,为 IP 接口分配 IP 地址和子网掩码,同时,在 LSW1 和 LSW2 中配置默认路由项。交换机 LSW1 和 LSW2 的接口状态分别如图 6.87 和图 6.88 所示。交换机 LSW1 和 LSW2 的默认路由项分别如图 6.89 和图 6.90 所示。

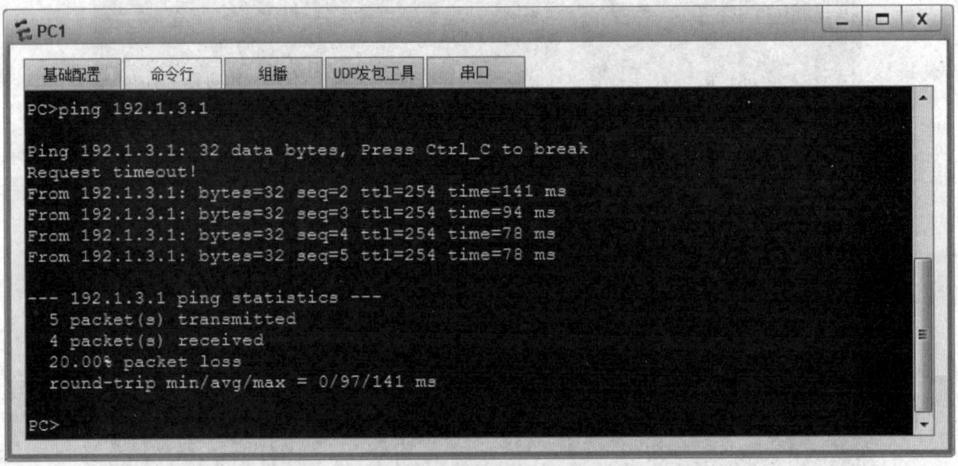

(7) 可以在交换机 LSW1 和 LSW2 中通过 Telnet 命令对 AR1 和 AR2 进行远程配置,图 6.91 所示是在 LSW1 中通过 Telnet 远程配置 AR1 和 AR2 的界面,图 6.92 所示是在 LSW2 中通过 Telnet 远程配置 AR2 的界面。

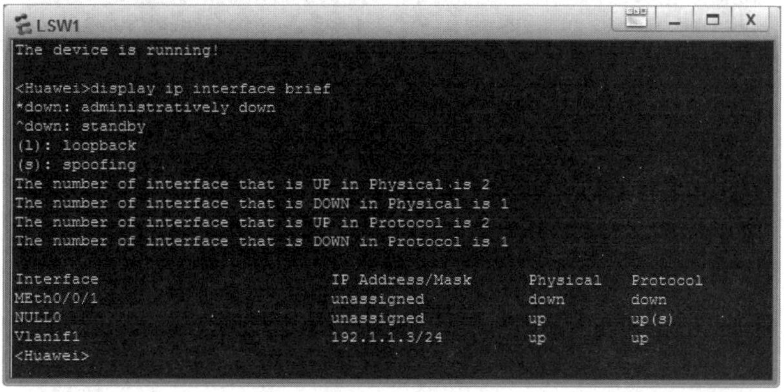

图 6.87　交换机 LSW1 的接口状态

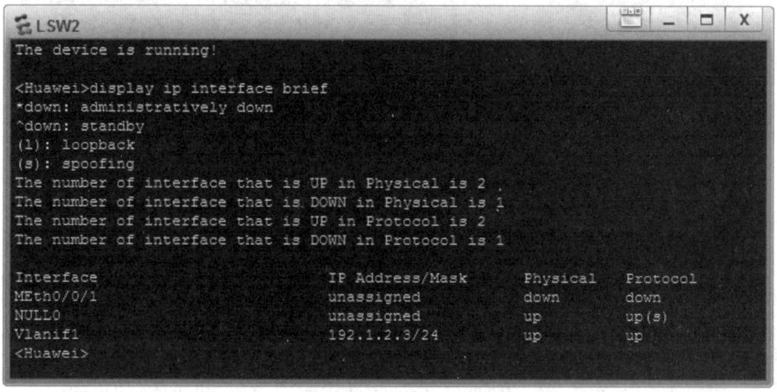

图 6.88　交换机 LSW2 的接口状态

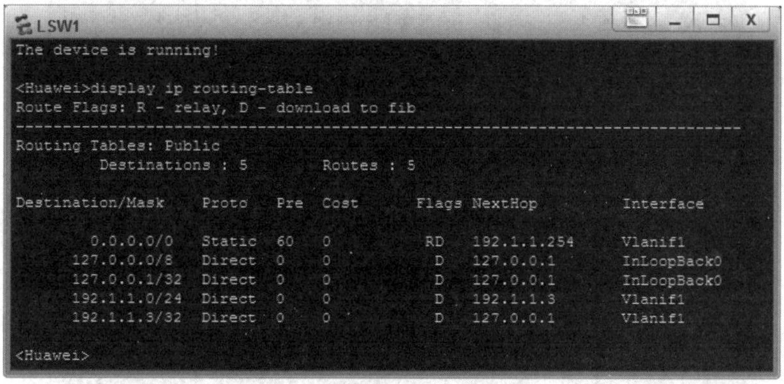

图 6.89　交换机 LSW1 的默认路由项

图 6.90 交换机 LSW2 的默认路由项

图 6.91 在 LSW1 中通过 Telnet 远程配置 AR1 和 AR2 的界面

图 6.92 在 LSW2 中通过 Telnet 远程配置 AR2 的界面

6.7.6 命令行接口配置过程

1. 路由器 AR1 命令行接口配置过程

```
<Huawei> system-view
[Huawei]undo info-center enable
[Huawei]interface GigabitEthernet0/0/0
[Huawei-GigabitEthernet0/0/0]ip address 192.1.1.254 24
[Huawei-GigabitEthernet0/0/0]quit
[Huawei]interface GigabitEthernet0/0/1
[Huawei-GigabitEthernet0/0/1]ip address 192.1.2.254 24
[Huawei-GigabitEthernet0/0/1]quit
[Huawei]ip route-static 192.1.3.0 24 192.1.2.253
[Huawei]user-interface vty 0 4
[Huawei-ui-vty0-4]shell
[Huawei-ui-vty0-4]protocol inbound telnet
[Huawei-ui-vty0-4]user privilege level 15
[Huawei-ui-vty0-4]authentication-mode password
Please configure the login password (maximum length 16):123456
[Huawei-ui-vty0-4]set authentication password cipher 123456
[Huawei-ui-vty0-4]quit
```

2. 路由器 AR2 命令行接口配置过程

```
<Huawei> system-view
[Huawei]undo info-center enable
[Huawei]interface GigabitEthernet0/0/0
[Huawei-GigabitEthernet0/0/0]ip address 192.1.2.253 24
[Huawei-GigabitEthernet0/0/0]quit
[Huawei]ip route-static 192.1.1.0 24 192.1.2.254
[Huawei]quit
[Huawei]user-interface vty 0 4
[Huawei-ui-vty0-4]shell
[Huawei-ui-vty0-4]protocol inbound telnet
[Huawei-ui-vty0-4]authentication-mode aaa
[Huawei-ui-vty0-4]user privilege level 15
[Huawei-ui-vty0-4]quit
[Huawei]aaa
[Huawei-aaa]local-user aaa password cipher bbb
[Huawei-aaa]local-user aaa service-type telnet
[Huawei-aaa]quit
[Huawei]interface loopback 1
[Huawei-LoopBack1]ip address 192.1.3.1 24
[Huawei-LoopBack1]quit
```

3. 交换机 LSW1 命令行接口配置过程

```
<Huawei> system-view
```

```
[Huawei]undo info - center enable
[Huawei]interface vlanif 1
[Huawei - Vlanif1]ip address 192.1.1.3 24
[Huawei - Vlanif1]quit
[Huawei]ip route - static 0.0.0.0 0 192.1.1.254
```

4. 交换机 LSW2 命令行接口配置过程

```
< Huawei > system - view
[Huawei]undo info - center enable
[Huawei]interface vlanif 1
[Huawei - Vlanif1]ip address 192.1.2.3 24
[Huawei - Vlanif1]quit
[Huawei]ip route - static 0.0.0.0 0 192.1.2.253
```

5. 命令列表

路由器命令行接口配置过程中使用的命令及功能和参数说明如表 6.5 所示。

表 6.5　路由器命令行接口配置过程中使用的命令及功能和参数说明

命 令 格 式	功能和参数说明
interface loopback *loopback-number*	定义一个编号由参数 *loopback-number* 指定的环回接口,环回接口是虚拟接口,但可以像物理接口一样分配 IP 地址和子网掩码,网络中的终端可以像访问物理接口一样访问环回接口。环回接口分配的 IP 地址可以作为路由器的管理地址

第7章
CHAPTER 7 路由协议实验

路由协议能够自动生成与当前网络拓扑结构一致的用于指明通往其他网络的传输路径的路由项。根据作用范围,路由协议可以分为内部网关协议和外部网关协议。内部网关协议作用于自治系统内部;外部网关协议作用于自治系统之间。典型的内部网关协议有路由信息协议(Routing Information Protocol,RIP)和开放最短路径优先(Open Shortest Path First,OSPF);典型的外部网关协议有边界网关协议(Border Gateway Protocol,BGP)。

7.1 RIP 配置实验

7.1.1 实验内容

互联网结构如图 7.1 所示。通过配置所有路由器各个接口的 IP 地址和子网掩码,使得每一个路由器自动生成直连路由项。通过在各个路由器中启动 RIP,每一个路由器生成用于指明通往没有与其直接连接的网络的传输路径的动态路由项。为了验证路由协议的自适应性,删除路由器 R11 与 R14 之间的链路,路由器 R11 和 R14 能够根据新的网络拓扑结构重新生成用于指明通往没有与其直接连接的网络的传输路径的动态路由项。互连路由器R11 和 R14 的物理链路的传输速率是 100Mb/s,其他互连路由器的物理链路的传输速率是1Gb/s。为了节省 IP 地址,可用 CIDR 地址块 192.1.3.0/27 涵盖所有分配给实现路由器互连的路由器接口的 IP 地址。各个路由器接口配置的 IP 地址和子网掩码如表 7.1 所示。

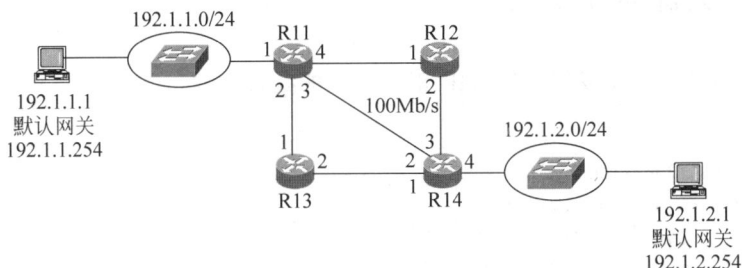

图 7.1 互联网结构

表 7.1　路由器接口配置的 IP 地址和子网掩码

路　由　器	接　口	IP 地址	子　网　掩　码
R11	1	192.1.1.254	255.255.255.0
	2	192.1.3.5	255.255.255.252
	3	192.1.3.9	255.255.255.252
	4	192.1.3.1	255.255.255.252
R12	1	192.1.3.2	255.255.255.252
	2	192.1.3.13	255.255.255.252
R13	1	192.1.3.6	255.255.255.252
	2	192.1.3.17	255.255.255.252
R14	1	192.1.3.18	255.255.255.252
	2	192.1.3.10	255.255.255.252
	3	192.1.3.14	255.255.255.252
	4	192.1.2.254	255.255.255.0

7.1.2　实验目的

（1）验证 RIP 创建动态路由项的过程。
（2）验证直连路由项和 RIP 之间的关联。
（3）区分动态路由项和静态路由项的差别。
（4）验证动态路由项的自适应性。

7.1.3　实验原理

由于 RIP 的功能是使得每一个路由器能够在直连路由项的基础上,创建用于指明通往没有与其直接连接的网络的传输路径的动态路由项,因此,路由器的配置过程分为两部分:一是通过配置接口的 IP 地址和子网掩码自动生成直连路由项;二是通过配置 RIP 相关信息,启动通过 RIP 生成用于指明通往没有与其直接连接的网络的传输路径的动态路由项的过程。

7.1.4　关键命令说明

以下命令序列用于完成路由器 RIP 相关信息的配置过程。

```
[Huawei]rip
[Huawei-rip-1]version 2
[Huawei-rip-1]undo summary
[Huawei-rip-1]network 192.1.1.0
[Huawei-rip-1]network 192.1.3.0
[Huawei-rip-1]quit
```

rip 是系统视图下使用的命令,该命令的作用是启动 RIP 进程,并进入 RIP 视图。由于没有给出进程编号,启动编号为 1 的 RIP 进程。

version 2 是 RIP 视图下使用的命令,该命令的作用是启动 RIPv2,eNSP 支持 RIPv1 和 RIPv2。RIPv1 只支持分类编址,RIPv2 支持无分类编址。

undo summary 是 RIP 视图下使用的命令,该命令的作用是取消路由项聚合功能。

network 192.1.3.0 是 RIP 视图下使用的命令,紧随命令 network 的参数通常是分类网络地址。192.1.3.0 是 C 类网络地址,其 IP 地址空间为 192.1.3.0~192.1.3.255。该命令的作用有两个:一是启动所有配置的 IP 地址属于网络地址 192.1.3.0 的路由器接口的 RIP 功能,允许这些接口接收和发送 RIP 路由消息;二是如果网络 192.1.3.0 是该路由器直接连接的网络,或者划分网络 192.1.3.0 后产生的若干个子网是该路由器直接连接的网络,网络 192.1.3.0 对应的直连路由项(启动路由项聚合功能情况)或者划分网络 192.1.3.0 后产生的若干个子网对应的直连路由项(取消路由项聚合功能情况)参与 RIP 建立动态路由项的过程,即其他路由器的路由表中会生成用于指明通往网络 192.1.3.0(启动路由项聚合功能情况)或者划分网络 192.1.3.0 后产生的若干个子网(取消路由项聚合功能情况)的传输路径的路由项。

7.1.5 实验步骤

(1) 启动 eNSP,按照如图 7.1 所示的网络拓扑结构放置和连接设备,完成设备放置和连接后的 eNSP 界面如图 7.2 所示。启动所有设备。

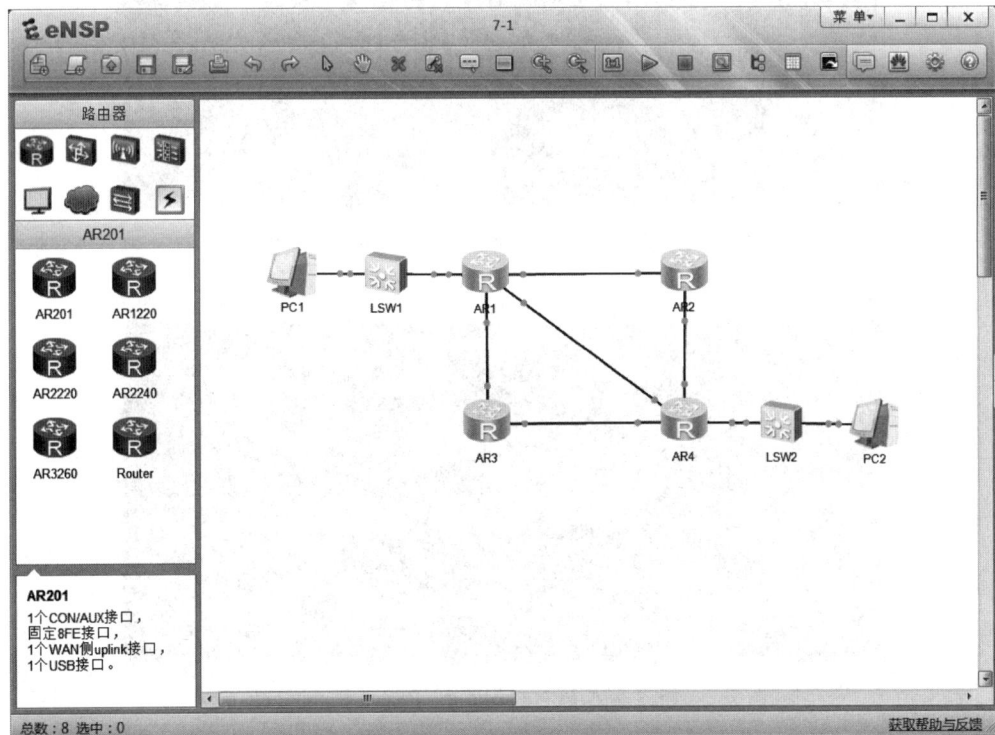

图 7.2 完成设备放置和连接后的 eNSP 界面

(2) 按照如表 7.1 所示路由器接口配置信息,完成所有路由器各个接口的 IP 地址和子网掩码配置过程。路由器 AR1~AR4 各个接口配置的 IP 地址和子网掩码分别如图 7.3~图 7.6 所示。

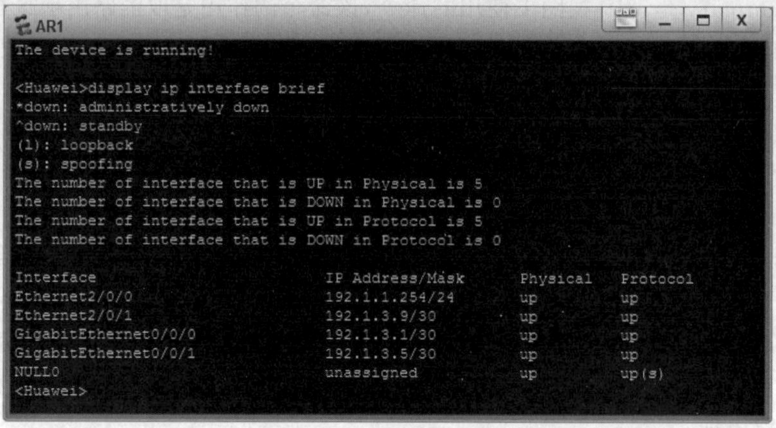

图 7.3　路由器 AR1 接口配置的 IP 地址和子网掩码

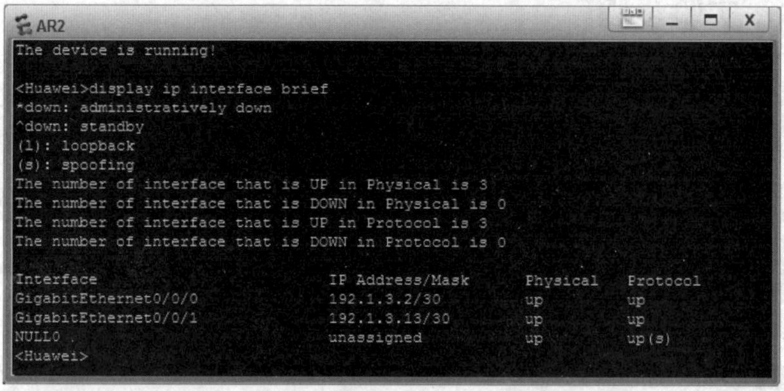

图 7.4　路由器 AR2 接口配置的 IP 地址和子网掩码

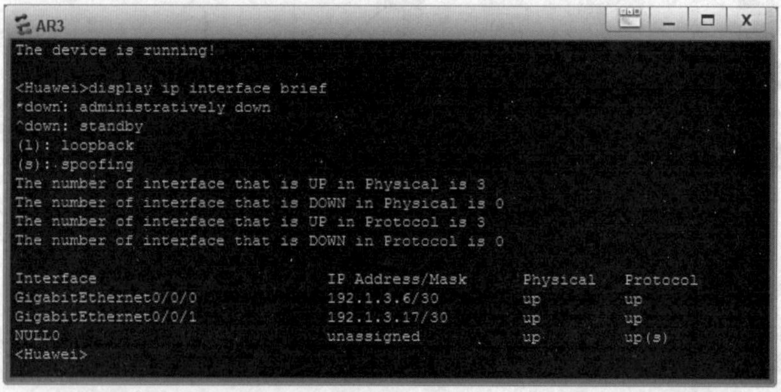

图 7.5　路由器 AR3 接口配置的 IP 地址和子网掩码

(3) 完成各个路由器 RIP 相关信息的配置过程。由于 RIP 只能配置分类 IP 地址,因此,各个路由器中需要配置网络地址 192.1.3.0。

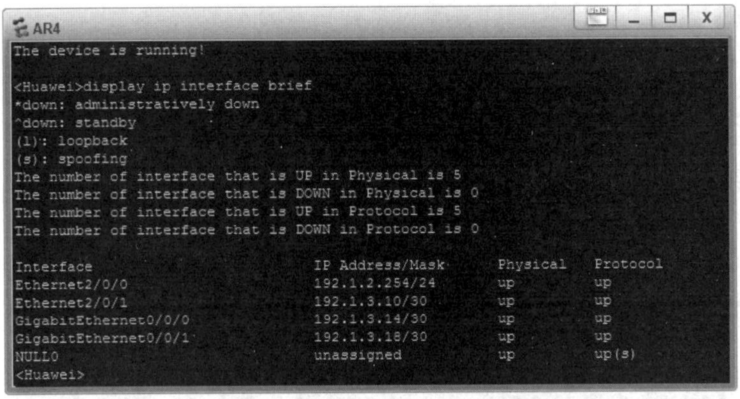

```
AR4
The device is running!

<Huawei>display ip interface brief
*down: administratively down
^down: standby
(l): loopback
(s): spoofing
The number of interface that is UP in Physical is 5
The number of interface that is DOWN in Physical is 0
The number of interface that is UP in Protocol is 5
The number of interface that is DOWN in Protocol is 0

Interface                         IP Address/Mask      Physical   Protocol
Ethernet2/0/0                     192.1.2.254/24       up         up
Ethernet2/0/1                     192.1.3.10/30        up         up
GigabitEthernet0/0/0              192.1.3.14/30        up         up
GigabitEthernet0/0/1              192.1.3.18/30        up         up
NULL0                             unassigned           up         up(s)
<Huawei>
```

图 7.6 路由器 AR4 接口配置的 IP 地址和子网掩码

(4) 路由器 AR1～AR4 的路由表分别如图 7.7～图 7.10 所示。路由表中有两种类型的路由项：直连路由项和 RIP 生成的动态路由项。RIP 生成的动态路由项的优先级值是 100。由于优先级值越大，路由项的优先级越低，因此，RIP 生成的动态路由项的优先级低于直连路由项(优先级值为 0)和静态路由项(优先级值为 60)。RIP 生成的动态路由项的代价(Cost)是该路由器通往目的网络的传输路径所经过的跳数。例如，路由器 AR1 通往目的网络 192.1.2.0/24 的传输路径是 AR1→AR4→192.1.2.0/24，除了自身，该传输路径经过一跳路由器(AR4)，因此，路由器 AR1 中目的网络为 192.1.2.0/24 的路由项的代价为 1，下一跳是路由器 AR4 连接路由器 AR1 的接口的 IP 地址 192.1.3.10。

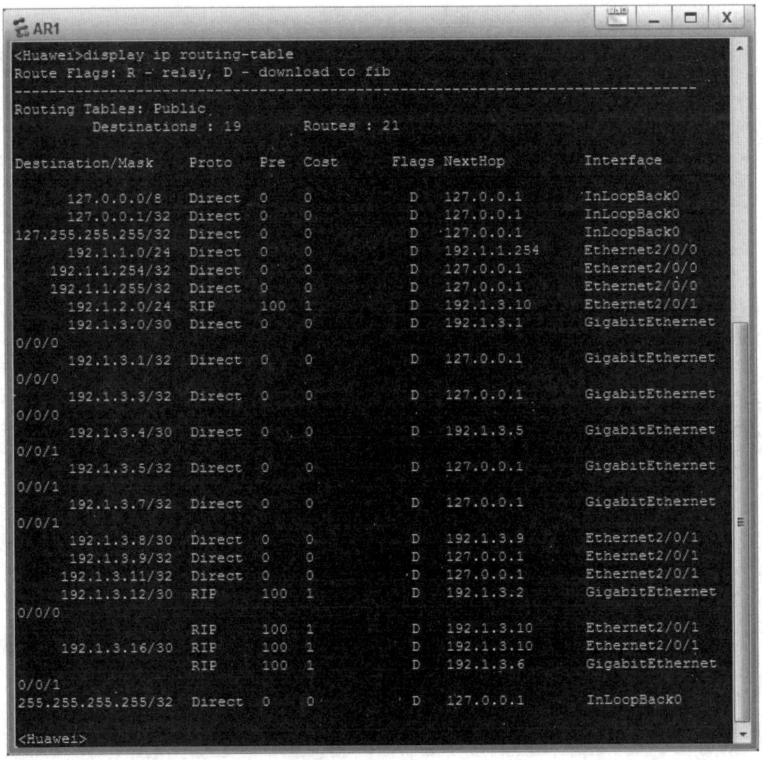

```
AR1
<Huawei>display ip routing-table
Route Flags: R - relay, D - download to fib
------------------------------------------------------------------------------
Routing Tables: Public
         Destinations : 19       Routes : 21

Destination/Mask    Proto   Pre  Cost      Flags NextHop         Interface

      127.0.0.0/8   Direct  0    0           D   127.0.0.1       InLoopBack0
      127.0.0.1/32  Direct  0    0           D   127.0.0.1       InLoopBack0
127.255.255.255/32  Direct  0    0           D   127.0.0.1       InLoopBack0
      192.1.1.0/24  Direct  0    0           D   192.1.1.254     Ethernet2/0/0
    192.1.1.254/32  Direct  0    0           D   127.0.0.1       Ethernet2/0/0
    192.1.1.255/32  Direct  0    0           D   127.0.0.1       Ethernet2/0/0
      192.1.2.0/24  RIP     100  1           D   192.1.3.10      Ethernet2/0/1
      192.1.3.0/30  Direct  0    0           D   192.1.3.1       GigabitEthernet
0/0/0
      192.1.3.1/32  Direct  0    0           D   127.0.0.1       GigabitEthernet
0/0/0
      192.1.3.3/32  Direct  0    0           D   127.0.0.1       GigabitEthernet
0/0/0
      192.1.3.4/30  Direct  0    0           D   192.1.3.5       GigabitEthernet
0/0/1
      192.1.3.5/32  Direct  0    0           D   127.0.0.1       GigabitEthernet
0/0/1
      192.1.3.7/32  Direct  0    0           D   127.0.0.1       GigabitEthernet
0/0/1
      192.1.3.8/30  Direct  0    0           D   192.1.3.9       Ethernet2/0/1
      192.1.3.9/32  Direct  0    0           D   127.0.0.1       Ethernet2/0/1
     192.1.3.11/32  Direct  0    0           D   127.0.0.1       Ethernet2/0/1
     192.1.3.12/30  RIP     100  1           D   192.1.3.2       GigabitEthernet
0/0/0
                    RIP     100  1           D   192.1.3.10      Ethernet2/0/1
     192.1.3.16/30  RIP     100  1           D   192.1.3.10      Ethernet2/0/1
                    RIP     100  1           D   192.1.3.6       GigabitEthernet
0/0/1
255.255.255.255/32  Direct  0    0           D   127.0.0.1       InLoopBack0

<Huawei>
```

图 7.7 路由器 AR1 的路由表

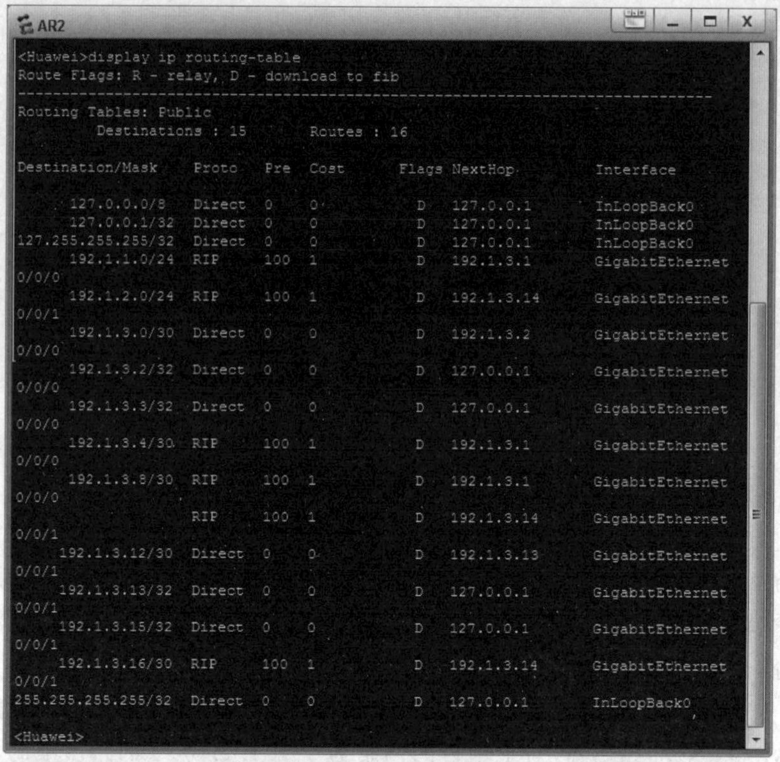

图 7.8　路由器 AR2 的路由表

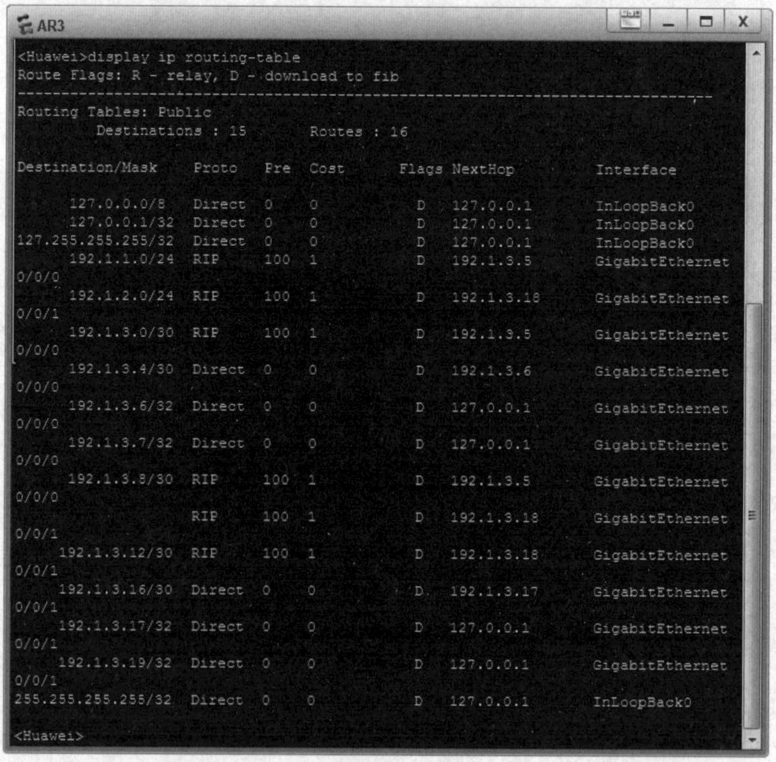

图 7.9　路由器 AR3 的路由表

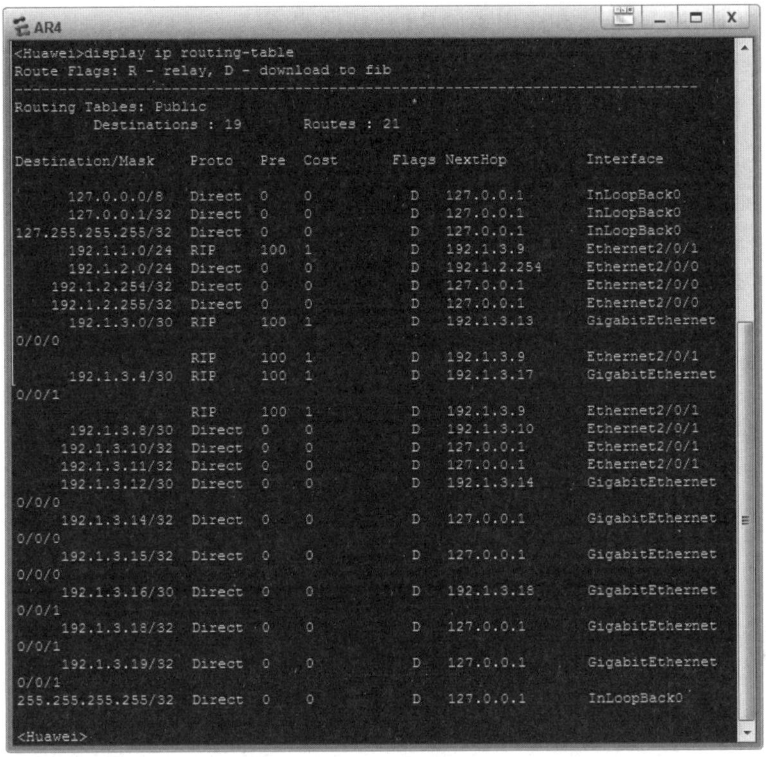


```
<Huawei>display ip routing-table
Route Flags: R - relay, D - download to fib
------------------------------------------------------------------------------
Routing Tables: Public
         Destinations : 19       Routes : 21

Destination/Mask    Proto   Pre  Cost      Flags NextHop         Interface

      127.0.0.0/8   Direct  0    0           D   127.0.0.1       InLoopBack0
      127.0.0.1/32  Direct  0    0           D   127.0.0.1       InLoopBack0
127.255.255.255/32  Direct  0    0           D   127.0.0.1       InLoopBack0
      192.1.1.0/24  RIP     100  1           D   192.1.3.9       Ethernet2/0/1
      192.1.2.0/24  Direct  0    0           D   192.1.2.254     Ethernet2/0/0
    192.1.2.254/32  Direct  0    0           D   127.0.0.1       Ethernet2/0/0
    192.1.2.255/32  Direct  0    0           D   127.0.0.1       Ethernet2/0/0
      192.1.3.0/30  RIP     100  1           D   192.1.3.13      GigabitEthernet
0/0/0
                    RIP     100  1           D   192.1.3.9       Ethernet2/0/1
      192.1.3.4/30  RIP     100  1           D   192.1.3.17      GigabitEthernet
0/0/1
                    RIP     100  1           D   192.1.3.9       Ethernet2/0/1
      192.1.3.8/30  Direct  0    0           D   192.1.3.10      Ethernet2/0/1
     192.1.3.10/32  Direct  0    0           D   127.0.0.1       Ethernet2/0/1
     192.1.3.11/32  Direct  0    0           D   127.0.0.1       Ethernet2/0/1
     192.1.3.12/30  Direct  0    0           D   192.1.3.14      GigabitEthernet
0/0/0
     192.1.3.14/32  Direct  0    0           D   127.0.0.1       GigabitEthernet
0/0/0
     192.1.3.15/32  Direct  0    0           D   127.0.0.1       GigabitEthernet
0/0/0
     192.1.3.16/30  Direct  0    0           D   192.1.3.18      GigabitEthernet
0/0/1
     192.1.3.18/32  Direct  0    0           D   127.0.0.1       GigabitEthernet
0/0/1
     192.1.3.19/32  Direct  0    0           D   127.0.0.1       GigabitEthernet
0/0/1
255.255.255.255/32  Direct  0    0           D   127.0.0.1       InLoopBack0

<Huawei>
```

图 7.10 路由器 AR4 的路由表

(5) 完成 PC1 和 PC2 IP 地址、子网掩码和默认网关地址配置过程，验证 PC1 和 PC2 之间的连通性，图 7.11 所示是 PC1 与 PC2 之间的通信过程。

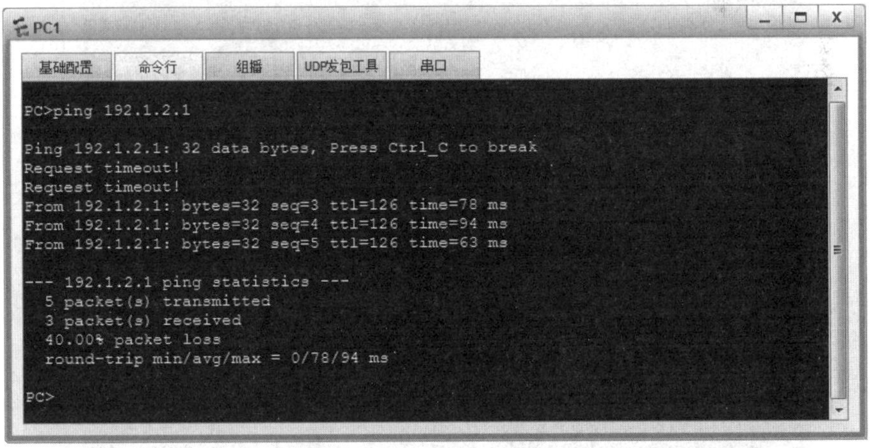


```
PC>ping 192.1.2.1

Ping 192.1.2.1: 32 data bytes, Press Ctrl_C to break
Request timeout!
Request timeout!
From 192.1.2.1: bytes=32 seq=3 ttl=126 time=78 ms
From 192.1.2.1: bytes=32 seq=4 ttl=126 time=94 ms
From 192.1.2.1: bytes=32 seq=5 ttl=126 time=63 ms

--- 192.1.2.1 ping statistics ---
  5 packet(s) transmitted
  3 packet(s) received
  40.00% packet loss
  round-trip min/avg/max = 0/78/94 ms

PC>
```

图 7.11 PC1 与 PC2 之间的通信过程

(6) 删除 AR1 与 AR4 之间的物理链路，网络拓扑结构如图 7.12 所示。路由器 AR1 重新生成的路由表如图 7.13 所示。路由器 AR1 通往网络 192.1.2.0/24 的传输路径改为 AR1→AR2→AR4→192.1.2.0/24 和 AR1→AR3→AR4→192.1.2.0/24，除了自身，这两条传输路径分别经过两跳路由器(AR2、AR4 和 AR3、AR4)，因此，路由器 AR1 中目的网络为 192.1.2.0/24 的两项路由项的代价均为 2，下一跳分别是路由器 AR2 连接路由器 AR1

的接口的 IP 地址 192.1.3.2 和路由器 AR3 连接路由器 AR1 的接口的 IP 地址 192.1.3.6。

（7）再次验证 PC1 和 PC2 之间的连通性。

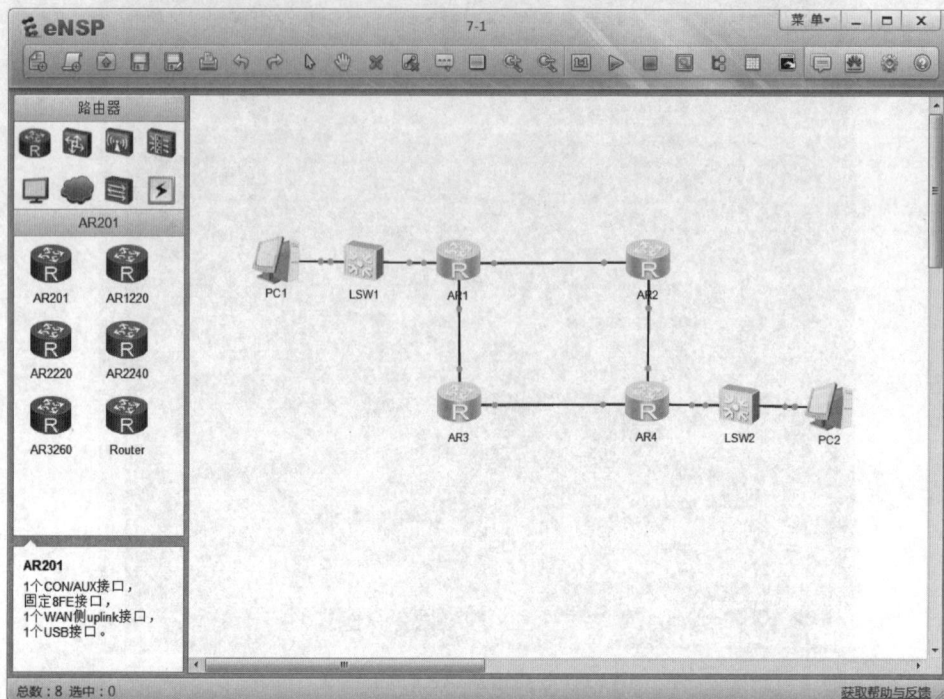

图 7.12　删除 AR1 与 AR4 之间的物理链路后的网络拓扑结构

图 7.13　路由器 AR1 重新生成的路由表

7.1.6 命令行接口配置过程

1. 路由器 AR1 命令行接口配置过程

```
< Huawei > system - view
[Huawei]undo info - center enable
[Huawei]interface Ethernet2/0/0
[Huawei - Ethernet2/0/0]ip address 192.1.1.254 24
[Huawei - Ethernet2/0/0]quit
[Huawei]interface GigabitEthernet0/0/0
[Huawei - GigabitEthernet0/0/0]ip address 192.1.3.1 30
[Huawei - GigabitEthernet0/0/0]quit
[Huawei]interface GigabitEthernet0/0/1
[Huawei - GigabitEthernet0/0/1]ip address 192.1.3.5 30
[Huawei - GigabitEthernet0/0/1]quit
[Huawei]interface Ethernet2/0/1
[Huawei - Ethernet2/0/1]ip address 192.1.3.9 30
[Huawei - Ethernet2/0/1]quit
[Huawei]rip
[Huawei - rip - 1]version 2
[Huawei - rip - 1]undo summary
[Huawei - rip - 1]network 192.1.1.0
[Huawei - rip - 1]network 192.1.3.0
[Huawei - rip - 1]quit
```

2. 路由器 AR2 命令行接口配置过程

```
< Huawei > system - view
[Huawei]undo info - center enable
[Huawei]interface GigabitEthernet0/0/0
[Huawei - GigabitEthernet0/0/0]ip address 192.1.3.2 30
[Huawei - GigabitEthernet0/0/0]quit
[Huawei]interface GigabitEthernet0/0/1
[Huawei - GigabitEthernet0/0/1]ip address 192.1.3.13 30
[Huawei - GigabitEthernet0/0/1]quit
[Huawei]rip
[Huawei - rip - 1]version 2
[Huawei - rip - 1]undo summary
[Huawei - rip - 1]network 192.1.3.0
[Huawei - rip - 1]quit
```

路由器 AR3 命令行接口配置过程与 AR2 相似,路由器 AR4 命令行接口配置过程与 AR1 相似,这里不再赘述。

3. 命令列表

路由器命令行接口配置过程中使用的命令及功能和参数说明如表 7.2 所示。

表 7.2　路由器命令行接口配置过程中使用的命令及功能和参数说明

命 令 格 式	功能和参数说明
rip[*process-id*]	启动 RIP 进程,并进入 RIP 视图,在 RIP 视图下完成 RIP 相关参数的配置过程。参数 *process-id* 是 RIP 进程编号,默认值是 1
version⟨1∣2⟩	选择 RIP 版本号,可以选择 RIPv1 或 RIPv2
summary	启动路由项聚合功能,将多项以子网地址为目的网络地址的路由项聚合为一项以分类网络地址为目的网络地址的路由项
network *network-address*	指定参与 RIP 创建动态路由项过程的路由器接口和直接连接的网络。参数 *network-address* 用于指定分类网络地址

7.2　单区域 OSPF 配置实验

7.2.1　实验内容

单区域互联网结构如图 7.14 所示,互连路由器 R11 和 R14 的是 100Mb/s 物理链路,其他物理链路都是 1Gb/s 链路。路由器 R11、R12、R13、R14 和网络 192.1.1.0/24、192.1.2.0/24 构成一个 OSPF 区域,为了节省 IP 地址,可用 CIDR 地址块 192.1.3.0/27 涵盖所有分配给实现路由器互连的路由器接口的 IP 地址。各个路由器接口配置的 IP 地址和子网掩码如表 7.1 所示。完成各个路由器 OSPF 相关配置过程,在每一个路由器中生成用于指明通往没有与其直接连接的网络的传输路径的动态路由项。

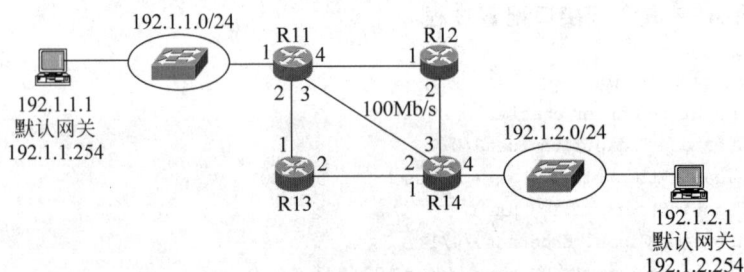

图 7.14　单区域互联网结构

7.2.2　实验目的

(1) 掌握路由器 OSPF 配置过程。
(2) 验证 OSPF 创建动态路由项过程。
(3) 验证 OSPF 聚合网络地址过程。

7.2.3　实验原理

图 7.14 所示的单 OSPF 区域的配置过程分为两部分:一是完成所有路由器接口的 IP

地址和子网掩码配置,使得各个路由器自动生成用于指明通往直接连接的网络的传输路径的直连路由项;二是各个路由器确定参与 OSPF 创建动态路由项过程的路由器接口和直接连接的网络,确定参与 OSPF 创建动态路由项过程的路由器接口将发送和接收 OSPF 报文,其他路由器创建的动态路由项中包含用于指明通往确定参与 OSPF 创建动态路由项过程的网络的传输路径的动态路由项。需要说明的是,OSPF 选择代价最小的传输路径。传输路径的代价是传输路径经过的路由器中对应该传输路径是输出接口的接口开销之和。每一个路由器接口的接口开销=带宽参考值/接口带宽。带宽参考值是可以配置的,默认的带宽参考值为 100Mb/s。路由器接口开销必须是整数,如果带宽参考值/接口带宽<1,则接口开销为 1。对应路由器 R11 通往网络 192.1.2.0/24 的传输路径:R11→R14→192.1.2.0/24,经过的路由器 R11 和 R14 中,对应该传输路径的输出接口分别是 R11 接口 3 和 R14 接口 4,因此,该传输路径代价=R11 接口 3 的接口开销+R14 接口 4 的接口开销。

7.2.4 关键命令说明

1. OPSF 配置过程

以下命令序列用于完成 OSPF 相关信息的配置过程。

```
[Huawei]ospf 1
[Huawei-ospf-1]area 1
[Huawei-ospf-1-area-0.0.0.1]network 192.1.1.0 0.0.0.255
[Huawei-ospf-1-area-0.0.0.1]network 192.1.3.0 0.0.0.31
[Huawei-ospf-1-area-0.0.0.1]quit
[Huawei-ospf-1]quit
```

ospf 1 是系统视图下使用的命令,该命令的作用是启动编号为 1 的 OSPF 进程,并进入 OSPF 视图。

area 1 是 OSPF 视图下使用的命令,该命令的作用是创建编号为 1 的 OSPF 区域,并进入编号为 1 的 OSPF 区域视图。

network 192.1.1.0 0.0.0.255 是 OSPF 区域视图下使用的命令,该命令的作用是指定属于特定区域(这里是区域 1)的路由器接口和直接连接的网络。所有接口 IP 地址属于 CIDR 地址块 192.1.1.0/24 的路由器接口均参与指定区域(这里是区域 1)内 OSPF 创建动态路由项的过程。确定参与 OSPF 创建动态路由项过程的路由器接口将接收和发送 OSPF 报文。直接连接的网络中,所有网络地址属于 CIDR 地址块 192.1.1.0/24 的网络均参与 OSPF 创建动态路由项的过程。其他路由器创建的动态路由项中包含用于指明通往确定参与 OSPF 创建动态路由项过程的网络的传输路径的动态路由项。192.1.1.0 0.0.0.255 用于指定 CIDR 地址块 192.1.1.0/24,0.0.0.255 是子网掩码 255.255.255.0 的反码,其作用等同于子网掩码 255.255.255.0。

2. 接口开销配置过程

以下命令序列完成接口的接口开销配置过程。

```
[Huawei]interface Ethernet2/0/1
[Huawei-Ethernet2/0/1]ospf cost 10
```

```
[Huawei - Ethernet2/0/1]quit
```

ospf cost 10 是接口视图下使用的命令,该命令的作用是指定 10 作为某个特定接口(这里是接口 Ethernet2/0/1)的接口开销。由于默认的带宽参考值是 100Mb/s,因此,传输速率为 100Mb/s 的接口的接口开销=(100Mb/s)/(100Mb/s)=1,传输速率为 1Gb/s 的接口的接口开销=(100Mb/s)/(1000Mb/s)=0.1。由于接口开销必须是整数,因此,传输速率为 1Gb/s 的接口的接口开销也等于 1,这就使得传输速率为 1Gb/s 的接口和传输速率为 100Mb/s 的接口的接口开销是相同的。为了区分这两类接口的接口开销,或者将带宽参考值调整为 1Gb/s,或者单独为传输速率为 100Mb/s 的接口配置接口开销。

7.2.5 实验步骤

(1) 启动 eNSP,按照如图 7.14 所示的网络拓扑结构放置和连接设备,完成设备放置和连接后的 eNSP 界面如图 7.15 所示。启动所有设备。

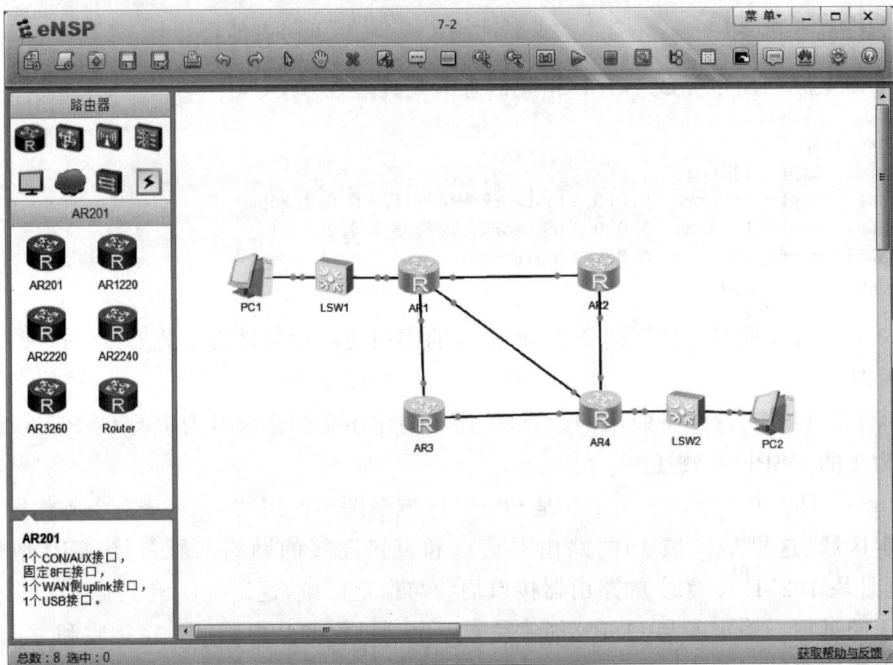

图 7.15 完成设备放置和连接后的 eNSP 界面

(2) 按照如表 7.1 所示路由器接口配置信息,完成所有路由器各个接口的 IP 地址和子网掩码配置过程。

(3) 完成各个路由器 OSPF 相关信息的配置过程,将传输速率为 100Mb/s 的路由器接口的接口开销配置为 10。

(4) 路由器 AR1～AR4 的路由表分别如图 7.16～图 7.19 所示,AR1 中目的网络为 192.1.2.0/24 的路由项有两项,传输路径代价均为 3,一项路由项的下一跳 IP 地址是路由器 AR2 连接路由器 AR1 的接口的 IP 地址 192.1.3.2,另一项路由项的下一跳是路由器 AR3 连接路由器 AR1 的接口的 IP 地址 192.1.3.6。通过分析路由器 AR1～AR4 的路由

图 7.16　路由器 AR1 的路由表

图 7.17　路由器 AR2 的路由表

```
AR3                                                                    _ □ X
<Huawei>display ip routing-table
Route Flags: R - relay, D - download to fib
------------------------------------------------------------------------
Routing Tables: Public
         Destinations : 15      Routes : 16

Destination/Mask    Proto   Pre  Cost      Flags NextHop       Interface

      127.0.0.0/8   Direct  0    0          D    127.0.0.1     InLoopBack0
      127.0.0.1/32  Direct  0    0          D    127.0.0.1     InLoopBack0
127.255.255.255/32  Direct  0    0          D    127.0.0.1     InLoopBack0
      192.1.1.0/24  OSPF    10   2          D    192.1.3.5     GigabitEthernet
0/0/0
      192.1.2.0/24  OSPF    10   2          D    192.1.3.18    GigabitEthernet
0/0/1
      192.1.3.0/30  OSPF    10   2          D    192.1.3.5     GigabitEthernet
0/0/0
      192.1.3.4/30  Direct  0    0          D    192.1.3.6     GigabitEthernet
0/0/0
      192.1.3.6/32  Direct  0    0          D    127.0.0.1     GigabitEthernet
0/0/0
      192.1.3.7/32  Direct  0    0          D    127.0.0.1     GigabitEthernet
0/0/0
      192.1.3.8/30  OSPF    10   11         D    192.1.3.5     GigabitEthernet
0/0/0
                    OSPF    10   11         D    192.1.3.18    GigabitEthernet
0/0/1
     192.1.3.12/30  OSPF    10   2          D    192.1.3.18    GigabitEthernet
0/0/1
     192.1.3.16/30  Direct  0    0          D    192.1.3.17    GigabitEthernet
0/0/1
     192.1.3.17/32  Direct  0    0          D    127.0.0.1     GigabitEthernet
0/0/1
     192.1.3.19/32  Direct  0    0          D    127.0.0.1     GigabitEthernet
0/0/1
255.255.255.255/32  Direct  0    0          D    127.0.0.1     InLoopBack0

<Huawei>
```

图 7.18　路由器 AR3 的路由表

```
AR4                                                                    _ □ X
<Huawei>display ip routing-table
Route Flags: R - relay, D - download to fib
------------------------------------------------------------------------
Routing Tables: Public
         Destinations : 19      Routes : 20

Destination/Mask    Proto   Pre  Cost      Flags NextHop       Interface

      127.0.0.0/8   Direct  0    0          D    127.0.0.1     InLoopBack0
      127.0.0.1/32  Direct  0    0          D    127.0.0.1     InLoopBack0
127.255.255.255/32  Direct  0    0          D    127.0.0.1     InLoopBack0
      192.1.1.0/24  OSPF    10   3          D    192.1.3.17    GigabitEthernet
0/0/1
                    OSPF    10   3          D    192.1.3.13    GigabitEthernet
0/0/0
      192.1.2.0/24  Direct  0    0          D    192.1.2.254   Ethernet2/0/0
    192.1.2.254/32  Direct  0    0          D    127.0.0.1     Ethernet2/0/0
    192.1.2.255/32  Direct  0    0          D    127.0.0.1     Ethernet2/0/0
      192.1.3.0/30  OSPF    10   2          D    192.1.3.13    GigabitEthernet
0/0/0
      192.1.3.4/30  OSPF    10   2          D    192.1.3.17    GigabitEthernet
0/0/1
      192.1.3.8/30  Direct  0    0          D    192.1.3.10    Ethernet2/0/1
     192.1.3.10/32  Direct  0    0          D    127.0.0.1     Ethernet2/0/1
     192.1.3.11/32  Direct  0    0          D    127.0.0.1     Ethernet2/0/1
     192.1.3.12/30  Direct  0    0          D    192.1.3.14    GigabitEthernet
0/0/0
     192.1.3.14/32  Direct  0    0          D    127.0.0.1     GigabitEthernet
0/0/0
     192.1.3.15/32  Direct  0    0          D    127.0.0.1     GigabitEthernet
0/0/0
     192.1.3.16/30  Direct  0    0          D    192.1.3.18    GigabitEthernet
0/0/1
     192.1.3.18/32  Direct  0    0          D    127.0.0.1     GigabitEthernet
0/0/1
     192.1.3.19/32  Direct  0    0          D    127.0.0.1     GigabitEthernet
0/0/1
255.255.255.255/32  Direct  0    0          D    127.0.0.1     InLoopBack0

<Huawei>
```

图 7.19　路由器 AR4 的路由表

表发现,AR1 通往网络 192.1.2.0/24 的传输路径是两条有相同代价的传输路径: AR1→ AR2→AR4→192.1.2.0/24 和 AR1→AR3→AR4→192.1.2.0/24,这两条传输路径分别经 过三个传输速率为 1Gb/s 的输出接口,因此,代价为 3。AR1 通往网络 192.1.2.0/24 的传 输路径 AR1→AR4→192.1.2.0/24 虽然只经过两个输出接口,但其中一个输出接口的传输 速率是 100Mb/s,使得该接口的接口开销为 10,导致该传输路径的代价为 11。根据选择代 价最小的传输路径的选路原则,OSPF 选择 AR1→AR2→AR4→192.1.2.0/24 和 AR1→ AR3→AR4→192.1.2.0/24 这两条代价为 3 的传输路径。OSPF 路由项的优先级值为 10, 因此,OSPF 路由项的优先级仅次于直连路由项。

（5）验证 PC1 和 PC2 之间的连通性,图 7.20 所示是 PC1 与 PC2 之间的通信过程。

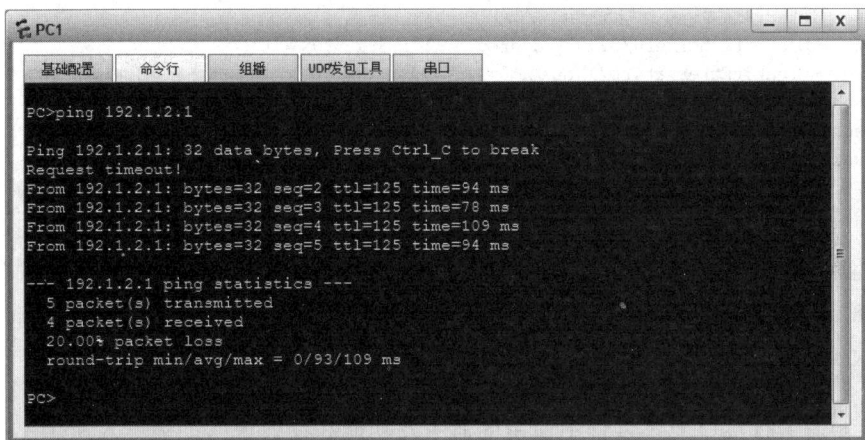

图 7.20　PC1 与 PC2 之间的通信过程

7.2.6　命令行接口配置过程

1. 路由器 AR1 命令行接口配置过程

```
< Huawei > system - view
[Huawei]undo info - center enable
[Huawei]interface Ethernet2/0/0
[Huawei - Ethernet2/0/0]ip address 192.1.1.254 24
[Huawei - Ethernet2/0/0]quit
[Huawei]interface GigabitEthernet0/0/0
[Huawei - GigabitEthernet0/0/0]ip address 192.1.3.1 30
[Huawei - GigabitEthernet0/0/0]quit
[Huawei]interface GigabitEthernet0/0/1
[Huawei - GigabitEthernet0/0/1]ip address 192.1.3.5 30
[Huawei - GigabitEthernet0/0/1]quit
[Huawei]interface Ethernet2/0/1
[Huawei - Ethernet2/0/1]ip address 192.1.3.9 30
[Huawei - Ethernet2/0/1]quit
[Huawei]ospf 1
[Huawei - ospf - 1]area 1
[Huawei - ospf - 1 - area - 0.0.0.1]network 192.1.1.0 0.0.0.255
[Huawei - ospf - 1 - area - 0.0.0.1]network 192.1.3.0 0.0.0.31
```

```
[Huawei - ospf - 1 - area - 0.0.0.1]quit
[Huawei - ospf - 1]quit
[Huawei]interface Ethernet2/0/1
[Huawei - Ethernet2/0/1]ospf cost 10
[Huawei - Ethernet2/0/1]quit
```

2. 路由器 AR2 命令行接口配置过程

```
< Huawei > system - view
[Huawei]undo info - center enable
[Huawei]interface GigabitEthernet0/0/0
[Huawei - GigabitEthernet0/0/0]ip address 192.1.3.2 30
[Huawei - GigabitEthernet0/0/0]quit
[Huawei]interface GigabitEthernet0/0/1
[Huawei - GigabitEthernet0/0/1]ip address 192.1.3.13 30
[Huawei - GigabitEthernet0/0/1]quit
[Huawei]ospf 1
[Huawei - ospf - 1]area 1
[Huawei - ospf - 1 - area - 0.0.0.1]network 192.1.3.0 0.0.0.31
[Huawei - ospf - 1 - area - 0.0.0.1]quit
[Huawei - ospf - 1]quit
```

路由器 AR4 的命令行接口配置过程与 AR1 相似,路由器 AR3 的命令行接口配置过程与 AR2 相似,这里不再赘述。

3. 命令列表

路由器命令行接口配置过程中使用的命令及功能和参数说明如表 7.3 所示。

表 7.3 路由器命令行接口配置过程中使用的命令及功能和参数说明

命 令 格 式	功能和参数说明
ospf[*process-id*]	启动 OSPF 进程,并进入 OSPF 视图,在 OSPF 视图下完成 OSPF 相关参数的配置过程。参数 *process-id* 是 OSPF 进程编号,默认值是 1
area *area-id*	创建编号为 *area-id* 的 OSPF 区域,并进入 OSPF 区域视图
network *network-address wildcard-mask*	指定参与 OSPF 创建动态路由项过程的路由器接口和直接连接的网络。参数 *network-address* 是网络地址;参数 *wildcard-mask* 是反掩码,其值是子网掩码的反码
ospf cost *cost*	定义参与 OSPF 创建动态路由项过程的路由器接口的接口开销。参数 *cost* 是接口开销

7.3 多区域 OSPF 配置实验

7.3.1 实验内容

多区域互联网结构如图 7.21 所示。路由器 R11、R12、R01 接口 3 和 4、R02 接口 1 和网络 192.1.1.0/24 构成一个 OSPF 区域(区域 1),路由器 R21、R22、R03 接口 2 和 3、网络 192.1.2.0/24 构成另一个 OSPF 区域(区域 2),R01 接口 1 和 2、R02 接口 2 和 3、R03 接口 1 和

4 构成 OSPF 主干区域(区域 0),R01、R02 和 R03 为区域边界路由器,用于实现本地区域和主干区域的互连,其中 R01、R02 用于实现区域 1 和主干区域的互连,R03 用于实现区域 2 和主干区域的互连。为了节省 IP 地址,在区域 1 内,可用 CIDR 地址块 192.1.3.0/27 涵盖所有分配给实现区域 1 内路由器互连的路由器接口的 IP 地址。区域 2 内,可用 CIDR 地址块 192.1.5.0/27 涵盖所有分配给实现区域 2 内路由器互连的路由器接口的 IP 地址。主干区域内,可用 CIDR 地址块 192.1.4.0/27 涵盖所有分配给实现主干区域内路由器互连的路由器接口的 IP 地址。路由器各个接口的 IP 地址和子网掩码如表 7.4 所示。通过多区域 OSPF,在各个路由器中创建用于指明通往没有与其直接连接的网络的传输路径的动态路由项。

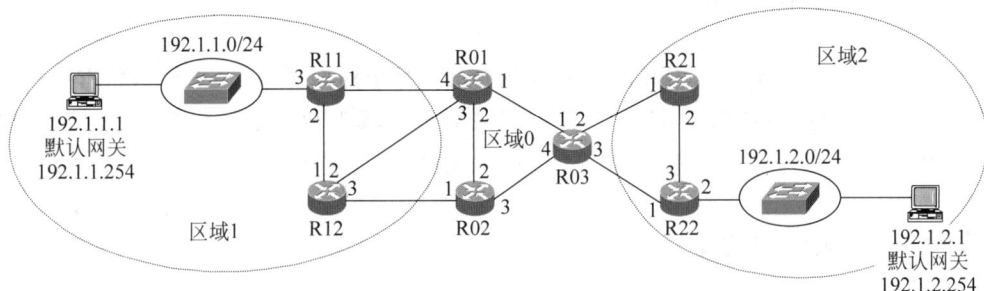

图 7.21　多区域互联网结构

表 7.4　路由器各个接口的 IP 地址和子网掩码

路由器	接口	IP 地址	子网掩码
R11	1	192.1.3.5	255.255.255.252
	2	192.1.3.1	255.255.255.252
	3	192.1.1.254	255.255.255.0
R12	1	192.1.3.2	255.255.255.252
	2	192.1.3.9	255.255.255.252
	3	192.1.3.13	255.255.255.252
R01	1	192.1.4.5	255.255.255.252
	2	192.1.4.1	255.255.255.252
	3	192.1.3.10	255.255.255.252
	4	192.1.3.6	255.255.255.252
R02	1	192.1.3.14	255.255.255.252
	2	192.1.4.2	255.255.255.252
	3	192.1.4.9	255.255.255.252
R03	1	192.1.4.6	255.255.255.252
	2	192.1.5.1	255.255.255.252
	3	192.1.5.5	255.255.255.252
	4	192.1.4.10	255.255.255.252
R21	1	192.1.5.2	255.255.255.252
	2	192.1.5.9	255.255.255.252
R22	1	192.1.5.6	255.255.255.252
	2	192.1.2.254	255.255.255.0
	3	192.1.5.10	255.255.255.252

7.3.2　实验目的

(1) 进一步验证 OSPF 工作机制。

(2) 掌握划分网络区域的方法和步骤。

(3) 掌握路由器多区域 OSPF 配置过程。

(4) 验证 OSPF 聚合网络地址过程。

7.3.3　实验原理

对于路由器 R11 和 R12,所有接口属于区域 1。对于路由器 R21 和 R22,所有接口属于区域 2。对于边界路由器 R01 和 R02,分别定义属于区域 1 和主干区域的接口。对于边界路由器 R03,分别定义属于区域 2 和主干区域的接口。

7.3.4　实验步骤

(1) 启动 eNSP,按照如图 7.21 所示的网络拓扑结构放置和连接设备,完成设备放置和连接后的 eNSP 界面如图 7.22 所示。启动所有设备。

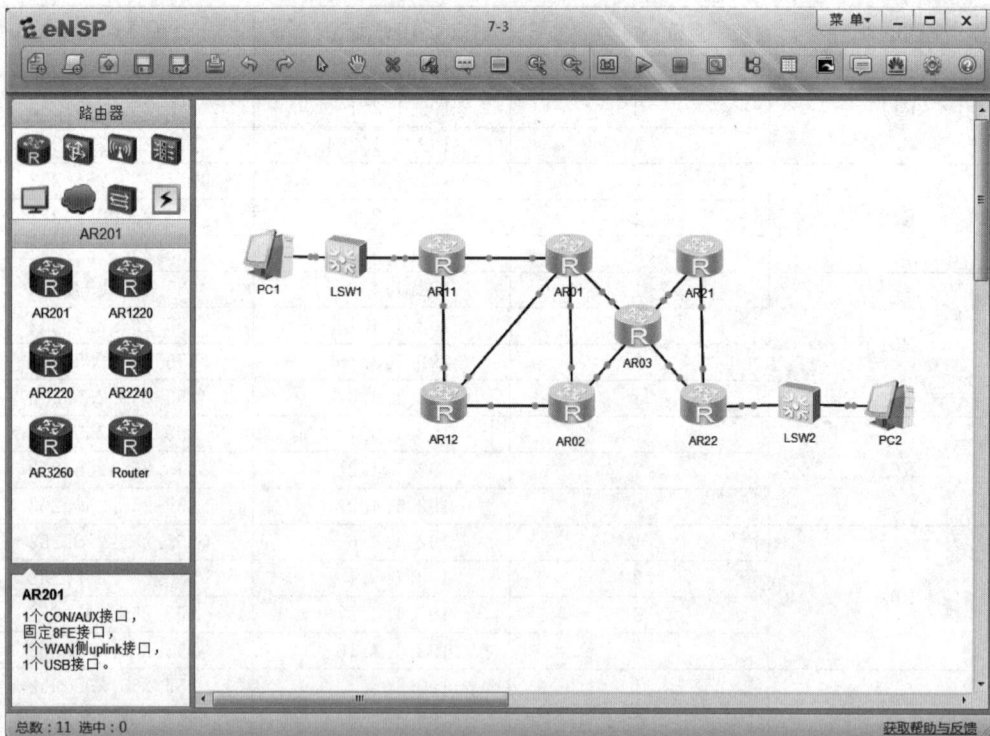

图 7.22　完成设备放置和连接后的 eNSP 界面

(2) 按照如表 7.4 所示路由器接口配置信息,完成所有路由器各个接口的 IP 地址和子网掩码配置过程。路由器 AR11、AR01、AR02、AR03 和 AR22 各个接口的 IP 地址和子网掩码分别如图 7.23～图 7.27 所示。属于区域 1 的接口配置属于 CIDR 地址块 192.1.1.0/24 和 192.1.3.0/27 的 IP 地址。属于区域 2 的接口配置属于 CIDR 地址块 192.1.2.0/24 和 192. 1.5.0/27 的 IP 地址。属于区域 0 的接口配置属于 CIDR 地址块 192.1.4.0/27 的 IP 地址。

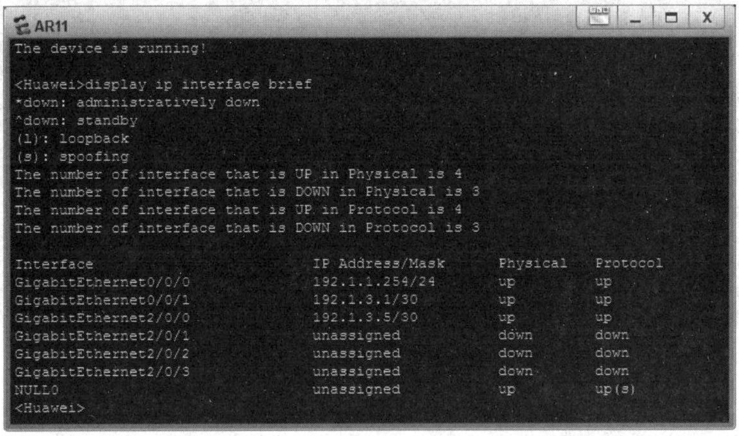

图 7.23　AR11 各个接口的 IP 地址和子网掩码

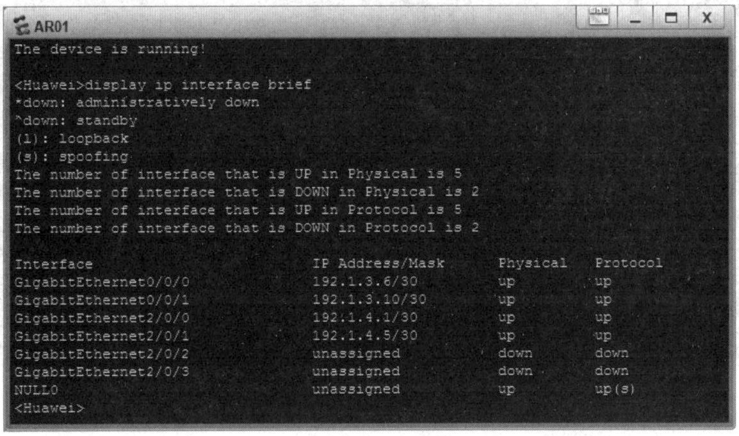

图 7.24　AR01 各个接口的 IP 地址和子网掩码

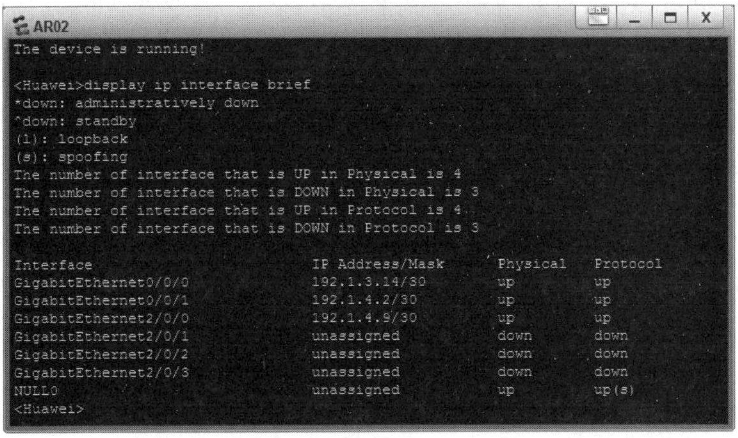

图 7.25　AR02 各个接口的 IP 地址和子网掩码

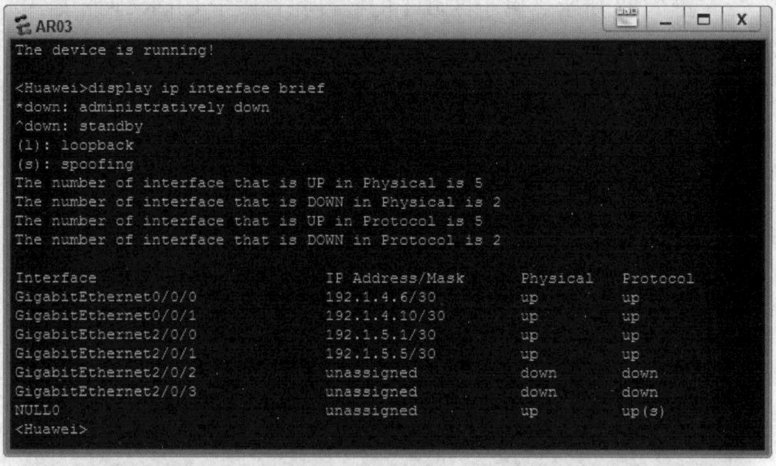

```
AR03
The device is running!

<Huawei>display ip interface brief
*down: administratively down
^down: standby
(l): loopback
(s): spoofing
The number of interface that is UP in Physical is 5
The number of interface that is DOWN in Physical is 2
The number of interface that is UP in Protocol is 5
The number of interface that is DOWN in Protocol is 2

Interface                         IP Address/Mask      Physical   Protocol
GigabitEthernet0/0/0              192.1.4.6/30         up         up
GigabitEthernet0/0/1              192.1.4.10/30        up         up
GigabitEthernet2/0/0              192.1.5.1/30         up         up
GigabitEthernet2/0/1              192.1.5.5/30         up         up
GigabitEthernet2/0/2              unassigned           down       down
GigabitEthernet2/0/3              unassigned           down       down
NULL0                             unassigned           up         up(s)
<Huawei>
```

图 7.26　AR03 各个接口的 IP 地址和子网掩码

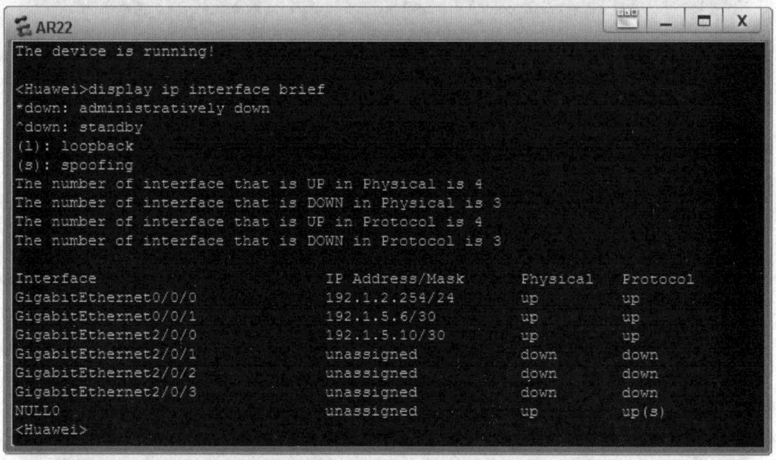

```
AR22
The device is running!

<Huawei>display ip interface brief
*down: administratively down
^down: standby
(l): loopback
(s): spoofing
The number of interface that is UP in Physical is 4
The number of interface that is DOWN in Physical is 3
The number of interface that is UP in Protocol is 4
The number of interface that is DOWN in Protocol is 3

Interface                         IP Address/Mask      Physical   Protocol
GigabitEthernet0/0/0              192.1.2.254/24       up         up
GigabitEthernet0/0/1              192.1.5.6/30         up         up
GigabitEthernet2/0/0              192.1.5.10/30        up         up
GigabitEthernet2/0/1              unassigned           down       down
GigabitEthernet2/0/2              unassigned           down       down
GigabitEthernet2/0/3              unassigned           down       down
NULL0                             unassigned           up         up(s)
<Huawei>
```

图 7.27　AR22 各个接口的 IP 地址和子网掩码

(3) 完成各个路由器 OSPF 相关信息的配置过程。在 AR01 和 AR02 中创建区域 1 和区域 0,所有配置的 IP 地址属于 CIDR 地址块 192.1.3.0/27 的接口指定为属于区域 1 的接口,所有配置的 IP 地址属于 CIDR 地址块 192.1.4.0/27 的接口指定为属于区域 0 的接口。在 AR03 中创建区域 2 和区域 0,所有配置的 IP 地址属于 CIDR 地址块 192.1.5.0/27 的接口指定为属于区域 2 的接口,所有配置的 IP 地址属于 CIDR 地址块 192.1.4.0/27 的接口指定为属于区域 0 的接口。

(4) 完成上述配置过程后,各个路由器建立完整路由表。AR11 通往网络 192.1.2.0/24 的传输路径是 AR11→AR01→AR03→AR22→192.1.2.0/24。AR22 通往网络 192.1.1.0/24 的传输路径是 AR22→AR03→AR01→AR11→192.1.1.0/24。AR11、AR01、AR03 和 AR22 完整路由表分别如图 7.28～图 7.31 所示。

(5) 完成 PC1 和 PC2 IP 地址、子网掩码和默认网关地址配置过程,验证 PC1 和 PC2 之间的连通性,PC1 与 PC2 之间的通信过程如图 7.32 所示。

图 7.28　路由器 AR11 完整路由表

图 7.29　路由器 AR01 完整路由表

```
E AR03                                                                      _ □ X
<Huawei>display ip routing-table
Route Flags: R - relay, D - download to fib
------------------------------------------------------------------------------
Routing Tables: Public
          Destinations : 24      Routes : 27

Destination/Mask      Proto   Pre  Cost      Flags NextHop        Interface

        127.0.0.0/8   Direct  0    0         D     127.0.0.1      InLoopBack0
        127.0.0.1/32  Direct  0    0         D     127.0.0.1      InLoopBack0
127.255.255.255/32    Direct  0    0         D     127.0.0.1      InLoopBack0
        192.1.1.0/24  OSPF    10   3         D     192.1.4.5      GigabitEthernet
0/0/0
        192.1.2.0/24  OSPF    10   2         D     192.1.5.6      GigabitEthernet
2/0/1
        192.1.3.0/30  OSPF    10   3         D     192.1.4.9      GigabitEthernet
0/0/1
                      OSPF    10   3         D     192.1.4.5      GigabitEthernet
0/0/0
        192.1.3.4/30  OSPF    10   2         D     192.1.4.5      GigabitEthernet
0/0/0
        192.1.3.8/30  OSPF    10   2         D     192.1.4.5      GigabitEthernet
0/0/0
       192.1.3.12/30  OSPF    10   2         D     192.1.4.9      GigabitEthernet
0/0/1
        192.1.4.0/30  OSPF    10   2         D     192.1.4.9      GigabitEthernet
0/0/1
                      OSPF    10   2         D     192.1.4.5      GigabitEthernet
0/0/0
        192.1.4.4/30  Direct  0    0         D     192.1.4.6      GigabitEthernet
0/0/0
        192.1.4.6/32  Direct  0    0         D     127.0.0.1      GigabitEthernet
0/0/0
        192.1.4.7/32  Direct  0    0         D     127.0.0.1      GigabitEthernet
0/0/0
        192.1.4.8/30  Direct  0    0         D     192.1.4.10     GigabitEthernet
0/0/1
       192.1.4.10/32  Direct  0    0         D     127.0.0.1      GigabitEthernet
0/0/1
       192.1.4.11/32  Direct  0    0         D     127.0.0.1      GigabitEthernet
0/0/1
        192.1.5.0/30  Direct  0    0         D     192.1.5.1      GigabitEthernet
2/0/0
```

图 7.30　路由器 AR03 完整路由表

```
E AR22                                                                      _ □ X
<Huawei>display ip routing-table
Route Flags: R - relay, D - download to fib
------------------------------------------------------------------------------
Routing Tables: Public
          Destinations : 22      Routes : 23

Destination/Mask      Proto   Pre  Cost      Flags NextHop        Interface

        127.0.0.0/8   Direct  0    0         D     127.0.0.1      InLoopBack0
        127.0.0.1/32  Direct  0    0         D     127.0.0.1      InLoopBack0
127.255.255.255/32    Direct  0    0         D     127.0.0.1      InLoopBack0
        192.1.1.0/24  OSPF    10   4         D     192.1.5.5      GigabitEthernet
0/0/1
        192.1.2.0/24  Direct  0    0         D     192.1.2.254    GigabitEthernet
0/0/0
      192.1.2.254/32  Direct  0    0         D     127.0.0.1      GigabitEthernet
0/0/0
      192.1.2.255/32  Direct  0    0         D     127.0.0.1      GigabitEthernet
0/0/0
        192.1.3.0/30  OSPF    10   4         D     192.1.5.5      GigabitEthernet
0/0/1
        192.1.3.4/30  OSPF    10   3         D     192.1.5.5      GigabitEthernet
0/0/1
        192.1.3.8/30  OSPF    10   3         D     192.1.5.5      GigabitEthernet
0/0/1
       192.1.3.12/30  OSPF    10   3         D     192.1.5.5      GigabitEthernet
0/0/1
        192.1.4.0/30  OSPF    10   3         D     192.1.5.5      GigabitEthernet
0/0/1
        192.1.4.4/30  OSPF    10   2         D     192.1.5.5      GigabitEthernet
0/0/1
        192.1.4.8/30  OSPF    10   2         D     192.1.5.5      GigabitEthernet
0/0/1
        192.1.5.0/30  OSPF    10   2         D     192.1.5.9      GigabitEthernet
2/0/0
                      OSPF    10   2         D     192.1.5.5      GigabitEthernet
0/0/1
        192.1.5.4/30  Direct  0    0         D     192.1.5.6      GigabitEthernet
0/0/1
        192.1.5.6/32  Direct  0    0         D     127.0.0.1      GigabitEthernet
0/0/1
        192.1.5.7/32  Direct  0    0         D     127.0.0.1      GigabitEthernet
0/0/1
```

图 7.31　路由器 AR22 完整路由表

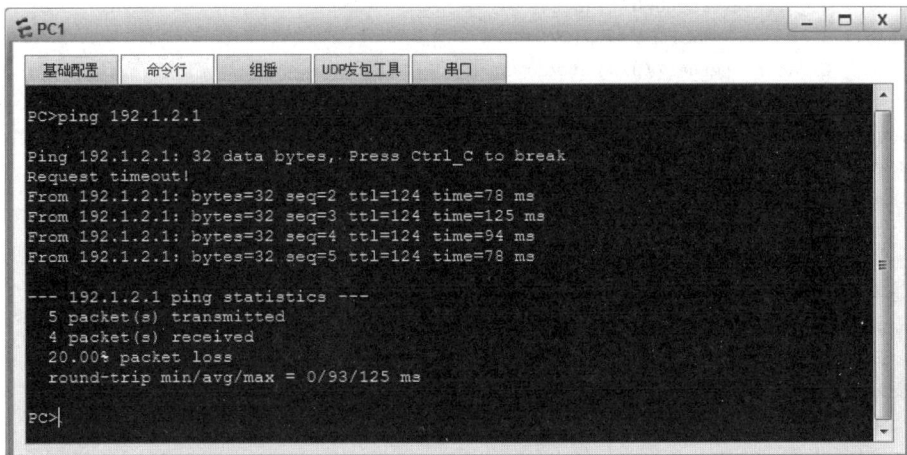

图 7.32　PC1 与 PC2 之间的通信过程

7.3.5　命令行接口配置过程

1. 路由器 AR11 命令行接口配置过程

```
< Huawei > system – view
[Huawei]undo info – center enable
[Huawei]interface GigabitEthernet0/0/0
[Huawei – GigabitEthernet0/0/0]ip address 192.1.1.254 24
[Huawei – GigabitEthernet0/0/0]quit
[Huawei]interface GigabitEthernet0/0/1
[Huawei – GigabitEthernet0/0/1]ip address 192.1.3.1 30
[Huawei – GigabitEthernet0/0/1]quit
[Huawei]interface GigabitEthernet2/0/0
[Huawei – GigabitEthernet2/0/0]ip address 192.1.3.5 30
[Huawei – GigabitEthernet2/0/0]quit
[Huawei]ospf 11
[Huawei – ospf – 11]area 1
[Huawei – ospf – 11 – area – 0.0.0.1]network 192.1.1.0 0.0.0.255
[Huawei – ospf – 11 – area – 0.0.0.1]network 192.1.3.0 0.0.0.31
[Huawei – ospf – 11 – area – 0.0.0.1]quit
[Huawei – ospf – 11] quit
```

2. 路由器 AR01 命令行接口配置过程

```
< Huawei > system – view
[Huawei]undo info – center enable
[Huawei]interface GigabitEthernet0/0/0
[Huawei – GigabitEthernet0/0/0]ip address 192.1.3.6 30
[Huawei – GigabitEthernet0/0/0]quit
[Huawei]interface GigabitEthernet0/0/1
[Huawei – GigabitEthernet0/0/1]ip address 192.1.3.10 30
```

```
[Huawei - GigabitEthernet0/0/1]quit
[Huawei]interface GigabitEthernet2/0/0
[Huawei - GigabitEthernet2/0/0]ip address 192.1.4.1 30
[Huawei - GigabitEthernet2/0/0]quit
[Huawei]interface GigabitEthernet2/0/1
[Huawei - GigabitEthernet2/0/1]ip address 192.1.4.5 30
[Huawei - GigabitEthernet2/0/1]quit
[Huawei]ospf 01
[Huawei - ospf - 1]area 0
[Huawei - ospf - 1 - area - 0.0.0.0]network 192.1.4.0 0.0.0.31
[Huawei - ospf - 1 - area - 0.0.0.0]quit
[Huawei - ospf - 1]area 1
[Huawei - ospf - 1 - area - 0.0.0.1]network 192.1.3.0 0.0.0.31
[Huawei - ospf - 1 - area - 0.0.0.1]quit
[Huawei - ospf - 1]quit
```

3. 路由器 AR02 命令行接口配置过程

```
< Huawei > system - view
[Huawei]undo info - center enable
[Huawei]interface GigabitEthernet0/0/0
[Huawei - GigabitEthernet0/0/0]ip address 192.1.3.14 30
[Huawei - GigabitEthernet0/0/0]quit
[Huawei]interface GigabitEthernet0/0/1
[Huawei - GigabitEthernet0/0/1]ip address 192.1.4.2 30
[Huawei - GigabitEthernet0/0/1]quit
[Huawei]interface GigabitEthernet2/0/0
[Huawei - GigabitEthernet2/0/0]ip address 192.1.4.9 30
[Huawei - GigabitEthernet2/0/0]quit
[Huawei]ospf 02
[Huawei - ospf - 2]area 0
[Huawei - ospf - 2 - area - 0.0.0.0]network 192.1.4.0 0.0.0.31
[Huawei - ospf - 2 - area - 0.0.0.0]quit
[Huawei - ospf - 2]area 1
[Huawei - ospf - 2 - area - 0.0.0.1]network 192.1.3.1 0.0.0.31
[Huawei - ospf - 2 - area - 0.0.0.1]quit
[Huawei - ospf - 2]quit
```

4. 路由器 AR03 命令行接口配置过程

```
< Huawei > system - view
[Huawei]undo info - center enable
[Huawei]interface GigabitEthernet0/0/0
[Huawei - GigabitEthernet0/0/0]ip address 192.1.4.6 30
[Huawei - GigabitEthernet0/0/0]quit
[Huawei]interface GigabitEthernet0/0/1
[Huawei - GigabitEthernet0/0/1]ip address 192.1.4.10 30
[Huawei - GigabitEthernet0/0/1]quit
[Huawei]interface GigabitEthernet2/0/0
[Huawei - GigabitEthernet2/0/0]ip address 192.1.5.1 30
```

```
[Huawei - GigabitEthernet2/0/0]quit
[Huawei]interface GigabitEthernet2/0/1
[Huawei - GigabitEthernet2/0/1]ip address 192.1.5.5 30
[Huawei - GigabitEthernet2/0/1]quit
[Huawei]ospf 03
[Huawei - ospf - 3]area 0
[Huawei - ospf - 3 - area - 0.0.0.0]network 192.1.4.0 0.0.0.31
[Huawei - ospf - 3 - area - 0.0.0.0]quit
[Huawei - ospf - 3]area 2
[Huawei - ospf - 3 - area - 0.0.0.2]network 192.1.5.0 0.0.0.31
[Huawei - ospf - 3 - area - 0.0.0.2]quit
[Huawei - ospf - 3]quit
```

5. 路由器 AR22 命令行接口配置过程

```
< Huawei > system - view
[Huawei]undo info - center enable
[Huawei]interface GigabitEthernet0/0/0
[Huawei - GigabitEthernet0/0/0]ip address 192.1.2.254 24
[Huawei - GigabitEthernet0/0/0]quit
[Huawei]interface GigabitEthernet0/0/1
[Huawei - GigabitEthernet0/0/1]ip address 192.1.5.6 30
[Huawei - GigabitEthernet0/0/1]quit
[Huawei]interface GigabitEthernet2/0/0
[Huawei - GigabitEthernet2/0/0]ip address 192.1.5.10 30
[Huawei - GigabitEthernet2/0/0]quit
[Huawei]ospf 22
[Huawei - ospf - 22]area 2
[Huawei - ospf - 22 - area - 0.0.0.2]network 192.1.2.0 0.0.0.255
[Huawei - ospf - 22 - area - 0.0.0.2]network 192.1.5.0 0.0.0.31
[Huawei - ospf - 22 - area - 0.0.0.2]quit
[Huawei - ospf - 22]quit
```

AR12 命令行接口配置过程与 AR11 相似,AR21 命令行接口配置过程与 AR22 相似,这里不再赘述。

7.4　BGP 配置实验

7.4.1　实验内容

多自治系统网络结构如图 7.33 所示,由三个自治系统号分别为 100、200 和 300 的自治系统组成。为了节省 IP 地址,可用 CIDR 地址块 X/28 涵盖所有分配给同一自治系统内用于实现路由器互连的路由器接口的 IP 地址,其中 AS100 使用的 CIDR 地址块为 192.1.4.0/27,AS200 使用的 CIDR 地址块为 192.1.5.0/27,AS300 使用的 CIDR 地址块为 192.1.6.0/27。互连 R14 和 R22 的网络为 192.1.7.0/30,互连 R13 和 R31 的网络为 192.1.8.0/30,互连 R34 和 R23 的网络为 192.1.9.0/30。路由器各个接口的 IP 地址和子网掩码如表 7.5 所示。每一个自治系统内部通过 OSPF 建立用于指明通往同一自治系统内网络的传输路径的动态路由项。不同自治系统之间通过边界网关协议(Border Gateway Protocol,BGP)建立用于指明通往其他自治系统内网络的传输路径的动态路由项。

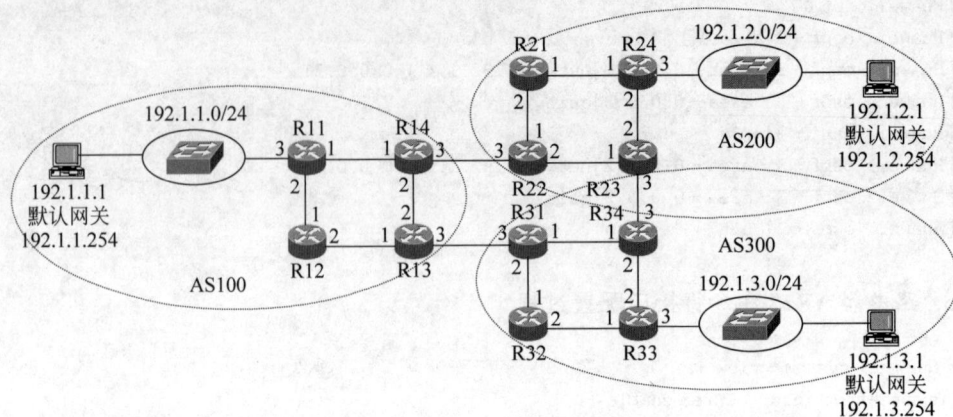

图 7.33　多自治系统网络结构

表 7.5　路由器各个接口的 IP 地址和子网掩码

路由器	接　口	IP 地址	子 网 掩 码
R11	1	192.1.4.5	255.255.255.252
	2	192.1.4.1	255.255.255.252
	3	192.1.1.254	255.255.255.0
R12	1	192.1.4.2	255.255.255.252
	2	192.1.4.9	255.255.255.252
R13	1	192.1.4.10	255.255.255.252
	2	192.1.4.13	255.255.255.252
	3	192.1.8.1	255.255.255.252
R14	1	192.1.4.6	255.255.255.252
	2	192.1.4.14	255.255.255.252
	3	192.1.7.1	255.255.255.252
R21	1	192.1.5.5	255.255.255.252
	2	192.1.5.1	255.255.255.252
R22	1	192.1.5.2	255.255.255.252
	2	192.1.5.9	255.255.255.252
	3	192.1.7.2	255.255.255.252
R23	1	192.1.5.10	255.255.255.252
	2	192.1.5.13	255.255.255.252
	3	192.1.9.1	255.255.255.252
R24	1	192.1.5.6	255.255.255.252
	2	192.1.5.14	255.255.255.252
	3	192.1.2.254	255.255.255.0
R31	1	192.1.6.5	255.255.255.252
	2	192.1.6.1	255.255.255.252
	3	192.1.8.2	255.255.255.252

路由器	接　口	IP 地址	子 网 掩 码
R32	1	192.1.6.2	255.255.255.252
	2	192.1.6.9	255.255.255.252
R33	1	192.1.6.10	255.255.255.252
	2	192.1.6.13	255.255.255.252
	3	192.1.3.254	255.255.255.0
R34	1	192.1.6.6	255.255.255.252
	2	192.1.6.14	255.255.255.252
	3	192.1.9.2	255.255.255.252

7.4.2　实验目的

(1) 验证分层路由机制。
(2) 验证 BGP 工作原理。
(3) 掌握互联网自治系统划分方法。
(4) 掌握路由器 BGP 配置过程。
(5) 验证自治系统之间的连通性。

7.4.3　实验原理

通过 BGP 创建用于指明通往其他自治系统中网络的传输路径的路由项的关键是建立自治系统之间的外部邻居关系。一般情况下,构成外部邻居关系的两个路由器需要具备以下条件:一是位于不同的自治系统;二是这两个路由器存在连接在同一个网络上的接口。基于上述原则,将自治系统边界路由器 R14 和 R13 作为 AS100(自治系统号为 100 的自治系统)的 BGP 发言人,R22 和 R23 作为 AS200 的 BGP 发言人,R31 和 R34 作为 AS300 的 BGP 发言人,并使得 R14 和 R22、R13 和 R31、R34 和 R23 构成外部邻居关系。

构成外部邻居关系的 BGP 发言人之间交换 BGP 路由消息时,路由消息中包含 OSPF 创建的用于指明通往自治系统内各个网络的传输路径的路由项。同样,BGP 发言人在自治系统内发送的链路状态通告(Link State Advertisement,LSA)中,包含 BGP 发言人通过 BGP 路由消息获得的可以到达的其他自治系统中的网络。

7.4.4　关键命令说明

1. 配置路由器标识符和外部邻居

```
[Huawei]bgp 100
[Huawei-bgp]router-id 13.13.13.13
[Huawei-bgp]peer 192.1.8.2 as-number 300
```

bgp 100 是系统视图下使用的命令,该命令的作用是在编号为 100 的自治系统中启动

BGP,并进入 BGP 视图。

router-id 13.13.13.13 是 BGP 视图下使用的命令,该命令的作用是以 IPv4 地址格式指定路由器标识符,13.13.13.13 是 IPv4 地址格式的路由器标识符,路由器标识符必须是唯一的。

peer 192.1.8.2 as-number 300 是 BGP 视图下使用的命令,该命令的作用是指定对等体,192.1.8.2 是对等体的 IP 地址,300 是对等体的自治系统号。对等体可以是外部邻居,也可以是内部邻居。

2. 配置 BGP 路由引入方式

```
[Huawei - bgp]ipv4 - family unicast
[Huawei - bgp - af - ipv4]import - route ospf 13
[Huawei - bgp - af - ipv4]quit
```

ipv4-family unicast 是 BGP 视图下使用的命令,该命令的作用是启动 IPv4 单播地址族并进入 BGP 的 IPv4 单播地址族视图。在 IPv4 单播地址族视图下配置 BGP 路由引入方式。

import-route ospf 13 是 IPv4 单播地址族视图下使用的命令,该命令的作用是指定将进程编号为 13 的 OSPF 进程生成的路由项引入到 BGP 路由中,即 BGP 向对等体发送的路由消息中,包含进程编号为 13 的 OSPF 进程生成的路由项。

3. 配置 OSPF 路由引入方式

```
[Huawei]ospf 13
[Huawei - ospf - 13]import - route bgp
[Huawei - ospf - 13]quit
```

import-route bgp 是 OSPF 视图下使用的命令,该命令的作用是指定将通过 BGP 获取的其他自治系统中的路由项引入到 OSPF 路由中,即 OSPF 发送的 LSA 中包含通过 BGP 获取的其他自治系统中的路由项。

7.4.5　实验步骤

(1) 启动 eNSP,按照如图 7.33 所示的网络拓扑结构放置和连接设备,完成设备放置和连接后的 eNSP 界面如图 7.34 所示。启动所有设备。

(2) 根据如表 7.5 所示内容配置所有路由器各个接口的 IP 地址和子网掩码。需要强调的是,位于不同自治系统的两个相邻路由器通常连接在同一个网络上,如 AR14 和 AR22 连接在网络 192.1.7.0/30 上,AR13 和 AR31 连接在网络 192.1.8.0/30 上,AR23 和 AR34 连接在网络 192.1.9.0/30 上。这样做的目的有两个:一是某个自治系统内的路由器能够建立通往位于另一个自治系统的相邻路由器的传输路径;二是两个相邻路由器可以直接交换 BGP 路由消息。由于 AR22 存在直接连接网络 192.1.7.0/30 的接口,AR14 所在自治系统内的其他路由器建立通往网络 192.1.7.0/30 的传输路径的同时,建立了通往 AR22 连接网络 192.1.7.0/30 的接口的传输路径。

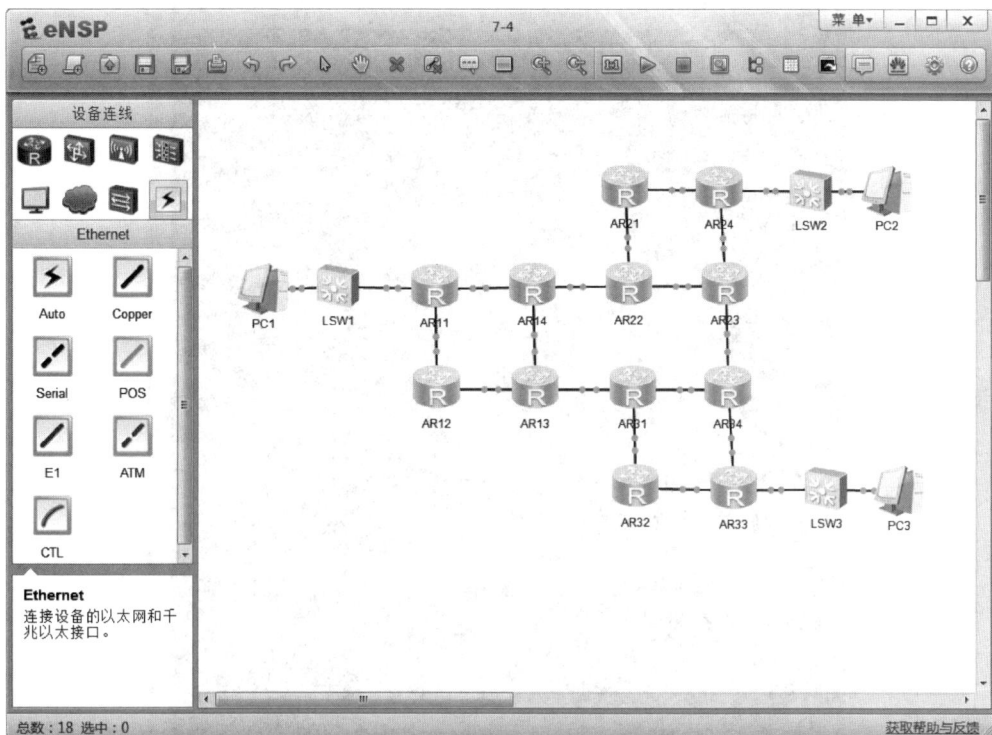

图 7.34　完成设备放置和连接后的 eNSP 界面

（3）完成各个自治系统内路由器有关 OSPF 的配置过程,不同自治系统内的路由器通过 OSPF 创建用于指明通往自治系统内网络的传输路径的路由项,AR11、AR13、AR31 和 AR33 中的直连路由项和 OSPF 创建的动态路由项分别如图 7.35～图 7.38 所示。通过分析这些路由器的路由表可以得出两点结论:一是 OSPF 创建的动态路由项只包含用于指明通往自治系统内网络的传输路径的动态路由项;二是路由器 AR11 包含用于指明通往网络 192.1.7.0/30 和网络 192.1.8.0/30 的传输路径的动态路由项,这两项动态路由项实际上也指明了通往路由器 AR22 和 AR31 的传输路径,而路由器 AR22 和 AR31 是路由器 AR11 通往位于自治系统 200 和自治系统 300 的网络的传输路径上的自治系统边界路由器。

（4）完成 PC1、PC2 和 PC3 IP 地址,子网掩码和默认网关地址配置过程。在各个路由器建立自治系统内部路由项后,PC1 可以与属于 AS100 的路由器的各个接口相互通信,但无法与属于其他自治系统的路由器的各个接口相互通信。PC2 和 PC3 也是如此,只能分别与属于 AS200 和 AS300 的路由器的各个接口相互通信。虽然 AR13 和 AR31 存在连接在同一网络 192.1.8.0/30 的接口,但是 PC1 只能与属于同一自治区域的路由器 AR13 相互通信。图 7.39 所示是 PC1 可以与属于 AS100 的路由器 AR13 相互通信,但无法与属于 AS300 的路由器 AR31 相互通信的通信过程。图 7.40 所示是 PC3 可以与属于 AS300 的路由器 AR31 相互通信,但无法与属于 AS100 的路由器 AR13 相互通信的通信过程。

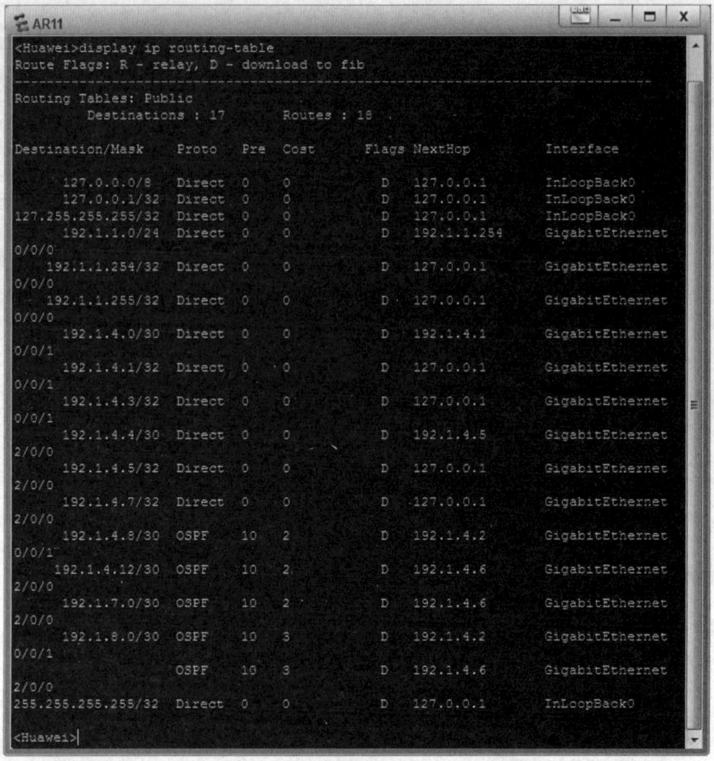

图 7.35　AR11 自治系统内部路由项

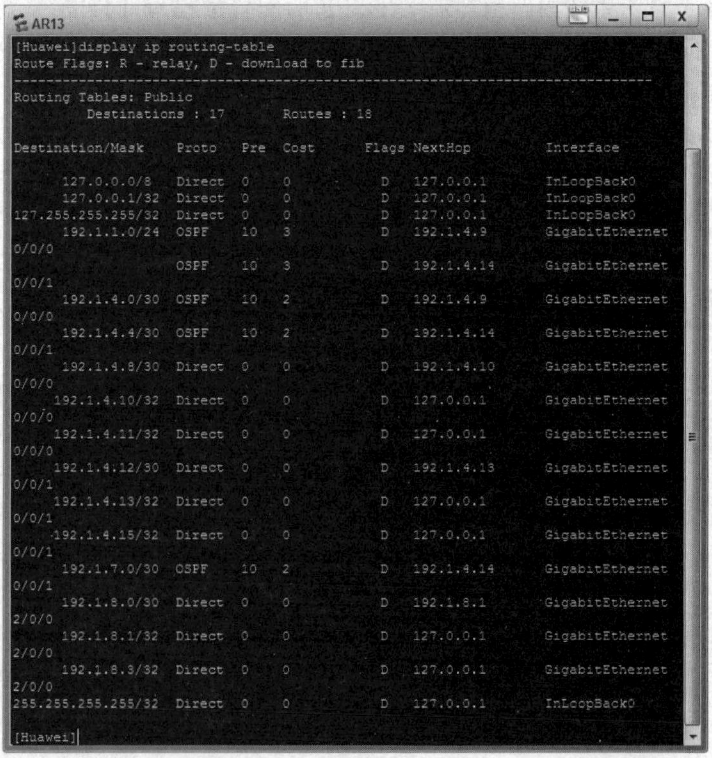

图 7.36　AR13 自治系统内部路由项

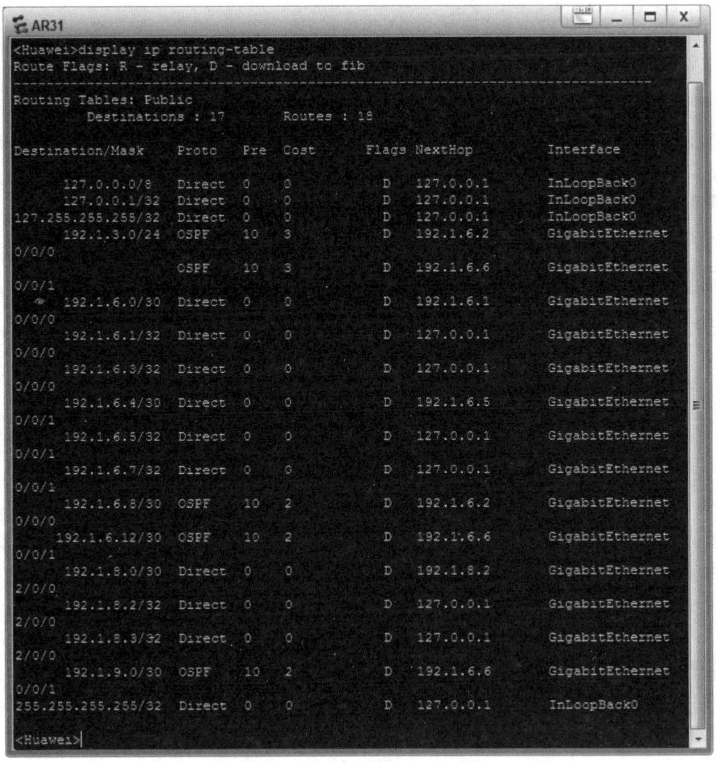

```
<Huawei>display ip routing-table
Route Flags: R - relay, D - download to fib
------------------------------------------------------------------------------
Routing Tables: Public
         Destinations : 17       Routes : 18

Destination/Mask    Proto   Pre  Cost      Flags NextHop         Interface

      127.0.0.0/8   Direct  0    0           D   127.0.0.1       InLoopBack0
      127.0.0.1/32  Direct  0    0           D   127.0.0.1       InLoopBack0
127.255.255.255/32  Direct  0    0           D   127.0.0.1       InLoopBack0
      192.1.3.0/24  OSPF    10   3           D   192.1.6.2       GigabitEthernet
0/0/0
                    OSPF    10   3           D   192.1.6.6       GigabitEthernet
0/0/1
      192.1.6.0/30  Direct  0    0           D   192.1.6.1       GigabitEthernet
0/0/0
      192.1.6.1/32  Direct  0    0           D   127.0.0.1       GigabitEthernet
0/0/0
      192.1.6.3/32  Direct  0    0           D   127.0.0.1       GigabitEthernet
0/0/0
      192.1.6.4/30  Direct  0    0           D   192.1.6.5       GigabitEthernet
0/0/1
      192.1.6.5/32  Direct  0    0           D   127.0.0.1       GigabitEthernet
0/0/1
      192.1.6.7/32  Direct  0    0           D   127.0.0.1       GigabitEthernet
0/0/1
      192.1.6.8/30  OSPF    10   2           D   192.1.6.2       GigabitEthernet
0/0/0
     192.1.6.12/30  OSPF    10   2           D   192.1.6.6       GigabitEthernet
0/0/1
      192.1.8.0/30  Direct  0    0           D   192.1.8.2       GigabitEthernet
2/0/0
      192.1.8.2/32  Direct  0    0           D   127.0.0.1       GigabitEthernet
2/0/0
      192.1.8.3/32  Direct  0    0           D   127.0.0.1       GigabitEthernet
2/0/0
      192.1.9.0/30  OSPF    10   2           D   192.1.6.6       GigabitEthernet
0/0/1
255.255.255.255/32  Direct  0    0           D   127.0.0.1       InLoopBack0

<Huawei>
```

图 7.37　AR31 自治系统内部路由项

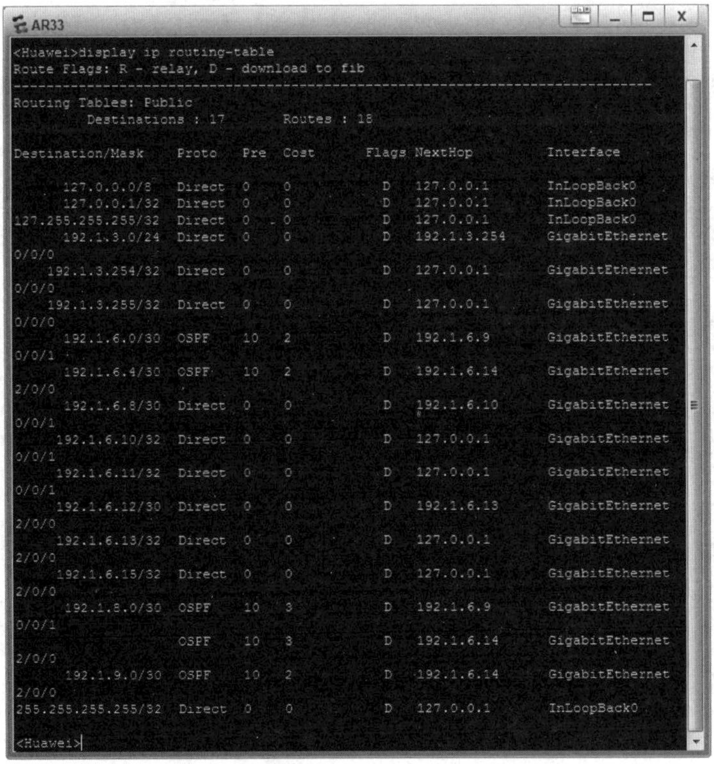

```
<Huawei>display ip routing-table
Route Flags: R - relay, D - download to fib
------------------------------------------------------------------------------
Routing Tables: Public
         Destinations : 17       Routes : 18

Destination/Mask    Proto   Pre  Cost      Flags NextHop         Interface

      127.0.0.0/8   Direct  0    0           D   127.0.0.1       InLoopBack0
      127.0.0.1/32  Direct  0    0           D   127.0.0.1       InLoopBack0
127.255.255.255/32  Direct  0    0           D   127.0.0.1       InLoopBack0
      192.1.3.0/24  Direct  0    0           D   192.1.3.254     GigabitEthernet
0/0/0
    192.1.3.254/32  Direct  0    0           D   127.0.0.1       GigabitEthernet
0/0/0
    192.1.3.255/32  Direct  0    0           D   127.0.0.1       GigabitEthernet
0/0/0
      192.1.6.0/30  OSPF    10   2           D   192.1.6.9       GigabitEthernet
0/0/1
      192.1.6.4/30  OSPF    10   2           D   192.1.6.14      GigabitEthernet
2/0/0
      192.1.6.8/30  Direct  0    0           D   192.1.6.10      GigabitEthernet
0/0/1
     192.1.6.10/32  Direct  0    0           D   127.0.0.1       GigabitEthernet
0/0/1
     192.1.6.11/32  Direct  0    0           D   127.0.0.1       GigabitEthernet
0/0/1
     192.1.6.12/30  Direct  0    0           D   192.1.6.13      GigabitEthernet
2/0/0
     192.1.6.13/32  Direct  0    0           D   127.0.0.1       GigabitEthernet
2/0/0
     192.1.6.15/32  Direct  0    0           D   127.0.0.1       GigabitEthernet
2/0/0
      192.1.8.0/30  OSPF    10   3           D   192.1.6.9       GigabitEthernet
0/0/1
                    OSPF    10   3           D   192.1.6.14      GigabitEthernet
2/0/0
      192.1.9.0/30  OSPF    10   2           D   192.1.6.14      GigabitEthernet
2/0/0
255.255.255.255/32  Direct  0    0           D   127.0.0.1       InLoopBack0

<Huawei>
```

图 7.38　AR33 自治系统内部路由项

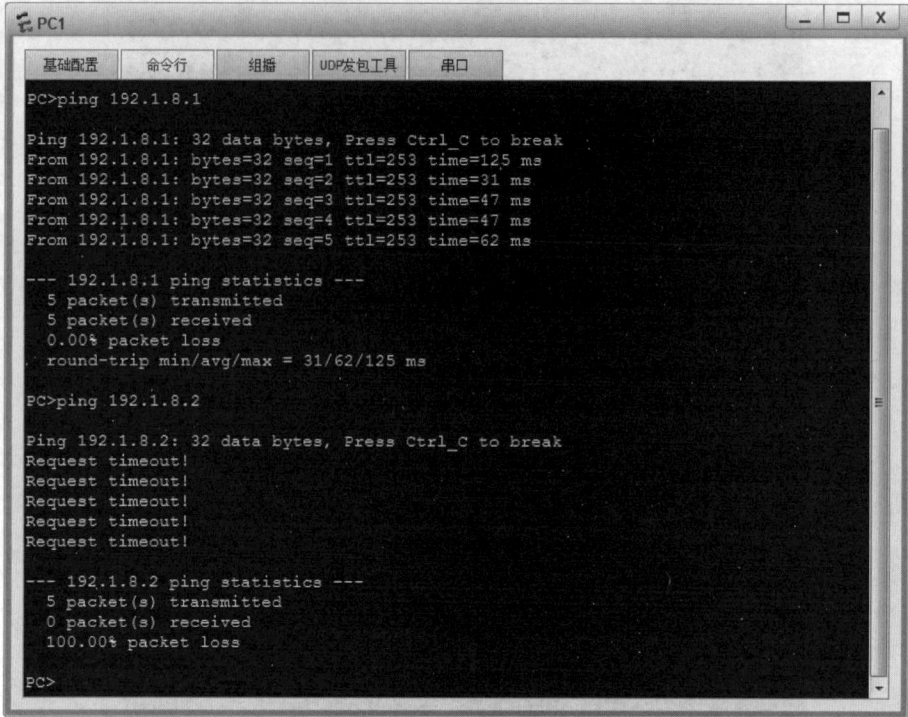

图 7.39 PC1 通信过程

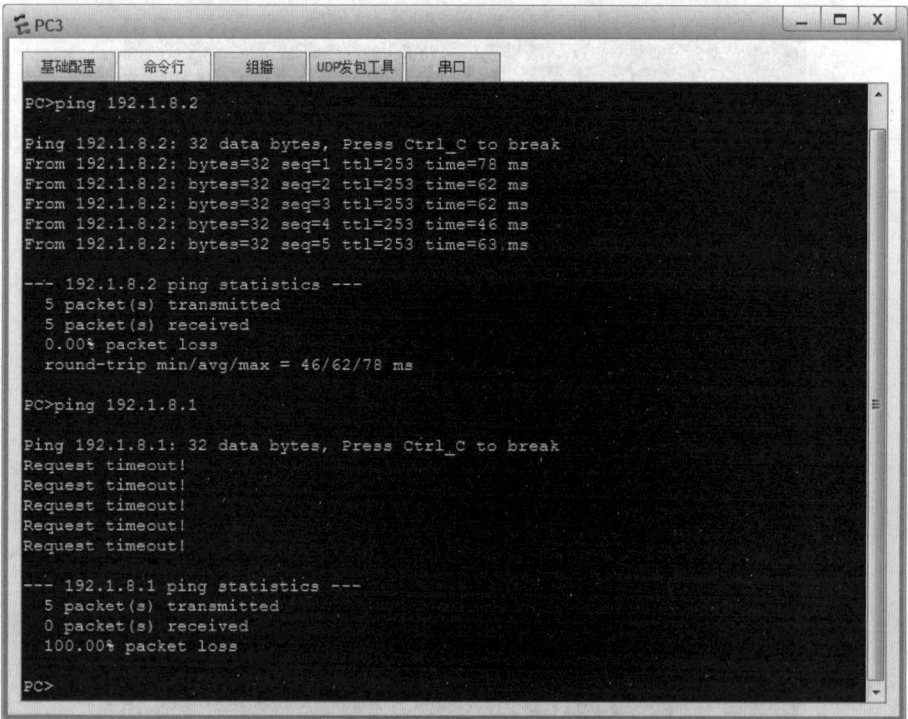

图 7.40 PC3 通信过程

（5）完成各个自治系统 BGP 发言人有关 BGP 的配置过程，AR13 和 AR14 是自治系统 100（AS100）的 BGP 发言人，AR22 和 AR23 是自治系统 200（AS200）的 BGP 发言人，AR31 和 AR34 是自治系统 300（AS300）的 BGP 发言人。AR14 和 AR22、AR13 和 AR31、AR23 和 AR34 互为相邻路由器。BGP 发言人向相邻路由器发送的 BGP 路由消息中包含直连路由项和 OSPF 创建的动态路由项。AR13 和 AR31 分别通过 BGP 获取对等体中路由项后的路由表如图 7.41 和图 7.42 所示。AR13 路由表中包含 AR31 的直连路由项和 AR31 通过 OSPF 创建的路由项。这些路由项的协议类型为 EBGP，表示这些路由项通过 BGP 协议从外部邻居获得。这些路由项的下一跳 IP 地址是 AR31 连接网络 192.1.8.0/30 的接口的 IP 地址，AR13 和 AR31 都存在连接在网络 192.1.8.0/30 上的接口。这些路由项的代价等于在 AR31 路由表中的代价。图 7.37 所示的 AR31 路由表中目的网络为 192.1.3.0/24 的路由项的代价为 3，图 7.41 所示的 AR13 中协议类型为 EBGP、目的网络为 192.1.3.0/24 的路由项的代价也是 3。

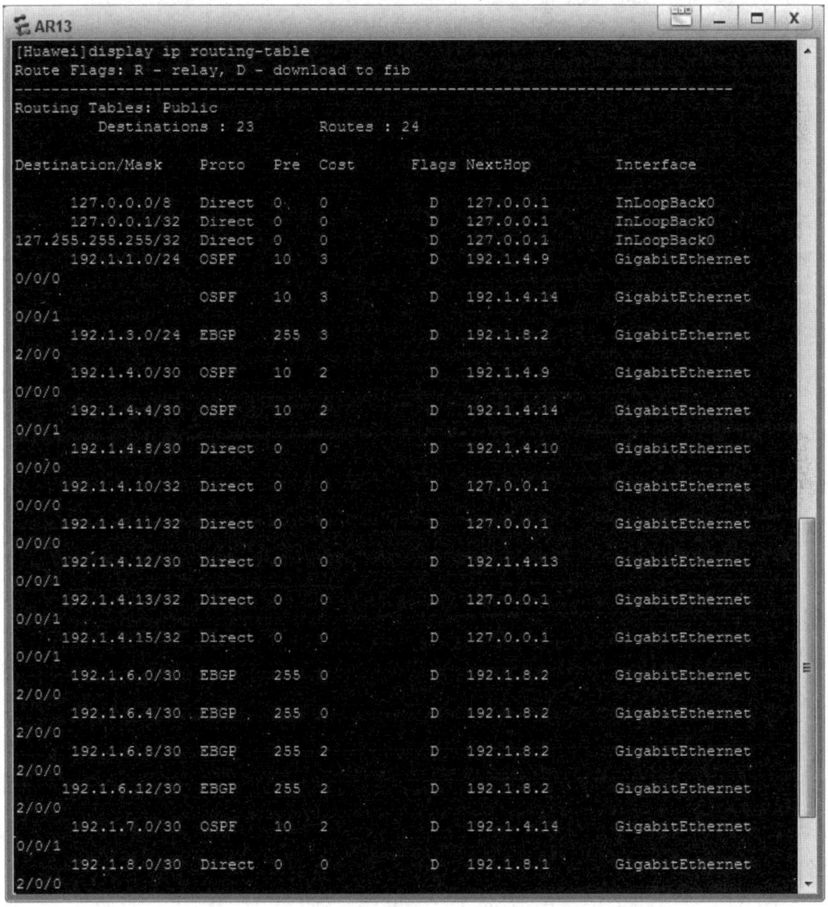

图 7.41　AR13 获取对等体中路由项后的路由表

（6）BGP 发言人可以通过 BGP 获取其他自治系统内的路由项，同时，又可以通过 OSPF 的 LSA 泛洪将其他自治系统内的路由项泛洪到 BGP 发言人所在的自治系统中的其他路由器，使得每一个路由器的路由表中同时建立用于指明通往自治系统内网络和其他自

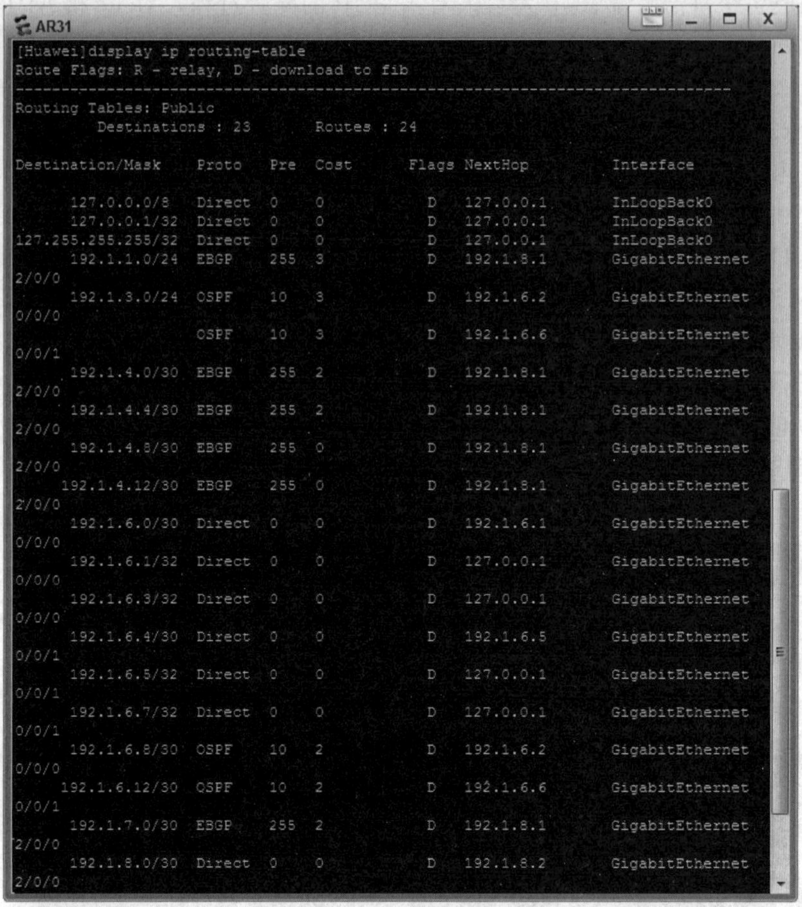

图 7.42　AR31 获取对等体中路由项后的路由表

治系统中网络的传输路径的路由项。AR11、AR13、AR31 和 AR33 的完整路由表分别如图 7.43～图 7.50 所示。对于图 7.43 和图 7.44 所示的 AR11 路由表中用于指明通往其他自治系统中网络的传输路径的路由项,由于是 BGP 发言人通过 BGP 引入的,因此,协议类型是 O_ASE,代价统一为 1,下一跳是 AR11 通往连接 BGP 发言人和其外部邻居的网络的传输路径上的下一跳。如 AR11 路由表中目的网络为 192.1.3.0/24 的路由项,是 AS100 的 BGP 发言人 AR13 通过 BGP 引入的,AR13 和其外部邻居 AR31 连接在网络 192.1.8.0/30 上。由于 AR11 通往网络 192.1.8.0/30 的传输路径上的下一跳是 AR12,下一跳 IP 地址是 AR12 连接 AR11 的接口的 IP 地址 192.1.4.2,从而使得 AR11 路由表中目的网络为 192.1.3.0/24 的路由项的下一跳 IP 地址也是 192.1.4.2。AR13 路由表中同时存在三类路由项:一是自治系统内部路由项;二是通过 BGP 从其外部邻居获取的路由项,协议类型是 EBGP;三是 AS100 中其他 BGP 发言人通过 BGP 引入的路由项,协议类型是 O_ASE。

　　(7) 各个路由器成功建立完整路由表后,可以实现不同自治系统之间的通信过程。图 7.51 所示是 PC1 分别与 PC2 和 PC3 成功通信的过程。

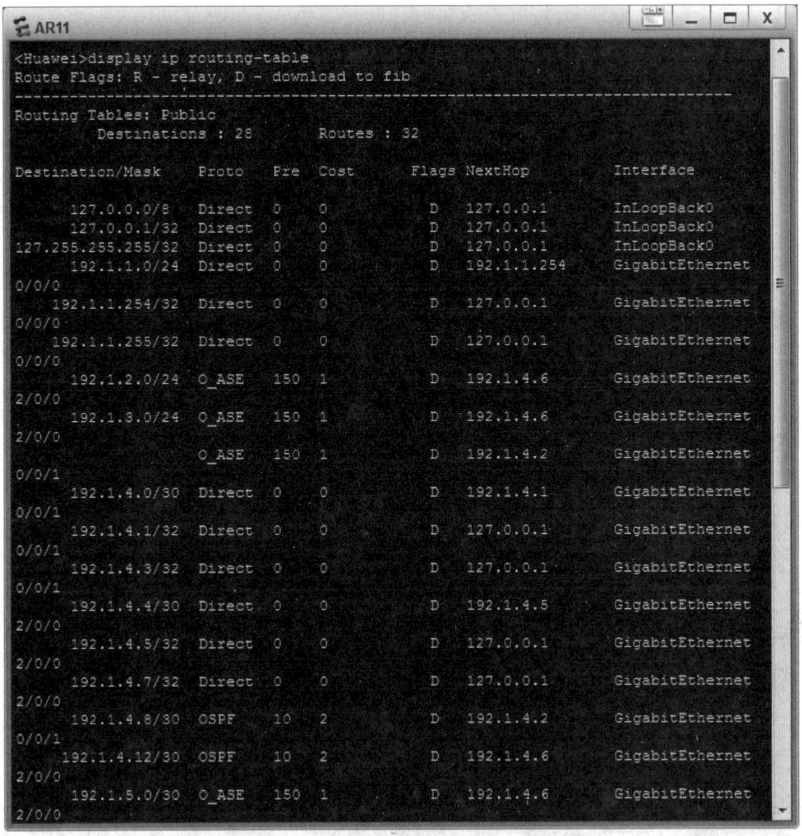

```
AR11                                                              □ _ □ X
<Huawei>display ip routing-table
Route Flags: R - relay, D - download to fib
------------------------------------------------------------------------
Routing Tables: Public
         Destinations : 28        Routes : 32

Destination/Mask    Proto   Pre  Cost      Flags NextHop         Interface

      127.0.0.0/8   Direct  0    0          D    127.0.0.1       InLoopBack0
      127.0.0.1/32  Direct  0    0          D    127.0.0.1       InLoopBack0
127.255.255.255/32  Direct  0    0          D    127.0.0.1       InLoopBack0
      192.1.1.0/24  Direct  0    0          D    192.1.1.254     GigabitEthernet
0/0/0
    192.1.1.254/32  Direct  0    0          D    127.0.0.1       GigabitEthernet
0/0/0
    192.1.1.255/32  Direct  0    0          D    127.0.0.1       GigabitEthernet
0/0/0
      192.1.2.0/24  O_ASE   150  1          D    192.1.4.6       GigabitEthernet
2/0/0
      192.1.3.0/24  O_ASE   150  1          D    192.1.4.6       GigabitEthernet
2/0/0
                    O_ASE   150  1          D    192.1.4.2       GigabitEthernet
0/0/1
      192.1.4.0/30  Direct  0    0          D    192.1.4.1       GigabitEthernet
0/0/1
      192.1.4.1/32  Direct  0    0          D    127.0.0.1       GigabitEthernet
0/0/1
      192.1.4.3/32  Direct  0    0          D    127.0.0.1       GigabitEthernet
0/0/1
      192.1.4.4/30  Direct  0    0          D    192.1.4.5       GigabitEthernet
2/0/0
      192.1.4.5/32  Direct  0    0          D    127.0.0.1       GigabitEthernet
2/0/0
      192.1.4.7/32  Direct  0    0          D    127.0.0.1       GigabitEthernet
2/0/0
      192.1.4.8/30  OSPF    10   2          D    192.1.4.2       GigabitEthernet
0/0/1
     192.1.4.12/30  OSPF    10   2          D    192.1.4.6       GigabitEthernet
2/0/0
      192.1.5.0/30  O_ASE   150  1          D    192.1.4.6       GigabitEthernet
2/0/0
```

图 7.43 路由器 AR11 完整路由表一

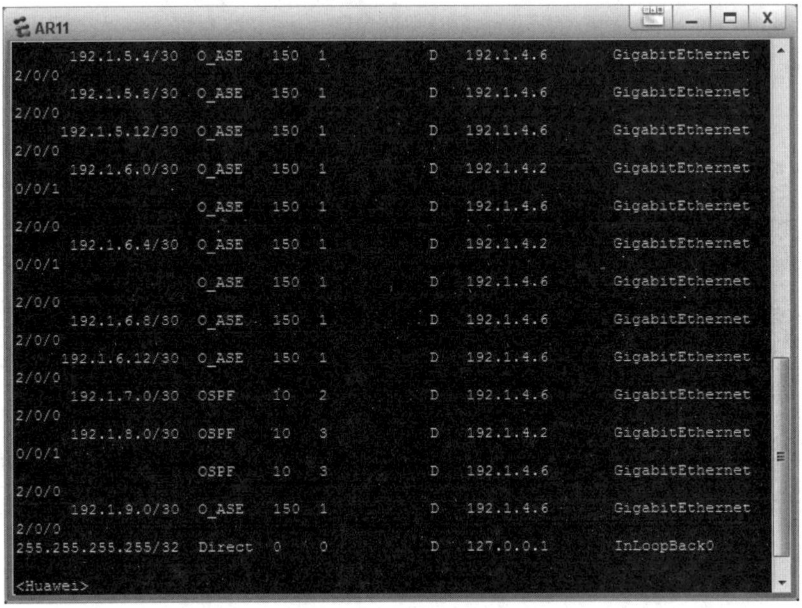

```
AR11                                                              □ _ □ X
      192.1.5.4/30   O_ASE   150  1          D    192.1.4.6       GigabitEthernet
2/0/0
      192.1.5.8/30   O_ASE   150  1          D    192.1.4.6       GigabitEthernet
2/0/0
     192.1.5.12/30   O_ASE   150  1          D    192.1.4.6       GigabitEthernet
2/0/0
      192.1.6.0/30   O_ASE   150  1          D    192.1.4.2       GigabitEthernet
0/0/1
                     O_ASE   150  1          D    192.1.4.6       GigabitEthernet
2/0/0
      192.1.6.4/30   O_ASE   150  1          D    192.1.4.2       GigabitEthernet
0/0/1
                     O_ASE   150  1          D    192.1.4.6       GigabitEthernet
2/0/0
      192.1.6.8/30   O_ASE   150  1          D    192.1.4.6       GigabitEthernet
2/0/0
     192.1.6.12/30   O_ASE   150  1          D    192.1.4.6       GigabitEthernet
2/0/0
      192.1.7.0/30   OSPF    10   2          D    192.1.4.6       GigabitEthernet
2/0/0
      192.1.8.0/30   OSPF    10   3          D    192.1.4.2       GigabitEthernet
0/0/1
                     OSPF    10   3          D    192.1.4.6       GigabitEthernet
2/0/0
      192.1.9.0/30   O_ASE   150  1          D    192.1.4.6       GigabitEthernet
2/0/0
255.255.255.255/32   Direct  0    0          D    127.0.0.1       InLoopBack0

<Huawei>
```

图 7.44 路由器 AR11 完整路由表二

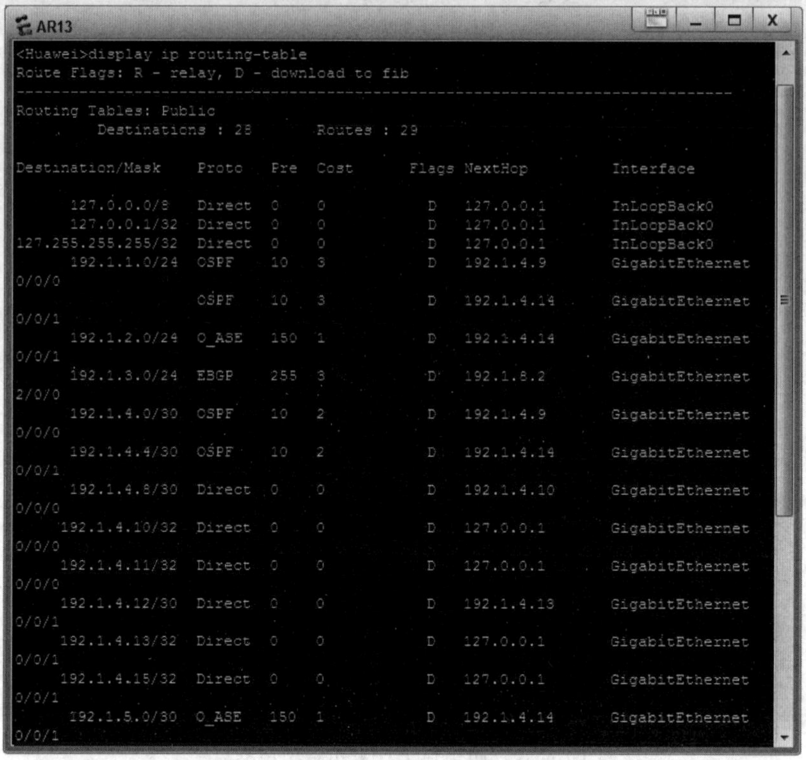

```
AR13                                                                    ▬ ─ □ X
<Huawei>display ip routing-table
Route Flags: R - relay, D - download to fib
------------------------------------------------------------------------
Routing Tables: Public
        Destinations : 28      Routes : 29

Destination/Mask    Proto   Pre   Cost       Flags NextHop        Interface

      127.0.0.0/8   Direct  0     0            D   127.0.0.1      InLoopBack0
      127.0.0.1/32  Direct  0     0            D   127.0.0.1      InLoopBack0
127.255.255.255/32  Direct  0     0            D   127.0.0.1      InLoopBack0
      192.1.1.0/24  OSPF    10    3            D   192.1.4.9      GigabitEthernet
0/0/0
                    OSPF    10    3            D   192.1.4.14     GigabitEthernet
0/0/1
      192.1.2.0/24  O_ASE   150   1            D   192.1.4.14     GigabitEthernet
0/0/1
      192.1.3.0/24  EBGP    255   3            D   192.1.8.2      GigabitEthernet
2/0/0
      192.1.4.0/30  OSPF    10    2            D   192.1.4.9      GigabitEthernet
0/0/0
      192.1.4.4/30  OSPF    10    2            D   192.1.4.14     GigabitEthernet
0/0/1
      192.1.4.8/30  Direct  0     0            D   192.1.4.10     GigabitEthernet
0/0/0
     192.1.4.10/32  Direct  0     0            D   127.0.0.1      GigabitEthernet
0/0/0
     192.1.4.11/32  Direct  0     0            D   127.0.0.1      GigabitEthernet
0/0/0
     192.1.4.12/30  Direct  0     0            D   192.1.4.13     GigabitEthernet
0/0/1
     192.1.4.13/32  Direct  0     0            D   127.0.0.1      GigabitEthernet
0/0/1
     192.1.4.15/32  Direct  0     0            D   127.0.0.1      GigabitEthernet
0/0/1
      192.1.5.0/30  O_ASE   150   1            D   192.1.4.14     GigabitEthernet
0/0/1
```

图 7.45　路由器 AR13 完整路由表一

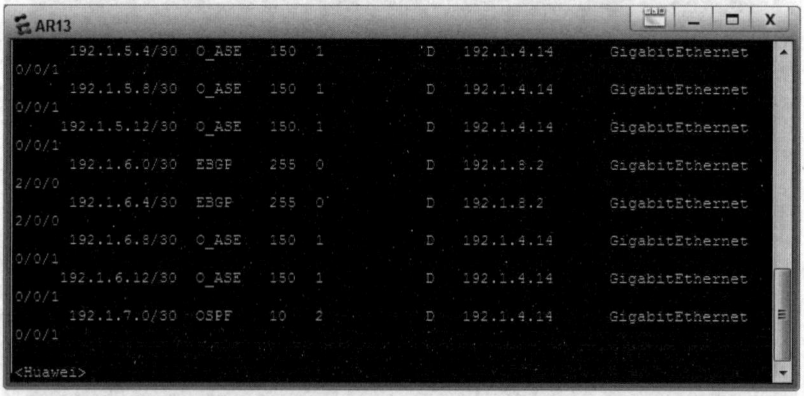

```
AR13                                                                    ▬ ─ □ X
      192.1.5.4/30  O_ASE   150   1            D   192.1.4.14     GigabitEthernet
0/0/1
      192.1.5.8/30  O_ASE   150   1            D   192.1.4.14     GigabitEthernet
0/0/1
     192.1.5.12/30  O_ASE   150   1            D   192.1.4.14     GigabitEthernet
0/0/1
      192.1.6.0/30  EBGP    255   0            D   192.1.8.2      GigabitEthernet
2/0/0
      192.1.6.4/30  EBGP    255   0            D   192.1.8.2      GigabitEthernet
2/0/0
      192.1.6.8/30  O_ASE   150   1            D   192.1.4.14     GigabitEthernet
0/0/1
     192.1.6.12/30  O_ASE   150   1            D   192.1.4.14     GigabitEthernet
0/0/1
      192.1.7.0/30  OSPF    10    2            D   192.1.4.14     GigabitEthernet
0/0/1

<Huawei>
```

图 7.46　路由器 AR13 完整路由表二

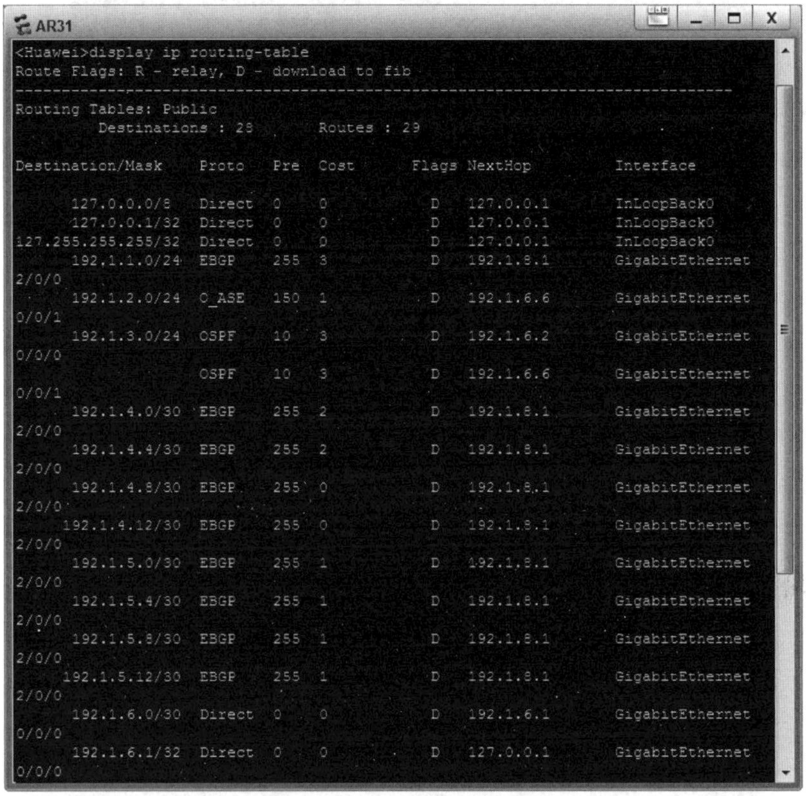

图 7.47　路由器 AR31 完整路由表一

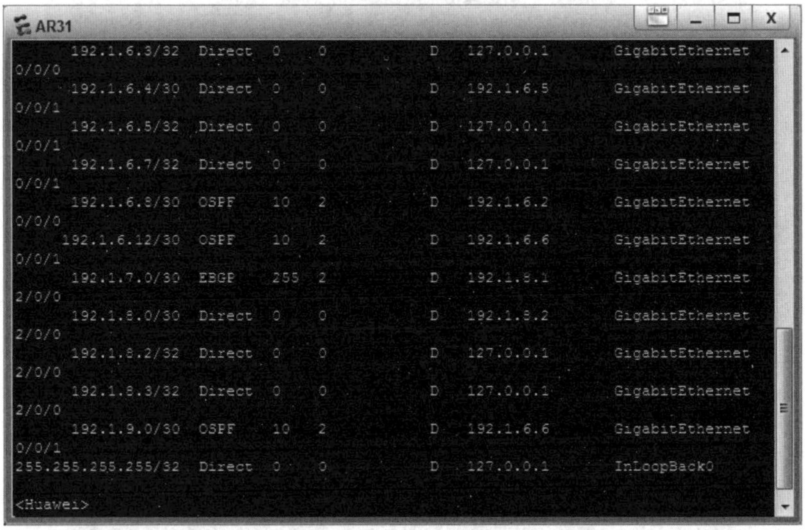

图 7.48　路由器 AR31 完整路由表二

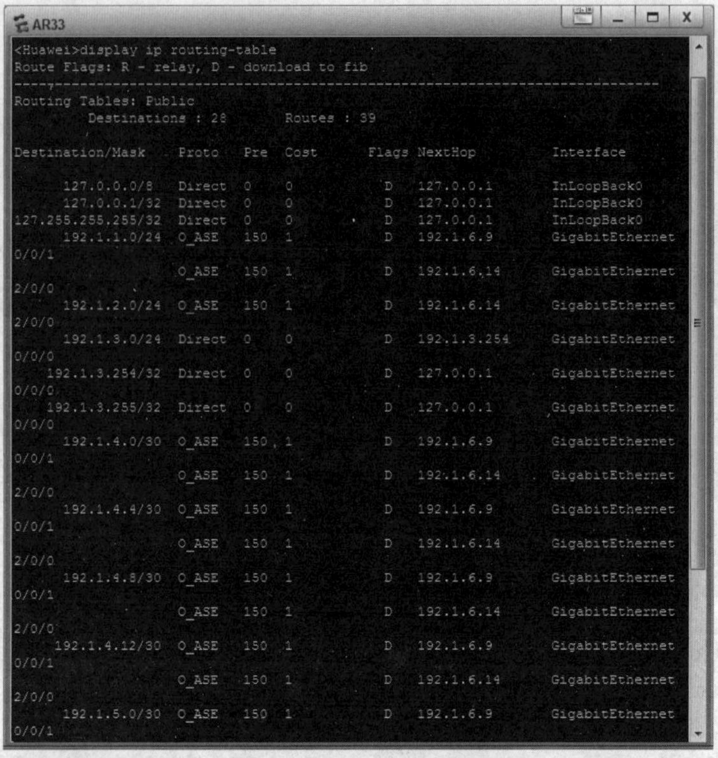

图 7.49 路由器 AR33 完整路由表一

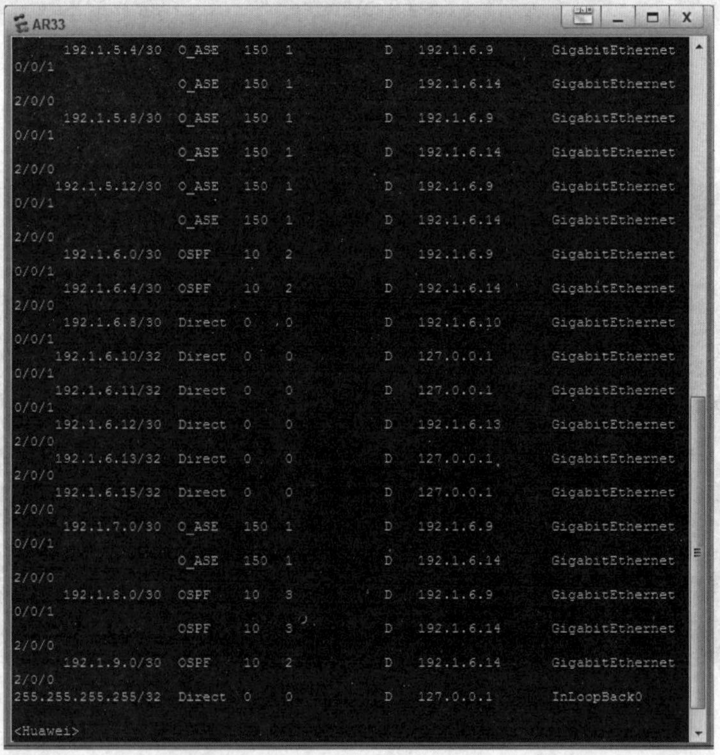

图 7.50 路由器 AR33 完整路由表二

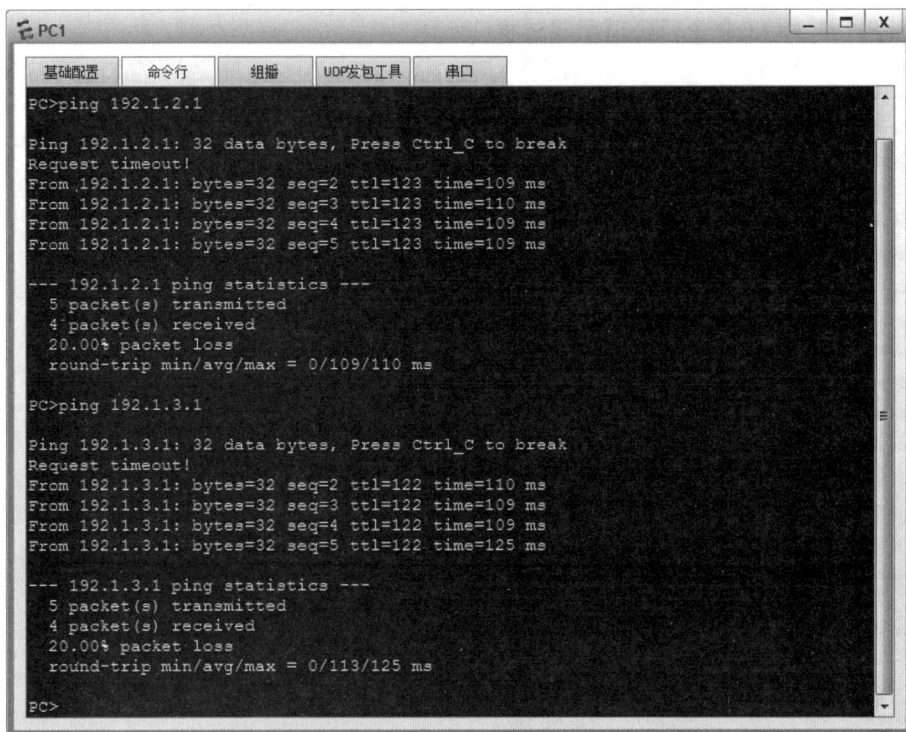

图 7.51　PC1 与 PC2 和 PC3 成功通信的过程

7.4.6　命令行接口配置过程

1. 路由器 AR11 命令行接口配置过程

```
< Huawei > system – view
[Huawei]undo info – center enable
[Huawei]interface GigabitEthernet0/0/0
[Huawei – GigabitEthernet0/0/0]ip address 192.1.1.254 24
[Huawei – GigabitEthernet0/0/0]quit
[Huawei]interface GigabitEthernet0/0/1
[Huawei – GigabitEthernet0/0/1]ip address 192.1.4.1 30
[Huawei – GigabitEthernet0/0/1]quit
[Huawei]interface GigabitEthernet2/0/0
[Huawei – GigabitEthernet2/0/0]ip address 192.1.4.5 30
[Huawei – GigabitEthernet2/0/0]quit
[Huawei]ospf 11
[Huawei – ospf – 11]area 1
[Huawei – ospf – 11 – area – 0.0.0.1]network 192.1.1.0 0.0.0.255
[Huawei – ospf – 11 – area – 0.0.0.1]network 192.1.4.0 0.0.0.31
[Huawei – ospf – 11 – area – 0.0.0.1]quit
[Huawei – ospf – 11]quit
```

2. 路由器 AR13 命令行接口配置过程

```
< Huawei > system - view
[Huawei]undo info - center enable
[Huawei]interface GigabitEthernet0/0/0
[Huawei - GigabitEthernet0/0/0]ip address 192.1.4.10 30
[Huawei - GigabitEthernet0/0/0]quit
[Huawei]interface GigabitEthernet0/0/1
[Huawei - GigabitEthernet0/0/1]ip address 192.1.4.13 30
[Huawei - GigabitEthernet0/0/1]quit
[Huawei]interface GigabitEthernet2/0/0
[Huawei - GigabitEthernet2/0/0]ip address 192.1.8.1 30
[Huawei - GigabitEthernet2/0/0]quit
[Huawei]ospf 13
[Huawei - ospf - 13]area 1
[Huawei - ospf - 13 - area - 0.0.0.1]network 192.1.4.0 0.0.0.31
[Huawei - ospf - 13 - area - 0.0.0.1]network 192.1.8.0 0.0.0.3
[Huawei - ospf - 13 - area - 0.0.0.1]quit
```

注：以下命令序列对应实验步骤(5)。

```
[Huawei]bgp 100
[Huawei - bgp]router - id 13.13.13.13
[Huawei - bgp]peer 192.1.8.2 as - number 300
[Huawei - bgp]ipv4 - family unicast
[Huawei - bgp - af - ipv4]import - route ospf 13
[Huawei - bgp - af - ipv4]quit
[Huawei - bgp]quit
```

注：以下命令序列对应实验步骤(6)。

```
[Huawei]ospf 13
[Huawei - ospf - 13]import - route bgp
[Huawei - ospf - 13]quit
```

3. 路由器 AR14 命令行接口配置过程

```
< Huawei > system - view
[Huawei]undo info - center enable
[Huawei]interface GigabitEthernet0/0/0
[Huawei - GigabitEthernet0/0/0]ip address 192.1.4.6 30
[Huawei - GigabitEthernet0/0/0]quit
[Huawei]interface GigabitEthernet0/0/1
[Huawei - GigabitEthernet0/0/1]ip address 192.1.4.14 30
[Huawei - GigabitEthernet0/0/1]quit
[Huawei]interface GigabitEthernet2/0/0
[Huawei - GigabitEthernet2/0/0]ip address 192.1.7.1 30
[Huawei - GigabitEthernet2/0/0]quit
[Huawei]ospf 14
[Huawei - ospf - 14]area 1
[Huawei - ospf - 14 - area - 0.0.0.1]network 192.1.4.0 0.0.0.31
```

```
[Huawei - ospf - 14 - area - 0.0.0.1]network 192.1.7.0 0.0.0.3
[Huawei - ospf - 14 - area - 0.0.0.1]quit
[Huawei - ospf - 14]quit
```

注：以下命令序列对应实验步骤(5)。

```
[Huawei]bgp 100
[Huawei - bgp]router - id 14.14.14.14
[Huawei - bgp]peer 192.1.7.2 as - number 200
[Huawei - bgp]ipv4 - family unicast
[Huawei - bgp - af - ipv4]import - route ospf 14
[Huawei - bgp - af - ipv4]quit
[Huawei - bgp]quit
```

注：以下命令序列对应实验步骤(6)。

```
[Huawei]ospf 14
[Huawei - ospf - 14]import - route bgp
[Huawei - ospf - 14]quit
```

4. 路由器 AR22 命令行接口配置过程

```
< Huawei > system - view
[Huawei]undo info - center enable
[Huawei]interface GigabitEthernet0/0/0
[Huawei - GigabitEthernet0/0/0]ip address 192.1.5.2 30
[Huawei - GigabitEthernet0/0/0]quit
[Huawei]interface GigabitEthernet0/0/1
[Huawei - GigabitEthernet0/0/1]ip address 192.1.5.9 30
[Huawei - GigabitEthernet0/0/1]quit
[Huawei]interface GigabitEthernet2/0/0
[Huawei - GigabitEthernet2/0/0]ip address 192.1.7.2 30
[Huawei - GigabitEthernet2/0/0]quit
[Huawei]ospf 22
[Huawei - ospf - 22]area 2
[Huawei - ospf - 22 - area - 0.0.0.2]network 192.1.5.0 0.0.0.31
[Huawei - ospf - 22 - area - 0.0.0.2]network 192.1.7.0 0.0.0.3
[Huawei - ospf - 22 - area - 0.0.0.2]quit
[Huawei - ospf - 22]quit
```

注：以下命令序列对应实验步骤(5)。

```
[Huawei]bgp 200
[Huawei - bgp]router - id 22.22.22.22
[Huawei - bgp]peer 192.1.7.1 as - number 100
[Huawei - bgp]ipv4 - family unicast
[Huawei - bgp - af - ipv4]import - route ospf 22
[Huawei - bgp - af - ipv4]quit
[Huawei - bgp]quit
```

注：以下命令序列对应实验步骤(6)。

```
[Huawei]ospf 22
[Huawei - ospf - 22]import - route bgp
[Huawei - ospf - 22]quit
```

5. 路由器 AR31 命令行接口配置过程

```
<Huawei> system - view
[Huawei]undo info - center enable
[Huawei]interface GigabitEthernet0/0/0
[Huawei - GigabitEthernet0/0/0]ip address 192.1.6.1 30
[Huawei - GigabitEthernet0/0/0]quit
[Huawei]interface GigabitEthernet0/0/1
[Huawei - GigabitEthernet0/0/1]ip address 192.1.6.5 30
[Huawei - GigabitEthernet0/0/1]quit
[Huawei]interface GigabitEthernet2/0/0
[Huawei - GigabitEthernet2/0/0]ip address 192.1.8.2 30
[Huawei - GigabitEthernet2/0/0]quit
[Huawei]ospf 31
[Huawei - ospf - 31]area 3
[Huawei - ospf - 31 - area - 0.0.0.3]network 192.1.6.0 0.0.0.31
[Huawei - ospf - 31 - area - 0.0.0.3]network 192.1.8.0 0.0.0.3
[Huawei - ospf - 31 - area - 0.0.0.3]quit
[Huawei - ospf - 31]quit
```

注：以下命令序列对应实验步骤(5)。

```
[Huawei]bgp 300
[Huawei - bgp]router - id 31.31.31.31
[Huawei - bgp]peer 192.1.8.1 as - number 100
[Huawei - bgp]ipv4 - family unicast
[Huawei - bgp - af - ipv4]import - route ospf 31
[Huawei - bgp - af - ipv4]quit
[Huawei - bgp]quit
```

注：以下命令序列对应实验步骤(6)。

```
[Huawei]ospf 31
[Huawei - ospf - 31]import - route bgp
[Huawei - ospf - 31]quit
```

6. 路由器 AR33 命令行接口配置过程

```
<Huawei> system - view
[Huawei]undo info - center enable
[Huawei]interface GigabitEthernet0/0/0
[Huawei - GigabitEthernet0/0/0]ip address 192.1.3.254 24
[Huawei - GigabitEthernet0/0/0]quit
[Huawei]interface GigabitEthernet0/0/1
[Huawei - GigabitEthernet0/0/1]ip address 192.1.6.10 30
[Huawei - GigabitEthernet0/0/1]quit
[Huawei]interface GigabitEthernet2/0/0
```

```
[Huawei-GigabitEthernet2/0/0]ip address 192.1.6.13 30
[Huawei-GigabitEthernet2/0/0]quit
[Huawei]ospf 33
[Huawei-ospf-33]area 3
[Huawei-ospf-33-area-0.0.0.3]network 192.1.3.0 0.0.0.255
[Huawei-ospf-33-area-0.0.0.3]network 192.1.6.0 0.0.0.31
[Huawei-ospf-33-area-0.0.0.3]quit
[Huawei-ospf-33]quit
```

AR12、AR21、AR24 和 AR32 的命令行接口配置过程与 AR11 和 AR33 相似,AR23 和 AR34 的命令行接口配置过程与 AR13、AR14、AR22 和 AR31 相似,这里不再赘述。

7. 命令列表

路由器命令行接口配置过程中使用的命令及功能和参数说明如表 7.6 所示。

表 7.6　路由器命令行接口配置过程中使用的命令及功能和参数说明

命 令 格 式	功能和参数说明
Bgp *as-number-plain*	启动 BGP 进程,并进入 BGP 视图,在 BGP 视图下完成 BGP 相关参数的配置过程。参数 *as-number-plain* 是整数形式的自治系统号
router-id *ipv4-address*	指定 IPv4 地址格式的路由器标识符,该标识符必须是唯一的。参数 *ipv4-address* 是 IPv4 地址格式的路由器标识符
peer *ipv4-address* **as-number** *as-number-plain*	指定对等体,对等体可以是外部邻居或内部邻居等。参数 *ipv4-address* 是对等体的 IP 地址;参数 *as-number-plain* 是整数形式的对等体所属自治系统的自治系统号
ipv4-family unicast	启动 IPv4 单播地址族,并进入 IPv4 单播地址族视图
import-route *protocol*[*process-id*]	用于 BGP 引入其他路由协议创建的路由信息。参数 *protocol* 是路由协议;参数 *process-id* 是进程编号
import-route bgp	用于引入通过 BGP 从对等体获取的路由信息

第 8 章
CHAPTER 8　组播实验

协议无关组播（Protocol Independent Multicast，PIM）是最常见的组播路由协议，分为协议无关组播-密集方式（Protocol Independent Multicast-Dense Mode，PIM-DM）和协议无关组播-稀疏方式（Protocol Independent Multicast-Sparse Mode，PIM-SM）。PIM-DM 适用于小规模互联网且互联网中的大部分终端都是组播组成员的组播应用环境；PIM-SM 适用于大规模互联网且互联网中只有少量终端是组播组成员的组播应用环境。

8.1　基本组播实验

8.1.1　实验内容

组播网络结构如图 8.1 所示，源终端 1 和源终端 2 分别是组播地址为 225.0.0.1 和 225.0.1.1 的组播组的组播源。终端 A 和终端 C 属于组播地址为 225.0.0.1 的组播组，终端 B 和终端 D 属于组播地址为 225.0.1.1 的组播组。当源终端 1 组播 IP 组播分组时，属于组播地址为 225.0.0.1 的组播组的终端 A 和终端 C 将接收到该组播 IP 分组。当源终端 2 组播 IP 组播分组时，属于组播地址为 225.0.1.1 的组播组的终端 B 和终端 D 将接收到该组播 IP 分组。

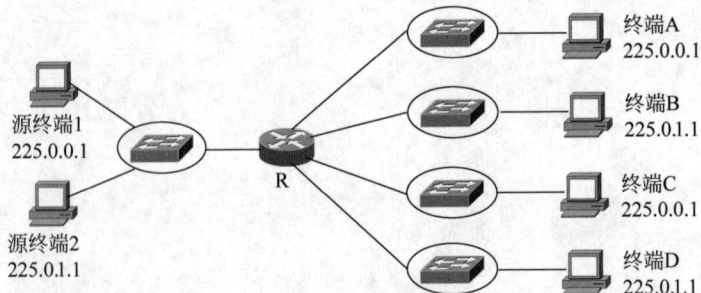

图 8.1　组播网络结构

8.1.2 实验目的

（1）了解组播网络工作原理。
（2）掌握互联网组管理协议（Internet Group Management Protocol，IGMP）工作过程。
（3）掌握 PIM-DM 工作原理。
（4）了解组播过程。

8.1.3 实验原理

一是完成源终端组播地址配置过程，源终端配置的组播地址作为该源终端发送的组播 IP 分组的目的 IP 地址。二是完成终端 IGMP 和组播地址配置过程，终端配置的组播地址用于确定终端所属的组播组。三是在路由器中启动组播功能。四是在路由器直接连接终端和源终端所在网络的接口启动 IGMP。

8.1.4 关键命令说明

1. 启动路由器组播路由功能

```
[Huawei]multicast routing - enable
```

multicast routing-enable 是系统视图下使用的命令，该命令的作用是启动路由器组播路由功能，路由器在启动组播路由功能后，才能进行有关组播路由的配置过程。

2. 路由器接口启动 PIM-DM 功能

```
[Huawei]interface GigabitEthernet0/0/0
[Huawei - GigabitEthernet0/0/0]pim dm
[Huawei - GigabitEthernet0/0/0]quit
```

pim dm 是接口视图下使用的命令，该命令的作用是启动指定接口（这里是接口 GigabitEthernet0/0/0）的 PIM-DM 功能。某个接口在启动 PIM-DM 功能后，参与组播路由过程。

3. 启动接口 IGMP 功能

```
[Huawei]interface GigabitEthernet0/0/0
[Huawei - GigabitEthernet0/0/0]igmp enable
[Huawei - GigabitEthernet0/0/0]igmp version 2
[Huawei - GigabitEthernet0/0/0]quit
```

igmp enable 是接口视图下使用的命令，该命令的作用是启动指定接口（这里是接口 GigabitEthernet0/0/0）的 IGMP 功能。直接连接有组播组成员的网络的接口，需要启动 IGMP 功能。

igmp version 2 是接口视图下使用的命令，该命令的作用是指定 IGMP 版本，这里指定的是 IGMPv2。接口指定的 IGMP 版本与组播组成员配置的 IGMP 版本必须一致。

8.1.5　实验步骤

(1) 启动 eNSP,按照如图 8.1 所示的网络拓扑结构放置和连接设备,完成设备放置和连接后的 eNSP 界面如图 8.2 所示。启动所有设备。

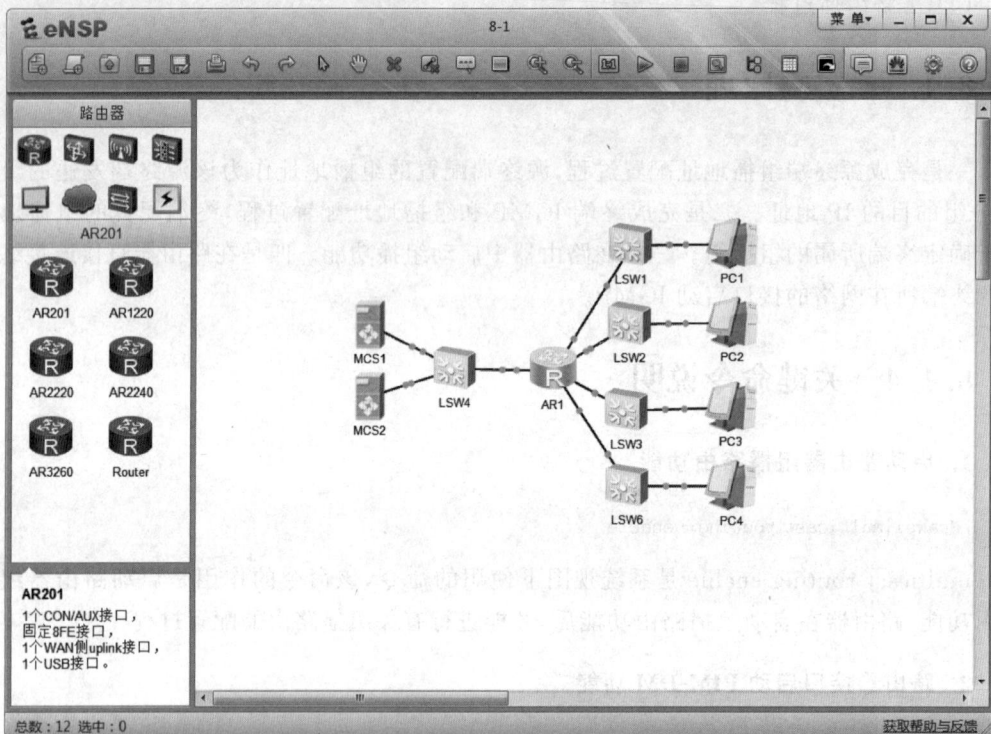

图 8.2　完成设备放置和连接后的 eNSP 界面

(2) 源终端通过播放视频启动组播 IP 分组的传输过程,源终端使用的视频播放器为 VLC Media Player,因此,需要配置存放 VLC Media Player 的路径。选择"菜单"→"工具"→"选项",在"选项"对话框中选中"工具设置"选项卡,如图 8.3 所示,在 VLC 文本框中输入存放 VLC Media Player 的路径。

(3) "组播源"配置界面如图 8.4 所示。由于需要通过播放视频启动组播 IP 分组的传输过程,因此,需要在"文件路径"文本框中给出视频文件的存储路径。组播组 IP 地址作为组播源发送的组播 IP 分组的目的 IP 地址。

(4) "组播"配置界面如图 8.5 所示,目的 IP 地址指定该组播组成员需要加入的组播组。组播组成员选择的 IGMP 版本需要与路由器连接该组播组成员所在网络的接口配置的 IGMP 版本一致。

(5) 完成路由器各个接口的 IP 地址和子网掩码配置过程,路由器 AR1 自动生成如图 8.6 所示的直连路由项。

图 8.3　配置 VLC Media Player 路径

图 8.4　"组播源"配置界面

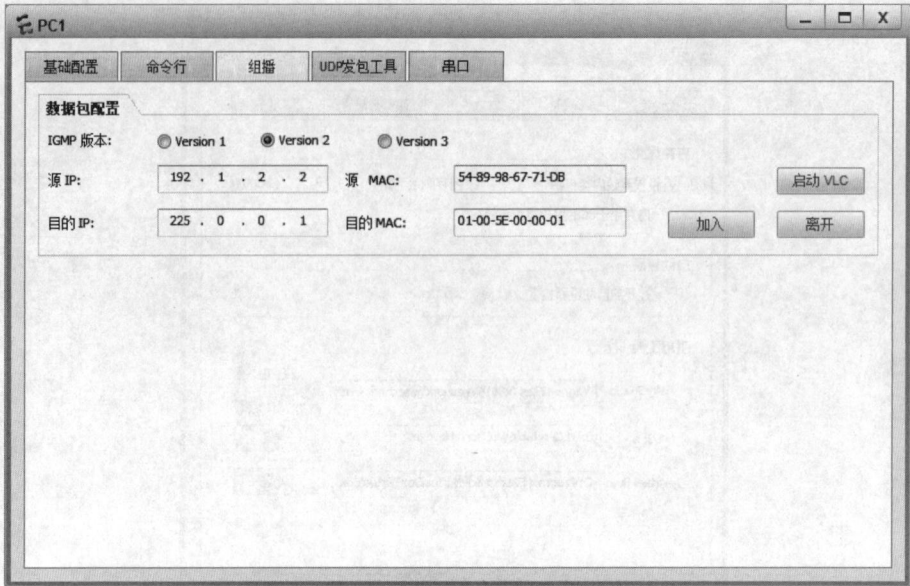

图 8.5　"组播"配置界面

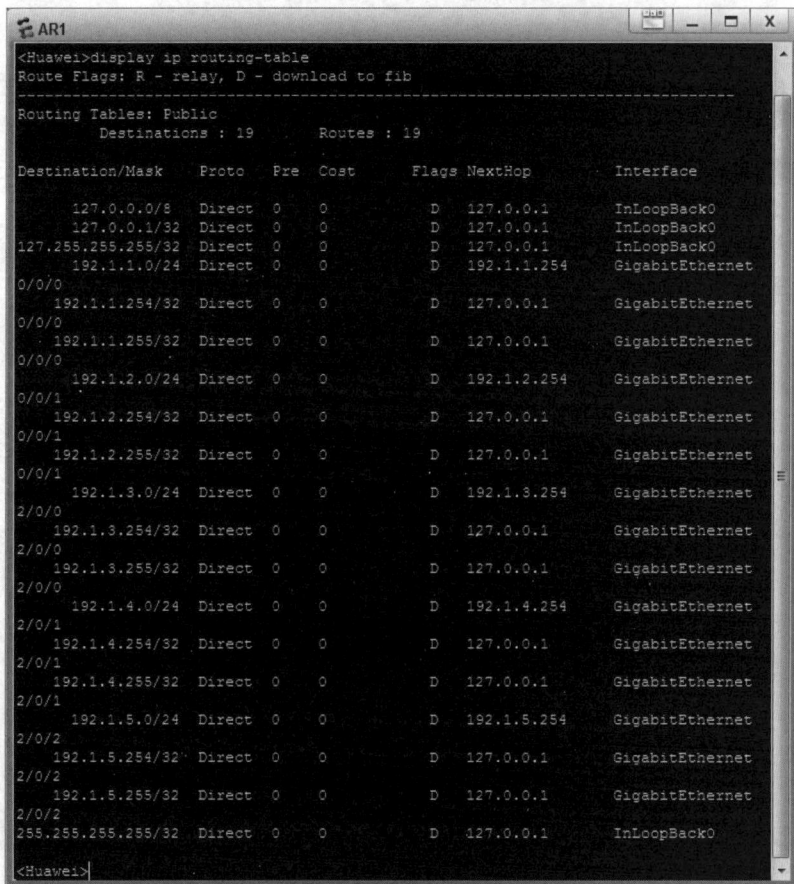

图 8.6　路由器 AR1 的直连路由项

（6）完成路由器 AR1 有关组播路由功能的配置过程：一是启动组播路由功能；二是在各个路由器接口启动 PIM-DM；三是在各个接口启动 IGMP 功能，并配置 IGMP 版本。完成有关组播路由功能的配置过程和组播源发送组播 IP 分组后，路由器 AR1 的组播路由项如图 8.7 所示。

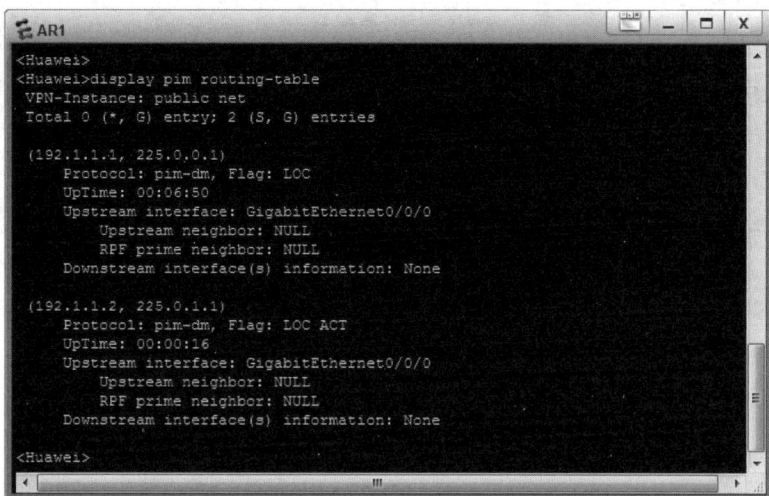

```
<Huawei>
<Huawei>display pim routing-table
 VPN-Instance: public net
 Total 0 (*, G) entry; 2 (S, G) entries

 (192.1.1.1, 225.0.0.1)
     Protocol: pim-dm, Flag: LOC
     UpTime: 00:06:50
     Upstream interface: GigabitEthernet0/0/0
         Upstream neighbor: NULL
         RPF prime neighbor: NULL
     Downstream interface(s) information: None

 (192.1.1.2, 225.0.1.1)
     Protocol: pim-dm, Flag: LOC ACT
     UpTime: 00:00:16
     Upstream interface: GigabitEthernet0/0/0
         Upstream neighbor: NULL
         RPF prime neighbor: NULL
     Downstream interface(s) information: None

<Huawei>
```

图 8.7　路由器 AR1 的组播路由项

（7）为了精确跟踪组播 IP 分组的传输过程，分别在路由器 AR1 连接组播源的接口 GigabitEthernet0/0/0 以及两个分别连接属于组播地址 225.0.0.1 和 225.0.1.1 的组播组成员的接口 GigabitEthernet0/0/1 和 GigabitEthernet2/0/0 上捕获报文，捕获报文接口列表如图 8.8 所示。接口 GigabitEthernet0/0/0 捕获的组播源 MCS1 发送的组播 IP 分组如图 8.9 所示。接口 GigabitEthernet0/0/0 捕获的组播源 MCS2 发送的组播 IP 分组如图 8.10

图 8.8　捕获报文接口列表

所示。接口 GigabitEthernet0/0/1 捕获的组播 IP 分组如图 8.11 所示,其等同于组播源 MCS1 发送的组播 IP 分组。接口 GigabitEthernet2/0/0 捕获的组播 IP 分组如图 8.12 所示,其等同于组播源 MCS2 发送的组播 IP 分组。

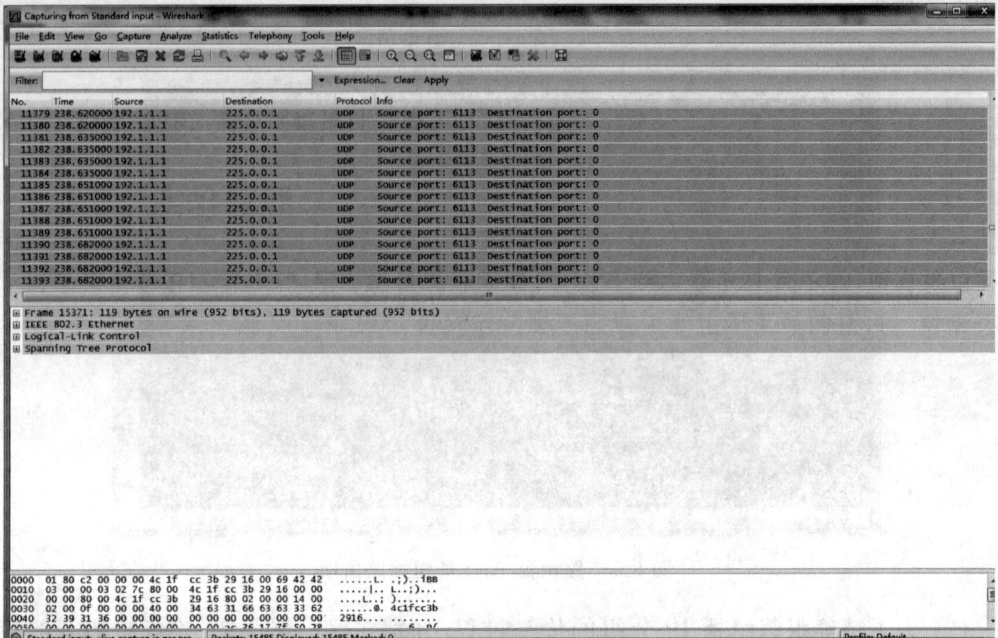

图 8.9　接口 GigabitEthernet0/0/0 捕获的组播源 MCS1 发送的组播 IP 分组

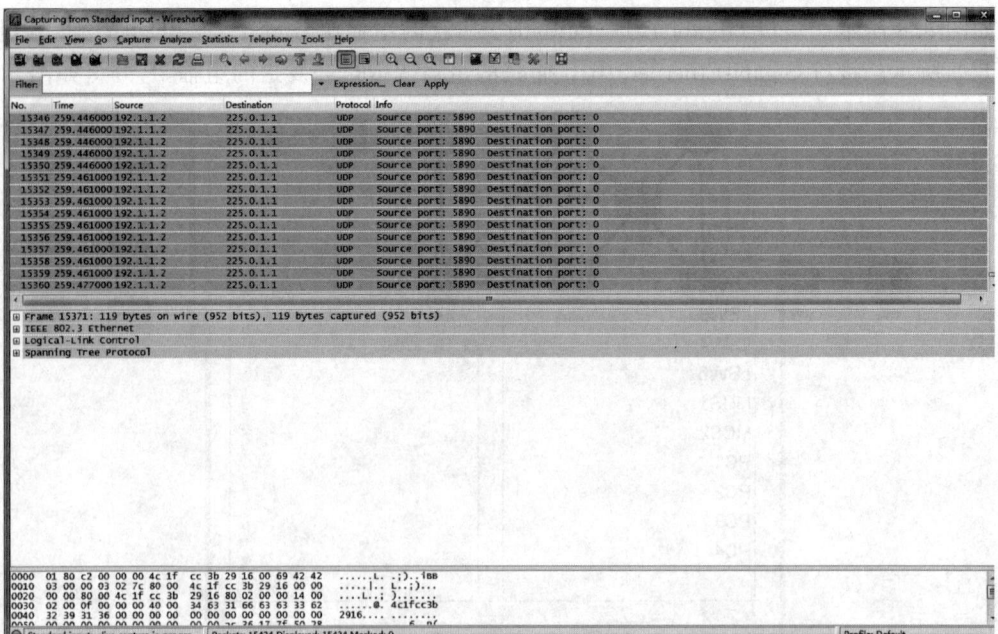

图 8.10　接口 GigabitEthernet0/0/0 捕获的组播源 MCS2 发送的组播 IP 分组

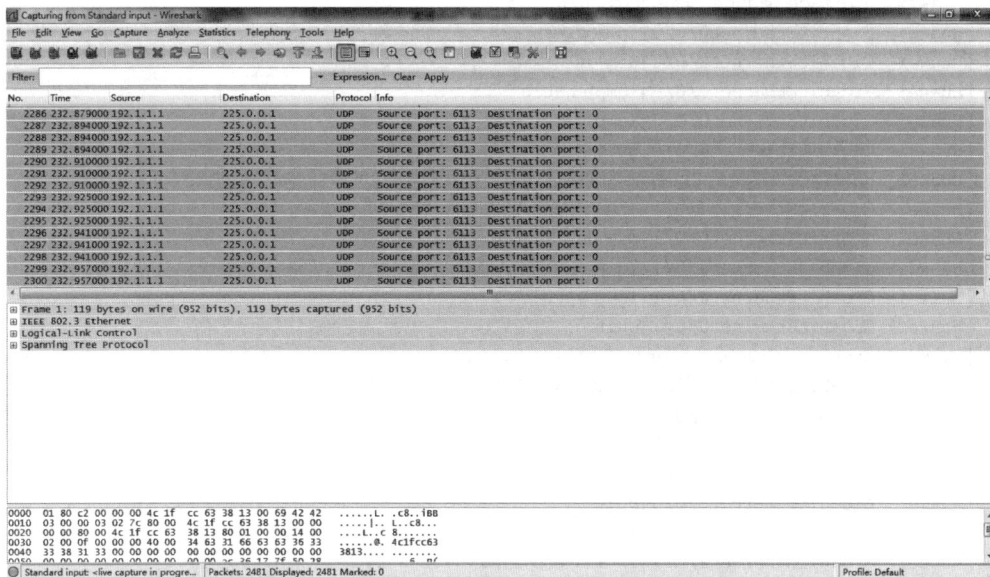

图 8.11　接口 GigabitEthernet0/0/1 捕获的组播 IP 分组

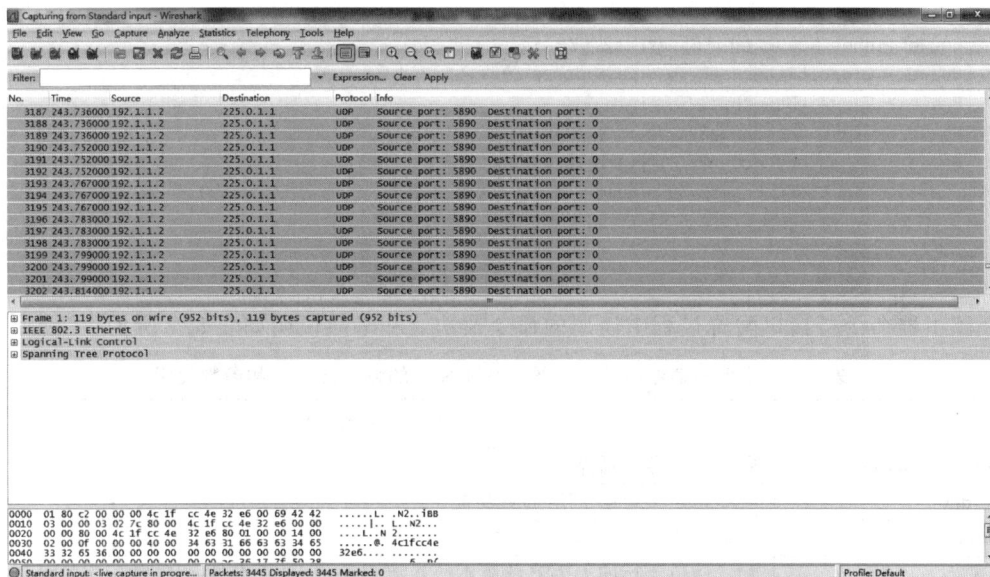

图 8.12　接口 GigabitEthernet2/0/0 捕获的组播 IP 分组

8.1.6　命令行接口配置过程

1. 路由器 AR1 命令行接口配置过程

```
< Huawei > system - view
[Huawei]undo info - center enable
[Huawei]multicast routing - enable
```

```
[Huawei]interface GigabitEthernet0/0/0
[Huawei - GigabitEthernet0/0/0]ip address 192.1.1.254 24
[Huawei - GigabitEthernet0/0/0]pim dm
[Huawei - GigabitEthernet0/0/0]igmp enable
[Huawei - GigabitEthernet0/0/0]igmp version 2
[Huawei - GigabitEthernet0/0/0]quit
[Huawei]interface GigabitEthernet0/0/1
[Huawei - GigabitEthernet0/0/1]ip address 192.1.2.254 24
[Huawei - GigabitEthernet0/0/1]pim dm
[Huawei - GigabitEthernet0/0/1]igmp enable
[Huawei - GigabitEthernet0/0/1]igmp version 2
[Huawei - GigabitEthernet0/0/1]quit
[Huawei]interface GigabitEthernet2/0/0
[Huawei - GigabitEthernet2/0/0]ip address 192.1.3.254 24
[Huawei - GigabitEthernet2/0/0]pim dm
[Huawei - GigabitEthernet2/0/0]igmp enable
[Huawei - GigabitEthernet2/0/0]igmp version 2
[Huawei - GigabitEthernet2/0/0]quit
[Huawei]interface GigabitEthernet2/0/1
[Huawei - GigabitEthernet2/0/1]ip address 192.1.4.254 24
[Huawei - GigabitEthernet2/0/1]pim dm
[Huawei - GigabitEthernet2/0/1]igmp enable
[Huawei - GigabitEthernet2/0/1]igmp version 2
[Huawei - GigabitEthernet2/0/1]quit
[Huawei]interface GigabitEthernet2/0/2
[Huawei - GigabitEthernet2/0/2]ip address 192.1.5.254 24
[Huawei - GigabitEthernet2/0/2]pim dm
[Huawei - GigabitEthernet2/0/2]igmp enable
[Huawei - GigabitEthernet2/0/2]igmp version 2
[Huawei - GigabitEthernet2/0/2]quit
```

2. 命令列表

路由器命令行接口配置过程中使用的命令及功能和参数说明如表 8.1 所示。

表 8.1 路由器命令行接口配置过程中使用的命令及功能和参数说明

命 令 格 式	功能和参数说明
multicast routing-enable	启动路由器组播路由功能
pim dm	启动指定接口的 PIM-DM 功能
igmp enable	启动指定接口的 IGMP 功能
igmp version *version*	配置接口运行的 IGMP 的版本。参数 *version* 是版本号,可选的版本号分别是 1、2 和 3

8.2 PIM-DM 配置实验

8.2.1 实验内容

构建如图 8.13 所示的组播网结构,通过 PIM-DM 建立各个路由器的组播路由项,源终端 1 和源终端 2 分别发送目的 IP 地址为 225.0.1.1 和 225.0.2.1 的组播 IP 分组，这些组播 IP 分组经路由器组播路由后到达分别属于组播地址为 225.0.1.1 和 225.0.2.1 的组播组的终端。属于不同组播组的终端通过 IGMP 加入各自的组播组。

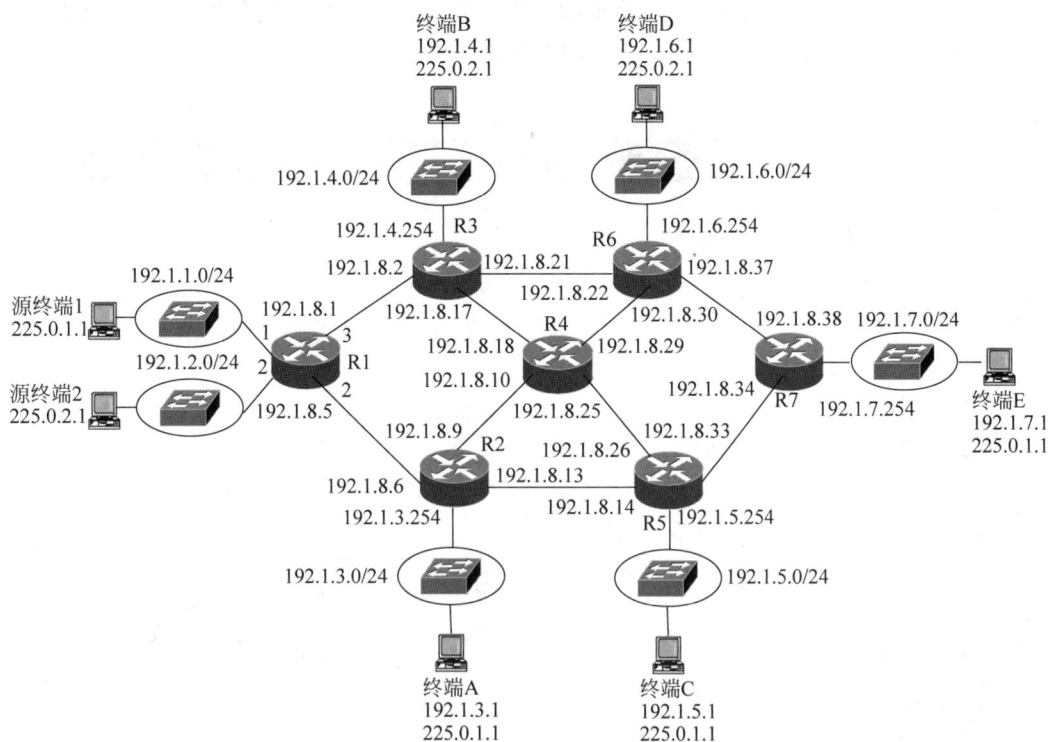

图 8.13　PIM-DM 组播网结构

8.2.2　实验目的

（1）掌握 IGMP 工作过程。
（2）掌握 PIM-DM 工作原理。
（3）掌握 PIM-DM 构建组播路由项过程。
（4）了解组播 IP 分组传输过程。

8.2.3　实验原理

按照如图 8.13 所示完成所有路由器各个接口的 IP 地址和子网掩码配置过程，实现路由器互连的接口统一配置子网掩码 255.255.255.252。通过启动 OSPF 生成各个路由器的单播路由项。启动路由器连接终端所在网络的接口的 IGMP 功能。通过由各个源终端发送组播 IP 分组开始 PIM-DM 生成组播路由项过程。完成组播路由项构建后，各个源终端发送的组播 IP 分组到达属于该组播组的所有成员。

8.2.4   实验步骤

(1) 启动 eNSP,按照如图 8.13 所示的网络拓扑结构放置和连接设备,完成设备放置和连接后的 eNSP 界面如图 8.14 所示。启动所有设备。

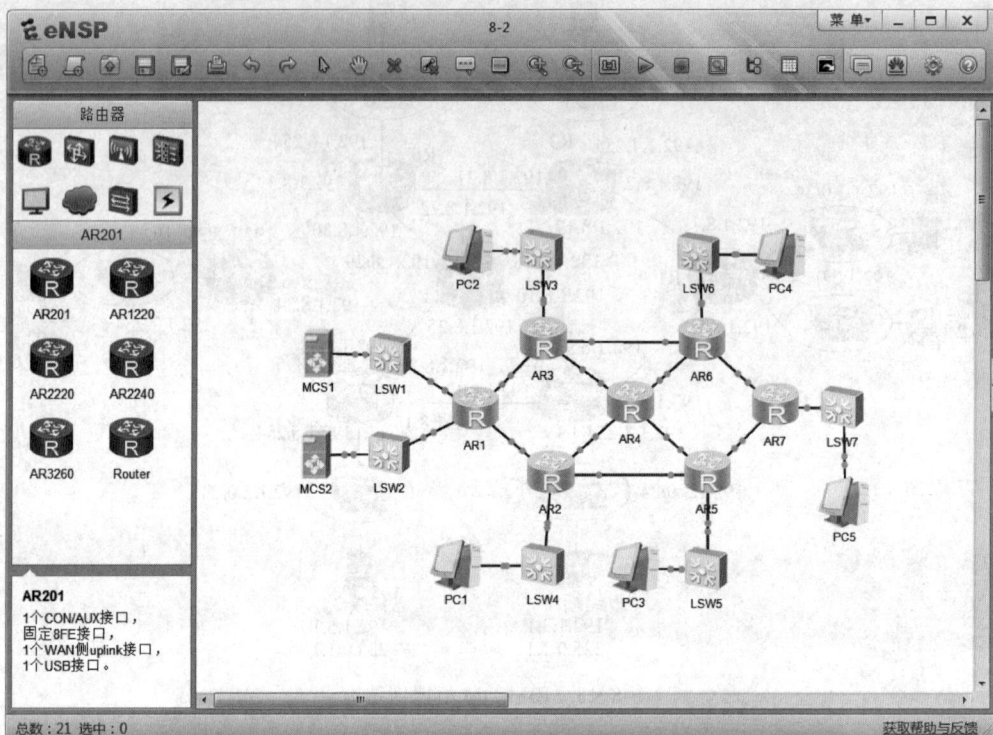

图 8.14   完成设备放置和连接后的 eNSP 界面

(2) 完成路由器各个接口 IP 地址和子网掩码配置过程,完成各个路由器 OSPF 配置过程,各个路由器通过 OSPF 生成单播路由项,图 8.15～图 8.17 所示分别是路由器 AR1、AR2 和 AR3 的单播路由项。通过这些单播路由项可以发现,AR2 和 AR3 通往源终端所在网络 192.1.1.0/24 和 192.1.2.0/24 的传输路径上的下一跳 IP 地址分别是路由器 AR1 连接 AR2 和 AR3 的接口的 IP 地址 192.1.8.1 和 192.1.8.5。

(3) 源终端 MCS1 的组播组 IP 地址为 225.0.1.1,如图 8.18 所示。源终端 MCS2 的组播组 IP 地址为 225.0.2.1,如图 8.19 所示。源终端 MCS1 和 MCS2 通过播放视频启动组播 IP 分组传输过程。

(4) PC1 加入组播地址为 225.0.1.1 的组播组,如图 8.20 所示。PC2 加入组播地址为 225.0.2.1 的组播组,如图 8.21 所示。PC3 和 PC5 加入组播地址为 225.0.1.1 的组播组。PC4 加入组播地址为 225.0.2.1 的组播组。

(5) 完成各个路由器有关组播路由功能的配置过程:一是启动路由器组播路由功能;二是在各个路由器接口启动 PIM-DM;三是在各个连接终端所在网络的路由器接口启动 IGMP 功能,并配置 IGMP 版本。完成有关组播路由功能的配置过程,且组播源发送组播

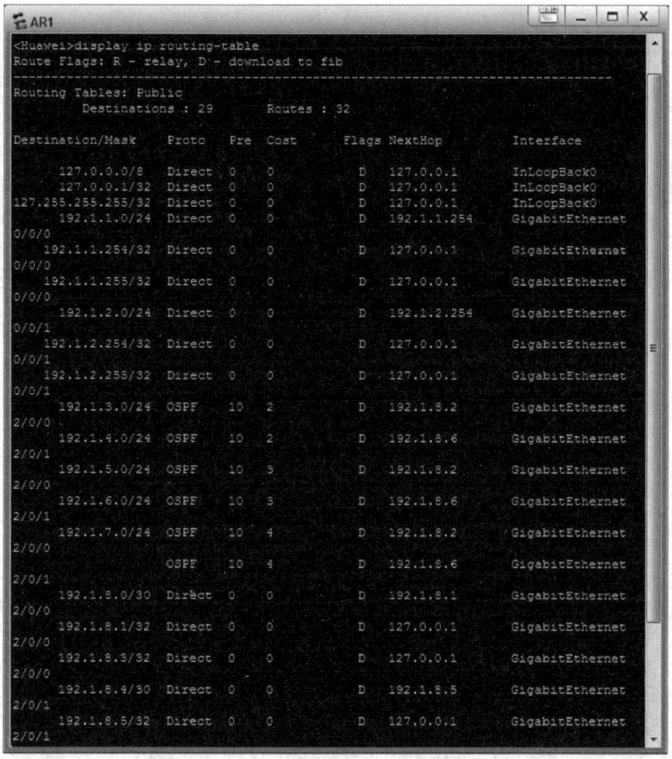

```
AR1
<Huawei>display ip routing-table
Route Flags: R - relay, D - download to fib
------------------------------------------------------------------------------
Routing Tables: Public
         Destinations : 29       Routes : 32

Destination/Mask    Proto   Pre  Cost      Flags NextHop         Interface

      127.0.0.0/8   Direct  0    0           D   127.0.0.1       InLoopBack0
      127.0.0.1/32  Direct  0    0           D   127.0.0.1       InLoopBack0
127.255.255.255/32  Direct  0    0           D   127.0.0.1       InLoopBack0
      192.1.1.0/24  Direct  0    0           D   192.1.1.254     GigabitEthernet
0/0/0
    192.1.1.254/32  Direct  0    0           D   127.0.0.1       GigabitEthernet
0/0/0
    192.1.1.255/32  Direct  0    0           D   127.0.0.1       GigabitEthernet
0/0/0
      192.1.2.0/24  Direct  0    0           D   192.1.2.254     GigabitEthernet
0/0/1
    192.1.2.254/32  Direct  0    0           D   127.0.0.1       GigabitEthernet
0/0/1
    192.1.2.255/32  Direct  0    0           D   127.0.0.1       GigabitEthernet
0/0/1
      192.1.3.0/24  OSPF    10   2           D   192.1.8.2       GigabitEthernet
2/0/0
      192.1.4.0/24  OSPF    10   2           D   192.1.8.6       GigabitEthernet
2/0/1
      192.1.5.0/24  OSPF    10   3           D   192.1.8.2       GigabitEthernet
2/0/0
      192.1.6.0/24  OSPF    10   3           D   192.1.8.6       GigabitEthernet
2/0/1
      192.1.7.0/24  OSPF    10   4           D   192.1.8.2       GigabitEthernet
2/0/0
                    OSPF    10   4           D   192.1.8.6       GigabitEthernet
2/0/1
      192.1.8.0/30  Direct  0    0           D   192.1.8.1       GigabitEthernet
2/0/0
      192.1.8.1/32  Direct  0    0           D   127.0.0.1       GigabitEthernet
2/0/0
      192.1.8.3/32  Direct  0    0           D   127.0.0.1       GigabitEthernet
2/0/0
      192.1.8.4/30  Direct  0    0           D   192.1.8.5       GigabitEthernet
2/0/1
      192.1.8.5/32  Direct  0    0           D   127.0.0.1       GigabitEthernet
2/0/1
```

图 8.15　路由器 AR1 的单播路由项

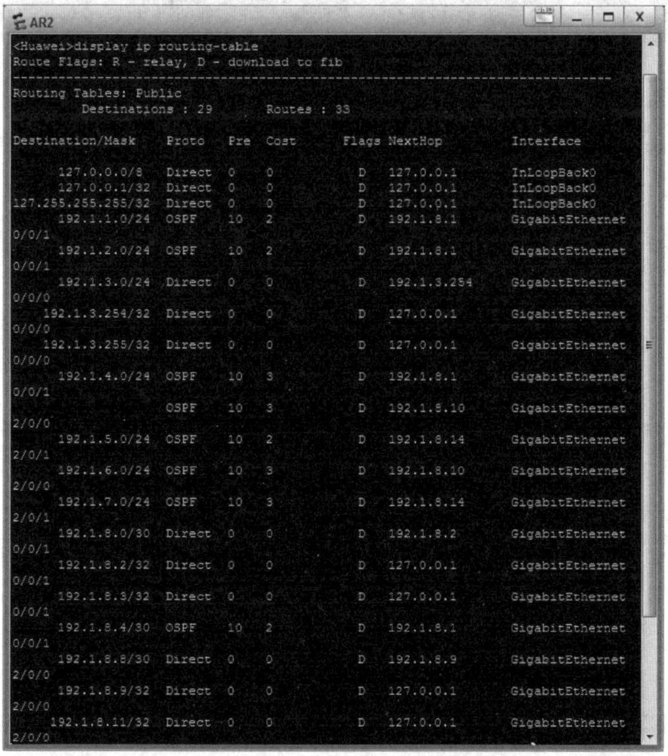

```
AR2
<Huawei>display ip routing-table
Route Flags: R - relay, D - download to fib
------------------------------------------------------------------------------
Routing Tables: Public
         Destinations : 29       Routes : 33

Destination/Mask    Proto   Pre  Cost      Flags NextHop         Interface

      127.0.0.0/8   Direct  0    0           D   127.0.0.1       InLoopBack0
      127.0.0.1/32  Direct  0    0           D   127.0.0.1       InLoopBack0
127.255.255.255/32  Direct  0    0           D   127.0.0.1       InLoopBack0
      192.1.1.0/24  OSPF    10   2           D   192.1.8.1       GigabitEthernet
0/0/1
      192.1.2.0/24  OSPF    10   2           D   192.1.8.1       GigabitEthernet
0/0/1
      192.1.3.0/24  Direct  0    0           D   192.1.3.254     GigabitEthernet
0/0/0
    192.1.3.254/32  Direct  0    0           D   127.0.0.1       GigabitEthernet
0/0/0
    192.1.3.255/32  Direct  0    0           D   127.0.0.1       GigabitEthernet
0/0/0
      192.1.4.0/24  OSPF    10   3           D   192.1.8.1       GigabitEthernet
0/0/1
                    OSPF    10   3           D   192.1.8.10      GigabitEthernet
2/0/0
      192.1.5.0/24  OSPF    10   2           D   192.1.8.14      GigabitEthernet
2/0/1
      192.1.6.0/24  OSPF    10   3           D   192.1.8.10      GigabitEthernet
2/0/0
      192.1.7.0/24  OSPF    10   3           D   192.1.8.14      GigabitEthernet
2/0/1
      192.1.8.0/30  Direct  0    0           D   192.1.8.2       GigabitEthernet
0/0/1
      192.1.8.2/32  Direct  0    0           D   127.0.0.1       GigabitEthernet
0/0/1
      192.1.8.3/32  Direct  0    0           D   127.0.0.1       GigabitEthernet
0/0/1
      192.1.8.4/30  OSPF    10   2           D   192.1.8.1       GigabitEthernet
0/0/1
      192.1.8.8/30  Direct  0    0           D   192.1.8.9       GigabitEthernet
2/0/0
      192.1.8.9/32  Direct  0    0           D   127.0.0.1       GigabitEthernet
2/0/0
     192.1.8.11/32  Direct  0    0           D   127.0.0.1       GigabitEthernet
2/0/0
```

图 8.16　路由器 AR2 的单播路由项

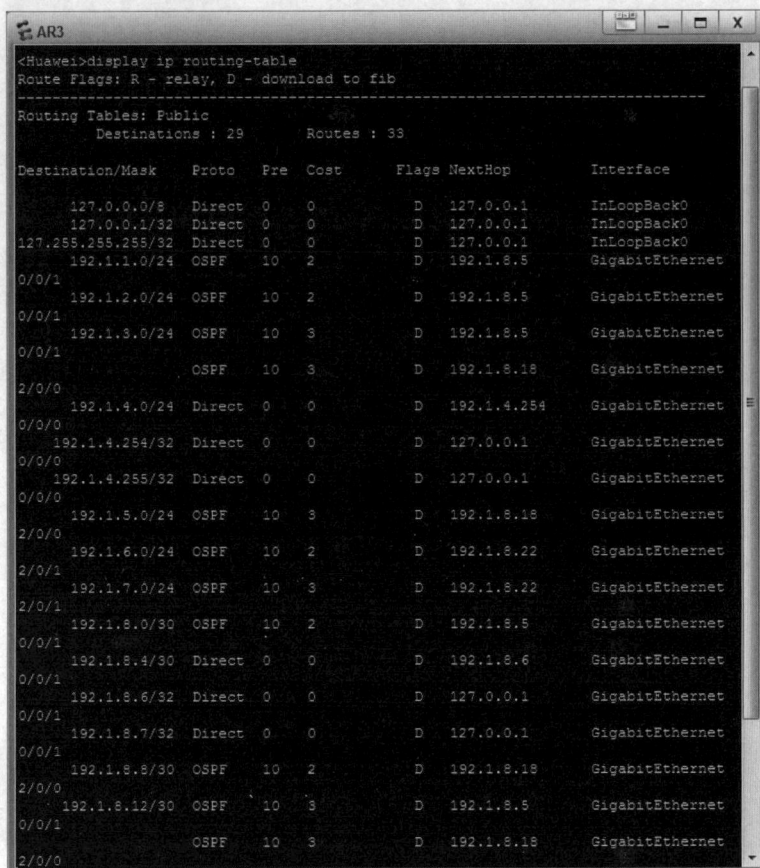

图 8.17　路由器 AR3 的单播路由项

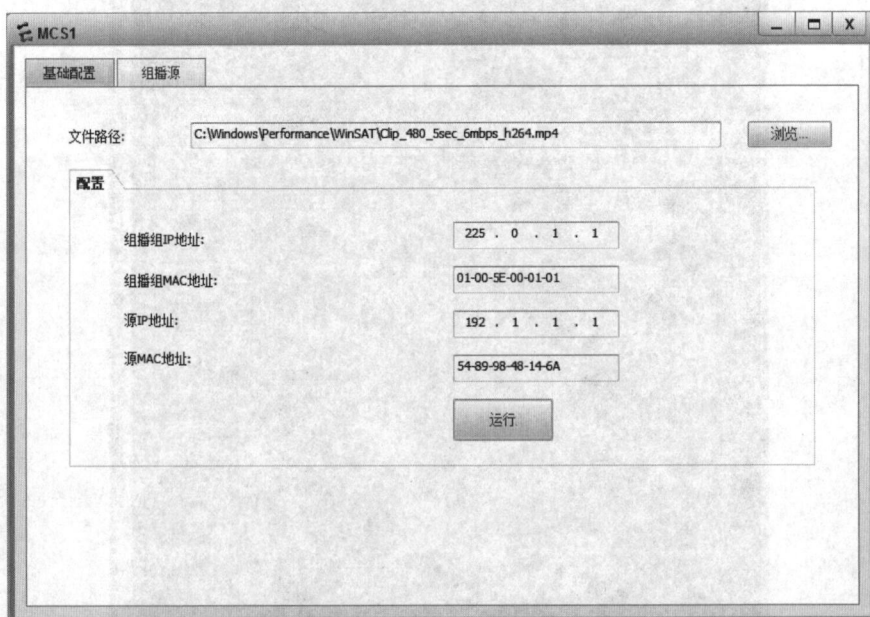

图 8.18　源终端 MCS1 组播源界面

图 8.19 源终端 MCS2 组播源界面

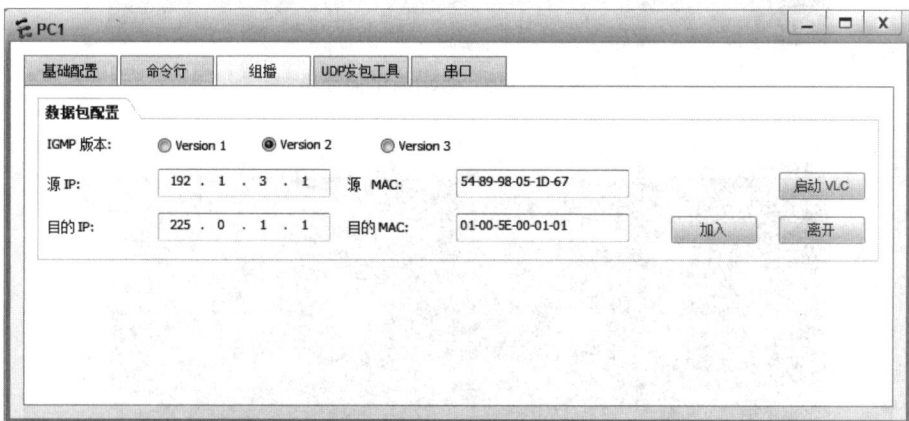

图 8.20 PC1 组播界面

图 8.21 PC2 组播界面

IP 分组后,各个路由器根据单播路由项生成组播路由项。路由器 AR1、AR2 和 AR3 的组播路由项分别如图 8.22～图 8.24 所示。组播路由项的组播源地址分别是组播源 MCS1 和 MCS2 的 IP 地址 192.1.1.1 和 192.1.2.1。对于路由器 AR2,由于通往组播源 MCS1 和

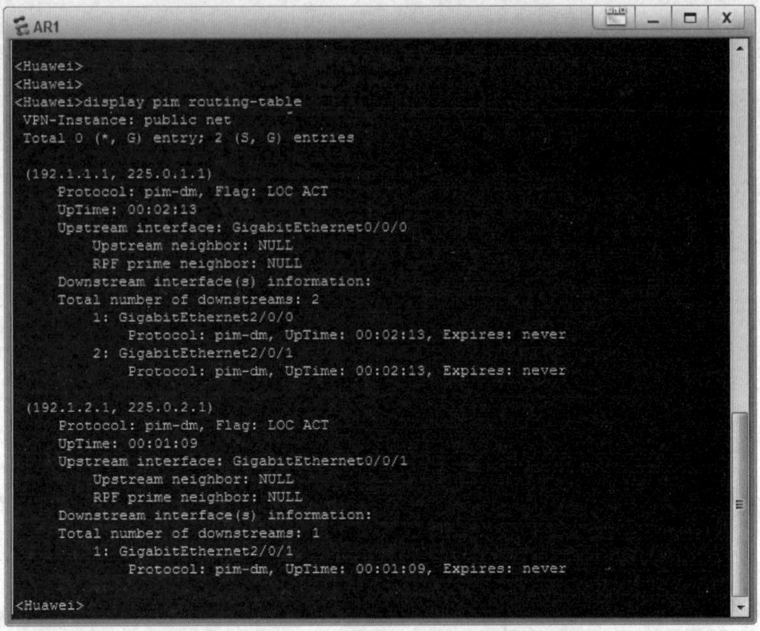

图 8.22　路由器 AR1 的组播路由项

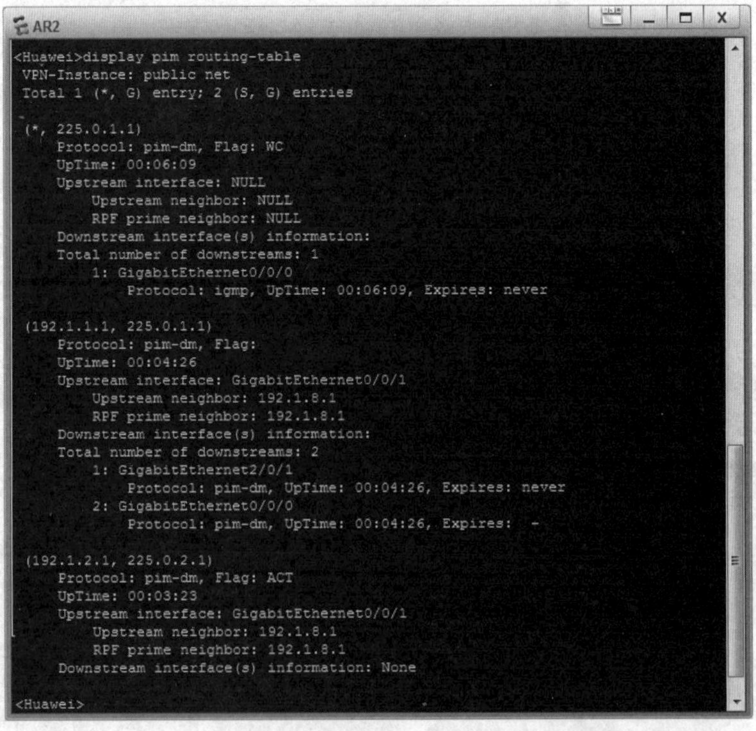

图 8.23　路由器 AR2 的组播路由项

MCS2 所在网络 192.1.1.0/24 和 192.1.2.0/24 的传输路径上的下一跳 IP 地址分别是路由器 AR1 连接 AR2 的接口的 IP 地址 192.1.8.1,因此,组播路由项上游邻居的 IP 地址是 192.1.8.1,上游接口是 AR2 连接 AR1 的接口 GigabitEthernet0/0/1。由于 PC1、PC3 和 PC5 已经加入组播地址为 225.0.1.1 的组播组,因此,AR2 连接 PC1 所在网络的接口和连接 AR5 的接口成为组播地址 225.0.1.1 对应的组播路由项的下游接口。由于 AR2 下游中不存在加入组播地址为 225.0.2.1 的组播组的终端,因此,AR2 对应组播地址 225.0.2.1 的组播路由项的下游接口为空。对于路由器 AR3 的组播路由项,由于 PC2 和 PC4 已经加入组播地址为 225.0.2.1 的组播组,因此,AR3 连接 PC2 所在网络的接口和连接 AR6 的接口成为组播地址 225.0.2.1 对应的组播路由项的下游接口。由于 AR3 下游中存在加入组播地址为 225.0.1.1 的组播组的终端 PC5,因此,AR3 连接 AR6 的接口成为组播地址 225.0.1.1 的组播路由项的下游接口。

```
<Huawei>display pim routing-table
VPN-Instance: public net
Total 1 (*, G) entry; 2 (S, G) entries

(192.1.1.1, 225.0.1.1)
     Protocol: pim-dm, Flag:
     UpTime: 00:05:27
     Upstream interface: GigabitEthernet0/0/1
          Upstream neighbor: 192.1.8.5
          RPF prime neighbor: 192.1.8.5
     Downstream interface(s) information:
     Total number of downstreams: 1
          1: GigabitEthernet2/0/1
               Protocol: pim-dm, UpTime: 00:05:27, Expires: never

(*, 225.0.2.1)
     Protocol: pim-dm, Flag: WC
     UpTime: 00:07:52
     Upstream interface: NULL
          Upstream neighbor: NULL
          RPF prime neighbor: NULL
     Downstream interface(s) information:
     Total number of downstreams: 1
          1: GigabitEthernet0/0/0
               Protocol: igmp, UpTime: 00:07:52, Expires: never

(192.1.2.1, 225.0.2.1)
     Protocol: pim-dm, Flag:
     UpTime: 00:04:38
     Upstream interface: GigabitEthernet0/0/1
          Upstream neighbor: 192.1.8.5
          RPF prime neighbor: 192.1.8.5
     Downstream interface(s) information:
     Total number of downstreams: 2
          1: GigabitEthernet2/0/1
               Protocol: pim-dm, UpTime: 00:04:38, Expires: never
          2: GigabitEthernet0/0/0
               Protocol: pim-dm, UpTime: 00:04:38, Expires: -

<Huawei>
```

图 8.24　路由器 AR3 的组播路由项

8.2.5　命令行接口配置过程

1. 路由器 AR1 命令行接口配置过程

```
<Huawei>system-view
[Huawei]undo info-center enable
```

```
[Huawei]interface GigabitEthernet0/0/0
[Huawei-GigabitEthernet0/0/0]ip address 192.1.1.254 24
[Huawei-GigabitEthernet0/0/0]quit
[Huawei]interface GigabitEthernet0/0/1
[Huawei-GigabitEthernet0/0/1]ip address 192.1.2.254 24
[Huawei-GigabitEthernet0/0/1]quit
[Huawei]interface GigabitEthernet2/0/0
[Huawei-GigabitEthernet2/0/0]ip address 192.1.8.1 30
[Huawei-GigabitEthernet2/0/0]quit
[Huawei]interface GigabitEthernet2/0/1
[Huawei-GigabitEthernet2/0/1]ip address 192.1.8.5 30
[Huawei-GigabitEthernet2/0/1]quit
[Huawei]ospf 1
[Huawei-ospf-1]area 1
[Huawei-ospf-1-area-0.0.0.1]network 192.1.1.0 0.0.0.255
[Huawei-ospf-1-area-0.0.0.1]network 192.1.2.0 0.0.0.255
[Huawei-ospf-1-area-0.0.0.1]network 192.1.8.0 0.0.0.63
[Huawei-ospf-1-area-0.0.0.1]quit
[Huawei-ospf-1]quit
[Huawei]multicast routing-enable
[Huawei]interface GigabitEthernet0/0/0
[Huawei-GigabitEthernet0/0/0]pim dm
[Huawei-GigabitEthernet0/0/0]igmp enable
[Huawei-GigabitEthernet0/0/0]igmp version 2
[Huawei-GigabitEthernet0/0/0]quit
[Huawei]interface GigabitEthernet0/0/1
[Huawei-GigabitEthernet0/0/1]pim dm
[Huawei-GigabitEthernet0/0/1]igmp enable
[Huawei-GigabitEthernet0/0/1]igmp version 2
[Huawei-GigabitEthernet0/0/1]quit
[Huawei]interface GigabitEthernet2/0/0
[Huawei-GigabitEthernet2/0/0]pim dm
[Huawei-GigabitEthernet2/0/0]quit
[Huawei]interface GigabitEthernet2/0/1
[Huawei-GigabitEthernet2/0/1]pim dm
[Huawei-GigabitEthernet2/0/1]quit
```

2. 路由器 AR2 命令行接口配置过程

```
<Huawei>system-view
[Huawei]undo info-center enable
[Huawei]interface GigabitEthernet0/0/0
[Huawei-GigabitEthernet0/0/0]ip address 192.1.3.254 24
[Huawei-GigabitEthernet0/0/0]quit
[Huawei]interface GigabitEthernet0/0/1
[Huawei-GigabitEthernet0/0/1]ip address 192.1.8.2 30
[Huawei-GigabitEthernet0/0/1]quit
[Huawei]interface GigabitEthernet2/0/0
[Huawei-GigabitEthernet2/0/0]ip address 192.1.8.9 30
[Huawei-GigabitEthernet2/0/0]quit
```

[Huawei]interface GigabitEthernet2/0/1
[Huawei – GigabitEthernet2/0/1]ip address 192.1.8.13 30
[Huawei – GigabitEthernet2/0/1]quit
[Huawei]ospf 2
[Huawei – ospf – 2]area 1
[Huawei – ospf – 2 – area – 0.0.0.1]network 192.1.3.0 0.0.0.255
[Huawei – ospf – 2 – area – 0.0.0.1]network 192.1.8.0 0.0.0.63
[Huawei – ospf – 2 – area – 0.0.0.1]quit
[Huawei – ospf – 2]quit
[Huawei]multicast routing – enable
[Huawei]interface GigabitEthernet0/0/0
[Huawei – GigabitEthernet0/0/0]pim dm
[Huawei – GigabitEthernet0/0/0]igmp enable
[Huawei – GigabitEthernet0/0/0]igmp version 2
[Huawei – GigabitEthernet0/0/0]quit
[Huawei]interface GigabitEthernet0/0/1
[Huawei – GigabitEthernet0/0/1]pim dm
[Huawei – GigabitEthernet0/0/1]quit
[Huawei]interface GigabitEthernet2/0/0
[Huawei – GigabitEthernet2/0/0]pim dm
[Huawei – GigabitEthernet2/0/0]quit
[Huawei]interface GigabitEthernet2/0/1
[Huawei – GigabitEthernet2/0/1]pim dm
[Huawei – GigabitEthernet2/0/1]quit

3. 路由器 AR4 命令行接口配置过程

< Huawei > system – view
[Huawei]undo info – center enable
[Huawei]interface GigabitEthernet0/0/0
[Huawei – GigabitEthernet0/0/0]ip address 192.1.8.10 30
[Huawei – GigabitEthernet0/0/0]quit
[Huawei]interface GigabitEthernet0/0/1
[Huawei – GigabitEthernet0/0/1]ip address 192.1.8.18 30
[Huawei – GigabitEthernet0/0/1]quit
[Huawei]interface GigabitEthernet2/0/0
[Huawei – GigabitEthernet2/0/0]ip address 192.1.8.25 30
[Huawei – GigabitEthernet2/0/0]quit
[Huawei]interface GigabitEthernet2/0/1
[Huawei – GigabitEthernet2/0/1]ip address 192.1.8.29 30
[Huawei – GigabitEthernet2/0/1]quit
[Huawei]ospf 4
[Huawei – ospf – 4]area 1
[Huawei – ospf – 4 – area – 0.0.0.1]network 192.1.8.0 0.0.0.63
[Huawei – ospf – 4 – area – 0.0.0.1]quit
[Huawei – ospf – 4]quit
[Huawei]multicast routing – enable
[Huawei]interface GigabitEthernet0/0/0
[Huawei – GigabitEthernet0/0/0]pim dm
[Huawei – GigabitEthernet0/0/0]quit

```
[Huawei]interface GigabitEthernet0/0/1
[Huawei-GigabitEthernet0/0/1]pim dm
[Huawei-GigabitEthernet0/0/1]quit
[Huawei]interface GigabitEthernet2/0/0
[Huawei-GigabitEthernet2/0/0]pim dm
[Huawei-GigabitEthernet2/0/0]quit
[Huawei]interface GigabitEthernet2/0/1
[Huawei-GigabitEthernet2/0/1]pim dm
[Huawei-GigabitEthernet2/0/1]quit
```

其他路由器的命令行接口配置过程与 AR1 和 AR2 的命令行接口配置过程相似,这里
不再赘述。

8.3 PIM-SM 配置实验

8.3.1 实验内容

构建如图 8.25 所示的 PIM-SM 组播网络结构,按图所示配置组播源和组播组成员。
将路由器 R4 设置为 RP。完成单播路由协议 OSPF 和组播路由协议 PIM-SM 配置过程,且
将各个终端加入到对应的组播组后,查看各个路由器构建的组播路由项。启动组播源 S1 和
S2 发送组播 IP 分组的过程,再次查看各个路由器构建的组播路由项。

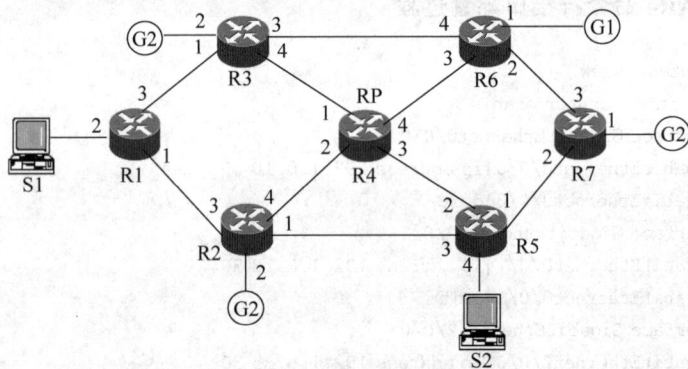

图 8.25 PIM-SM 组播网络结构

8.3.2 实验目的

(1) 掌握 PIM-SM 构建组播路由项过程。

(2) 了解组播路由项(* ,G)和(S,G)的区别。

(3) 了解 RP 的作用和配置过程。

(4) 了解组播路由项(* ,G)和(S,G)的构建过程。

(5) 掌握组播 IP 分组传输过程。

8.3.3　实验原理

PIM-SM 通过指定 RP 构建一棵以 RP 为根的共享组播树,并因此构建组播路由项(*,G)。组播源发送的组播 IP 分组被封装成单播 IP 分组传输给 RP,RP 从单播 IP 分组中分离出组播 IP 分组后,根据共享组播树对组播 IP 分组进行组播。在组播源 S 发送组播 IP 分组后,PIM-SM 构建组播路由项(S,G)。各个路由器一旦完成组播路由项(S,G)的构建过程,组播源 S 直接以组播的方式传输组播 IP 分组。

8.3.4　关键命令说明

1. 路由器接口启动 PIM-SM 功能

```
[Huawei]interface GigabitEthernet0/0/0
[Huawei – GigabitEthernet0/0/0]pim sm
[Huawei – GigabitEthernet0/0/0]quit
```

pim sm 是接口视图下使用的命令,该命令的作用是启动指定接口(这里是接口 GigabitEthernet0/0/0)的 PIM-SM 功能。某个接口在启动 PIM-SM 功能后,参与组播路由过程。

2. 指定 BSR

```
[Huawei]pim
[Huawei – pim]c – bsr GigabitEthernet0/0/0
[Huawei – pim]quit
```

pim 是系统视图下使用的命令,该命令的作用是进入 PIM 视图。

c-bsr GigabitEthernet0/0/0 是 PIM 视图下使用的命令,该命令的作用是指定当前路由器为后备自举路由器(Boot Strap Router,BSR)。某个路由器指定为后备 BSR 后,开始通过发送自举报文竞争 BSR。接口 GigabitEthernet0/0/0 配置的 IP 地址作为自举报文中 BSR 的 IP 地址。

3. 指定 RP

```
[Huawei]pim
[Huawei – pim]c – rp GigabitEthernet0/0/0 group – policy 2000
[Huawei – pim]quit
```

c-rp GigabitEthernet0/0/0 group-policy 2000 是 PIM 视图下使用的命令,该命令的作用是指定当前路由器为后备 RP,某个路由器指定为后备 RP 后,向 BSR 发送通告消息,接口 GigabitEthernet0/0/0 配置的 IP 地址作为通告消息中 RP 的 IP 地址。通告消息中给出当前路由器服务的组播组范围,通过编号为 2000 的访问控制列表指定组播组范围。由 BSR 根据优先级确定服务特定组播组范围的 RP。

4. 设置接口 PIM 消极模式

```
[Huawei]interface GigabitEthernet0/0/0
[Huawei-GigabitEthernet0/0/0]pim silent
[Huawei-GigabitEthernet0/0/0]quit
```

pim silent 是接口视图下使用的命令,该命令的作用是将指定接口(这里是接口 GigabitEthernet0/0/0)设置为 PIM 消极模式。某个接口一旦被设置为 PIM 消极模式,不再接收、发送 PIM 消息。通常情况下,设置为 PIM 消极模式的接口所连接的网络不应连接其他路由器接口。

8.3.5 实验步骤

(1) 启动 eNSP,按照如图 8.24 所示的网络拓扑结构放置和连接设备,完成设备放置和连接后的 eNSP 界面如图 8.26 所示。启动所有设备。

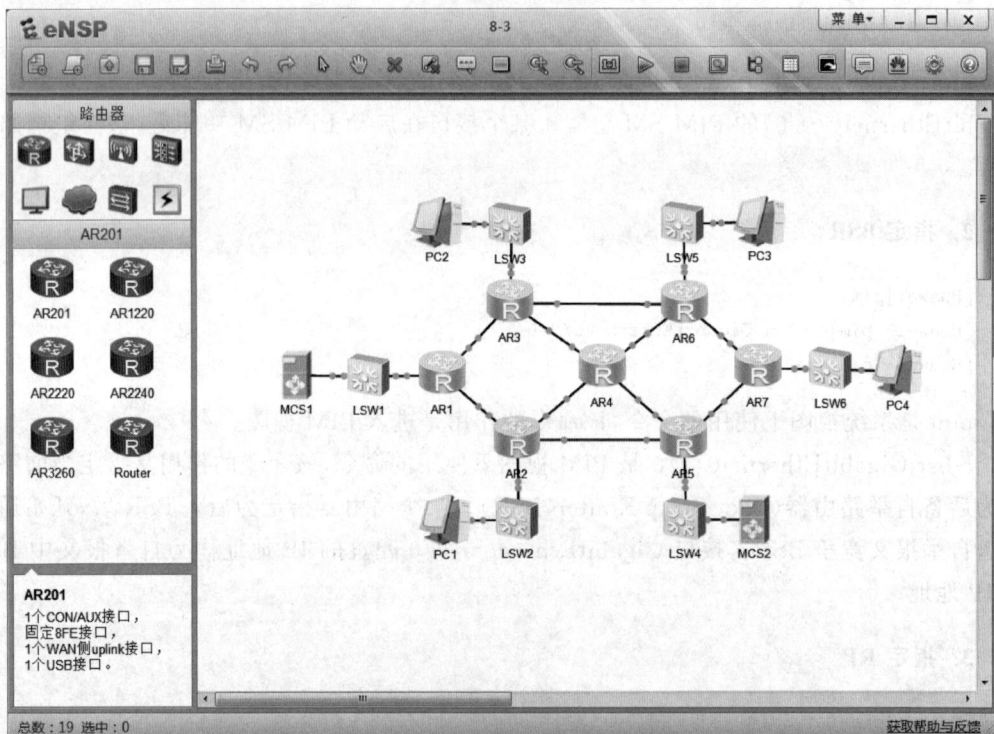

图 8.26 完成设备放置和连接后的 eNSP 界面

(2) 完成所有路由器各个接口的 IP 地址和子网掩码配置过程,完成各个路由器 OSPF 配置过程,各个路由器通过 OSPF 生成单播路由项。

(3) 完成各个路由器有关组播路由功能的配置过程:一是启动路由器组播路由功能;二是在各个路由器接口启动 PIM-SM;三是在各个连接终端所在网络的路由器接口启动 IGMP 功能,并配置 IGMP 版本;四是将路由器 AR4 指定为后备 BSR 和后备 RP。路由器

AR4 各个接口配置的 IP 地址和子网掩码如图 8.27 所示,AR1 中启动 PIM-SM 功能的接口和最终确定的 BSR 如图 8.28 所示,根据其 IP 地址 192.1.7.10 确定是路由器 AR4。AR2 最终确定的 RP 如图 8.29 所示,同样根据其 IP 地址 192.1.7.10 确定是路由器 AR4。

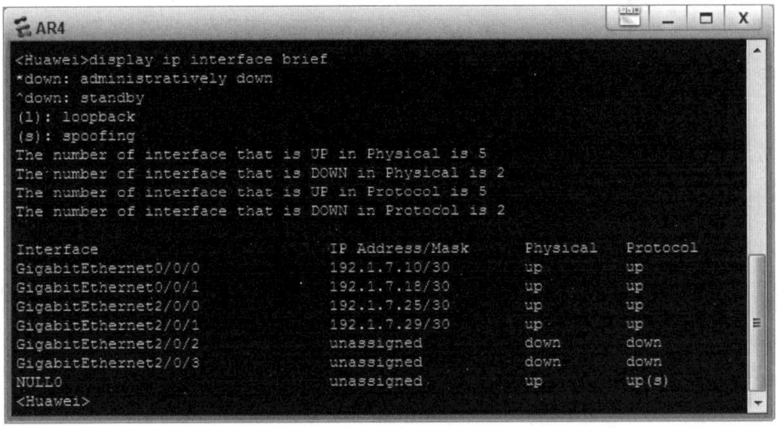

图 8.27　AR4 各个接口配置的 IP 地址和子网掩码

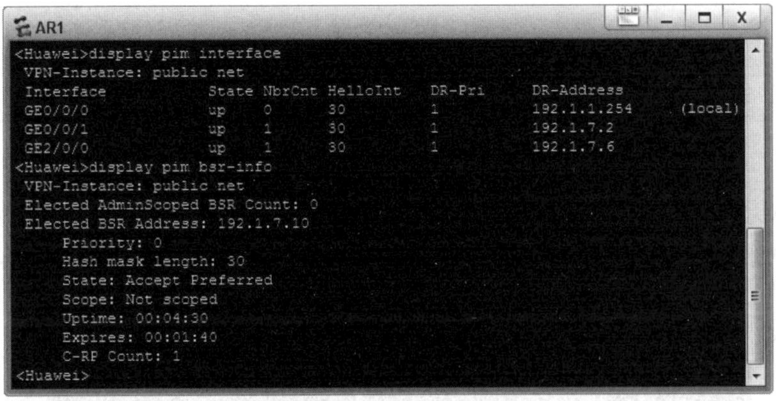

图 8.28　AR1 中启动 PIM-SM 功能的接口和最终确定的 BSR

图 8.29　AR2 最终确定的 RP

(4) 将各个终端分别加入各自的组播组,PC1 加入组播 IP 地址为 225.0.2.1 的组播组,如图 8.30 所示。PC3 加入组播 IP 地址为 225.0.1.1 的组播组,如图 8.31 所示。

图 8.30　PC1 加入组播组界面

图 8.31　PC3 加入组播组界面

（5）PIM-SM 构建以 RP(路由器 AR4)为根的共享组播树,根据共享组播树构建不针对特定组播源的组播路由项(＊,G)。路由器 AR4 的组播路由项如图 8.32 所示,分别存在两

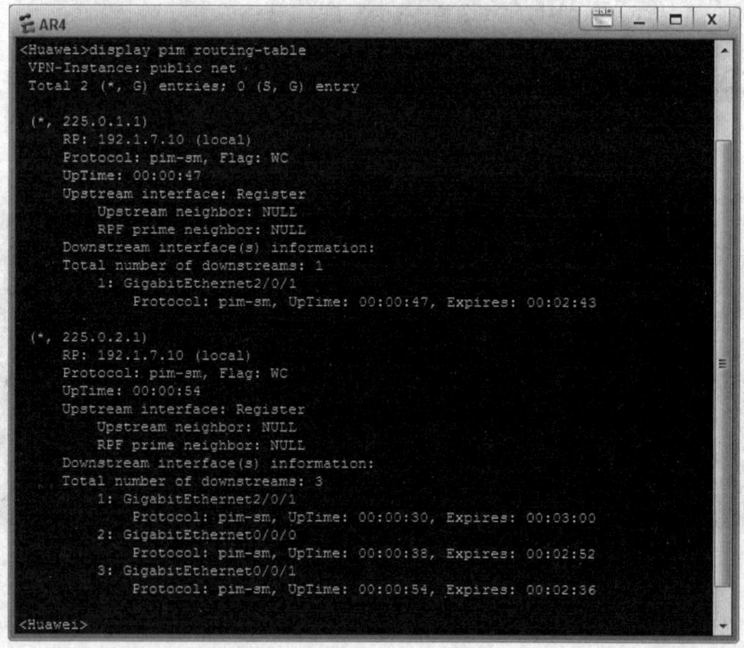

图 8.32　路由器 AR4 中(＊,G)组播路由项

项组播路由项(∗,225.0.1.1.)和(∗,225.0.2.1),这些组播路由项没有上游邻居。路由器
AR3 中只存在组播路由项(∗,225.0.2.1),如图 8.33 所示。路由器 AR6 中存在两项组播
路由项(∗,225.0.1.1.)和(∗,225.0.2.1),如图 8.34 所示。由于路由器 AR3 和 AR6 与
路由器 AR4 直接相连,因此,这两个路由器中,组播路由项的上游邻居都是 AR4。

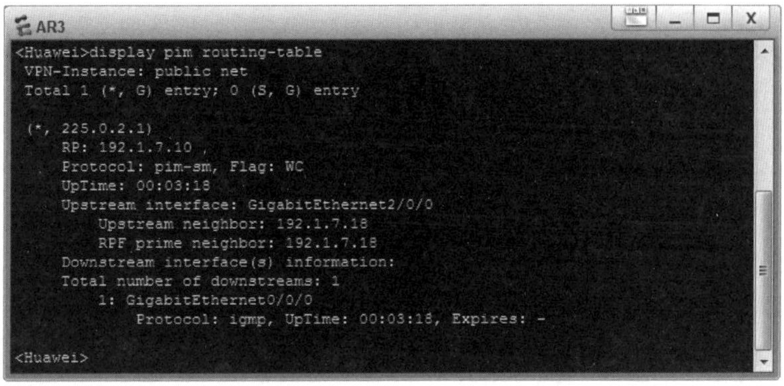

```
E AR3                                                      □□  _  □  X
<Huawei>display pim routing-table
 VPN-Instance: public net
 Total 1 (*, G) entry; 0 (S, G) entry

 (*, 225.0.2.1)
     RP: 192.1.7.10 ,
     Protocol: pim-sm, Flag: WC
     UpTime: 00:03:18
     Upstream interface: GigabitEthernet2/0/0
         Upstream neighbor: 192.1.7.18
         RPF prime neighbor: 192.1.7.18
     Downstream interface(s) information:
     Total number of downstreams: 1
         1: GigabitEthernet0/0/0
             Protocol: igmp, UpTime: 00:03:18, Expires: -

<Huawei>
```

图 8.33　路由器 AR3 中(∗,G)组播路由项

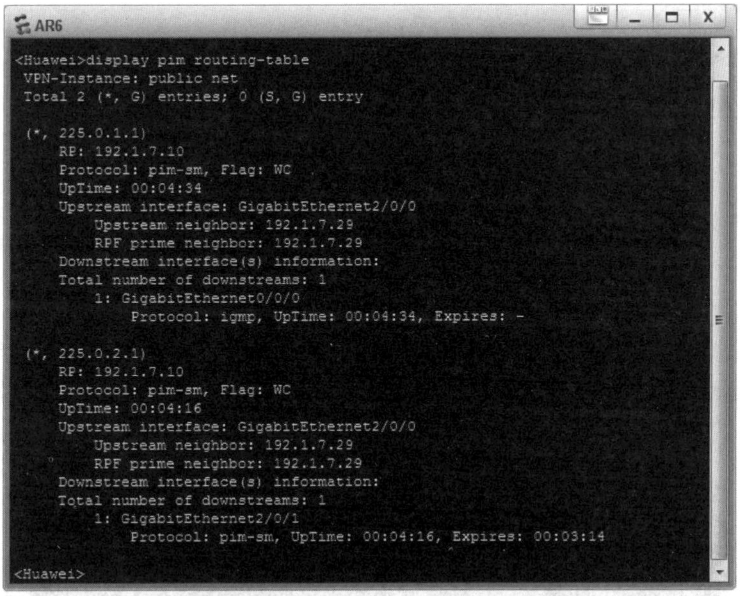

```
E AR6                                                      □□  _  □  X
<Huawei>display pim routing-table
 VPN-Instance: public net
 Total 2 (*, G) entries; 0 (S, G) entry

 (*, 225.0.1.1)
     RP: 192.1.7.10
     Protocol: pim-sm, Flag: WC
     UpTime: 00:04:34
     Upstream interface: GigabitEthernet2/0/0
         Upstream neighbor: 192.1.7.29
         RPF prime neighbor: 192.1.7.29
     Downstream interface(s) information:
     Total number of downstreams: 1
         1: GigabitEthernet0/0/0
             Protocol: igmp, UpTime: 00:04:34, Expires: -

 (*, 225.0.2.1)
     RP: 192.1.7.10
     Protocol: pim-sm, Flag: WC
     UpTime: 00:04:16
     Upstream interface: GigabitEthernet2/0/0
         Upstream neighbor: 192.1.7.29
         RPF prime neighbor: 192.1.7.29
     Downstream interface(s) information:
     Total number of downstreams: 1
         1: GigabitEthernet2/0/1
             Protocol: pim-sm, UpTime: 00:04:16, Expires: 00:03:14

<Huawei>
```

图 8.34　路由器 AR6 中(∗,G)组播路由项

(6) 分别通过组播源发送组播 IP 分组,组播源 MCS1 发送组播 IP 分组的界面如图 8.35
所示,组播 IP 分组的目的 IP 地址(即组播组 IP 地址)是 225.0.1.1。组播源 MCS2 发送组播
IP 分组的界面如图 8.36 所示,组播 IP 分组的目的 IP 地址(即组播组 IP 地址)是 225.0.2.1。

(7) 组播源 MCS1 和 MCS2 发送组播 IP 分组后,PIM-SM 组播网络中分别构建了三棵
组播树:一是以 RP 为根的共享组播树;二是以 MCS1 为根的针对组播源 MCS1 的组播树;
三是以 MCS2 为根的针对组播源 MCS2 的组播树。各个路由器根据这三棵组播树构建组
播路由项,路由器 AR4 的组播路由项如图 8.37 和图 8.38 所示。路由器 AR3 的组播路由
项如图 8.39 所示。路由器 AR6 的组播路由项如图 8.40 和图 8.41 所示。

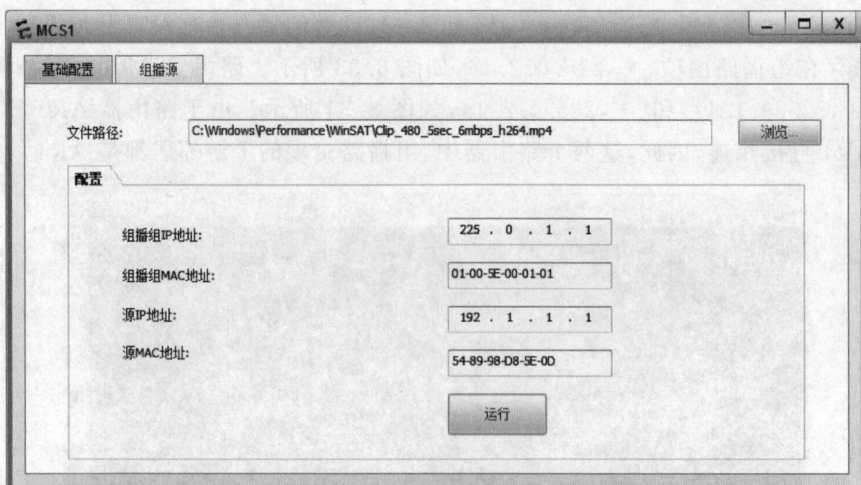

图 8.35 组播源 MCS1 发送组播 IP 分组的界面

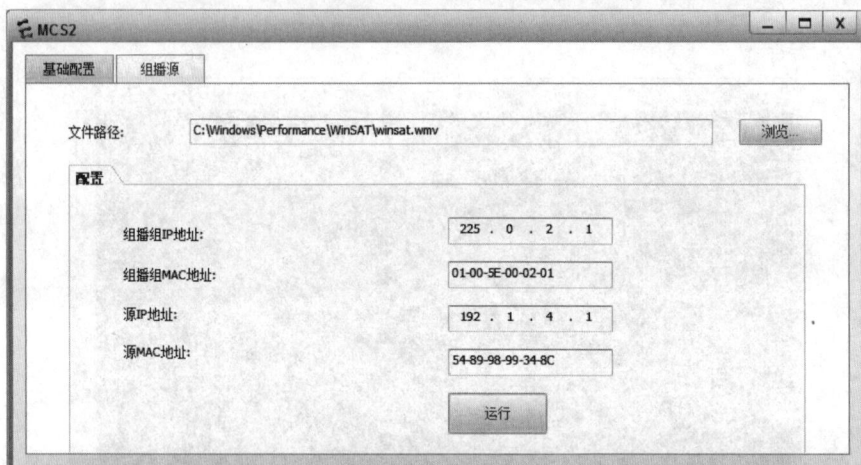

图 8.36 组播源 MCS2 发送组播 IP 分组的界面

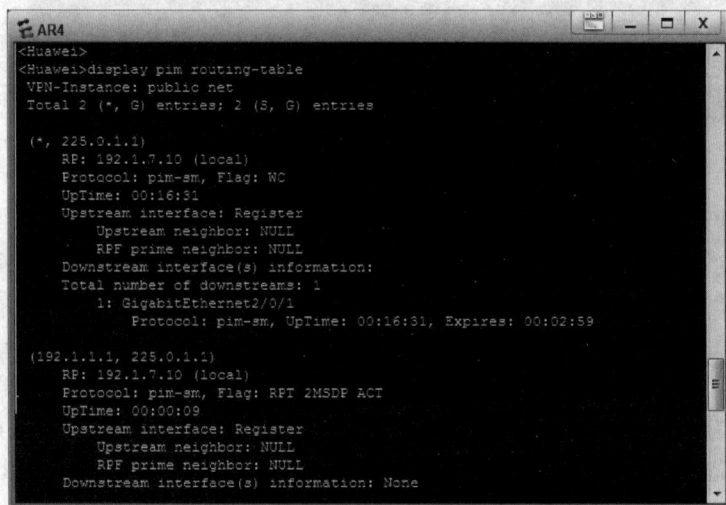

图 8.37 路由器 AR4 的组播路由项一

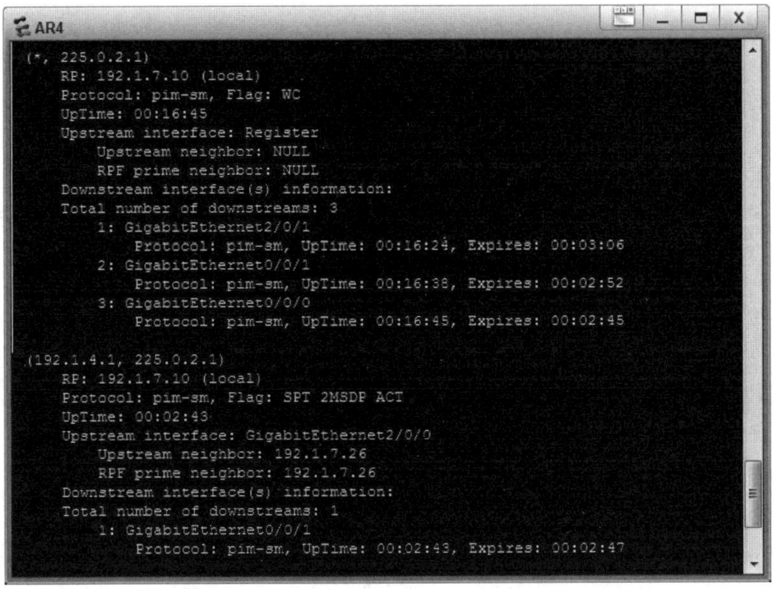

图 8.38　路由器 AR4 的组播路由项二

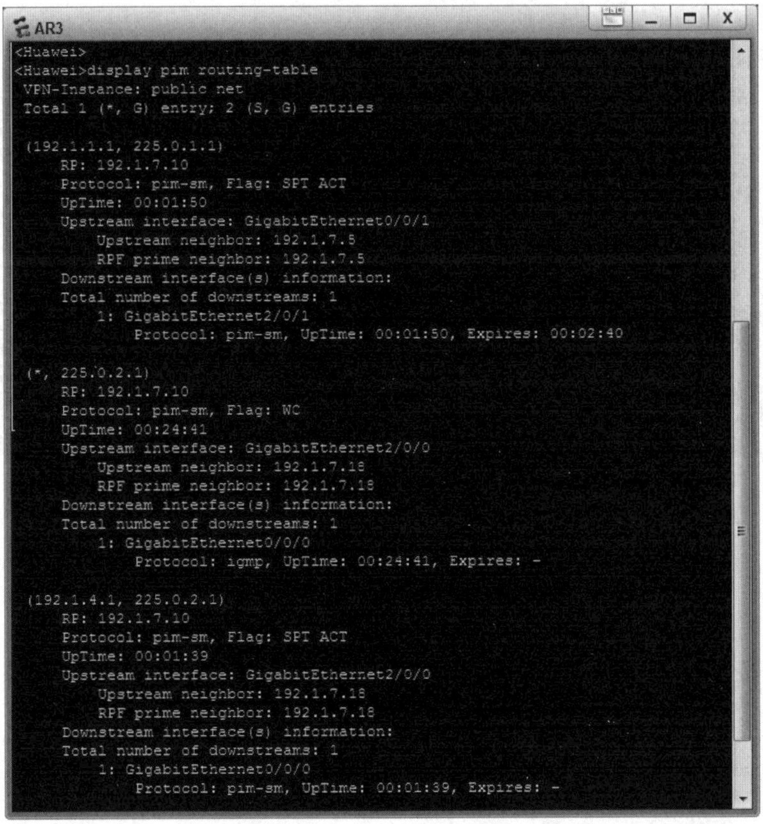

图 8.39　路由器 AR3 的组播路由项

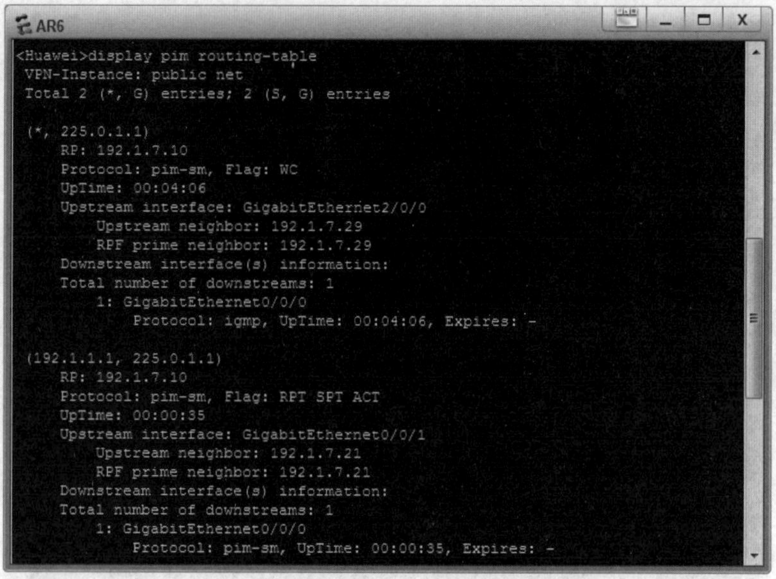

```
AR6
<Huawei>display pim routing-table
 VPN-Instance: public net
 Total 2 (*, G) entries; 2 (S, G) entries

 (*, 225.0.1.1)
     RP: 192.1.7.10
     Protocol: pim-sm, Flag: WC
     UpTime: 00:04:06
     Upstream interface: GigabitEthernet2/0/0
         Upstream neighbor: 192.1.7.29
         RPF prime neighbor: 192.1.7.29
     Downstream interface(s) information:
     Total number of downstreams: 1
         1: GigabitEthernet0/0/0
             Protocol: igmp, UpTime: 00:04:06, Expires: -

 (192.1.1.1, 225.0.1.1)
     RP: 192.1.7.10
     Protocol: pim-sm, Flag: RPT SPT ACT
     UpTime: 00:00:35
     Upstream interface: GigabitEthernet0/0/1
         Upstream neighbor: 192.1.7.21
         RPF prime neighbor: 192.1.7.21
     Downstream interface(s) information:
     Total number of downstreams: 1
         1: GigabitEthernet0/0/0
             Protocol: pim-sm, UpTime: 00:00:35, Expires: -
```

图 8.40　路由器 AR6 的组播路由项一

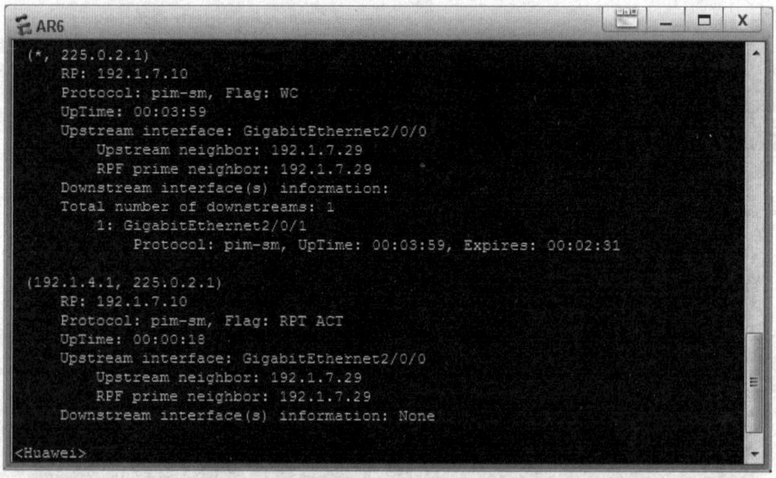

```
AR6
 (*, 225.0.2.1)
     RP: 192.1.7.10
     Protocol: pim-sm, Flag: WC
     UpTime: 00:03:59
     Upstream interface: GigabitEthernet2/0/0
         Upstream neighbor: 192.1.7.29
         RPF prime neighbor: 192.1.7.29
     Downstream interface(s) information:
     Total number of downstreams: 1
         1: GigabitEthernet2/0/1
             Protocol: pim-sm, UpTime: 00:03:59, Expires: 00:02:31

 (192.1.4.1, 225.0.2.1)
     RP: 192.1.7.10
     Protocol: pim-sm, Flag: RPT ACT
     UpTime: 00:00:18
     Upstream interface: GigabitEthernet2/0/0
         Upstream neighbor: 192.1.7.29
         RPF prime neighbor: 192.1.7.29
     Downstream interface(s) information: None

<Huawei>
```

图 8.41　路由器 AR6 的组播路由项二

8.3.6　命令行接口配置过程

1. 路由器 AR1 命令行接口配置过程

```
<Huawei>system-view
[Huawei]undo info-center enable
[Huawei]interface GigabitEthernet0/0/0
[Huawei-GigabitEthernet0/0/0]ip address 192.1.1.254 24
[Huawei-GigabitEthernet0/0/0]quit
[Huawei]interface GigabitEthernet0/0/1
[Huawei-GigabitEthernet0/0/1]ip address 192.1.7.1 30
```

```
[Huawei - GigabitEthernet0/0/1]quit
[Huawei]interface GigabitEthernet2/0/0
[Huawei - GigabitEthernet2/0/0]ip address 192.1.7.5 30
[Huawei - GigabitEthernet2/0/0]quit
[Huawei]ospf 1
[Huawei - ospf - 1]area 1
[Huawei - ospf - 1 - area - 0.0.0.1]network 192.1.1.0 0.0.0.255
[Huawei - ospf - 1 - area - 0.0.0.1]network 192.1.7.0 0.0.0.63
[Huawei - ospf - 1 - area - 0.0.0.1]quit
[Huawei - ospf - 1]quit
[Huawei]multicast routing - enable
[Huawei]interface GigabitEthernet0/0/0
[Huawei - GigabitEthernet0/0/0]pim sm
[Huawei - GigabitEthernet0/0/0]igmp enable
[Huawei - GigabitEthernet0/0/0]igmp version 2
[Huawei - GigabitEthernet0/0/0]quit
[Huawei]interface GigabitEthernet0/0/1
[Huawei - GigabitEthernet0/0/1]pim sm
[Huawei - GigabitEthernet0/0/1]quit
[Huawei]interface GigabitEthernet2/0/0
[Huawei - GigabitEthernet2/0/0]pim sm
[Huawei - GigabitEthernet2/0/0]quit
[Huawei]interface GigabitEthernet0/0/0
[Huawei - GigabitEthernet0/0/0]pim silent
[Huawei - GigabitEthernet0/0/0]quit
```

2. 路由器 AR4 命令行接口配置过程

```
< Huawei > system - view
[Huawei]undo info - center enable
[Huawei]interface GigabitEthernet0/0/0
[Huawei - GigabitEthernet0/0/0]ip address 192.1.7.10 30
[Huawei - GigabitEthernet0/0/0]quit
[Huawei]interface GigabitEthernet0/0/1
[Huawei - GigabitEthernet0/0/1]ip address 192.1.7.18 30
[Huawei - GigabitEthernet0/0/1]quit
[Huawei]interface GigabitEthernet2/0/0
[Huawei - GigabitEthernet2/0/0]ip address 192.1.7.25 30
[Huawei - GigabitEthernet2/0/0]quit
[Huawei]interface GigabitEthernet2/0/1
[Huawei - GigabitEthernet2/0/1]ip address 192.1.7.29 30
[Huawei - GigabitEthernet2/0/1]quit
[Huawei]ospf 4
[Huawei - ospf - 4]area 1
[Huawei - ospf - 4 - area - 0.0.0.1]network 192.1.7.0 0.0.0.63
[Huawei - ospf - 4 - area - 0.0.0.1]quit
[Huawei - ospf - 4]quit
[Huawei]multicast routing - enable
[Huawei]interface GigabitEthernet0/0/0
[Huawei - GigabitEthernet0/0/0]pim sm
```

```
[Huawei - GigabitEthernet0/0/0]quit
[Huawei]interface GigabitEthernet0/0/1
[Huawei - GigabitEthernet0/0/1]pim sm
[Huawei - GigabitEthernet0/0/1]quit
[Huawei]interface GigabitEthernet2/0/0
[Huawei - GigabitEthernet2/0/0]pim sm
[Huawei - GigabitEthernet2/0/0]quit
[Huawei]interface GigabitEthernet2/0/1
[Huawei - GigabitEthernet2/0/1]pim sm
[Huawei - GigabitEthernet2/0/1]quit
[Huawei]acl 2000
[Huawei - acl - basic - 2000]rule 5 permit source 225.0.1.0 0.0.0.255
[Huawei - acl - basic - 2000]rule 10 permit source 225.0.2.0 0.0.0.255
[Huawei - acl - basic - 2000]quit
[Huawei]pim
[Huawei - pim]c - bsr GigabitEthernet0/0/0
[Huawei - pim]c - rp GigabitEthernet0/0/0 group - policy 2000
[Huawei - pim]quit
```

其他路由器的命令行接口配置过程与 AR1 的命令行接口配置过程相似,这里不再赘述。

3. 命令列表

路由器命令行接口配置过程中使用的命令及功能和参数说明如表 8.2 所示。

表 8.2　路由器命令行接口配置过程中使用的命令及功能和参数说明

命 令 格 式	功能和参数说明
pim sm	启动指定接口的 PIM-SM 功能
c-bsr *interface-type interface-number*[*priority*]	配置备份 BSR。参数 *interface-type* 是接口类型;*interface-number* 是接口编号,接口类型和接口编号一起用于指定接口,将该接口配置的 IP 地址作为 BSR 的 IP 地址;参数 *priority* 指定优先级,数值越大,优先级越高。优先级越高的备份 BSR,越有可能成为 BSR
c-rp *interface-type interface-number*[**group-policy** *basic-acl-number*|**priority** *priority*]	配置备份 RP。参数 *interface-type interface-number* 指定接口类型和编号,将该接口配置的 IP 地址作为 RP 的 IP 地址;参数 *priority* 指定优先级,数值越大,优先级越低;参数 *basic-acl-number* 是基本访问控制列表编号,该基本访问控制列表给出 RP 服务的组播组范围
pim silent	将指定接口设置为 PIM 消极模式

第 9 章

CHAPTER 9

网络地址转换实验

网络地址转换是避免 IPv4 地址短缺的有效手段,也是一种安全机制。目前常用的地址转换机制有动态端口地址转换(Port Address Translation,PAT)、静态 PAT、动态网络地址转换(Network Address Translation,NAT)和静态 NAT 等。它们有着各自的适用场景。

9.1　PAT 配置实验

9.1.1　实验内容

内部网络与公共网络互联的互联网结构如图 9.1 所示,允许分配私有 IP 地址的内部网络终端发起访问公共网络的过程,允许公共网络终端发起访问内部网络中服务器 1 的过程。要求路由器 R1 采用端口地址转换(PAT)技术实现上述功能。

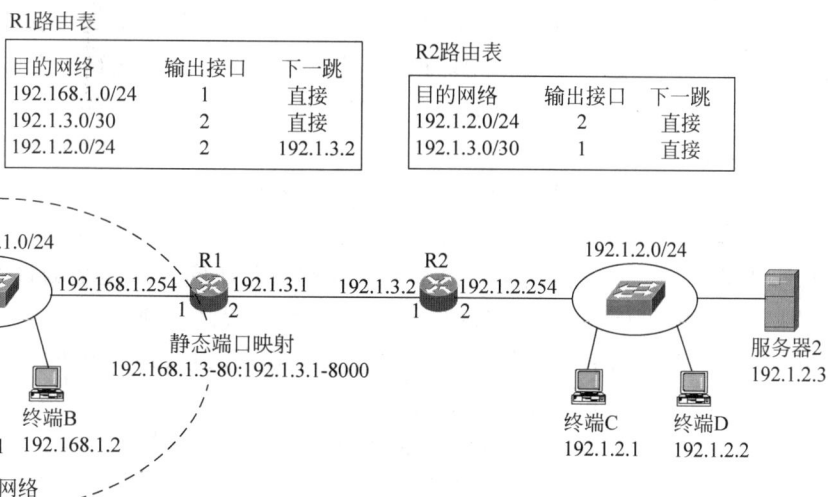

图 9.1　内部网络与公共网络互联的互联网结构

9.1.2　实验目的

(1) 掌握内部网络设计过程和私有 IP 地址使用方法。

(2) 验证 PAT 工作机制。

(3) 掌握路由器 PAT 配置过程。

(4) 验证私有 IP 地址与全球 IP 地址之间的转换过程。

(5) 验证 IP 分组和 TCP 报文的格式转换过程。

9.1.3　实验原理

互联网结构如图 9.1 所示,内部网络 192.168.1.0/24 通过路由器 R1 接入公共网络,由于网络地址 192.168.1.0/24 是私有 IP 地址,且公共网络不能路由以私有 IP 地址为目的 IP 地址的 IP 分组,因此,图 9.1 中路由器 R2 的路由表中没有包含以 192.168.1.0/24 为目的网络的路由项,这意味着内部网络 192.168.1.0/24 对于路由器 R2 是透明的。

由于没有为内部网络分配全球 IP 地址池,内部网络终端只能以路由器 R1 连接公共网络的接口的 IP 地址 192.1.3.1 作为发送给公共网络终端的 IP 分组的源 IP 地址,同样,公共网络终端必须以 192.1.3.1 作为发送给内部网络终端的 IP 分组的目的 IP 地址。

公共网络终端用 IP 地址 192.1.3.1 标识整个内部网络,为了能够正确区分内部网络中的每一个终端,TCP/UDP 报文用端口号唯一标识每一个内部网络终端,ICMP 报文用标识符唯一标识每一个内部网络终端。由于端口号和标识符只有本地意义,不同内部网络终端发送的 TCP/UDP 报文(或 ICMP 报文)可能使用相同的端口号(或标识符),因此,需要由路由器 R1 为每一个内部网络终端分配唯一的端口号或标识符,并通过地址转换项<私有 IP 地址,本地端口号(或本地标识符),全球 IP 地址,全球端口号(或全球标识符)>建立该端口号或标识符与某个内部网络终端之间的关联。这里,私有 IP 地址是某个内部网络终端的私有 IP 地址;本地端口号(或本地标识符)是该终端为 TCP/UDP 报文(或 ICMP 报文)分配的端口号(或标识符);全球 IP 地址是路由器 R1 连接公共网络的接口的 IP 地址 192.1.3.1;全球端口号(或全球标识符)是路由器 R1 为唯一标识 TCP/UDP 报文(或 ICMP 报文)的发送终端而生成的、内部网络内唯一的端口号(或标识符)。

地址转换项在内部网络终端向公共网络终端发送 TCP/UDP 报文(或 ICMP 报文)时创建,因此,动态 PAT 只能实现内部网络终端发起访问公共网络的过程,如果需要实现公共网络终端发起访问内部网络的过程,必须手工配置静态地址转换项。如果需要实现由公共网络终端发起访问内部网络中服务器 1 的过程,必须在路由器 R1 建立全球端口号 8000 与服务器 1 的私有 IP 地址 192.168.1.3 之间的关联,使得公共网络终端可以用全球 IP 地址 192.1.3.1 和全球端口号 8000 访问内部网络中的服务器 1。

图 9.1 所示的内部网络中的终端 A 访问公共网络终端时发送的 IP 分组以终端 A 的私有 IP 地址 192.168.1.1 为源 IP 地址、以公共网络终端的全球 IP 地址为目的 IP 地址,路由器 R1 通过连接公共网络的接口输出该 IP 分组时,该 IP 分组的源 IP 地址转换为全球 IP 地址 192.1.3.1,同时用路由器 R1 生成的内部网络内唯一的全球端口号或全球标识符替换该

IP 分组封装的 TCP/UDP 报文的源端口号或 ICMP 报文的标识符,建立该全球端口号或全球标识符与私有 IP 地址 192.168.1.1 之间的映射。

9.1.4　关键命令说明

1. 确定需要地址转换的内网私有 IP 地址范围

以下命令序列通过基本过滤规则集将内网需要转换的私有 IP 地址范围定义为 CIDR 地址块 192.168.1.0/24。

```
[Huawei]acl 2000
[Huawei-acl-basic-2000]rule 5 permit source 192.168.1.0 0.0.0.255
[Huawei-acl-basic-2000]quit
```

acl 2000 是系统视图下使用的命令,该命令的作用是创建一个编号为 2000 的基本过滤规则集,并进入基本 ACL 视图。

rule 5 permit source 192.168.1.0 0.0.0.255 是基本 ACL 视图下使用的命令,该命令的作用是创建允许源 IP 地址属于 CIDR 地址块 192.168.1.0/24 的 IP 分组通过的过滤规则。这里,该过滤规则的含义变为对源 IP 地址属于 CIDR 地址块 192.168.1.0/24 的 IP 分组实施地址转换过程。

2. 建立基本过滤规则集与公共接口之间的联系

```
[Huawei]interface GigabitEthernet0/0/1
[Huawei-GigabitEthernet0/0/1]nat outbound 2000
[Huawei-GigabitEthernet0/0/1]quit
```

nat outbound 2000 是接口视图下使用的命令,该命令的作用是建立编号为 2000 的基本过滤规则集与指定接口(这里是接口 GigabitEthernet0/0/1)之间的联系。建立该联系后,一是对从该接口输出的源 IP 地址属于编号为 2000 的基本过滤规则集指定的允许通过的源 IP 地址范围的 IP 分组,实施地址转换过程;二是指定该接口的 IP 地址作为 IP 分组完成地址转换过程后的源 IP 地址。

3. 建立静态映射

```
[Huawei]interface GigabitEthernet0/0/1
[Huawei-GigabitEthernet0/0/1]nat server protocol tcp global current-interface 8000 inside
192.168.1.3 80
[Huawei-GigabitEthernet0/0/1]quit
```

nat server protocol tcp global current-interface 8000 inside 192.168.1.3 80 是接口视图下使用的命令,该命令的作用是建立静态映射:<192.1.3.1:8000(全球 IP 地址和全局端口号)←→192.168.1.3:80(内部 IP 地址和内部端口号)>。命令中的 TCP 用于指定协议,即对 TCP 报文实施地址转换;current-interface 表明用当前接口的 IP 地址作为全球 IP 地址,这里的当前接口是接口 GigabitEthernet0/0/1,分配给接口 GigabitEthernet0/0/1 的 IP 地址是 192.1.3.1;8000 是全局端口号;192.168.1.3 是内部 IP 地址;80 是内部端口号。

9.1.5　实验步骤

（1）启动 eNSP，按照如图 9.1 所示的网络拓扑结构放置和连接设备，完成设备放置和连接后的 eNSP 界面如图 9.2 所示。启动所有设备。

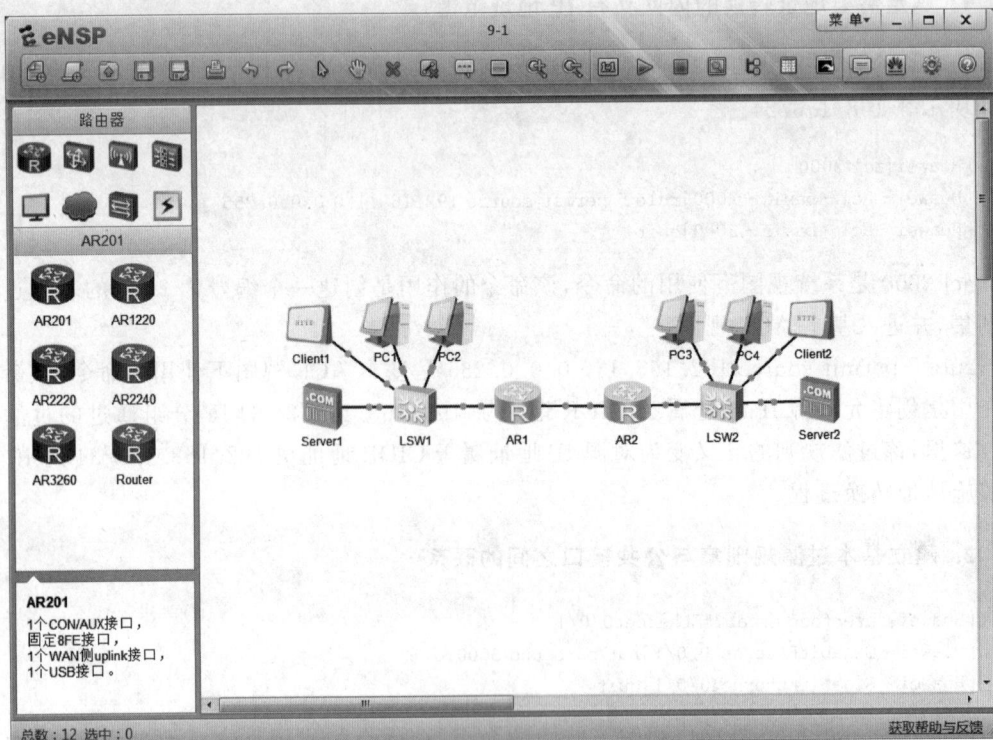

图 9.2　完成设备放置和连接后的 eNSP 界面

（2）完成路由器 AR1、AR2 各个接口的 IP 地址和子网掩码配置过程，完成路由器 AR1 静态路由项配置过程。路由器 AR1 和 AR2 的路由表分别如图 9.3 和图 9.4 所示。AR1 的路由表中包含用于指明通往网络 192.1.2.0/24 传输路径的静态路由项。AR2 中的路由表中并没有用于指明通往网络 192.168.1.0/24 传输路径的路由项，因此，AR2 无法转发目的网络是 192.168.1.0/24 的 IP 分组。

（3）Server1 配置的 IP 地址、子网掩码和默认网关地址如图 9.5 所示，配置的 IP 地址是内网的私有 IP 地址 192.168.1.3。Server1 配置 HTTP 服务器的界面如图 9.6 所示，需要指定根目录，并在根目录下存储 HTML 文档，如图 9.6 所示的 default.htm。可以用客户端设备（Client）访问服务器（Server）。

（4）在 AR1 中完成 NAT 相关配置过程：一是指定需要进行地址转换的内网 IP 地址范围；二是指定实施地址转换的接口是连接公共网络的接口；三是指定将连接公共网络的接口的 IP 地址作为转换后的 IP 分组的源 IP 地址；四是建立静态映射<192.168.1.3-80；192.1.3.1-8000>，使得外网客户端（Client2）可以用 IP 地址 192.1.3.1 和端口号 8000 访问到私有 IP 地址为 192.168.1.3 的内网 Server1 中的著名端口号为 80 的 HTTP 服务器。

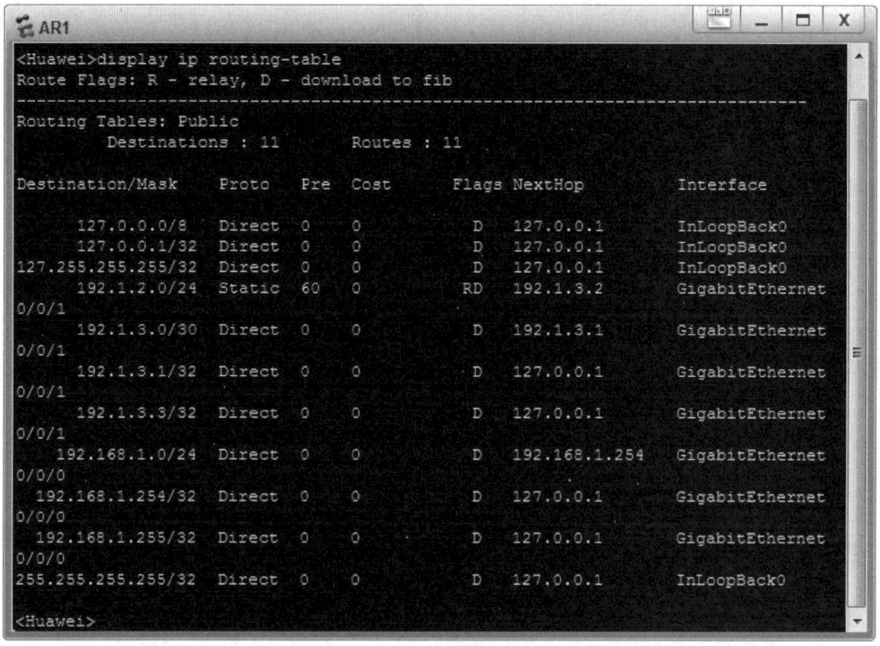

```
AR1
<Huawei>display ip routing-table
Route Flags: R - relay, D - download to fib
------------------------------------------------------------------------------
Routing Tables: Public
         Destinations : 11       Routes : 11

Destination/Mask    Proto   Pre  Cost      Flags NextHop         Interface

      127.0.0.0/8   Direct  0    0           D   127.0.0.1       InLoopBack0
      127.0.0.1/32  Direct  0    0           D   127.0.0.1       InLoopBack0
127.255.255.255/32  Direct  0    0           D   127.0.0.1       InLoopBack0
      192.1.2.0/24  Static  60   0          RD   192.1.3.2       GigabitEthernet
0/0/1
      192.1.3.0/30  Direct  0    0           D   192.1.3.1       GigabitEthernet
0/0/1
      192.1.3.1/32  Direct  0    0           D   127.0.0.1       GigabitEthernet
0/0/1
      192.1.3.3/32  Direct  0    0           D   127.0.0.1       GigabitEthernet
0/0/1
    192.168.1.0/24  Direct  0    0           D   192.168.1.254   GigabitEthernet
0/0/0
  192.168.1.254/32  Direct  0    0           D   127.0.0.1       GigabitEthernet
0/0/0
  192.168.1.255/32  Direct  0    0           D   127.0.0.1       GigabitEthernet
0/0/0
255.255.255.255/32  Direct  0    0           D   127.0.0.1       InLoopBack0

<Huawei>
```

图 9.3　路由器 AR1 的路由表

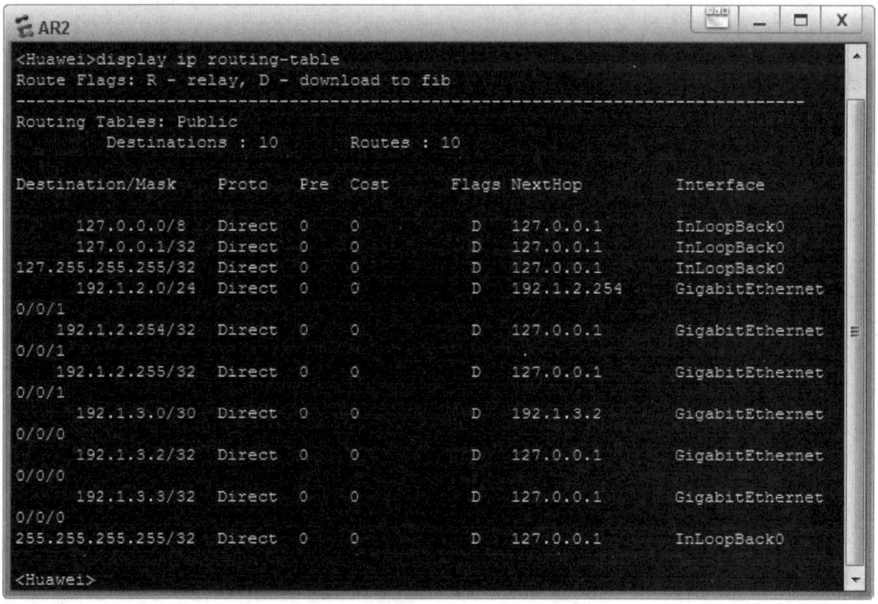

```
AR2
<Huawei>display ip routing-table
Route Flags: R - relay, D - download to fib
------------------------------------------------------------------------------
Routing Tables: Public
         Destinations : 10       Routes : 10

Destination/Mask    Proto   Pre  Cost      Flags NextHop         Interface

      127.0.0.0/8   Direct  0    0           D   127.0.0.1       InLoopBack0
      127.0.0.1/32  Direct  0    0           D   127.0.0.1       InLoopBack0
127.255.255.255/32  Direct  0    0           D   127.0.0.1       InLoopBack0
      192.1.2.0/24  Direct  0    0           D   192.1.2.254     GigabitEthernet
0/0/1
    192.1.2.254/32  Direct  0    0           D   127.0.0.1       GigabitEthernet
0/0/1
    192.1.2.255/32  Direct  0    0           D   127.0.0.1       GigabitEthernet
0/0/1
      192.1.3.0/30  Direct  0    0           D   192.1.3.2       GigabitEthernet
0/0/0
      192.1.3.2/32  Direct  0    0           D   127.0.0.1       GigabitEthernet
0/0/0
      192.1.3.3/32  Direct  0    0           D   127.0.0.1       GigabitEthernet
0/0/0
255.255.255.255/32  Direct  0    0           D   127.0.0.1       InLoopBack0

<Huawei>
```

图 9.4　路由器 AR2 的路由表

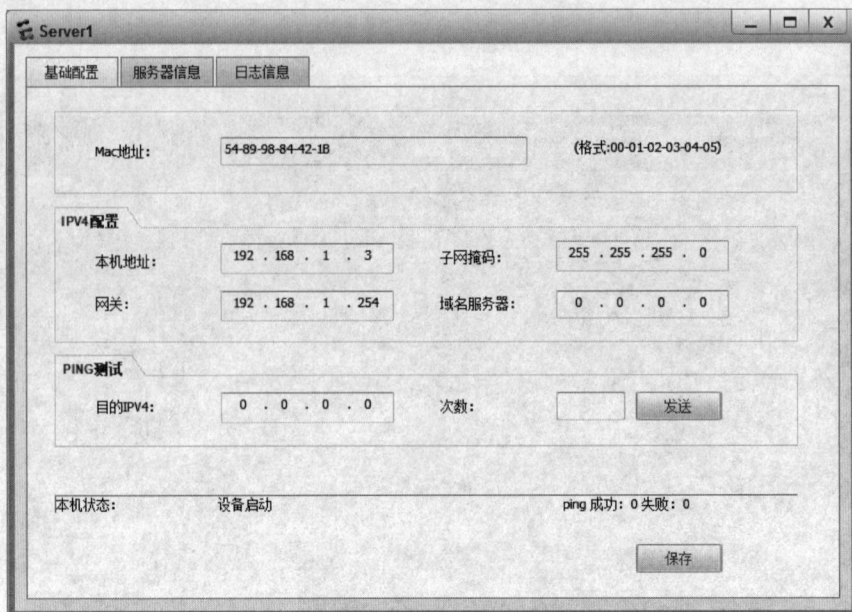

图 9.5　Server1 配置的 IP 地址、子网掩码和默认网关地址

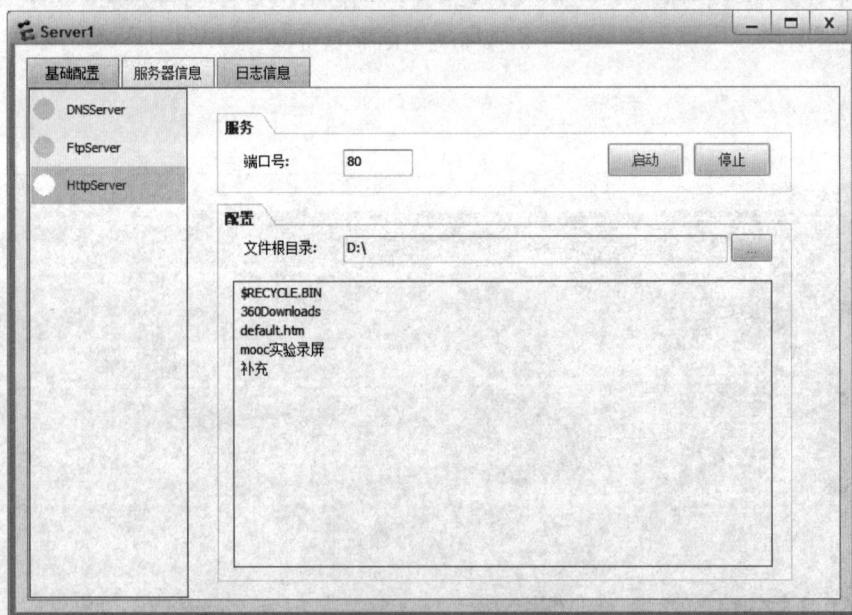

图 9.6　Server1 配置 HTTP 服务器的界面

(5)如图 9.7 所示,在内网 PC1 中对外网 Server2 进行 ping 操作,同时在 AR1 连接内网的接口上捕获 IP 分组。可以发现,PC1 至 Server2 的 IP 分组的源 IP 地址是 PC1 的私有 IP 地址 192.168.1.1,Server2 至 PC1 的 IP 分组的目的 IP 地址也是 PC1 的私有 IP 地址 192.168.1.1,如图 9.8 所示。在 AR1 连接外网的接口捕获 IP 分组,可以发现 PC1 至 Server2 的 IP 分组的源 IP 地址是 AR1 连接外网的接口的全球 IP 地址 192.1.3.1,Server2

至 PC1 的 IP 分组的目的 IP 地址也是 AR1 连接外网的接口的全球 IP 地址 192.1.3.1,如图 9.9 所示。由此证明,PC1 至 Server2 的 IP 分组,在 PC1 至 AR1 连接内网接口这一段,源 IP 地址是 PC1 的私有 IP 地址 192.168.1.1;在 AR1 连接外网接口至 Server2 这一段,源 IP 地址是 AR1 连接外网接口的全球 IP 地址 192.1.3.1;由 AR1 完成源 IP 地址转换过程。同样,Server2 至 PC1 的 IP 分组,在 Server2 至 AR1 连接外网接口这一段,目的 IP 地址是 AR1 连接外网接口的全球 IP 地址 192.1.3.1;在 AR1 连接内网接口至 PC1 这一段,目的 IP 地址是 PC1 的私有 IP 地址 192.168.1.1;由 AR1 完成目的 IP 地址转换过程。需要说明的是,由于 AR1 在通过 ARP 地址解析过程获取 AR2 连接 AR1 的接口的 MAC 地址前,先丢弃 ICMP 报文,因此,在 AR1 连接外网接口捕获的第 1 个 ICMP 报文对应在 AR1 连接内网接口捕获的第 2 个 ICMP 报文。

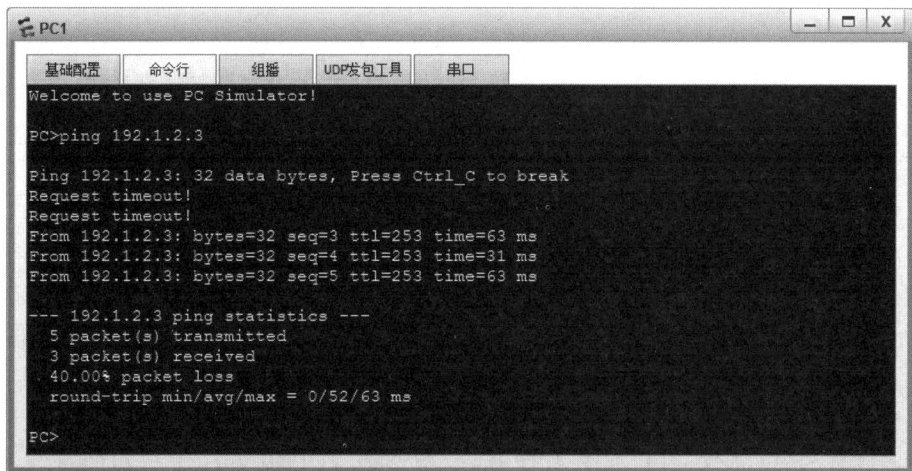

图 9.7　PC1 与 Server2 之间的通信过程

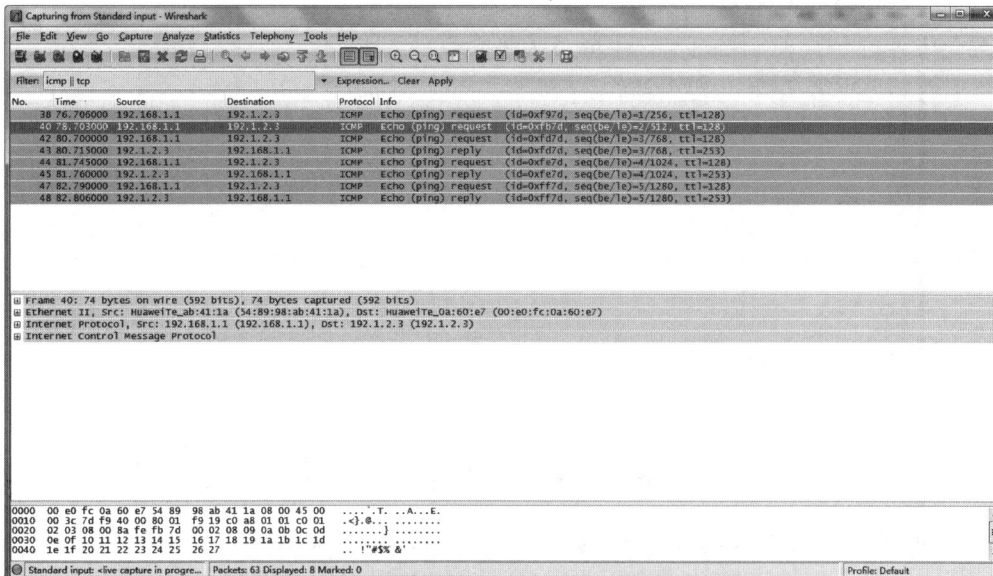

图 9.8　AR1 连接内网接口捕获的 ICMP 报文序列

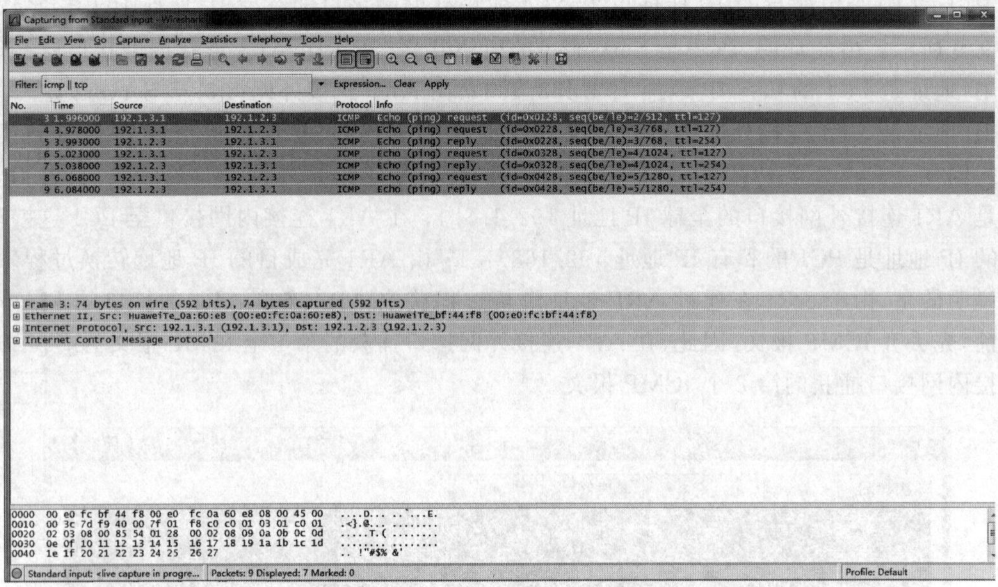

图 9.9　AR1 连接外网接口捕获的 ICMP 报文序列

（6）在外网 Client2 上通过浏览器启动访问内网 Server1 的过程。在浏览器地址栏中输入 URL，如图 9.10 所示，IP 地址是 AR1 连接外网接口的 IP 地址 192.1.3.1，端口号是8000。由于 AR1 中已经建立 192.1.3.1:8000 与 192.168.1.3:80 之间的映射，Client2 至 Server1 的 TCP 报文，在 Client2 至 AR1 连接外网接口这一段，如图 9.11 所示，封装该 TCP 报文的 IP 分组的目的 IP 地址是 AR1 连接外网接口的全球 IP 地址 192.1.3.1；在 AR1 连接内网接口至 Server1 这一段，如图 9.12 所示，封装该 TCP 报文的 IP 分组的目的 IP 地址

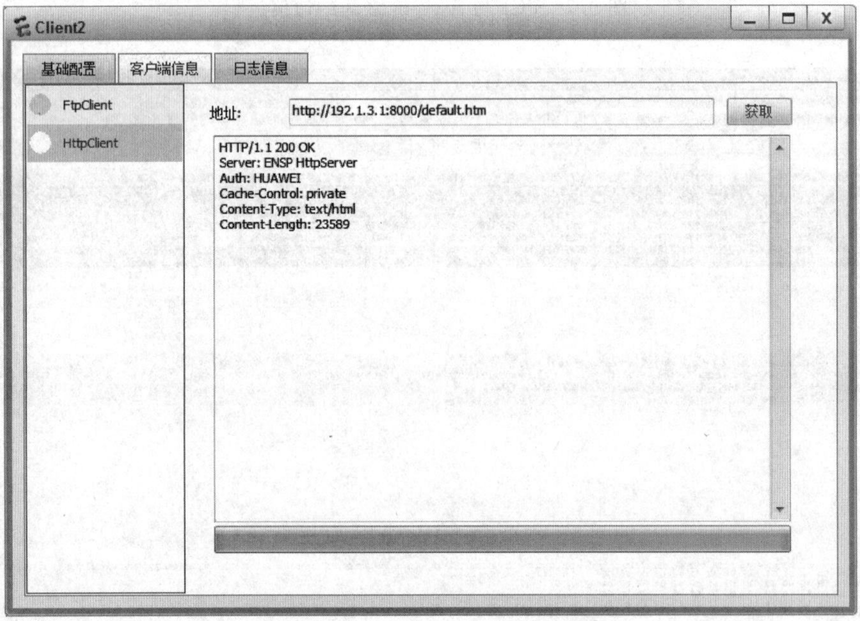

图 9.10　Client2 浏览器界面

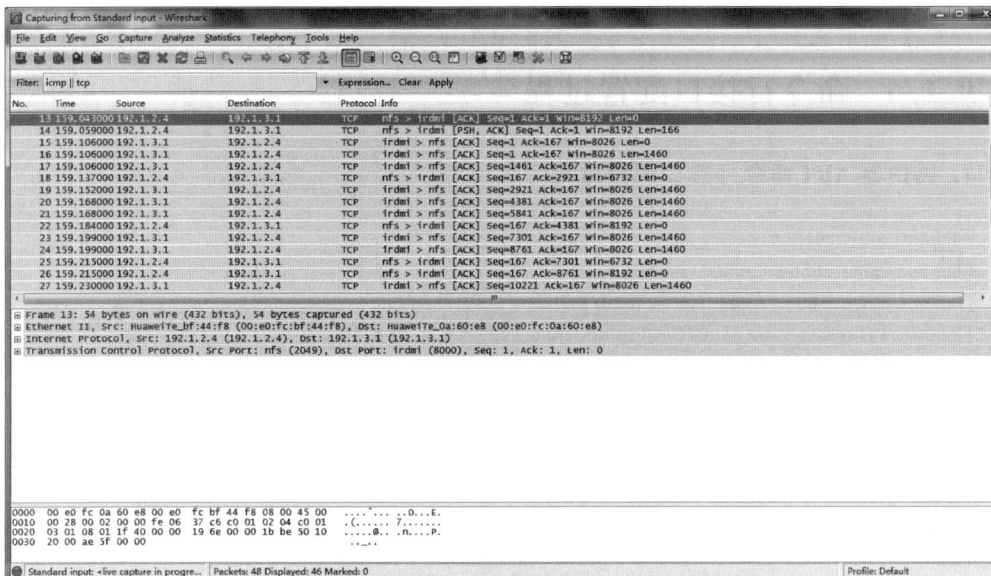

图 9.11　AR1 连接外网接口捕获的 TCP 报文序列

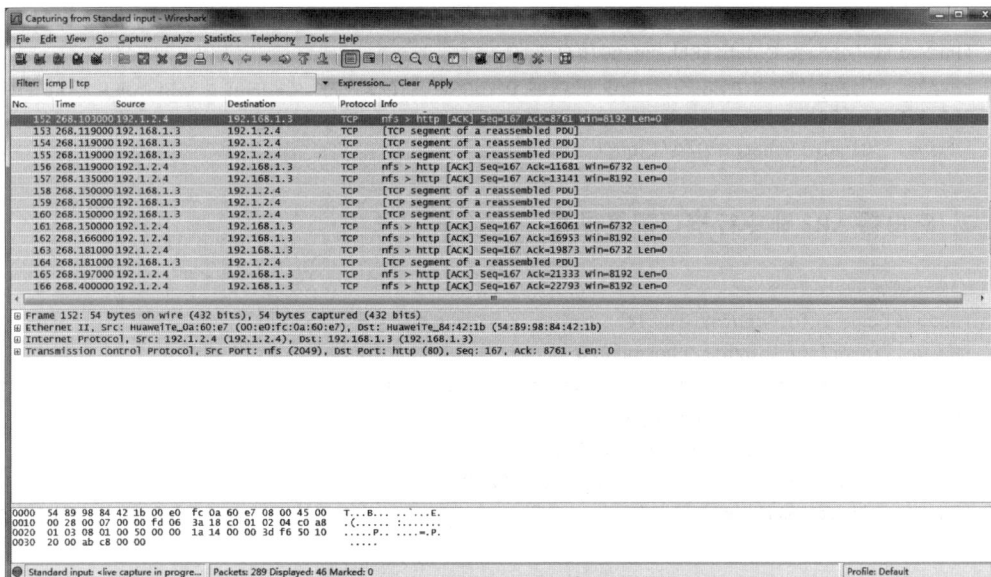

图 9.12　AR1 连接内网接口捕获的 TCP 报文序列

是 Server1 的私有 IP 地址 192.168.1.3，由 AR1 完成目的 IP 地址转换过程。同样，Server1
至 Client2 的 TCP 报文，在 Server1 至 AR1 连接内网接口这一段，封装该 TCP 报文的 IP 分
组的源 IP 地址是 Server1 的私有 IP 地址 192.168.1.3。在 AR1 连接外网接口至 Client2
这一段，封装该 TCP 报文的 IP 分组的源 IP 地址是 AR1 连接外网接口的全球 IP 地址
192.1.3.1，由 AR1 完成源 IP 地址转换过程。需要说明的是，外网终端只能通过 192.1.3.1：
8000 发起对内网 Server1 的 HTTP 服务器的访问，无法通过其他方法实现与 Server1 的通
信过程。如果在外网终端上对全球 IP 地址 192.1.3.1 进行 ping 操作，实际上是对路由器

AR1 进行 ping 操作。

9.1.6 命令行接口配置过程

1. 路由器 AR1 命令行接口配置过程

```
< Huawei > system - view
[Huawei]undo info - center enable
[Huawei]interface GigabitEthernet0/0/0
[Huawei - GigabitEthernet0/0/0]ip address 192.168.1.254 24
[Huawei - GigabitEthernet0/0/0]quit
[Huawei]interface GigabitEthernet0/0/1
[Huawei - GigabitEthernet0/0/1]ip address 192.1.3.1 30
[Huawei - GigabitEthernet0/0/1]quit
[Huawei]ip route - static 192.1.2.0 24 192.1.3.2
[Huawei]acl 2000
[Huawei - acl - basic - 2000]rule 5 permit source 192.168.1.0 0.0.0.255
[Huawei - acl - basic - 2000]quit
[Huawei]interface GigabitEthernet0/0/1
[Huawei - GigabitEthernet0/0/1]nat outbound 2000
[Huawei - GigabitEthernet0/0/1]quit
[Huawei]interface GigabitEthernet0/0/1
[Huawei - GigabitEthernet0/0/1]nat server protocol tcp global current - interface 8000 inside
192.168.1.3 80
[Huawei - GigabitEthernet0/0/1]quit
```

2. 路由器 AR2 命令行接口配置过程

```
< Huawei > system - view
[Huawei]undo info - center enable
[Huawei]interface GigabitEthernet0/0/0
[Huawei - GigabitEthernet0/0/0]ip address 192.1.3.2 30
[Huawei - GigabitEthernet0/0/0]quit
[Huawei]interface GigabitEthernet0/0/1
[Huawei - GigabitEthernet0/0/1]ip address 192.1.2.254 24
[Huawei - GigabitEthernet0/0/1]quit
```

3. 命令列表

路由器命令行接口配置过程中使用的命令及功能和参数说明如表 9.1 所示。

表 9.1 路由器命令行接口配置过程中使用的命令及功能和参数说明

命 令 格 式	功能和参数说明
acl *acl-number*	创建编号为 *acl-number* 的 ACL,并进入 ACL 视图。ACL 是访问控制列表,由一组过滤规则组成。这里用 ACL 指定需要进行地址转换的内网 IP 地址范围

命 令 格 式	功能和参数说明
rule［*rule-id*］〈**deny**｜**permit**〉［**source** 〈*source-address source-wildcard*｜**any**〉	配置一条用于指定允许通过或拒绝通过的 IP 分组的源 IP 地址范围的规则。参数 *rule-id* 是规则编号,用于确定匹配顺序;参数 *source-address* 和 *source-wildcard* 用于指定源 IP 地址范围,参数 *source-address* 是网络地址,参数 *source-wildcard* 是反掩码,反掩码是子网掩码的反码
nat outbound *acl-number*［**interface** *interface-type interface-number* ［*. subnumber*］］	在指定接口启动 PAT 功能。参数 *acl-number* 是访问控制列表编号,用该访问控制列表指定源 IP 地址范围;参数 *interface-type* 是接口类型,参数 *interface-number*［*. subnumber*］是接口编号(可以是子接口编号),接口类型和接口编号(或子接口编号)一起用于指定接口,指定用该接口的 IP 地址作为全球 IP 地址。对于源 IP 地址属于编号为 *acl-number* 的 ACL 指定的源 IP 地址范围的 IP 分组,用指定接口的全球 IP 地址替换该 IP 分组的源 IP 地址
nat server protocol〈**tcp**｜**udp**〉**global** 〈*global-address*｜**current-interface**｜ **interface** *interface-type interface-number*［*. subnumber*］〉*global-port* **inside** *host-address host-port*	建立全球 IP 地址和全局端口号与内部网络私有 IP 地址和本地端口号之间的静态映射。全球 IP 地址可以通过接口指定,即用指定接口的 IP 地址作为全球 IP 地址。参数 *global-address* 是全球 IP 地址;参数 *interface-type interface-number*［*. subnumber*］用于指定接口,并用该接口的 IP 地址作为全球 IP 地址,也可以指定用当前接口(current-interface)的 IP 地址作为全球 IP 地址;参数 *global-port* 是全局端口号;参数 *host-address* 是服务器的私有 IP 地址;参数 *host-port* 是服务器的本地端口号

9.2 动态 NAT 配置实验

9.2.1 实验内容

内部网络与公共网络互联的互联网结构如图 9.13 所示,允许分配私有 IP 地址的内部

R1 路由表

目的网络	输出接口	下一跳
192.168.1.0/24	1	直接
192.1.3.0/30	2	直接
192.1.2.0/24	2	192.1.3.2

R2 路由表

目的网络	输出接口	下一跳
192.1.2.0/24	2	直接
192.1.3.0/30	1	直接
192.1.1.0/28	1	192.1.3.1

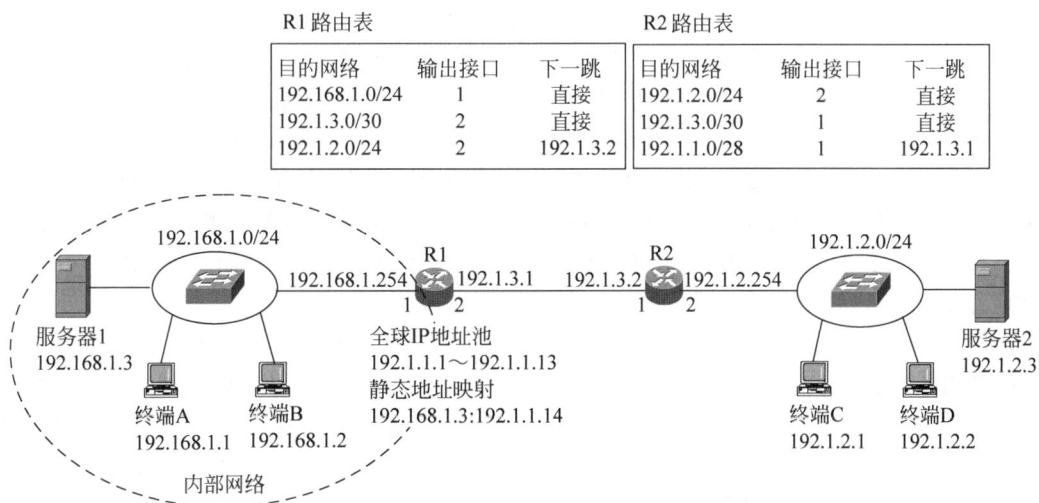

图 9.13 内部网络与公共网络互联的互联网结构

网络终端发起访问公共网络的过程,允许公共网络终端发起访问内部网络中服务器 1 的过程。要求路由器 R1 采用 NAT 技术实现上述功能。

9.2.2　实验目的

(1) 掌握内部网络设计过程和私有 IP 地址使用方法。

(2) 验证 NAT 工作过程。

(3) 掌握路由器动态 NAT 配置过程。

(4) 验证私有 IP 地址与全球 IP 地址之间的转换过程。

(5) 验证 IP 分组的格式转换过程。

9.2.3　实验原理

PAT 要求将私有 IP 地址映射到单个全球 IP 地址,因此,无法用全球 IP 地址唯一标识内部网络终端,需要通过全球端口号或全球标识符唯一标识内部网络终端,因此,只能对封装 TCP/UDP 报文的 IP 分组,或是封装 ICMP 报文的 IP 分组实施 PAT 操作。动态 NAT 和 PAT 不同,允许将私有 IP 地址映射到一组全球 IP 地址,通过定义全球 IP 地址池指定这一组全球 IP 地址,全球 IP 地址池中的全球 IP 地址数量决定了可以同时访问公共网络的内部网络终端数量。某个内部网络终端的私有 IP 地址与全球 IP 地址池中某个全球 IP 地址之间的映射是动态建立的,该内部网络终端一旦完成对公共网络的访问过程,将撤销已经建立的私有 IP 地址与该全球 IP 地址之间的映射,释放该全球 IP 地址,其他内部网络终端可以通过建立自己的私有 IP 地址与该全球 IP 地址之间的映射访问公共网络。

实现动态 NAT 的互联网结构如图 9.13 所示,内部网络私有 IP 地址 192.168.1.0/24 对公共网络中的路由器是透明的,因此,路由器 R2 的路由表中不包含目的网络为 192.168.1.0/24 的路由项。需要为路由器 R1 配置全球 IP 地址池,在创建用于指明某个内部网络私有 IP 地址与全球 IP 地址池中某个全球 IP 地址之间的映射的动态地址转换项后,公共网络用该全球 IP 地址标识内部网络中配置该私有 IP 地址的终端,因此,路由器 R2 中必须建立目的网络为全球 IP 地址池指定的一组全球 IP 地址,下一跳为路由器 R1 的静态路由项,保证将目的 IP 地址属于这一组全球 IP 地址的 IP 分组转发给路由器 R1。

对于公共网络终端,私有 IP 地址 192.168.1.0/24 是不可见的,在建立私有 IP 地址与全球 IP 地址之间的映射前,公共网络终端是无法访问内部网络终端的,因此,如果需要实现由公共网络终端发起的访问内部网络中服务器 1 的过程,必须静态建立服务器 1 的私有 IP 地址 192.168.1.3 与全球 IP 地址 192.1.1.14 之间的映射,使得公共网络终端可以用全球 IP 地址 192.1.1.14 访问内部网络中的服务器 1。

图 9.13 所示的内部网络中的终端 A 访问公共网络终端时发送的 IP 分组以终端 A 的私有 IP 地址 192.168.1.1 为源 IP 地址、以公共网络终端的全球 IP 地址为目的 IP 地址。该 IP 分组通过路由器 R1 连接公共网络的接口输出时,源 IP 地址转换为属于分配给路由器 R1 的全球 IP 地址池中的某个全球 IP 地址,路由器 R1 动态建立私有 IP 地址 192.168.1.1 与该全球 IP 地址之间的映射。

动态 NAT 可以对封装任何类型报文的 IP 分组进行 NAT 操作; PAT 只能对封装

TCP/UDP 报文的 IP 分组,或是封装 ICMP 报文的 IP 分组实施 PAT 操作。

9.2.4　关键命令说明

1. 定义全球 IP 地址池

[Huawei]nat address－group 1 192.1.1.1 192.1.1.13

nat address-group 1 192.1.1.1 192.1.1.13 是系统视图下使用的命令,该命令的作用是定义一个 IP 地址范围为 192.1.1.1~192.1.1.13 的全球 IP 地址池,其中 192.1.1.1 是起始地址,192.1.1.13 是结束地址,1 是全球 IP 地址池索引号。

2. 建立 ACL 与全球 IP 地址池之间关联

[Huawei]interface GigabitEthernet0/0/1
[Huawei－GigabitEthernet0/0/1]nat outbound 2000 address－group 1 no－pat
[Huawei－GigabitEthernet0/0/1]quit

nat outbound 2000 address-group 1 no-pat 是接口视图下使用的命令,该命令的作用是建立 ACL 与全球 IP 地址池之间的关联,其中 2000 是 ACL 编号,1 是全球 IP 地址池索引号。对于源 IP 地址属于编号为 2000 的 ACL 指定的源 IP 地址范围的 IP 分组,用在索引号为 1 的全球 IP 地址池中选择的全球 IP 地址替换该 IP 分组的源 IP 地址。

3. 建立全球 IP 地址与私有 IP 地址之间的静态映射

[Huawei]nat static global 192.1.1.14 inside 192.168.1.3

nat static global 192.1.1.14 inside 192.168.1.3 是系统视图下使用的命令,该命令的作用是建立全球 IP 地址 192.1.1.14 与私有 IP 地址 192.168.1.3 之间的静态映射。

4. 启动静态映射功能

[Huawei]interface GigabitEthernet0/0/1
[Huawei－GigabitEthernet0/0/1]nat static enable
[Huawei－GigabitEthernet0/0/1]quit

nat static enable 是接口视图下使用的命令,该命令的作用是在指定接口(这里是接口 GigabitEthernet0/0/1)启动地址静态映射功能。

9.2.5　实验步骤

(1) 启动 eNSP,按照如图 9.13 所示的网络拓扑结构放置和连接设备,完成设备放置和连接后的 eNSP 界面如图 9.14 所示。启动所有设备。

(2) 完成路由器 AR1、AR2 各个接口的 IP 地址和子网掩码配置过程,完成路由器 AR1 和 AR2 静态路由项配置过程。路由器 AR1 和 AR2 的路由表分别如图 9.15 和图 9.16 所示。AR1 的路由表中包含用于指明通往网络 192.1.2.0/24 传输路径的静态路由项。AR2 的路由表中包含用于指明通往网络 192.1.1.0/28 传输路径的静态路由项,CIDR 地址块

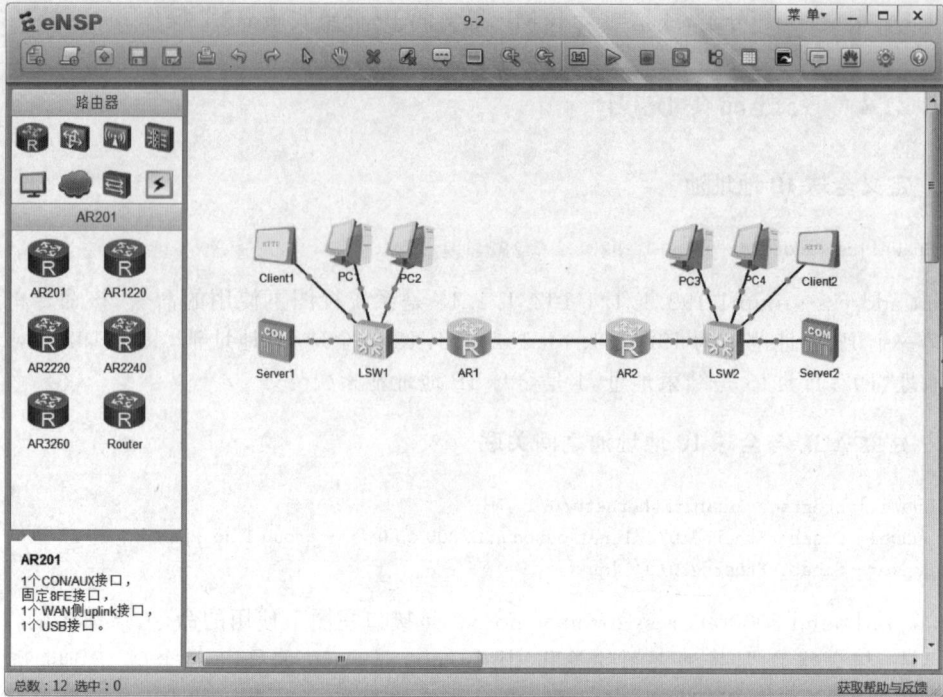

图 9.14　完成设备放置和连接后的 eNSP 界面

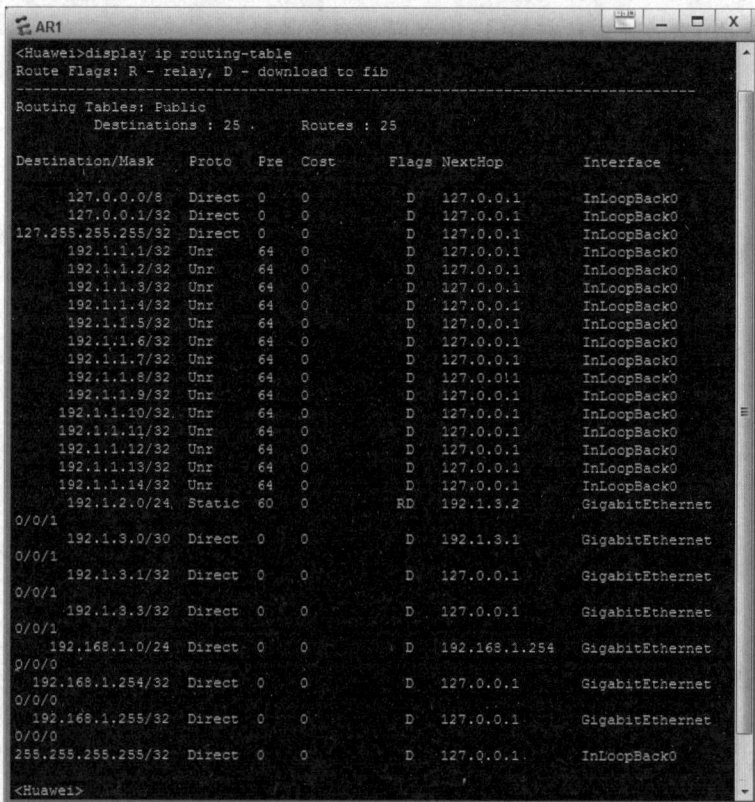

图 9.15　路由器 AR1 的路由表

```
AR2
<Huawei>display ip routing-table
Route Flags: R - relay, D - download to fib
------------------------------------------------------------------------------
Routing Tables: Public
         Destinations : 11       Routes : 11

Destination/Mask    Proto   Pre  Cost      Flags NextHop         Interface

      127.0.0.0/8   Direct  0    0           D   127.0.0.1       InLoopBack0
      127.0.0.1/32  Direct  0    0           D   127.0.0.1       InLoopBack0
127.255.255.255/32  Direct  0    0           D   127.0.0.1       InLoopBack0
      192.1.1.0/28  Static  60   0          RD   192.1.3.1       GigabitEthernet
0/0/0
      192.1.2.0/24  Direct  0    0           D   192.1.2.254     GigabitEthernet
0/0/1
    192.1.2.254/32  Direct  0    0           D   127.0.0.1       GigabitEthernet
0/0/1
    192.1.2.255/32  Direct  0    0           D   127.0.0.1       GigabitEthernet
0/0/1
      192.1.3.0/30  Direct  0    0           D   192.1.3.2       GigabitEthernet
0/0/0
      192.1.3.2/32  Direct  0    0           D   127.0.0.1       GigabitEthernet
0/0/0
      192.1.3.3/32  Direct  0    0           D   127.0.0.1       GigabitEthernet
0/0/0
255.255.255.255/32  Direct  0    0           D   127.0.0.1       InLoopBack0

<Huawei>
```

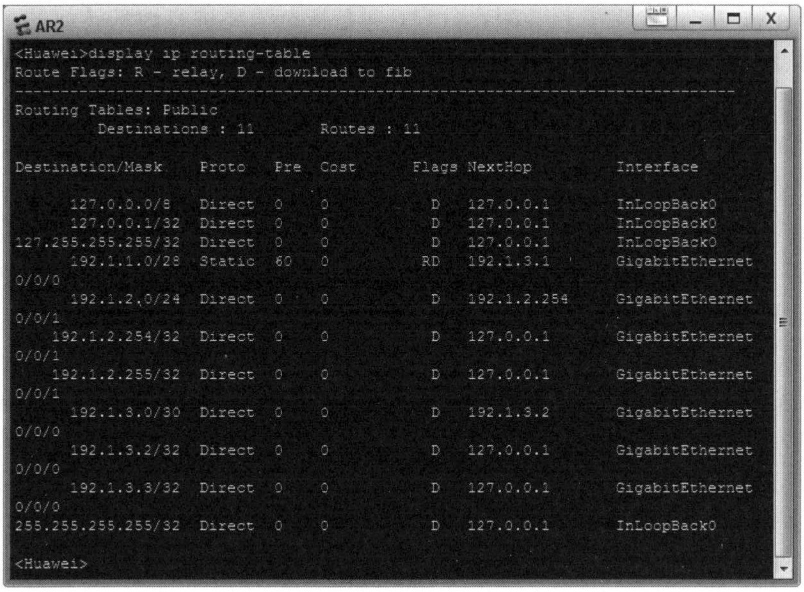

图 9.16 路由器 AR2 的路由表

192.1.1.0/28 涵盖 AR1 全球 IP 地址池中的全球 IP 地址范围，AR2 的路由表中并没有用于指明通往网络 192.168.1.0/24 传输路径的路由项，因此，AR2 无法转发目的网络是 192.168.1.0/24 的 IP 分组。值得说明的是，AR1 的路由表中针对全球 IP 地址池中的每一个全球 IP 地址，给出类型为 UNR 的路由项。

(3) Server1 配置 HTTP 服务器的界面如图 9.17 所示，需要指定根目录，并在根目录下存储 HTML 文档，如图 9.17 所示的 default.htm。可以用客户端设备(Client)访问服务器(Server)。

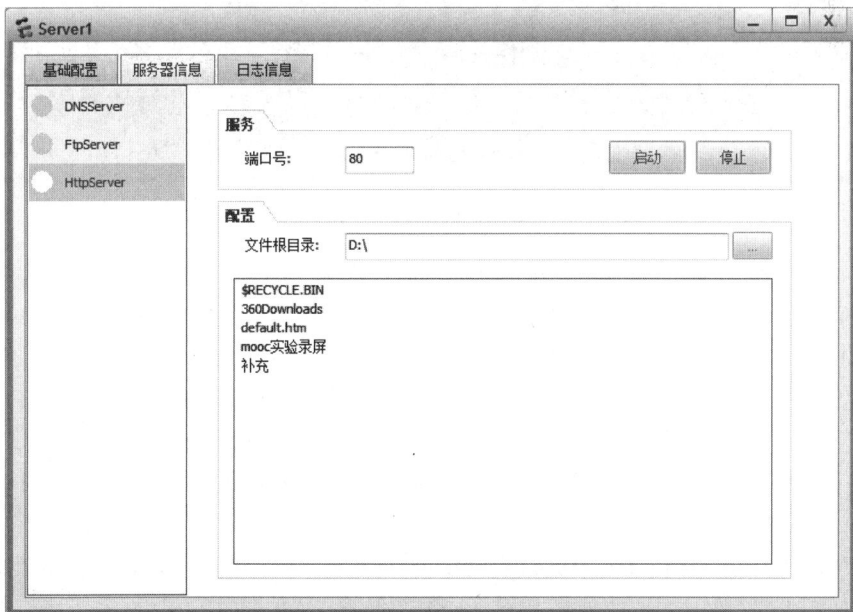

图 9.17 Server1 配置 HTTP 服务器的界面

(4) 在 AR1 中完成 NAT 相关配置过程：一是指定需要进行地址转换的内网 IP 地址范围；二是指定全球 IP 地址池中的全球 IP 地址范围；三是建立连接公共网络的接口、内网 IP 地址范围与全球 IP 地址池这三者之间的关联；四是建立全球 IP 地址 192.1.1.14 与私有 IP 地址 192.168.1.3 之间的静态映射，使得外网终端可以用全球 IP 地址 192.1.1.14 访问内网中私有 IP 地址为 192.168.1.3 的服务器。

(5) 如图 9.18 所示，在内网 PC1 中对外网 Server2 进行 ping 操作，同时分别在 AR1 连接内网的接口上和连接外网的接口上捕获 IP 分组。可以发现，PC1 至 Server2 的 IP 分组，在 PC1 至 AR1 连接内网接口这一段，源 IP 地址是 PC1 的私有 IP 地址 192.168.1.1，如图 9.19 所示；在 AR1 连接外网接口至 Server2 这一段，源 IP 地址是 AR1 在全球 IP 地址池中选择的全球 IP 地址，如 192.1.1.1、192.1.1.2 等，如图 9.20 所示；由 AR1 完成源 IP 地址转换过程。需要说明的是，由于 AR1 在通过 ARP 地址解析过程获取 AR2 连接 AR1 的接口的 MAC 地址前，先丢弃 ICMP 报文，因此，在 AR1 连接外网接口捕获的第 1 个 ICMP 报文对应在 AR1 连接内网接口捕获的第 2 个 ICMP 报文。同样，Server2 至 PC1 的 IP 分组，在 Server2 至 AR1 连接外网接口这一段，目的 IP 地址是 AR1 在全球 IP 地址池中选择的全球 IP 地址，如图 9.20 所示；在 AR1 连接内网接口至 PC1 这一段，目的 IP 地址是 PC1 的私有 IP 地址 192.168.1.1，如图 9.19 所示；由 AR1 完成目的 IP 地址转换过程。

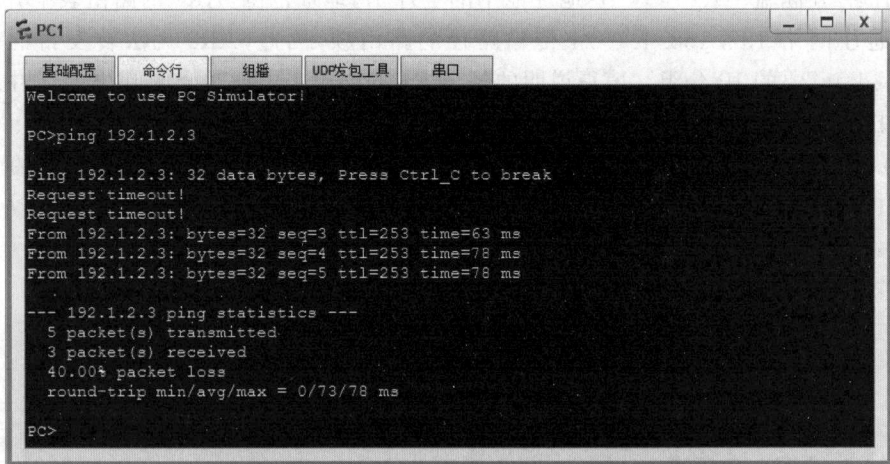

图 9.18   PC1 与 Server2 之间的通信过程

(6) 如图 9.21 所示，可以在外网 PC3 中对内网 Server1 进行 ping 操作。PC3 至 Server1 的 IP 分组，在 PC3 至 AR1 连接外网接口这一段，目的 IP 地址是全球 IP 地址 192.1.1.14，如图 9.20 所示；在 AR1 连接内网接口至 Server1 这一段，目的 IP 地址是 Server1 的私有 IP 地址 192.168.1.3，如图 9.19 所示。Server1 至 PC3 的 IP 分组，在 Server1 至 AR1 连接内网接口这一段，源 IP 地址是 Server1 的私有 IP 地址 192.168.1.3，如图 9.19 所示；在 AR1 连接外网接口至 PC3 这一段，源 IP 地址是全球 IP 地址 192.1.1.14 等，如图 9.20 所示。

(7) 在外网 Client2 上通过浏览器启动访问内网 Server1 的过程。在浏览器地址栏中输入 URL，如图 9.22 所示，IP 地址是与 Server1 的私有 IP 地址 192.168.1.3 建立静态映射的全球 IP 地址 192.1.1.14。Client2 至 Server1 的 TCP 报文，在 Client2 至 AR1 连接外网

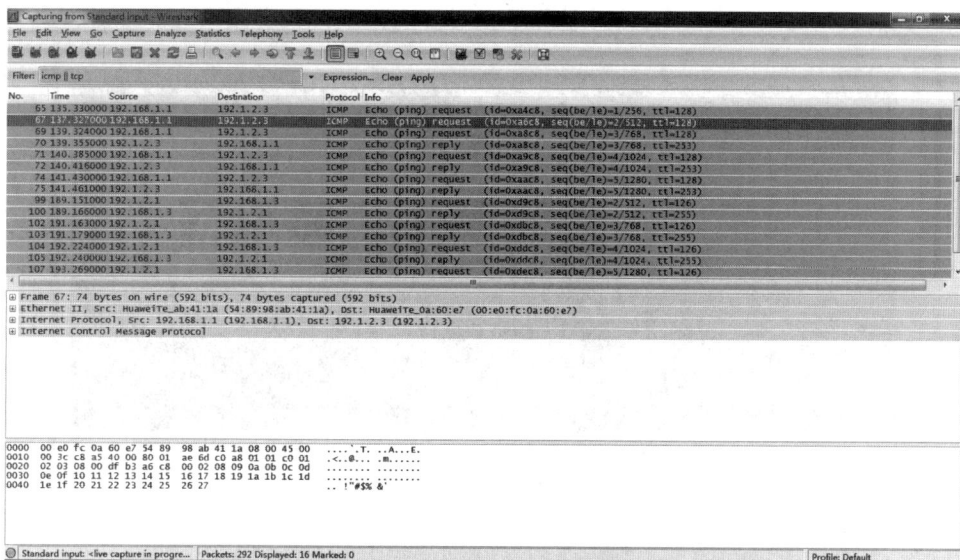

图 9.19　AR1 连接内网接口捕获的 ICMP 报文序列

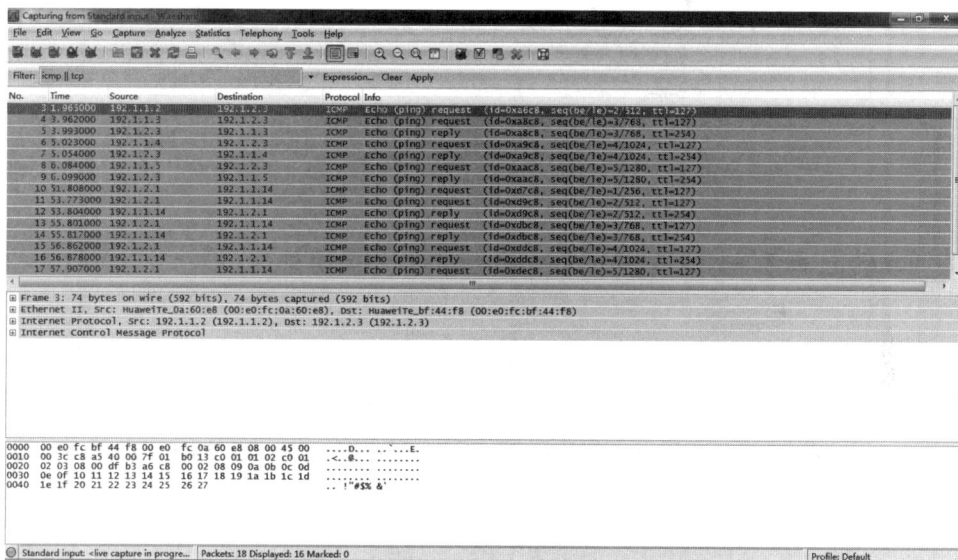

图 9.20　AR1 连接外网接口捕获的 ICMP 报文序列

接口这一段,封装该 TCP 报文的 IP 分组的目的 IP 地址是全球 IP 地址 192.1.1.14,如图 9.23 所示;在 AR1 连接内网接口至 Server1 这一段,封装该 TCP 报文的 IP 分组的目的 IP 地址是 Server1 的私有 IP 地址 192.168.1.3,如图 9.24 所示;由 AR1 完成目的 IP 地址转换过程。同样,Server1 至 Client2 的 TCP 报文,在 Server1 至 AR1 连接内网接口这一段,封装该 TCP 报文的 IP 分组的源 IP 地址是 Server1 的私有 IP 地址 192.168.1.3,如图 9.24 所示;在 AR1 连接外网接口至 Client2 这一段,封装该 TCP 报文的 IP 分组的源 IP 地址是全球 IP 地址 192.1.1.14,如图 9.23 所示;由 AR1 完成源 IP 地址转换过程。需要说明的是,由于 Server1 的 HTTP 服务器采用的端口号是默认的著名端口号 80,因此,浏览器地址栏中输入的 URL 无须给出端口号。

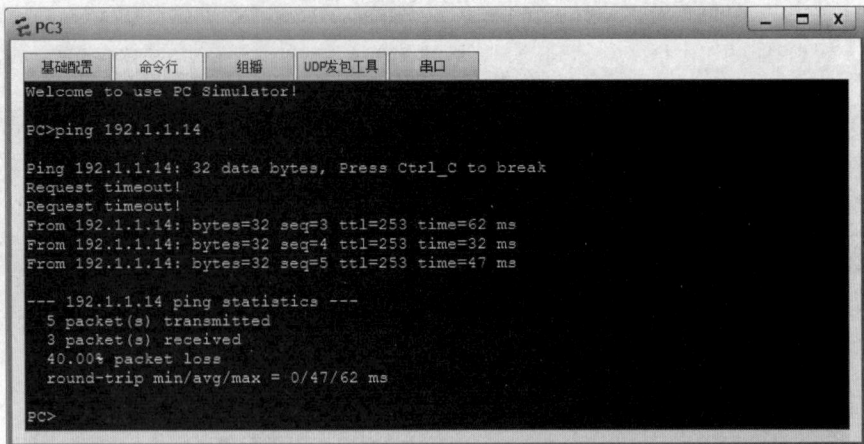

图 9.21　PC3 与 Server1 之间的通信过程

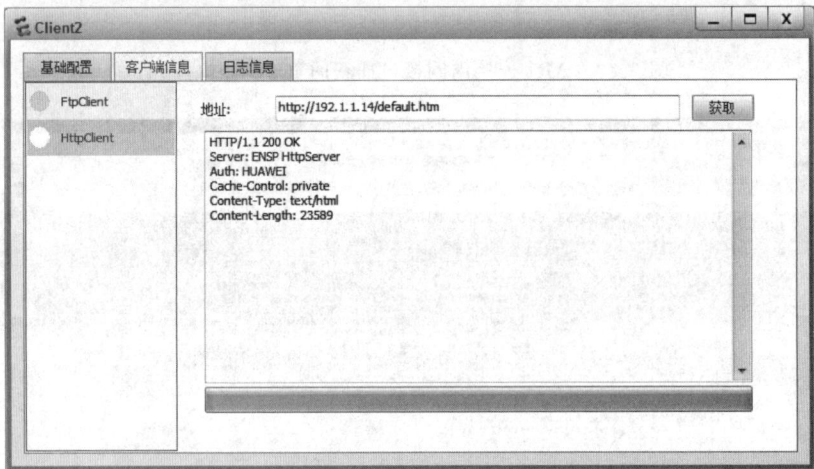

图 9.22　Client2 浏览器界面

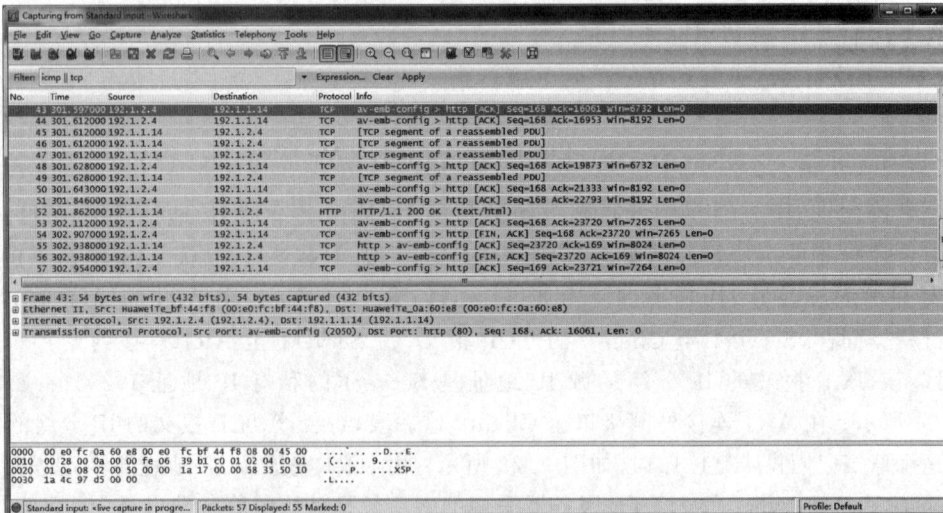

图 9.23　AR1 连接外网接口捕获的 TCP 报文序列

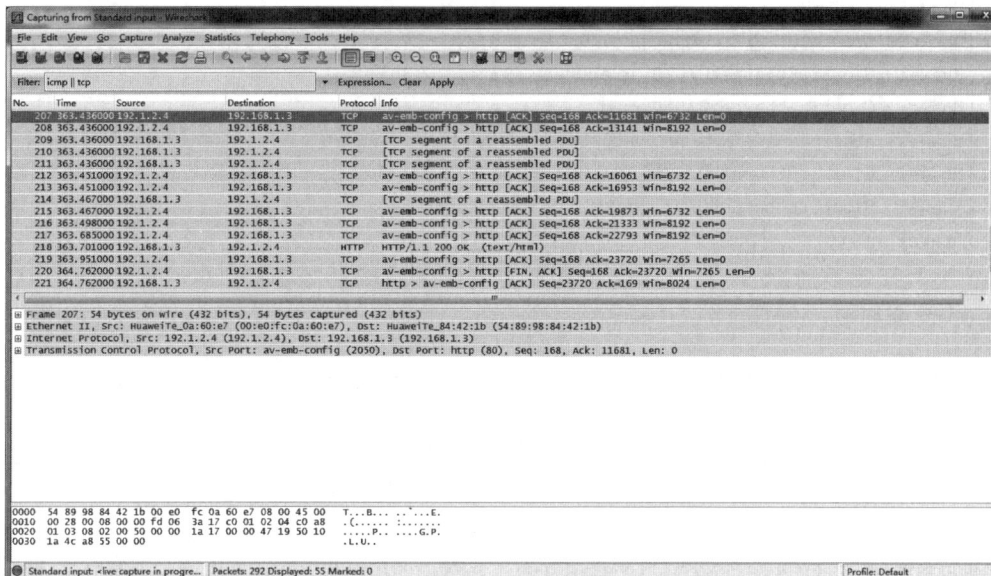

图 9.24　AR1 连接内网接口捕获的 TCP 报文序列

9.2.6　命令行接口配置过程

1. 路由器 AR1 命令行接口配置过程

```
< Huawei > system - view
[Huawei]undo info - center enable
[Huawei]interface GigabitEthernet0/0/0
[Huawei - GigabitEthernet0/0/0]ip address 192.168.1.254 24
[Huawei - GigabitEthernet0/0/0]quit
[Huawei]interface GigabitEthernet0/0/1
[Huawei - GigabitEthernet0/0/1]ip address 192.1.3.1 30
[Huawei - GigabitEthernet0/0/1]quit
[Huawei]ip route - static 192.1.2.0 24 192.1.3.2
[Huawei]acl 2000
[Huawei - acl - basic - 2000]rule 5 permit source 192.168.1.0 0.0.0.255
[Huawei - acl - basic - 2000]quit
[Huawei]nat address - group 1 192.1.1.1 192.1.1.13
[Huawei]interface GigabitEthernet0/0/1
[Huawei - GigabitEthernet0/0/1]nat outbound 2000 address - group 1 no - pat
[Huawei - GigabitEthernet0/0/1]quit
[Huawei]nat static global 192.1.1.14 inside 192.168.1.3
[Huawei]interface GigabitEthernet0/0/1
[Huawei - GigabitEthernet0/0/1]nat static enable
[Huawei  GigabitEthernet0/0/1]quit
```

2. 路由器 AR2 命令行接口配置过程

```
< Huawei > system - view
```

```
[Huawei]undo info - center enable
[Huawei]interface GigabitEthernet0/0/0
[Huawei - GigabitEthernet0/0/0]ip address 192.1.3.2 30
[Huawei - GigabitEthernet0/0/0]quit
[Huawei]interface GigabitEthernet0/0/1
[Huawei - GigabitEthernet0/0/1]ip address 192.1.2.254 24
[Huawei - GigabitEthernet0/0/1]quit
[Huawei]ip route - static 192.1.1.0 28 192.1.3.1
```

3. 命令列表

路由器命令行接口配置过程中使用的命令及功能和参数说明如表 9.2 所示。

表 9.2　路由器命令行接口配置过程中使用的命令及功能和参数说明

命 令 格 式	功能和参数说明
nat address-group *group-index start-address end-address*	定义全球 IP 地址池,全球 IP 地址池的 IP 地址范围从 *start-address* 到 *end-address*。参数 *group-index* 是全球 IP 地址池索引号,不同的全球 IP 地址池有着不同的索引号;参数 *start-address* 是起始全球 IP 地址,参数 *end-address* 是结束全球 IP 地址
nat outbound *acl-number* **address-group** *group-index*[**no-pat**]	建立全球 IP 地址池与 ACL 之间的关联。参数 *acl-number* 是 ACL 编号;参数 *group-index* 是全球 IP 地址池索引号;no-pat 表明地址转换过程中不启动 PAT 功能
nat static global *global-address* **inside** *host-address*	建立全球 IP 地址 *global-address* 与私有 IP 地址 *host-address* 之间的静态映射
nat static enable	在指定接口启动静态地址映射功能

9.3　静态 NAT 配置实验

9.3.1　实验内容

两个内部网络互联的互联网结构如图 9.25 所示,由于内部网络 1 和内部网络 2 独立分配私有 IP 地址,因此,两个内部网络可以分配相同的私有 IP 地址空间。要求通过 NAT 技术实现以下功能。

(1) 允许内部网络 1 中的终端访问内部网络 2 中的服务器 2;

(2) 允许内部网络 2 中的终端访问内部网络 1 中的服务器 1。

9.3.2　实验目的

(1) 掌握内部网络设计过程和私有 IP 地址使用方法。

(2) 验证 NAT 工作过程。

(3) 掌握路由器 NAT 配置过程。

R1路由表

目的网络	输出接口	下一跳
192.168.1.0/24	1	直接
192.1.3.0/30	2	直接
192.1.2.0/28	2	192.1.3.2

R2路由表

目的网络	输出接口	下一跳
192.168.1.0/24	2	直接
192.1.3.0/30	1	直接
192.1.1.0/28	1	192.1.3.1

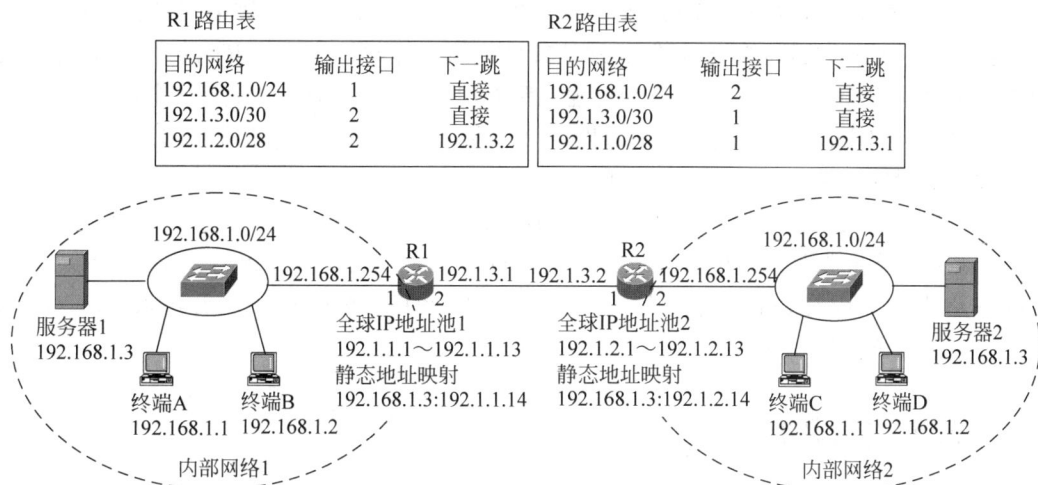

图 9.25 两个内部网络互联的互联网结构

（4）验证私有 IP 地址与全球 IP 地址之间的转换过程。

（5）验证 IP 分组格式转换过程。

（6）验证两个分配相同私有 IP 地址空间的内部网络之间的通信过程。

9.3.3 实验原理

分配给某个内部网络的私有 IP 地址空间对另一个内部网络中的终端是不可见的,因此,任何一个内部网络中的终端必须用全球 IP 地址访问其他内部网络中的终端,这一方面使得每一个内部网络分配的私有 IP 地址只有本地意义,不同内部网络可以分配相同的私有 IP 地址空间；另一方面在建立某个内部网络的私有 IP 地址与全球 IP 地址之间映射前,其他内部网络中的终端无法访问该内部网络中的终端。虽然不同内部网络可以分配相同的私有 IP 地址空间,但与这些私有 IP 地址建立映射的全球 IP 地址都必须是全球唯一的。如图 9.25 所示,虽然内部网络 1 和内部网络 2 分配了相同的私有 IP 地址空间 192.168.1.0/24,但分配给这两个内部网络的全球 IP 地址池必须是不同的,如分配给内部网络 1 的全球IP 地址池是 192.1.1.0/28(全球 IP 地址池 1),分配给内部网络 2 的全球 IP 地址池是192.1.2.0/28(全球 IP 地址池 2)。这样,其他网络可以用唯一的全球 IP 地址标识某个内部网络中的终端,如内部网络 1 中的某个终端需要用属于全球 IP 地址池 1 的某个全球 IP地址访问其他网络,其他网络中的终端用该全球 IP 地址唯一标识该内部网络 1 中的终端。

同样,如果需要实现由其他网络中的终端发起访问内部网络 1 中服务器 1 的过程,必须建立服务器 1 的私有 IP 地址 192.168.1.3 与某个全球 IP 地址(这里是 192.1.1.14)之间的映射,其他网络中的终端用该全球 IP 地址访问服务器 1。根据图 9.25 所示的配置信息,内部网络 1 中的终端可以用全球 IP 地址 192.1.2.14 访问内部网络 2 中的服务器 2,内部网络 2 中的终端可以用全球 IP 地址 192.1.1.14 访问内部网络 1 中的服务器 1。

图 9.25 所示的内部网络 1 中的终端 A 访问内部网络 2 中的服务器 2 时发送的 IP 分组,以终端 A 的私有 IP 地址 192.168.1.1 为源 IP 地址、以与服务器 2 的私有 IP 地址

192.168.1.3 建立映射的全球 IP 地址 192.1.2.14 为目的 IP 地址。该 IP 分组通过路由器 R1 连接公共网络的接口输出时,源 IP 地址转换为属于分配给路由器 R1 的全球 IP 地址池中的某个全球 IP 地址。路由器 R1 动态建立私有 IP 地址 192.168.1.1 与该全球 IP 地址之间的映射。当路由器 R2 通过连接内部网络 2 的接口输出该 IP 分组时,该 IP 分组的目的 IP 地址转换为服务器 2 的私有 IP 地址 192.168.1.3。

为了保证以属于全球 IP 地址池 1(192.1.1.0/28)中的全球 IP 地址为目的 IP 地址的 IP 分组能够到达路由器 R1,路由器 R2 需要配置目的网络为 192.1.1.0/28,下一跳为 192.1.3.1 的静态路由项。同样原因,路由器 R1 需要配置目的网络为 192.1.2.0/28,下一跳为 192.1.3.2 的静态路由项。

9.3.4 实验步骤

(1) 启动 eNSP,按照如图 9.25 所示的网络拓扑结构放置和连接设备,完成设备放置和连接后的 eNSP 界面如图 9.26 所示。启动所有设备。

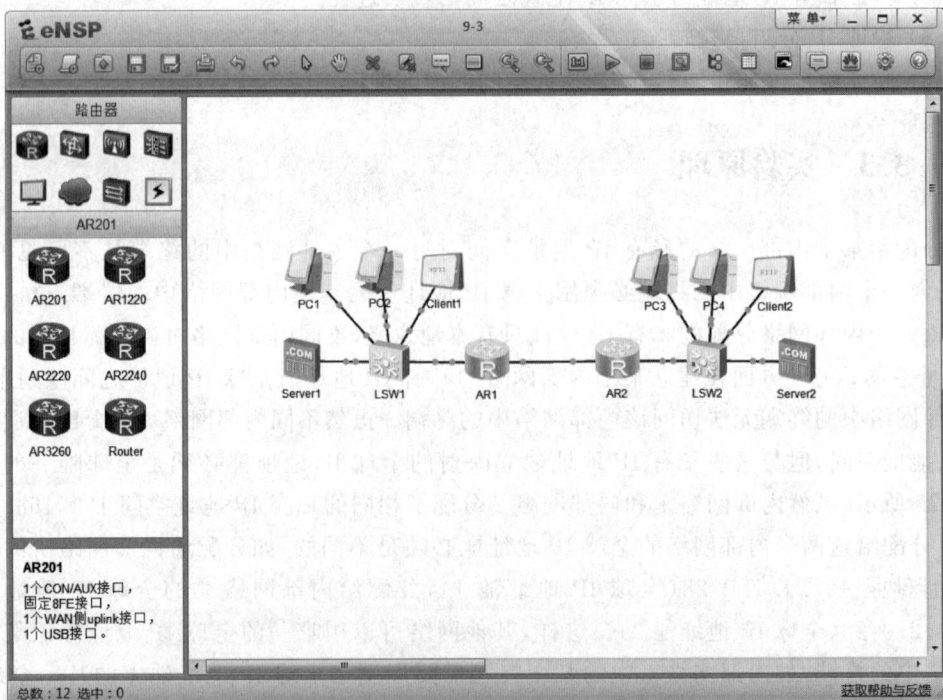

图 9.26　完成设备放置和连接后的 eNSP 界面

(2) 完成路由器 AR1、AR2 各个接口的 IP 地址和子网掩码配置过程,完成路由器 AR1 和 AR2 静态路由项配置过程。路由器 AR1 和 AR2 的路由表分别如图 9.27 和图 9.28 所示。AR1 的路由表中包含用于指明通往网络 192.1.2.0/28 传输路径的静态路由项。AR2 的路由表中包含用于指明通往网络 192.1.1.0/28 传输路径的静态路由项,CIDR 地址块 192.1.1.0/28 和 192.1.2.0/28 分别涵盖 AR1 和 AR2 全球 IP 地址池中的全球 IP 地址范围。

```
AR1
<Huawei>display ip routing-table
Route Flags: R - relay, D - download to fib
------------------------------------------------------------
Routing Tables: Public
         Destinations : 25       Routes : 25

Destination/Mask      Proto   Pre  Cost    Flags NextHop        Interface

      127.0.0.0/8     Direct  0    0        D    127.0.0.1      InLoopBack0
      127.0.0.1/32    Direct  0    0        D    127.0.0.1      InLoopBack0
127.255.255.255/32    Direct  0    0        D    127.0.0.1      InLoopBack0
      192.1.1.1/32    Unr     64   0        D    127.0.0.1      InLoopBack0
      192.1.1.2/32    Unr     64   0        D    127.0.0.1      InLoopBack0
      192.1.1.3/32    Unr     64   0        D    127.0.0.1      InLoopBack0
      192.1.1.4/32    Unr     64   0        D    127.0.0.1      InLoopBack0
      192.1.1.5/32    Unr     64   0        D    127.0.0.1      InLoopBack0
      192.1.1.6/32    Unr     64   0        D    127.0.0.1      InLoopBack0
      192.1.1.7/32    Unr     64   0        D    127.0.0.1      InLoopBack0
      192.1.1.8/32    Unr     64   0        D    127.0.0.1      InLoopBack0
      192.1.1.9/32    Unr     64   0        D    127.0.0.1      InLoopBack0
     192.1.1.10/32    Unr     64   0        D    127.0.0.1      InLoopBack0
     192.1.1.11/32    Unr     64   0        D    127.0.0.1      InLoopBack0
     192.1.1.12/32    Unr     64   0        D    127.0.0.1      InLoopBack0
     192.1.1.13/32    Unr     64   0        D    127.0.0.1      InLoopBack0
     192.1.1.14/32    Unr     64   0        D    127.0.0.1      InLoopBack0
     192.1.2.0/28     Static  60   0        RD   192.1.3.2      GigabitEthernet
0/0/1
     192.1.3.0/30     Direct  0    0        D    192.1.3.1      GigabitEthernet
0/0/1
     192.1.3.1/32     Direct  0    0        D    127.0.0.1      GigabitEthernet
0/0/1
     192.1.3.3/32     Direct  0    0        D    127.0.0.1      GigabitEthernet
0/0/1
   192.168.1.0/24     Direct  0    0        D    192.168.1.254  GigabitEthernet
0/0/0
 192.168.1.254/32     Direct  0    0        D    127.0.0.1      GigabitEthernet
0/0/0
 192.168.1.255/32     Direct  0    0        D    127.0.0.1      GigabitEthernet
0/0/0
255.255.255.255/32    Direct  0    0        D    127.0.0.1      InLoopBack0

<Huawei>
```

图 9.27　路由器 AR1 的路由表

```
AR2
<Huawei>display ip routing-table
Route Flags: R - relay, D - download to fib
------------------------------------------------------------
Routing Tables: Public
         Destinations : 25       Routes : 25

Destination/Mask      Proto   Pre  Cost    Flags NextHop        Interface

      127.0.0.0/8     Direct  0    0        D    127.0.0.1      InLoopBack0
      127.0.0.1/32    Direct  0    0        D    127.0.0.1      InLoopBack0
127.255.255.255/32    Direct  0    0        D    127.0.0.1      InLoopBack0
      192.1.1.0/28    Static  60   0        RD   192.1.3.1      GigabitEthernet
0/0/0
      192.1.2.1/32    Unr     64   0        D    127.0.0.1      InLoopBack0
      192.1.2.2/32    Unr     64   0        D    127.0.0.1      InLoopBack0
      192.1.2.3/32    Unr     64   0        D    127.0.0.1      InLoopBack0
      192.1.2.4/32    Unr     64   0        D    127.0.0.1      InLoopBack0
      192.1.2.5/32    Unr     64   0        D    127.0.0.1      InLoopBack0
      192.1.2.6/32    Unr     64   0        D    127.0.0.1      InLoopBack0
      192.1.2.7/32    Unr     64   0        D    127.0.0.1      InLoopBack0
      192.1.2.8/32    Unr     64   0        D    127.0.0.1      InLoopBack0
      192.1.2.9/32    Unr     64   0        D    127.0.0.1      InLoopBack0
     192.1.2.10/32    Unr     64   0        D    127.0.0.1      InLoopBack0
     192.1.2.11/32    Unr     64   0        D    127.0.0.1      InLoopBack0
     192.1.2.12/32    Unr     64   0        D    127.0.0.1      InLoopBack0
     192.1.2.13/32    Unr     64   0        D    127.0.0.1      InLoopBack0
     192.1.2.14/32    Unr     64   0        D    127.0.0.1      InLoopBack0
     192.1.3.0/30     Direct  0    0        D    192.1.3.2      GigabitEthernet
0/0/0
     192.1.3.2/32     Direct  0    0        D    127.0.0.1      GigabitEthernet
0/0/0
     192.1.3.3/32     Direct  0    0        D    127.0.0.1      GigabitEthernet
0/0/0
   192.168.1.0/24     Direct  0    0        D    192.168.1.254  GigabitEthernet
0/0/1
 192.168.1.254/32     Direct  0    0        D    127.0.0.1      GigabitEthernet
0/0/1
 192.168.1.255/32     Direct  0    0        D    127.0.0.1      GigabitEthernet
0/0/1
255.255.255.255/32    Direct  0    0        D    127.0.0.1      InLoopBack0

<Huawei>
```

图 9.28　路由器 AR2 的路由表

(3) 在 AR1 和 AR2 中分别完成 NAT 相关配置过程:一是指定需要进行地址转换的内网 IP 地址范围;二是指定全球 IP 地址池中的全球 IP 地址范围;三是建立连接公共网络的接口、内网 IP 地址范围与全球 IP 地址池这三者之间的关联;四是在 AR1 中建立全球 IP 地址 192.1.1.14 与私有 IP 地址 192.168.1.3 之间的静态映射,在 AR2 中建立全球 IP 地址 192.1.2.14 与私有 IP 地址 192.168.1.3 之间的静态映射,使得其他网络中的终端可以用全球 IP 地址 192.1.1.14 或 192.1.2.14 分别访问两个内网中私有 IP 地址为 192.168.1.3 的服务器。

(4) 如图 9.29 所示,在内网 1 的 PC1 中对内网 2 中的 Server2 进行 ping 操作,同时分别在 AR1 连接内网的接口上、AR1 连接外网的接口上和 AR2 连接内网的接口上捕获 IP 分组。可以发现,PC1 至 Server2 的 IP 分组,在 PC1 至 AR1 连接内网接口这一段,源 IP 地址是 PC1 的私有 IP 地址 192.168.1.1,目的 IP 地址是与 Server2 的私有 IP 地址 192.168.1.3 建立静态映射的全球 IP 地址 192.1.2.14,如图 9.30 所示;在 AR1 连接外网接口至 AR2 连接外网接口这一段,源 IP 地址是 AR1 在全球 IP 地址池中选择的全球 IP 地址,如 192.1.1.1、192.1.1.2 等,目的 IP 地址是全球 IP 地址 192.1.2.14,如图 9.31 所示;在 AR2 连接内网接口至 Server2 这一段,源 IP 地址是 AR1 在全球 IP 地址池中选择的全球 IP 地址,目的 IP 地址是 Server2 的私有 IP 地址 192.168.1.3,如图 9.32 所示。需要说明的是,由于 AR1 在通过 ARP 地址解析过程获取 AR2 连接 AR1 的接口的 MAC 地址前,先丢弃 ICMP 报文,AR2 在通过 ARP 地址解析过程获取 Server2 的 MAC 地址前,也先丢弃 ICMP 报文,因此,在 AR2 连接内网接口捕获的第 1 个 ICMP 报文,对应在 AR2 连接外网接口捕获的第 2 个 ICMP 报文,也对应在 AR1 连接内网接口捕获的第 3 个 ICMP 报文。同样,Server2 至 PC1 的 IP 分组,在 Server2 至 AR2 连接内网接口这一段,源 IP 地址是 Server2 的私有 IP 地址 192.168.1.3,目的 IP 地址是 AR1 在全球 IP 地址池中选择的全球 IP 地址,如图 9.32 所示;在 AR2 连接外网接口至 AR1 连接外网接口这一段,源 IP 地址是全球 IP 地址 192.1.2.14,目的 IP 地址是 AR1 在全球 IP 地址池中选择的全球 IP 地址,如图 9.31 所示;在 AR1 连接内网接口至 PC1 这一段,源 IP 地址是全球 IP 地址 192.1.2.14,目的 IP 地址是 PC1 的私有 IP 地址 192.168.1.1,如图 9.30 所示。

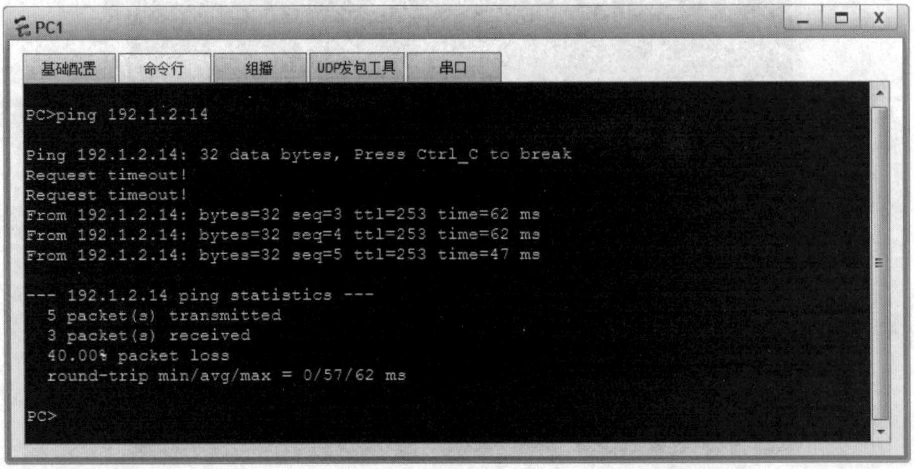

图 9.29   PC1 与 Server2 之间的通信过程

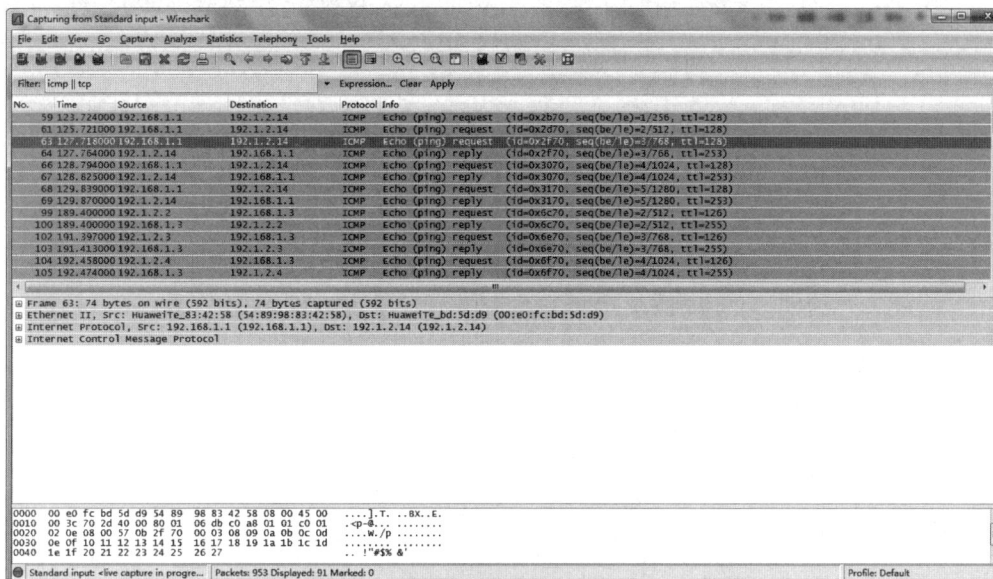

图 9.30　AR1 连接内网接口捕获的 ICMP 报文序列

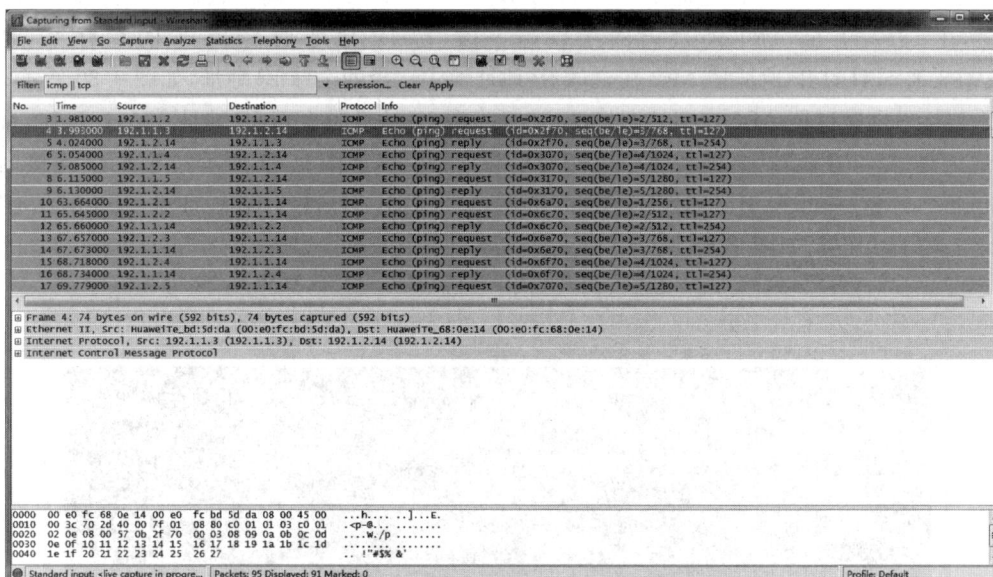

图 9.31　AR1 连接外网接口捕获的 ICMP 报文序列

（5）如图 9.33 所示，在内网 2 的 PC3 中对内网 1 中的 Server1 进行 ping 操作，可以发现，PC3 至 Server1 的 IP 分组，在 PC3 至 AR2 连接内网接口这一段，源 IP 地址是 PC3 的私有 IP 地址 192.168.1.1，目的 IP 地址是与 Server1 的私有 IP 地址 192.168.1.3 建立静态映射的全球 IP 地址 192.1.1.14，如图 9.32 所示；在 AR2 连接外网接口全 AR1 连接外网接口这一段，源 IP 地址是 AR2 在全球 IP 地址池中选择的全球 IP 地址，如 192.1.2.1、192.1.2.2 等，目的 IP 地址是全球 IP 地址 192.1.1.14，如图 9.31 所示；在 AR1 连接内网接口至 Server1 这一段，源 IP 地址是 AR2 在全球 IP 地址池中选择的全球 IP 地址，目的 IP

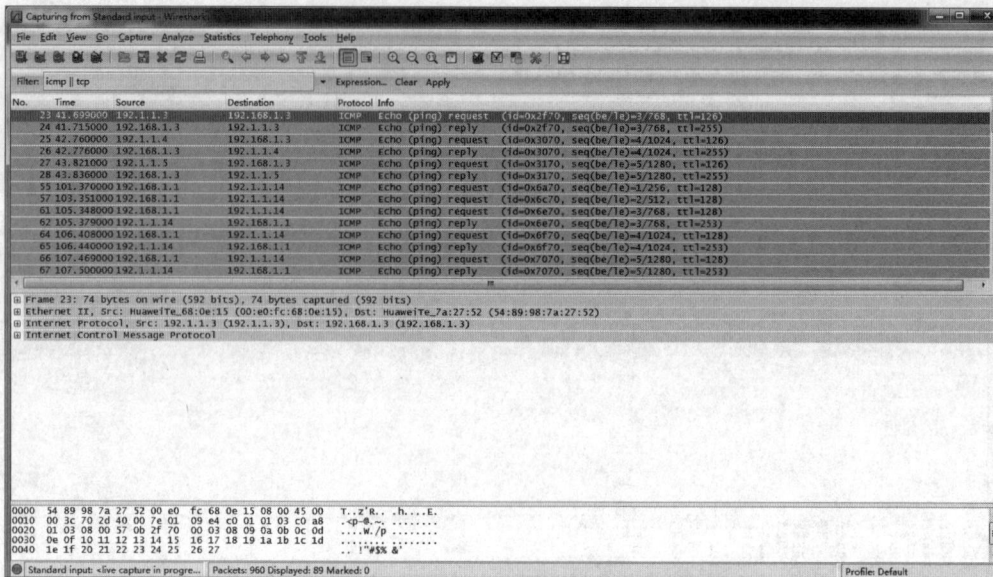

图 9.32　AR2 连接内网接口捕获的 ICMP 报文序列

地址是 Server1 的私有 IP 地址 192.168.1.3,如图 9.30 所示。同样,Server1 至 PC3 的 IP 分组,在 Server1 至 AR1 连接内网接口这一段,源 IP 地址是 Server1 的私有 IP 地址 192.168.1.3,目的 IP 地址是 AR2 在全球 IP 地址池中选择的全球 IP 地址,如图 9.30 所示;在 AR1 连接外网接口至 AR2 连接外网接口这一段,源 IP 地址是全球 IP 地址 192.1.1.14,目的 IP 地址是 AR2 在全球 IP 地址池中选择的全球 IP 地址,如图 9.31 所示;在 AR2 连接内网接口至 PC3 这一段,源 IP 地址是全球 IP 地址 192.1.1.14,目的 IP 地址是 PC3 的私有 IP 地址 192.168.1.1,如图 9.32 所示。

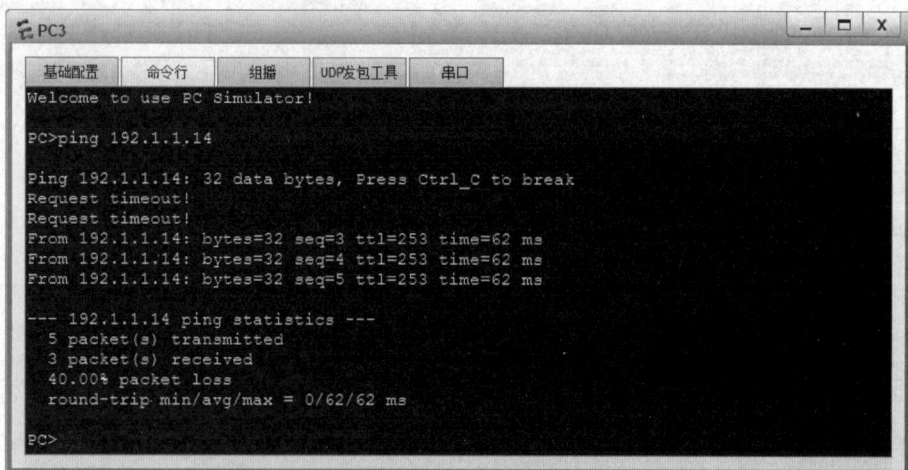

图 9.33　PC3 与 Server1 之间的通信过程

(6) 完成 Server1 和 Server2 的 HTTP 服务器配置过程,指定根目录,并在根目录下存储 HTML 文档,如图 9.34 所示的 default.htm。Server1 配置 HTTP 服务器的界面如图 9.34 所示。完成 HTTP 服务器配置过程后,可以用客户端设备(Client)访问服务器(Server)。

图 9.34　Server1 配置 HTTP 服务器的界面

(7) 在内网 1 的 Client1 上通过浏览器启动访问内网 2 中 Server2 的过程。在浏览器地址栏中输入 URL,如图 9.35 所示,IP 地址是与 Server2 的私有 IP 地址 192.168.1.3 建立静态映射的全球 IP 地址 192.1.2.14。Client1 至 Server2 的 TCP 报文,在 Client1 至 AR1连接内网接口这一段,封装该 TCP 报文的 IP 分组的源 IP 地址是 Client1 的私有 IP 地址192.168.1.4,目的 IP 地址是全球 IP 地址 192.1.2.14,如图 9.36 所示;在 AR1 连接外网接口至 AR2 连接外网接口这一段,封装该 TCP 报文的 IP 分组的源 IP 地址是 AR1 在全球IP 地址池中选择的全球 IP 地址,如全球 IP 地址 192.1.1.1 等,目的 IP 地址是全球 IP 地址192.1.2.14,如图 9.37 所示;在 AR2 连接内网接口至 Server2 这一段,封装该 TCP 报文的IP 分组的源 IP 地址是 AR1 在全球 IP 地址池中选择的全球 IP 地址,目的 IP 地址是

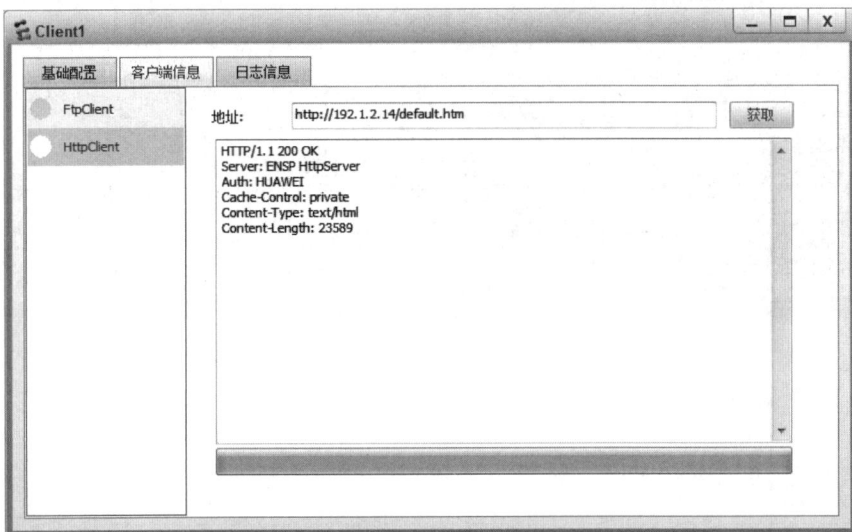

图 9.35　Client1 浏览器界面

Server2 的私有 IP 地址 192.168.1.3,如图 9.38 所示。同样,Server2 至 Client1 的 TCP 报文,在 Server2 至 AR2 连接内网接口这一段,封装该 TCP 报文的 IP 分组的源 IP 地址是 Server2 的私有 IP 地址 192.168.1.3,目的 IP 地址是 AR1 在全球 IP 地址池中选择的全球 IP 地址,如图 9.38 所示;在 AR2 连接外网接口至 AR1 连接外网接口这一段,封装该 TCP 报文的 IP 分组的源 IP 地址是全球 IP 地址 192.1.2.14,目的 IP 地址是 AR1 在全球 IP 地址池中选择的全球 IP 地址,如图 9.37 所示;在 AR1 连接内网接口至 Client1 这一段,封装该 TCP 报文的 IP 分组的源 IP 地址是全球 IP 地址 192.1.2.14,目的 IP 地址是 Client1 的私有 IP 地址 192.168.1.4,如图 9.36 所示。

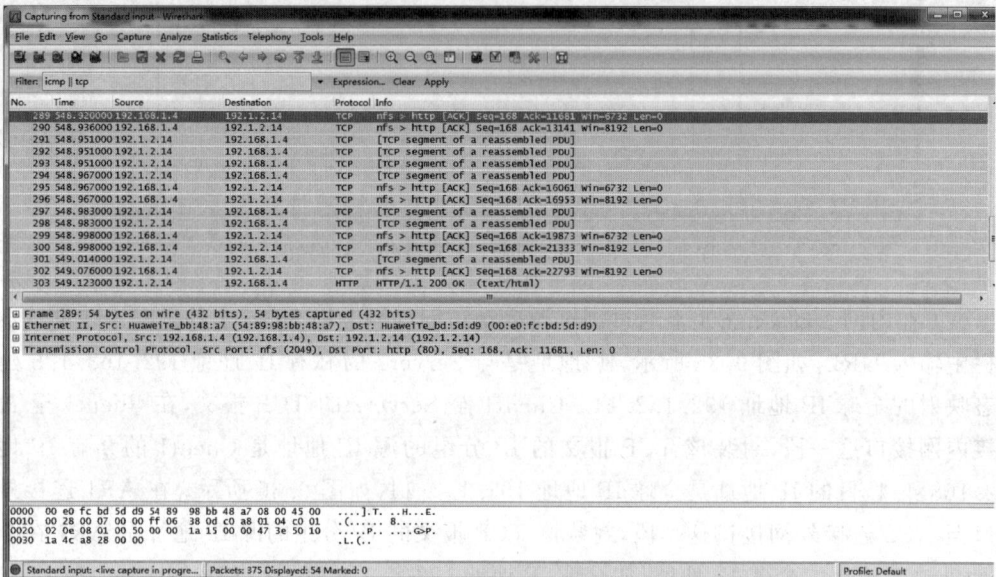

图 9.36 AR1 连接内网接口捕获的 TCP 报文序列

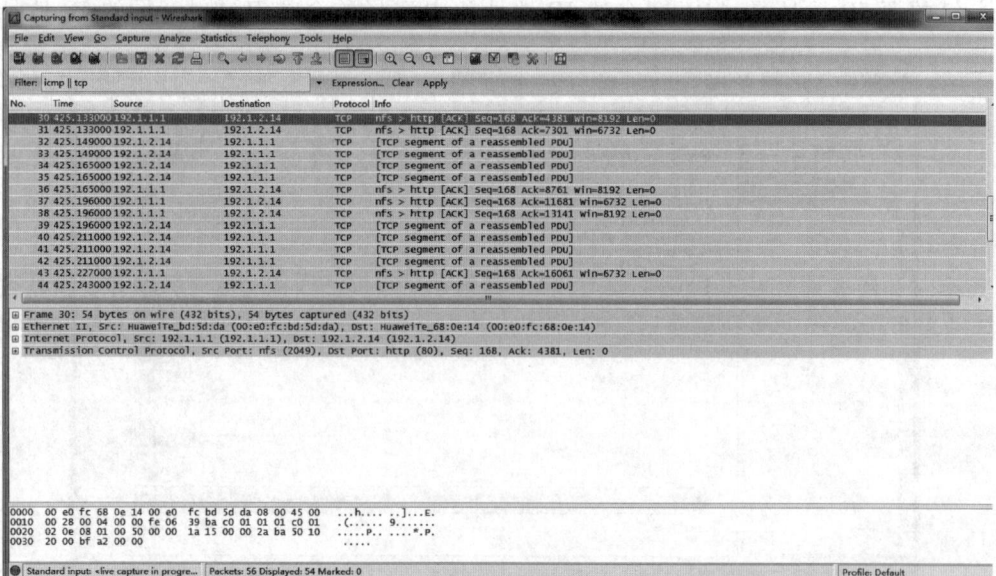

图 9.37 AR1 连接外网接口捕获的 TCP 报文序列

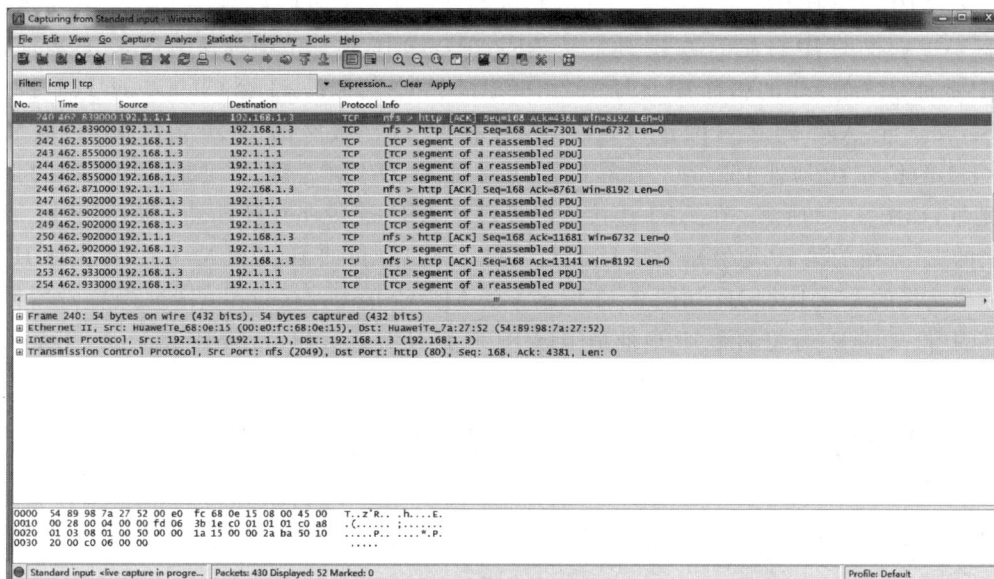

图 9.38 AR2 连接内网接口捕获的 TCP 报文序列

（8）在内网 2 的 Client2 上通过浏览器启动访问内网 1 中 Server1 的过程。在浏览器地址栏中输入 URL，如图 9.39 所示，IP 地址是与 Server1 的私有 IP 地址 192.168.1.3 建立静态映射的全球 IP 地址 192.1.1.14。Client2 至 Server1 的 TCP 报文，在 Client2 至 AR2 连接内网接口这一段，如图 9.40 所示，封装该 TCP 报文的 IP 分组的源 IP 地址是 Client2 的私有 IP 地址 192.168.1.4，目的 IP 地址是全球 IP 地址 192.1.1.14；在 AR2 连接外网接口至 AR1 连接外网接口这一段，如图 9.41 所示，封装该 TCP 报文的 IP 分组的源 IP 地址是 AR2 在全球 IP 地址池中选择的全球 IP 地址，如全球 IP 地址 192.1.2.1 等，目的 IP 地

图 9.39 Client2 浏览器界面

址是全球 IP 地址 192.1.1.14；在 AR1 连接内网接口至 Server1 这一段，如图 9.42 所示，封装该 TCP 报文的 IP 分组的源 IP 地址是 AR2 在全球 IP 地址池中选择的全球 IP 地址，目的 IP 地址是 Server1 的私有 IP 地址 192.168.1.3。同样，Server1 至 Client2 的 TCP 报文，在 Server1 至 AR1 连接内网接口这一段，封装该 TCP 报文的 IP 分组的源 IP 地址是 Server1 的私有 IP 地址 192.168.1.3，目的 IP 地址是 AR2 在全球 IP 地址池中选择的全球 IP 地址，如图 9.42 所示；在 AR1 连接外网接口至 AR2 连接外网接口这一段，封装该 TCP 报文的 IP 分组的源 IP 地址是全球 IP 地址 192.1.1.14，目的 IP 地址是 AR2 在全球 IP 地址池中选择的全球 IP 地址，如图 9.41 所示；在 AR2 连接内网接口至 Client2 这一段，封装该 TCP 报文的 IP 分组的源 IP 地址是全球 IP 地址 192.1.1.14，目的 IP 地址是 Client2 的私有 IP 地址 192.168.1.4，如图 9.40 所示。

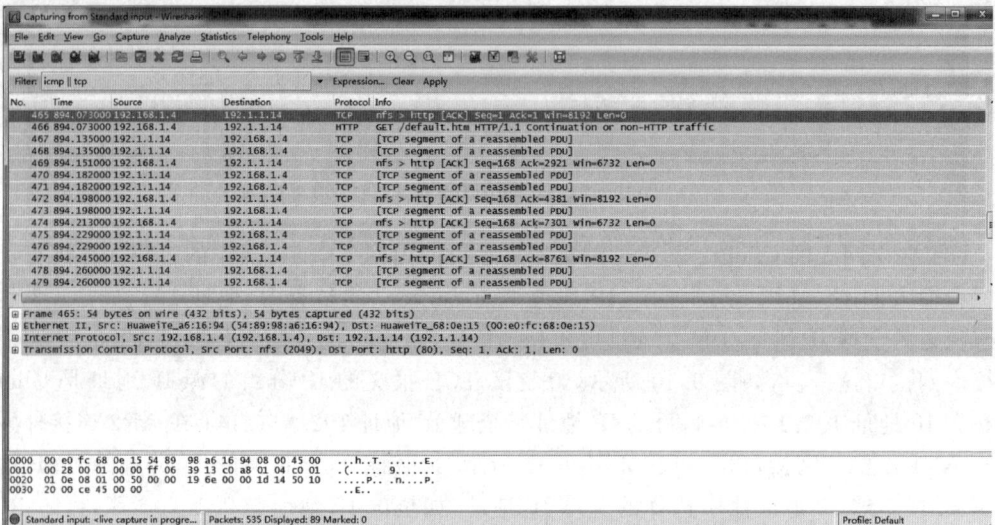

图 9.40　AR2 连接内网接口捕获的 TCP 报文序列

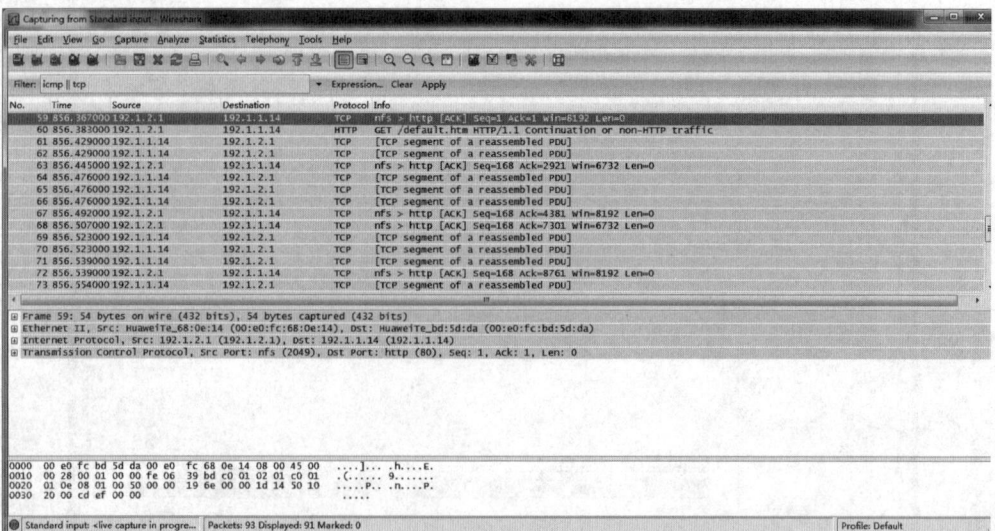

图 9.41　AR1 连接外网接口捕获的 TCP 报文序列

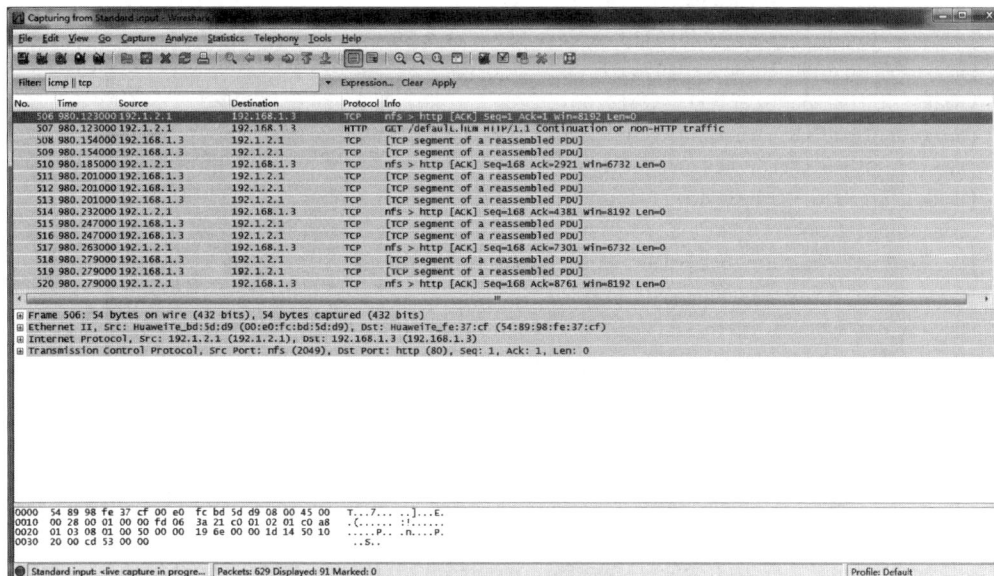

图 9.42　AR1 连接内网接口捕获的 TCP 报文序列

9.3.5　命令行接口配置过程

1. 路由器 AR1 命令行接口配置过程

< Huawei > system – view

[Huawei]undo info – center enable

[Huawei]interface GigabitEthernet0/0/0

[Huawei – GigabitEthernet0/0/0]ip address 192.168.1.254 24

[Huawei – GigabitEthernet0/0/0]quit

[Huawei]interface GigabitEthernet0/0/1

[Huawei – GigabitEthernet0/0/1]ip address 192.1.3.1 30

[Huawei – GigabitEthernet0/0/1]quit

[Huawei]ip route – static 192.1.2.0 28 192.1.3.2

[Huawei]acl 2000

[Huawei – acl – basic – 2000]rule 5 permit source 192.168.1.0 0.0.0.255

[Huawei – acl – basic – 2000]quit

[Huawei]nat address – group 1 192.1.1.1 192.1.1.13

[Huawei]quit

[Huawei]nat static global 192.1.1.14 inside 192.168.1.3

[Huawei]interface GigabitEthernet0/0/1

[Huawei – GigabitEthernet0/0/1]nat outbound 2000 address – group 1 no – pat

[Huawei – GigabitEthernet0/0/1]nat static enable

[Huawei – GigabitEthernet0/0/1]quit

2. 路由器 AR2 命令行接口配置过程

< Huawei > system – view

[Huawei]undo info – center enable

```
[Huawei]interface GigabitEthernet0/0/0
[Huawei - GigabitEthernet0/0/0]ip address 192.1.3.2 30
[Huawei - GigabitEthernet0/0/0]quit
[Huawei]interface GigabitEthernet0/0/1
[Huawei - GigabitEthernet0/0/1]ip address 192.168.1.254 24
[Huawei - GigabitEthernet0/0/1]quit
[Huawei]ip route - static 192.1.1.0 28 192.1.3.1
[Huawei]acl 2000
[Huawei - acl - basic - 2000]rule 5 permit source 192.168.1.0 0.0.0.255
[Huawei - acl - basic - 2000]quit
[Huawei]nat address - group 1 192.1.2.1 192.1.2.13
[Huawei]nat static global 192.1.2.14 inside 192.168.1.3
[Huawei]interface GigabitEthernet0/0/0
[Huawei - GigabitEthernet0/0/0]nat outbound 2000 address - group 1 no - pat
[Huawei - GigabitEthernet0/0/0]nat static enable
[Huawei - GigabitEthernet0/0/0]quit
```

第 10 章
CHAPTER 10
三层交换机和三层交换实验

通过三层交换机和三层交换实验深刻理解三层交换机 IP 分组转发机制和实现虚拟局域网(Virtual LAN,VLAN)间通信的原理。掌握用三层交换机设计、实现校园网的方法和步骤,正确区分路由器和三层交换机之间的差别,深刻体会三层交换机集路由和交换功能于一身的含义。

10.1 多端口路由器互联 VLAN 实验

10.1.1 实验内容

构建如图 10.1 所示的互联网结构,在交换机中创建三个 VLAN,分别是 VLAN 2、VLAN 3 和 VLAN 4,将交换机端口 1、2 和 3 分配给 VLAN 2,将交换机端口 4、5 和 6 分配给 VLAN 3,将交换机端口 7、8 和 9 分配给 VLAN 4,路由器 R 的三个接口分别连接交换机端口 3、6 和 9,实现连接在属于不同 VLAN 的交换机端口上的终端之间的通信过程。

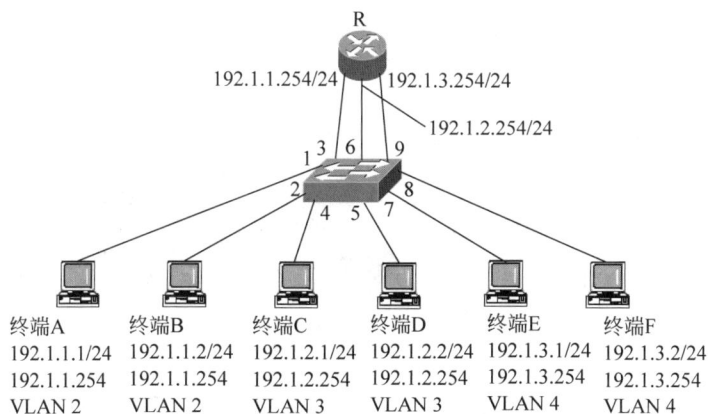

图 10.1 多端口路由器互联 VLAN 过程

10.1.2　实验目的

(1) 掌握交换机 VLAN 配置过程。

(2) 掌握路由器接口配置过程。

(3) 验证 VLAN 间 IP 分组传输过程。

(4) 验证多端口路由器实现多个 VLAN 互联的过程。

10.1.3　实验原理

交换机中创建三个 VLAN,分别是 VLAN 2、VLAN 3 和 VLAN 4,并根据如表 10.1 所示的 VLAN 与交换机端口之间的映射,将交换机端口分配给各个 VLAN。

表 10.1　VLAN 与交换机端口映射表

VLAN	接入端口
VLAN 2	1,2,3
VLAN 3	4,5,6
VLAN 4	7,8,9

如图 10.2 所示,路由器三个接口分别连接属于三个不同 VLAN 的交换机端口,如交换机端口 3、6 和 9,且这三个交换机端口必须作为接入端口分别分配给三个不同的 VLAN。为路由器接口分配 IP 地址和子网掩码,每一个路由器接口分配的 IP 地址和子网掩码决定了该接口连接的 VLAN 的网络地址,连接在该 VLAN 上的终端以该接口的 IP 地址作为默

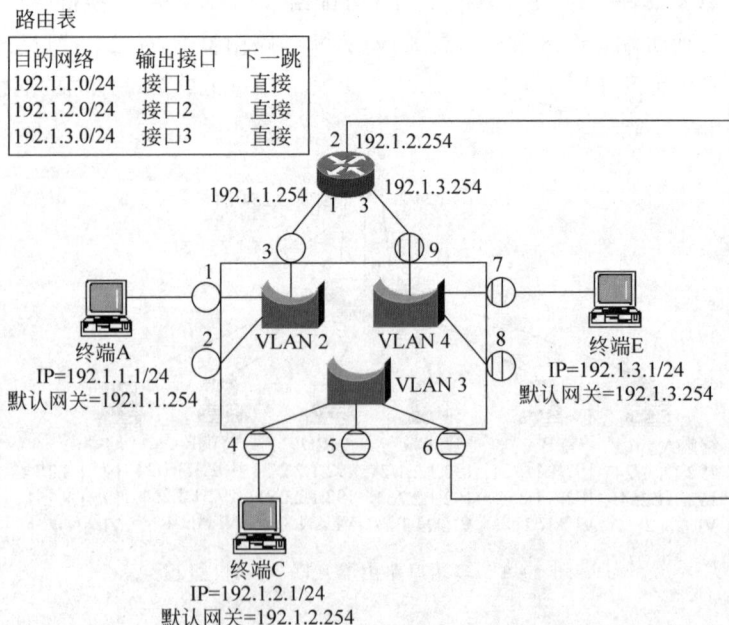

图 10.2　多端口路由器实现 VLAN 互联原理

认网关地址。如图 10.2 所示,路由器接口 1 连接 VLAN 2,连接在 VLAN 2 上的终端以路由器接口 1 的 IP 地址作为默认网关地址。完成路由器三个接口的 IP 地址和子网掩码配置过程后,路由器自动生成如图 10.2 所示的直连路由项。

10.1.4 实验步骤

(1) 启动 eNSP,按照如图 10.1 所示的网络拓扑结构放置和连接设备,完成设备放置和连接后的 eNSP 界面如图 10.3 所示。启动所有设备。

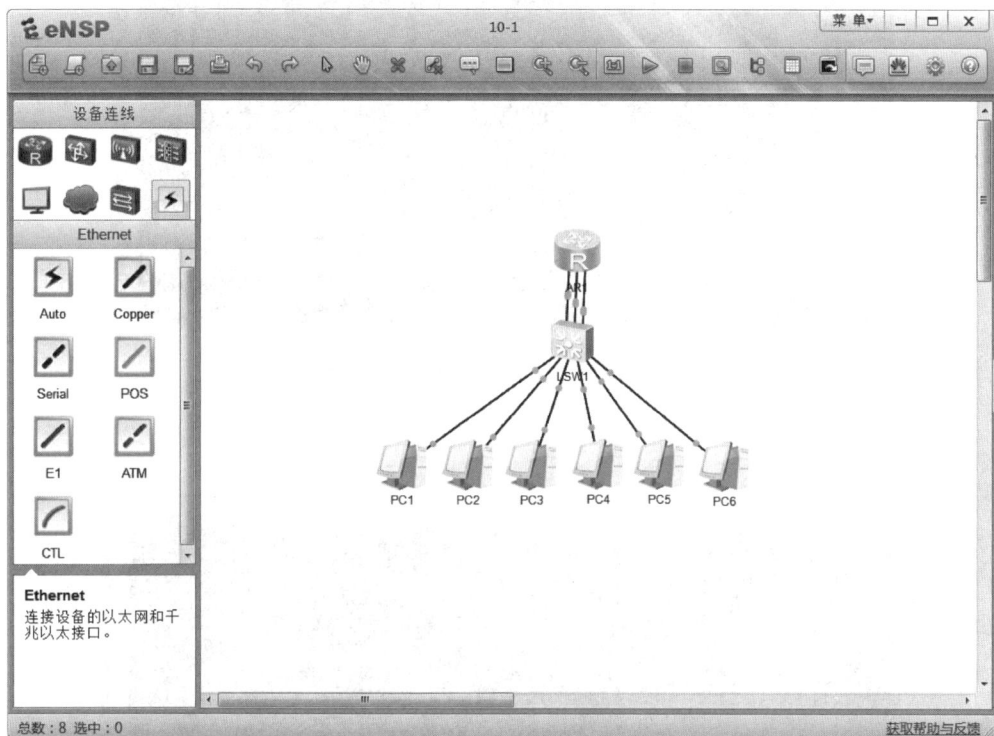

图 10.3　完成设备放置和连接后的 eNSP 界面

(2) 在交换机 LSW1 中创建三个 VLAN,并为每一个 VLAN 分配端口。各个 VLAN 的状态和成员组成如图 10.4 所示。

(3) 完成路由器 AR1 各个接口的 IP 地址和子网掩码配置过程,路由器 AR1 自动生成的直连路由项如图 10.5 所示。

(4) 完成各个 PC 的 IP 地址、子网掩码和默认网关地址配置过程,路由器接口的 IP 地址成为连接在该路由器接口所连接的网络上的终端的默认网关地址。图 10.6 所示是 PC1 配置的 IP 地址、子网掩码和默认网关地址。

(5) 完成上述配置过程后,可以实现连接在不同 VLAN 上的终端之间的通信过程。图 10.7 所示是连接在 VLAN 2 上的 PC1 与连接在 VLAN 3 上的 PC3 和连接在 VLAN 4 上的 PC5 之间相互通信的过程。图 10.8 所示是连接在 VLAN 3 上的 PC3 与连接在 VLAN 4 上的 PC6 之间相互通信的过程。

```
LSW1                                                                    □ _ □ X
<Huawei>display vlan
The total number of vlans is : 4
--------------------------------------------------------------------------------
U: Up;          D: Down;          TG: Tagged;          UT: Untagged;
MP: Vlan-mapping;                 ST: Vlan-stacking;
#: ProtocolTransparent-vlan;      *: Management-vlan;


VID  Type    Ports
--------------------------------------------------------------------------------
1    common  UT:GE0/0/10(D)     GE0/0/11(D)     GE0/0/12(D)     GE0/0/13(D)
                GE0/0/14(D)     GE0/0/15(D)     GE0/0/16(D)     GE0/0/17(D)
                GE0/0/18(D)     GE0/0/19(D)     GE0/0/20(D)     GE0/0/21(D)
                GE0/0/22(D)     GE0/0/23(D)     GE0/0/24(D)

2    common  UT:GE0/0/1(U)      GE0/0/2(U)      GE0/0/3(U)

3    common  UT:GE0/0/4(U)      GE0/0/5(U)      GE0/0/6(U)

4    common  UT:GE0/0/7(U)      GE0/0/8(U)      GE0/0/9(U)


VID  Status  Property    MAC-LRN Statistics Description
--------------------------------------------------------------------------------
1    enable  default     enable  disable    VLAN 0001
2    enable  default     enable  disable    VLAN 0002
3    enable  default     enable  disable    VLAN 0003
4    enable  default     enable  disable    VLAN 0004
<Huawei>
```

图 10.4   各个 VLAN 的状态和成员组成

```
AR1                                                                     □ _ □ X
<Huawei>display ip routing-table
Route Flags: R - relay, D - download to fib
--------------------------------------------------------------------------------
Routing Tables: Public
          Destinations : 13        Routes : 13

Destination/Mask      Proto   Pre  Cost      Flags NextHop        Interface

      127.0.0.0/8     Direct  0    0         D     127.0.0.1      InLoopBack0
      127.0.0.1/32    Direct  0    0         D     127.0.0.1      InLoopBack0
127.255.255.255/32    Direct  0    0         D     127.0.0.1      InLoopBack0
     192.1.1.0/24     Direct  0    0         D     192.1.1.254    GigabitEthernet
0/0/0
     192.1.1.254/32   Direct  0    0         D     127.0.0.1      GigabitEthernet
0/0/0
     192.1.1.255/32   Direct  0    0         D     127.0.0.1      GigabitEthernet
0/0/0
     192.1.2.0/24     Direct  0    0         D     192.1.2.254    GigabitEthernet
0/0/1
     192.1.2.254/32   Direct  0    0         D     127.0.0.1      GigabitEthernet
0/0/1
     192.1.2.255/32   Direct  0    0         D     127.0.0.1      GigabitEthernet
0/0/1
     192.1.3.0/24     Direct  0    0         D     192.1.3.254    GigabitEthernet
2/0/0
     192.1.3.254/32   Direct  0    0         D     127.0.0.1      GigabitEthernet
2/0/0
     192.1.3.255/32   Direct  0    0         D     127.0.0.1      GigabitEthernet
2/0/0
255.255.255.255/32    Direct  0    0         D     127.0.0.1      InLoopBack0

<Huawei>
```

图 10.5   路由器 AR1 自动生成的直连路由项

图 10.6　PC1 配置的 IP 地址、子网掩码和默认网关地址

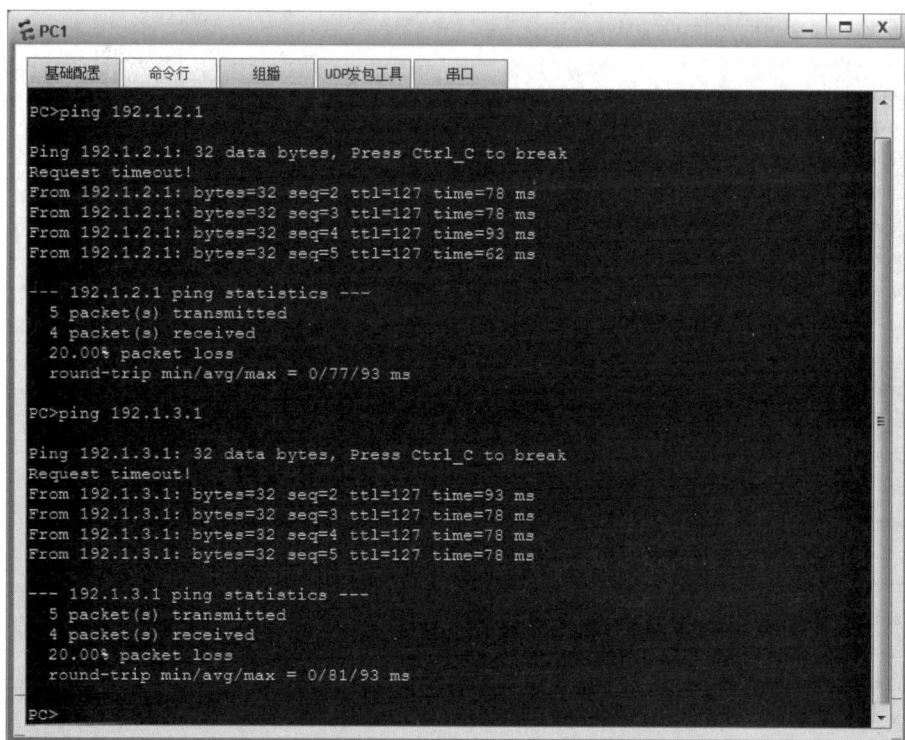

图 10.7　PC1 与 PC3 和 PC5 之间相互通信的过程

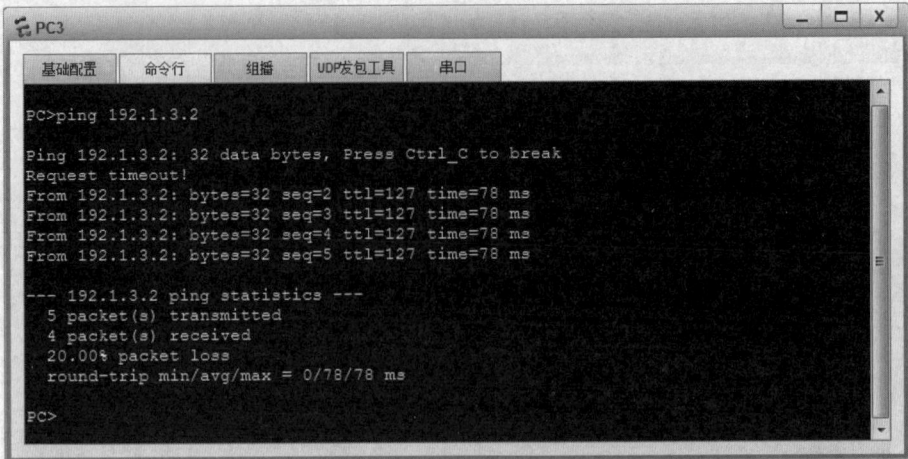

图 10.8 PC3 与 PC6 之间相互通信的过程

10.1.5 命令行接口配置过程

1. 交换机 LSW1 命令行接口配置过程

```
< Huawei > system - view
[Huawei]undo info - center enable
[Huawei]vlan batch 2 3 4
[Huawei]interface GigabitEthernet0/0/1
[Huawei - GigabitEthernet0/0/1]port link - type access
[Huawei - GigabitEthernet0/0/1]port default vlan 2
[Huawei - GigabitEthernet0/0/1]quit
[Huawei]interface GigabitEthernet0/0/2
[Huawei - GigabitEthernet0/0/2]port link - type access
[Huawei - GigabitEthernet0/0/2]port default vlan 2
[Huawei - GigabitEthernet0/0/2]quit
[Huawei]interface GigabitEthernet0/0/3
[Huawei - GigabitEthernet0/0/3]port link - type access
[Huawei - GigabitEthernet0/0/3]port default vlan 2
[Huawei - GigabitEthernet0/0/3]quit
[Huawei]interface GigabitEthernet0/0/4
[Huawei - GigabitEthernet0/0/4]port link - type access
[Huawei - GigabitEthernet0/0/4]port default vlan 3
[Huawei - GigabitEthernet0/0/4]quit
[Huawei]interface GigabitEthernet0/0/5
[Huawei - GigabitEthernet0/0/5]port link - type access
[Huawei - GigabitEthernet0/0/5]port default vlan 3
[Huawei - GigabitEthernet0/0/5]quit
[Huawei]interface GigabitEthernet0/0/6
[Huawei - GigabitEthernet0/0/6]port link - type access
[Huawei - GigabitEthernet0/0/6]port default vlan 3
[Huawei - GigabitEthernet0/0/6]quit
```

```
[Huawei]interface GigabitEthernet0/0/7
[Huawei-GigabitEthernet0/0/7]port link-type access
[Huawei-GigabitEthernet0/0/7]port default vlan 4
[Huawei-GigabitEthernet0/0/7]quit
[Huawei]interface GigabitEthernet0/0/8
[Huawei-GigabitEthernet0/0/8]port link-type access
[Huawei-GigabitEthernet0/0/8]port default vlan 4
[Huawei-GigabitEthernet0/0/8]quit
[Huawei]interface GigabitEthernet0/0/9
[Huawei-GigabitEthernet0/0/9]port link-type access
[Huawei-GigabitEthernet0/0/9]port default vlan 4
[Huawei-GigabitEthernet0/0/9]quit
```

2. 路由器 AR1 命令行接口配置过程

```
<Huawei>system-view
[Huawei]undo info-center enable
[Huawei]interface GigabitEthernet0/0/0
[Huawei-GigabitEthernet0/0/0]ip address 192.1.1.254 24
[Huawei-GigabitEthernet0/0/0]quit
[Huawei]interface GigabitEthernet0/0/1
[Huawei-GigabitEthernet0/0/1]ip address 192.1.2.254 24
[Huawei-GigabitEthernet0/0/1]quit
[Huawei]interface GigabitEthernet2/0/0
[Huawei-GigabitEthernet2/0/0]ip address 192.1.3.254 24
[Huawei-GigabitEthernet2/0/0]quit
```

10.2　单臂路由器互联 VLAN 实验

10.2.1　实验内容

构建如图 10.9 所示的网络结构,将以太网划分为三个 VLAN,分别是 VLAN 2、VLAN 3 和 VLAN 4,并使得终端 A、B 和 G 属于 VLAN 2,终端 E、F 和 H 属于 VLAN 3,终端 C 和 D 属于 VLAN 4。路由器 R 用单个物理接口连接以太网,通过用单个物理接口连接以太网的路由器 R,实现属于不同 VLAN 的终端之间的通信过程。

10.2.2　实验目的

(1) 验证用单个路由器物理接口实现 VLAN 互联的机制。
(2) 验证单臂路由器的配置过程。
(3) 验证 VLAN 划分过程。
(4) 验证 VLAN 间 IP 分组传输过程。

终端G　　终端H
192.1.2.3/24　192.1.3.3/24
192.1.2.254　192.1.3.254
VLAN 2　　VLAN 3

路由表

目的网络	输出接口	下一跳
192.1.2.0/24	1.1	直接
192.1.3.0/24	1.2	直接
192.1.4.0/24	1.3	直接

逻辑接口配置表

逻辑接口	VLAN	IP地址
接口1.1	VLAN 2	192.1.2.254/24
接口1.2	VLAN 3	192.1.3.254/24
接口1.3	VLAN 4	192.1.4.254/24

终端A　　终端B　　终端C　　终端D　　终端E　　终端F
192.1.2.1/24　192.1.2.2/24　192.1.4.1/24　192.1.4.2/24　192.1.3.1/24　192.1.3.2/24
192.1.2.254　192.1.2.254　192.1.4.254　192.1.4.254　192.1.3.254　192.1.3.254
VLAN 2　　VLAN 2　　VLAN 4　　VLAN 4　　VLAN 3　　VLAN 3

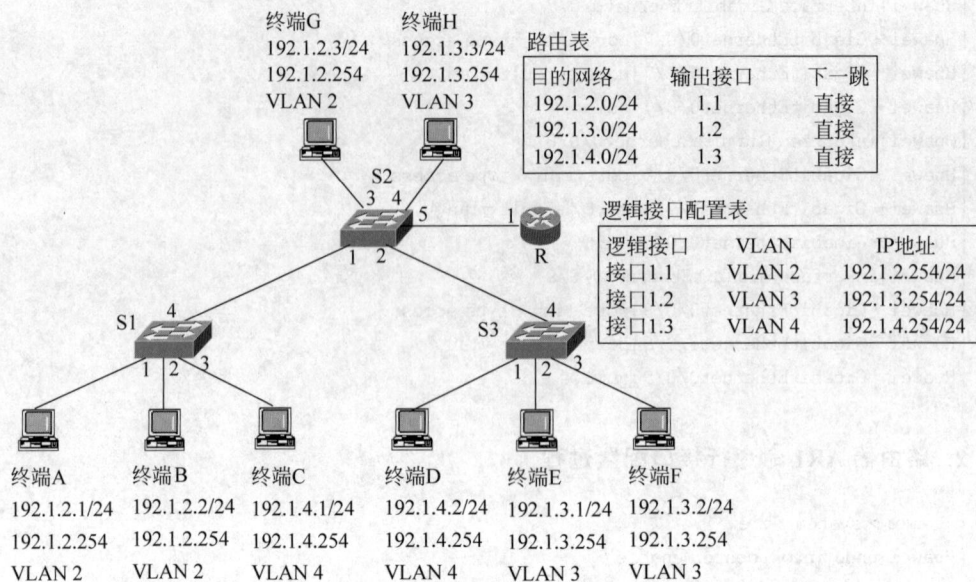

图 10.9　单臂路由器互联 VLAN 过程

10.2.3　实验原理

如图 10.9 所示,路由器 R 物理接口 1 连接交换机 S2 端口 5。对于交换机 S2 端口 5,一是必须被所有 VLAN 共享;二是必须存在至所有终端的交换路径。因此,交换机 S1、S2 和 S3 中创建的 VLAN 及 VLAN 与端口之间的映射分别如表 10.2~表 10.4 所示。对于路由器 R 物理接口 1,一是必须划分为多个逻辑接口,每一个逻辑接口连接一个 VLAN;二是路由器 R 物理接口 1 与交换机 S2 端口 5 之间传输的 MAC 帧必须携带 VLAN ID,路由器和交换机通过 VLAN ID 确定该 MAC 帧对应的逻辑接口和该 MAC 帧所属的 VLAN。

表 10.2　交换机 S1 VLAN 与端口之间的映射

VLAN	接入端口	共享端口
VLAN 2	1,2	4
VLAN 4	3	4

表 10.3　交换机 S2 VLAN 与端口之间的映射

VLAN	接入端口	共享端口
VLAN 2	3	1,5
VLAN 3	4	2,5
VLAN 4		1,2,5

表 10.4　交换机 S3 VLAN 与端口之间的映射

VLAN	接入端口	共享端口
VLAN 3	2,3	4
VLAN 4	1	4

　　每一个逻辑接口需要分配 IP 地址和子网掩码,为某个逻辑接口分配的 IP 地址和子网掩码确定了该逻辑接口连接的 VLAN 的网络地址,该逻辑接口的 IP 地址成为连接在该 VLAN 上的终端的默认网关地址。为所有逻辑接口分配 IP 地址和子网掩码后,路由器 R 自动生成如图 10.9 所示的路由表。

10.2.4　关键命令说明

　　以下命令序列用于完成路由器子接口配置过程。

```
[Huawei]interface GigabitEthernet0/0/0.1
[Huawei-GigabitEthernet0/0/0.1]dot1q termination vid 2
[Huawei-GigabitEthernet0/0/0.1]arp broadcast enable
[Huawei-GigabitEthernet0/0/0.1]ip address 192.1.2.254 24
[Huawei-GigabitEthernet0/0/0.1]quit
```

　　interface GigabitEthernet0/0/0.1 是系统视图下使用的命令,该命令的作用是进入子接口视图,其中 GigabitEthernet0/0/0 是接口编号,.1 是子接口编号。

　　dot1q termination vid 2 是子接口视图下使用的命令,该命令的作用是建立子接口与 VLAN ID=2 之间的绑定,接收到携带 VLAN ID=2 的 MAC 帧后,将该 MAC 帧传输给与其绑定的子接口(这里是子接口 GigabitEthernet0/0/0.1),从与其绑定的子接口输出的 MAC 帧,携带 VLAN ID=2。

　　arp broadcast enable 是子接口视图下使用的命令,该命令的作用是在指定子接口(这里是子接口 GigabitEthernet0/0/0.1)上启动 ARP 广播功能。如果子接口连接 VLAN,子接口需要通过广播 ARP 报文获取下一跳的 MAC 地址,因此,连接 VLAN 的子接口必须启动 ARP 广播功能。

　　ip address 192.1.2.254 24 是子接口视图下使用的命令,该命令的作用是为指定子接口(这里是子接口 GigabitEthernet0/0/0.1)配置 IP 地址和子网掩码。由于不同子接口连接不同的 VLAN,因此,不同子接口需要配置网络地址不同的 IP 地址。

10.2.5　实验步骤

　　(1) 启动 eNSP,按照如图 10.9 所示的网络拓扑结构放置和连接设备,完成设备放置和连接后的 eNSP 界面如图 10.10 所示。启动所有设备。

　　(2) 分别按照表 10.2~表 10.4 所示,在三个交换机中创建 VLAN,并为 VLAN 分配端口。交换机 LSW1、LSW2 和 LSW3 中各个 VLAN 的状态和成员组成分别如图 10.11~图 10.13 所示。

　　(3) 完成路由器 AR1 三个子接口的配置过程,三个子接口分别绑定 VLAN 2、VLAN 3 和 VLAN 4。为三个子接口分别配置 IP 地址和子网掩码,图 10.14 所示是三个子接口配置的 IP 地址和子网掩码。

　　(4) 完成路由器 AR1 三个子接口的 IP 地址和子网掩码配置过程后,路由器 AR1 自动生成如图 10.15 所示的直连路由项。

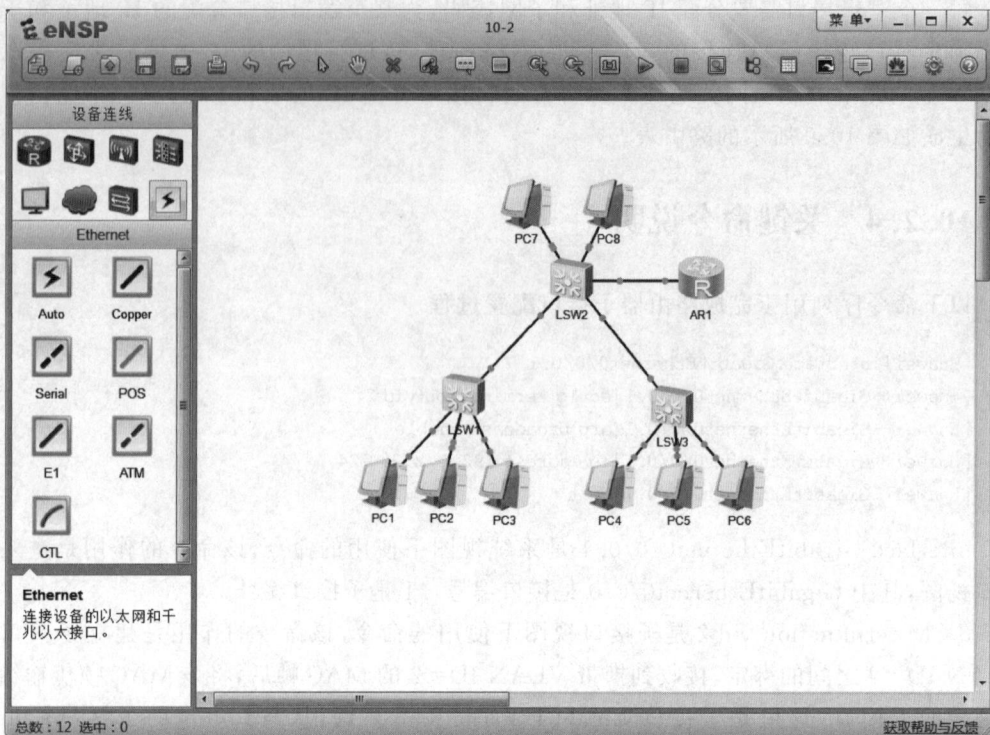

图 10.10 完成设备放置和连接后的 eNSP 界面

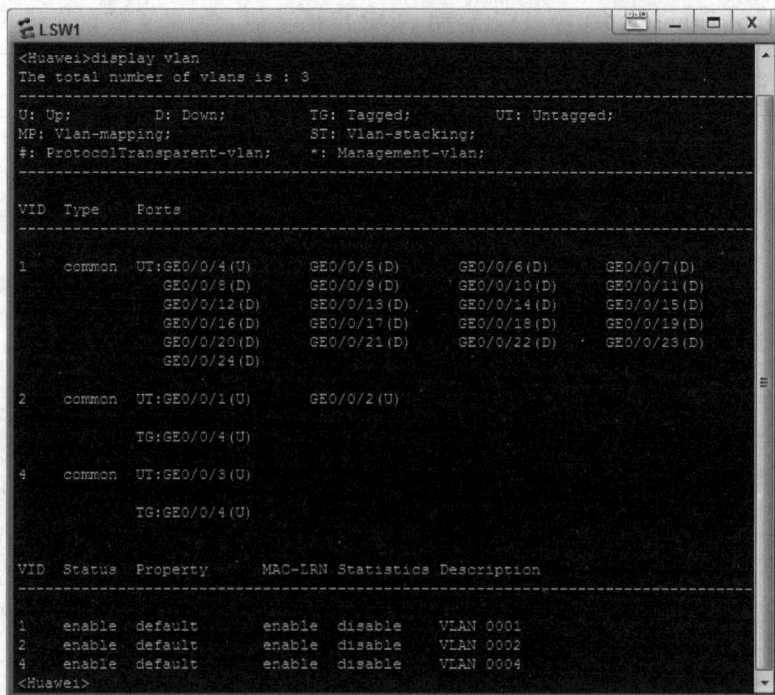

图 10.11 交换机 LSW1 中各个 VLAN 的状态和成员组成

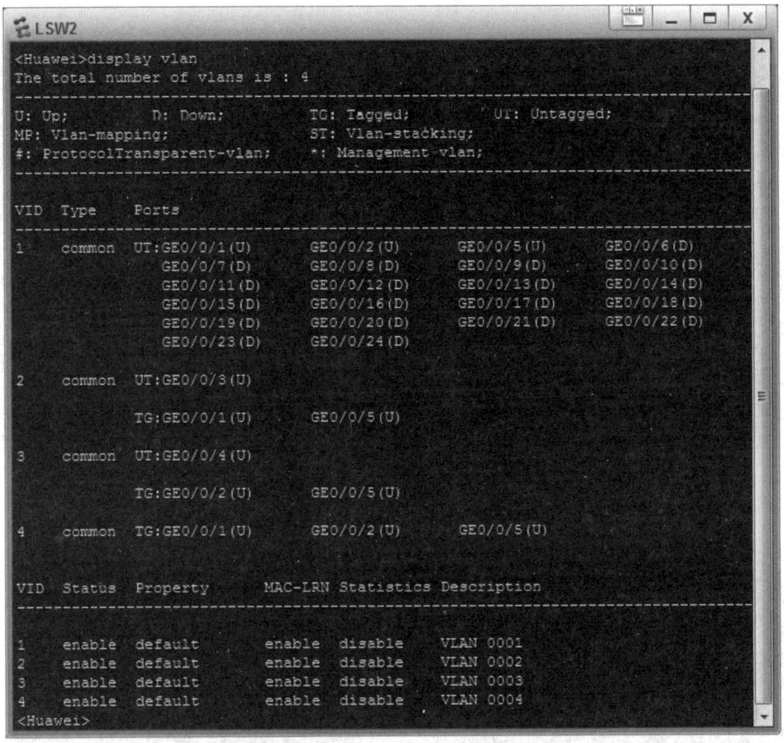

```
LSW2
<Huawei>display vlan
The total number of vlans is : 4
--------------------------------------------------------------------
U: Up;            D: Down;          TG: Tagged;          UT: Untagged;
MP: Vlan-mapping;                   ST: Vlan-stacking;
#: ProtocolTransparent-vlan;        *: Management-vlan;
--------------------------------------------------------------------

VID  Type    Ports
--------------------------------------------------------------------
1    common  UT:GE0/0/1(U)    GE0/0/2(U)     GE0/0/5(U)     GE0/0/6(D)
             GE0/0/7(D)       GE0/0/8(D)     GE0/0/9(D)     GE0/0/10(D)
             GE0/0/11(D)      GE0/0/12(D)    GE0/0/13(D)    GE0/0/14(D)
             GE0/0/15(D)      GE0/0/16(D)    GE0/0/17(D)    GE0/0/18(D)
             GE0/0/19(D)      GE0/0/20(D)    GE0/0/21(D)    GE0/0/22(D)
             GE0/0/23(D)      GE0/0/24(D)

2    common  UT:GE0/0/3(U)

             TG:GE0/0/1(U)    GE0/0/5(U)

3    common  UT:GE0/0/4(U)

             TG:GE0/0/2(U)    GE0/0/5(U)

4    common  TG:GE0/0/1(U)    GE0/0/2(U)     GE0/0/5(U)

VID  Status  Property     MAC-LRN Statistics Description
--------------------------------------------------------------------
1    enable  default      enable  disable    VLAN 0001
2    enable  default      enable  disable    VLAN 0002
3    enable  default      enable  disable    VLAN 0003
4    enable  default      enable  disable    VLAN 0004
<Huawei>
```

图 10.12　交换机 LSW2 中各个 VLAN 的状态和成员组成

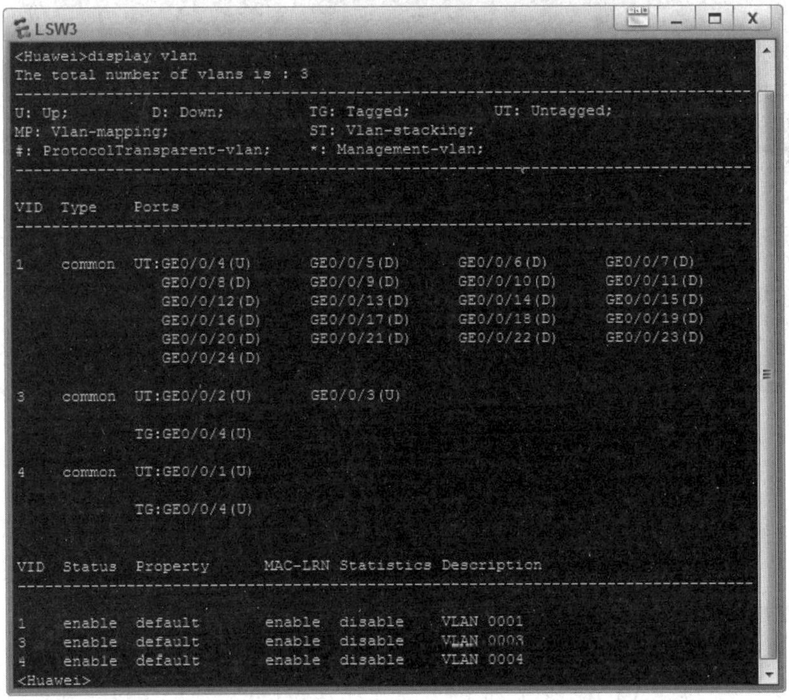

```
LSW3
<Huawei>display vlan
The total number of vlans is : 3
--------------------------------------------------------------------
U: Up;            D: Down;          TG: Tagged;          UT: Untagged;
MP: Vlan-mapping;                   ST: Vlan-stacking;
#: ProtocolTransparent-vlan;        *: Management-vlan;
--------------------------------------------------------------------

VID  Type    Ports
--------------------------------------------------------------------
1    common  UT:GE0/0/4(U)    GE0/0/5(D)     GE0/0/6(D)     GE0/0/7(D)
             GE0/0/8(D)       GE0/0/9(D)     GE0/0/10(D)    GE0/0/11(D)
             GE0/0/12(D)      GE0/0/13(D)    GE0/0/14(D)    GE0/0/15(D)
             GE0/0/16(D)      GE0/0/17(D)    GE0/0/18(D)    GE0/0/19(D)
             GE0/0/20(D)      GE0/0/21(D)    GE0/0/22(D)    GE0/0/23(D)
             GE0/0/24(D)

3    common  UT:GE0/0/2(U)    GE0/0/3(U)

             TG:GE0/0/4(U)

4    common  UT:GE0/0/1(U)

             TG:GE0/0/4(U)

VID  Status  Property     MAC-LRN Statistics Description
--------------------------------------------------------------------
1    enable  default      enable  disable    VLAN 0001
3    enable  default      enable  disable    VLAN 0003
4    enable  default      enable  disable    VLAN 0004
<Huawei>
```

图 10.13　交换机 LSW3 中各个 VLAN 的状态和成员组成

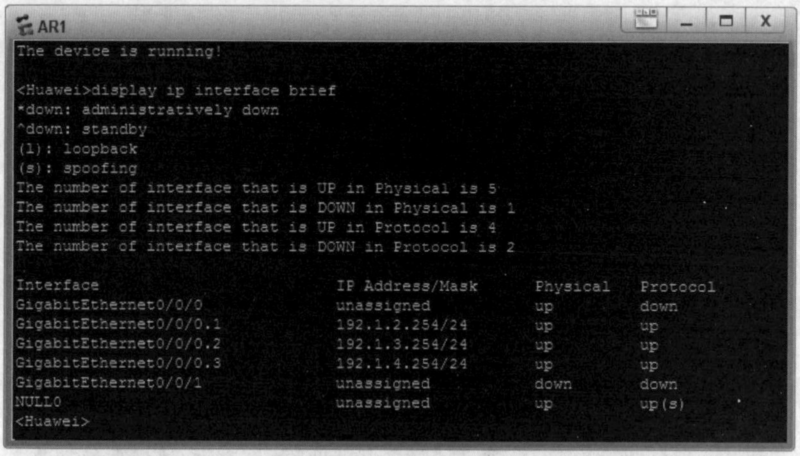

```
AR1                                                              [ ] _ □ X
The device is running!

<Huawei>display ip interface brief
*down: administratively down
^down: standby
(l): loopback
(s): spoofing
The number of interface that is UP in Physical is 5
The number of interface that is DOWN in Physical is 1
The number of interface that is UP in Protocol is 4
The number of interface that is DOWN in Protocol is 2

Interface                      IP Address/Mask    Physical    Protocol
GigabitEthernet0/0/0           unassigned         up          down
GigabitEthernet0/0/0.1         192.1.2.254/24     up          up
GigabitEthernet0/0/0.2         192.1.3.254/24     up          up
GigabitEthernet0/0/0.3         192.1.4.254/24     up          up
GigabitEthernet0/0/1           unassigned         down        down
NULL0                          unassigned         up          up(s)
<Huawei>
```

图 10.14　三个子接口配置的 IP 地址和子网掩码

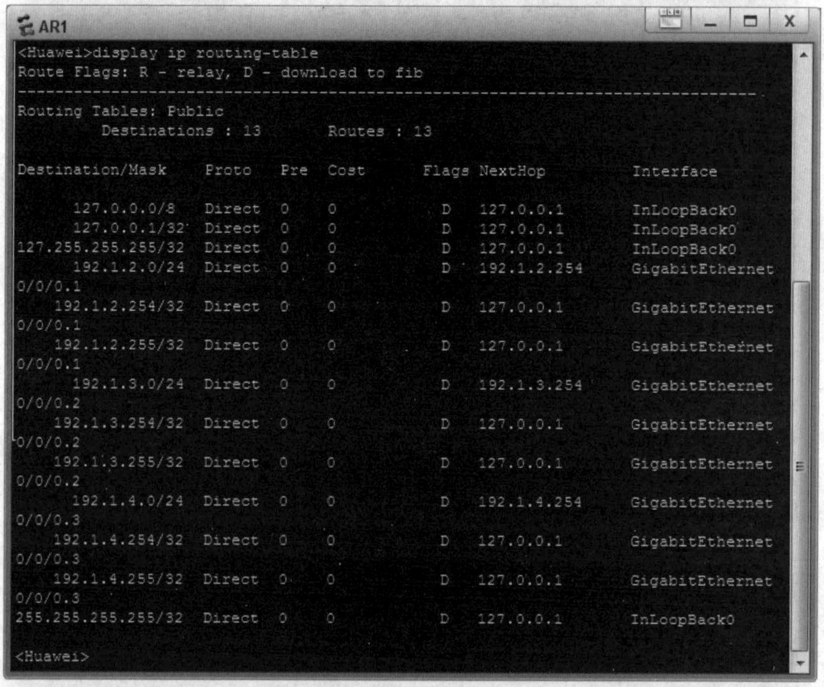

```
AR1                                                              [ ] _ □ X
<Huawei>display ip routing-table
Route Flags: R - relay, D - download to fib
------------------------------------------------------------------
Routing Tables: Public
         Destinations : 13        Routes : 13

Destination/Mask    Proto   Pre  Cost      Flags NextHop        Interface
    127.0.0.0/8     Direct  0    0          D    127.0.0.1      InLoopBack0
    127.0.0.1/32    Direct  0    0          D    127.0.0.1      InLoopBack0
127.255.255.255/32  Direct  0    0          D    127.0.0.1      InLoopBack0
    192.1.2.0/24    Direct  0    0          D    192.1.2.254    GigabitEthernet
0/0/0.1
    192.1.2.254/32  Direct  0    0          D    127.0.0.1      GigabitEthernet
0/0/0.1
    192.1.2.255/32  Direct  0    0          D    127.0.0.1      GigabitEthernet
0/0/0.1
    192.1.3.0/24    Direct  0    0          D    192.1.3.254    GigabitEthernet
0/0/0.2
    192.1.3.254/32  Direct  0    0          D    127.0.0.1      GigabitEthernet
0/0/0.2
    192.1.3.255/32  Direct  0    0          D    127.0.0.1      GigabitEthernet
0/0/0.2
    192.1.4.0/24    Direct  0    0          D    192.1.4.254    GigabitEthernet
0/0/0.3
    192.1.4.254/32  Direct  0    0          D    127.0.0.1      GigabitEthernet
0/0/0.3
    192.1.4.255/32  Direct  0    0          D    127.0.0.1      GigabitEthernet
0/0/0.3
255.255.255.255/32  Direct  0    0          D    127.0.0.1      InLoopBack0

<Huawei>
```

图 10.15　路由器 AR1 自动生成的直连路由项

　　(5) 子接口配置的 IP 地址成为连接在与该子接口绑定的 VLAN 上终端的默认网关地址,图 10.16 所示是连接在 VLAN 2 上的终端 PC1 配置的 IP 地址、子网掩码和默认网关地址,与 VLAN 2 绑定的子接口是 GigabitEthernet0/0/0.1,为子接口 GigabitEthernet0/0/0.1 配置的 IP 地址是 192.1.2.254。

　　(6) 完成上述配置过程后,可以启动连接在不同 VLAN 上的终端之间的通信过程,图 10.17 所示是连接在 VLAN 2 上的 PC1 与连接在 VLAN 3 上的 PC8 和连接在 VLAN 4 上的 PC4 之间的通信过程。

图 10.16　PC1 配置的 IP 地址、子网掩码和默认网关地址

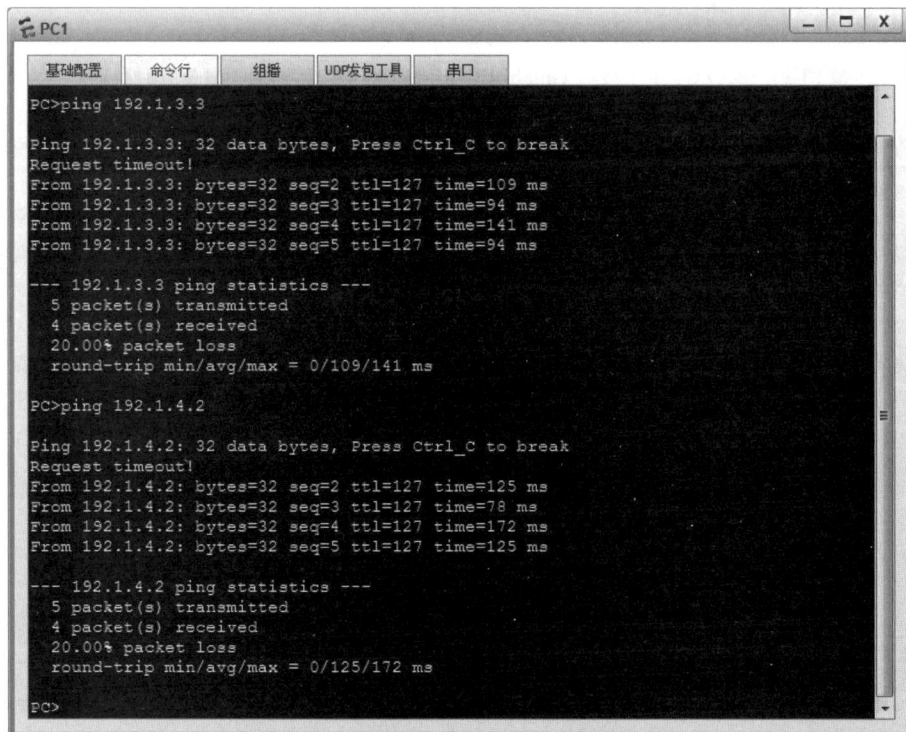

图 10.17　PC1 与 PC8 和 PC4 之间的通信过程

(7) 在 AR1 物理接口 GigabitEthernet0/0/0 上开始捕获报文过程。对于 PC1 至 PC8 的 ICMP 报文传输过程,ICMP 报文封装成以 PC1 的 IP 地址 192.1.2.1 为源 IP 地址、以 PC8 的 IP 地址 192.1.3.3 为目的 IP 地址的 IP 分组,该 IP 分组在 PC1 至子接口 GigabitEthernet0/0/0.1 这一段传输过程中,封装成 VLAN ID=2 的 MAC 帧,MAC 帧格式如图 10.18 所示。该 IP 分组在子接口 GigabitEthernet0/0/0.2 至 PC8 这一段传输过程中,封装成 VLAN ID=3 的 MAC 帧,MAC 帧格式如图 10.19 所示。

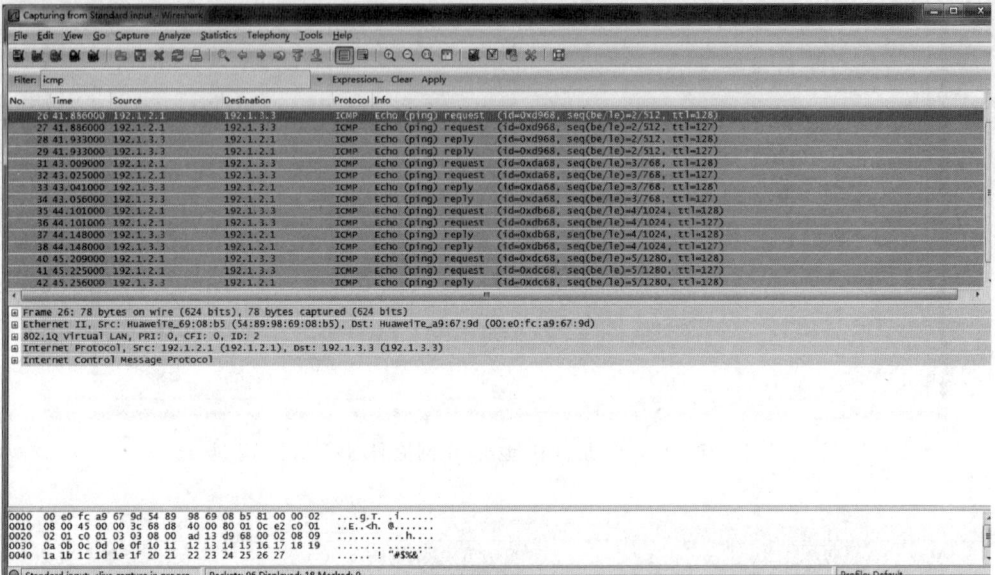

图 10.18　PC1 至子接口 GigabitEthernet0/0/0.1 这一段的 MAC 帧格式

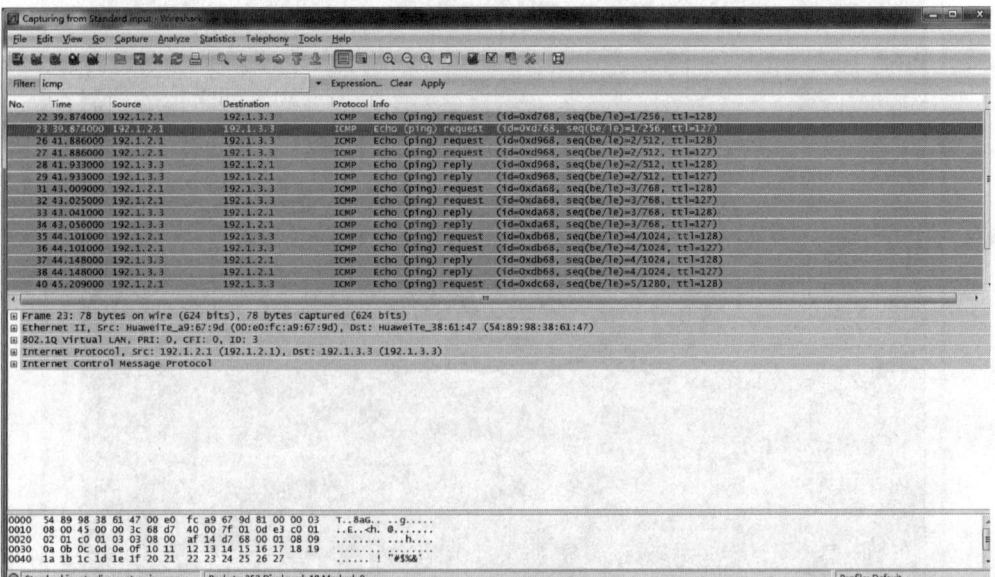

图 10.19　子接口 GigabitEthernet0/0/0.2 至 PC8 这一段的 MAC 帧格式

10.2.6 命令行接口配置过程

1. 交换机 LSW1 命令行接口配置过程

```
< Huawei > system - view
[Huawei]undo info - center enable
[Huawei]vlan batch 2 4
[Huawei]interface GigabitEthernet0/0/1
[Huawei - GigabitEthernet0/0/1]port link - type access
[Huawei - GigabitEthernet0/0/1]port default vlan 2
[Huawei - GigabitEthernet0/0/1]quit
[Huawei]interface GigabitEthernet0/0/2
[Huawei - GigabitEthernet0/0/2]port link - type access
[Huawei - GigabitEthernet0/0/2]port default vlan 2
[Huawei - GigabitEthernet0/0/2]quit
[Huawei]interface GigabitEthernet0/0/3
[Huawei - GigabitEthernet0/0/3]port link - type access
[Huawei - GigabitEthernet0/0/3]port default vlan 4
[Huawei - GigabitEthernet0/0/3]quit
[Huawei]interface GigabitEthernet0/0/4
[Huawei - GigabitEthernet0/0/4]port link - type trunk
[Huawei - GigabitEthernet0/0/4]port trunk allow - pass vlan 2 4
[Huawei - GigabitEthernet0/0/4]quit
```

2. 交换机 LSW2 命令行接口配置过程

```
< Huawei > system - view
[Huawei]undo info - center enable
[Huawei]vlan batch 2 3 4
[Huawei]interface GigabitEthernet0/0/1
[Huawei - GigabitEthernet0/0/1]port link - type trunk
[Huawei - GigabitEthernet0/0/1]port trunk allow - pass vlan 2 4
[Huawei - GigabitEthernet0/0/1]quit
[Huawei]interface GigabitEthernet0/0/2
[Huawei - GigabitEthernet0/0/2]port link - type trunk
[Huawei - GigabitEthernet0/0/2]port trunk allow - pass vlan 3 4
[Huawei - GigabitEthernet0/0/2]quit
[Huawei]interface GigabitEthernet0/0/3
[Huawei - GigabitEthernet0/0/3]port link - type access
[Huawei - GigabitEthernet0/0/3]port default vlan 2
[Huawei - GigabitEthernet0/0/3]quit
[Huawei]interface GigabitEthernet0/0/4
[Huawei - GigabitEthernet0/0/4]port link - type access
[Huawei - GigabitEthernet0/0/4]port default vlan 3
[Huawei - GigabitEthernet0/0/4]quit
[Huawei]interface GigabitEthernet0/0/5
[Huawei - GigabitEthernet0/0/5]port link - type trunk
[Huawei - GigabitEthernet0/0/5]port trunk allow - pass vlan 2 3 4
```

```
[Huawei - GigabitEthernet0/0/5]quit
```

3. 交换机 LSW3 命令行接口配置过程

```
< Huawei > system - view
[Huawei]undo info - center enable
[Huawei]vlan batch 3 4
[Huawei]interface GigabitEthernet0/0/1
[Huawei - GigabitEthernet0/0/1]port link - type access
[Huawei - GigabitEthernet0/0/1]port default vlan 4
[Huawei - GigabitEthernet0/0/1]quit
[Huawei]interface GigabitEthernet0/0/2
[Huawei - GigabitEthernet0/0/2]port link - type access
[Huawei - GigabitEthernet0/0/2]port default vlan 3
[Huawei - GigabitEthernet0/0/2]quit
[Huawei]interface GigabitEthernet0/0/3
[Huawei - GigabitEthernet0/0/3]port link - type access
[Huawei - GigabitEthernet0/0/3]port default vlan 3
[Huawei - GigabitEthernet0/0/3]quit
[Huawei]interface GigabitEthernet0/0/4
[Huawei - GigabitEthernet0/0/4]port link - type trunk
[Huawei - GigabitEthernet0/0/4]port trunk allow - pass vlan 3 4
[Huawei - GigabitEthernet0/0/4]quit
```

4. 路由器 AR1 命令行接口配置过程

```
< Huawei > system - view
[Huawei]undo info - center enable
[Huawei]interface GigabitEthernet0/0/0.1
[Huawei - GigabitEthernet0/0/0.1]dot1q termination vid 2
[Huawei - GigabitEthernet0/0/0.1]arp broadcast enable
[Huawei - GigabitEthernet0/0/0.1]ip address 192.1.2.254 24
[Huawei - GigabitEthernet0/0/0.1]quit
[Huawei]interface GigabitEthernet0/0/0.2
[Huawei - GigabitEthernet0/0/0.2]dot1q termination vid 3
[Huawei - GigabitEthernet0/0/0.2]arp broadcast enable
[Huawei - GigabitEthernet0/0/0.2]ip address 192.1.3.254 24
[Huawei - GigabitEthernet0/0/0.2]quit
[Huawei]interface GigabitEthernet0/0/0.3
[Huawei - GigabitEthernet0/0/0.3]dot1q termination vid 4
[Huawei - GigabitEthernet0/0/0.3]arp broadcast enable
[Huawei - GigabitEthernet0/0/0.3]ip address 192.1.4.254 24
[Huawei - GigabitEthernet0/0/0.3]quit
```

5. 命令列表

路由器命令行接口配置过程中使用的命令及功能和参数说明如表 10.5 所示。

表 10.5　路由器命令行接口配置过程中使用的命令及功能和参数说明

命　令　格　式	功能和参数说明
interface ⟨ **ethernet** | **gigabitethernet** ⟩ *interface-number . subinterface-number*	进入子接口视图。参数 *interface-number . subinterface-number* 用于指定子接口
dot1q termination vid *low-pe-vid*	建立特定子接口与 VLAN ID 之间的绑定。参数 *low-pe-vid* 是 VLAN ID
arp broadcast enable	在子接口上启动 ARP 广播功能

10.3　三层交换机 IP 接口实验

10.3.1　实验内容

构建如图 10.20 所示的网络结构,在三层交换机 S1 上创建两个 VLAN,分别是 VLAN 2 和 VLAN 3,终端 A 和终端 B 属于 VLAN 2,终端 C 和终端 D 属于 VLAN 3,由三层交换机 S1 实现属于同一 VLAN 的终端之间的通信过程和属于不同 VLAN 的终端之间的通信过程。

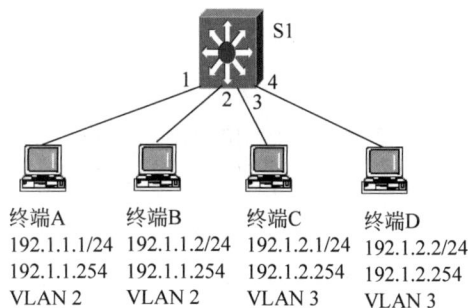

图 10.20　三层交换机实现 VLAN 互联过程

10.3.2　实验目的

(1) 验证三层交换机的路由功能。
(2) 验证三层交换机的交换功能。
(3) 验证三层交换机实现 VLAN 间通信的过程。
(4) 区分 VLAN 关联的 IP 接口与路由器接口之间的差别。

10.3.3　实验原理

图 10.20 中的交换机 S1 是一个三层交换机,具有二层交换功能和三层路由功能。二层交换功能用于实现属于同一 VLAN 的终端之间的通信过程。三层路由功能用于实现属于

不同 VLAN 的终端之间的通信过程。图 10.21 给出交换机 S1 二层交换功能和三层路由功能的实现原理。每一个 VLAN 对应的网桥用于实现二层交换功能。路由模块能够为每一个 VLAN 定义一个 IP 接口,并为该 IP 接口分配 IP 地址和子网掩码,该 IP 接口的 IP 地址和子网掩码确定了该 IP 接口关联的 VLAN 的网络地址。连接在每一个 VLAN 上的终端与该 VLAN 关联的 IP 接口之间必须建立交换路径,与某个 VLAN 关联的 IP 接口的 IP 地址作为连接在该 VLAN 上的终端的默认网关地址。为每一个 VLAN 定义的 IP 接口在实现 VLAN 间 IP 分组转发功能方面等同于路由器逻辑接口。由于三层交换机中可以定义大量 VLAN,因此,三层交换机的路由模块可以看作是存在大量逻辑接口的路由器,且接口数量可以随着需要定义 IP 接口的 VLAN 数量的变化而变化。

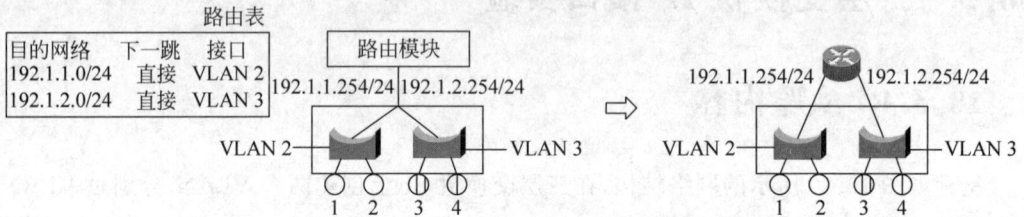

图 10.21　二层交换功能和三层路由功能的实现原理

10.3.4　关键命令说明

以下命令序列用于创建一个 VLAN 2 对应的 IP 接口,并为该 IP 接口配置 IP 地址 192.1.1.254 和子网掩码 255.255.255.0(24 位网络前缀)。

```
[Huawei]interface vlanif 2
[Huawei-Vlanif2]ip address 192.1.1.254 24
[Huawei-Vlanif2]quit
```

interface vlanif 2 是系统视图下使用的命令,该命令的作用是创建 VLAN 2 对应的 IP 接口,并进入 IP 接口视图。

10.3.5　实验步骤

(1) 启动 eNSP,按照如图 10.20 所示的网络拓扑结构放置和连接设备,完成设备放置和连接后的 eNSP 界面如图 10.22 所示。启动所有设备。

(2) 在交换机 LSW1 中创建 VLAN 2 和 VLAN 3,并为 VLAN 分配端口。各个 VLAN 的状态和成员组成如图 10.23 所示。

(3) 在交换机 LSW1 中创建 VLAN 2 和 VLAN 3 对应的 IP 接口,为 IP 接口分配 IP 地址和子网掩码。LSW1 中创建的 IP 接口如图 10.24 所示。

(4) 完成 IP 接口 IP 地址和子网掩码配置过程后,LSW1 自动生成直连路由项,LSW1 的直连路由项如图 10.25 所示。需要说明的是,路由项中的输出接口分别是 VLAN 2 和 VLAN 3 对应的 IP 接口。

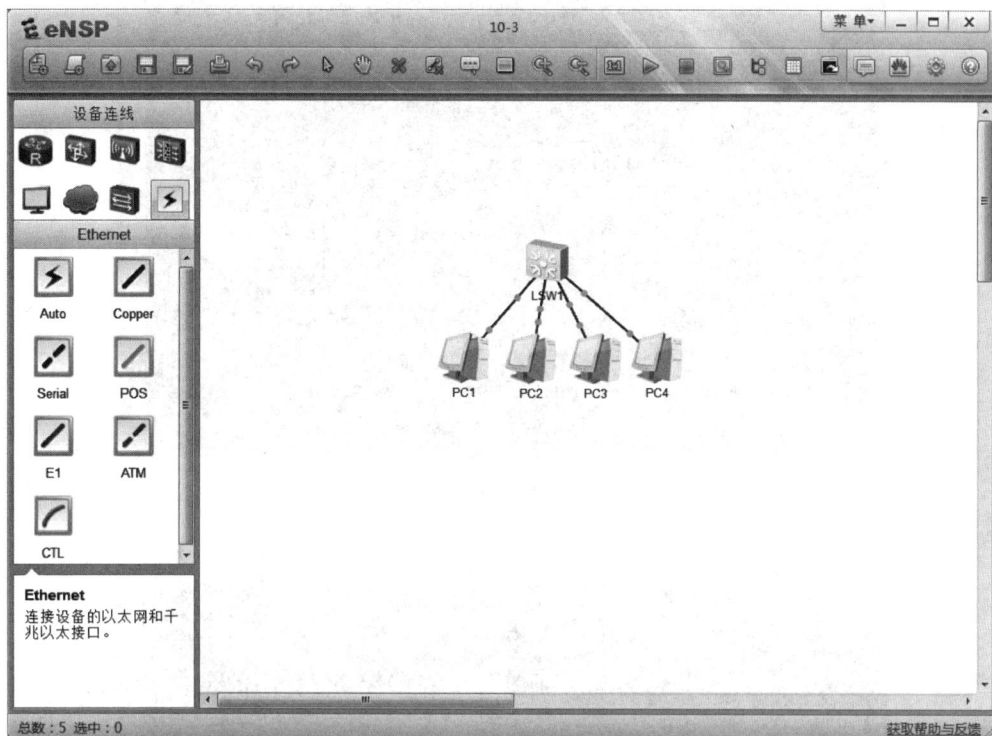

图 10.22　完成设备放置和连接后的 eNSP 界面

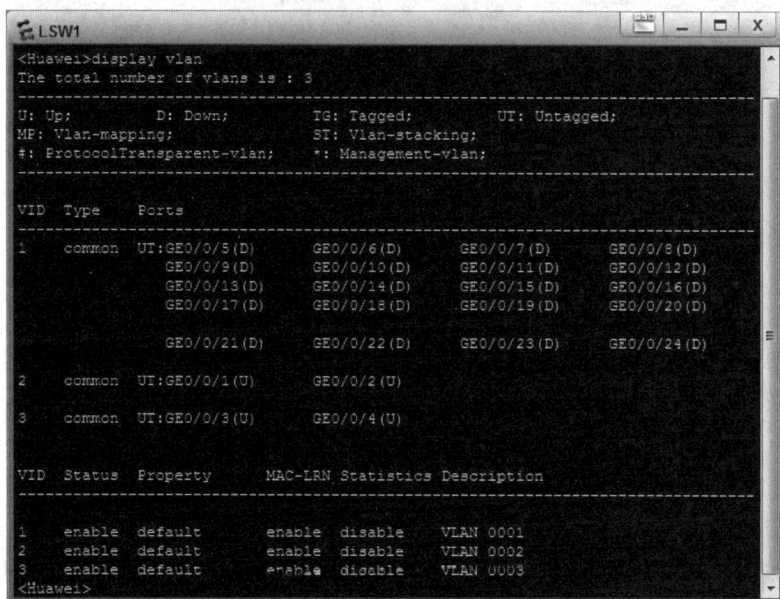

图 10.23　各个 VLAN 的状态和成员组成

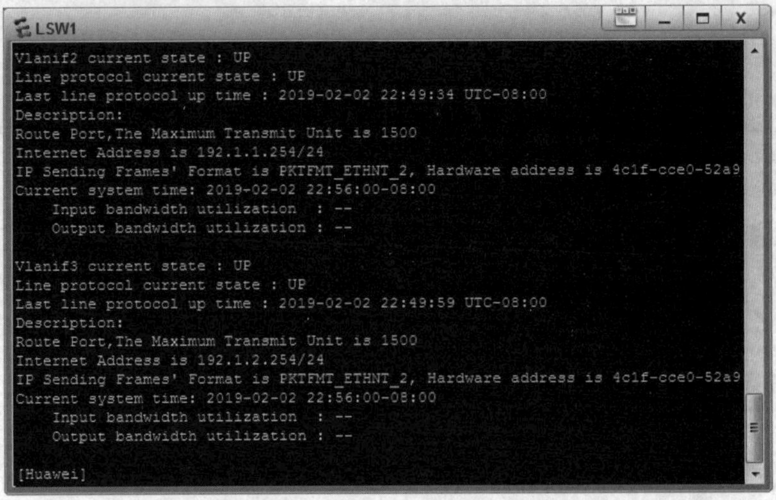

图 10.24 LSW1 中创建的 IP 接口

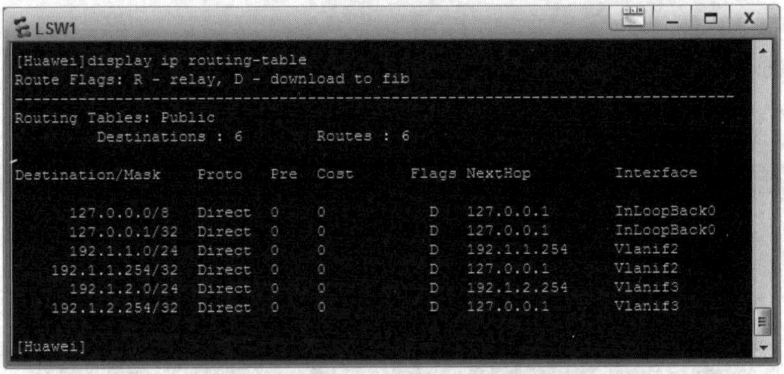

图 10.25 LSW1 自动生成的直连路由项

（5）某个 VLAN 对应的 IP 接口的 IP 地址成为连接在该 VLAN 上的终端的默认网关地址，如连接在 VLAN 2 上的终端 PC1 的默认网关地址就是 VLAN 2 对应的 IP 接口的 IP 地址。PC1、PC2 和 PC4 配置的 IP 地址、子网掩码和默认网关地址分别如图 10.26～图 10.28 所示。

（6）三层交换机 LSW1 既能实现连接在同一 VLAN 上的终端之间的通信过程，又能实现连接在不同 VLAN 上的终端之间的通信过程。图 10.29 所示就是连接在 VLAN 2 上的 PC1 与连接在 VLAN 2 上的 PC2 和连接在 VLAN 3 上的 PC4 之间的通信过程。

（7）为了观察属于同一 VLAN 的 PC1 与 PC2 之间的通信过程和属于不同 VLAN 的 PC1 与 PC4 之间的通信过程，分别在交换机 LSW1 连接 PC1、PC2 和 PC4 的端口启动捕获报文功能。交换机 LSW1 连接 PC1 和 PC2 的端口在属于同一 VLAN 的 PC1 与 PC2 之间通信过程中捕获的报文序列分别如图 10.30 和图 10.31 所示。PC1 至 PC2 的 ICMP 报文，在 PC1 至交换机 LSW1 和交换机 LSW1 至 PC2 的传输过程中，都被封装成以 PC1 的 MAC 地址为源 MAC 地址、以 PC2 的 MAC 地址为目的 MAC 地址的 MAC 帧，表明 PC1 至交换机 LSW1 和交换机 LSW1 至 PC2 这两段交换路径属于同一个 VLAN。交换机 LSW1 连接

图 10.26 PC1 配置的 IP 地址、子网掩码和默认网关地址

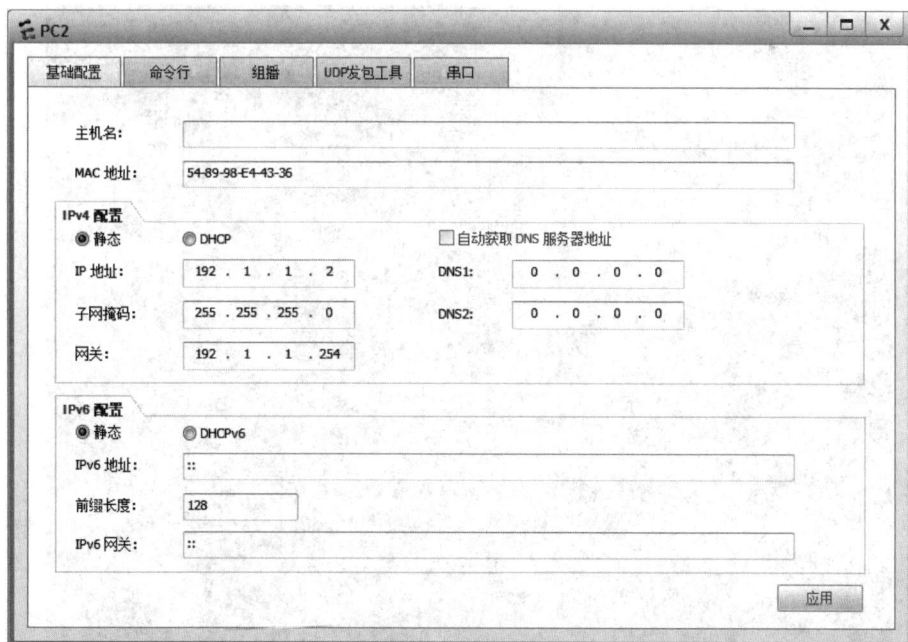

图 10.27 PC2 配置的 IP 地址、子网掩码和默认网关地址

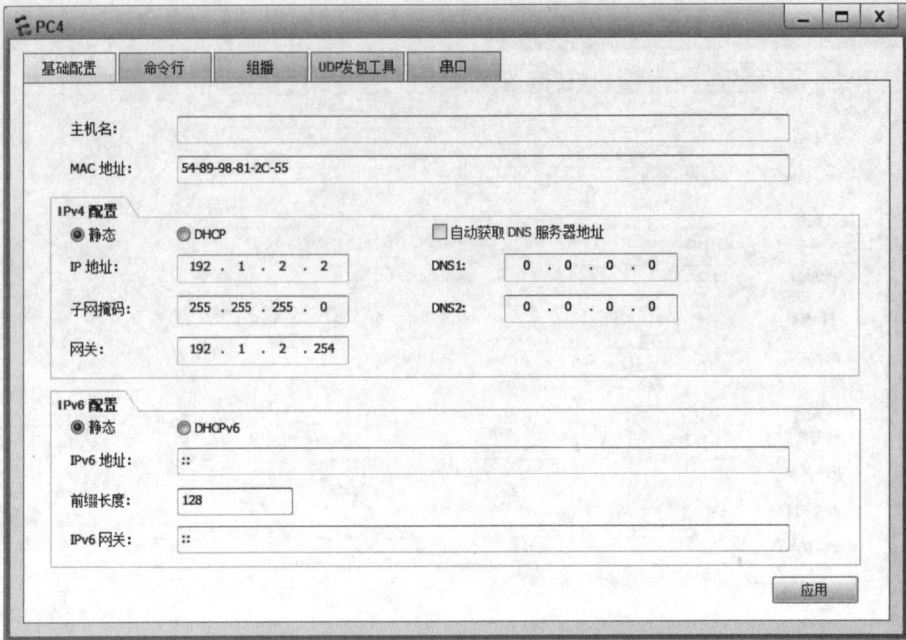

图 10.28   PC4 配置的 IP 地址、子网掩码和默认网关地址

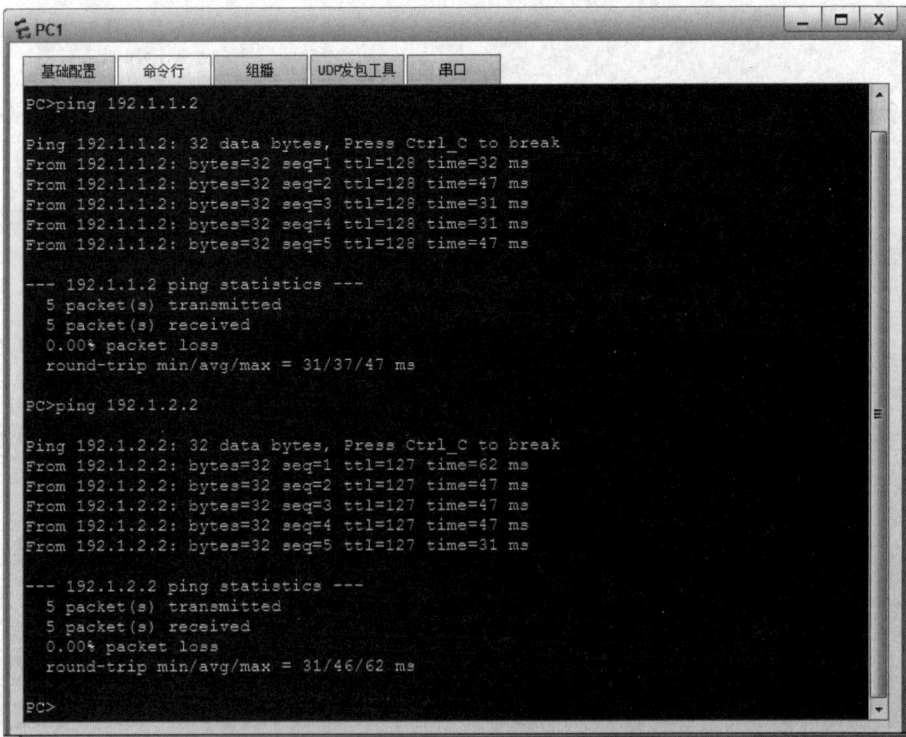

图 10.29   PC1 与 PC2 和 PC4 之间的通信过程

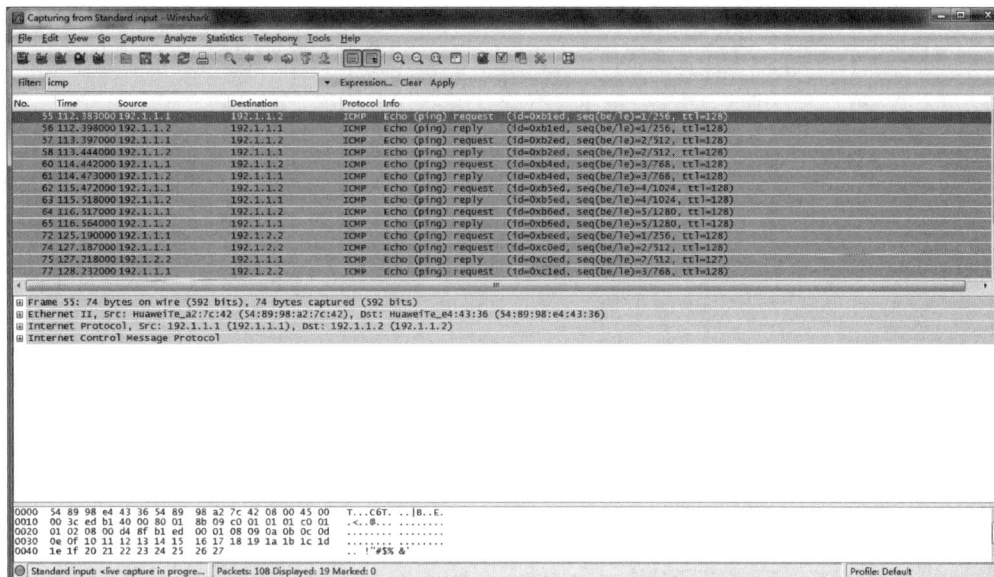

图 10.30 完成 PC1 与 PC2 之间的通信过程后 LSW1 连接 PC1 的端口捕获的报文序列

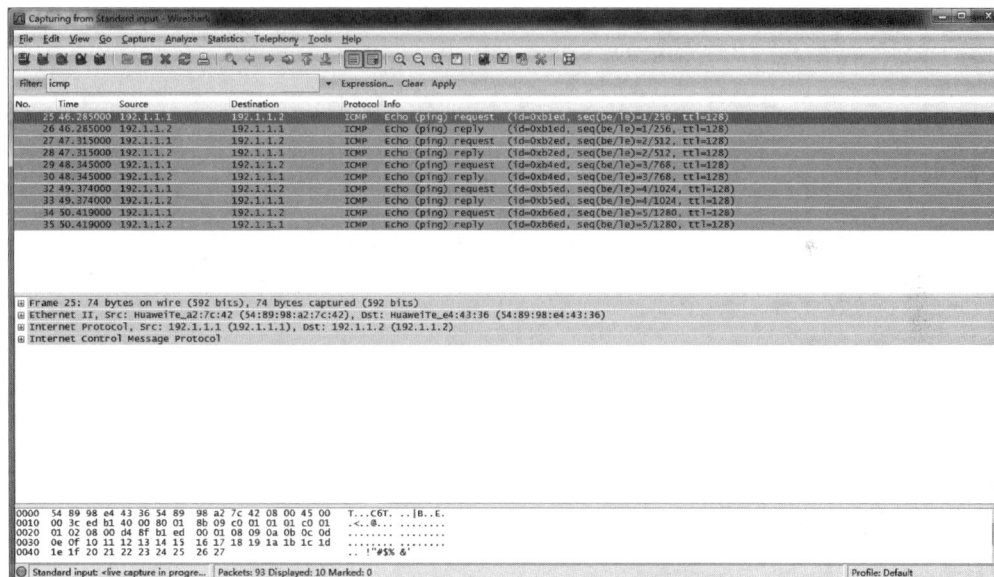

图 10.31 LSW1 连接 PC2 的端口捕获的报文序列

PC1 和 PC4 的端口在属于不同 VLAN 的 PC1 与 PC4 之间通信过程中捕获的报文序列分别如图 10.32 和图 10.33 所示。PC1 至 PC4 的 ICMP 报文,在 PC1 至交换机 LSW1 的传输过程中,被封装成以 PC1 的 MAC 地址为源 MAC 地址、以对应 VLAN 2 的 IP 接口的 MAC 地址为目的 MAC 地址的 MAC 帧。在交换机 LSW1 至 PC4 的传输过程中,被封装成以对应 VLAN 3 的 IP 接口的 MAC 地址为源 MAC 地址、以 PC4 的 MAC 地址为目的 MAC 地址的 MAC 帧,表明 PC1 至交换机 LSW1 和交换机 LSW1 至 PC4 这两段交换路径属于不同的 VLAN。

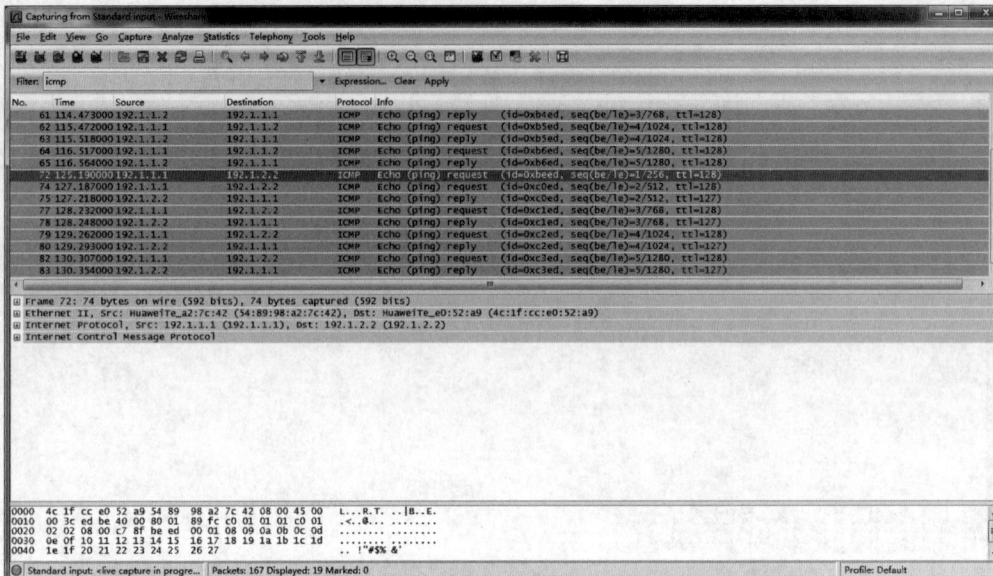

图 10.32　完成 PC1 与 PC4 之间的通信过程后 LSW1 连接 PC1 的端口捕获的报文序列

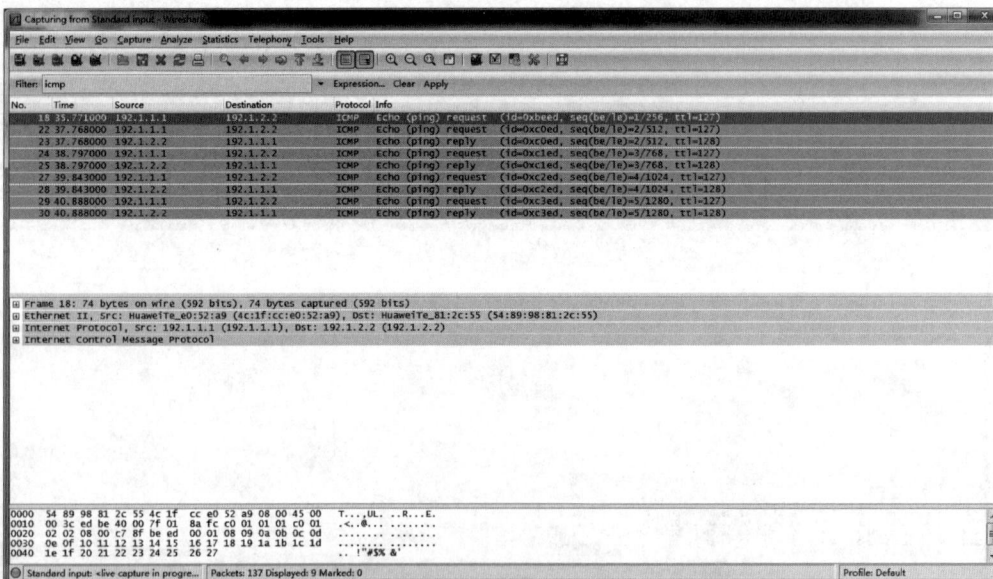

图 10.33　LSW1 连接 PC4 的端口捕获的报文序列

10.3.6　命令行接口配置过程

1. 交换机 LSW1 命令行接口配置过程

```
< Huawei > system - view
[Huawei]undo info - center enable
[Huawei]vlan batch 2 3
```

```
[Huawei]interface GigabitEthernet0/0/1
[Huawei-GigabitEthernet0/0/1]port link-type access
[Huawei-GigabitEthernet0/0/1]port default vlan 2
[Huawei-GigabitEthernet0/0/1]quit
[Huawei]interface GigabitEthernet0/0/2
[Huawei-GigabitEthernet0/0/2]port link-type access
[Huawei-GigabitEthernet0/0/2]port default vlan 2
[Huawei-GigabitEthernet0/0/2]quit
[Huawei]interface GigabitEthernet0/0/3
[Huawei-GigabitEthernet0/0/3]port link-type access
[Huawei-GigabitEthernet0/0/3]port default vlan 3
[Huawei-GigabitEthernet0/0/3]quit
[Huawei]interface GigabitEthernet0/0/4
[Huawei-GigabitEthernet0/0/4]port link-type access
[Huawei-GigabitEthernet0/0/4]port default vlan 3
[Huawei-GigabitEthernet0/0/4]quit
[Huawei]interface vlanif 2
[Huawei-Vlanif2]ip address 192.1.1.254 24
[Huawei-Vlanif2]quit
[Huawei]interface vlanif 3
[Huawei-Vlanif3]ip address 192.1.2.254 24
[Huawei-Vlanif3]quit
```

2. 命令列表

三层交换机命令行接口配置过程中使用的命令及功能和参数说明如表 10.6 所示。

表 10.6 三层交换机命令行接口配置过程中使用的命令及功能和参数说明

命 令 格 式	功能和参数说明
interface vlanif *vlan-id*	创建编号为 *vlan-id* 的 VLAN 对应的 IP 接口,并进入 IP 接口视图

10.4 多个三层交换机互连实验

10.4.1 实验内容

构建如图 10.34 所示的网络结构。在三层交换机 S1 上创建两个 VLAN,分别是 VLAN 2 和 VLAN 3,终端 A 和终端 B 属于 VLAN 2,终端 C 和终端 D 属于 VLAN 3。在三层交换机 S2 上创建两个 VLAN,分别是 VLAN 4 和 VLAN 5,终端 E 和终端 F 属于 VLAN 4,终端 G 和终端 H 属于 VLAN 5。在满足上述要求的情况下,实现属于同一 VLAN 的两个终端之间的通信过程,属于不同 VLAN 的两个终端之间的通信过程。

10.4.2 实验目的

(1) 加深理解三层交换机的路由功能。

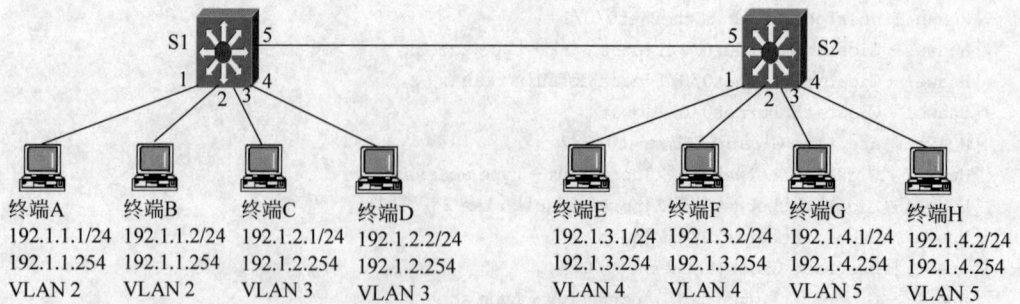

图 10.34　三层交换机互连过程

（2）验证三层交换机建立完整路由表的过程。

（3）验证三层交换机 RIP 配置过程。

（4）验证多个三层交换机互连过程。

10.4.3　实验原理

三层交换机 S1 针对 VLAN 2 和 VLAN 3 实现 VLAN 内和 VLAN 间通信的过程,以及三层交换机 S2 针对 VLAN 4 和 VLAN 5 实现 VLAN 内和 VLAN 间通信的过程,已经在 10.3 节中做了详细讨论。这一节讨论的重点是,如何实现 VLAN 2 和 VLAN 3 与 VLAN 4 和 VLAN 5 之间的通信过程。

为了实现 VLAN 2 和 VLAN 3 与 VLAN 4 和 VLAN 5 之间的通信过程,需要创建一个实现 S1 和 S2 互连的 VLAN,如图 10.35 所示的 VLAN 6。S1 中需要定义 VLAN 6 对应的 IP 接口,并为 IP 接口分配 IP 地址 192.1.5.1 和子网掩码 255.255.255.0。S2 中需要定义 VLAN 6 对应的 IP 接口,并为 IP 接口分配 IP 地址 192.1.5.2 和子网掩码 255.255.255.0。对于 S1,通往 VLAN 4 和 VLAN 5 的传输路径上的下一跳是 S2 中 VLAN 6 对应的 IP 接口。对于 S2,通往 VLAN 2 和 VLAN 3 的传输路径上的下一跳是 S1 中 VLAN 6 对应的 IP 接口。由此可以生成如图 10.35 所示的 S1 和 S2 的完整路由表。S1 和 S2 路由表中用于指明通往没有直接连接的网络的传输路径的路由项可以通过路由协议 RIP 生成。

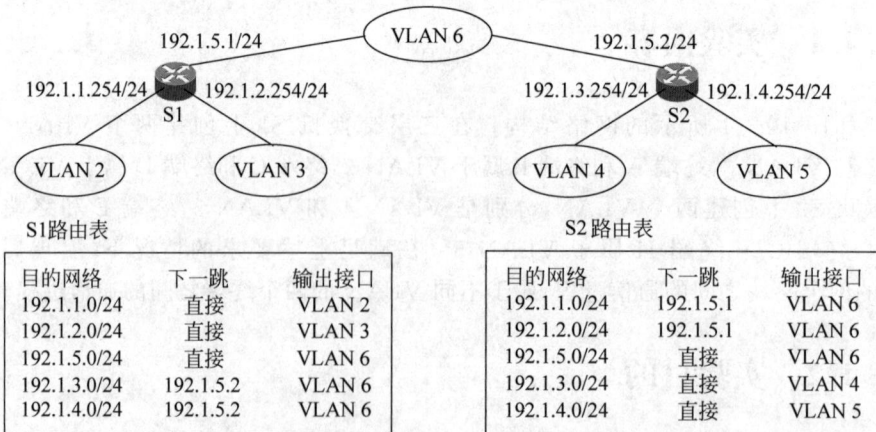

图 10.35　三层交换机互连过程实现原理

10.4.4　实验步骤

（1）启动 eNSP,按照如图 10.34 所示的网络拓扑结构放置和连接设备,完成设备放置和连接后的 eNSP 界面如图 10.36 所示。启动所有设备。

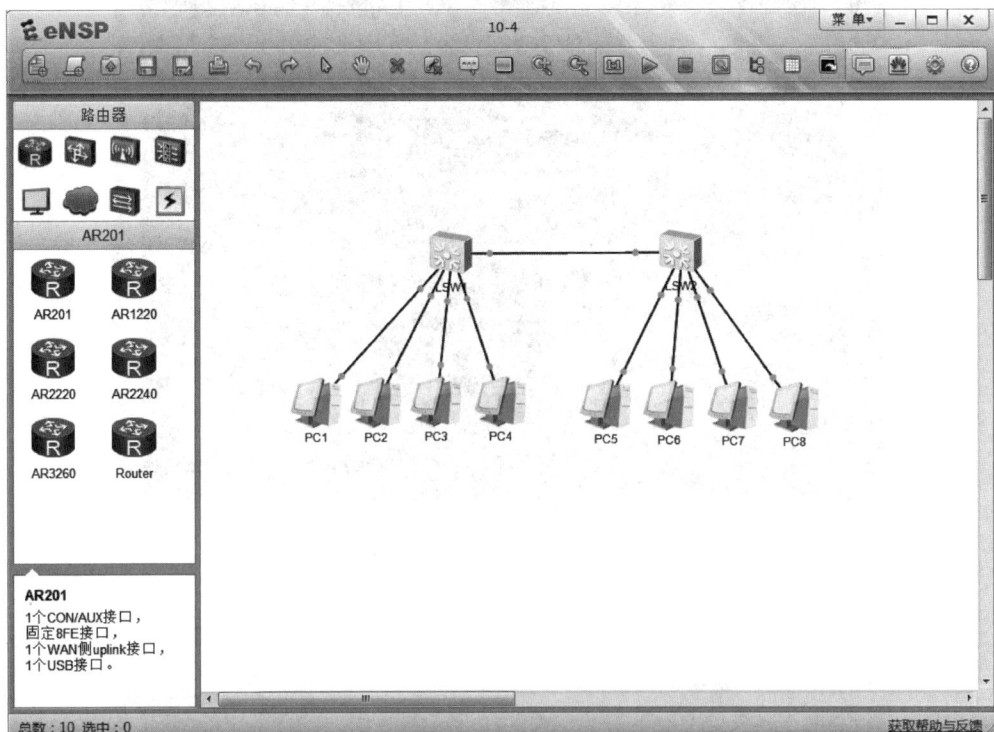

图 10.36　完成设备放置和连接后的 eNSP 界面

（2）在交换机 LSW1 中创建 VLAN 2、VLAN 3 和 VLAN 6,并为这些 VLAN 分配交换机端口。在交换机 LSW2 中创建 VLAN 4、VLAN 5 和 VLAN 6,并为这些 VLAN 分配交换机端口。完成 VLAN 配置过程后的交换机 LSW1 和 LSW2 的 VLAN 状态分别如图 10.37 和图 10.38 所示。

（3）在交换机 LSW1 中分别定义 VLAN 2、VLAN 3 和 VLAN 6 对应的 IP 接口,并为这些 IP 接口分配 IP 地址和子网掩码。在交换机 LSW2 中分别定义 VLAN 4、VLAN 5 和 VLAN 6 对应的 IP 接口,并为这些 IP 接口分配 IP 地址和子网掩码。完成 IP 接口定义后,交换机 LSW1 和 LSW2 的 IP 接口状态分别如图 10.39 和图 10.40 所示。

（4）完成各个 PC 的 IP 地址、子网掩码和默认网关地址配置过程,PC 连接的 VLAN 所对应的 IP 接口的 IP 地址成为该 PC 的默认网关地址。PC1 配置的 IP 地址、子网掩码和默认网关地址如图 10.41 所示。PC7 配置的 IP 地址、子网掩码和默认网关地址如图 10.42 所示。

（5）完成交换机 LSW1 和 LSW2 有关 RIP 的配置过程,交换机 LSW1 和 LSW2 生成的完整路由表分别如图 10.43 和图 10.44 所示。

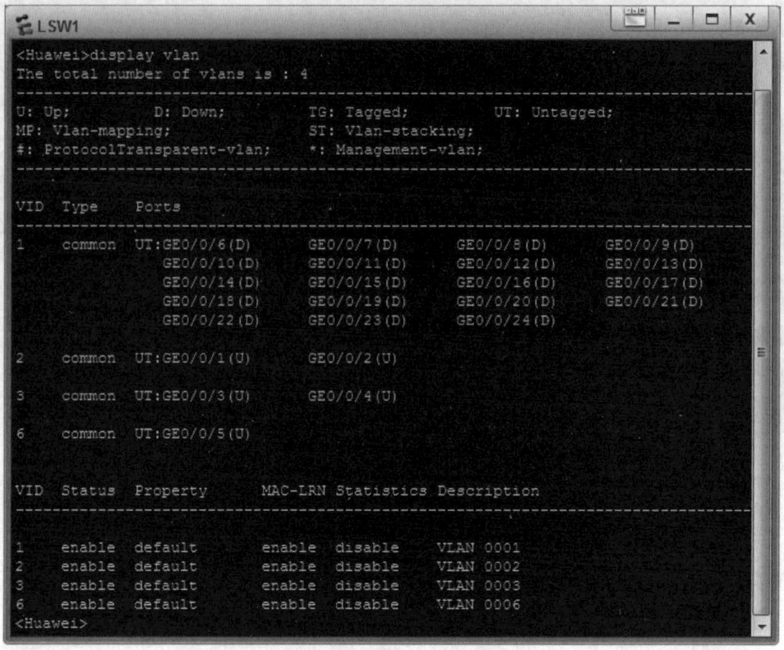

```
LSW1                                                                    _ □ X
<Huawei>display vlan
The total number of vlans is : 4

U: Up;          D: Down;          TG: Tagged;          UT: Untagged;
MP: Vlan-mapping;                 ST: Vlan-stacking;
#: ProtocolTransparent-vlan;      *: Management-vlan;
--------------------------------------------------------------------------------
VID  Type    Ports
--------------------------------------------------------------------------------
1    common  UT:GE0/0/6(D)      GE0/0/7(D)      GE0/0/8(D)      GE0/0/9(D)
                GE0/0/10(D)     GE0/0/11(D)     GE0/0/12(D)     GE0/0/13(D)
                GE0/0/14(D)     GE0/0/15(D)     GE0/0/16(D)     GE0/0/17(D)
                GE0/0/18(D)     GE0/0/19(D)     GE0/0/20(D)     GE0/0/21(D)
                GE0/0/22(D)     GE0/0/23(D)     GE0/0/24(D)

2    common  UT:GE0/0/1(U)      GE0/0/2(U)

3    common  UT:GE0/0/3(U)      GE0/0/4(U)

6    common  UT:GE0/0/5(U)

--------------------------------------------------------------------------------
VID  Status  Property     MAC-LRN Statistics Description
--------------------------------------------------------------------------------
1    enable  default      enable  disable    VLAN 0001
2    enable  default      enable  disable    VLAN 0002
3    enable  default      enable  disable    VLAN 0003
6    enable  default      enable  disable    VLAN 0006
<Huawei>
```

图 10.37　交换机 LSW1 的 VLAN 状态

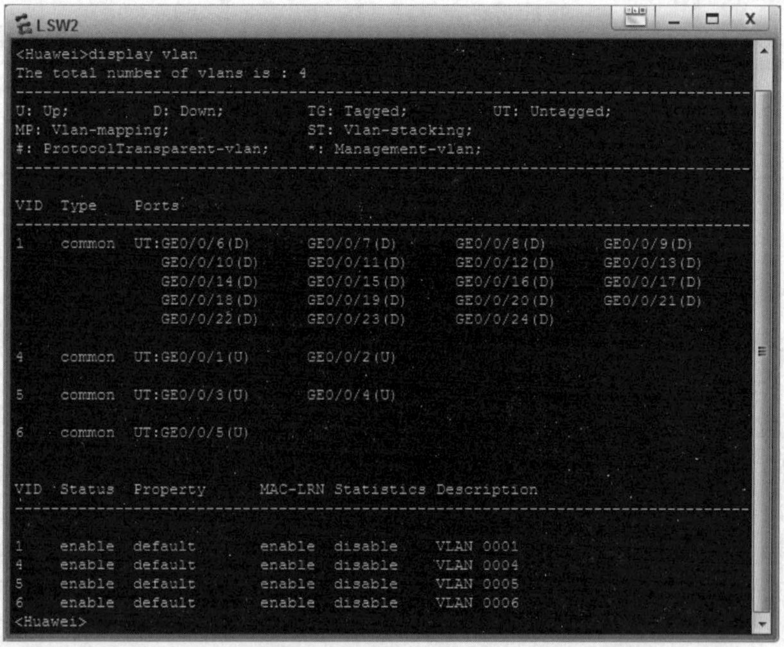

```
LSW2                                                                    _ □ X
<Huawei>display vlan
The total number of vlans is : 4

U: Up;          D: Down;          TG: Tagged;          UT: Untagged;
MP: Vlan-mapping;                 ST: Vlan-stacking;
#: ProtocolTransparent-vlan;      *: Management-vlan;
--------------------------------------------------------------------------------
VID  Type    Ports
--------------------------------------------------------------------------------
1    common  UT:GE0/0/6(D)      GE0/0/7(D)      GE0/0/8(D)      GE0/0/9(D)
                GE0/0/10(D)     GE0/0/11(D)     GE0/0/12(D)     GE0/0/13(D)
                GE0/0/14(D)     GE0/0/15(D)     GE0/0/16(D)     GE0/0/17(D)
                GE0/0/18(D)     GE0/0/19(D)     GE0/0/20(D)     GE0/0/21(D)
                GE0/0/22(D)     GE0/0/23(D)     GE0/0/24(D)

4    common  UT:GE0/0/1(U)      GE0/0/2(U)

5    common  UT:GE0/0/3(U)      GE0/0/4(U)

6    common  UT:GE0/0/5(U)

--------------------------------------------------------------------------------
VID  Status  Property     MAC-LRN Statistics Description
--------------------------------------------------------------------------------
1    enable  default      enable  disable    VLAN 0001
4    enable  default      enable  disable    VLAN 0004
5    enable  default      enable  disable    VLAN 0005
6    enable  default      enable  disable    VLAN 0006
<Huawei>
```

图 10.38　交换机 LSW2 的 VLAN 状态

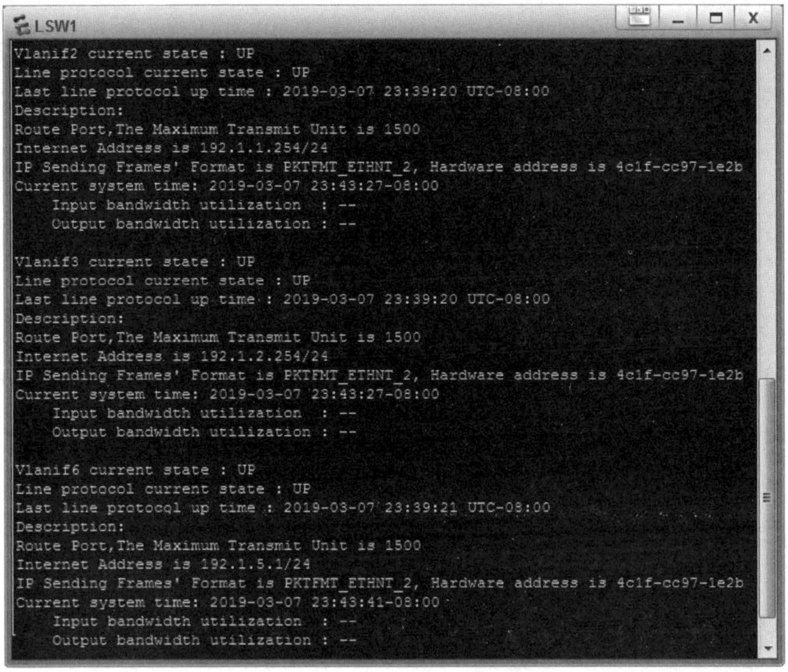

图 10.39　交换机 LSW1 的 IP 接口状态

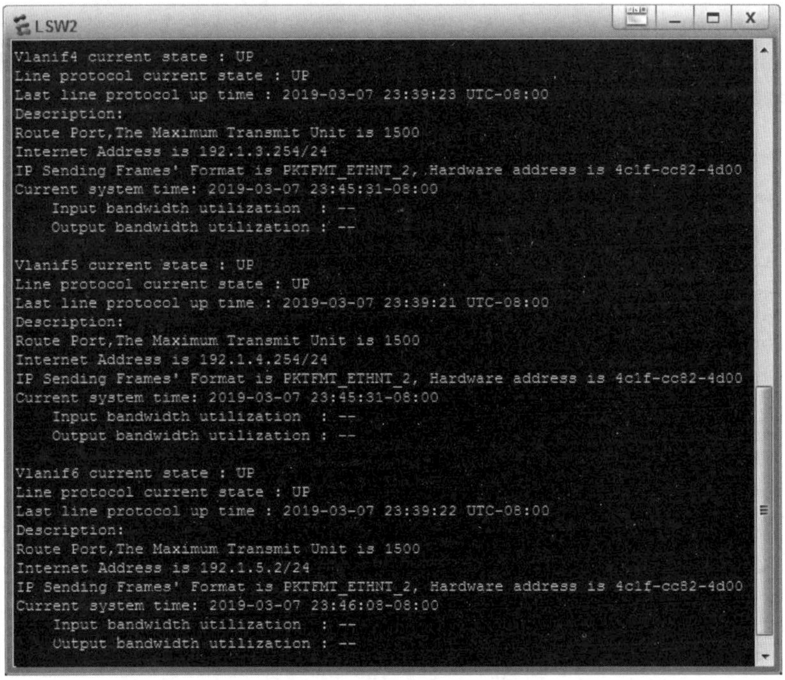

图 10.40　交换机 LSW2 的 IP 接口状态

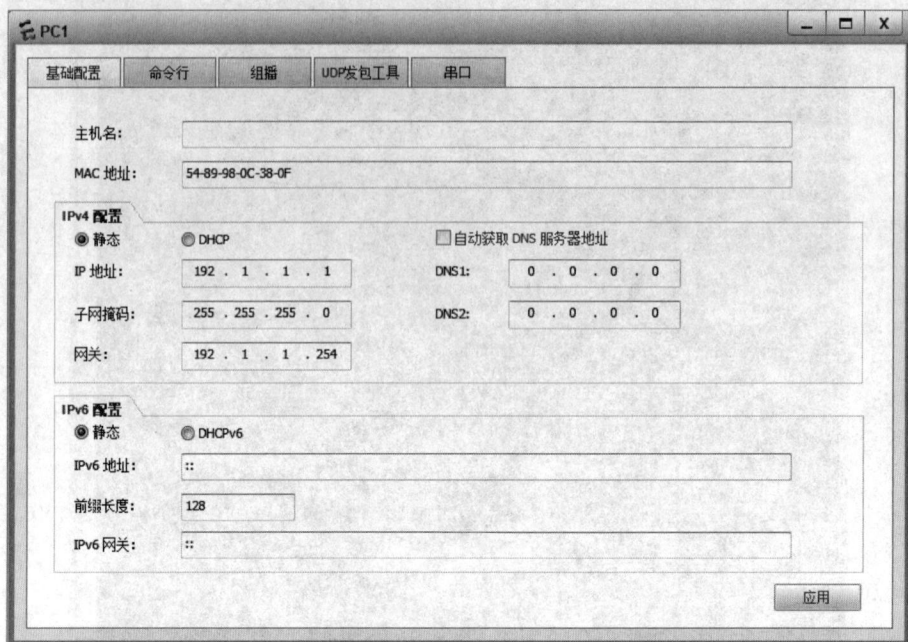

图 10.41 PC1 配置的 IP 地址、子网掩码和默认网关地址

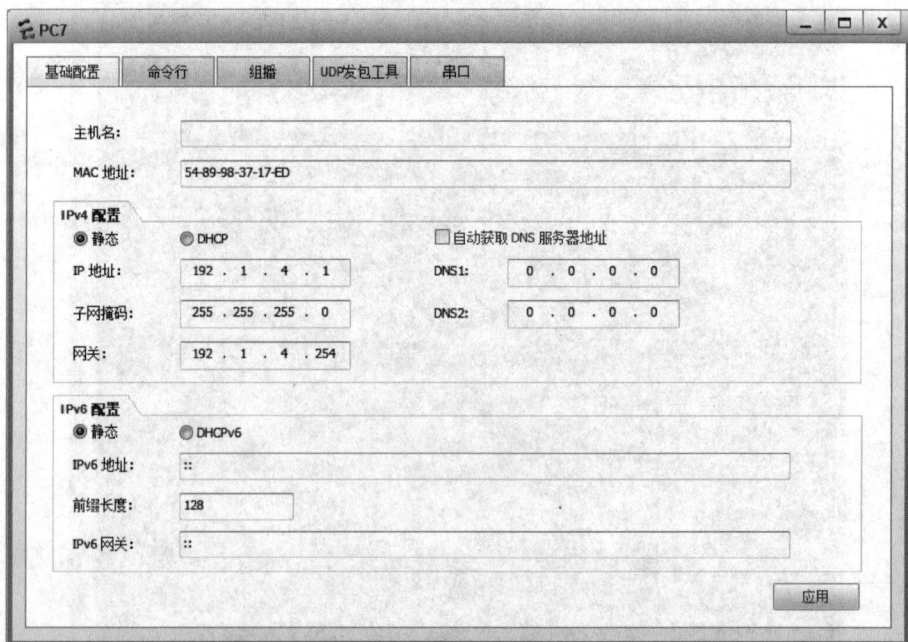

图 10.42 PC7 配置的 IP 地址、子网掩码和默认网关地址

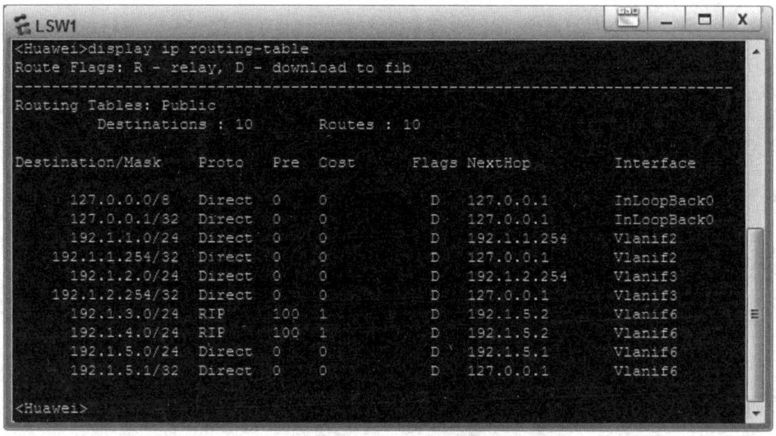

```
<Huawei>display ip routing-table
Route Flags: R - relay, D - download to fib
------------------------------------------------------------------------------
Routing Tables: Public
         Destinations : 10       Routes : 10

Destination/Mask    Proto   Pre  Cost      Flags NextHop         Interface

      127.0.0.0/8   Direct  0    0           D   127.0.0.1       InLoopBack0
      127.0.0.1/32  Direct  0    0           D   127.0.0.1       InLoopBack0
      192.1.1.0/24  Direct  0    0           D   192.1.1.254     Vlanif2
    192.1.1.254/32  Direct  0    0           D   127.0.0.1       Vlanif2
      192.1.2.0/24  Direct  0    0           D   192.1.2.254     Vlanif3
    192.1.2.254/32  Direct  0    0           D   127.0.0.1       Vlanif3
      192.1.3.0/24  RIP     100  1           D   192.1.5.2       Vlanif6
      192.1.4.0/24  RIP     100  1           D   192.1.5.2       Vlanif6
      192.1.5.0/24  Direct  0    0           D   192.1.5.1       Vlanif6
      192.1.5.1/32  Direct  0    0           D   127.0.0.1       Vlanif6

<Huawei>
```

图 10.43　交换机 LSW1 的完整路由表

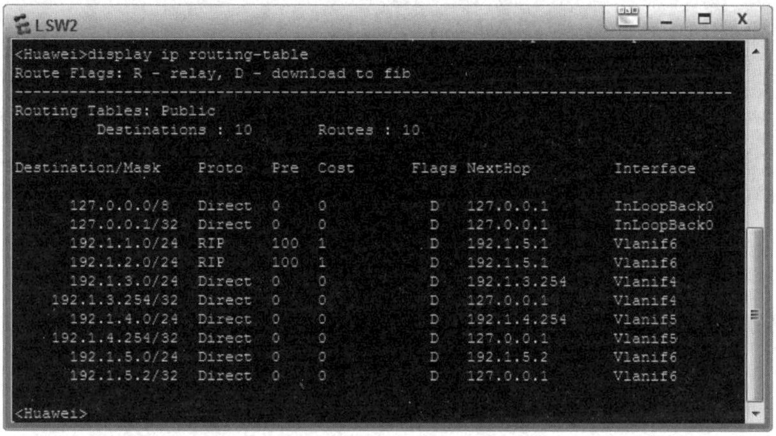

```
<Huawei>display ip routing-table
Route Flags: R - relay, D - download to fib
------------------------------------------------------------------------------
Routing Tables: Public
         Destinations : 10       Routes : 10

Destination/Mask    Proto   Pre  Cost      Flags NextHop         Interface

      127.0.0.0/8   Direct  0    0           D   127.0.0.1       InLoopBack0
      127.0.0.1/32  Direct  0    0           D   127.0.0.1       InLoopBack0
      192.1.1.0/24  RIP     100  1           D   192.1.5.1       Vlanif6
      192.1.2.0/24  RIP     100  1           D   192.1.5.1       Vlanif6
      192.1.3.0/24  Direct  0    0           D   192.1.3.254     Vlanif4
    192.1.3.254/32  Direct  0    0           D   127.0.0.1       Vlanif4
      192.1.4.0/24  Direct  0    0           D   192.1.4.254     Vlanif5
    192.1.4.254/32  Direct  0    0           D   127.0.0.1       Vlanif5
      192.1.5.0/24  Direct  0    0           D   192.1.5.2       Vlanif6
      192.1.5.2/32  Direct  0    0           D   127.0.0.1       Vlanif6

<Huawei>
```

图 10.44　交换机 LSW2 的完整路由表

(6) 完成上述配置过程后，可以启动连接在不同 VLAN 上的终端之间的通信过程，图 10.45 所示就是连接在 VLAN 2 上的 PC1 与连接在 VLAN 4 上的 PC5 和连接在 VLAN 5 上的 PC7 之间的通信过程。

(7) 为观察 ICMP 报文 PC1 至 PC7 的传输过程，分别在交换机 LSW1 连接 PC1 的端口、交换机 LSW1 连接交换机 LSW2 的端口和交换机 LSW2 连接 PC7 的端口启动捕获报文功能。ICMP 报文 PC1 至交换机 LSW1 的传输过程中，被封装成以 PC1 的 MAC 地址为源 MAC 地址、以交换机 LSW1 中 VLAN 2 对应的 IP 接口的 MAC 地址为目的 MAC 地址的 MAC 帧，图 10.46 所示为交换机 LSW1 连接 PC1 的端口捕获的报文序列。ICMP 报文交换机 LSW1 至交换机 LSW2 的传输过程中，被封装成以交换机 LSW1 中 VLAN 6 对应的 IP 接口的 MAC 地址为源 MAC 地址、以交换机 LSW2 中 VLAN 6 对应的 IP 接口的 MAC 地址为目的 MAC 地址的 MAC 帧，图 10.47 所示为交换机 LSW1 连接交换机 LSW2 的端口捕获的报文序列。ICMP 报文交换机 LSW2 至 PC7 的传输过程中，被封装成以交换机 LSW2 中 VLAN 5 对应的 IP 接口的 MAC 地址为源 MAC 地址、以 PC7 的 MAC 地址为目的 MAC 地址的 MAC 帧，如图 10.48 所示的交换机 LSW2 连接 PC7 的端口捕获的报文

图 10.45　PC1 与 PC5 和 PC7 之间的通信过程

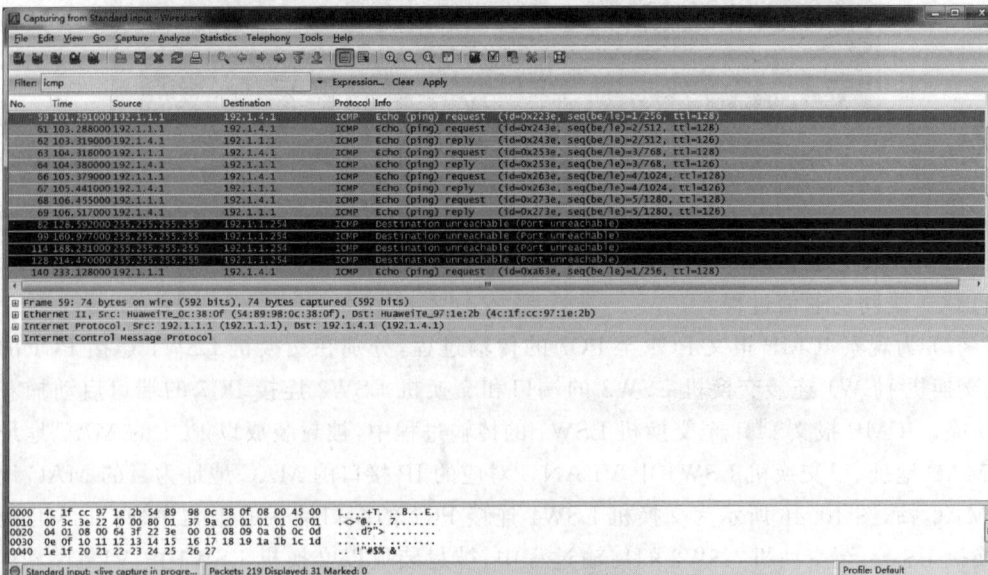

图 10.46　LSW1 连接 PC1 的端口捕获的报文序列

序列。交换机 LSW1 连接 PC1 的端口和交换机 LSW2 连接 PC7 的端口捕获的报文序列中包含 PC1 和 PC7 接收到交换机 LSW1 和交换机 LSW2 发送的 RIP 路由消息后,因为没有对应的接收进程,回送的终点不可达的 ICMP 差错报告报文。

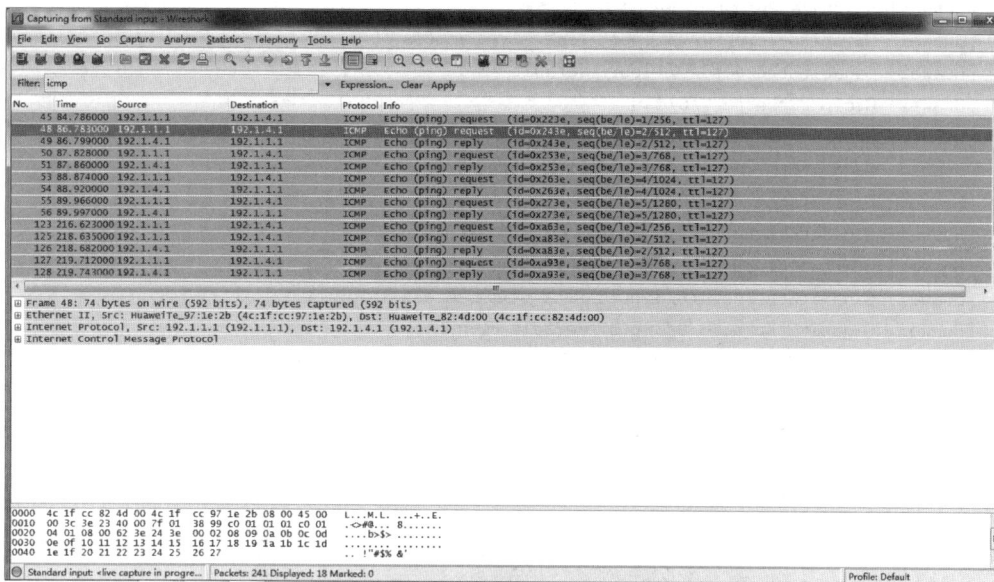

图 10.47　LSW1 连接 LSW2 的端口捕获的报文序列

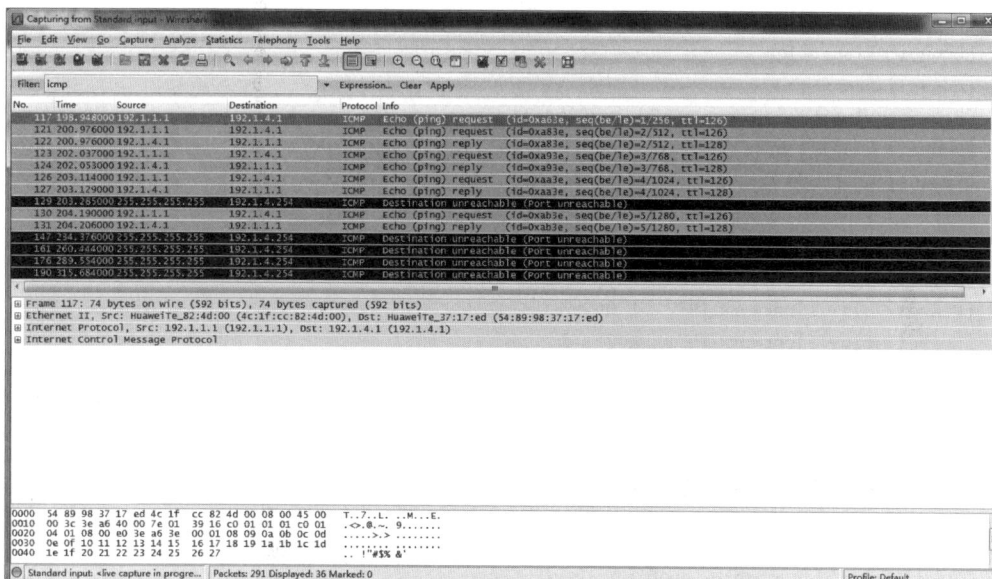

图 10.48　LSW2 连接 PC7 的端口捕获的报文序列

10.4.5　命令行接口配置过程

1. 交换机 LSW1 命令行接口配置过程

```
< Huawei > system - view
[ Huawei ]undo info - center enable
[ Huawei ]vlan batch 2 3 6
```

```
[Huawei]interface GigabitEthernet0/0/1
[Huawei - GigabitEthernet0/0/1]port link - type access
[Huawei - GigabitEthernet0/0/1]port default vlan 2
[Huawei - GigabitEthernet0/0/1]quit
[Huawei]interface GigabitEthernet0/0/2
[Huawei - GigabitEthernet0/0/2]port link - type access
[Huawei - GigabitEthernet0/0/2]port default vlan 2
[Huawei - GigabitEthernet0/0/2]quit
[Huawei]interface GigabitEthernet0/0/3
[Huawei - GigabitEthernet0/0/3]port link - type access
[Huawei - GigabitEthernet0/0/3]port default vlan 3
[Huawei - GigabitEthernet0/0/3]quit
[Huawei]interface GigabitEthernet0/0/4
[Huawei - GigabitEthernet0/0/4]port link - type access
[Huawei - GigabitEthernet0/0/4]port default vlan 3
[Huawei - GigabitEthernet0/0/4]quit
[Huawei]interface GigabitEthernet0/0/5
[Huawei - GigabitEthernet0/0/5]port link - type access
[Huawei - GigabitEthernet0/0/5]port default vlan 6
[Huawei - GigabitEthernet0/0/5]quit
[Huawei]interface vlanif 2
[Huawei - Vlanif2]ip address 192.1.1.254 24
[Huawei - Vlanif2]quit
[Huawei]interface vlanif 3
[Huawei - Vlanif3]ip address 192.1.2.254 24
[Huawei - Vlanif3]quit
[Huawei]interface vlanif 6
[Huawei - Vlanif6]ip address 192.1.5.1 24
[Huawei - Vlanif6]quit
[Huawei]rip 1
[Huawei - rip - 1]network 192.1.1.0
[Huawei - rip - 1]network 192.1.2.0
[Huawei - rip - 1]network 192.1.5.0
[Huawei - rip - 1]quit
```

2. 交换机 LSW2 命令行接口配置过程

```
< Huawei > system - view
[Huawei]undo info - center enable
[Huawei]vlan batch 4 5 6
[Huawei]interface GigabitEthernet0/0/1
[Huawei - GigabitEthernet0/0/1]port link - type access
[Huawei - GigabitEthernet0/0/1]port default vlan 4
[Huawei - GigabitEthernet0/0/1]quit
[Huawei]interface GigabitEthernet0/0/2
[Huawei - GigabitEthernet0/0/2]port link - type access
[Huawei - GigabitEthernet0/0/2]port default vlan 4
[Huawei - GigabitEthernet0/0/2]quit
[Huawei]interface GigabitEthernet0/0/3
[Huawei - GigabitEthernet0/0/3]port link - type access
[Huawei - GigabitEthernet0/0/3]port default vlan 5
```

```
[Huawei – GigabitEthernet0/0/3]quit
[Huawei]interface GigabitEthernet0/0/4
[Huawei – GigabitEthernet0/0/4]port link – type access
[Huawei – GigabitEthernet0/0/4]port default vlan 5
[Huawei – GigabitEthernet0/0/4]quit
[Huawei]interface GigabitEthernet0/0/5
[Huawei – GigabitEthernet0/0/5]port link – type access
[Huawei – GigabitEthernet0/0/5]port default vlan 6
[Huawei – GigabitEthernet0/0/5]quit
[Huawei]interface vlanif 4
[Huawei – Vlanif4]ip address 192.1.3.254 24
[Huawei – Vlanif4]quit
[Huawei]interface vlanif 5
[Huawei – Vlanif5]ip address 192.1.4.254 24
[Huawei – Vlanif5]quit
[Huawei]interface vlanif 6
[Huawei – Vlanif6]ip address 192.1.5.2 24
[Huawei – Vlanif6]quit
[Huawei]rip 2
[Huawei – rip – 2]network 192.1.3.0
[Huawei – rip – 2]network 192.1.4.0
[Huawei – rip – 2]network 192.1.5.0
[Huawei – rip – 2]quit
```

10.5　两个三层交换机互连实验

10.5.1　实验内容

　　构建如图 10.49 所示的互联网结构。在三层交换机 S1 上创建两个 VLAN,分别是 VLAN 2 和 VLAN 3,终端 A 和终端 B 属于 VLAN 2,终端 C 和终端 D 属于 VLAN 3。与 10.4 节不同的是,在三层交换机 S2 上同样创建两个编号分别是 2 和 3 的 VLAN,即 VLAN 2 和 VLAN 3,并使得终端 E 和终端 F 属于 VLAN 2,终端 G 和终端 H 属于 VLAN 3。在满足上述要求的情况下,实现属于同一 VLAN 的两个终端之间的通信过程,属于不同 VLAN 的两个终端之间的通信过程。

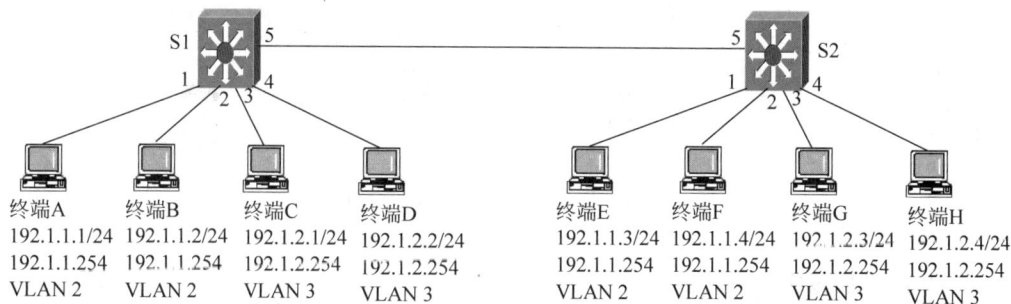

图 10.49　三层交换机互连过程

10.5.2 实验目的

(1) 进一步理解三层交换机的二层交换功能。

(2) 区分三层交换机 IP 接口与路由器逻辑接口之间的差别。

(3) 区分三层交换机与路由器之间的差别。

(4) 了解跨交换机 VLAN 与 IP 接口组合带来的便利。

(5) 验证 IP 分组逐跳转发过程。

(6) 验证三层交换机静态路由项配置过程。

10.5.3 实验原理

1. VLAN 配置

为实现 VLAN 内通信过程,属于同一 VLAN 的终端之间必须建立交换路径。表 10.7 和表 10.8 分别给出三层交换机 S1 和 S2 的 VLAN 与端口之间的映射。根据如表 10.7 和表 10.8 所示的 VLAN 与端口之间的映射,完成三层交换机 S1 和 S2 的 VLAN 配置过程后,三层交换机 S1 和 S2 的 VLAN 内交换路径如图 10.50 所示。

表 10.7 S1 VLAN 与端口之间的映射

VLAN	接入端口	共享端口
VLAN 2	1,2	5
VLAN 3	3,4	5

表 10.8 S2 VLAN 与端口之间的映射

VLAN	接入端口	共享端口
VLAN 2	1,2	5
VLAN 3	3,4	5

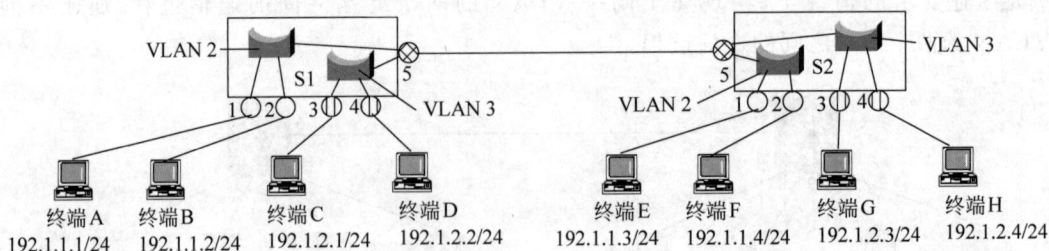

图 10.50 三层交换机 S1 和 S2 的 VLAN 内交换路径

2. IP 接口配置方式一

S1 实现 VLAN 互联的过程如图 10.51 所示。图 10.51(a)给出 VLAN 内交换路径和 VLAN 间 IP 分组传输路径,图 10.51(b)给出由 S1 路由模块实现 VLAN 互联的逻辑结构。

S1 路由表

目的网络	下一跳	输出接口
192.1.1.0/24	直接	VLAN 2
192.1.2.0/24	直接	VLAN 3

路由模块

192.1.1.254/24　　192.1.2.254/24

VLAN 2　　　　　　　　　　　　　　　　　　　　　　VLAN 3

S1　　5　　5　　S2

1　2　3　4　　VLAN 3　　VLAN 2　1　2　3　4

终端A　　终端B　　终端C　　终端D　　终端E　　终端F　　终端G　　终端H

192.1.1.1/24　192.1.1.2/24　192.1.2.1/24　192.1.2.2/24　192.1.1.3/24　192.1.1.4/24　192.1.2.3/24　192.1.2.4/24

192.1.1.254　192.1.1.254　192.1.2.254　192.1.2.254　192.1.1.254　192.1.1.254　192.1.2.254　192.1.2.254

(a) 实现VLAN互联的过程

S1

192.1.1.254/24　　192.1.2.254/24

VLAN 2　　　　　VLAN 3

(b) 逻辑结构

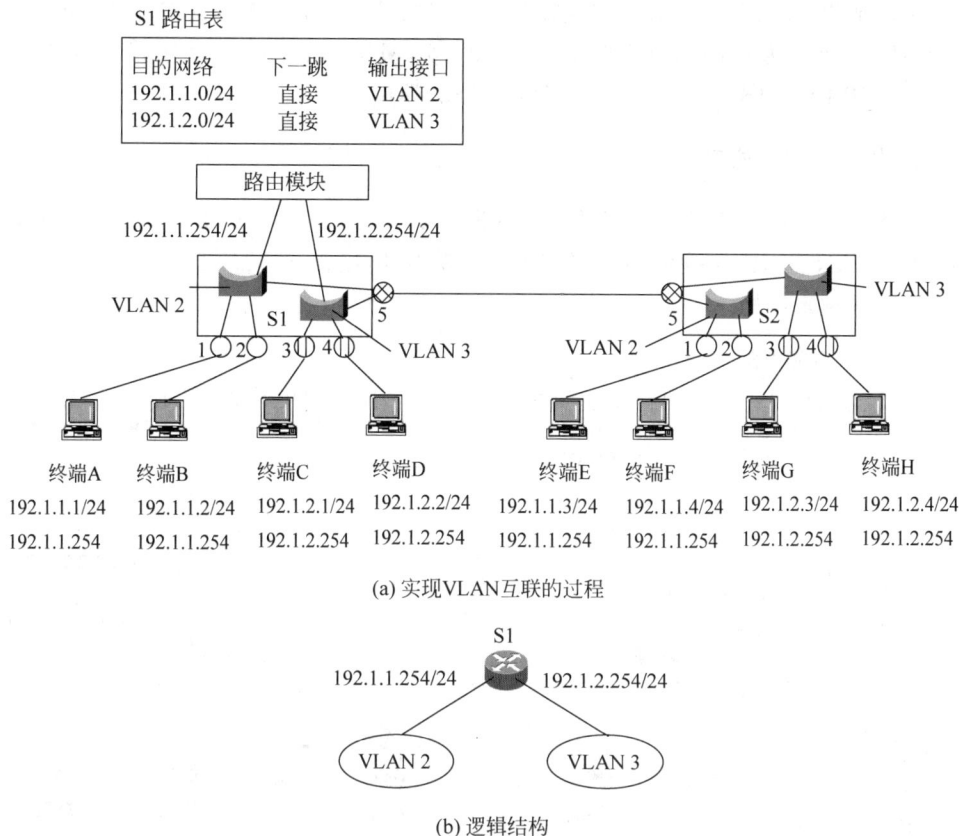

图 10.51　S1 实现 VLAN 互联的过程

在 S1 中定义两个分别对应 VLAN 2 和 VLAN 3 的 IP 接口。属于 VLAN 2 的终端必须建立与 VLAN 2 对应的 IP 接口之间的交换路径。属于 VLAN 3 的终端必须建立与 VLAN 3 对应的 IP 接口之间的交换路径。三层交换机 S2 完全作为二层交换机使用,用于建立属于同一 VLAN 的终端之间的交换路径和连接在三层交换机 S2 上的终端与对应的 IP 接口之间的交换路径。为两个 IP 接口分配 IP 地址和子网掩码,为某个 IP 接口分配的 IP 地址和子网掩码决定了该 IP 接口连接的 VLAN 的网络地址,连接在该 VLAN 上的终端以连接该 VLAN 的 IP 接口的 IP 地址为默认网关地址。属于同一 VLAN 的终端之间通过已经建立的终端之间的交换路径完成 MAC 帧传输过程,如终端 A 至终端 E MAC 帧传输过程经过的交换路径如下:S1.端口 1→S1.端口 5→S2.端口 5→S2.端口 1。

属于不同 VLAN 的终端之间的 IP 分组传输过程需要经过路由模块,由路由模块完成 IP 分组转发过程。因此,终端 E 至终端 G IP 分组传输路径分为两段:一段是终端 E 至连接 VLAN 2 的 IP 接口;另一段是连接 VLAN 3 的 IP 接口至终端 G。IP 分组终端 E 至连接 VLAN 2 的 IP 接口传输过程中,IP 分组封装成以终端 E 的 MAC 地址为源 MAC 地址、以 S1 标识 VLAN 2 关联的 IP 接口的特殊 MAC 地址为目的 MAC 地址的 MAC 帧,MAC 帧经过的交换路径如下:S2.端口 1→S2.端口 5→S1.端口 5→连接 VLAN 2 的 IP 接口。路由模块通过连接 VLAN 2 的 IP 接口接收到该 MAC 帧,从该 MAC 帧中分离出 IP 分组,根据 IP 分组的目的 IP 地址和路由表,确定将 IP 分组通过连接 VLAN 3 的 IP 接口输出。

IP 分组封装成以 S1 标识 VLAN 3 关联的 IP 接口的特殊 MAC 地址为源 MAC 地址、以终端 G 的 MAC 地址为目的 MAC 地址的 MAC 帧,MAC 帧经过的交换路径如下:连接 VLAN 3 的 IP 接口→S1. 端口 5→S2. 端口 5→S2. 端口 3。

3. IP 接口配置方式二

S1 和 S2 同时实现 VLAN 互联的过程如图 10.52 所示。图 10.52(a)给出 VLAN 内交换路径和 VLAN 间 IP 分组传输路径,图 10.52(b)给出由 S1 和 S2 路由模块同时实现 VLAN 互联的逻辑结构。

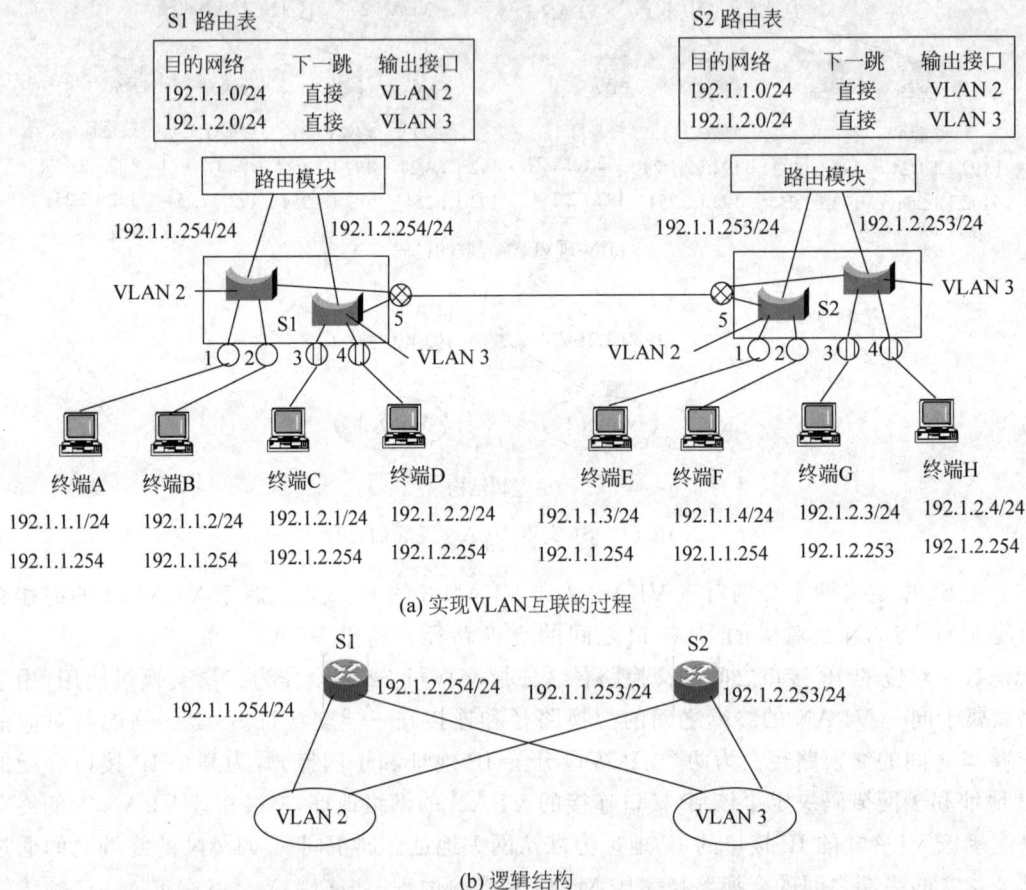

图 10.52 S1 和 S2 同时实现 VLAN 互联的过程

在 S1 和 S2 中定义 VLAN 2 和 VLAN 3 对应的 IP 接口,S1 和 S2 中连接相同 VLAN 的 IP 接口配置网络号相同、主机号不同的 IP 地址,如 S1 中连接 VLAN 2 的 IP 接口配置的 IP 地址和子网掩码是 192.1.1.254/24,S2 中连接 VLAN 2 的 IP 接口配置的 IP 地址和子网掩码是 192.1.1.253/24。属于不同 VLAN 的终端之间的 IP 分组传输过程需要经过路由模块,但可以选择经过 S1 中的路由模块,或是 S2 中的路由模块。终端根据默认网关地址确定经过的路由模块。如果终端 A 的默认网关地址是 192.1.1.254,终端 G 的默认网关地址是 192.1.2.253,则终端 A 至终端 G 的 IP 分组传输路径是:终端 A→S1 路由模块→终端 G,终端 G 至终端 A 的 IP 分组传输路径是：终端 G→S2 路由模块→终端 A。

4. IP 接口配置方式三

S1 和 S2 实现 VLAN 互联的过程如图 10.53 所示,S1 中只定义 VLAN 2 对应的 IP 接口,S2 中只定义 VLAN 3 对应的 IP 接口,因此,连接在 VLAN 2 中的终端,如果需要向连接在 VLAN 3 中的终端传输 IP 分组,只能将 IP 分组传输给 S1 的路由模块。由于只有 S2 的路由模块中定义了连接 VLAN 3 的 IP 接口,因此,需要建立 S1 路由模块与 S2 路由模块之间的 IP 分组传输路径。为了建立 S1 路由模块与 S2 路由模块之间的 IP 分组传输路径,如图 10.53(a)所示,在 S1 和 S2 中创建 VLAN 4,同时在 S1 和 S2 中定义 VLAN 4 对应的 IP 接口,建立 S1 中 VLAN 4 对应的 IP 接口与 S2 中 VLAN 4 对应的 IP 接口之间的交换路径,因此,S1 和 S2 中需要完成如表 10.9 和表 10.10 所示的 VLAN 与端口之间的映射。

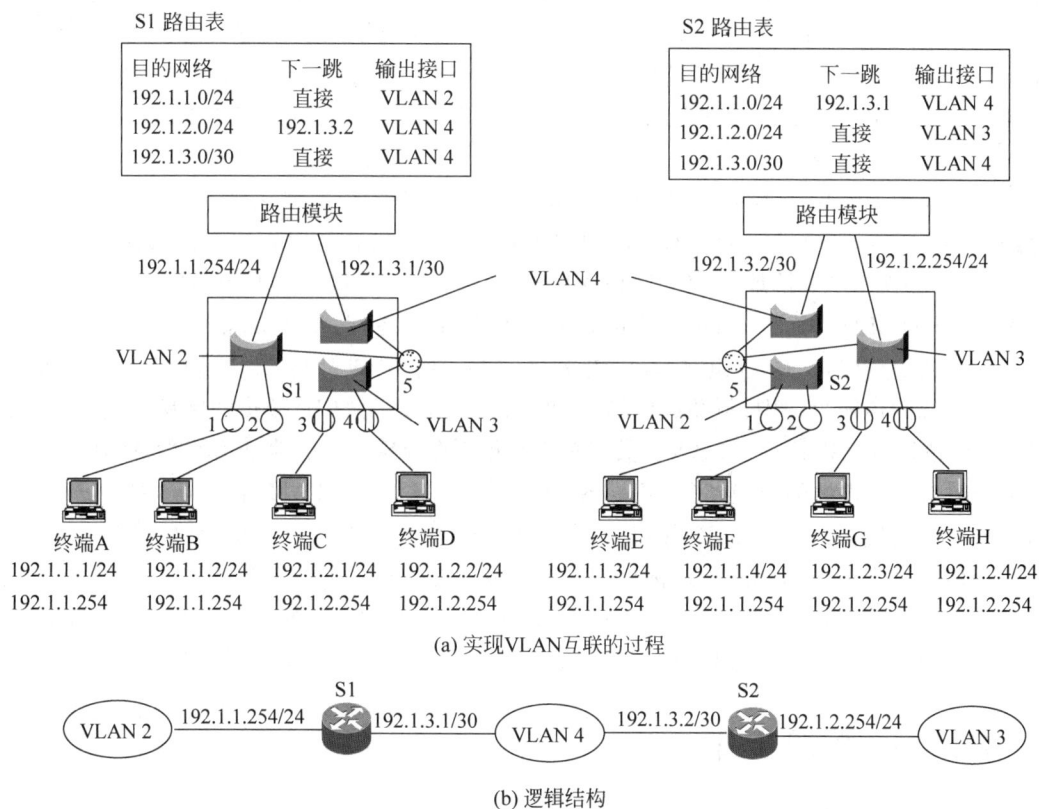

(a) 实现VLAN互联的过程

(b) 逻辑结构

图 10.53 S1 和 S2 实现 VLAN 互联的过程

表 10.9 S1 VLAN 与端口之间的映射

VLAN	接入端口	共享端口
VLAN 2	1,2	5
VLAN 3	3,4	5
VLAN 4		5

表 10.10 S2 VLAN 与端口之间的映射

VLAN	接入端口	共享端口
VLAN 2	1,2	5
VLAN 3	3,4	5
VLAN 4		5

当连接在 VLAN 2 中的终端 A 需要向连接在 VLAN 3 中的终端 C 传输 IP 分组时,IP 分组传输路径分为三段:第一段是终端 A 至 S1 中连接 VLAN 2 的 IP 接口;第二段是 S1 中连接 VLAN 4 的 IP 接口至 S2 中连接 VLAN 4 的 IP 接口;第三段是 S2 中连接 VLAN 3 的 IP 接口至终端 C。表示 VLAN 间传输路径的逻辑结构如图 10.53(b)所示。S1 路由模块根据 IP 分组的目的 IP 地址和路由表确定 IP 分组的输出接口和下一跳 IP 地址,因此,S1 路由模块的路由表中需要建立用于指明通往 VLAN 3 的传输路径的路由项,该路由项的目的网络是 VLAN 3 的网络地址 192.1.2.0/24,输出接口是连接 VLAN 4 的 IP 接口,下一跳是 S2 中连接 VLAN 4 的 IP 接口的 IP 地址 192.1.3.2。同样,S2 路由模块的路由表中需要建立目的网络是 VLAN 2 的网络地址 192.1.1.0/24,输出接口是连接 VLAN 4 的 IP 接口,下一跳是 S1 中连接 VLAN 4 的 IP 接口的 IP 地址 192.1.3.1 的路由项。

对应如图 10.53(a)所示的 VLAN 内和 VLAN 间传输路径,终端 A 传输给终端 C 的 IP 分组,在终端 A 至 S1 中连接 VLAN 2 的 IP 接口这一段的传输过程中,封装成以终端 A 的 MAC 地址为源 MAC 地址、以 S1 标识 VLAN 2 关联的 IP 接口的特殊 MAC 地址为目的 MAC 地址的 MAC 帧,该 MAC 帧的交换路径如下:终端 A→S1.端口 1→S1 中连接 VLAN 2 的 IP 接口。IP 分组在 S1 中连接 VLAN 4 的 IP 接口至 S2 中连接 VLAN 4 的 IP 接口这一段的传输过程中,封装成以 S1 标识 VLAN 4 关联的 IP 接口的特殊 MAC 地址为源 MAC 地址、以 S2 标识 VLAN 4 关联的 IP 接口的特殊 MAC 地址为目的 MAC 地址的 MAC 帧,该 MAC 帧的交换路径如下:S1 中连接 VLAN 4 的 IP 接口→S1.端口 5→S2.端口 5→S2 中连接 VLAN 4 的 IP 接口。IP 分组在 S2 中连接 VLAN 3 的 IP 接口至终端 C 这一段的传输过程中,封装成以 S2 标识 VLAN 3 关联的 IP 接口的特殊 MAC 地址为源 MAC 地址、以终端 C 的 MAC 地址为目的 MAC 地址的 MAC 帧,该 MAC 帧的交换路径如下:S2 中连接 VLAN 3 的 IP 接口→S2.端口 5→S1.端口 5→S1.端口 3→终端 C。

10.5.4 实验步骤

1. IP 接口配置方式一对应的实验步骤

(1)启动 eNSP,按照如图 10.49 所示的网络拓扑结构放置和连接设备,完成设备放置和连接后的 eNSP 界面如图 10.54 所示。启动所有设备。

(2)在交换机 LSW1 和 LSW2 中创建 VLAN 2 和 VLAN 3,并为这些 VLAN 分配交换机端口。完成 VLAN 配置过程后的交换机 LSW1 和 LSW2 的 VLAN 状态分别如图 10.55 和图 10.56 所示。

(3)在交换机 LSW1 中分别定义 VLAN 2 和 VLAN 3 对应的 IP 接口,并为这些 IP 接口分配 IP 地址和子网掩码。交换机 LSW1 IP 接口分配的 IP 地址和子网掩码以及这些 IP

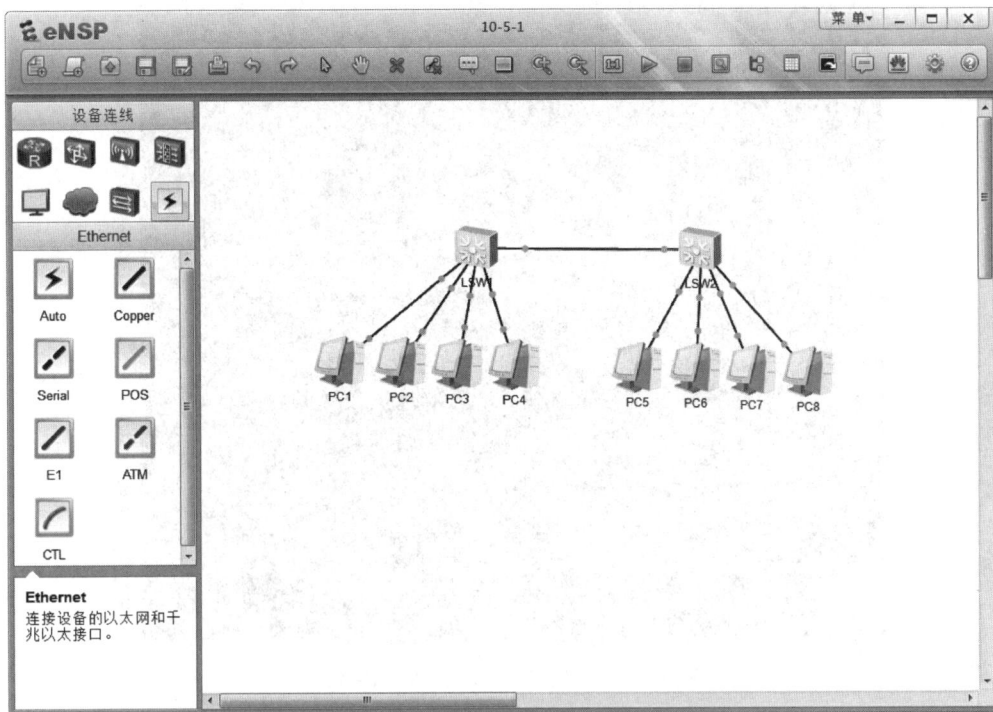

图 10.54　完成设备放置和连接后的 eNSP 界面

图 10.55　交换机 LSW1 的 VLAN 状态

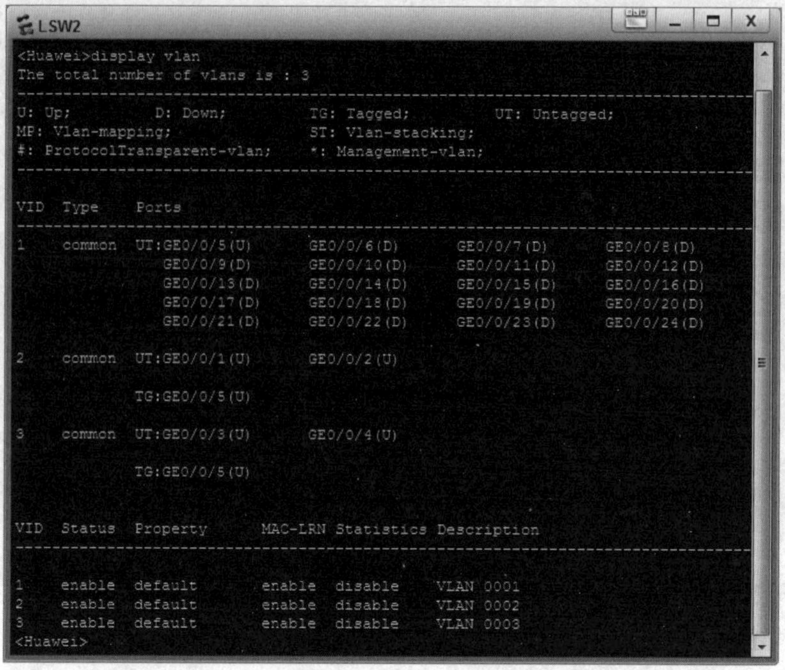

```
<Huawei>display vlan
The total number of vlans is : 3
--------------------------------------------------------------------------------
U: Up;         D: Down;         TG: Tagged;         UT: Untagged;
MP: Vlan-mapping;               ST: Vlan-stacking;
#: ProtocolTransparent-vlan;    *: Management-vlan;
--------------------------------------------------------------------------------

VID  Type    Ports
--------------------------------------------------------------------------------
1    common  UT:GE0/0/5(U)      GE0/0/6(D)      GE0/0/7(D)      GE0/0/8(D)
                GE0/0/9(D)      GE0/0/10(D)     GE0/0/11(D)     GE0/0/12(D)
                GE0/0/13(D)     GE0/0/14(D)     GE0/0/15(D)     GE0/0/16(D)
                GE0/0/17(D)     GE0/0/18(D)     GE0/0/19(D)     GE0/0/20(D)
                GE0/0/21(D)     GE0/0/22(D)     GE0/0/23(D)     GE0/0/24(D)

2    common  UT:GE0/0/1(U)      GE0/0/2(U)

             TG:GE0/0/5(U)

3    common  UT:GE0/0/3(U)      GE0/0/4(U)

             TG:GE0/0/5(U)


VID  Status  Property      MAC-LRN Statistics Description
--------------------------------------------------------------------------------

1    enable  default       enable  disable    VLAN 0001
2    enable  default       enable  disable    VLAN 0002
3    enable  default       enable  disable    VLAN 0003
<Huawei>
```

图 10.56　交换机 LSW2 的 VLAN 状态

接口对应的 MAC 地址如图 10.57 所示。由于没有在交换机 LSW2 中定义 VLAN 2 和 VLAN 3 对应的 IP 接口,因此,LSW2 中并不存在 VLAN 2 和 VLAN 3 对应的 IP 接口,如图 10.58 所示。交换机 LSW2 只作为二层交换机使用。

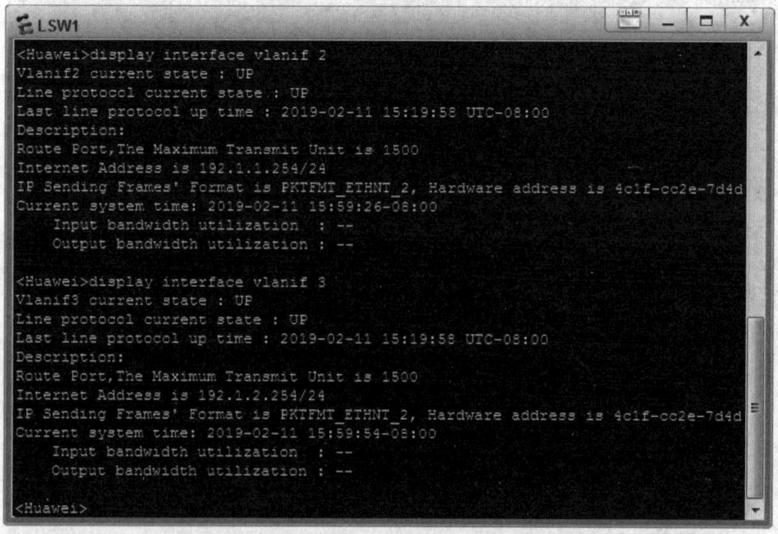

```
<Huawei>display interface vlanif 2
Vlanif2 current state : UP
Line protocol current state : UP
Last line protocol up time : 2019-02-11 15:19:58 UTC-08:00
Description:
Route Port,The Maximum Transmit Unit is 1500
Internet Address is 192.1.1.254/24
IP Sending Frames' Format is PKTFMT_ETHNT_2, Hardware address is 4c1f-cc2e-7d4d
Current system time: 2019-02-11 15:59:26-08:00
    Input bandwidth utilization  : --
    Output bandwidth utilization : --

<Huawei>display interface vlanif 3
Vlanif3 current state : UP
Line protocol current state : UP
Last line protocol up time : 2019-02-11 15:19:58 UTC-08:00
Description:
Route Port,The Maximum Transmit Unit is 1500
Internet Address is 192.1.2.254/24
IP Sending Frames' Format is PKTFMT_ETHNT_2, Hardware address is 4c1f-cc2e-7d4d
Current system time: 2019-02-11 15:59:54-08:00
    Input bandwidth utilization  : --
    Output bandwidth utilization : --

<Huawei>
```

图 10.57　交换机 LSW1 有关 IP 接口的信息

(4) 完成交换机 LSW1 IP 接口配置过程后,交换机 LSW1 自动生成如图 10.59 所示的直连路由项。

(5) 完成各个 PC 的 IP 地址、子网掩码和默认网关地址配置过程,由于 PC5 和 PC6 连接在 VLAN 2 上,因此,VLAN 2 对应的 IP 接口的 IP 地址自然成为 PC5 和 PC6 的默认网

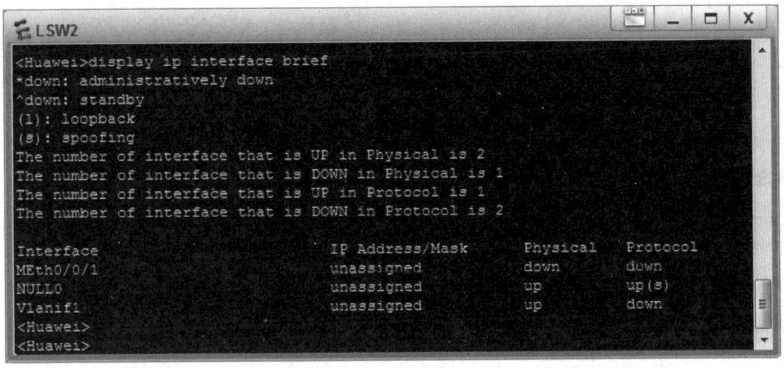

```
LSW2
<Huawei>display ip interface brief
*down: administratively down
^down: standby
(l): loopback
(s): spoofing
The number of interface that is UP in Physical is 2
The number of interface that is DOWN in Physical is 1
The number of interface that is UP in Protocol is 1
The number of interface that is DOWN in Protocol is 2

Interface                         IP Address/Mask      Physical   Protocol
MEth0/0/1                         unassigned           down       down
NULL0                             unassigned           up         up(s)
Vlanif1                           unassigned           up         down
<Huawei>
<Huawei>
```

图 10.58　交换机 LSW2 有关 IP 接口的信息

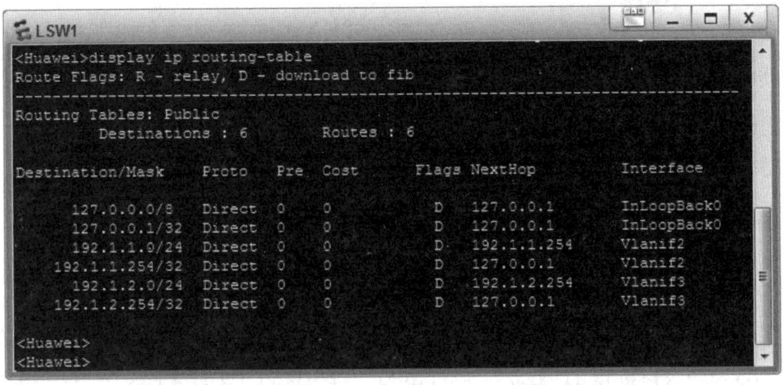

```
LSW1
<Huawei>display ip routing-table
Route Flags: R - relay, D - download to fib
------------------------------------------------------------------------------
Routing Tables: Public
         Destinations : 6        Routes : 6

Destination/Mask    Proto   Pre  Cost      Flags NextHop         Interface

      127.0.0.0/8   Direct  0    0           D   127.0.0.1       InLoopBack0
      127.0.0.1/32  Direct  0    0           D   127.0.0.1       InLoopBack0
      192.1.1.0/24  Direct  0    0           D   192.1.1.254     Vlanif2
    192.1.1.254/32  Direct  0    0           D   127.0.0.1       Vlanif2
      192.1.2.0/24  Direct  0    0           D   192.1.2.254     Vlanif3
    192.1.2.254/32  Direct  0    0           D   127.0.0.1       Vlanif3

<Huawei>
<Huawei>
```

图 10.59　交换机 LSW1 的直连路由项

关地址。PC6 配置的 IP 地址、子网掩码和默认网关地址如图 10.60 所示。由于 PC7 和 PC8 连接在 VLAN 3 上，因此，VLAN 3 对应的 IP 接口的 IP 地址自然成为 PC7 和 PC8 的默认网关地址。PC7 配置的 IP 地址、子网掩码和默认网关地址如图 10.61 所示。

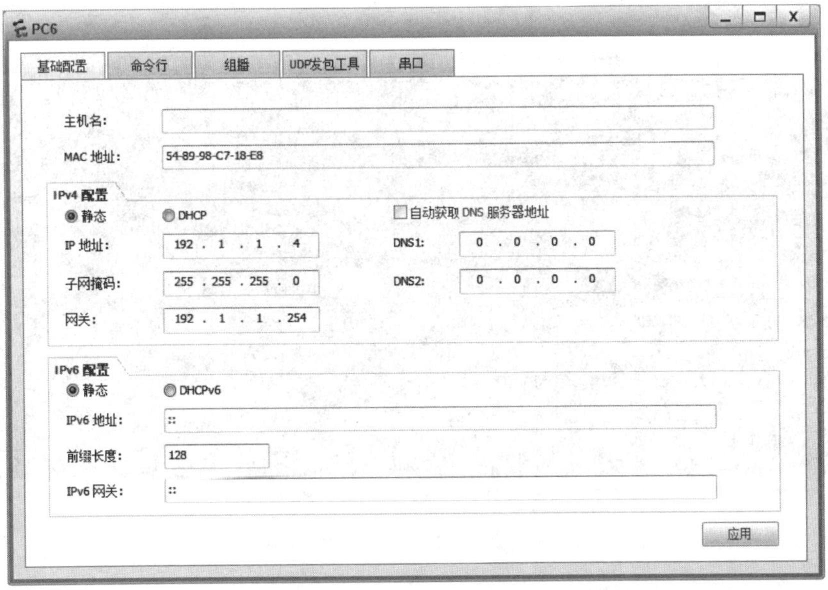

图 10.60　PC6 配置的 IP 地址、子网掩码和默认网关地址

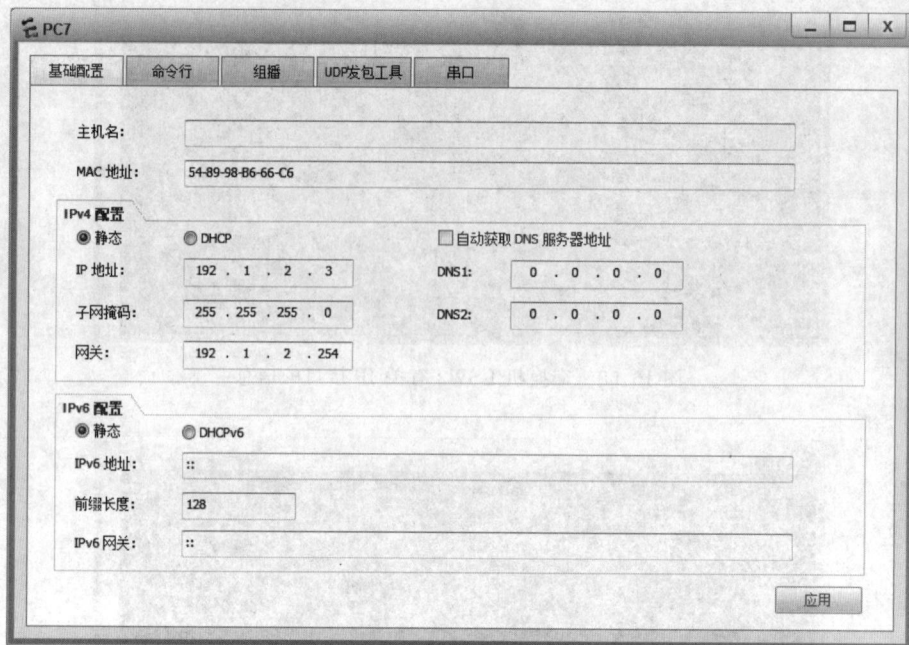

图 10.61　PC7 配置的 IP 地址、子网掩码和默认网关地址

(6) 连接在 VLAN 2 上的 PC6 发送给连接在 VLAN 3 上的 PC7 的 IP 分组,其传输路径是: PC6→VLAN 2 对应的 IP 接口→VLAN 3 对应的 IP 接口→PC7。由于 VLAN 2 和 VLAN 3 对应的 IP 接口都在交换机 LSW1 中,因此,该 IP 分组既需要从交换机 LSW1 的端口 GE0/0/5(GigabitEthernet0/0/5)输入,又需要从交换机 LSW1 的端口 GE0/0/5 输出。在交换机 LSW1 的端口 GE0/0/5 上启动捕获报文功能。启动连接在 VLAN 2 上的 PC6 与连接在 VLAN 3 上的 PC7 之间的 ICMP 报文传输过程,如图 10.62 所示。

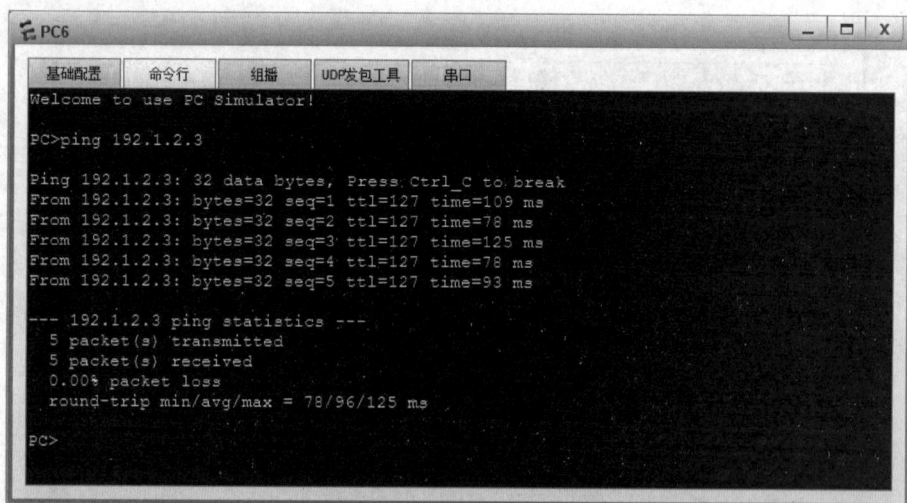

图 10.62　PC6 与 PC7 之间的通信过程

（7）PC6 至 PC7 的 ICMP 报文封装成以 PC6 的 IP 地址 192.1.1.4 为源 IP 地址、以 PC7 的 IP 地址 192.1.2.3 为目的 IP 地址的 IP 分组，该 IP 分组 PC6 至 VLAN 2 对应的 IP 接口这一段的封装格式如图 10.63 所示的在交换机 LSW1 端口 GE0/0/5 上捕获的报文。MAC 帧的源 MAC 地址是 PC6 的 MAC 地址、目的 MAC 地址是 VLAN 2 对应的 IP 接口的 MAC 地址。该 IP 分组 VLAN 3 对应的 IP 接口至 PC7 这一段的封装格式如图 10.64 所示的在交换机 LSW1 端口 GE0/0/5 上捕获的报文。MAC 帧的源 MAC 地址是 VLAN 3 对应的 IP 接口的 MAC 地址、目的 MAC 地址是 PC7 的 MAC 地址。

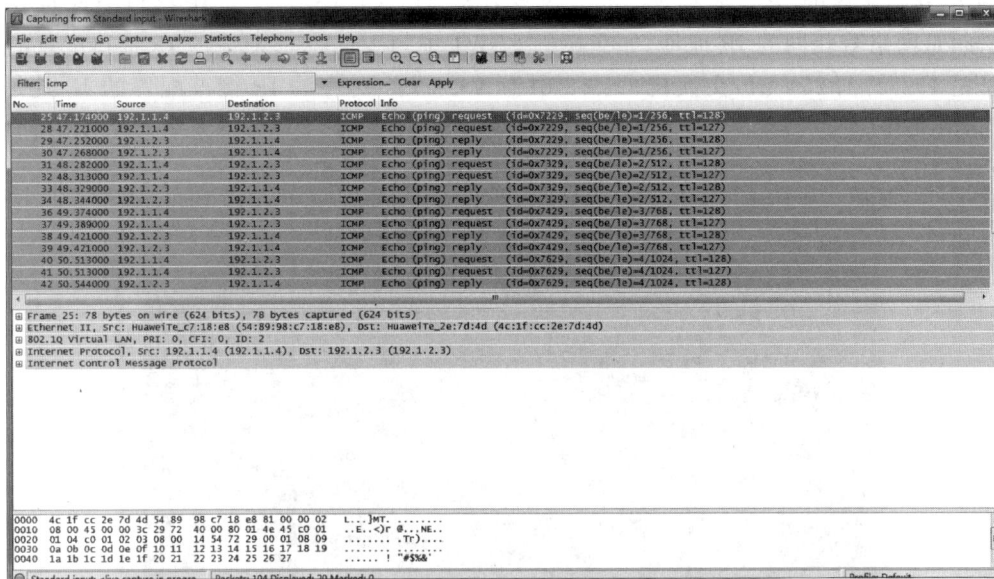

图 10.63 PC6 至 VLAN 2 对应的 IP 接口这一段的 IP 分组封装格式

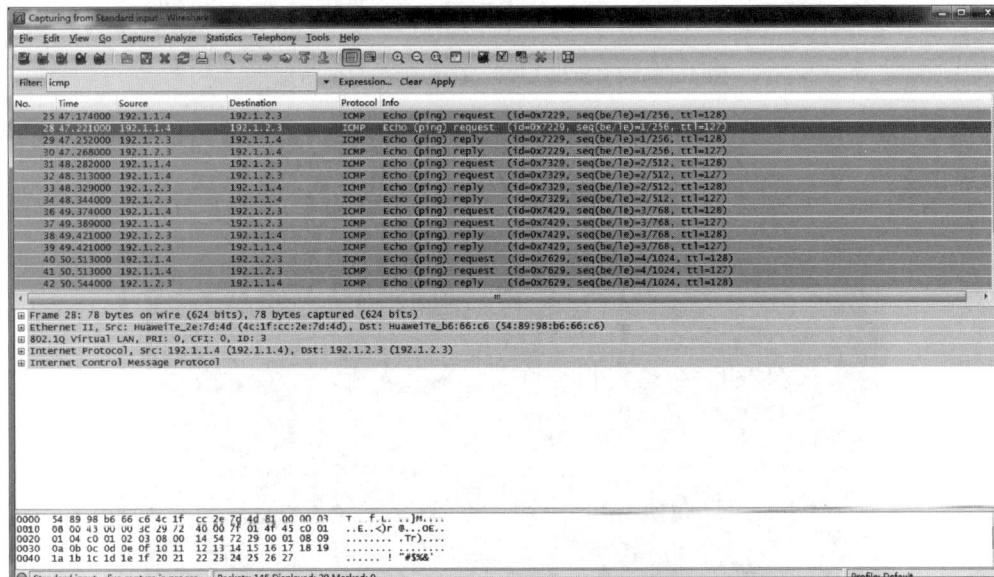

图 10.64 VLAN 3 对应的 IP 接口至 PC7 这一段的 IP 分组封装格式

2. IP 接口配置方式二对应的实验步骤

（1）IP 接口配置方式二对应的实验步骤在完成 IP 接口配置方式一对应的实验步骤的基础上进行。

（2）在交换机 LSW2 中分别定义 VLAN 2 和 VLAN 3 对应的 IP 接口,并为这些 IP 接口分配 IP 地址和子网掩码。交换机 LSW2 IP 接口分配的 IP 地址和子网掩码以及这些 IP 接口对应的 MAC 地址如图 10.65 所示。需要说明的是,交换机 LSW1 中为某个 VLAN 对应的 IP 接口配置的 IP 地址与交换机 LSW2 中为同样 VLAN 对应的 IP 接口配置的 IP 地址必须是网络号相同的 IP 地址,如交换机 LSW1 中为 VLAN 2 对应的 IP 接口配置的 IP 地址是 192.1.1.254/24,交换机 LSW2 中为 VLAN 2 对应的 IP 接口配置的 IP 地址是 192.1.1.253/24。

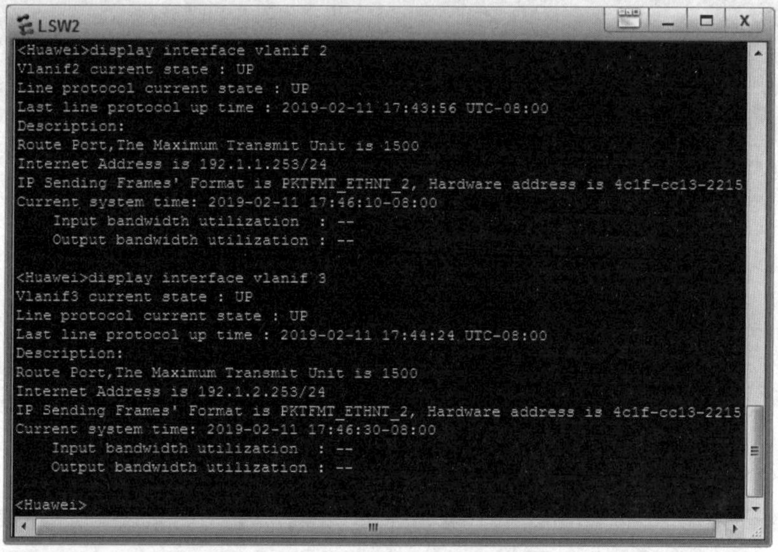

```
LSW2                                                    □ X

<Huawei>display interface vlanif 2
Vlanif2 current state : UP
Line protocol current state : UP
Last line protocol up time : 2019-02-11 17:43:56 UTC-08:00
Description:
Route Port,The Maximum Transmit Unit is 1500
Internet Address is 192.1.1.253/24
IP Sending Frames' Format is PKTFMT_ETHNT_2, Hardware address is 4c1f-cc13-2215
Current system time: 2019-02-11 17:46:10-08:00
    Input bandwidth utilization  : --
    Output bandwidth utilization : --

<Huawei>display interface vlanif 3
Vlanif3 current state : UP
Line protocol current state : UP
Last line protocol up time : 2019-02-11 17:44:24 UTC-08:00
Description:
Route Port,The Maximum Transmit Unit is 1500
Internet Address is 192.1.2.253/24
IP Sending Frames' Format is PKTFMT_ETHNT_2, Hardware address is 4c1f-cc13-2215
Current system time: 2019-02-11 17:46:30-08:00
    Input bandwidth utilization  : --
    Output bandwidth utilization : --

<Huawei>
```

图 10.65　交换机 LSW2 有关 IP 接口的信息

（3）完成交换机 LSW2 IP 接口配置过程后,交换机 LSW2 自动生成如图 10.66 所示的直连路由项。

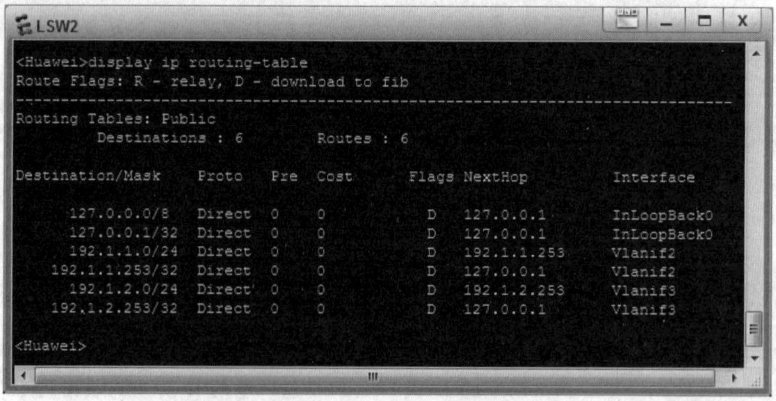

```
LSW2                                                    □ X

<Huawei>display ip routing-table
Route Flags: R - relay, D - download to fib
------------------------------------------------------------
Routing Tables: Public
        Destinations : 6        Routes : 6

Destination/Mask    Proto   Pre  Cost      Flags NextHop      Interface

    127.0.0.0/8     Direct  0    0          D    127.0.0.1    InLoopBack0
    127.0.0.1/32    Direct  0    0          D    127.0.0.1    InLoopBack0
    192.1.1.0/24    Direct  0    0          D    192.1.1.253  Vlanif2
  192.1.1.253/32    Direct  0    0          D    127.0.0.1    Vlanif2
    192.1.2.0/24    Direct  0    0          D    192.1.2.253  Vlanif3
  192.1.2.253/32    Direct  0    0          D    127.0.0.1    Vlanif3

<Huawei>
```

图 10.66　交换机 LSW2 的直连路由项

（4）连接在某个 VLAN 中的 PC,既可选择 LSW1 中为该 VLAN 对应的 IP 接口配置的 IP 地址作为默认网关地址,也可选择 LSW2 中为该 VLAN 对应的 IP 接口配置的 IP 地址作为默认网关地址。PC2 选择 LSW1 中为 VLAN 2 对应的 IP 接口配置的 IP 地址 192.1.1.254 作为默认网关地址,如图 10.67 所示。PC3 选择 LSW2 中为 VLAN 3 对应的 IP 接口配置的 IP 地址 192.1.2.253 作为默认网关地址,如图 10.68 所示。

图 10.67　PC2 配置的 IP 地址、子网掩码和默认网关地址

图 10.68　PC3 配置的 IP 地址、子网掩码和默认网关地址

（5）PC2 至 PC3 的 IP 分组传输路径是：PC2→LSW1 中 VLAN 2 对应的 IP 接口→LSW1 中 VLAN 3 对应的 IP 接口→PC3，无须经过交换机 LSW1 的端口 GE0/0/5。PC3 至 PC2 的 IP 分组传输路径是：PC3→LSW2 中 VLAN 3 对应的 IP 接口→LSW2 中 VLAN 2 对应的 IP 接口→PC2，需要两次经过交换机 LSW1 的端口 GE0/0/5。在交换机 LSW1 的端口 GE0/0/5 上启动捕获报文功能。启动如图 10.69 所示的 PC2 与 PC3 之间的通信过程。PC3 至 PC2 的 ICMP 报文封装成以 PC3 的 IP 地址 192.1.2.1 为源 IP 地址、以 PC2 的 IP 地址 192.1.1.2 为目的 IP 地址的 IP 分组，该 IP 分组 PC3 至 LSW2 中 VLAN 3 对应的 IP 接口这一段的封装格式如图 10.70 所示。MAC 帧的源 MAC 地址是 PC3 的 MAC 地址、目的 MAC 地址是 LSW2 中 VLAN 3 对应的 IP 接口的 MAC 地址。该 IP 分组 LSW2 中 VLAN 2 对应的 IP 接口至 PC2 这一段的封装格式如图 10.71 所示。MAC 帧的源 MAC 地址是 LSW2 中 VLAN 2 对应的 IP 接口的 MAC 地址、目的 MAC 地址是 PC2 的 MAC 地址。

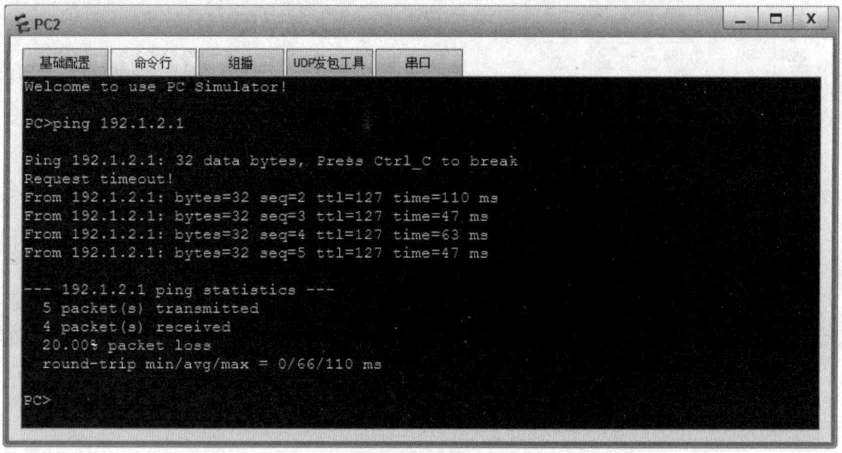

图 10.69　PC2 与 PC3 之间的通信过程

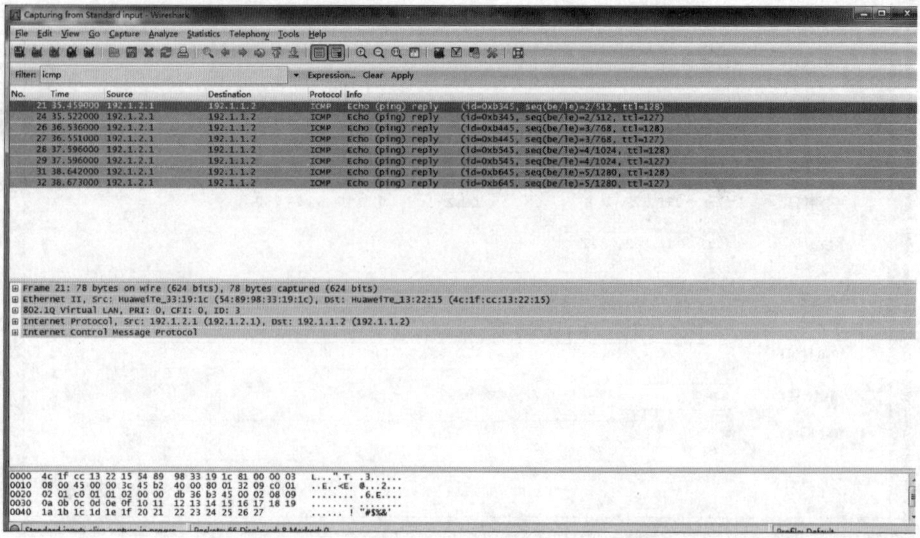

图 10.70　PC3 至 LSW2 中 VLAN 3 对应的 IP 接口这一段的 IP 分组封装格式

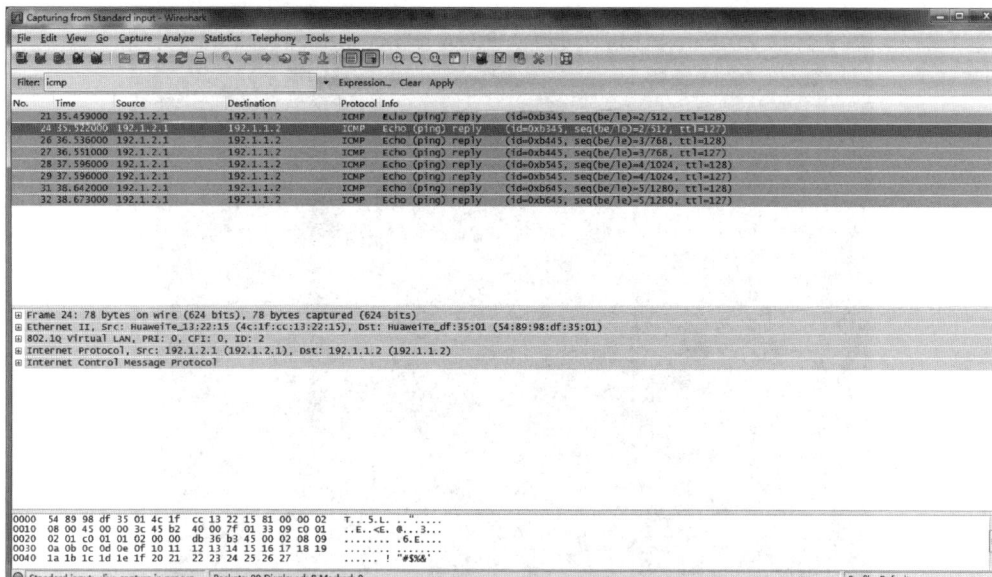

图 10.71 LSW2 中 VLAN 2 对应的 IP 接口至 PC2 这一段的 IP 分组封装格式

3. IP 接口配置方式三对应的实验步骤

（1）分别在交换机 LSW1 和 LSW2 中创建 VLAN 2、VLAN 3 和 VLAN 4，并将端口分配给各个 VLAN。交换机 LSW1 和 LSW2 的 VLAN 状态分别如图 10.72 和图 10.73 所示。

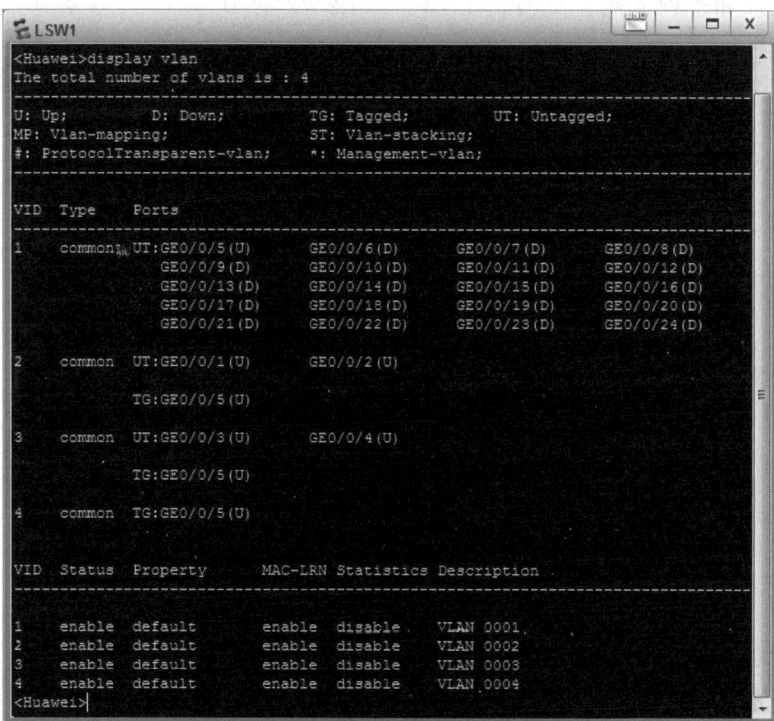

图 10.72 交换机 LSW1 的 VLAN 状态

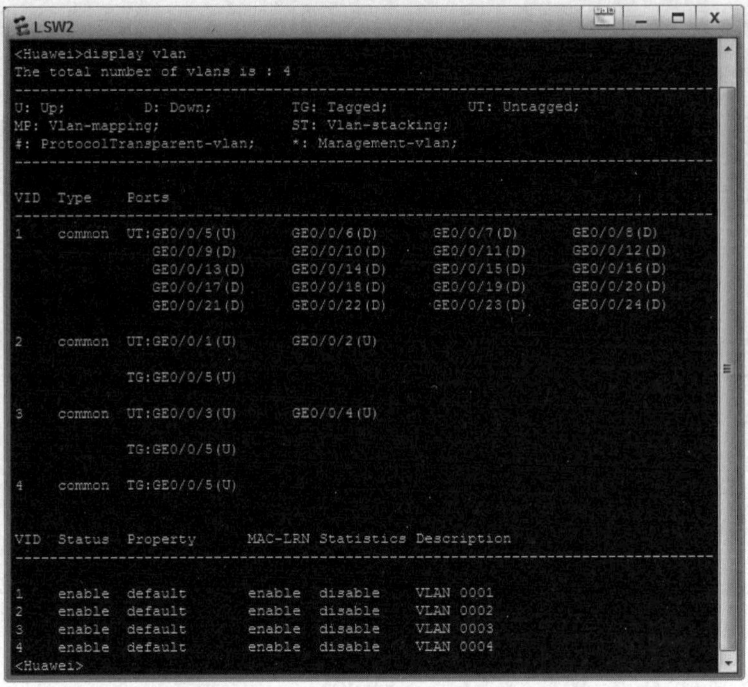
```
LSW2
<Huawei>display vlan
The total number of vlans is : 4
--------------------------------------------------------------------------------
U: Up;          D: Down;         TG: Tagged;          UT: Untagged;
MP: Vlan-mapping;                ST: Vlan-stacking;
#: ProtocolTransparent-vlan;     *: Management-vlan;
--------------------------------------------------------------------------------

VID  Type    Ports
--------------------------------------------------------------------------------
1    common  UT:GE0/0/5(U)      GE0/0/6(D)      GE0/0/7(D)      GE0/0/8(D)
                GE0/0/9(D)      GE0/0/10(D)     GE0/0/11(D)     GE0/0/12(D)
                GE0/0/13(D)     GE0/0/14(D)     GE0/0/15(D)     GE0/0/16(D)
                GE0/0/17(D)     GE0/0/18(D)     GE0/0/19(D)     GE0/0/20(D)
                GE0/0/21(D)     GE0/0/22(D)     GE0/0/23(D)     GE0/0/24(D)

2    common  UT:GE0/0/1(U)      GE0/0/2(U)

             TG:GE0/0/5(U)

3    common  UT:GE0/0/3(U)      GE0/0/4(U)

             TG:GE0/0/5(U)

4    common  TG:GE0/0/5(U)


VID  Status  Property      MAC-LRN Statistics Description
--------------------------------------------------------------------------------

1    enable  default       enable  disable    VLAN 0001
2    enable  default       enable  disable    VLAN 0002
3    enable  default       enable  disable    VLAN 0003
4    enable  default       enable  disable    VLAN 0004
<Huawei>
```

图 10.73　交换机 LSW2 的 VLAN 状态

(2) 在交换机 LSW1 中定义 VLAN 2 和 VLAN 4 对应的 IP 接口,并为 IP 接口分配 IP 地址和子网掩码。在交换机 LSW2 中定义 VLAN 3 和 VLAN 4 对应的 IP 接口,并为 IP 接口分配 IP 地址和子网掩码。交换机 LSW1 和 LSW2 的 IP 接口状态分别如图 10.74 和图 10.75 所示。

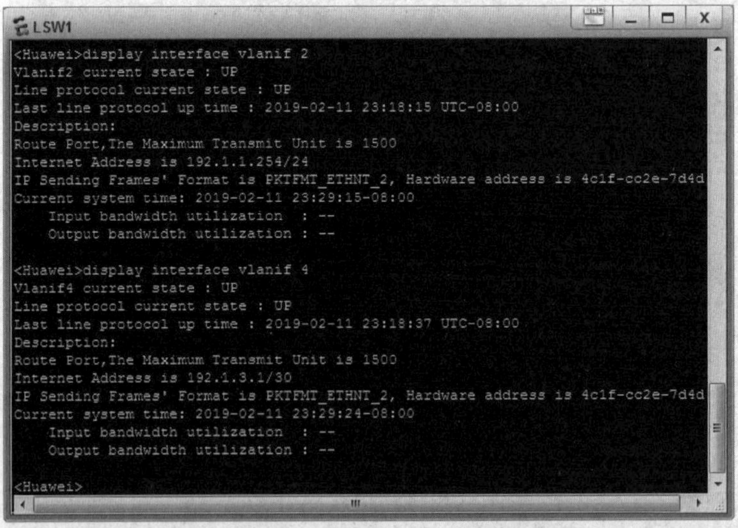
```
LSW1
<Huawei>display interface vlanif 2
Vlanif2 current state : UP
Line protocol current state : UP
Last line protocol up time : 2019-02-11 23:18:15 UTC-08:00
Description:
Route Port,The Maximum Transmit Unit is 1500
Internet Address is 192.1.1.254/24
IP Sending Frames' Format is PKTFMT_ETHNT_2, Hardware address is 4c1f-cc2e-7d4d
Current system time: 2019-02-11 23:29:15-08:00
    Input bandwidth utilization  : --
    Output bandwidth utilization : --

<Huawei>display interface vlanif 4
Vlanif4 current state : UP
Line protocol current state : UP
Last line protocol up time : 2019-02-11 23:18:37 UTC-08:00
Description:
Route Port,The Maximum Transmit Unit is 1500
Internet Address is 192.1.3.1/30
IP Sending Frames' Format is PKTFMT_ETHNT_2, Hardware address is 4c1f-cc2e-7d4d
Current system time: 2019-02-11 23:29:24-08:00
    Input bandwidth utilization  : --
    Output bandwidth utilization : --

<Huawei>
```

图 10.74　交换机 LSW1 的 IP 接口状态

(3) 在交换机 LSW1 中需要配置用于指明通往 VLAN 3 对应的网络 192.1.2.0/24 的传输路径的静态路由项。在交换机 LSW2 中需要配置用于指明通往 VLAN 2 对应的网络

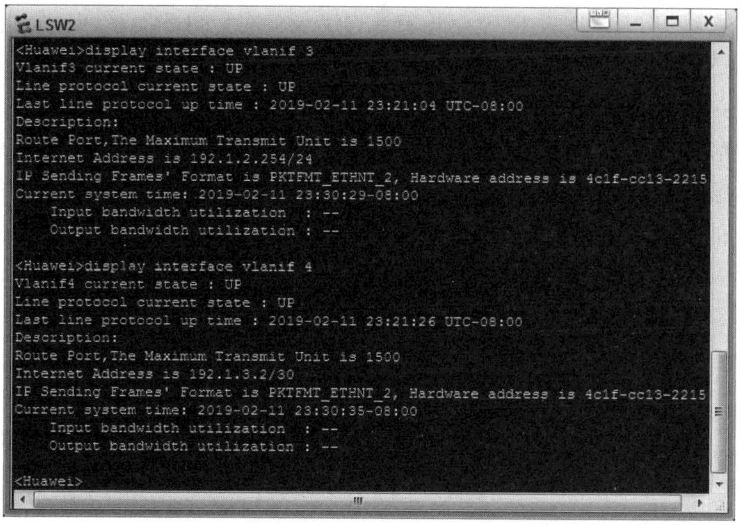

图 10.75　交换机 LSW2 的 IP 接口状态

192.1.1.0/24 的传输路径的静态路由项。完成静态路由项配置过程后,交换机 LSW1 和 LSW2 的完整路由表分别如图 10.76 和图 10.77 所示。路由表中除了直连路由项,还包括静态路由项。

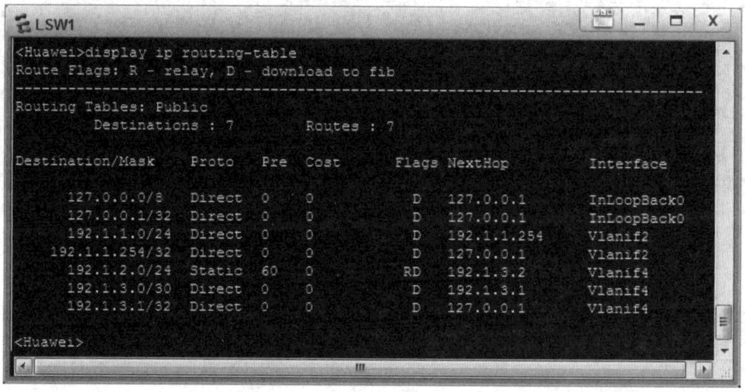

图 10.76　交换机 LSW1 的完整路由表

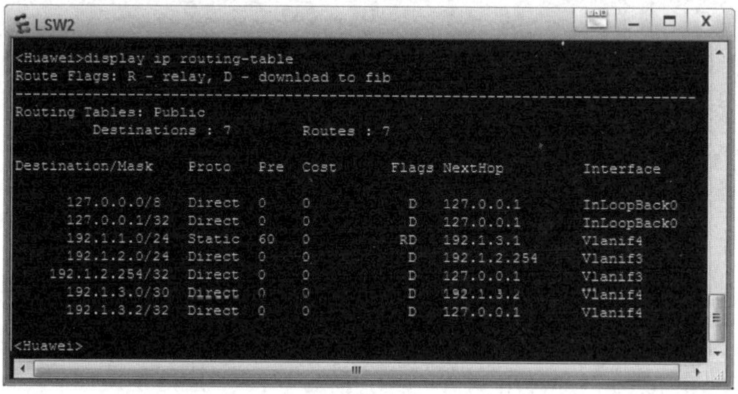

图 10.77　交换机 LSW2 的完整路由表

(4) 连接在 VLAN 2 上的 PC1 至连接在 VLAN 3 上的 PC3 的 IP 分组传输路径是：PC1→交换机 LSW1 中 VLAN 2 对应的 IP 接口→交换机 LSW1 中 VLAN 4 对应的 IP 接口→交换机 LSW2 中 VLAN 4 对应的 IP 接口→交换机 LSW2 中 VLAN 3 对应的 IP 接口→PC2。因此，该 IP 分组将分别从交换机 LSW1 的端口 GE0/0/5 中输出和输入。在交换机 LSW1 的端口 GE0/0/5 上启动捕获报文功能。启动连接在 VLAN 2 上的 PC1 与连接在 VLAN 3 上的 PC3 之间的通信过程，如图 10.78 所示。封装 ICMP 报文的 IP 分组在交换机 LSW1 中 VLAN 4 对应的 IP 接口至交换机 LSW2 中 VLAN 4 对应的 IP 接口这一段的封装格式如图 10.79 所示，封装该 IP 分组的 MAC 帧的源 MAC 地址是交换机 LSW1 中 VLAN 4 对应的 IP 接口的 MAC 地址、目的 MAC 地址是交换机 LSW2 中 VLAN 4 对应的 IP 接口的 MAC 地址。封装 ICMP 报文的 IP 分组在交换机 LSW2 中 VLAN 3 对应的 IP 接口至 PC3 这一段的封装格式如图 10.80 所示，封装该 IP 分组的 MAC 帧的源 MAC 地址是交换机 LSW2 中 VLAN 3 对应的 IP 接口的 MAC 地址、目的 MAC 地址是 PC3 的 MAC 地址。

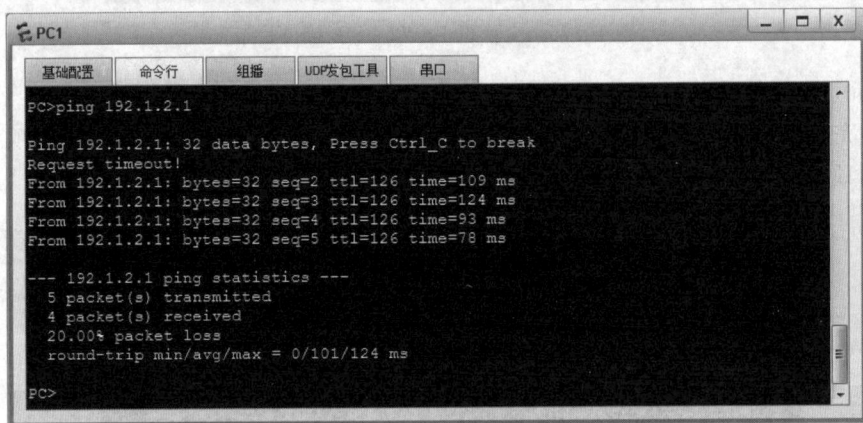

图 10.78　PC1 与 PC3 之间的通信过程

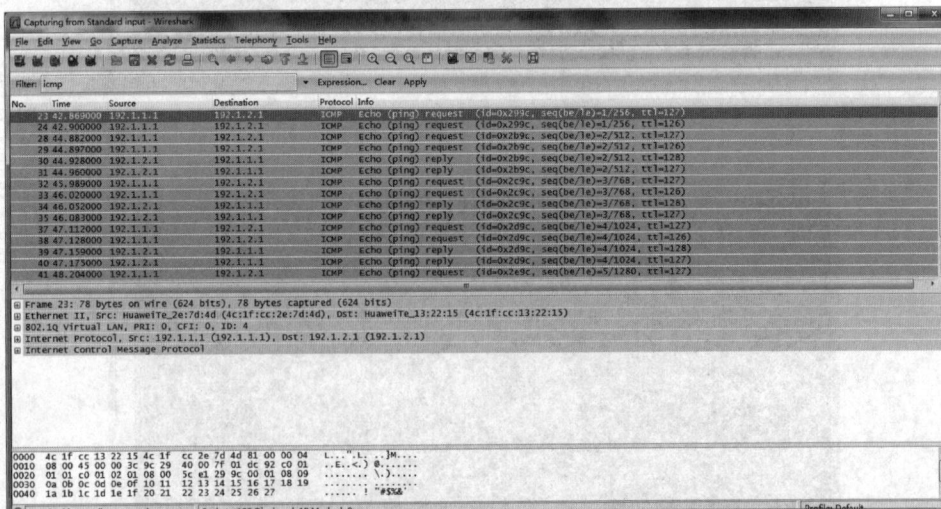

图 10.79　LSW1 中 VLAN 4 对应的 IP 接口至 LSW2 中 VLAN 4
对应的 IP 接口这一段的 IP 分组封装格式

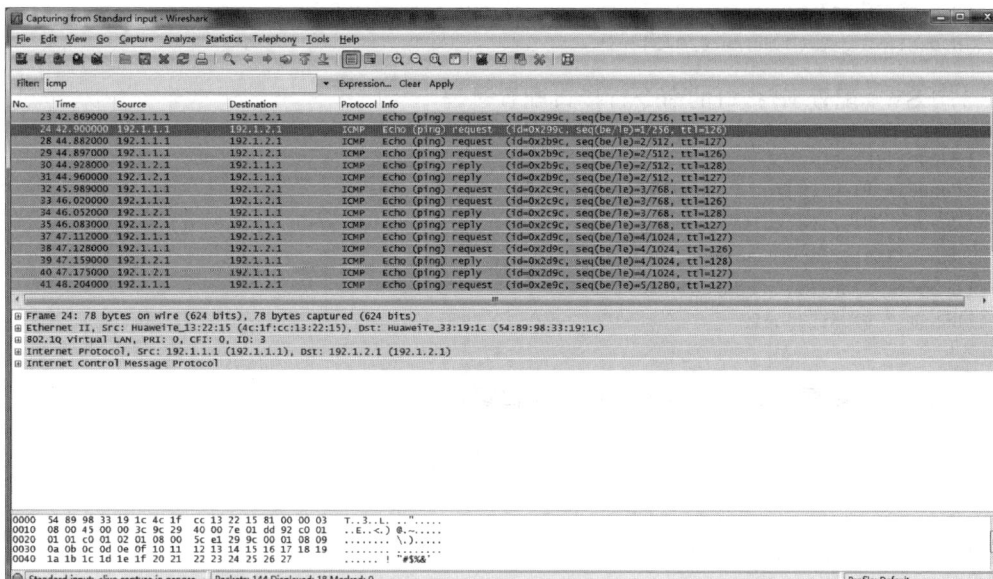

图 10.80　LSW2 中 VLAN 3 对应的 IP 接口至 PC3 这一段的 IP 分组封装格式

10.5.5　命令行接口配置过程

1. IP 接口配置方式一对应的命令行接口配置过程

1）LSW1 和 LSW2 相同的命令行接口配置过程

```
<Huawei> system - view
[Huawei]undo info - center enable
[Huawei]vlan batch 2 3
[Huawei]interface GigabitEthernet0/0/1
[Huawei - GigabitEthernet0/0/1]port link - type access
[Huawei - GigabitEthernet0/0/1]port default vlan 2
[Huawei - GigabitEthernet0/0/1]quit
[Huawei]interface GigabitEthernet0/0/2
[Huawei - GigabitEthernet0/0/2]port link - type access
[Huawei - GigabitEthernet0/0/2]port default vlan 2
[Huawei - GigabitEthernet0/0/2]quit
[Huawei]interface GigabitEthernet0/0/3
[Huawei - GigabitEthernet0/0/3]port link - type access
[Huawei - GigabitEthernet0/0/3]port default vlan 3
[Huawei - GigabitEthernet0/0/3]quit
[Huawei]interface GigabitEthernet0/0/4
[Huawei - GigabitEthernet0/0/4]port link - type access
[Huawei - GigabitEthernet0/0/4]port default vlan 3
[Huawei - GigabitEthernet0/0/4]quit
[Huawei]interface GigabitEthernet0/0/5
[Huawei - GigabitEthernet0/0/5]port link - type trunk
```

```
[Huawei - GigabitEthernet0/0/5]port trunk allow - pass vlan 2 3
[Huawei - GigabitEthernet0/0/5]quit
```

2) LSW1 配置 IP 接口的命令行接口配置过程

```
[Huawei]interface vlanif 2
[Huawei - Vlanif2]ip address 192.1.1.254 24
[Huawei - Vlanif2]quit
[Huawei]interface vlanif 3
[Huawei - Vlanif3]ip address 192.1.2.254 24
[Huawei - Vlanif3]quit
```

2. IP 接口配置方式二对应的命令行接口配置过程

以下是 LSW2 配置 IP 接口的命令行接口配置过程。

```
[Huawei]interface vlanif 2
[Huawei - Vlanif2]ip address 192.1.1.253 24
[Huawei - Vlanif2]quit
[Huawei]interface vlanif 3
[Huawei - Vlanif3]ip address 192.1.2.253 24
[Huawei - Vlanif3]quit
```

3. IP 接口配置方式三对应的命令行接口配置过程

1) LSW1 和 LSW2 相同的命令行接口配置过程

```
< Huawei > system - view
[Huawei]undo info - center enable
[Huawei]vlan batch 2 3 4
[Huawei]interface GigabitEthernet0/0/1
[Huawei - GigabitEthernet0/0/1]port link - type access
[Huawei - GigabitEthernet0/0/1]port default vlan 2
[Huawei - GigabitEthernet0/0/1]quit
[Huawei]interface GigabitEthernet0/0/2
[Huawei - GigabitEthernet0/0/2]port link - type access
[Huawei - GigabitEthernet0/0/2]port default vlan 2
[Huawei - GigabitEthernet0/0/2]quit
[Huawei]interface GigabitEthernet0/0/3
[Huawei - GigabitEthernet0/0/3]port link - type access
[Huawei - GigabitEthernet0/0/3]port default vlan 3
[Huawei - GigabitEthernet0/0/3]quit
[Huawei]interface GigabitEthernet0/0/4
[Huawei - GigabitEthernet0/0/4]port link - type access
[Huawei - GigabitEthernet0/0/4]port default vlan 3
[Huawei - GigabitEthernet0/0/4]quit
[Huawei]interface GigabitEthernet0/0/5
[Huawei - GigabitEthernet0/0/5]port link - type trunk
[Huawei - GigabitEthernet0/0/5]port trunk allow - pass vlan 2 3 4
[Huawei - GigabitEthernet0/0/5]quit
```

2）交换机 LSW1 有关 IP 接口和静态路由项的命令行接口配置过程

```
[Huawei]interface vlanif 2
[Huawei－Vlanif2]ip address 192.1.1.254 24
[Huawei－Vlanif2]quit
[Huawei]interface vlanif 4
[Huawei－Vlanif4]ip address 192.1.3.1 30
[Huawei－Vlanif4]quit
[Huawei]ip route－static 192.1.2.0 24 192.1.3.2
```

3）交换机 LSW2 有关 IP 接口和静态路由项的命令行接口配置过程

```
[Huawei]interface vlanif 3
[Huawei－Vlanif3]ip address 192.1.2.254 24
[Huawei－Vlanif3]quit
[Huawei]interface vlanif 4
[Huawei－Vlanif4]ip address 192.1.3.2 30
[Huawei－Vlanif4]quit
[Huawei]ip route－static 192.1.1.0 24 192.1.3.1
```

10.6 三层交换机链路聚合实验

10.6.1 实验内容

互联网结构如图 10.81 所示,三层交换机 S1 和 S2 的端口 3～端口 5 构成 eth-trunk 接口,这一对 eth-trunk 接口构成三层交换机 S1 和 S2 之间的二层交换路径,且该交换路径被 VLAN 2 和 VLAN 3 共享。

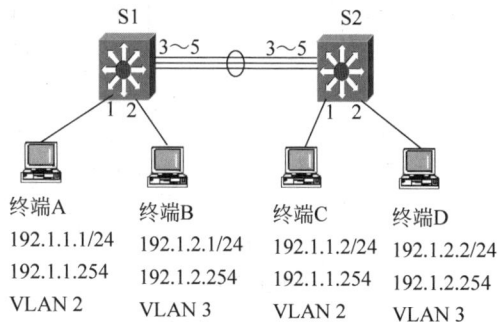

图 10.81 互联网结构

分别在三层交换机 S1 和 S2 中创建 VLAN 2 和 VLAN 3,终端 A 和终端 C 属于 VLAN 2,终端 B 和终端 D 属于 VLAN 3,三层交换机 S1 中定义 VLAN 2 对应的 IP 接口,但不允许定义 VLAN 3 对应的 IP 接口。二层交换机 S2 中定义 VLAN 3 对应的 IP 接口,但不允许定义 VLAN 2 对应的 IP 接口。在满足上述要求的情况下,实现属于同一 VLAN 的两个终端之间的通信过程,属于不同 VLAN 的两个终端之间的通信过程。

10.6.2 实验目的

(1) 进一步理解三层交换机的二层交换和三层路由功能。

(2) 掌握三层交换机中作为共享端口的 eth-trunk 接口的配置过程。

(3) 掌握三层交换机 IP 接口的配置过程。

(4) 验证 IP 分组 VLAN 间传输过程。

10.6.3 实验原理

三层交换机 S1 和 S2 之间的聚合链路既可以用于实现三层交换机 S1 和 S2 路由模块之间的互连,如图 10.82(a)所示;又可以用于建立三层交换机 S1 和 S2 之间的交换路径,以此实现 VLAN 内通信过程,如图 10.82(b)所示。

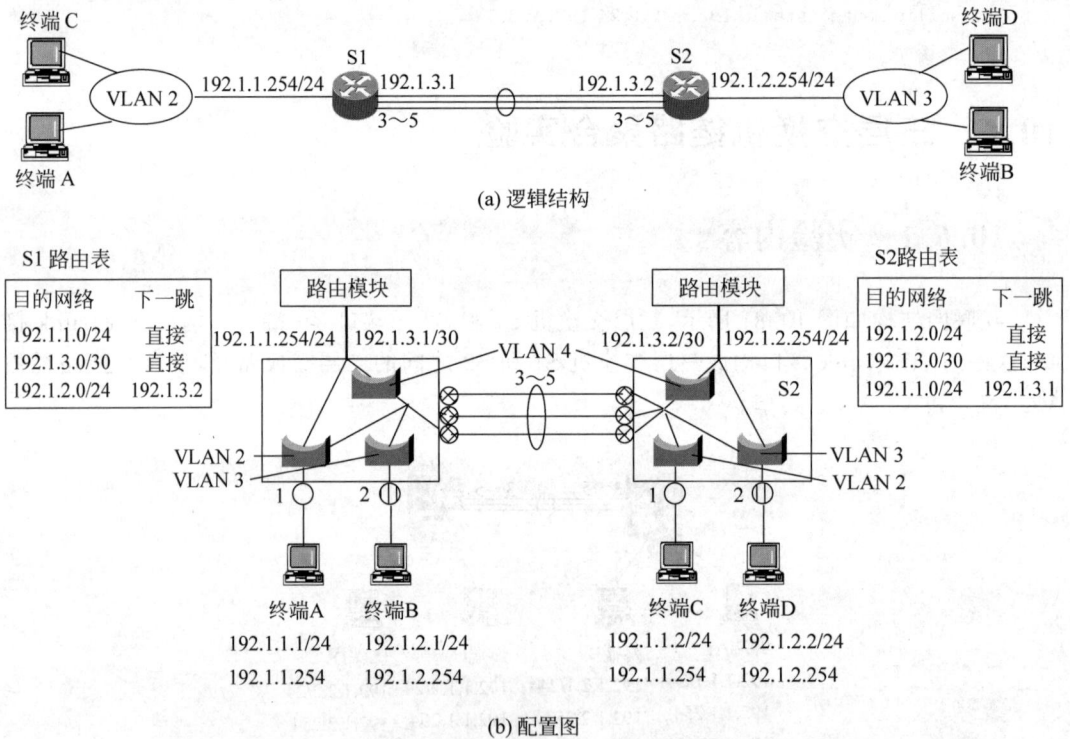

图 10.82 实现 VLAN 互联原理图

由于三层交换机 S1 中不允许定义 VLAN 3 对应的 IP 接口,三层交换机 S2 中不允许定义 VLAN 2 对应的 IP 接口,因此,需要在交换机 S1 和 S2 中分别定义用于实现交换机 S1 中 VLAN 2 对应的 IP 接口和交换机 S2 中 VLAN 3 对应的 IP 接口的 VLAN 4。VLAN 2、VLAN 3 和 VLAN 4 共享三层交换机 S1 和 S2 之间的聚合链路。

根据如图 10.82(b)所示的配置图,终端 A 至终端 D IP 分组传输路径由三部分组成:一是终端 A 至 S1 路由模块;二是 S1 路由模块至 S2 路由模块,这一段路径经过两个三层交换机之间的聚合链路;三是 S2 路由模块至终端 D。

终端 A 至终端 B IP 分组传输路径也由三部分组成:一是终端 A 至 S1 路由模块;二是 S1 路由模块至 S2 路由模块,这一段路径经过两个三层交换机之间的聚合链路;三是 S2 路由模块至终端 B,这一段路径也需要经过两个三层交换机之间的聚合链路。

10.6.4　实验步骤

(1) 启动 eNSP,按照如图 10.81 所示的网络拓扑结构放置和连接设备,完成设备放置和连接后的 eNSP 界面如图 10.83 所示。启动所有设备。

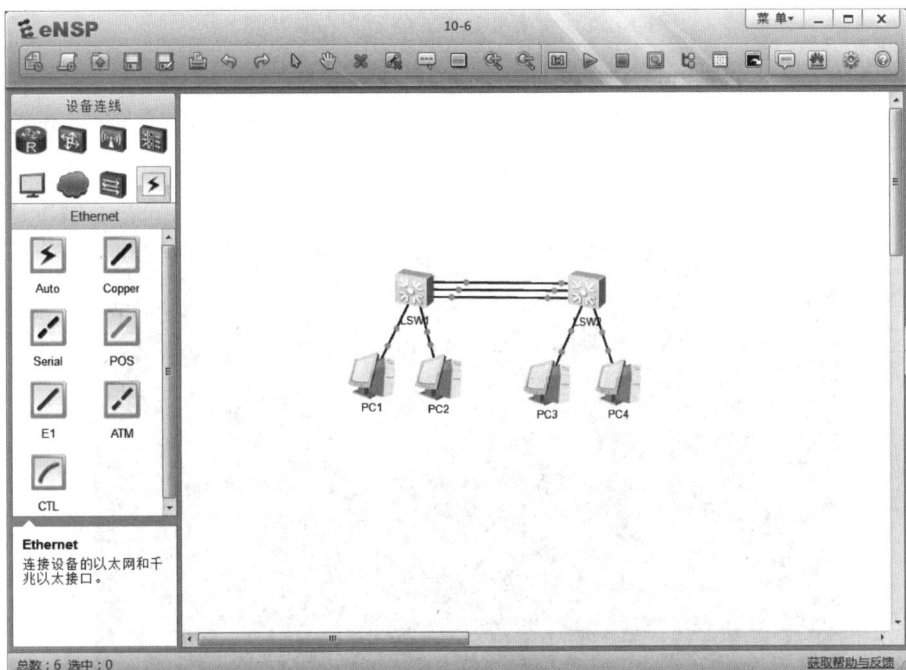

图 10.83　完成设备放置和连接后的 eNSP 界面

(2) 完成交换机 LSW1 和 LSW2 eth-trunk 配置过程,交换机 LSW1 和 LSW2 的 eth-trunk 成员分别如图 10.84 和图 10.85 所示。

图 10.84　交换机 LSW1 的 eth-trunk 成员

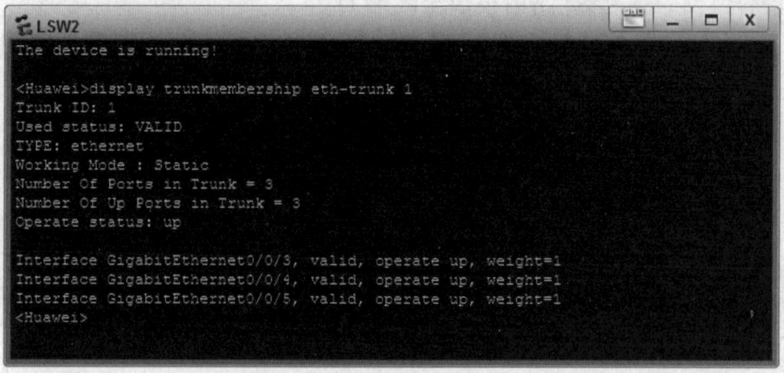

```
LSW2
The device is running!

<Huawei>display trunkmembership eth-trunk 1
Trunk ID: 1
Used status: VALID
TYPE: ethernet
Working Mode : Static
Number Of Ports in Trunk = 3
Number Of Up Ports in Trunk = 3
Operate status: up

Interface GigabitEthernet0/0/3, valid, operate up, weight=1
Interface GigabitEthernet0/0/4, valid, operate up, weight=1
Interface GigabitEthernet0/0/5, valid, operate up, weight=1
<Huawei>
```

图 10.85　交换机 LSW2 的 eth-trunk 成员

(3) 分别在交换机 LSW1 和 LSW2 中创建 VLAN 2、VLAN 3 和 VLAN 4,并将端口分配给这些 VLAN。eth-trunk 作为单个端口被 VLAN 2、VLAN 3 和 VLAN 4 共享。交换机 LSW1 和 LSW2 的 VLAN 状态分别如图 10.86 和图 10.87 所示。

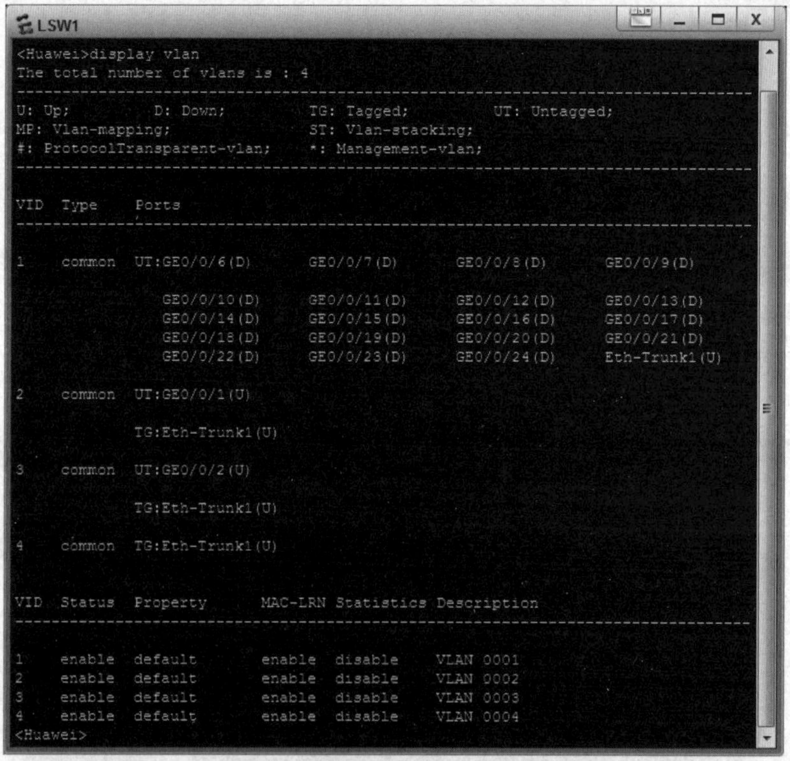

```
LSW1
<Huawei>display vlan
The total number of vlans is : 4
--------------------------------------------------------------------------------
U: Up;         D: Down;         TG: Tagged;         UT: Untagged;
MP: Vlan-mapping;               ST: Vlan-stacking;
#: ProtocolTransparent-vlan;    *: Management-vlan;
--------------------------------------------------------------------------------

VID  Type    Ports
--------------------------------------------------------------------------------

1    common  UT:GE0/0/6(D)      GE0/0/7(D)      GE0/0/8(D)      GE0/0/9(D)

                GE0/0/10(D)     GE0/0/11(D)     GE0/0/12(D)     GE0/0/13(D)
                GE0/0/14(D)     GE0/0/15(D)     GE0/0/16(D)     GE0/0/17(D)
                GE0/0/18(D)     GE0/0/19(D)     GE0/0/20(D)     GE0/0/21(D)
                GE0/0/22(D)     GE0/0/23(D)     GE0/0/24(D)     Eth-Trunk1(U)

2    common  UT:GE0/0/1(U)

             TG:Eth-Trunk1(U)

3    common  UT:GE0/0/2(U)

             TG:Eth-Trunk1(U)

4    common  TG:Eth-Trunk1(U)


VID  Status  Property      MAC-LRN Statistics Description
--------------------------------------------------------------------------------

1    enable  default       enable  disable    VLAN 0001
2    enable  default       enable  disable    VLAN 0002
3    enable  default       enable  disable    VLAN 0003
4    enable  default       enable  disable    VLAN 0004
<Huawei>
```

图 10.86　交换机 LSW1 的 VLAN 状态

(4) 在交换机 LSW1 中定义 VLAN 2 和 VLAN 4 对应的 IP 接口,并为这些 IP 接口分配 IP 地址和子网掩码。在交换机 LSW2 中定义 VLAN 3 和 VLAN 4 对应的 IP 接口,并为这些 IP 接口分配 IP 地址和子网掩码。交换机 LSW1 和 LSW2 的 IP 接口状态分别如图 10.88 和图 10.89 所示。

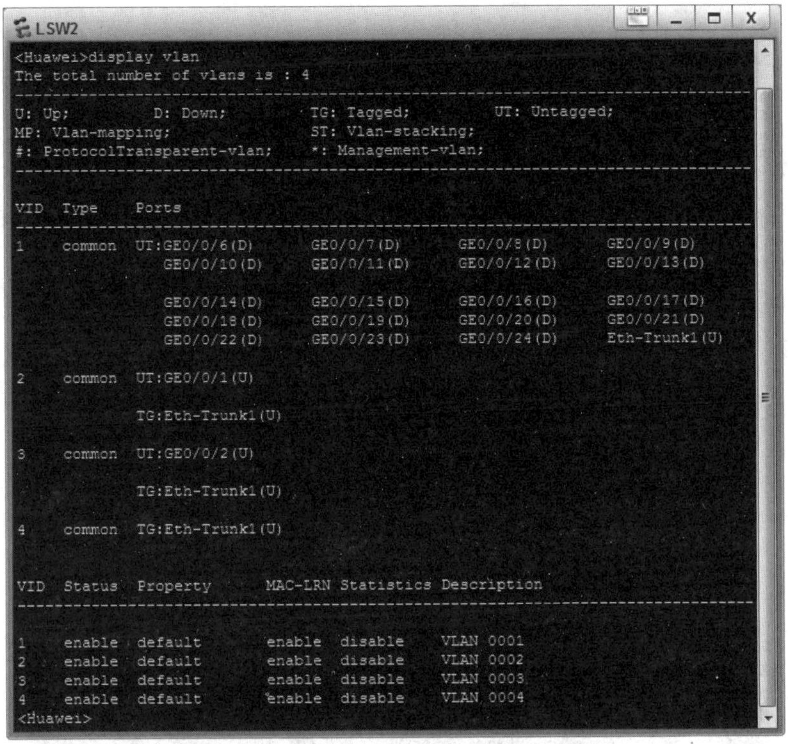

图 10.87 交换机 LSW2 的 VLAN 状态

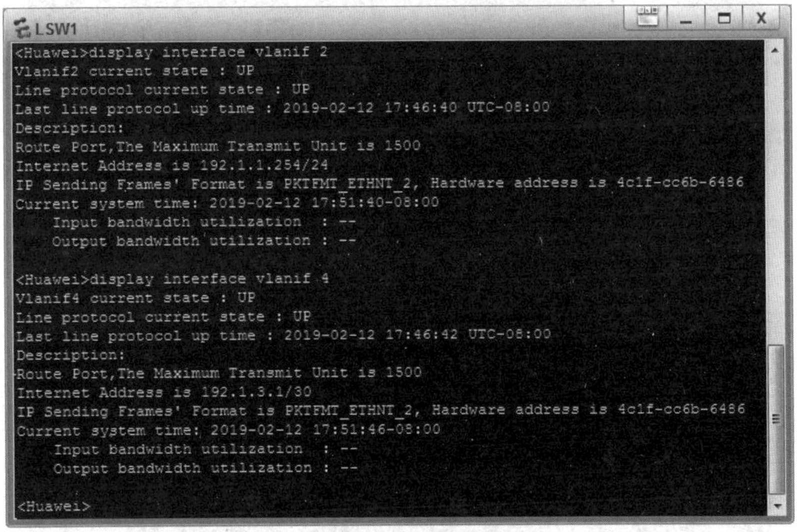

图 10.88 交换机 LSW1 的 IP 接口状态

（5）在交换机 LSW1 中配置用于指明通往 VLAN 3 对应的网络 192.1.2.0/24 的传输路径的静态路由项。在交换机 LSW2 中配置用于指明通往 VLAN 2 对应的网络 192.1.1.0/24 的传输路径的静态路由项。交换机 LSW1 和 LSW2 的完整路由表分别如图 10.90 和图 10.91 所示。

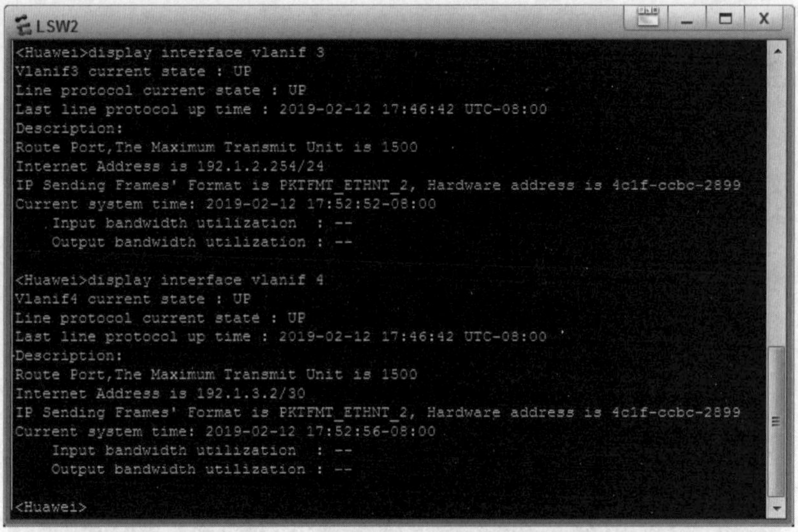

图 10.89　交换机 LSW2 的 IP 接口状态

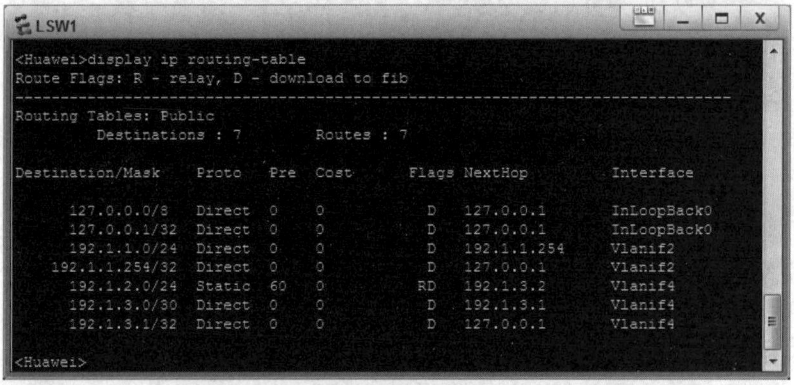

图 10.90　交换机 LSW1 的完整路由表

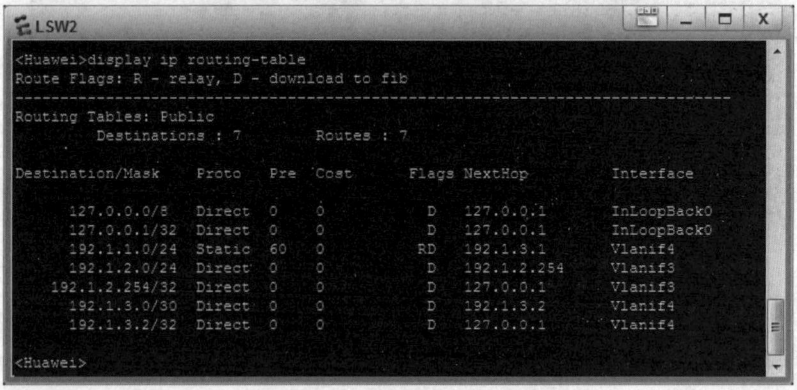

图 10.91　交换机 LSW2 的完整路由表

（6）为各个 PC 配置 IP 地址、子网掩码和默认网关地址，连接在某个 VLAN 上的终端以该 VLAN 对应的 IP 接口的 IP 地址为默认网关地址。PC1 配置的 IP 地址、子网掩码和默认网关地址如图 10.92 所示。PC2 配置的 IP 地址、子网掩码和默认网关地址如图 10.93 所示。

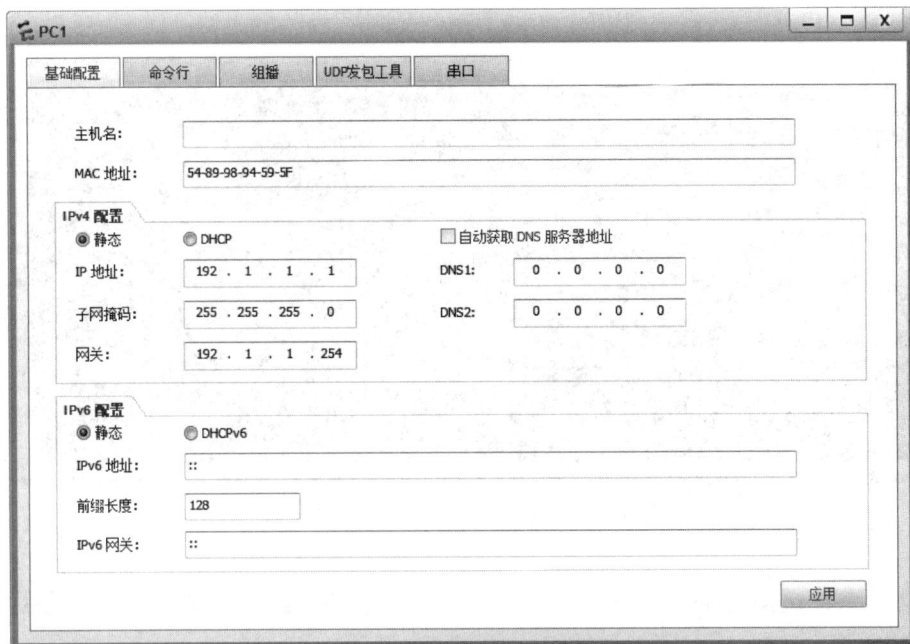

图 10.92　PC1 配置的 IP 地址、子网掩码和默认网关地址

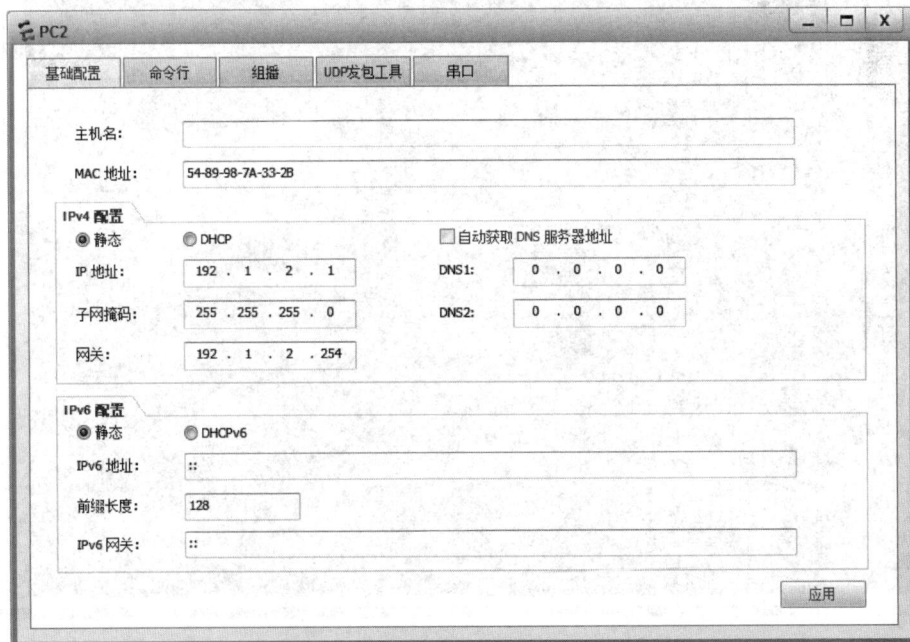

图 10.93　PC2 配置的 IP 地址、子网掩码和默认网关地址

(7) 可以启动连接在同一 VLAN 上的 PC 之间的通信过程和连接在不同 VLAN 上的 PC 之间的通信过程。图 10.94 所示是连接在 VLAN 2 上的 PC1 与 PC3 之间的通信过程。图 10.95 所示是连接在 VLAN 2 上的 PC1 与连接在 VLAN 3 上的 PC2 和 PC4 之间的通信过程。

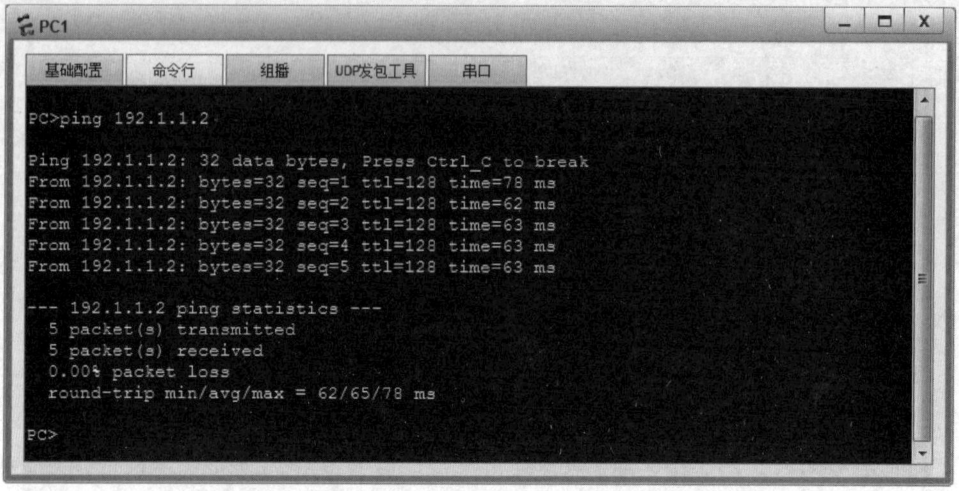

图 10.94 PC1 与 PC3 之间的通信过程

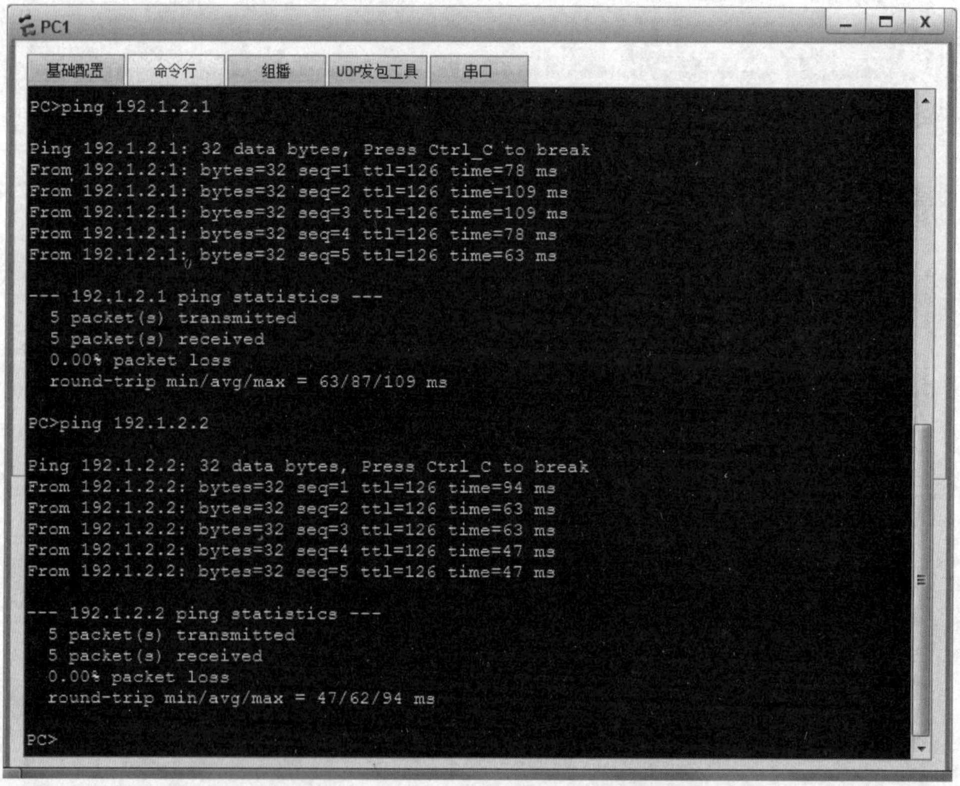

图 10.95 PC1 与 PC2 和 PC4 之间的通信过程

(8) PC1 至 PC2 IP 分组传输路径是：PC1→LSW1 VLAN 2 对应的 IP 接口→LSW1 VLAN 4 对应的 IP 接口→LSW2 VLAN 4 对应的 IP 接口→LSW2 VLAN 3 对应的 IP 接口→PC2。其中，LSW1 VLAN 4 对应的 IP 接口→LSW2 VLAN 4 对应的 IP 接口和 LSW2 VLAN 3 对应的 IP 接口→PC2 的传输过程分别经过 LSW1 的 eth-trunk 1。PC2 至 PC1 IP 分组传输路径是：PC2→LSW2 VLAN 3 对应的 IP 接口→LSW2 VLAN 4 对应的 IP 接口→LSW1 VLAN 4 对应的 IP 接口→LSW1 VLAN 2 对应的 IP 接口→PC1。其中，PC2→LSW2 VLAN 3 对应的 IP 接口和 LSW2 VLAN 4 对应的 IP 接口→LSW1 VLAN 4 对应的 IP 接口的传输过程分别经过 LSW1 的 eth-trunk 1。在属于 eth-trunk 1 的交换机 LSW1 的端口 3、端口 4 和端口 5 上启动捕获报文功能。PC1 至 PC2 的 IP 分组 LSW1 VLAN 4 对应的 IP 接口→LSW2 VLAN 4 对应的 IP 接口的传输过程中，封装成以 LSW1 VLAN 4 对应的 IP 接口的 MAC 地址为源 MAC 地址、以 LSW2 VLAN 4 对应的 IP 接口的 MAC 地址为目的 MAC 地址的 MAC 帧，如图 10.96 所示。PC1 至 PC2 的 IP 分组 LSW2 VLAN 3 对应的 IP 接口→PC2 的传输过程中，封装成以 LSW2 VLAN 3 对应的 IP 接口的 MAC 地址为源 MAC 地址、以 PC2 的 MAC 地址为目的 MAC 地址的 MAC 帧，如图 10.97 所示。PC2 至 PC1 的 IP 分组 PC2→LSW2 VLAN 3 对应的 IP 接口的传输过程中，封装成以 PC2 的 MAC 地址为源 MAC 地址、以 LSW2 VLAN 3 对应的 IP 接口的 MAC 地址为目的 MAC 地址的 MAC 帧，如图 10.98 所示。PC2 至 PC1 的 IP 分组 LSW2 VLAN 4 对应的 IP 接口→LSW1 VLAN 4 对应的 IP 接口的传输过程中，封装成以 LSW2 VLAN 4 对应的 IP 接口的 MAC 地址为源 MAC 地址、以 LSW1 VLAN 4 对应的 IP 接口的 MAC 地址为目的 MAC 地址的 MAC 帧，如图 10.99 所示。需要说明的是，分别在属于 eth-trunk 1 的交换机 LSW1 的端口 3 和端口 4 捕获到 PC1 与 PC2 之间交换的 ICMP 报文。

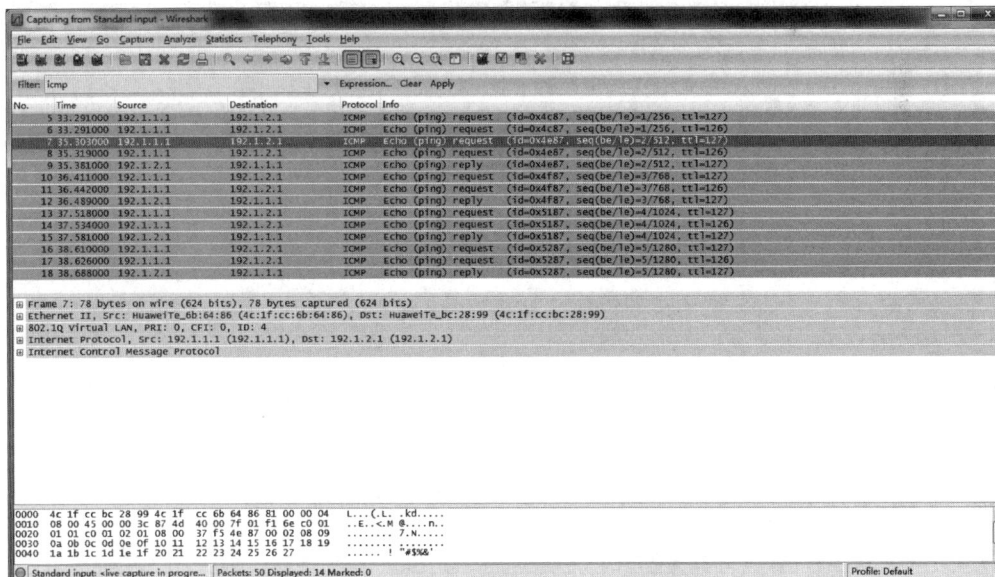

图 10.96　PC1 至 PC2 的 IP 分组 LSW1 VLAN 4 对应的 IP 接口→LSW2 VLAN 4 对应的 IP 接口这一段的封装过程

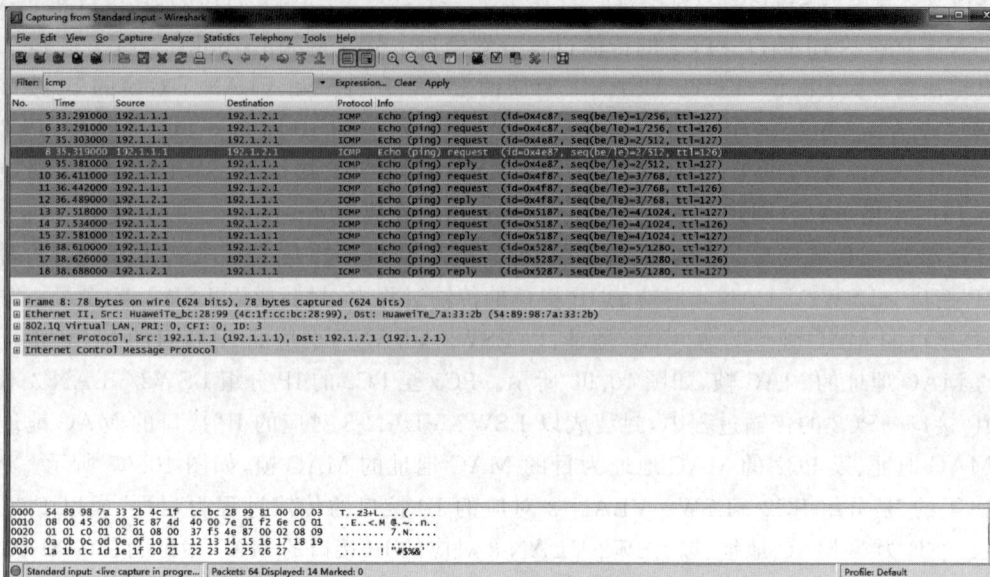

图 10.97 PC1 至 PC2 的 IP 分组 LSW2 VLAN 3 对应的
IP 接口→PC2 这一段的封装过程

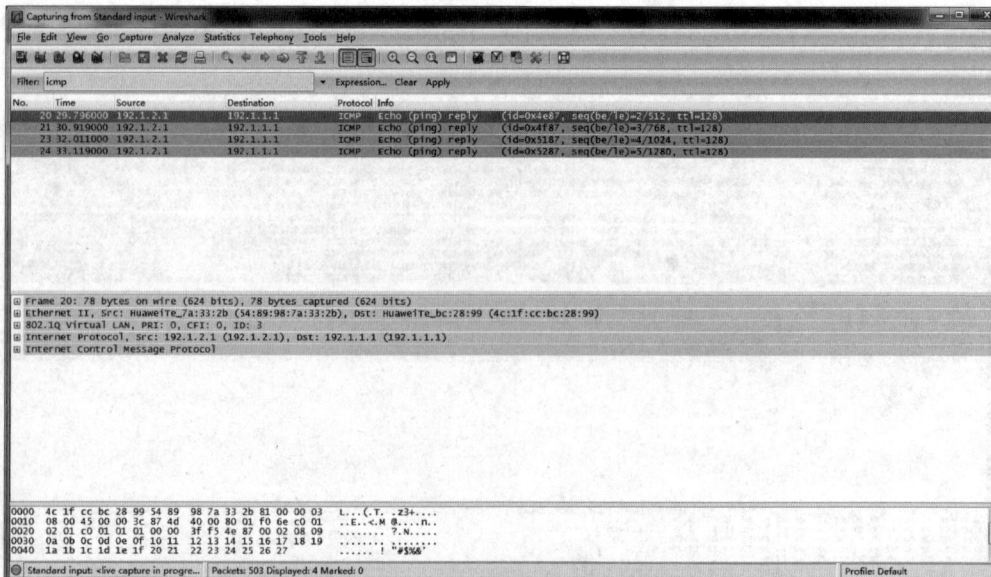

图 10.98 PC2 至 PC1 的 IP 分组 PC2→LSW2 VLAN 3 对应的
IP 接口这一段的封装过程

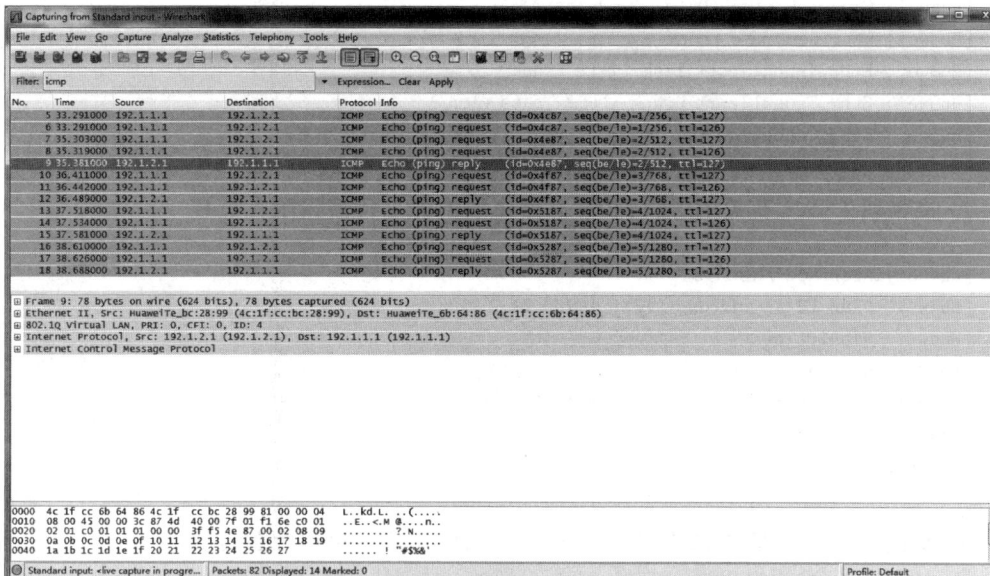

图 10.99　PC2 至 PC1 的 IP 分组 LSW2 VLAN 4 对应的 IP 接口→LSW1 VLAN 4
对应的 IP 接口这一段的封装过程

10.6.5　命令行接口配置过程

1. 交换机 LSW1 和 LSW2 相同的命令行接口配置过程

```
< Huawei > system - view
[Huawei]undo info - center enable
[Huawei]vlan batch 2 3 4
[Huawei]interface GigabitEthernet0/0/1
[Huawei - GigabitEthernet0/0/1]port link - type access
[Huawei - GigabitEthernet0/0/1]port default vlan 2
[Huawei - GigabitEthernet0/0/1]quit
[Huawei]interface GigabitEthernet0/0/2
[Huawei - GigabitEthernet0/0/2]port link - type access
[Huawei - GigabitEthernet0/0/2]port default vlan 3
[Huawei - GigabitEthernet0/0/2]quit
[Huawei]interface eth - trunk 1
[Huawei - Eth - Trunk1]mode lacp
[Huawei - Eth - Trunk1]load - balance src - dst - ip
[Huawei - Eth - Trunk1]quit
[Huawei]interface GigabitEthernet0/0/3
[Huawei - GigabitEthernet0/0/3]eth - trunk 1
[Huawei - GigabitEthernet0/0/3]quit
[Huawei]interface GigabitEthernet0/0/4
[Huawei - GigabitEthernet0/0/4]eth - trunk 1
[Huawei - GigabitEthernet0/0/4]quit
[Huawei]interface GigabitEthernet0/0/5
[Huawei - GigabitEthernet0/0/5]eth - trunk 1
```

```
[Huawei - GigabitEthernet0/0/5]quit
[Huawei]interface eth - trunk 1
[Huawei - Eth - Trunk1]port link - type trunk
[Huawei - Eth - Trunk1]port trunk allow - pass vlan 2 3 4
[Huawei - Eth - Trunk1]quit
```

2. 交换机 LSW1 有关 IP 接口和静态路由项的命令行接口配置过程

```
[Huawei]interface vlanif 2
[Huawei - Vlanif2]ip address 192.1.1.254 24
[Huawei - Vlanif2]quit
[Huawei]interface vlanif 4
[Huawei - Vlanif4]ip address 192.1.3.1 30
[Huawei - Vlanif4]quit
[Huawei]ip route - static 192.1.2.0 24 192.1.3.2
```

3. 交换机 LSW2 有关 IP 接口和静态路由项的命令行接口配置过程

```
[Huawei]interface vlanif 3
[Huawei - Vlanif3]ip address 192.1.2.254 24
[Huawei - Vlanif3]quit
[Huawei]interface vlanif 4
[Huawei - Vlanif4]ip address 192.1.3.2 30
[Huawei - Vlanif4]quit
[Huawei]ip route - static 192.1.1.0 24 192.1.3.1
```

IPv6 实验

IPv6 实验包括两部分：一是验证 IPv6 网络连通性的实验,主要验证与保障 IPv6 网络内终端之间 IPv6 分组传输过程有关的知识,如自动生成链路本地地址过程、静态路由项配置过程、路由协议生成动态路由项过程等；二是 IPv6 网络与 IPv4 网络互联过程的实验,主要验证有关双协议栈和 IPv6 over IPv4 隧道等知识。

11.1 基本配置实验

11.1.1 实验内容

简单互联网结构如图 11.1 所示,由两个以太网接口的路由器 R 互联两个独立的以太网而成。终端 A 和终端 B 分别连接在两个独立的以太网上,实现终端 A 与终端 B 之间 IPv6 分组传输过程。

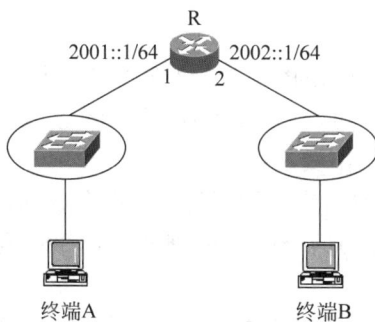

图 11.1 简单互联网结构

11.1.2 实验目的

(1) 掌握路由器接口 IPv6 地址和前缀长度配置过程。

(2) 验证链路本地地址生成过程。

(3) 验证邻站发现协议工作过程。

(4) 验证 IPv6 网络的连通性。

11.1.3　实验原理

启动图 11.1 中路由器接口的 IPv6 和自动生成链路本地地址的功能后,两个路由器接口自动生成链路本地地址。手工配置两个路由器接口的全球 IPv6 地址和前缀长度。终端 A 配置 64 位前缀为 2001::的全球 IPv6 地址,并以路由器 R 接口 1 配置的全球 IPv6 地址 2001::1 为默认网关地址。同样,终端 B 配置 64 位前缀为 2002::的全球 IPv6 地址,并以路由器 R 接口 2 配置的全球 IPv6 地址 2002::1 为默认网关地址,在此基础上实现连接在不同以太网上的两个终端之间的 IPv6 分组传输过程。

11.1.4　关键命令说明

1. 启动路由器转发 IPv6 单播分组的功能

```
[Huawei]ipv6
```

ipv6 是系统视图下使用的命令,该命令的作用是启动路由器转发 IPv6 单播分组的功能。只有在通过该命令启动网络设备转发 IPv6 单播分组的功能后,才能对该网络设备进行其他有关 IPv6 的配置过程。

2. 完成接口有关 IPv6 的配置过程

```
[Huawei]interface GigabitEthernet0/0/0
[Huawei-GigabitEthernet0/0/0]ipv6 enable
[Huawei-GigabitEthernet0/0/0]ipv6 address 2001::1 64
[Huawei-GigabitEthernet0/0/0]ipv6 address auto link-local
[Huawei-GigabitEthernet0/0/0]quit
```

ipv6 enable 是接口视图下使用的命令,该命令的作用是启动指定接口(这里是接口 GigabitEthernet0/0/0)的 IPv6 功能,只有在通过该命令启动指定接口的 IPv6 功能后,才能对该接口进行其他有关 IPv6 的配置过程。

ipv6 address 2001::1 64 是接口视图下使用的命令,该命令的作用是配置指定接口(这里是接口 GigabitEthernet0/0/0)的全球 IPv6 地址和前缀长度。其中 2001::1 是全球 IPv6 地址,64 是前缀长度。

ipv6 address auto link-local 是接口视图下使用的命令,该命令的作用是启动指定接口(这里是接口 GigabitEthernet0/0/0)自动生成链路本地地址的功能。

11.1.5　实验步骤

(1) 启动 eNSP,按照如图 11.1 所示的网络拓扑结构放置和连接设备,完成设备放置和连接后的 eNSP 界面如图 11.2 所示。启动所有设备。

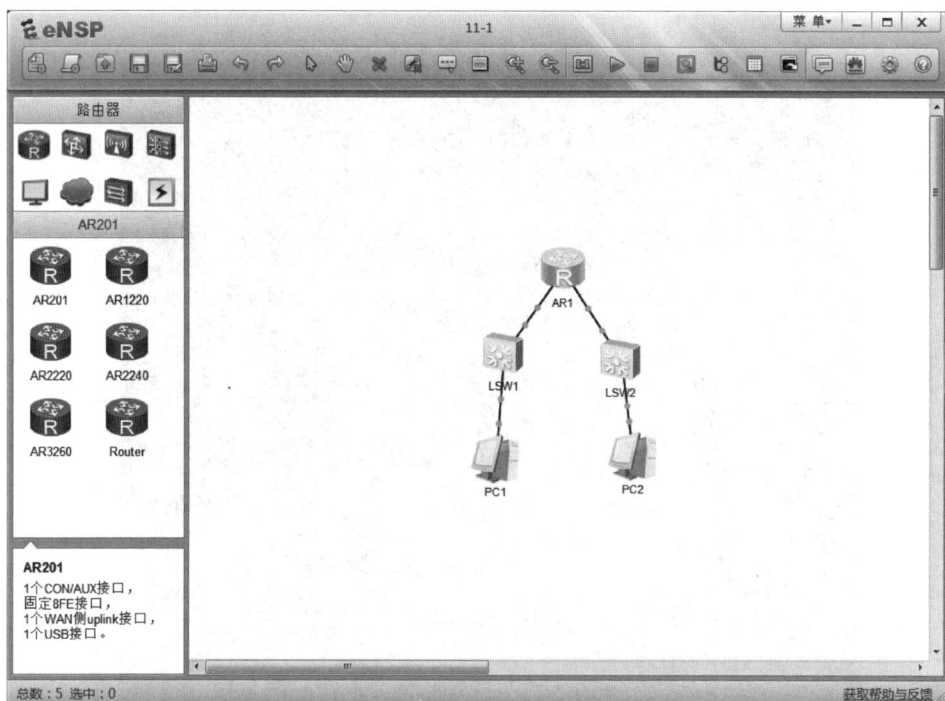

图 11.2　完成设备放置和连接后的 eNSP 界面

（2）启动路由器 AR1 转发 IPv6 单播分组的功能，完成路由器 AR1 各个接口的 IPv6 地址和前缀长度的配置过程。完成上述配置过程后，路由器 AR1 的接口状态如图 11.3 所示，自动生成的直连路由项如图 11.4 所示。

图 11.3　路由器 AR1 的接口状态

（3）完成各个 PC IPv6 地址、前缀长度和默认网关地址的配置过程，PC1 配置的 IPv6 地址、前缀长度和默认网关地址如图 11.5 所示，IPv6 地址的前缀必须是 2001::，与路由器 AR1 连接交换机 LSW1 的接口的 IPv6 地址的前缀相同，默认网关地址是路由器 AR1 连接交换机 LSW1 的接口的 IPv6 地址 2001::1。PC2 配置的 IPv6 地址、前缀长度和默认网关地址如图 11.6 所示，IPv6 地址的前缀必须是 2002::，与路由器 AR1 连接交换机 LSW2 的接口的 IPv6 地址的前缀相同，默认网关地址是路由器 AR1 连接交换机 LSW2 的接口的 IPv6 地址 2002::1。

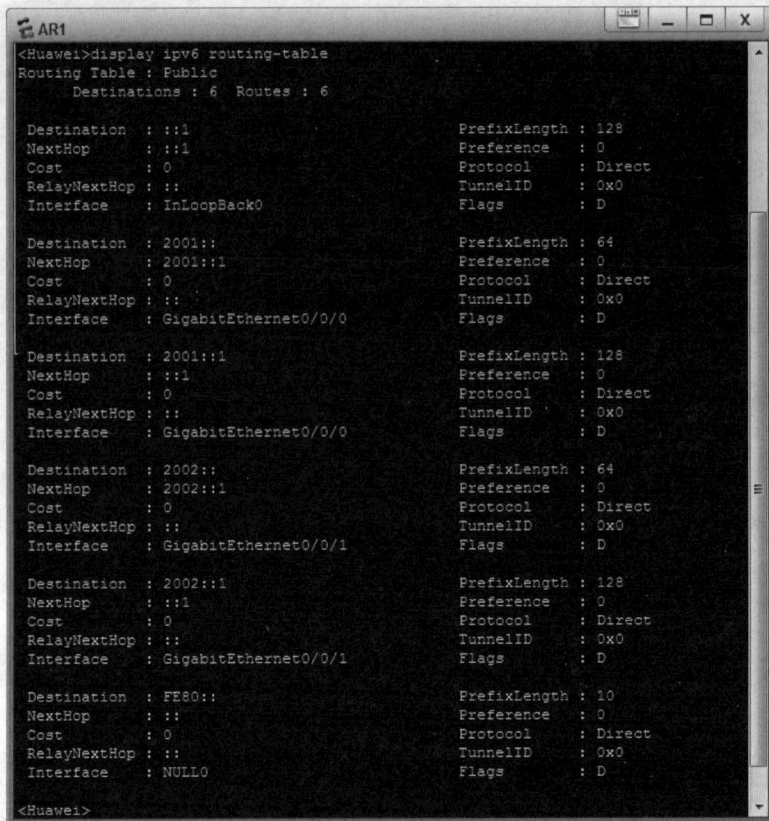

图 11.4　路由器 AR1 的直连路由项

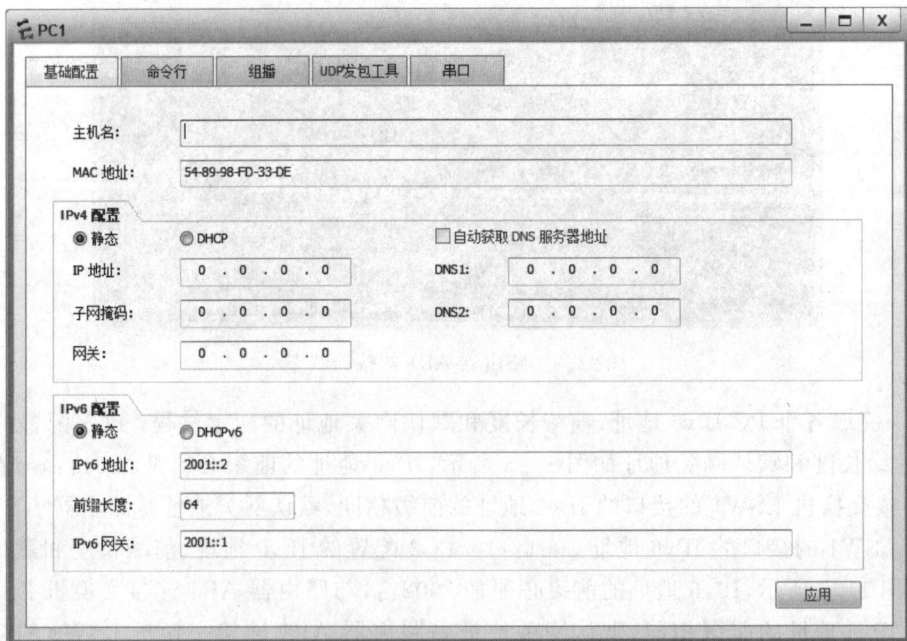

图 11.5　PC1 配置的 IPv6 地址、前缀长度和默认网关地址

图 11.6　PC2 配置的 IPv6 地址、前缀长度和默认网关地址

（4）如图 11.7 所示，启动 PC1 至 PC2 的 ICMPv6 报文传输过程。该 ICMPv6 报文封装成以 PC1 的 IPv6 地址 2001::2 为源 IPv6 地址、以 PC2 的 IPv6 地址 2002::2 为目的 IPv6 地址的 IPv6 分组。在 PC1 至路由器 AR1 连接交换机 LSW1 的接口这一段，该 IPv6 分组封装成以 PC1 的 MAC 地址为源 MAC 地址、以路由器 AR1 连接交换机 LSW1 的接口的 MAC 地址为目的 MAC 地址的 MAC 帧。PC1 为了获取路由器 AR1 连接交换机 LSW1 的接口的 MAC 地址，需要与路由器 AR1 交换 ICMPv6 的邻站请求和邻站通告，路由器 AR1 连接交换机 LSW1 的接口捕获的报文序列如图 11.8 所示。在路由器 AR1 连

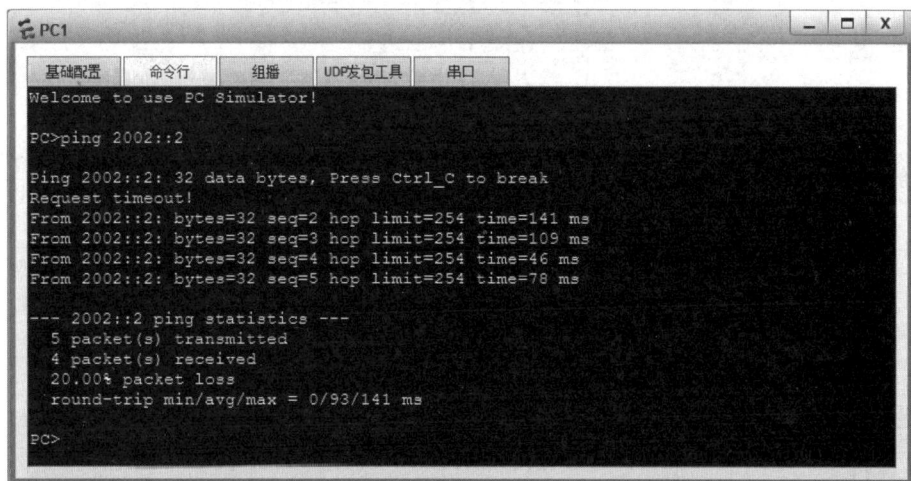

图 11.7　PC1 与 PC2 之间 ICMPv6 报文传输过程

接交换机 LSW2 的接口至 PC2 这一段,该 IPv6 分组封装成以路由器 AR1 连接交换机 LSW2 的接口的 MAC 地址为源 MAC 地址、以 PC2 的 MAC 地址为目的 MAC 地址的 MAC 帧。同样,路由器 AR1 为了获取 PC2 的 MAC 地址,需要与 PC2 交换 ICMPv6 的邻站请求和邻站通告。在路由器 AR1 连接交换机 LSW2 的接口捕获的报文序列如图 11.9 所示。

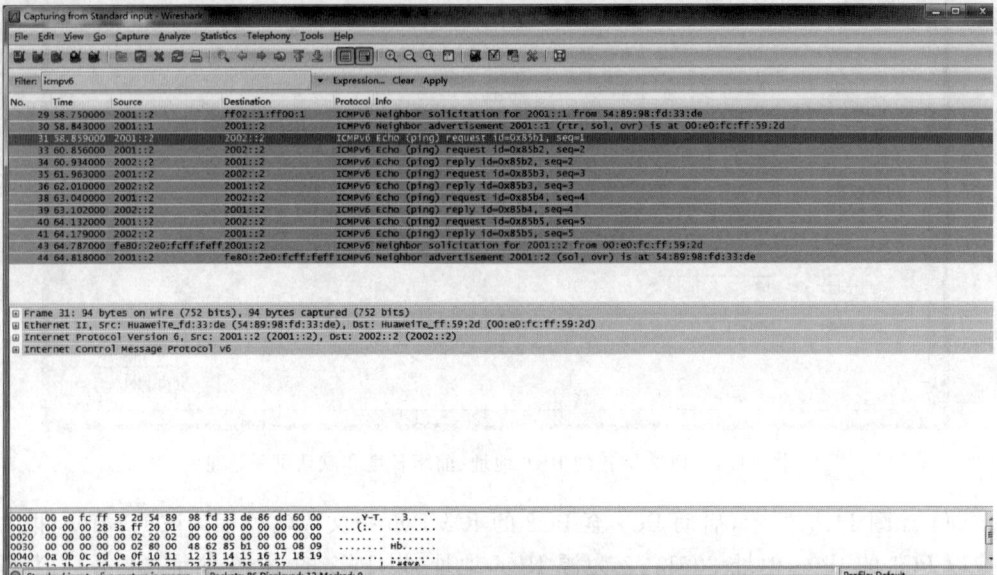

图 11.8 路由器 AR1 连接交换机 LSW1 的接口捕获的报文序列

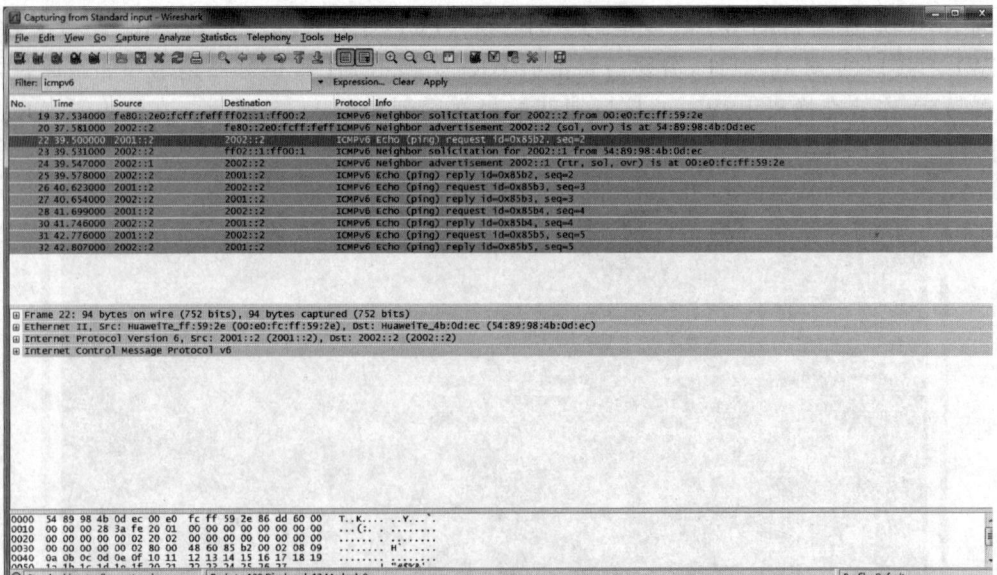

图 11.9 路由器 AR1 连接交换机 LSW2 的接口捕获的报文序列

11.1.6　命令行接口配置过程

1. 路由器 AR1 命令行接口配置过程

```
< Huawei > system - view
[Huawei]undo info - center enable
[Huawei]ipv6
[Huawei]interface GigabitEthernet0/0/0
[Huawei - GigabitEthernet0/0/0]ipv6 enable
[Huawei - GigabitEthernet0/0/0]ipv6 address 2001::1 64
[Huawei - GigabitEthernet0/0/0]ipv6 address auto link - local
[Huawei - GigabitEthernet0/0/0]quit
[Huawei]interface GigabitEthernet0/0/1
[Huawei - GigabitEthernet0/0/1]ipv6 enable
[Huawei - GigabitEthernet0/0/1]ipv6 address 2002::1 64
[Huawei - GigabitEthernet0/0/1]ipv6 address auto link - local
[Huawei - GigabitEthernet0/0/1]quit
```

2. 命令列表

路由器命令行接口配置过程中使用的命令及功能和参数说明如表 11.1 所示。

表 11.1　路由器命令行接口配置过程中使用的命令及功能和参数说明

命 令 格 式	功能和参数说明
ipv6	启动路由器转发 IPv6 单播分组的功能
ipv6 enable	启动指定接口的 IPv6 功能
ipv6 address{*ipv6-address prefix-length* | *ipv6-address / prefix-length*}	配置指定接口的 IPv6 地址和前缀长度。参数 *ipv6-address* 是 IPv6 地址；参数 *prefix-length* 是前缀长度
ipv6 address auto link-local	启动指定接口自动生成链路本地地址的功能

11.2　VLAN 与 IPv6 实验

11.2.1　实验内容

互联网结构如图 11.10 所示,分别在三层交换机 S1 和 S2 中创建 VLAN 2 和 VLAN 3,终端 A 和终端 C 属于 VLAN 2,终端 B 和终端 D 属于 VLAN 3,三层交换机 S1 中定义 VLAN 2 对应的 IPv6 接口,但不允许定义 VLAN 3 对应的 IPv6 接口。三层交换机 S2 中定义 VLAN 3 对应的 IPv6 接口,但不允许定义 VLAN 2 对应的 IPv6 接口。在满足上述要求的情况下,实现属于同一 VLAN 的两个终端之间的通信过程,属于不同 VLAN 的两个终端之间的通信过程。

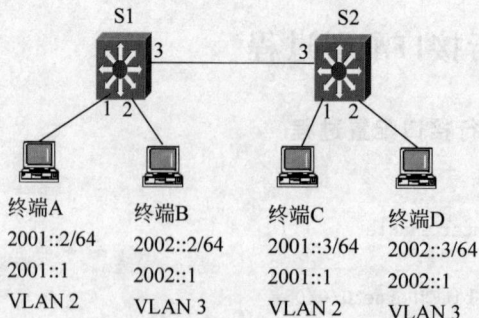

图 11.10 互联网结构

11.2.2 实验目的

(1) 进一步理解三层交换机的二层交换和三层路由功能。

(2) 掌握三层交换机 IPv6 接口的配置过程。

(3) 掌握 IPv6 静态路由项配置过程。

(4) 验证 IPv6 分组 VLAN 间传输过程。

11.2.3 实验原理

由于 S1 中只定义 VLAN 2 对应的 IPv6 接口,S2 中只定义 VLAN 3 对应的 IPv6 接口,因此,连接在 VLAN 2 中的终端,如果需要向连接在 VLAN 3 中的终端传输 IPv6 分组,只能将 IPv6 分组传输给 S1 的路由模块。由于只有 S2 的路由模块中定义了连接 VLAN 3 的 IPv6 接口,因此,需要建立 S1 路由模块与 S2 路由模块之间的 IPv6 分组传输路径。为了建立 S1 路由模块与 S2 路由模块之间的 IPv6 分组传输路径,需要在 S1 和 S2 中创建 VLAN 4,同时在 S1 和 S2 中定义 VLAN 4 对应的 IPv6 接口,建立 S1 中 VLAN 4 对应的 IPv6 接口与 S2 中 VLAN 4 对应的 IPv6 接口之间的交换路径。

S1 路由模块的路由表中需要建立用于指明通往 VLAN 3 的传输路径的路由项,该路由项的目的网络是 VLAN 3 的网络地址 2002::/64,输出接口是连接 VLAN 4 的 IPv6 接口,下一跳是 S2 中连接 VLAN 4 的 IPv6 接口的 IP 地址 2003::2。同样,S2 路由模块的路由表中需要建立目的网络是 VLAN 2 的网络地址 2001::/64,输出接口是连接 VLAN 4 的 IPv6 接口,下一跳是 S1 中连接 VLAN 4 的 IPv6 接口的 IP 地址 2003::1 的路由项。

11.2.4 关键命令说明

以下命令用于配置一项用于指明通往 VLAN 3 对应的网络 2002::/64 的传输路径的静态路由项。

```
[Huawei]ipv6 route-static 2002:: 64 2003::2
```

　　ipv6 route-static 2002::64 2003::2 是系统视图下使用的命令,该命令的作用是配置一项静态路由项。其中,2002::是目的网络前缀,64 是前缀长度,两者用于表明目的网络的网络前缀是 2002::/64;2003::2 是下一跳 IPv6 地址。

11.2.5　实验步骤

　　(1) 启动 eNSP,按照如图 11.10 所示的网络拓扑结构放置和连接设备,完成设备放置和连接后的 eNSP 界面如图 11.11 所示。启动所有设备。

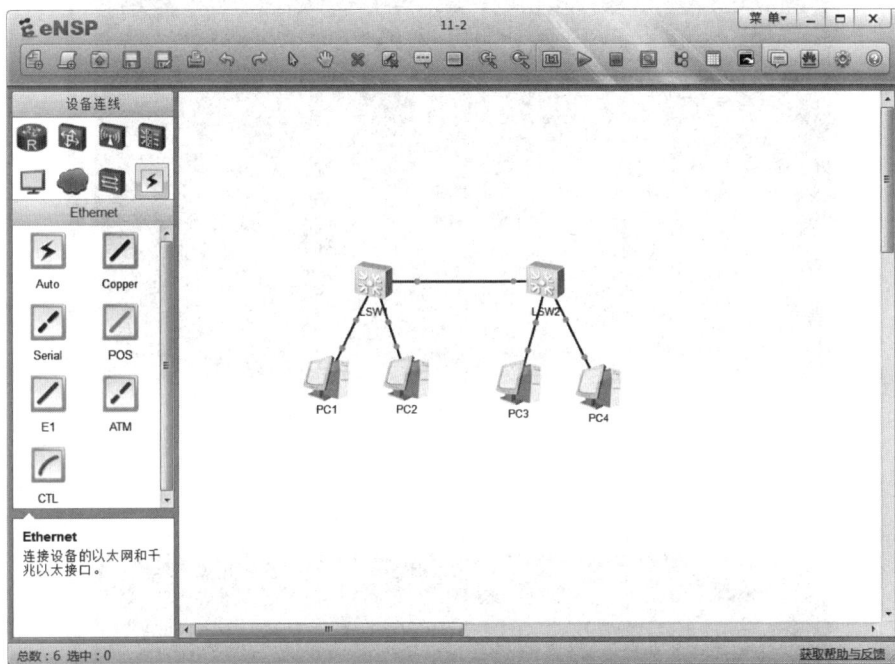

图 11.11　完成设备放置和连接后的 eNSP 界面

　　(2) 分别在交换机 LSW1 和 LSW2 中创建 VLAN 2、VLAN 3 和 VLAN 4,为这些 VLAN 分配交换机端口。在交换机 LSW1 中定义 VLAN 2 和 VLAN 4 对应的 IPv6 接口,为这些 IPv6 接口分配 IPv6 地址和前缀长度。在交换机 LSW2 中定义 VLAN 3 和 VLAN 4 对应的 IPv6 接口,为这些 IPv6 接口分配 IPv6 地址和前缀长度。完成 IPv6 接口定义和 IPv6 相关功能配置过程后,交换机 LSW1 和 LSW2 的 IPv6 接口的状态分别如图 11.12 和图 11.13 所示。

　　(3) 完成交换机 LSW1 和 LSW2 静态路由项配置过程,在交换机 LSW1 中配置一项目的网络是 VLAN 3 对应的网络 2002::/64,下一跳是交换机 LSW2 中 VLAN 4 对应的 IPv6 接口的 IPv6 地址 2003::2 的静态路由项。在交换机 LSW2 中配置一项目的网络是 VLAN 2 对应的网络 2001::/64,下一跳是交换机 LSW1 中 VLAN 4 对应的 IPv6 接口的 IPv6 地址 2003::1 的静态路由项。完成静态路由项配置过程后的交换机 LSW1 和 LSW2 的完整路由表分别如图 11.14 和图 11.15 所示。路由表中除了直连路由项,还包括静态路由项。

```
LSW1                                                          ⌐⌐  _  □  X
<Huawei>display ipv6 interface vlanif 2
Vlanif2 current state : UP
IPv6 protocol current state : UP
IPv6 is enabled, link-local address is FE80::4E1F:CCFF:FE8B:1BDA
  Global unicast address(es):
    2001::1, subnet is 2001::/64
  Joined group address(es):
    FF02::1:FF00:1
    FF02::1:FF8B:1BDA
    FF02::2
    FF02::1
  MTU is 1500 bytes
  ND DAD is enabled, number of DAD attempts: 1
  ND reachable time is 30000 milliseconds
  ND retransmit interval is 1000 milliseconds
  Hosts use stateless autoconfig for addresses
<Huawei>display ipv6 interface vlanif 4
Vlanif4 current state : UP
IPv6 protocol current state : UP
IPv6 is enabled, link-local address is FE80::4E1F:CCFF:FE8B:1BDA
  Global unicast address(es):
    2003::1, subnet is 2003::/64
  Joined group address(es):
    FF02::1:FF00:1
    FF02::1:FF8B:1BDA
    FF02::2
    FF02::1
  MTU is 1500 bytes
  ND DAD is enabled, number of DAD attempts: 1
  ND reachable time is 30000 milliseconds
  ND retransmit interval is 1000 milliseconds
  Hosts use stateless autoconfig for addresses
<Huawei>
```

图 11.12　交换机 LSW1 的 IPv6 接口状态

```
LSW2                                                          ⌐⌐  _  □  X
<Huawei>display ipv6 interface vlanif 3
Vlanif3 current state : UP
IPv6 protocol current state : UP
IPv6 is enabled, link-local address is FE80::4E1F:CCFF:FEDF:9B5
  Global unicast address(es):
    2002::1, subnet is 2002::/64
  Joined group address(es):
    FF02::1:FF00:1
    FF02::1:FFDF:9B5
    FF02::2
    FF02::1
  MTU is 1500 bytes
  ND DAD is enabled, number of DAD attempts: 1
  ND reachable time is 30000 milliseconds
  ND retransmit interval is 1000 milliseconds
  Hosts use stateless autoconfig for addresses
<Huawei>display ipv6 interface vlanif 4
Vlanif4 current state : UP
IPv6 protocol current state : UP
IPv6 is enabled, link-local address is FE80::4E1F:CCFF:FEDF:9B5
  Global unicast address(es):
    2003::2, subnet is 2003::/64
  Joined group address(es):
    FF02::1:FF00:2
    FF02::1:FFDF:9B5
    FF02::2
    FF02::1
  MTU is 1500 bytes
  ND DAD is enabled, number of DAD attempts: 1
  ND reachable time is 30000 milliseconds
  ND retransmit interval is 1000 milliseconds
  Hosts use stateless autoconfig for addresses
<Huawei>
```

图 11.13　交换机 LSW2 的 IPv6 接口状态

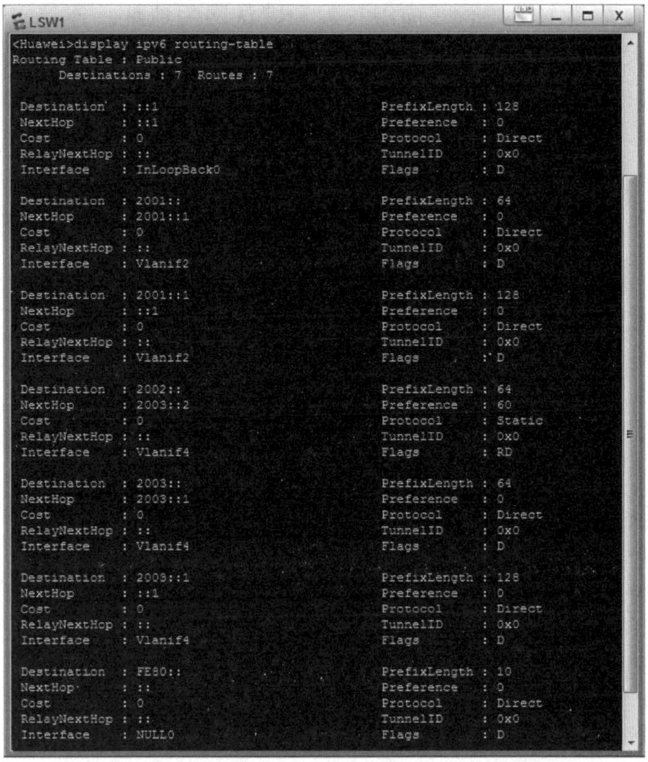

图 11.14　交换机 LSW1 的完整路由表

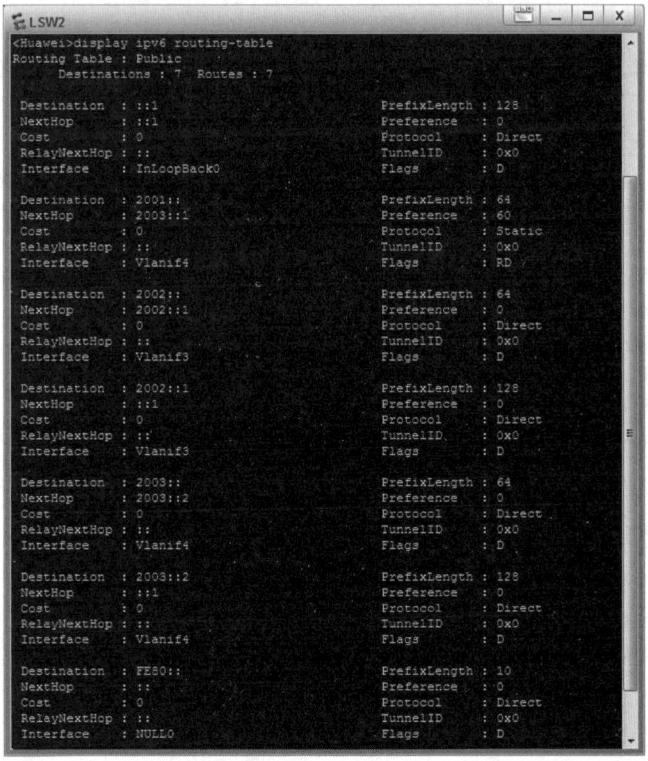

图 11.15　交换机 LSW2 的完整路由表

(4) 为各个 PC 配置 IPv6 地址、前缀长度和默认网关地址。连接在 VLAN 2 上的 PC 配置的 IPv6 地址与 VLAN 2 对应的 IPv6 接口的 IPv6 地址有相同的网络前缀;配置的默认网关地址就是 VLAN 2 对应的 IPv6 接口的 IPv6 地址。连接在 VLAN 2 上的 PC1 配置的 IPv6 地址、前缀长度和默认网关地址如图 11.16 所示。连接在 VLAN 3 上的 PC 配置的 IPv6 地址与 VLAN 3 对应的 IPv6 接口的 IPv6 地址有相同的网络前缀;配置的默认网关地址就是 VLAN 3 对应的 IPv6 接口的 IPv6 地址。连接在 VLAN 3 上的 PC2 配置的 IPv6 地址、前缀长度和默认网关地址如图 11.17 所示。

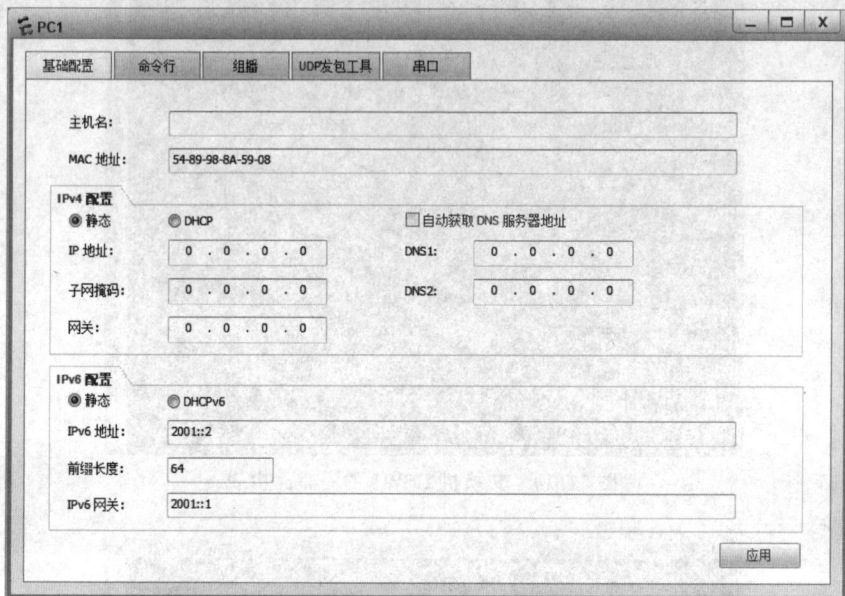

图 11.16　PC1 配置的 IPv6 地址、前缀长度和默认网关地址

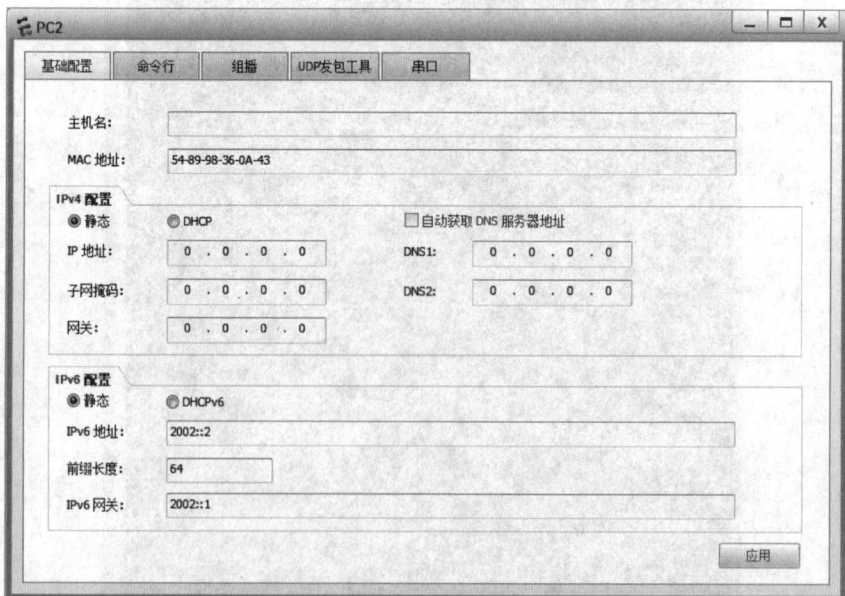

图 11.17　PC2 配置的 IPv6 地址、前缀长度和默认网关地址

（5）启动连接在同一 VLAN 上的 PC 之间的通信过程，启动连接在不同 VLAN 上的 PC 之间的通信过程。图 11.18 所示是连接在 VLAN 2 上的 PC1 与连接在 VLAN 2 上的 PC3 和连接在 VLAN 3 上的 PC2 之间的通信过程。

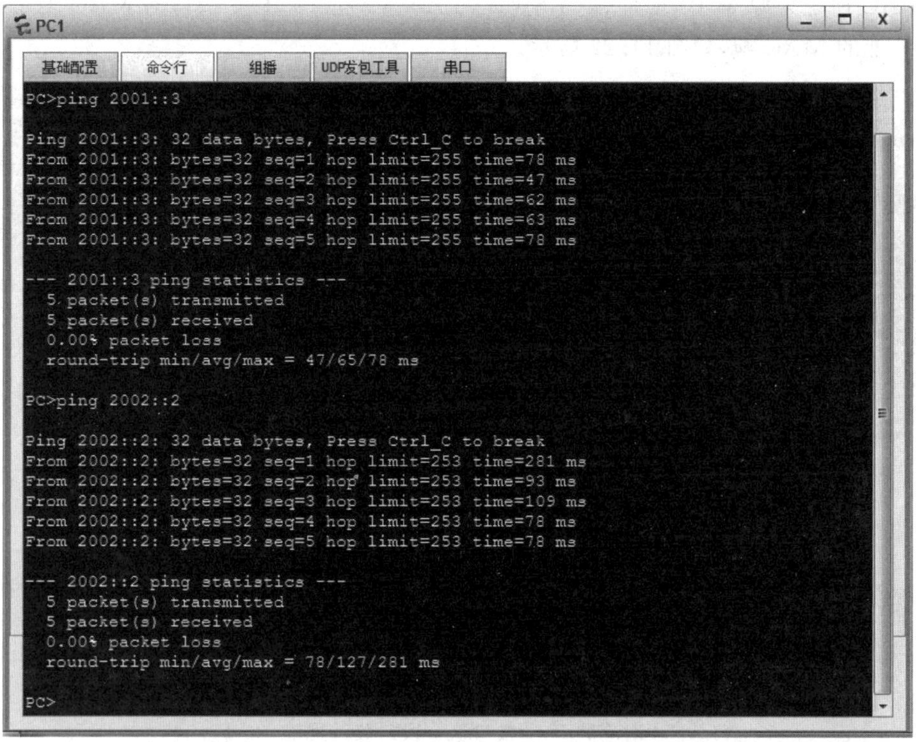

图 11.18　PC1 与 PC3 和 PC2 之间的通信过程

（6）PC1 至 PC2 的 IPv6 分组传输路径是：PC1→LSW1 VLAN 2 对应的 IPv6 接口→LSW1 VLAN 4 对应的 IPv6 接口→LSW2 VLAN 4 对应的 IPv6 接口→LSW2 VLAN 3 对应的 IPv6 接口→PC2。其中，LSW1 VLAN 4 对应的 IPv6 接口→LSW2 VLAN 4 对应的 IPv6 接口和 LSW2 VLAN 3 对应的 IPv6 接口→PC2 的传输过程分别经过 LSW1 的端口 GigabitEthernet0/0/3。PC2 至 PC1 IPv6 分组传输路径是：PC2→LSW2 VLAN 3 对应的 IPv6 接口→LSW2 VLAN 4 对应的 IPv6 接口→LSW1 VLAN 4 对应的 IPv6 接口→LSW1 VLAN 2 对应的 IPv6 接口→PC1。其中，PC2→LSW2 VLAN 3 对应的 IPv6 接口和 LSW2 VLAN 4 对应的 IPv6 接口→LSW1 VLAN 4 对应的 IPv6 接口的传输过程分别经过 LSW1 的端口 GigabitEthernet0/0/3。在交换机 LSW1 的端口 GigabitEthernet0/0/3 上启动捕获报文功能。PC1 至 PC2 的 IPv6 分组 LSW1 VLAN 4 对应的 IPv6 接口→LSW2 VLAN 4 对应的 IPv6 接口的传输过程中，封装成以 LSW1 VLAN 4 对应的 IPv6 接口的 MAC 地址为源 MAC 地址、以 LSW2 VLAN 4 对应的 IPv6 接口的 MAC 地址为目的 MAC 地址的 MAC 帧，如图 11.19 所示。PC1 至 PC2 的 IPv6 分组 LSW2 VLAN 3 对应的 IPv6 接口→PC2 的传输过程中，封装成以 LSW2 VLAN 3 对应的 IPv6 接口的 MAC 地址为源 MAC 地址、以 PC2 的 MAC 地址为目的 MAC 地址的 MAC 帧，如图 11.20 所示。PC2 至 PC1 的 IPv6 分组 PC2→LSW2 VLAN 3 对应的 IPv6 接口的传输过程中，封装成以 PC2 的 MAC 地

址为源 MAC 地址、以 LSW2 VLAN 3 对应的 IPv6 接口的 MAC 地址为目的 MAC 地址的 MAC 帧,如图 11.21 所示。PC2 至 PC1 的 IPv6 分组 LSW2 VLAN 4 对应的 IPv6 接口→ LSW1 VLAN 4 对应的 IPv6 接口的传输过程中,封装成以 LSW2 VLAN 4 对应的 IPv6 接口的 MAC 地址为源 MAC 地址、以 LSW1 VLAN 4 对应的 IPv6 接口的 MAC 地址为目的 MAC 地址的 MAC 帧,如图 11.22 所示。

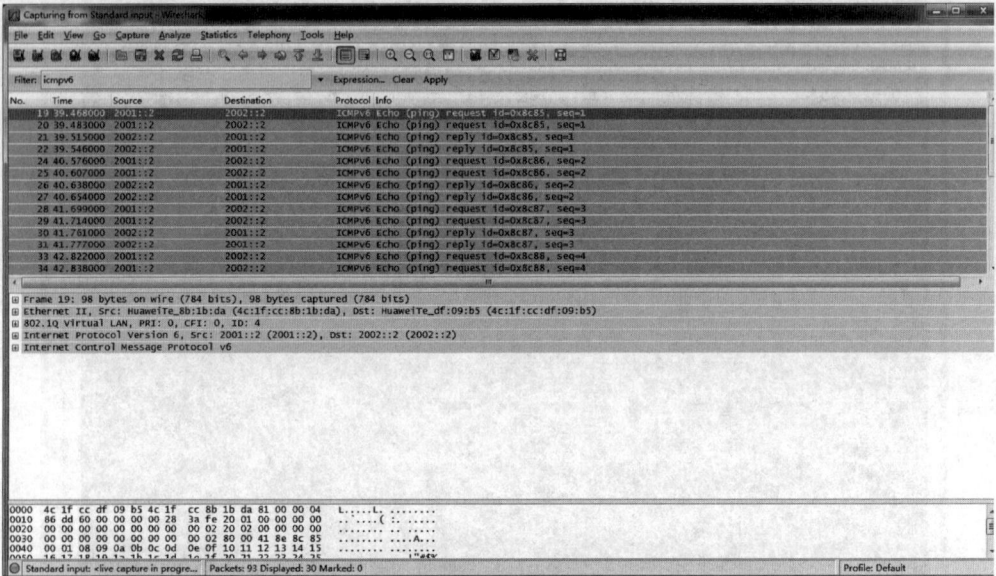

图 11.19　PC1 至 PC2 的 IPv6 分组 LSW1 VLAN 4 对应的 IPv6 接口→LSW2
VLAN 4 对应的 IPv6 接口这一段封装过程

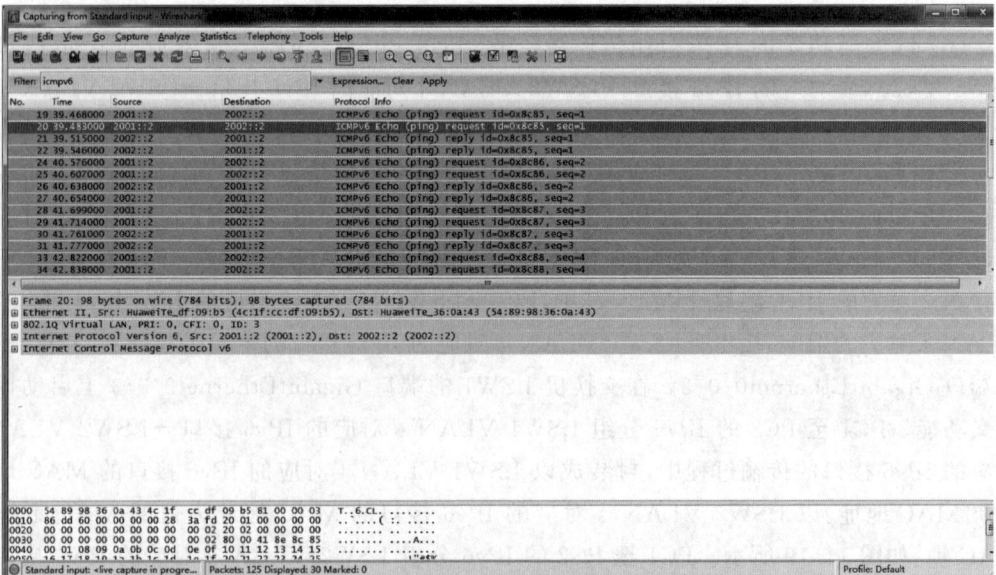

图 11.20　PC1 至 PC2 的 IPv6 分组 LSW2 VLAN 3 对应的 IPv6 接口→
PC2 这一段封装过程

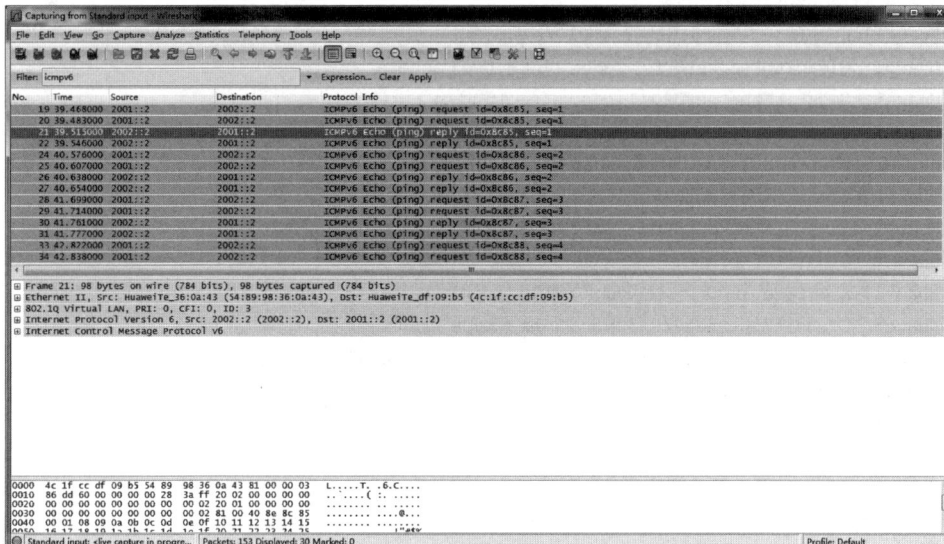

图 11.21　PC2 至 PC1 的 IPv6 分组 PC2→LSW2 VLAN 3
对应的 IPv6 接口这一段封装过程

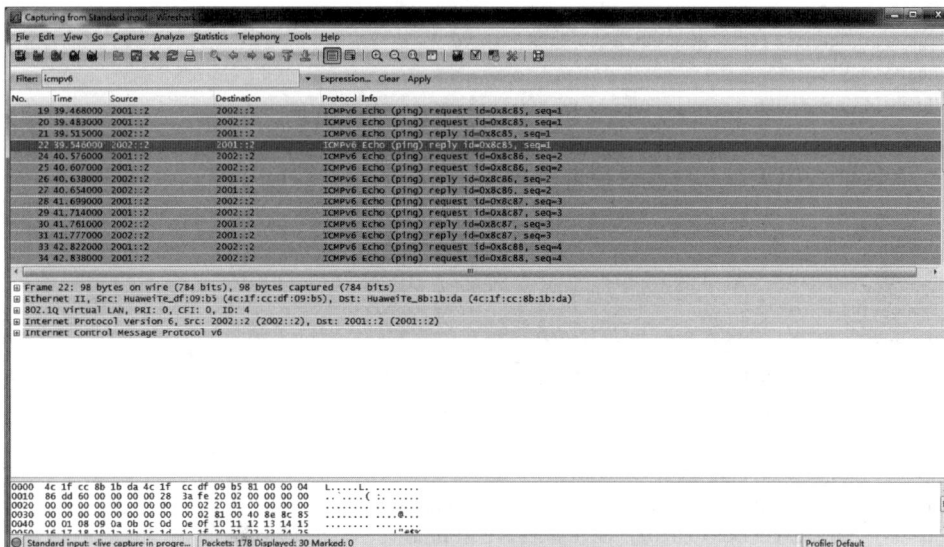

图 11.22　PC2 至 PC1 的 IPv6 分组 LSW2 VLAN 4 对应的 IPv6 接口→LSW1
VLAN 4 对应的 IPv6 接口这一段封装过程

11.2.6　命令行接口配置过程

1. 交换机 LSW1 命令行接口配置过程

```
< Huawei > system - view
[Huawei]undo info - center enable
```

```
[Huawei]vlan batch 2 3 4
[Huawei]interface GigabitEthernet0/0/1
[Huawei - GigabitEthernet0/0/1]port link - type access
[Huawei - GigabitEthernet0/0/1]port default vlan 2
[Huawei - GigabitEthernet0/0/1]quit
[Huawei]interface GigabitEthernet0/0/2
[Huawei - GigabitEthernet0/0/2]port link - type access
[Huawei - GigabitEthernet0/0/2]port default vlan 3
[Huawei - GigabitEthernet0/0/2]quit
[Huawei]interface GigabitEthernet0/0/3
[Huawei - GigabitEthernet0/0/3]port link - type trunk
[Huawei - GigabitEthernet0/0/3]port trunk allow - pass vlan 2 3 4
[Huawei - GigabitEthernet0/0/3]quit
[Huawei]ipv6
[Huawei]interface vlanif 2
[Huawei - Vlanif2]ipv6 enable
[Huawei - Vlanif2]ipv6 address 2001::1 64
[Huawei - Vlanif2]ipv6 address auto link - local
[Huawei - Vlanif2]quit
[Huawei]interface vlanif 4
[Huawei - Vlanif4]ipv6 enable
[Huawei - Vlanif4]ipv6 address 2003::1 64
[Huawei - Vlanif4]ipv6 address auto link - local
[Huawei - Vlanif4]quit
[Huawei]ipv6 route - static 2002:: 64 2003::2
```

2. 交换机 LSW2 命令行接口配置过程

```
< Huawei > system - view
[Huawei]undo info - center enable
[Huawei]vlan batch 2 3 4
[Huawei]interface GigabitEthernet0/0/1
[Huawei - GigabitEthernet0/0/1]port link - type access
[Huawei - GigabitEthernet0/0/1]port default vlan 2
[Huawei - GigabitEthernet0/0/1]quit
[Huawei]interface GigabitEthernet0/0/2
[Huawei - GigabitEthernet0/0/2]port link - type access
[Huawei - GigabitEthernet0/0/2]port default vlan 3
[Huawei - GigabitEthernet0/0/2]quit
[Huawei]interface GigabitEthernet0/0/3
[Huawei - GigabitEthernet0/0/3]port link - type trunk
[Huawei - GigabitEthernet0/0/3]port trunk allow - pass vlan 2 3 4
[Huawei - GigabitEthernet0/0/3]quit
[Huawei]ipv6
[Huawei]interface vlanif 3
[Huawei - Vlanif3]ipv6 enable
[Huawei - Vlanif3]ipv6 address 2002::1 64
[Huawei - Vlanif3]ipv6 address auto link - local
[Huawei - Vlanif3]quit
[Huawei]interface vlanif 4
```

```
[Huawei-Vlanif4]ipv6 enable
[Huawei-Vlanif4]ipv6 address 2003::2 64
[Huawei-Vlanif4]ipv6 address auto link-local
[Huawei-Vlanif4]quit
[Huawei]ipv6 route-static 2001:: 64 2003::1
```

3. 命令列表

交换机命令行接口配置过程中使用的命令及功能和参数说明如表 11.2 所示。

表 11.2 交换机命令行接口配置过程中使用的命令及功能和参数说明

命 令 格 式	功能和参数说明
ipv6 route-static *dest-ipv6-address* *prefix-length* { *interface-type* *interface-number* [*nexthop-ipv6-address*] | *nexthop-ipv6-address* }	配置一项静态路由项。其中,参数 *dest-ipv6-address* 是目的网络的网络前缀;参数 *prefix-length* 是目的网络的前缀长度;参数 *interface-type* 是接口类型,*interface-number* 是接口编号,接口类型和接口编号一起用于指定输出接口;参数 *nexthop-ipv6-address* 是下一跳 IPv6 地址。一般情况下,输出接口和下一跳 IPv6 地址可以二者选一

11.3 RIPng 配置实验

11.3.1 实验内容

互联网结构如图 11.23 所示,路由器 R1、R2 和 R3 分别连接网络 2001::/64、2002::/64 和 2003::/64,用网络 2004::/64 互连这三个路由器,每一个路由器通过 RIPng 建立用于指明通往其他两个没有与其直接连接的网络的传输路径的路由项。终端 D 可以选择这三个路由器连接网络 2004::/64 的三个接口中的任何一个接口的 IPv6 地址作为默认网关地址。实现连接在不同网络上的终端之间的通信过程。

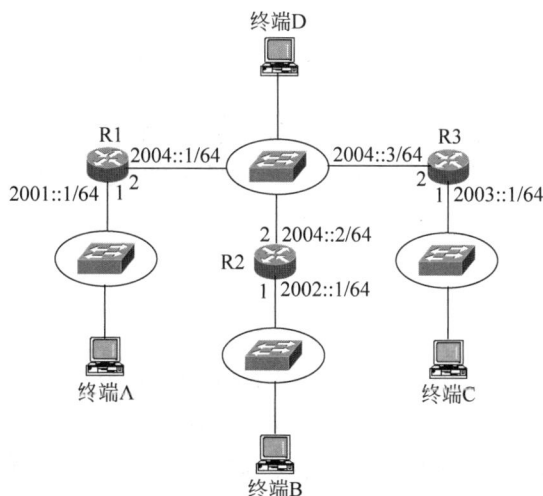

图 11.23 互联网结构

11.3.2 实验目的

（1）掌握路由器接口 IPv6 地址和前缀长度的配置过程。
（2）掌握路由器 RIPng 配置过程。
（3）验证 RIPng 建立动态路由项过程。
（4）验证 IPv6 网络的连通性。

11.3.3 实验原理

由于 RIPng 的功能是使得每一个路由器能够在直连路由项的基础上，创建用于指明通往没有与其直接连接的网络的传输路径的动态路由项，因此，路由器的配置过程分为两部分：一是通过配置路由器接口的 IPv6 地址和前缀长度自动生成直连路由项；二是通过配置 RIPng 相关信息，启动通过 RIPng 生成用于指明通往没有与其直接连接的网络的传输路径的动态路由项的过程。

11.3.4 关键命令说明

1. 创建 RIPng 进程

```
[Huawei]ripng 1
[Huawei－ripng－1]quit
```

ripng 1 是系统视图下使用的命令，该命令的作用是创建 RIPng 进程，并进入 RIPng 视图。其中 1 是进程标识符，进程标识符只有本地意义。只有创建 RIPng 进程后，才能进行其他有关 RIPng 的配置过程。

2. 在指定接口中启动 RIPng 路由协议

```
[Huawei]interface GigabitEthernet0/0/0
[Huawei－GigabitEthernet0/0/0]ripng 1 enable
[Huawei－GigabitEthernet0/0/0]quit
```

ripng 1 enable 是接口视图下使用的命令，该命令的作用是在指定接口中启动接口 RIPng 路由协议。该命令只能在创建 RIPng 进程后使用，其中 1 是创建 RIPng 进程时指定的进程标识符。

11.3.5 实验步骤

（1）启动 eNSP，按照如图 11.23 所示的网络拓扑结构放置和连接设备，完成设备放置和连接后的 eNSP 界面如图 11.24 所示。启动所有设备。
（2）完成所有路由器各个接口 IPv6 地址和前缀长度的配置过程，路由器 AR1、AR2 和 AR3 的 IPv6 接口状态分别如图 11.25～图 11.27 所示。

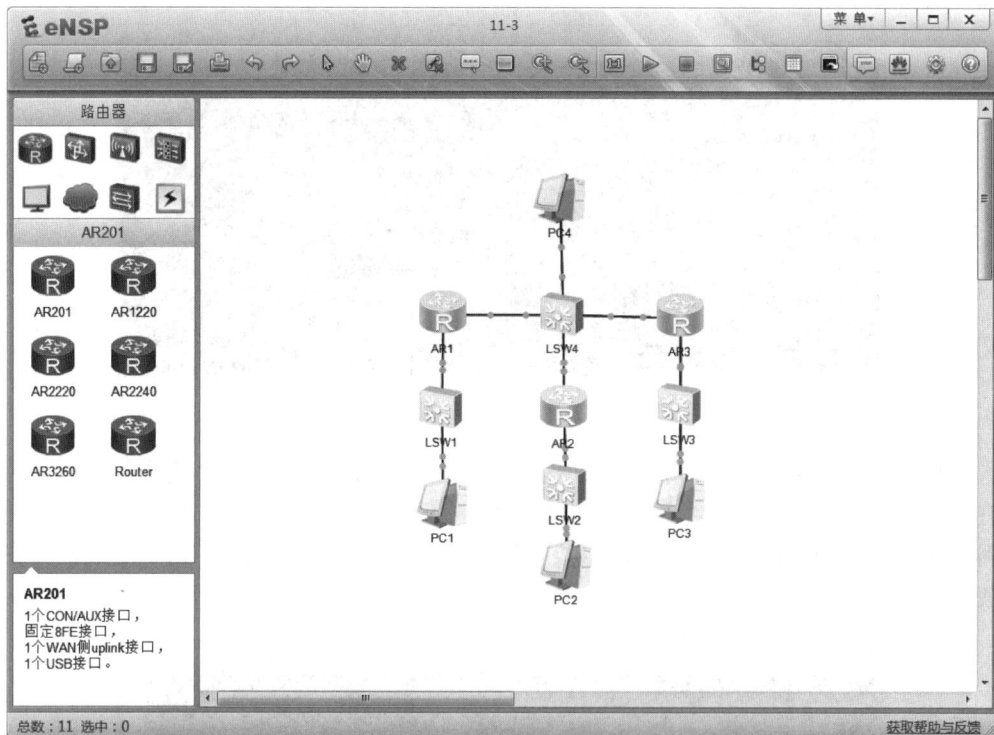

图 11.24　完成设备放置和连接后的 eNSP 界面

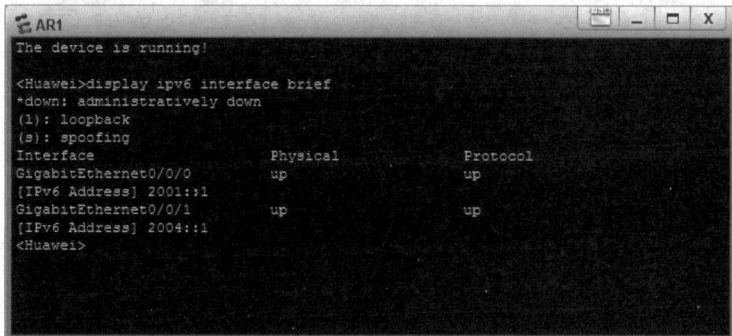

图 11.25　路由器 AR1 的 IPv6 接口状态

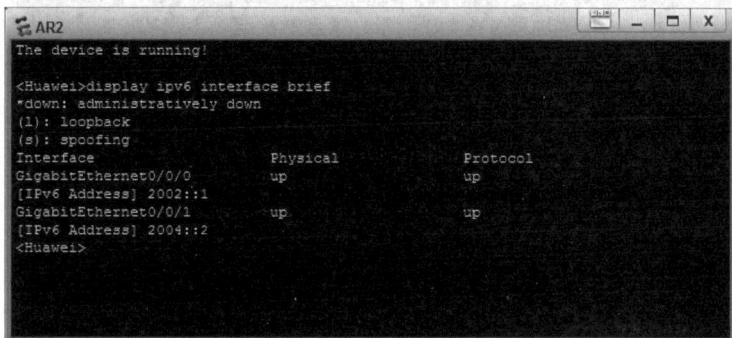

图 11.26　路由器 AR2 的 IPv6 接口状态

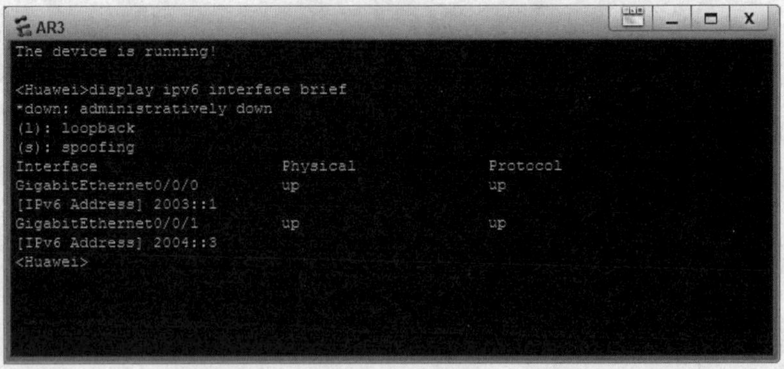

图 11.27 路由器 AR3 的 IPv6 接口状态

（3）完成各个路由器 RIPng 配置过程，各个路由器通过 RIPng 自动生成用于指明通往没有与其直连的网络的传输路径的动态路由项。路由器 AR1、AR2 和 AR3 的完整路由表分别如图 11.28～图 11.30 所示。路由表中除了直连路由项，还包括 RIPng 生成的动态路由项。

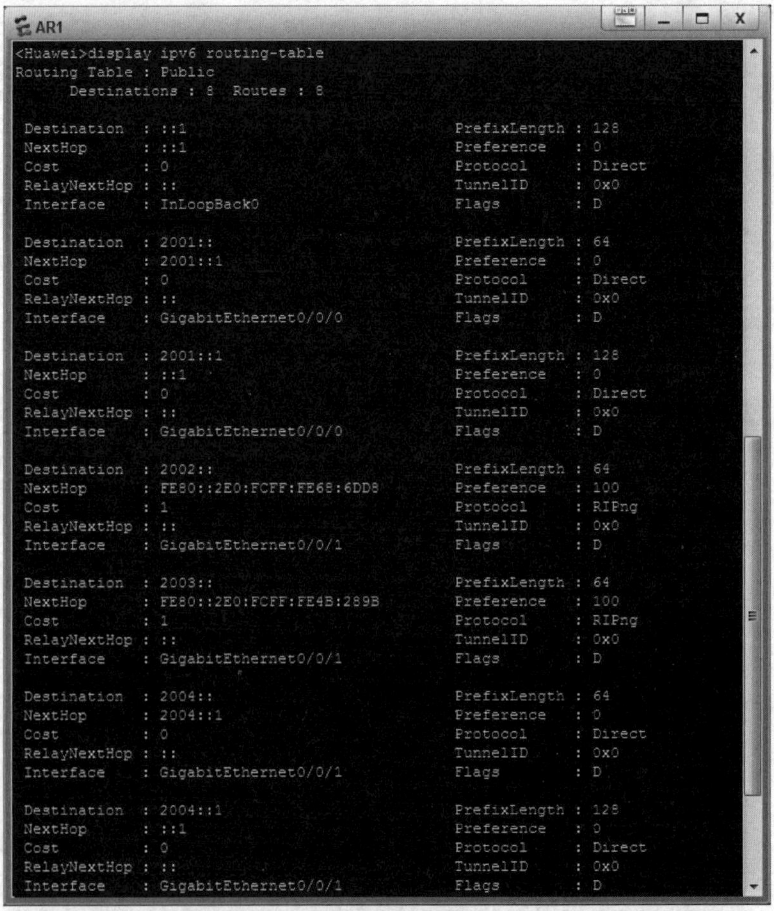

图 11.28 路由器 AR1 的完整路由表

图 11.29　路由器 AR2 的完整路由表

（4）完成各个 PC 的 IPv6 地址、前缀长度和默认网关地址配置过程。PC1 配置的 IPv6 地址、前缀长度和默认网关地址如图 11.31 所示，配置的 IPv6 地址与路由器 AR1 连接交换机 LSW1 的接口的 IPv6 地址有相同的网络前缀和前缀长度；路由器 AR1 连接交换机 LSW1 的接口的 IPv6 地址作为 PC1 的默认网关地址。PC4 配置的 IPv6 地址、前缀长度和默认网关地址如图 11.32 所示，配置的 IPv6 地址与各个路由器连接交换机 LSW4 的接口的 IPv6 地址有相同的网络前缀和前缀长度；各个路由器连接交换机 LSW4 的接口的 IPv6 地址均可作为 PC4 的默认网关地址。这里，PC4 选择路由器 AR1 连接交换机 LSW4 的接口的 IPv6 地址作为默认网关地址。

（5）启动连接在不同网络上的 PC 之间的通信过程，图 11.33 所示是 PC1 与 PC2 和 PC4 之间的通信过程。

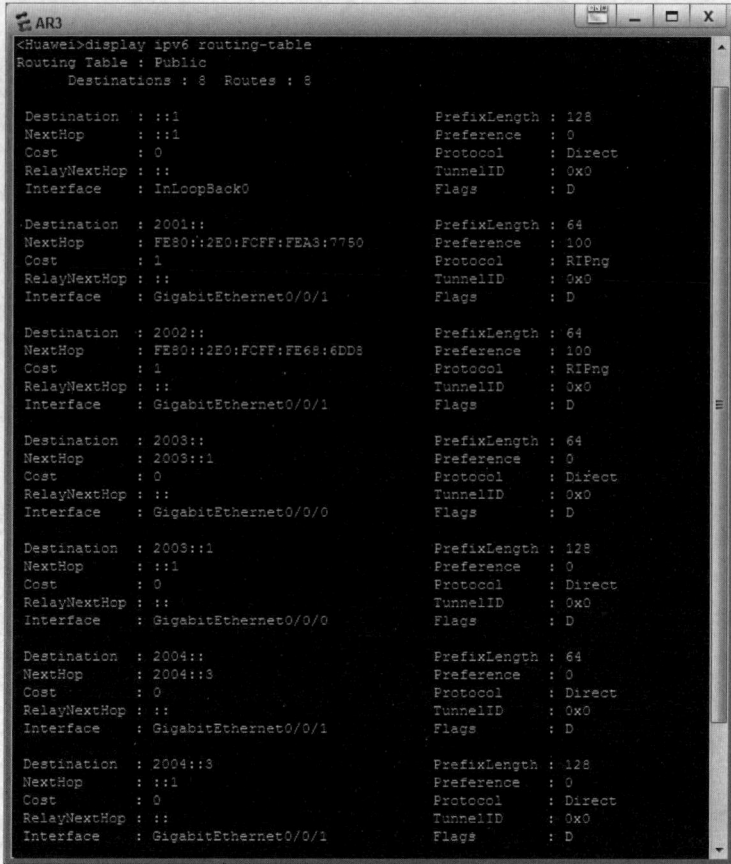

图 11.30　路由器 AR3 的完整路由表

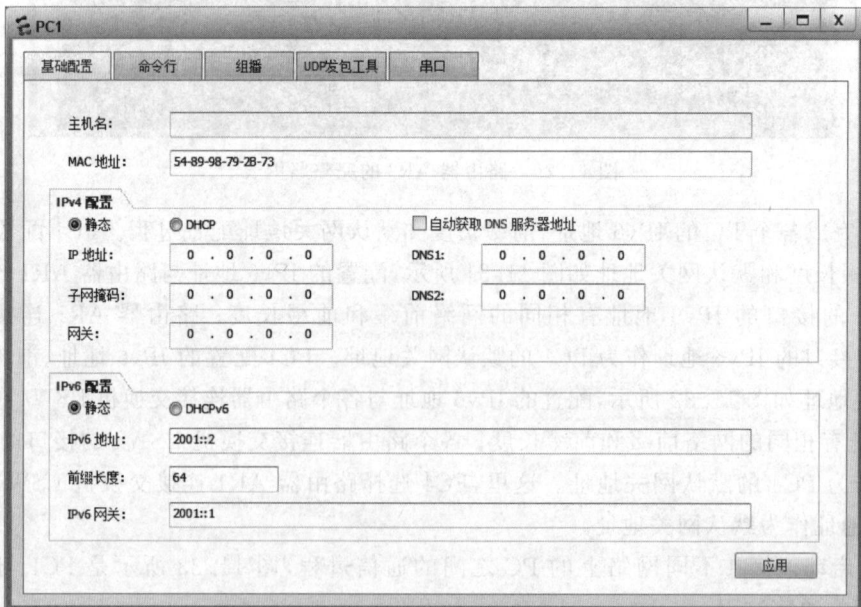

图 11.31　PC1 配置的 IPv6 地址、前缀长度和默认网关地址

图 11.32　PC4 配置的 IPv6 地址、前缀长度和默认网关地址

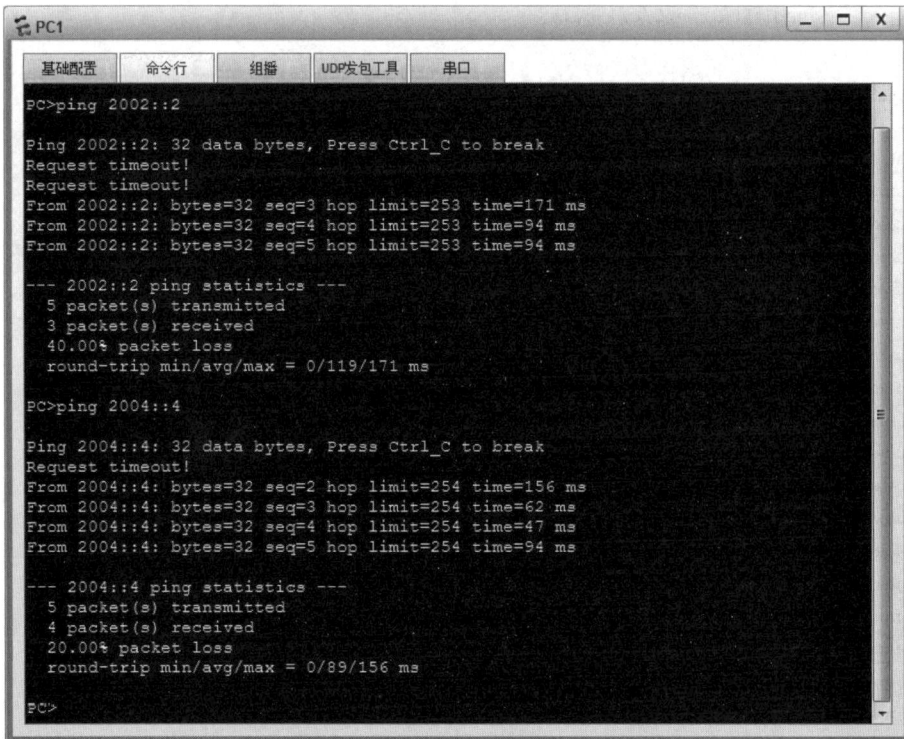

图 11.33　PC1 与 PC2 和 PC4 之间的通信过程

11.3.6 命令行接口配置过程

1. 路由器 AR1 命令行接口配置过程

```
< Huawei > system - view
[Huawei]undo info - center enable
[Huawei]ipv6
[Huawei]interface GigabitEthernet0/0/0
[Huawei - GigabitEthernet0/0/0]ipv6 enable
[Huawei - GigabitEthernet0/0/0]ipv6 address 2001::1 64
[Huawei - GigabitEthernet0/0/0]ipv6 address auto link - local
[Huawei - GigabitEthernet0/0/0]quit
[Huawei]interface GigabitEthernet0/0/1
[Huawei - GigabitEthernet0/0/1]ipv6 enable
[Huawei - GigabitEthernet0/0/1]ipv6 address 2004::1 64
[Huawei - GigabitEthernet0/0/1]ipv6 address auto link - local
[Huawei - GigabitEthernet0/0/1]quit
[Huawei]ripng 1
[Huawei - ripng - 1]quit
[Huawei]interface GigabitEthernet0/0/0
[Huawei - GigabitEthernet0/0/0]ripng 1 enable
[Huawei - GigabitEthernet0/0/0]quit
[Huawei]interface GigabitEthernet0/0/1
[Huawei - GigabitEthernet0/0/1]ripng 1 enable
[Huawei - GigabitEthernet0/0/1]quit
```

2. 路由器 AR2 命令行接口配置过程

```
< Huawei > system - view
[Huawei]undo info - center enable
[Huawei]ipv6
[Huawei]interface GigabitEthernet0/0/0
[Huawei - GigabitEthernet0/0/0]ipv6 enable
[Huawei - GigabitEthernet0/0/0]ipv6 address 2002::1 64
[Huawei - GigabitEthernet0/0/0]ipv6 address auto link - local
[Huawei - GigabitEthernet0/0/0]quit
[Huawei]interface GigabitEthernet0/0/1
[Huawei - GigabitEthernet0/0/1]ipv6 enable
[Huawei - GigabitEthernet0/0/1]ipv6 address 2004::2 64
[Huawei - GigabitEthernet0/0/1]ipv6 address auto link - local
[Huawei - GigabitEthernet0/0/1]quit
[Huawei]ripng 2
[Huawei - ripng - 2]quit
[Huawei]interface GigabitEthernet0/0/0
[Huawei - GigabitEthernet0/0/0]ripng 2 enable
[Huawei - GigabitEthernet0/0/0]quit
[Huawei]interface GigabitEthernet0/0/1
[Huawei - GigabitEthernet0/0/1]ripng 2 enable
[Huawei - GigabitEthernet0/0/1]quit
```

3. 路由器 AR3 命令行接口配置过程

```
< Huawei > system - view
[Huawei]undo info - center enable
[Huawei]ipv6
[Huawei]interface GigabitEthernet0/0/0
[Huawei - GigabitEthernet0/0/0]ipv6 enable
[Huawei - GigabitEthernet0/0/0]ipv6 address 2003::1 64
[Huawei - GigabitEthernet0/0/0]ipv6 address auto link - local
[Huawei - GigabitEthernet0/0/0]quit
[Huawei]interface GigabitEthernet0/0/1
[Huawei - GigabitEthernet0/0/1]ipv6 enable
[Huawei - GigabitEthernet0/0/1]ipv6 address 2004::3 64
[Huawei - GigabitEthernet0/0/1]ipv6 address auto link - local
[Huawei - GigabitEthernet0/0/1]quit
[Huawei]ripng 3
[Huawei - ripng - 3]quit
[Huawei]interface GigabitEthernet0/0/0
[Huawei - GigabitEthernet0/0/0]ripng 3 enable
[Huawei - GigabitEthernet0/0/0]quit
[Huawei]interface GigabitEthernet0/0/1
[Huawei - GigabitEthernet0/0/1]ripng 3 enable
[Huawei - GigabitEthernet0/0/1]quit
```

4. 命令列表

路由器命令行接口配置过程中使用的命令及功能和参数说明如表 11.3 所示。

表 11.3　路由器命令行接口配置过程中使用的命令及功能和参数说明

命 令 格 式	功能和参数说明
ripng[*process-id*]	创建 RIPng 进程，并进入 RIPng 视图。其中，参数 *process-id* 是进程标识符，如果省略，则默认进程标识符为 1
ripng *process-id* **enable**	在指定接口中启动 RIPng 路由协议，该命令只能在创建 RIPng 进程后使用。其中，参数 *process-id* 是创建 RIPng 进程时指定的进程标识符

11.4　单区域 OSPFv3 配置实验

11.4.1　实验内容

互联网结构如图 11.34 所示，除了互连路由器 R11 和 R13 的链路，其他链路的传输速率都是 1Gb/s，互连路由器 R11 和 R13 的链路的传输速率是 100Mb/s。每一个路由器通过 OSPFv3 建立用于指明通往没有与其直接连接的网络的传输路径的动态路由项。实现连接在不同网络上的两个终端之间的通信过程。

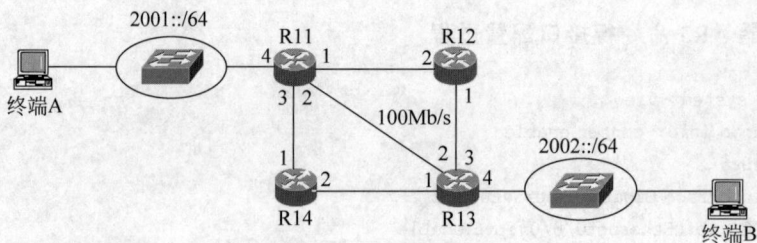

图 11.34　互联网结构

11.4.2　实验目的

(1) 掌握路由器接口 IPv6 地址和前缀长度配置过程。

(2) 掌握路由器 OSPFv3 配置过程。

(3) 验证 OSPFv3 建立动态路由项过程。

(4) 区分 RIPng 建立的传输路径与 OSPFv3 建立的传输路径的区别。

(5) 验证 IPv6 网络的连通性。

11.4.3　实验原理

如图 11.34 所示,四个路由器构成一个区域 area 1,路由器 R11 和路由器 R13 连接 IPv6 网络 2001::/64 和 2002::/64 的接口需要配置全球 IPv6 地址 2001::1/64 和 2002:: 1/64,路由器其他接口只需启动 IPv6 和自动生成链路本地地址的功能。某个路由器接口一旦启动 IPv6 和自动生成链路本地地址的功能,路由器接口将自动生成链路本地地址。可以用路由器接口的链路本地地址实现相邻路由器之间 OSPFv3 报文传输和解析下一跳链路层地址的功能。由于 OSPFv3 将经过链路的代价之和最小的传输路径作为最短传输路径,默认情况下,链路代价与链路传输速率相关,链路传输速率越高,链路代价越小。因此,路由器 R11 通往网络 2002::/64 的传输路径或者是 R11→R12→R13→网络 2002::/64,或者是 R11→R14→R13→网络 2002::/64,与 RIPng 建立的传输路径不同。

11.4.4　关键命令说明

1. 创建 OSPFv3 进程、完成 OSPFv3 配置过程

```
[Huawei]ospfv3 11
[Huawei-ospfv3-11]router-id 11.11.11.11
[Huawei-ospfv3-11]bandwidth-reference 1000
[Huawei-ospfv3-11]quit
```

ospfv3 11 是系统视图下使用的命令,该命令的作用是创建 OSPFv3 进程,并进入 OSPFv3 视图。其中 11 是进程标识符,进程标识符只有本地意义。

router-id 11.11.11.11 是 OSPFv3 视图下使用的命令,该命令的作用是为运行的

OSPFv3 协议配置一个唯一、以 IPv4 地址格式表示的路由器标识符。这里的 11.11.11.11 就是以 IPv4 地址格式表示的路由器标识符。

　　bandwidth-reference 1000 是 OSPFv3 视图下使用的命令,该命令的作用是以 Mb/s 为单位配置链路开销参考值,1000 表示链路开销参考值是 1000Mb/s。由于接口的代价＝链路开销参考值/接口带宽。因此,当接口的传输速率为 1000Mb/s 时,该接口的代价为 1000/1000＝1。当接口的传输速率为 100Mb/s 时,该接口的代价＝1000/100＝10。OSPFv3 在通往目的网络的所有传输路径中,选择经过接口的代价之和最小的传输路径作为通往目的网络的最短传输路径。

2. 在指定接口中启动 OSPFv3 路由协议

```
[Huawei]interface GigabitEthernet0/0/0
[Huawei – GigabitEthernet0/0/0]ospfv3 11 area 1
[Huawei – GigabitEthernet0/0/0]quit
```

ospfv3 11 area 1 是接口视图下使用的命令,该命令的作用是在指定接口(这里是接口 GigabitEthernet0/0/0)启动 OSPFv3 路由协议,并指定接口所属的区域。这里,11 是进程标识符,在创建 OSPFv3 进程时指定,1 是区域标识符,表示指定接口属于区域 1。接口只有在启动 IPv6 功能后,才能使用该命令。

11.4.5　实验步骤

　　(1) 路由器 AR1220 默认状态下只有两个 1Gb/s 路由器接口,因此,AR11 和 AR13 需要增加一个 1Gb/s 路由器接口和一个 100Mb/s 路由器接口。为此,为 AR11 和 AR13 的路由器安装一个单 1Gb/s 路由器接口模块 1GEC 和一个双 100Mb/s 路由器接口模块 2FE,如图 11.35 所示。

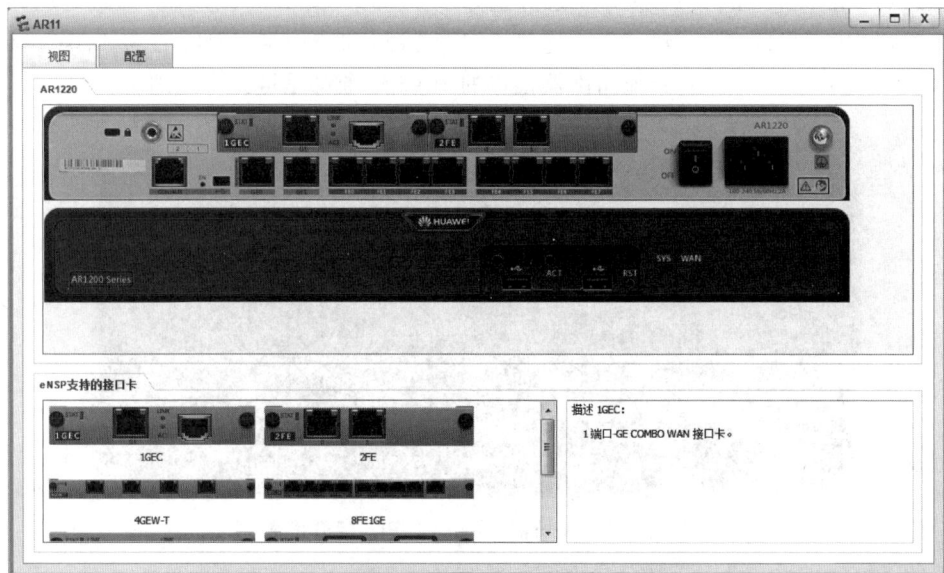

图 11.35　路由器 AR11 安装的模块

（2）按照如图 11.34 所示的网络拓扑结构放置和连接设备，完成设备放置和连接后的 eNSP 界面如图 11.36 所示。启动所有设备。

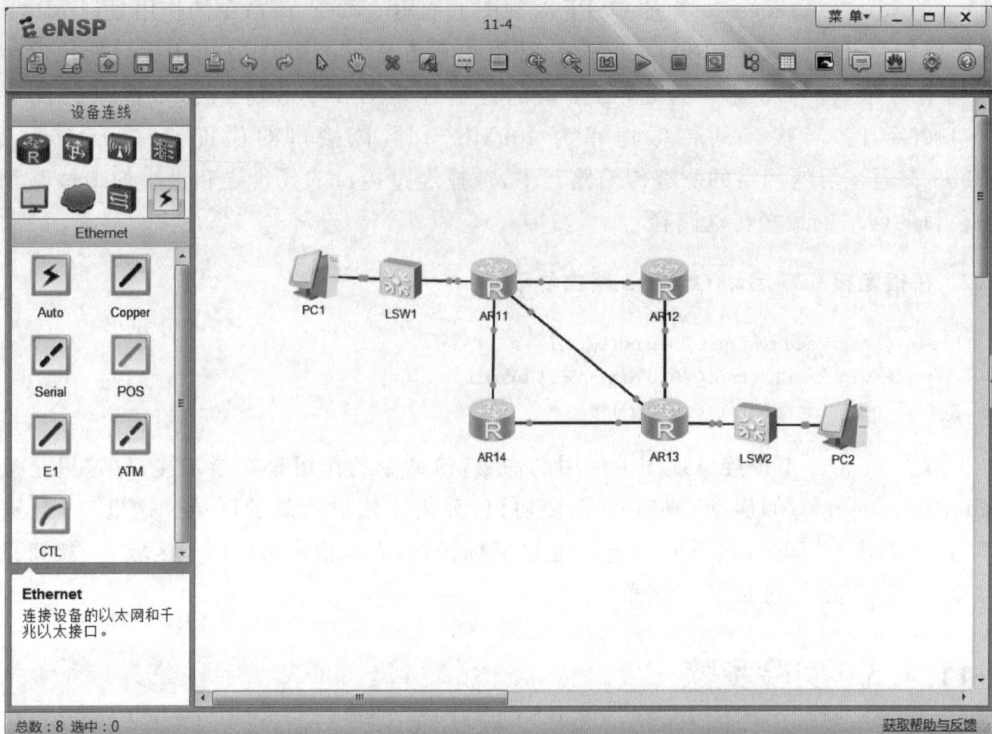

图 11.36　完成设备放置和连接后的 eNSP 界面

（3）在路由器 AR11 连接 LSW1 接口和路由器 AR13 连接 LSW2 接口配置全球 IPv6 地址和前缀长度，其他路由器接口启动自动生成链路本地地址的功能。路由器 AR11、AR12、AR13 和 AR14 的 IPv6 接口状态分别如图 11.37～图 11.40 所示。通过这些路由器的 IPv6 接口状态发现，路由器 AR11 连接 LSW1 接口和路由器 AR13 连接 LSW2 接口的 IPv6 地址是全球 IPv6 地址，其他路由器接口的 IPv6 地址都是链路本地地址。

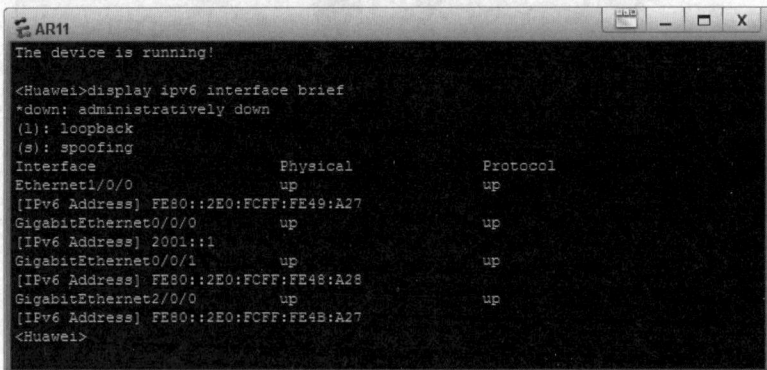

```
The device is running!

<Huawei>display ipv6 interface brief
*down: administratively down
(l): loopback
(s): spoofing
Interface                Physical         Protocol
Ethernet1/0/0            up               up
[IPv6 Address] FE80::2E0:FCFF:FE49:A27
GigabitEthernet0/0/0     up               up
[IPv6 Address] 2001::1
GigabitEthernet0/0/1     up               up
[IPv6 Address] FE80::2E0:FCFF:FE48:A28
GigabitEthernet2/0/0     up               up
[IPv6 Address] FE80::2E0:FCFF:FE4B:A27
<Huawei>
```

图 11.37　路由器 AR11 的 IPv6 接口状态

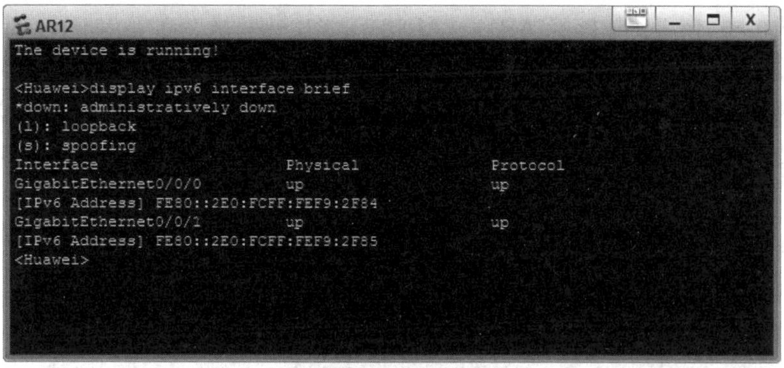

图 11.38 路由器 AR12 的 IPv6 接口状态

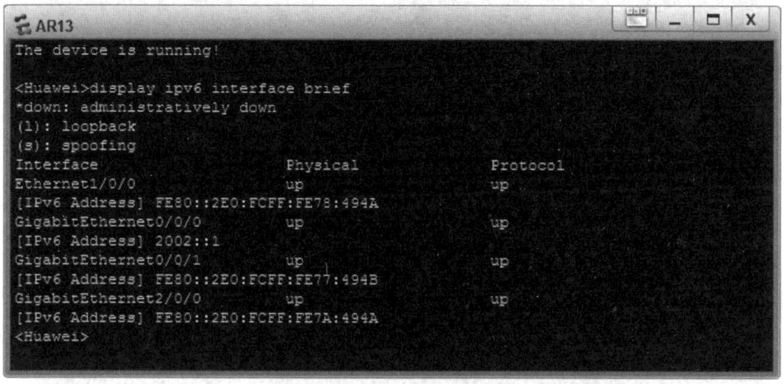

图 11.39 路由器 AR13 的 IPv6 接口状态

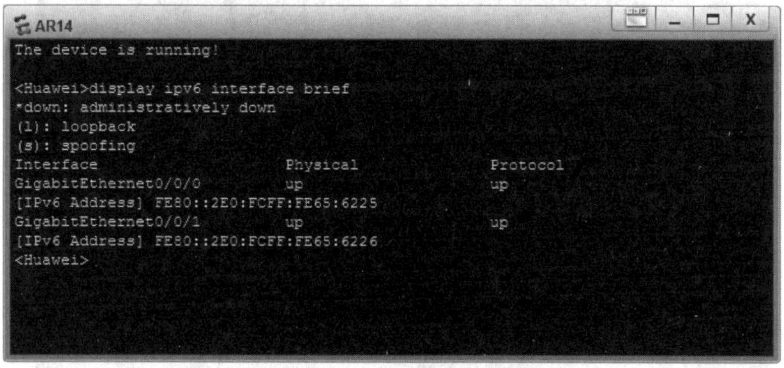

图 11.40 路由器 AR14 的 IPv6 接口状态

（4）完成各个路由器 OSPFv3 配置过程，各个路由器通过 OSPFv3 自动生成用于指明通往没有与其直连的网络的传输路径的动态路由项。路由器 AR11、AR12、AR13 和 AR14 的完整路由表分别如图 11.41～图 11.44 所示。路由表中除了直连路由项，还包括 OSPFv3 生成的动态路由项。需要说明的是，路由器 AR11 通往网络 2002::/64 的传输路径是 AR11→AR12→AR13→网络 2002::/64 和 AR11→AR14→AR13→网络 2002::/64，不是经过跳数最少的传输路径 AR11→AR13→网络 2002::/64。原因是互连 AR11 和 AR13 的链路的传输速率是 100Mb/s，因此，AR11 连接该链路的接口的代价＝1000/100＝10，导致传输路径 AR11→AR13→网络 2002::/64 经过的输出接口的代价之和＝10＋1＝11。由于其他接口的代价＝1000/1000＝1,使得传输路径 AR11→AR12→AR13→网络 2002::/64 和 AR11→AR14→
AR13→网络 2002::/64 经过的输出接口的代价之和＝1＋1＋1＝3。因此,OSPFv3 选择代价
之和为 3 的传输路径作为最短路径。同样,路由器 AR13 通往网络 2001::/64 的传输路径是
AR13→AR12→AR11→网络 2001::/64 和 AR13→AR14→AR11→网络 2001::/64。

```
<Huawei>display ipv6 routing-table
Routing Table : Public
      Destinations : 5  Routes : 6

Destination  : ::1                          PrefixLength : 128
NextHop      : ::1                          Preference   : 0
Cost         : 0                            Protocol     : Direct
RelayNextHop : ::                           TunnelID     : 0x0
Interface    : InLoopBack0                  Flags        : D

Destination  : 2001::                       PrefixLength : 64
NextHop      : 2001::1                      Preference   : 0
Cost         : 0                            Protocol     : Direct
RelayNextHop : ::                           TunnelID     : 0x0
Interface    : GigabitEthernet0/0/0         Flags        : D

Destination  : 2001::1                      PrefixLength : 128
NextHop      : ::1                          Preference   : 0
Cost         : 0                            Protocol     : Direct
RelayNextHop : ::                           TunnelID     : 0x0
Interface    : GigabitEthernet0/0/0         Flags        : D

Destination  : 2002::                       PrefixLength : 64
NextHop      : FE80::2E0:FCFF:FE65:6225     Preference   : 10
Cost         : 3                            Protocol     : OSPFv3
RelayNextHop : ::                           TunnelID     : 0x0
Interface    : GigabitEthernet2/0/0         Flags        : D

Destination  : 2002::                       PrefixLength : 64
NextHop      : FE80::2E0:FCFF:FEF9:2F84     Preference   : 10
Cost         : 3                            Protocol     : OSPFv3
RelayNextHop : ::                           TunnelID     : 0x0
Interface    : GigabitEthernet0/0/1         Flags        : D

Destination  : FE80::                       PrefixLength : 10
NextHop      : ::                           Preference   : 0
Cost         : 0                            Protocol     : Direct
RelayNextHop : ::                           TunnelID     : 0x0
Interface    : NULL0                        Flags        : D
```

图 11.41　路由器 AR11 的完整路由表

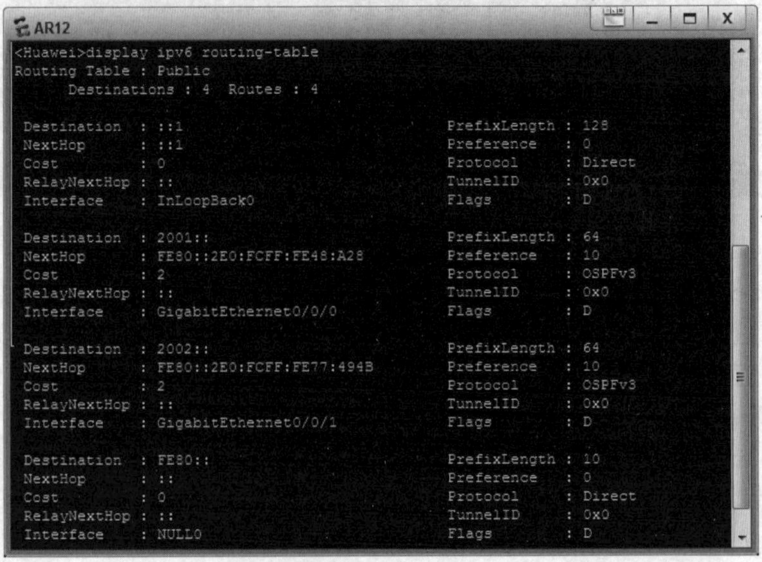

```
<Huawei>display ipv6 routing-table
Routing Table : Public
      Destinations : 4  Routes : 4

Destination  : ::1                          PrefixLength : 128
NextHop      : ::1                          Preference   : 0
Cost         : 0                            Protocol     : Direct
RelayNextHop : ::                           TunnelID     : 0x0
Interface    : InLoopBack0                  Flags        : D

Destination  : 2001::                       PrefixLength : 64
NextHop      : FE80::2E0:FCFF:FE48:A28      Preference   : 10
Cost         : 2                            Protocol     : OSPFv3
RelayNextHop : ::                           TunnelID     : 0x0
Interface    : GigabitEthernet0/0/0         Flags        : D

Destination  : 2002::                       PrefixLength : 64
NextHop      : FE80::2E0:FCFF:FE77:494B     Preference   : 10
Cost         : 2                            Protocol     : OSPFv3
RelayNextHop : ::                           TunnelID     : 0x0
Interface    : GigabitEthernet0/0/1         Flags        : D

Destination  : FE80::                       PrefixLength : 10
NextHop      : ::                           Preference   : 0
Cost         : 0                            Protocol     : Direct
RelayNextHop : ::                           TunnelID     : 0x0
Interface    : NULL0                        Flags        : D
```

图 11.42　路由器 AR12 的完整路由表

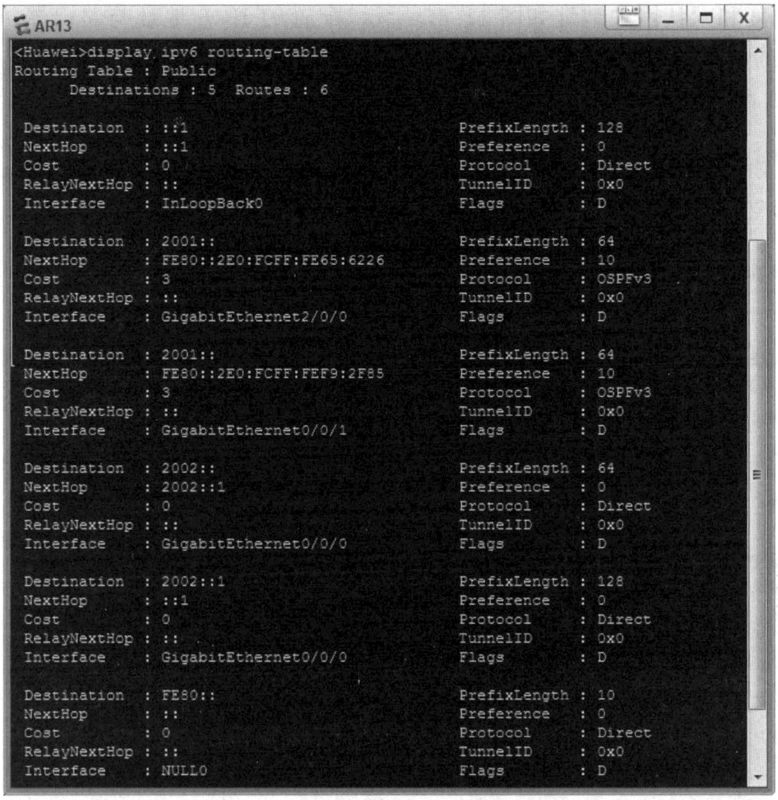

```
AR13
<Huawei>display ipv6 routing-table
Routing Table : Public
       Destinations : 5  Routes : 6

 Destination  : ::1                         PrefixLength : 128
 NextHop      : ::1                         Preference   : 0
 Cost         : 0                           Protocol     : Direct
 RelayNextHop : ::                          TunnelID     : 0x0
 Interface    : InLoopBack0                 Flags        : D

 Destination  : 2001::                      PrefixLength : 64
 NextHop      : FE80::2E0:FCFF:FE65:6226    Preference   : 10
 Cost         : 3                           Protocol     : OSPFv3
 RelayNextHop : ::                          TunnelID     : 0x0
 Interface    : GigabitEthernet2/0/0        Flags        : D

 Destination  : 2001::                      PrefixLength : 64
 NextHop      : FE80::2E0:FCFF:FEF9:2F85    Preference   : 10
 Cost         : 3                           Protocol     : OSPFv3
 RelayNextHop : ::                          TunnelID     : 0x0
 Interface    : GigabitEthernet0/0/1        Flags        : D

 Destination  : 2002::                      PrefixLength : 64
 NextHop      : 2002::1                     Preference   : 0
 Cost         : 0                           Protocol     : Direct
 RelayNextHop : ::                          TunnelID     : 0x0
 Interface    : GigabitEthernet0/0/0        Flags        : D

 Destination  : 2002::1                     PrefixLength : 128
 NextHop      : ::1                         Preference   : 0
 Cost         : 0                           Protocol     : Direct
 RelayNextHop : ::                          TunnelID     : 0x0
 Interface    : GigabitEthernet0/0/0        Flags        : D

 Destination  : FE80::                      PrefixLength : 10
 NextHop      : ::                          Preference   : 0
 Cost         : 0                           Protocol     : Direct
 RelayNextHop : ::                          TunnelID     : 0x0
 Interface    : NULL0                       Flags        : D
```

图 11.43　路由器 AR13 的完整路由表

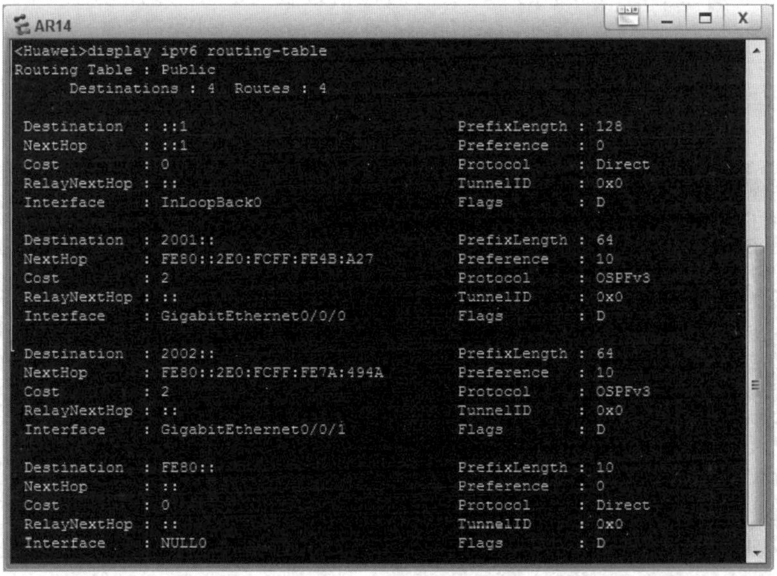

```
AR14
<Huawei>display ipv6 routing-table
Routing Table : Public
       Destinations : 4  Routes : 4

 Destination  : ::1                         PrefixLength : 128
 NextHop      : ::1                         Preference   : 0
 Cost         : 0                           Protocol     : Direct
 RelayNextHop : ::                          TunnelID     : 0x0
 Interface    : InLoopBack0                 Flags        : D

 Destination  : 2001::                      PrefixLength : 64
 NextHop      : FE80::2E0:FCFF:FE4B:A27     Preference   : 10
 Cost         : 2                           Protocol     : OSPFv3
 RelayNextHop : ::                          TunnelID     : 0x0
 Interface    : GigabitEthernet0/0/0        Flags        : D

 Destination  : 2002::                      PrefixLength : 64
 NextHop      : FE80::2E0:FCFF:FE7A:494A    Preference   : 10
 Cost         : 2                           Protocol     : OSPFv3
 RelayNextHop : ::                          TunnelID     : 0x0
 Interface    : GigabitEthernet0/0/1        Flags        : D

 Destination  : FE80::                      PrefixLength : 10
 NextHop      : ::                          Preference   : 0
 Cost         : 0                           Protocol     : Direct
 RelayNextHop : ::                          TunnelID     : 0x0
 Interface    : NULL0                       Flags        : D
```

图 11.44　路由器 AR14 的完整路由表

(5) 完成各个 PC 的 IPv6 地址、前缀长度和默认网关地址配置过程。PC1 配置的 IPv6 地址、前缀长度和默认网关地址如图 11.45 所示,配置的 IPv6 地址与路由器 AR11 连接交换机 LSW1 的接口的 IPv6 地址有相同的网络前缀和前缀长度;路由器 AR11 连接交换机 LSW1 的接口的 IPv6 地址作为 PC1 的默认网关地址。

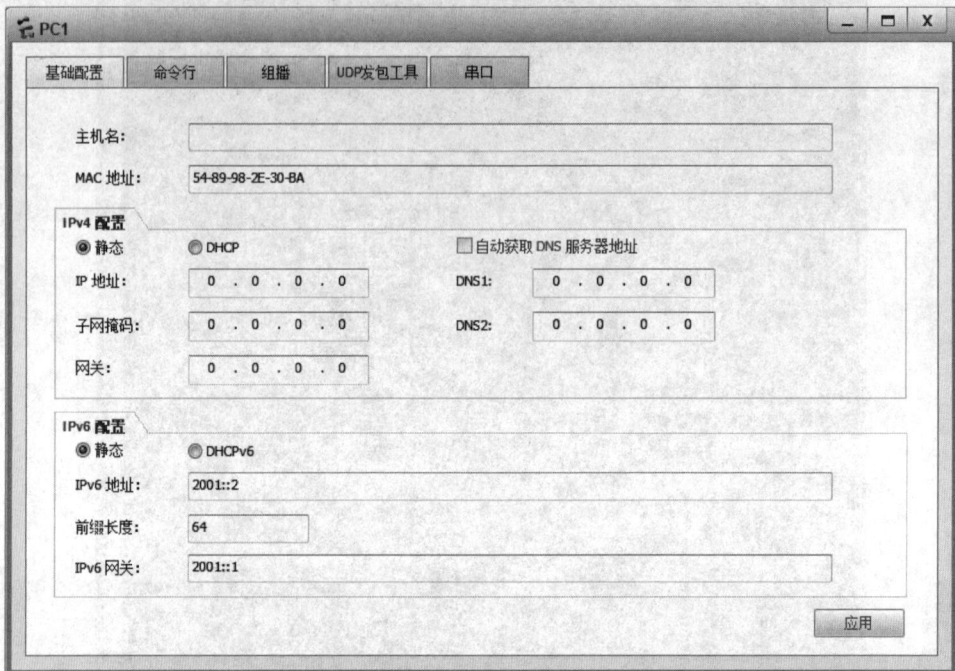

图 11.45　PC1 配置的 IPv6 地址、前缀长度和默认网关地址

(6) 启动连接在不同网络上的 PC 之间的通信过程,图 11.46 所示是 PC1 与 PC2 之间的通信过程。

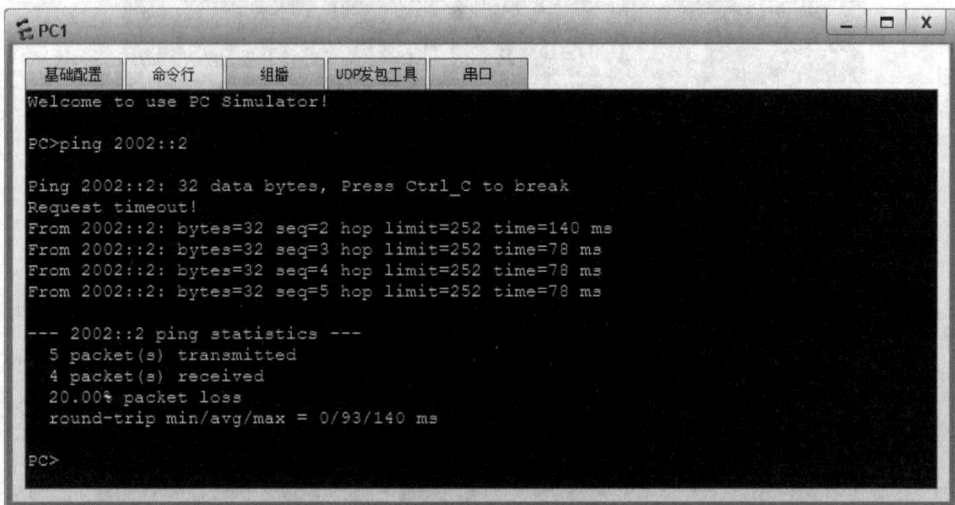

图 11.46　PC1 与 PC2 之间的通信过程

11.4.6　命令行接口配置过程

1. 路由器 AR11 命令行接口配置过程

```
< Huawei > system - view
[Huawei]undo info - center enable
[Huawei]ipv6
[Huawei]interface GigabitEthernet0/0/0
[Huawei - GigabitEthernet0/0/0]ipv6 enable
[Huawei - GigabitEthernet0/0/0]ipv6 address 2001::1 64
[Huawei - GigabitEthernet0/0/0]ipv6 address auto link - local
[Huawei - GigabitEthernet0/0/0]quit
[Huawei]interface GigabitEthernet0/0/1
[Huawei - GigabitEthernet0/0/1]ipv6 enable
[Huawei - GigabitEthernet0/0/1]ipv6 address auto link - local
[Huawei - GigabitEthernet0/0/1]quit
[Huawei]interface GigabitEthernet2/0/0
[Huawei - GigabitEthernet2/0/0]ipv6 enable
[Huawei - GigabitEthernet2/0/0]ipv6 address auto link - local
[Huawei - GigabitEthernet2/0/0]quit
[Huawei]interface Ethernet1/0/0
[Huawei - Ethernet1/0/0]ipv6 enable
[Huawei - Ethernet1/0/0]ipv6 address auto link - local
[Huawei - Ethernet1/0/0]quit
[Huawei]ospfv3 11
[Huawei - ospfv3 - 11]router - id 11.11.11.11
[Huawei - ospfv3 - 11]bandwidth - reference 1000
[Huawei - ospfv3 - 11]quit
[Huawei]interface GigabitEthernet0/0/0
[Huawei - GigabitEthernet0/0/0]ospfv3 11 area 1
[Huawei - GigabitEthernet0/0/0]quit
[Huawei]interface GigabitEthernet0/0/1
[Huawei - GigabitEthernet0/0/1]ospfv3 11 area 1
[Huawei - GigabitEthernet0/0/1]quit
[Huawei]interface GigabitEthernet2/0/0
[Huawei - GigabitEthernet2/0/0]ospfv3 11 area 1
[Huawei - GigabitEthernet2/0/0]quit
[Huawei]interface Ethernet1/0/0
[Huawei - Ethernet1/0/0]ospfv3 11 area 1
[Huawei - Ethernet1/0/0]quit
```

2. 路由器 AR12 命令行接口配置过程

```
< Huawei > system - view
[Huawei]undo info - center enable
[Huawei]ipv6
[Huawei]interface GigabitEthernet0/0/0
[Huawei - GigabitEthernet0/0/0]ipv6 enable
[Huawei - GigabitEthernet0/0/0]ipv6 address auto link - local
```

```
[Huawei - GigabitEthernet0/0/0]quit
[Huawei]interface GigabitEthernet0/0/1
[Huawei - GigabitEthernet0/0/1]ipv6 enable
[Huawei - GigabitEthernet0/0/1]ipv6 address auto link - local
[Huawei - GigabitEthernet0/0/1]quit
[Huawei]ospfv3 12
[Huawei - ospfv3 - 12]router - id 12.12.12.12
[Huawei - ospfv3 - 12]bandwidth - reference 1000
[Huawei - ospfv3 - 12]quit
[Huawei]interface GigabitEthernet0/0/0
[Huawei - GigabitEthernet0/0/0]ospfv3 12 area 1
[Huawei - GigabitEthernet0/0/0]quit
[Huawei]interface GigabitEthernet0/0/1
[Huawei - GigabitEthernet0/0/1]ospfv3 12 area 1
[Huawei - GigabitEthernet0/0/1]quit
```

路由器 AR13 的命令行接口配置过程与路由器 AR11 的命令行接口配置过程相似,路由器 AR14 的命令行接口配置过程与路由器 AR12 的命令行接口配置过程相似,这里不再赘述。

3. 命令列表

路由器命令行接口配置过程中使用的命令及功能和参数说明如表 11.4 所示。

表 11.4 路由器命令行接口配置过程中使用的命令及功能和参数说明

命 令 格 式	功能和参数说明
ospfv3[*process-id*]	创建 OSPFv3 进程,并进入 OSPFv3 视图。其中参数 *process-id* 是进程标识符,如果省略,则默认进程标识符为 1
router-id *router-id*	配置 OSPFv3 路由协议的路由器标识符。参数 *router-id* 是 IPv4 地址格式表示的路由器标识符
bandwidth-reference *value*	配置链路开销参考值,参数 *value* 是以 Mb/s 为单位的链路开销参考值,某个接口的代价=*value*/接口的带宽
ospfv3 *process-id* **area** *area-id*	在指定接口中启动 OSPFv3 路由协议,并给出指定接口所属的区域。该命令只能在创建 OSPFv3 进程后使用。其中,参数 *process-id* 是创建 OSPFv3 进程时指定的进程标识符;参数 *area-id* 是指定接口所属区域的区域编号

11.5 双协议栈配置实验

11.5.1 实验内容

实现双协议栈的互联网结构如图 11.47 所示,路由器的每一个接口都同时配置 IPv4 地址和子网掩码与 IPv6 地址和前缀长度,以此表示路由器接口同时连接 IPv4 网络和 IPv6 网络。分别实现 IPv4 网络内和 IPv6 网络内终端之间的通信过程,但 IPv4 网络与 IPv6 网络之间不能相互通信。

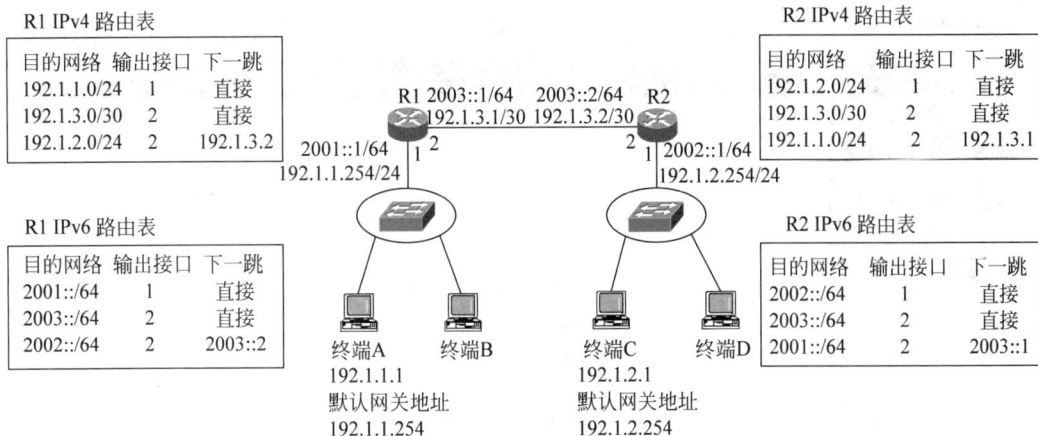

R1 IPv4 路由表

目的网络	输出接口	下一跳
192.1.1.0/24	1	直接
192.1.3.0/30	2	直接
192.1.2.0/24	2	192.1.3.2

R1 IPv6 路由表

目的网络	输出接口	下一跳
2001::/64	1	直接
2003::/64	2	直接
2002::/64	2	2003::2

R2 IPv4 路由表

目的网络	输出接口	下一跳
192.1.2.0/24	1	直接
192.1.3.0/30	2	直接
192.1.1.0/24	2	192.1.3.1

R2 IPv6 路由表

目的网络	输出接口	下一跳
2002::/64	1	直接
2003::/64	2	直接
2001::/64	2	2003::1

终端A　　终端B
192.1.1.1
默认网关地址
192.1.1.254

终端C　　终端D
192.1.2.1
默认网关地址
192.1.2.254

图 11.47　实现双协议栈的互联网结构

11.5.2　实验目的

（1）掌握路由器接口 IPv4 地址和子网掩码与 IPv6 地址和前缀长度的配置过程。
（2）掌握路由器 IPv4 静态路由项和 IPv6 静态路由项的配置过程。
（3）验证 IPv4 网络和 IPv6 网络共存于一个物理网络的工作机制。
（4）分别验证 IPv4 网络内和 IPv6 网络内终端之间的连通性。

11.5.3　实验原理

双协议栈工作机制下,图 11.47 中的每一个物理路由器相当于被划分为两个逻辑路由器,每一个逻辑路由器用于转发 IPv4 或 IPv6 分组,因此,路由器需要分别启动 IPv4 和 IPv6 路由进程,分别建立 IPv4 和 IPv6 路由表。同一物理路由器中的两个逻辑路由器是相互透明的,因此,图 11.47 所示的物理互联网结构完全等同于两个逻辑互联网,其中一个逻辑互联网实现 IPv4 网络互联,另一个逻辑互联网实现 IPv6 网络互联。

图 11.47 中的终端 A 和终端 C 分别连接在两个网络地址不同的 IPv4 网络上,终端 B 和终端 D 分别连接在两个网络前缀不同的 IPv6 网络上。当路由器工作在双协议栈工作机制时,图 11.47 所示的 IPv4 网络和 IPv6 网络是相互独立的网络,因此,属于 IPv4 网络的终端和属于 IPv6 网络的终端之间不能相互通信。当然,如果某个终端也支持双协议栈,同时配置 IPv4 网络和 IPv6 网络相关信息,该终端既可以与属于 IPv4 网络的终端通信,又可以与属于 IPv6 网络的终端通信。

11.5.4　实验步骤

（1）启动 eNSP,按照如图 11.47 所示的网络拓扑结构放置和连接设备,完成设备放置和连接后的 eNSP 界面如图 11.48 所示。启动所有设备。

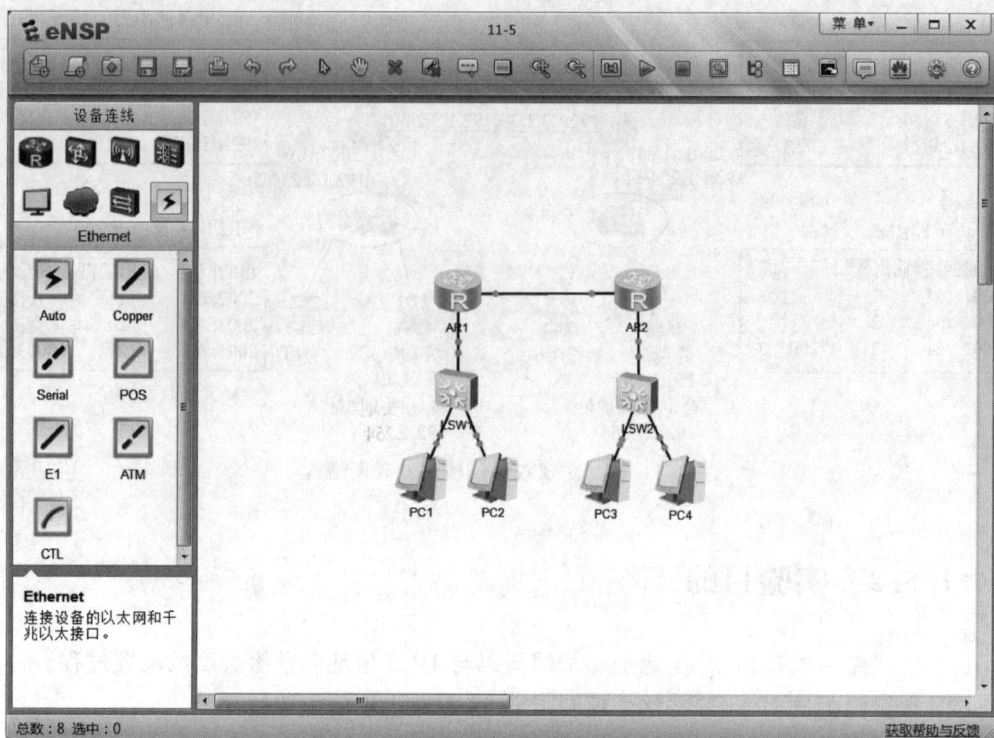

图 11.48 完成设备放置和连接后的 eNSP 界面

(2)分别完成路由器 AR1 和 AR2 的各个接口的 IPv4 地址和子网掩码、IPv6 地址和前缀长度的配置过程,在为接口配置 IPv6 地址和前缀长度之前,启动路由器转发 IPv6 单播分组的功能和接口的 IPv6 功能。完成上述配置过程后,路由器 AR1 的 IPv4 接口和 IPv6 接口状态如图 11.49 所示,路由器 AR2 的 IPv4 接口和 IPv6 接口状态如图 11.50 所示。

图 11.49 路由器 AR1 的 IPv4 接口和 IPv6 接口状态

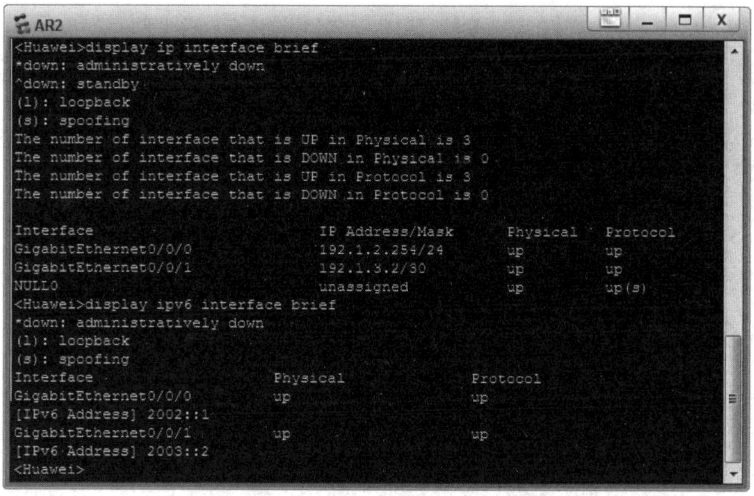

图 11.50　路由器 AR2 的 IPv4 接口和 IPv6 接口状态

（3）分别在路由器 AR1 和 AR2 中完成 IPv4 和 IPv6 静态路由项的配置过程。路由器 AR1 的 IPv4 路由表如图 11.51 所示，IPv6 路由表如图 11.52 所示。路由器 AR2 的 IPv4 路由表如图 11.53 所示，IPv6 路由表如图 11.54 所示。

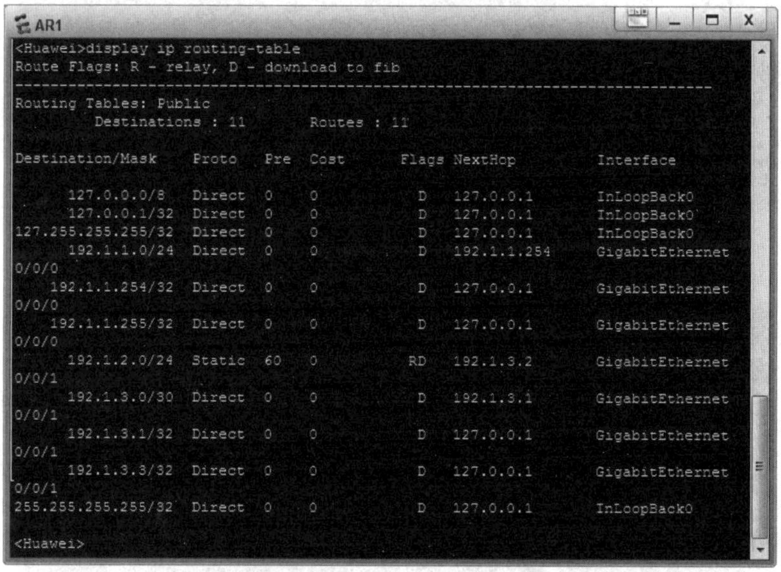

图 11.51　路由器 AR1 的 IPv4 路由表

（4）完成各个 PC 的配置过程，PC1 配置的 IPv4 地址、子网掩码和默认网关地址如图 11.55 所示，由于 PC1 只配置了如图 11.55 所示的有关 IPv4 的网络信息，因此，只能与连接在 IPv4 网络上的 PC3 相互通信。如图 11.56 所示，PC1 与 PC3 之间可以相互通信，但与连接在 IPv6 网络上的 PC4 之间无法相互通信。PC2 配置的 IPv6 地址、前缀长度和默认网关地址如图 11.57 所示，由于 PC2 只配置了如图 11.57 所示的有关 IPv6 的网络信息，因此，只能与连接在 IPv6 网络上的 PC4 相互通信。如图 11.58 所示，PC2 与 PC4 之间可以相互通信，但与连接在 IPv4 网络上的 PC3 之间无法相互通信。

```
AR1
<Huawei>display ipv6 routing-table
Routing Table : Public
      Destinations : 7   Routes : 7

Destination  : ::1                          PrefixLength : 128
NextHop      : ::1                          Preference   : 0
Cost         : 0                            Protocol     : Direct
RelayNextHop : ::                           TunnelID     : 0x0
Interface    : InLoopBack0                  Flags        : D

Destination  : 2001::                       PrefixLength : 64
NextHop      : 2001::1                      Preference   : 0
Cost         : 0                            Protocol     : Direct
RelayNextHop : ::                           TunnelID     : 0x0
Interface    : GigabitEthernet0/0/0         Flags        : D

Destination  : 2001::1                      PrefixLength : 128
NextHop      : ::1                          Preference   : 0
Cost         : 0                            Protocol     : Direct
RelayNextHop : ::                           TunnelID     : 0x0
Interface    : GigabitEthernet0/0/0         Flags        : D

Destination  : 2002::                       PrefixLength : 64
NextHop      : 2003::2                      Preference   : 60
Cost         : 0                            Protocol     : Static
RelayNextHop : ::                           TunnelID     : 0x0
Interface    : GigabitEthernet0/0/1         Flags        : RD

Destination  : 2003::                       PrefixLength : 64
NextHop      : 2003::1                      Preference   : 0
Cost         : 0                            Protocol     : Direct
RelayNextHop : ::                           TunnelID     : 0x0
Interface    : GigabitEthernet0/0/1         Flags        : D

Destination  : 2003::1                      PrefixLength : 128
NextHop      : ::1                          Preference   : 0
Cost         : 0                            Protocol     : Direct
RelayNextHop : ::                           TunnelID     : 0x0
Interface    : GigabitEthernet0/0/1         Flags        : D

Destination  : FE80::                       PrefixLength : 10
NextHop      : ::                           Preference   : 0
Cost         : 0                            Protocol     : Direct
RelayNextHop : ::                           TunnelID     : 0x0
Interface    : NULL0                        Flags        : D
```

图 11.52 路由器 AR1 的 IPv6 路由表

```
AR2
<Huawei>display ip routing-table
Route Flags: R - relay, D - download to fib
------------------------------------------------------------------------------
Routing Tables: Public
         Destinations : 11       Routes : 11

Destination/Mask      Proto   Pre  Cost      Flags NextHop         Interface

      127.0.0.0/8     Direct  0    0          D    127.0.0.1       InLoopBack0
      127.0.0.1/32    Direct  0    0          D    127.0.0.1       InLoopBack0
127.255.255.255/32    Direct  0    0          D    127.0.0.1       InLoopBack0
      192.1.1.0/24    Static  60   0          RD   192.1.3.1       GigabitEthernet
0/0/1
      192.1.2.0/24    Direct  0    0          D    192.1.2.254     GigabitEthernet
0/0/0
    192.1.2.254/32    Direct  0    0          D    127.0.0.1       GigabitEthernet
0/0/0
      192.1.2.255/32  Direct  0    0          D    127.0.0.1       GigabitEthernet
0/0/0
      192.1.3.0/30    Direct  0    0          D    192.1.3.2       GigabitEthernet
0/0/1
      192.1.3.2/32    Direct  0    0          D    127.0.0.1       GigabitEthernet
0/0/1
      192.1.3.3/32    Direct  0    0          D    127.0.0.1       GigabitEthernet
0/0/1
255.255.255.255/32    Direct  0    0          D    127.0.0.1       InLoopBack0

<Huawei>
```

图 11.53 路由器 AR2 的 IPv4 路由表

图 11.54　路由器 AR2 的 IPv6 路由表

图 11.55　PC1 配置的 IPv4 地址、子网掩码和默认网关地址

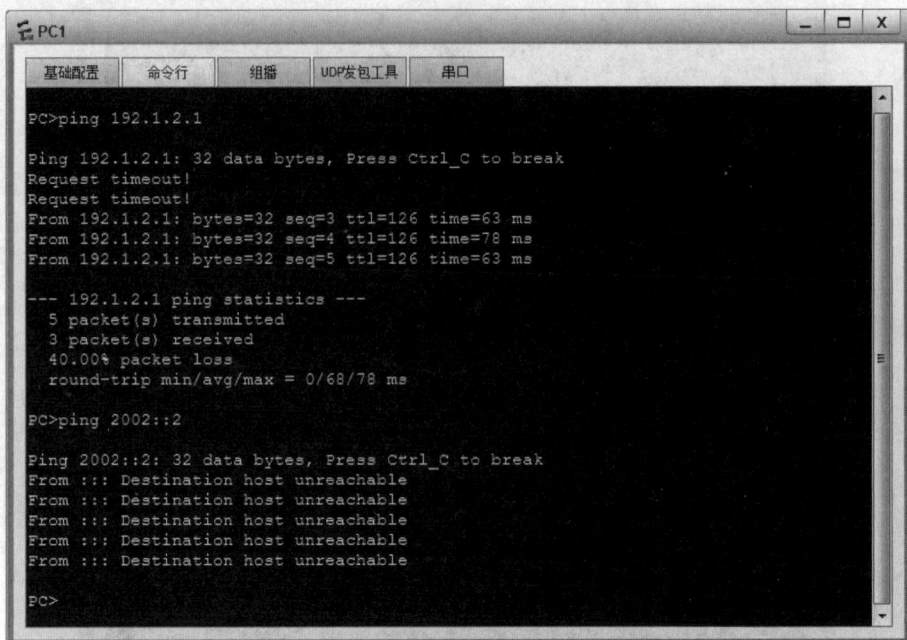

图 11.56　PC1 与 PC3 和 PC4 之间的通信过程

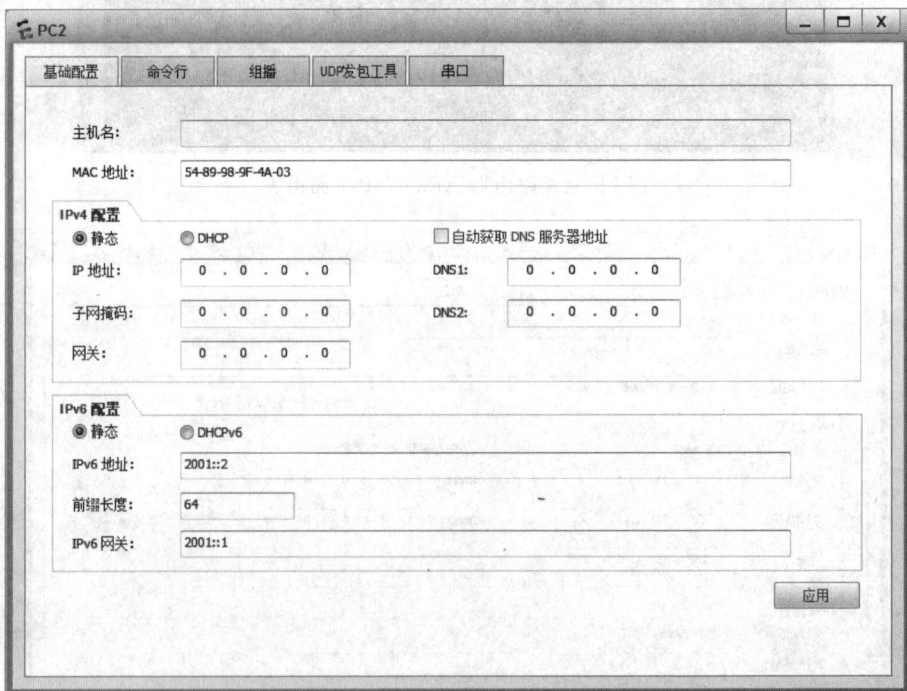

图 11.57　PC2 配置的 IPv6 地址、前缀长度和默认网关地址

（5）如果如图 11.59 所示，PC1 同时配置 IPv4 和 IPv6 网络信息，PC1 可以同时与连接在 IPv4 网络上的 PC3 和连接在 IPv6 网络上的 PC4 之间相互通信。如图 11.60 所示，PC1 与 PC3 和 PC4 之间可以相互通信。

```
PC>ping 2002::2

Ping 2002::2: 32 data bytes, Press Ctrl_C to break
From 2002::2: bytes=32 seq=1 hop limit=253 time=62 ms
From 2002::2: bytes=32 seq=2 hop limit=253 time=63 ms
From 2002::2: bytes=32 seq=3 hop limit=253 time=78 ms
From 2002::2: bytes=32 seq=4 hop limit=253 time=93 ms
From 2002::2: bytes=32 seq=5 hop limit=253 time=78 ms

--- 2002::2 ping statistics ---
  5 packet(s) transmitted
  5 packet(s) received
  0.00% packet loss
  round-trip min/avg/max = 62/74/93 ms

PC>ping 192.1.2.1

Ping 192.1.2.1: 32 data bytes, Press Ctrl_C to break
From 0.0.0.0: Destination host unreachable
From 0.0.0.0: Destination host unreachable
From 0.0.0.0: Destination host unreachable
From 0.0.0.0: Destination host unreachable
From 0.0.0.0: Destination host unreachable

--- 192.1.2.1 ping statistics ---
  5 packet(s) transmitted
  0 packet(s) received
  100.00% packet loss

PC>
```

图 11.58　PC2 与 PC4 和 PC3 之间的通信过程

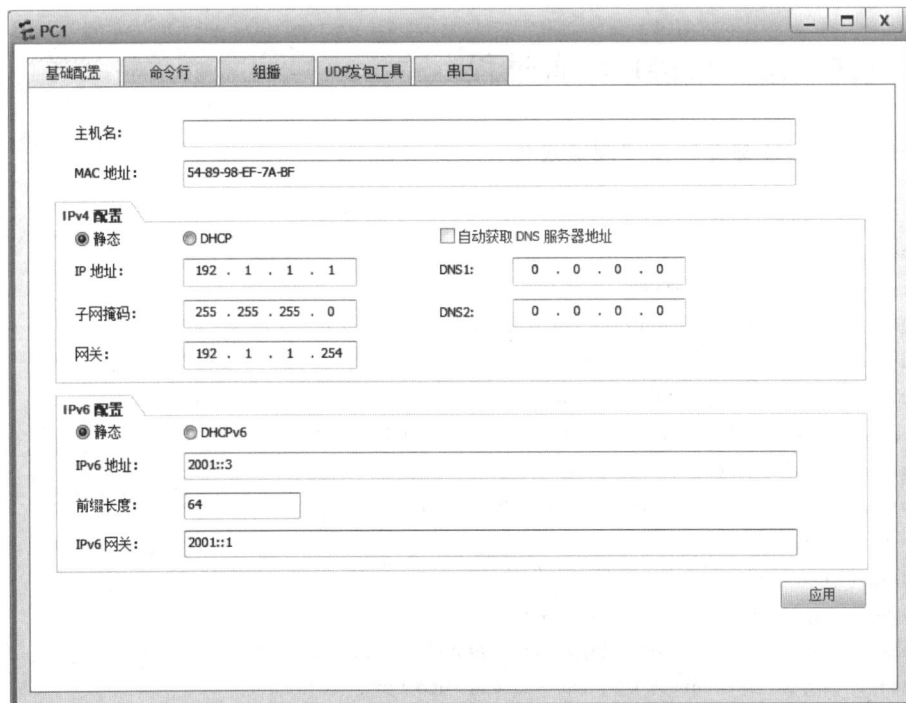

图 11.59　PC1 同时配置 IPv4 和 IPv6 网络信息

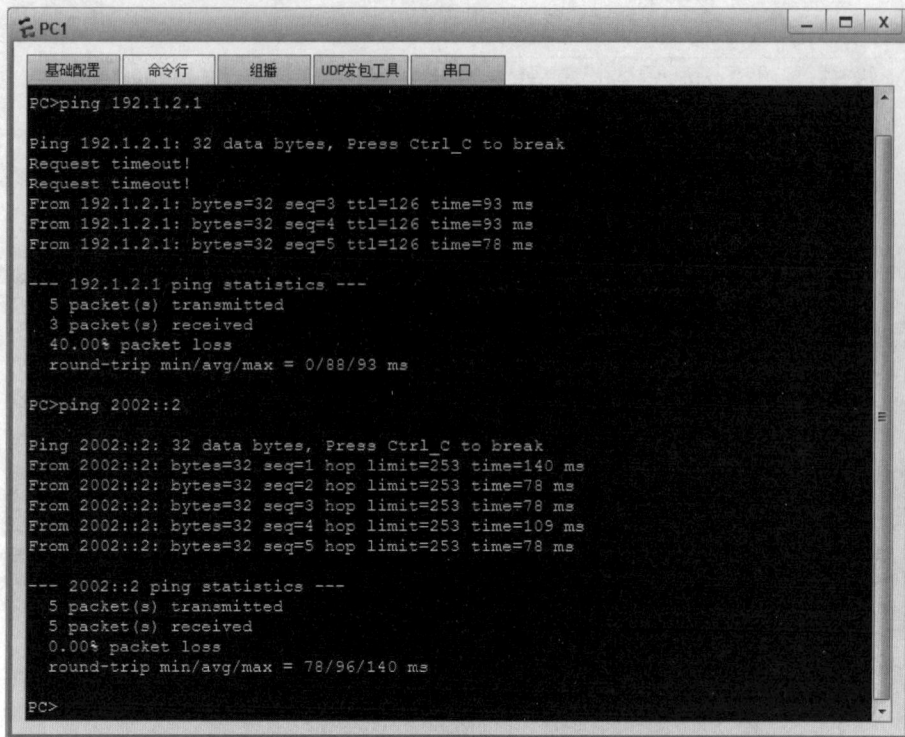

```
PC>ping 192.1.2.1

Ping 192.1.2.1: 32 data bytes, Press Ctrl_C to break
Request timeout!
Request timeout!
From 192.1.2.1: bytes=32 seq=3 ttl=126 time=93 ms
From 192.1.2.1: bytes=32 seq=4 ttl=126 time=93 ms
From 192.1.2.1: bytes=32 seq=5 ttl=126 time=78 ms

--- 192.1.2.1 ping statistics ---
  5 packet(s) transmitted
  3 packet(s) received
  40.00% packet loss
  round-trip min/avg/max = 0/88/93 ms

PC>ping 2002::2

Ping 2002::2: 32 data bytes, Press Ctrl_C to break
From 2002::2: bytes=32 seq=1 hop limit=253 time=140 ms
From 2002::2: bytes=32 seq=2 hop limit=253 time=78 ms
From 2002::2: bytes=32 seq=3 hop limit=253 time=78 ms
From 2002::2: bytes=32 seq=4 hop limit=253 time=109 ms
From 2002::2: bytes=32 seq=5 hop limit=253 time=78 ms

--- 2002::2 ping statistics ---
  5 packet(s) transmitted
  5 packet(s) received
  0.00% packet loss
  round-trip min/avg/max = 78/96/140 ms

PC>
```

图 11.60　PC1 与 PC3 和 PC4 之间可以相互通信

11.5.5　命令行接口配置过程

1. 路由器 AR1 命令行接口配置过程

```
< Huawei > system - view
[Huawei]undo info - center enable
[Huawei]interface GigabitEthernet0/0/0
[Huawei - GigabitEthernet0/0/0]ip address 192.1.1.254 24
[Huawei - GigabitEthernet0/0/0]quit
[Huawei]interface GigabitEthernet0/0/1
[Huawei - GigabitEthernet0/0/1]ip address 192.1.3.1 30
[Huawei - GigabitEthernet0/0/1]quit
[Huawei]ip route - static 192.1.2.0 24 192.1.3.2
[Huawei]ipv6
[Huawei]interfac GigabitEthernet0/0/0
[Huawei - GigabitEthernet0/0/0]ipv6 enable
[Huawei - GigabitEthernet0/0/0]ipv6 address 2001::1 64
[Huawei - GigabitEthernet0/0/0]ipv6 address auto link - local
[Huawei - GigabitEthernet0/0/0]quit
[Huawei]interface GigabitEthernet0/0/1
[Huawei - GigabitEthernet0/0/1]ipv6 enable
```

```
[Huawei - GigabitEthernet0/0/1]ipv6 address 2003::1 64
[Huawei - GigabitEthernet0/0/1]ipv6 address auto link - local
[Huawei - GigabitEthernet0/0/1]quit
[Huawei]ipv6 route - static 2002:: 64 2003::2
```

2. 路由器 AR2 命令行接口配置过程

```
< Huawei > system - view
[Huawei]undo info - center enable
[Huawei]interface GigabitEthernet0/0/0
[Huawei - GigabitEthernet0/0/0]ip address 192.1.2.254 24
[Huawei - GigabitEthernet0/0/0]quit
[Huawei]interface GigabitEthernet0/0/1
[Huawei - GigabitEthernet0/0/1]ip address 192.1.3.2 30
[Huawei - GigabitEthernet0/0/1]quit
[Huawei]ip route - static 192.1.1.0 24 192.1.3.1
[Huawei]ipv6
[Huawei]interface GigabitEthernet0/0/0
[Huawei - GigabitEthernet0/0/0]ipv6 enable
[Huawei - GigabitEthernet0/0/0]ipv6 address 2002::1 64
[Huawei - GigabitEthernet0/0/0]ipv6 address auto link - local
[Huawei - GigabitEthernet0/0/0]quit
[Huawei]interface GigabitEthernet0/0/1
[Huawei - GigabitEthernet0/0/1]ipv6 enable
[Huawei - GigabitEthernet0/0/1]ipv6 address 2003::2 64
[Huawei - GigabitEthernet0/0/1]ipv6 address auto link - local
[Huawei - GigabitEthernet0/0/1]quit
[Huawei]ipv6 route - static 2001:: 64 2003::1
```

11.6　IPv6 over IPv4 隧道配置实验

11.6.1　实验内容

IPv6 over IPv4 隧道技术实现过程如图 11.61 所示,路由器 R1 接口 1 和路由器 R3 接口 2 分别连接 IPv6 网络 2001::/64 和 2002::/64,路由器 R1 接口 2、路由器 R2 和路由器 R3 接口 1 构成 IPv4 网络,创建路由器 R1 接口 2 与路由器 R3 接口 1 之间的隧道,为隧道两端分别分配 IPv6 地址 2003::1/64 和 2003::2/64。对于路由器 R1,通往 IPv6 网络 2002::/64 的传输路径的下一跳是隧道另一端,因此,下一跳地址为 2003::2/64。同样,对于路由器 R3,通往 IPv6 网络 2001::/64 的传输路径的下一跳也是隧道另一端,因此,下一跳地址为 2003::1/64。通过 IPv6 over IPv4 隧道,实现终端 A 与终端 B 之间 IPv6 分组的传输过程。

R1 IPv4路由表

目的网络	距离	下一跳	输出接口
192.1.2.2/32	N	192.1.1.2	2

R2 IPv4路由表

目的网络	距离	下一跳	输出接口
192.1.1.1/32	N	192.1.2.1	1

R1 IPv6路由表

目的网络	距离	下一跳	输出接口
2001::/64	0	直接	1
2002::/64	1	2003::2	隧道1

R2 IPv6路由表

目的网络	距离	下一跳	输出接口
2001::/64	1	2003::1	隧道1
2002::/64	0	直接	2

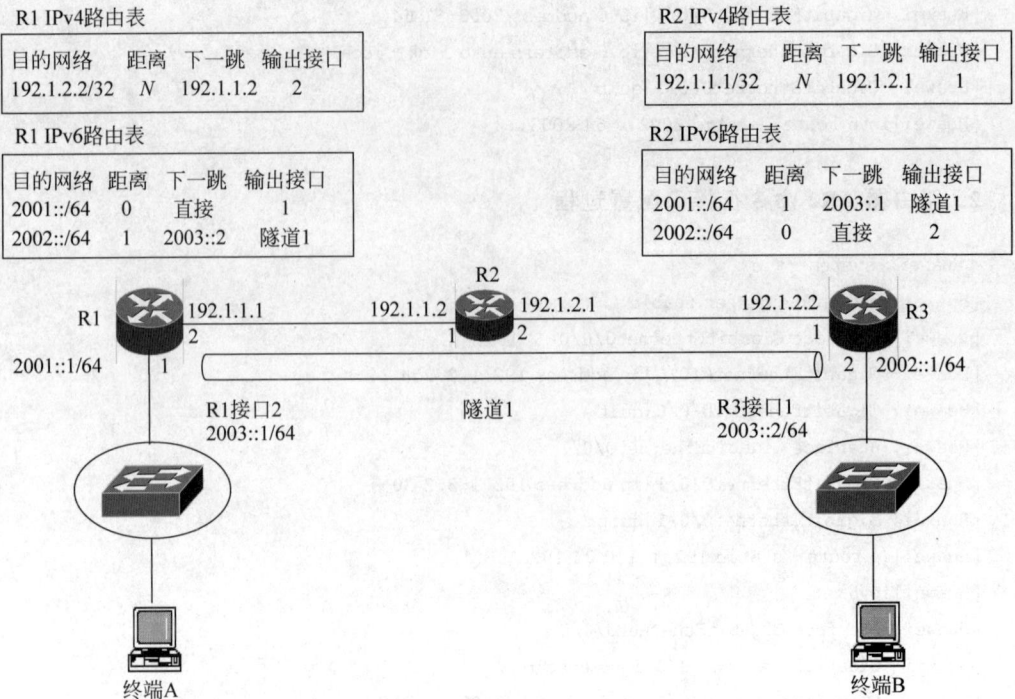

图 11.61   IPv6 over IPv4 隧道技术实现过程

11.6.2   实验目的

(1) 掌握路由器接口 IPv4 地址和子网掩码与 IPv6 地址和前缀长度的配置过程。

(2) 掌握路由器静态路由项配置过程。

(3) 掌握 IPv6 over IPv4 隧道配置过程。

(4) 掌握经过 IPv6 over IPv4 隧道实现两个被 IPv4 网络分隔的 IPv6 网络之间互联的过程。

11.6.3   实验原理

图 11.61 所示是用 IPv6 over IPv4 隧道实现两个 IPv6 孤岛互联的互联网结构,分别在路由器 R1 和 R3 中定义 IPv4 隧道,隧道两个端点的 IPv4 地址分别为 192.1.1.1 和 192.1.2.2。同时在路由器中设置到达隧道另一端的 IPv4 路由项,路由器配置的信息如图 11.61 所示。对于 IPv6 网络,IPv4 隧道等同于点对点链路,因此,IPv4 隧道两端还需分配网络前缀相同的 IPv6 地址,如图 11.61 所示的 2003::1/64 和 2003::2/64。对于路由器 R1,通往目的网络 2002::/64 传输路径上的下一跳是 IPv4 隧道连接路由器 R3 的一端。同样,对于路由器 R3,通往目的网络 2001::/64 传输路径上的下一跳是 IPv4 隧道连接路由器 R1 的一端。

当终端 A 需要给终端 B 发送 IPv6 分组时,终端 A 构建以终端 A 的全球 IPv6 地址为源地址、以终端 B 的全球 IPv6 地址为目的地址的 IPv6 分组,并根据配置的默认网关地址将该 IPv6 分组传输给路由器 R1。路由器 R1 用 IPv6 分组的目的地址检索 IPv6 路由表,找到下一跳路由器,但发现连接下一跳路由器的是隧道 1。根据路由器 R1 配置隧道 1 时给出的信息:隧道 1 源地址为 192.1.1.1、目的地址为 192.1.2.2,路由器 R1 将 IPv6 分组封装成隧道格式。由于隧道 1 是 IPv4 隧道,隧道格式外层首部为 IPv4 首部。由 IPv4 网络实现隧道格式经过隧道 1 的传输过程,即路由器 R1 接口 2 至路由器 R3 接口 1 的传输过程。

11.6.4　关键命令说明

以下命令序列用于创建一个 IPv6 over IPv4 隧道,并完成隧道参数配置过程。

```
[Huawei]interface tunnel 0/0/1
[Huawei-Tunnel0/0/1]tunnel-protocol ipv6-ipv4
[Huawei-Tunnel0/0/1]source GigabitEthernet0/0/1
[Huawei-Tunnel0/0/1]destination 192.1.2.2
[Huawei-Tunnel0/0/1]quit
```

interface tunnel 0/0/1 是系统视图下使用的命令,该命令的作用是创建一个隧道,并进入隧道接口视图。0/0/1 是隧道编号,该编号通常与作为隧道源端的路由器接口的编号相同。

tunnel-protocol ipv6-ipv4 是隧道接口视图下使用的命令,该命令的作用是指定 ipv6-ipv4 为隧道协议。以 ipv6-ipv4 为隧道协议创建的隧道是 IPv6 over IPv4 隧道。

source GigabitEthernet0/0/1 是隧道接口视图下使用的命令,该命令的作用是指定作为隧道源端的路由器接口,接口 GigabitEthernet0/0/1 是作为隧道源端的路由器接口。

destination 192.1.2.2 是隧道接口视图下使用的命令,该命令的作用是指定作为隧道目的端的路由器接口的 IPv4 地址。

11.6.5　实验步骤

(1) 启动 eNSP,按照如图 11.61 所示的网络拓扑结构放置和连接设备,完成设备放置和连接后的 eNSP 界面如图 11.62 所示。启动所有设备。

(2) 完成路由器 AR1 连接交换机 LSW1 的接口和路由器 AR3 连接交换机 LSW2 的接口 IPv6 地址和前缀长度的配置过程,在为这两个接口配置 IPv6 地址和前缀长度之前,启动路由器 AR1 和 AR3 转发 IPv6 单播分组的功能和这两个接口的 IPv6 功能。完成其他路由器接口 IPv4 地址和子网掩码的配置过程。路由器 AR1 和路由器 AR3 中创建 IPv6 over IPv4 隧道,并为隧道两端配置 IPv6 地址和前缀长度。完成上述配置过程后,路由器 AR1 的 IPv4 接口和 IPv6 接口状态如图 11.63 所示,路由器 AR2 的 IPv4 接口状态如图 11.64 所示,路由器 AR3 的 IPv4 接口和 IPv6 接口状态如图 11.65 所示。需要说明的是,路由器 AR1 和 AR3 中的 IPv6 接口包括 IPv6 over IPv4 隧道。

(3) 在路由器 AR1、AR2 和 AR3 中完成 RIP 配置过程。在各个路由器中建立用于指明通往 IPv4 网络 192.1.1.0/24 和 192.1.2.0/24 的传输路径的路由项。在路由器 AR1 和 AR3 中完成 RIPng 配置过程。在路由器 AR1 和 AR3 中建立用于指明通往 IPv6 网络 2001::/64、2002::/64 和 2003::/64 的传输路径的路由项。路由器 AR1 的 IPv4 路由表如图 11.66 所示,路由器 AR1 的 IPv6 路由表如图 11.67 所示,路由器 AR2 的 IPv4 路由表如

图 11.68 所示,路由器 AR3 的 IPv4 路由表如图 11.69 所示,路由器 AR3 的 IPv6 路由表如图 11.70 所示。

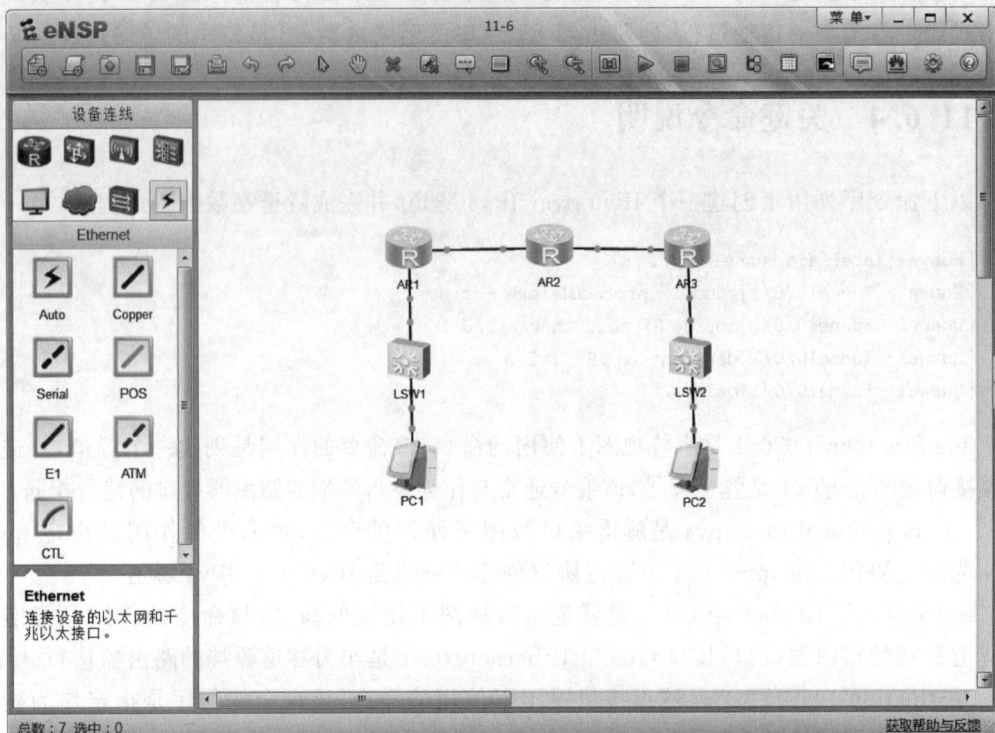

图 11.62　完成设备放置和连接后的 eNSP 界面

图 11.63　路由器 AR1 的 IPv4 接口和 IPv6 接口状态

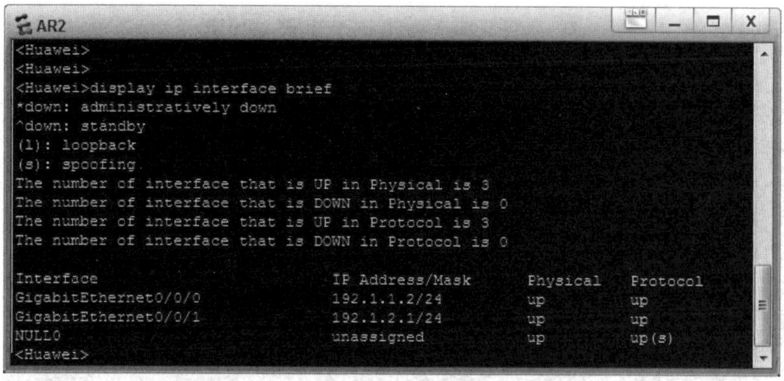

图 11.64　路由器 AR2 的 IPv4 接口状态

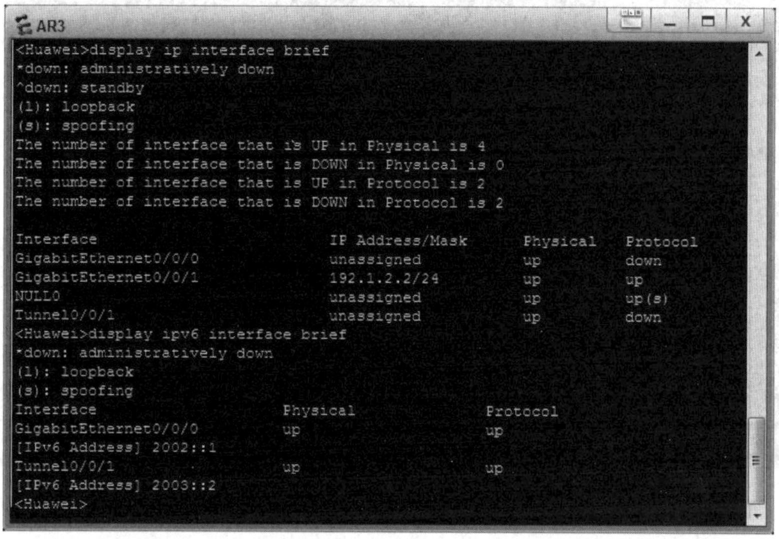

图 11.65　路由器 AR3 的 IPv4 接口和 IPv6 接口状态

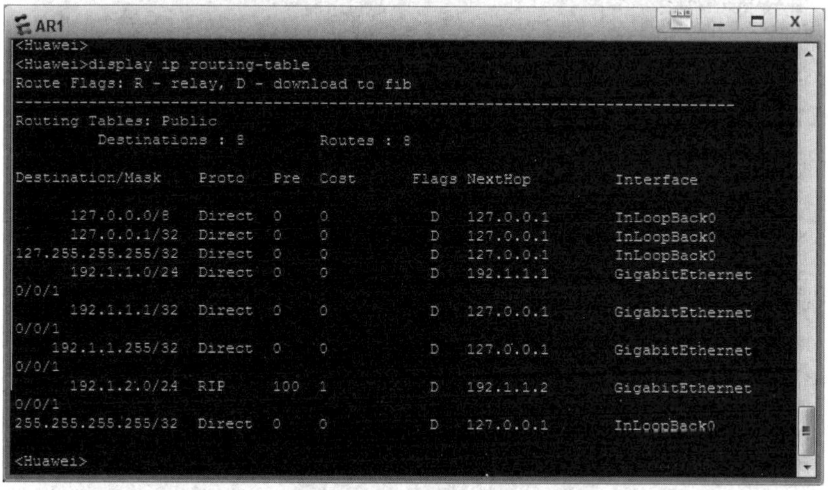

图 11.66　路由器 AR1 的 IPv4 路由表

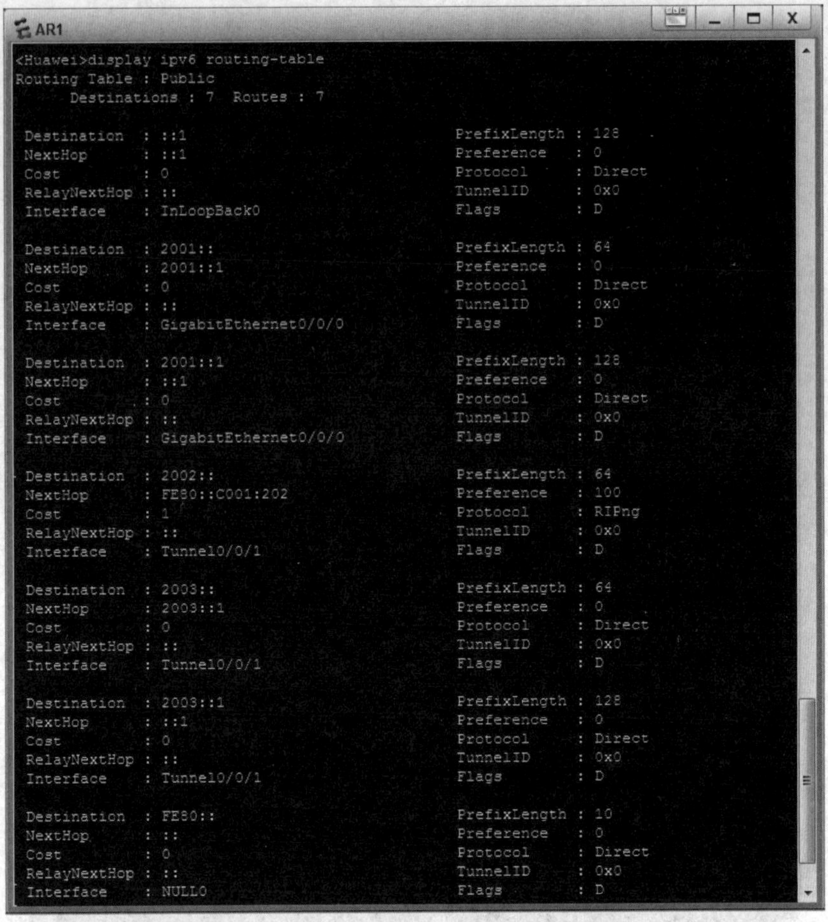

```
E AR1                                                          _ □ X

<Huawei>display ipv6 routing-table
Routing Table : Public
       Destinations : 7  Routes : 7

Destination  : ::1                      PrefixLength : 128
NextHop      : ::1                      Preference   : 0
Cost         : 0                        Protocol     : Direct
RelayNextHop : ::                       TunnelID     : 0x0
Interface    : InLoopBack0              Flags        : D

Destination  : 2001::                   PrefixLength : 64
NextHop      : 2001::1                  Preference   : 0
Cost         : 0                        Protocol     : Direct
RelayNextHop : ::                       TunnelID     : 0x0
Interface    : GigabitEthernet0/0/0     Flags        : D

Destination  : 2001::1                  PrefixLength : 128
NextHop      : ::1                      Preference   : 0
Cost         : 0                        Protocol     : Direct
RelayNextHop : ::                       TunnelID     : 0x0
Interface    : GigabitEthernet0/0/0     Flags        : D

Destination  : 2002::                   PrefixLength : 64
NextHop      : FE80::C001:202           Preference   : 100
Cost         : 1                        Protocol     : RIPng
RelayNextHop : ::                       TunnelID     : 0x0
Interface    : Tunnel0/0/1              Flags        : D

Destination  : 2003::                   PrefixLength : 64
NextHop      : 2003::1                  Preference   : 0
Cost         : 0                        Protocol     : Direct
RelayNextHop : ::                       TunnelID     : 0x0
Interface    : Tunnel0/0/1              Flags        : D

Destination  : 2003::1                  PrefixLength : 128
NextHop      : ::1                      Preference   : 0
Cost         : 0                        Protocol     : Direct
RelayNextHop : ::                       TunnelID     : 0x0
Interface    : Tunnel0/0/1              Flags        : D

Destination  : FE80::                   PrefixLength : 10
NextHop      : ::                       Preference   : 0
Cost         : 0                        Protocol     : Direct
RelayNextHop : ::                       TunnelID     : 0x0
Interface    : NULL0                    Flags        : D
```

图 11.67　路由器 AR1 的 IPv6 路由表

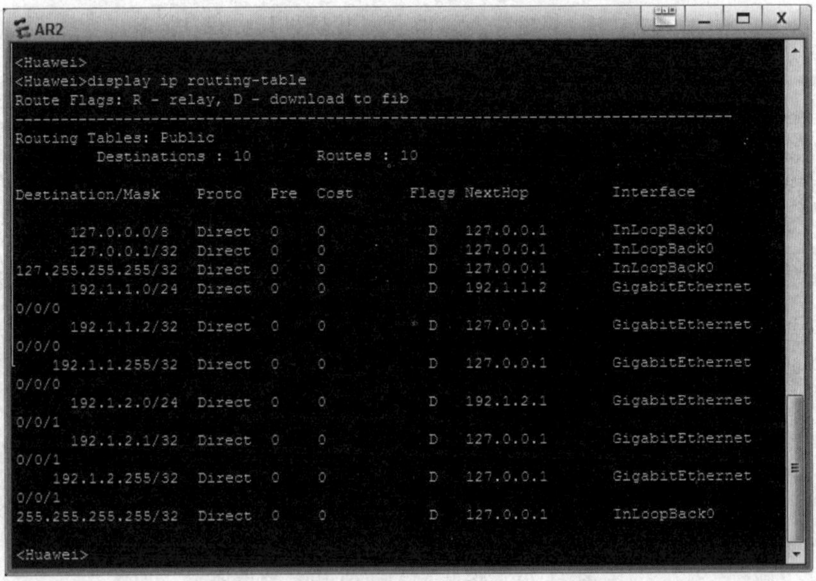

```
E AR2                                                          _ □ X

<Huawei>
<Huawei>display ip routing-table
Route Flags: R - relay, D - download to fib
------------------------------------------------------------------------------
Routing Tables: Public
         Destinations : 10       Routes : 10

Destination/Mask    Proto   Pre  Cost      Flags NextHop        Interface

     127.0.0.0/8    Direct  0    0          D    127.0.0.1      InLoopBack0
     127.0.0.1/32   Direct  0    0          D    127.0.0.1      InLoopBack0
127.255.255.255/32  Direct  0    0          D    127.0.0.1      InLoopBack0
     192.1.1.0/24   Direct  0    0          D    192.1.1.2      GigabitEthernet
0/0/0
     192.1.1.2/32   Direct  0    0          D    127.0.0.1      GigabitEthernet
0/0/0
     192.1.1.255/32 Direct  0    0          D    127.0.0.1      GigabitEthernet
0/0/0
     192.1.2.0/24   Direct  0    0          D    192.1.2.1      GigabitEthernet
0/0/1
     192.1.2.1/32   Direct  0    0          D    127.0.0.1      GigabitEthernet
0/0/1
     192.1.2.255/32 Direct  0    0          D    127.0.0.1      GigabitEthernet
0/0/1
255.255.255.255/32  Direct  0    0          D    127.0.0.1      InLoopBack0

<Huawei>
```

图 11.68　路由器 AR2 的 IPv4 路由表

图 11.69　路由器 AR3 的 IPv4 路由表

图 11.70　路由器 AR3 的 IPv6 路由表

（4）完成各个 PC 的配置过程，PC1 配置的 IPv6 地址、前缀长度和默认网关地址如图 11.71 所示，PC2 配置的 IPv6 地址、前缀长度和默认网关地址如图 11.72 所示。

图 11.71 PC1 配置的 IPv6 地址、前缀长度和默认网关地址

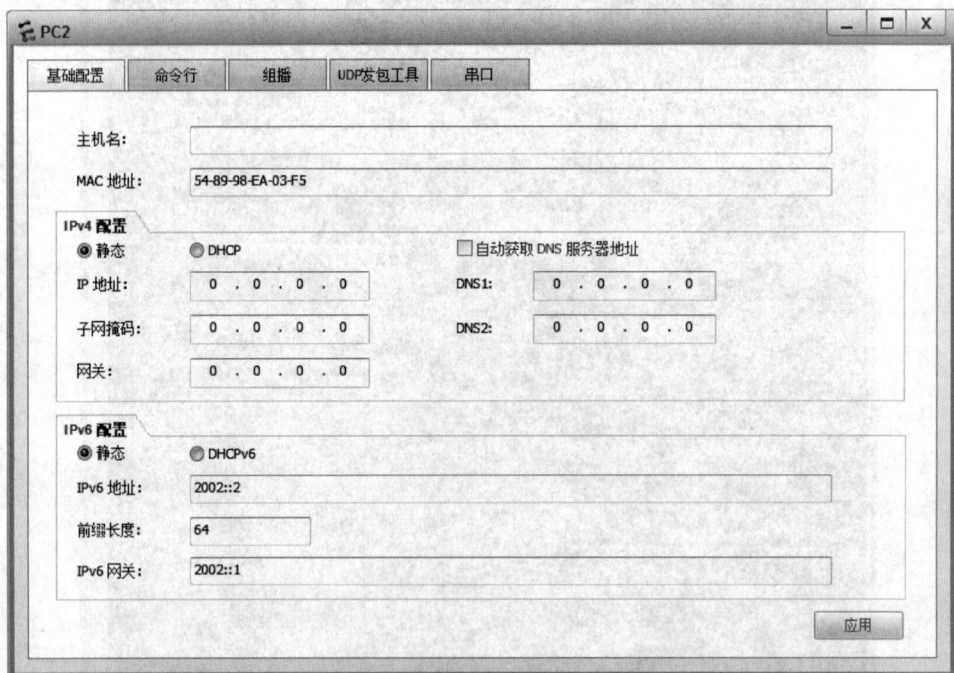

图 11.72 PC2 配置的 IPv6 地址、前缀长度和默认网关地址

（5）如图 11.73 所示，启动 PC1 与 PC2 之间的通信过程。在路由器 AR1 连接交换机 LSW1 的接口和路由器 AR2 连接路由器 AR1 的接口启动捕获报文功能。PC1 至 PC2 的 ICMPv6 报文，在 PC1 至路由器 AR1 连接交换机 LSW1 的接口这一段，封装成以 PC1 的 IPv6 地址 2001::2 为源 IPv6 地址、以 PC2 的 IPv6 地址 2002::2 为目的 IPv6 地址的 IPv6 分组，如图 11.74 所示。在路由器 AR1 至路由器 AR2 这一段，以 PC1 的 IPv6 地址 2001::2 为源 IPv6 地址、以 PC2 的 IPv6 地址 2002::2 为目的 IPv6 地址的 IPv6 分组被封装成以隧道源端 IPv4 地址 192.1.1.1 为源 IPv4 地址、以隧道目的端 IPv4 地址 192.1.2.2 为目的 IPv4 地址的 IPv4 隧道格式，如图 11.75 所示。

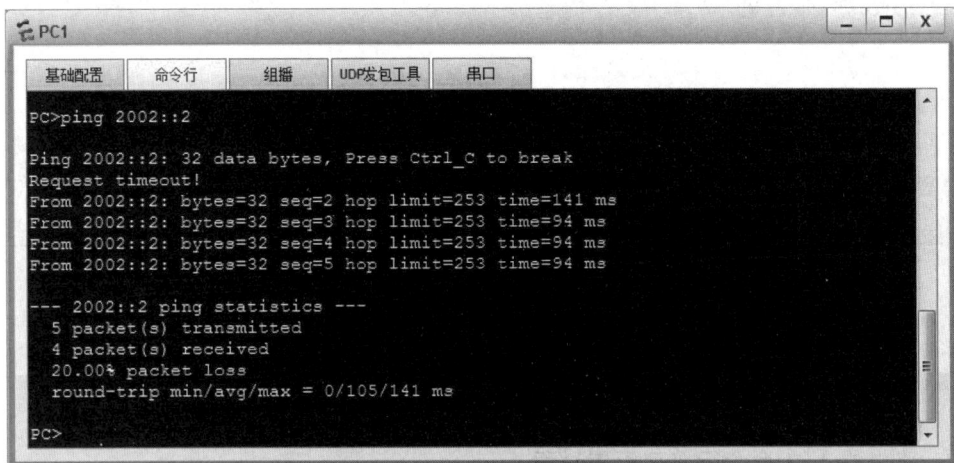

图 11.73　PC1 与 PC2 之间的通信过程

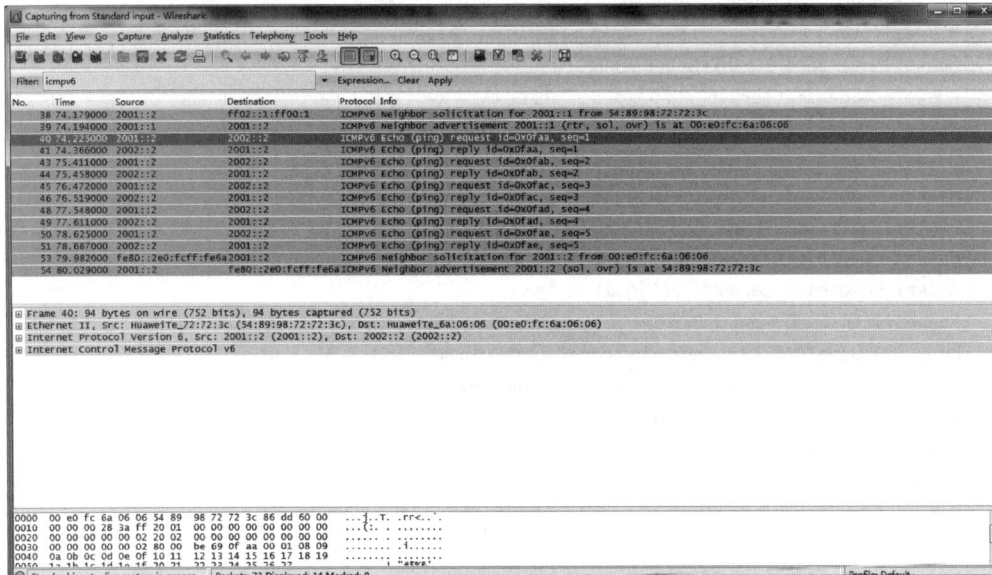

图 11.74　ICMPv6 报文封装成 IPv6 分组的过程

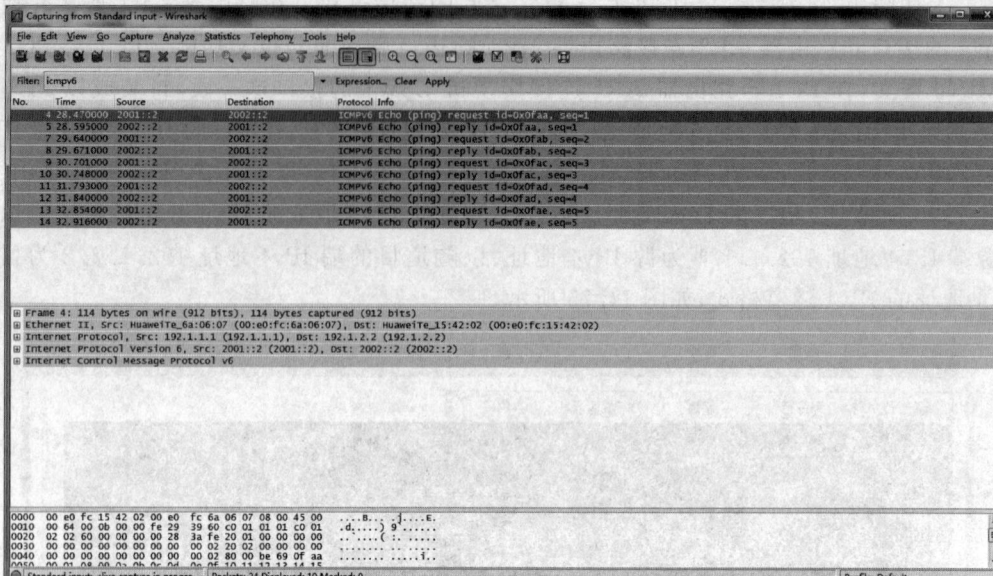

图 11.75   IPv6 分组封装成 IPv4 隧道格式的过程

11.6.6   命令行接口配置过程

1. 路由器 AR1 命令行接口配置过程

```
< Huawei > system - view
[Huawei]undo info - center enable
[Huawei]ipv6
[Huawei]interface GigabitEthernet0/0/0
[Huawei - GigabitEthernet0/0/0]ipv6 enable
[Huawei - GigabitEthernet0/0/0]ipv6 address 2001::1 64
[Huawei - GigabitEthernet0/0/0]ipv6 address auto link - local
[Huawei - GigabitEthernet0/0/0]quit
[Huawei]interface GigabitEthernet0/0/1
[Huawei - GigabitEthernet0/0/1]ip address 192.1.1.1 24
[Huawei - GigabitEthernet0/0/1]quit
[Huawei]interface tunnel 0/0/1
[Huawei - Tunnel0/0/1]tunnel - protocol ipv6 - ipv4
[Huawei - Tunnel0/0/1]source GigabitEthernet0/0/1
[Huawei - Tunnel0/0/1]destination 192.1.2.2
[Huawei - Tunnel0/0/1]ipv6 enable
[Huawei - Tunnel0/0/1]ipv6 address 2003::1 64
[Huawei - Tunnel0/0/1]quit
[Huawei]rip 1
[Huawei - rip - 1]network 192.1.1.0
[Huawei - rip - 1]quit
[Huawei]ripng 1
[Huawei - ripng - 1]quit
[Huawei]interface GigabitEthernet0/0/0
```

```
[Huawei - GigabitEthernet0/0/0]ripng 1 enable
[Huawei - GigabitEthernet0/0/0]quit
[Huawei]interface tunnel 0/0/1
[Huawei - Tunnel0/0/1]ripng 1 enable
[Huawei - Tunnel0/0/1]quit
```

2. 路由器 AR2 命令行接口配置过程

```
< Huawei > system - view
[Huawei]undo info - center enable
[Huawei]interface GigabitEthernet0/0/0
[Huawei - GigabitEthernet0/0/0]ip address 192.1.1.2 24
[Huawei - GigabitEthernet0/0/0]quit
[Huawei]interface GigabitEthernet0/0/1
[Huawei - GigabitEthernet0/0/1]ip address 192.1.2.1 24
[Huawei - GigabitEthernet0/0/1]quit
[Huawei]rip 2
[Huawei - rip - 2]network 192.1.1.0
[Huawei - rip - 2]network 192.1.2.0
[Huawei - rip - 2]quit
```

3. 路由器 AR3 命令行接口配置过程

```
< Huawei > system - view
[Huawei]undo info - center enable
[Huawei]ipv6
[Huawei]interface GigabitEthernet0/0/0
[Huawei - GigabitEthernet0/0/0]ipv6 enable
[Huawei - GigabitEthernet0/0/0]ipv6 address 2002::1 64
[Huawei - GigabitEthernet0/0/0]ipv6 address auto link - local
[Huawei - GigabitEthernet0/0/0]quit
[Huawei]interface GigabitEthernet0/0/1
[Huawei - GigabitEthernet0/0/1]ip address 192.1.2.2 24
[Huawei - GigabitEthernet0/0/1]quit
[Huawei]interface tunnel 0/0/1
[Huawei - Tunnel0/0/1]tunnel - protocol ipv6 - ipv4
[Huawei - Tunnel0/0/1]source GigabitEthernet0/0/1
[Huawei - Tunnel0/0/1]destination 192.1.1.1
Huawei - Tunnel0/0/1]ipv6 enable
[Huawei - Tunnel0/0/1]ipv6 address 2003::2 64
[Huawei - Tunnel0/0/1]quit
[Huawei]rip 3
[Huawei - rip - 3]network 192.1.2.0
[Huawei - rip - 3]quit
[Huawei]ripng 3
[Huawei - ripng - 3]quit
[Huawei]interface GigabitEthernet0/0/0
[Huawei - GigabitEthernet0/0/0]ripng 3 enable
[Huawei - GigabitEthernet0/0/0]quit
[Huawei]interface tunnel 0/0/1
```

```
[Huawei - Tunnel0/0/1]ripng 3 enable
[Huawei - Tunnel0/0/1]quit
```

4. 命令列表

路由器命令行接口配置过程中使用的命令及功能和参数说明如表 11.5 所示。

表 11.5　路由器命令行接口配置过程中使用的命令及功能和参数说明

命 令 格 式	功能和参数说明
interface tunnel *interface-number*	创建隧道,并进入隧道视图。其中,参数 *interface-number* 是隧道编号,通常情况下,隧道编号与作为隧道源端的路由器接口的编号相同
tunnel-protocol⟨**ipv6-ipv4** | **ipv4-ipv6**⟩	指定隧道协议。隧道协议 ipv6-ipv4 用于创建 IPv6 over IPv4 隧道,隧道协议 ipv4-ipv6 用于创建 IPv4 over IPv6 隧道
source *interface-type interface-number*	指定作为隧道源端的路由器接口。参数 *interface-type* 是接口类型;参数 *interface-number* 是路由器接口编号
destination *dest-ip-address*	指定作为隧道目的端的路由器接口的 IPv4 地址。参数 *dest-ip-address* 是 IPv4 地址

参 考 文 献

［1］ PETERSON L L,DAVIE B S.计算机网络：系统方法(英文版)［M］.5 版.北京：机械工业出版社,2012.

［2］ TANENBAUM A S.计算机网络(英文版)［M］.5 版.北京：机械工业出版社,2011.

［3］ CLARK K,HAMILTON K.Cisco LAN Switching［M］.北京：人民邮电出版社,2003.

［4］ DOYLE J.TCP/IP 路由技术：第一卷［M］.葛建立,吴剑章,译.北京：人民邮电出版社,2003.

［5］ DOYLE J,CARROLL J D.TCP/IP 路由技术：第二卷(英文版)［M］.北京：人民邮电出版社,2003.

［6］ 沈鑫剡.计算机网络技术及应用［M］.2 版.北京：清华大学出版社,2010.

［7］ 沈鑫剡.计算机网络［M］.2 版.北京：清华大学出版社,2010.

［8］ 沈鑫剡.计算机网络技术及应用学习辅导和实验指南［M］.北京：清华大学出版社,2011.

［9］ 沈鑫剡.计算机网络学习辅导与实验指南［M］.北京：清华大学出版社,2011.

［10］ 沈鑫剡.路由和交换技术［M］.北京：清华大学出版社,2013.

［11］ 沈鑫剡.路由和交换技术实验及实训［M］.北京：清华大学出版社,2013.

［12］ 沈鑫剡.计算机网络工程［M］.北京：清华大学出版社,2013.

［13］ 沈鑫剡.计算机网络工程实验教程［M］.北京：清华大学出版社,2013.

［14］ 沈鑫剡.网络技术基础与计算思维［M］.北京：清华大学出版社,2016.

［15］ 沈鑫剡.网络技术基础与计算思维实验教程［M］.北京：清华大学出版社,2016.

［16］ 沈鑫剡.网络技术基础与计算思维习题详解［M］.北京：清华大学出版社,2016.

图 书 资 源 支 持

感谢您一直以来对清华版图书的支持和爱护。为了配合本书的使用,本书提供配套的资源,有需求的读者请扫描下方的"书圈"微信公众号二维码,在图书专区下载,也可以拨打电话或发送电子邮件咨询。

如果您在使用本书的过程中遇到了什么问题,或者有相关图书出版计划,也请您发邮件告诉我们,以便我们更好地为您服务。

我们的联系方式:

地　　址:北京市海淀区双清路学研大厦 A 座 701

邮　　编:100084

电　　话:010-83470236　010-83470237

资源下载:http://www.tup.com.cn

客服邮箱:tupjsj@vip.163.com

QQ:2301891038(请写明您的单位和姓名)

资源下载、样书申请

书 圈

扫一扫,获取最新目录

课 程 直 播

用微信扫一扫右边的二维码,即可关注清华大学出版社公众号"书圈"。